# 偏二甲肼环境化学转化
# 及降解过程控制

刘祥萱　王煊军　刘　博　慕晓刚　著

科学出版社

北　京

## 内 容 简 介

本书内容主要包括偏二甲肼的气相转化物与氧化机理、废水处理过程中亚硝基二甲胺等有毒污染物的控制、高级氧化法催化剂的作用。本书共 10 章,分别是偏二甲肼在环境中的迁移转化、环境化学转化动力学基础、环境中偏二甲肼氧化机理初步分析、气液偏二甲肼与臭氧反应过程机理、偏二甲肼自动氧化反应过程机理、偏二甲肼废水氧化降解方法及催化剂的作用、水处理过程中亚硝基二甲胺的生成机理、高级氧化法降解高浓度偏二甲肼废水、甲醛和亚硝基二甲胺等有毒物质的去除、纳米光催化剂降解低浓度偏二甲肼废水。

本书适合偏二甲肼大气污染与废水处理研究、含氮有机污染物环境化学与高级氧化法处理废水等相关领域的科研工作者阅读,也可作为高等院校本科生、研究生的教学参考书。

**图书在版编目(CIP)数据**

偏二甲肼环境化学转化及降解过程控制 / 刘祥萱等著. —北京:科学出版社,2023.1
  ISBN 978-7-03-067346-6

Ⅰ. ①偏⋯　Ⅱ. ①刘⋯　Ⅲ. ①环境化学–过程控制–研究　Ⅳ. ①X13

中国版本图书馆 CIP 数据核字(2020)第 268760 号

责任编辑:杨向萍　杨　丹 / 责任校对:杨　赛
责任印制:师艳茹 / 封面设计:迷底书装

科 学 出 版 社　出版
北京东黄城根北街 16 号
邮政编码:100717
http://www.sciencep.com

**北京科信印刷有限公司** 印刷
科学出版社发行　各地新华书店经销

\*

2023 年 1 月第　一　版　开本:720×1000　1/16
2023 年 1 月第一次印刷　印张:30
字数:602 000

**定价:358.00 元**
(如有印装质量问题,我社负责调换)

# 前　　言

　　偏二甲肼(UDMH)是导弹、卫星、飞船等发射试验和运载火箭的燃料，释放到环境中后产生的化学转化物多达 100 余种，偏二甲肼在土壤中可存留 34 年，由此造成的环境污染问题日益引起人们的重视。偏二甲肼属于含氮有机物，其废水难以生物降解，在处理过程中会产生极难降解的强致癌物亚硝基二甲胺，而亚硝基二甲胺的生成机理和降解方法是目前环境领域的研究热点之一。本书对从偏二甲肼到中间转化物，再到含氮无机物、甲醛，直至完全转化为无毒无害物的整个过程进行研究，对解决有机含氮废水的无毒化处理问题具有重要意义。

　　本书是从化学角度展开研究。化学在污染的产生和污染的消除方面都起着关键作用，一方面污染物通过化学转化污染环境，但另一方面，化学对环境污染治理起到很大的作用。本书就是从这两方面出发，试图弄清偏二甲肼转化物的化学反应类型、结构类型，确定转化物之间的溯源关系、自由基反应机理以及分子结构对反应方向和活性的影响；从污染控制角度探寻彻底消除偏二甲肼、亚硝基二甲胺及偏二甲肼转化物中可以转化为亚硝基二甲胺的物质的高级氧化方法，重点探讨催化剂种类、污染物分子形态对亚硝基二甲胺形成和消除的影响。

　　目前环境污染物的转化机理研究所涉及的污染物种类很少，废水处理过程一般只对降解率、化学需氧量等指标进行检测和评价，而本书重点关注环境中偏二甲肼的氧化中间转化物以及最后的归宿，对污染物的转化和降解过程的认识不再停留在模糊阶段，为深入认识其他含氮有机污染物的环境化学转化和降解方法的建立提供了参考。

　　偏二甲肼在贮运过程中易发黄变质，是哪些物质导致了发黄？这些物质会不会对推进剂的点火、能量产生影响？针对这些问题，我们从 2002 年开始研究偏二甲肼自动氧化过程。此外，在偏二甲肼的生产、运输、贮存、使用过程中，会产生大量的废水和废气。作为推进剂的使用单位，急需解决环境污染问题。2004 年以后，曾先后开展离子交换纤维吸附、催化还原、紫外线-氯化法、芬顿法和类芬顿法的 UDMH 废水处理工艺研究，但仍有很多疑问不能解答。例如，有没有抑制亚硝基二甲胺(NDMA)生成的处理方法？什么工艺条件能彻底消除NDMA？在购置了气相色谱-质谱仪和高效液相色谱仪后，广泛开展了气体、气液共存偏二甲肼及主要转化物与臭氧、氧气、空气的氧化动力学实验，结合现有文献研究发现偏二甲肼转化物高达 100 多种(参见附录二)。本书 7～10 章分别研究芬顿、类芬顿、臭氧催化氧化、纳米催化剂光催化处理偏二甲肼废水，所有高级氧化处理技术处理偏二甲肼都会产生 NDMA，不仅熟知的偏二甲肼、二甲胺可以氧化产生 NDMA，偏腙、甲基肼、甲胺、三甲胺等与臭氧作用也会转化为 NDMA。

　　研究的第一个目标是解释偏二甲肼转化物产生的反应机理。一方面从偏二甲肼转化反应类型角度研究，偏二甲肼环境转化以自由基氧化反应为主，同时能发生光解、水解、热解、非自由基氧化、还原、缩合等多种化学反应；另一方面从偏二甲肼转化物类型角度研究，划分出肼、胺、硝基或亚硝基化合物、腙、亚胺、脒、酰肼、酰胺、氮烯、胺的偶合物、酰胺衍生物、环状化合物及 C、N 的小分子等类型转化物，成功解释了上百种转化物的形成机理；此外，从稳定性、反应活性、电子效应等角度，分析了偏二甲肼等主要转化物环境转化规律，确定了偏二甲肼贮运中生成的发黄物质，揭示了 NDMA 难以降解的原因。

　　研究的第二个目标是确定亚硝基二甲胺的产生机理和消除方法。偏二甲肼氧化产生的含 $CH_3N$—结构的有机氮化合物都可能转化为 NDMA，书中给出了 $(CH_3)_2NN$—、$(CH_3)_2N$—、$CH_3N$—三种结构类型化合物转化为 NDMA 的可能反应路径，对看似矛盾的实验现象给予了合理解释。提出利用还原作用和亚硝基二甲胺酸性水解作用可实现 NDMA 的彻底消除。

　　此外，介绍了推进剂工作者关心的偏二甲肼及氧化转化物的毒性、致癌作用等内容，收集整理了偏二甲肼等含氮化合物的光解、热解、氧化机理及动力学数据，对氨氮、氮氧化物转化为氮气的过程进行了详细论述。同时，还对羟基自由基的产生，催化剂的氧化还原作用、配位作用，分子形态与质子保护作用，氧化自由基种类对废水处理转化物种类和含量的影响进行了较深入的探讨。

　　本书在探讨偏二甲肼的氧化机理和环境中的化学转化，亚硝基二甲胺、氮氧化物的生成机理等方面引用了大量文献，在此谨向书中援引文献的作者们深表谢意！

　　本书由刘祥萱教授统稿。在课题组刘祥萱、王煊军、刘博和慕晓刚的指导下，卜晓宇、高鑫、黄丹、梁剑涛、张浪浪、李军、詹华启、孙建军、邓小胜、熊磷、张国锋、谢拯等先后参与了有关实验和部分计算工作，高鑫、梁剑涛、李军参与了部分章节的撰写，在此谨向他们表示诚挚的感谢。

　　虽历经 20 余年的研究，但鉴于作者水平有限，书中不足之处仍在所难免，敬请读者批评指正。

作　者
2022 年 8 月

# 目　　录

# 第1章　偏二甲肼在环境中的迁移转化

偏二甲肼(unsymmetrical dimethylhydrazine，UDMH)、肼(hydrazine，HZ)和甲基肼(monomethylhydrazine，MMH)及其混合物是一类具有高度反应性、可燃性的液体燃料，具有很大的燃烧热、高比冲和高密度冲量，广泛用作航天飞机轨道机动系统(OMS)、反作用控制系统(RCS)和辅助动力装置(APU)等的火箭和航天器的常规液体推进剂。强氧化剂如红烟硝酸、四氧化二氮、过氧化氢等一旦与上述肼类物质接触就会剧烈反应发生自燃，无需外部点火源，因此特别适用于需要频繁启动(姿态控制)的火箭发动机。

偏二甲肼是常用的可储存液体火箭燃料，尽管其有毒和成本较高，但仍广泛应用于多种液体火箭发动机中。由于煤油的燃烧不稳定性和启动特性，因此在使用偏二甲肼和煤油混合燃料的火箭中，偏二甲肼先燃烧，并在热起动发动机之前应用，然后切换到煤油。偏二甲肼可以单独使用，如俄罗斯质子M、宇宙3M和中国长征3F运载火箭；偏二甲肼的稳定性比肼高，可与肼组成混合燃料使用，如美国大力神3C运载火箭使用50%肼和50%偏二甲肼组成的混肼50，欧洲阿里安系列运载火箭使用25%肼和75%偏二甲肼组成的UH25。除了作为火箭燃料，偏二甲肼也是有机金属气相外延薄膜沉积的氮源。

## 1.1　概　　述

### 1.1.1　偏二甲肼、肼和甲基肼的物理化学性质

偏二甲肼也称不对称二甲基肼，是一种易燃、有毒、具有类似鱼腥臭味的无色或淡黄色透明液体，分子式为$(CH_3)_2NNH_2$，分子模型如图1-1所示。

偏二甲肼是弱碱性物质，吸湿性强，与水反应生成共轭酸和碱。偏二甲肼是极性物质，但由于分子既含有极性基团(—$NNH_2$)，又含有非极性基团(—$CH_3$)，因此在常温下能与极性液体如水、肼、乙醇、二乙烯三胺等互溶，也能与非极性液体如汽油及大多数石油产品等互溶。偏二甲肼是还原剂，在空气中可吸收氧气和二氧化碳。偏二甲肼蒸气在室温下被空气缓慢氧化，生成甲醛二甲基腙(偏腙)、水和氮气，以及少量的氨、二甲胺、亚硝基二甲胺、重氮甲烷、氧化亚氮、甲烷、二氧化碳、甲醛等。因此，偏二甲肼长期暴露于空气中，会逐渐变成一种黄色的、

黏度较大的液体。

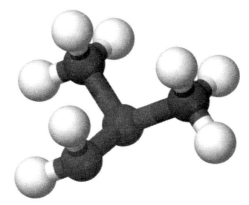

图 1-1　偏二甲肼分子模型

偏二甲肼、肼和甲基肼的主要物理常数见表 1-1[1]。

**表 1-1　偏二甲肼、肼和甲基肼的主要物理常数[1]**

| 类别 | 肼 | 甲基肼 | 偏二甲肼 |
|---|---|---|---|
| 分子式 | $H_4N_2$ | $CH_6N_2$ | $C_2H_8N_2$ |
| 相对分子质量 | 32.05 | 46.08 | 60.10 |
| 外观 | 无色液体 | 无色液体 | 无色液体 |
| 气味 | 氨臭味 | 氨臭味 | 鱼腥臭味 |
| 汽化热/(kJ/kg) | $1.254 \times 10^3$ | $0.8756 \times 10^3$ | $0.5692 \times 10^3$ |
| 密度/(g/cm³) | 1.008(20℃) | 0.8744(20℃) | 0.7964(15℃) |
| 冰点/℃ | 1.5 | −52.35 | −57.2 |
| 沸点/℃ | 113.5 | 87.5 | 63.1 |
| 临界温度/℃ | 345.3 | 312 | 248.26 |
| 闪点/℃ | 38 | 21.5(开杯法) | 1.1 |
| 自燃温度/℃ | 266 | 194 | 249 |
| 可燃浓度极限(体积分数)/% | 9.3～100 | 2.5～98 | 2.5～78.5 |
| 溶水性 | 互溶 | 互溶 | 互溶 |
| 饱和蒸汽压/kPa | 1.413(20℃) | 6.6(25℃) | 12.88(15℃) |
| 折射率(20℃)$n_D$ | 1.4708 | 1.4284 | 1.4075 |
| 碱电离常数 $pK_b$ | 6.02 | 6.11 | 6.86 |
| 比热容($C$)/[J/(K·mol)] | 98.87 | 134.66 | 164.05 |

续表

| 类别 | 肼 | 甲基肼 | 偏二甲肼 |
|---|---|---|---|
| 标准熵 ($S_{298}^{\ominus}$) / [J/(K·mol)] | — | — | 200.25 |
| 标准生成焓 ($\Delta_f H_{298}^{\ominus}$) /(kJ/mol) | 50.22 | 54.87 | 48.3 |
| 标准燃烧焓 ($\Delta_c H_{298}^{\ominus}$) /(kJ/mol) | −622.0 | −1304.7 | −1979.19 |

　　肼是一种含有高度极性键的物质，可溶于水、醇、氨和胺，热力学不稳定，容易分解，分解过程伴随着能量释放。但是，它对冲击、摩擦或放电完全不敏感。肼的可燃浓度极限(体积分数)为 9.3%～100%，相应的可燃温度极限为 53～113℃，即使在没有空气存在的情况下纯肼蒸气遇电火花也会着火或爆炸。肼的闭杯法闪点为 38℃，属于高闪点易燃液体，但肼含水量小于 40%时遇电火花也不会着火。甲基肼(MMH)和肼(HZ)一样，对撞击和摩擦不敏感，但直接氧化或空气氧化产生的热量足以点燃破布、棉布或 MMH 浸泡过的物品，进一步引起 MMH 的自发燃烧。虽然偏二甲肼的自燃温度低于 HZ 高于 MMH，但偏二甲肼空气氧化反应缓慢。

　　根据色散力与沸点之间关系，色散力增大，沸点升高。肼、甲基肼和偏二甲肼的分子量依次增大，但沸点却依次降低，这表明三肼分子间存在氢键作用。肼分子 N 上有 4 个氢，氢键作用最大；甲基肼分子 N 上有 3 个氢，氢键作用次之；偏二甲肼分子 N 上有 2 个氢，氢键作用最弱，因此沸点最低。

　　在 pH<7.98 条件下，水中肼主要与氢离子结合生成 $N_2H_5^+$，而 pH>7.98 条件下，则主要以 $N_2H_4$ 形式存在，如图 1-2 所示[2]。甲基肼和偏二甲肼与肼类似，未质子化的肼具有更强的还原能力。

$$NH_2NH_2 + H^+ \longrightarrow NH_2NH_3^+$$

$$(CH_3)_2NNH_2 + H^+ \longrightarrow (CH_3)_2NNH_3^+$$

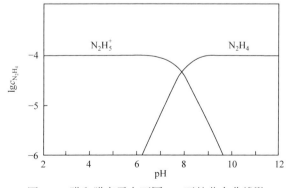

图 1-2　肼和肼离子在不同 pH 下的分布曲线[2]

偏二甲肼有三条工业化生产路线。基于拉兴法的过程涉及氯胺与二甲胺的反应，生成肼盐酸盐：

$$(CH_3)_2NH + NH_2Cl \longrightarrow (CH_3)_2NNH_2 \cdot HCl$$

然而，0~30℃在无水有机溶剂中使用氯胺化方法是不切实际的，原因是生成不希望产物偏腙的速率更高[3]。在 pH≥13 的碱性介质中，氯胺氧化偏二甲肼的主要产物是偏腙$(CH_3)_2NNCH_2$；在 pH≤8 的中性或弱碱性介质中，生成的唯一有机产物是四甲基四氮烯$(CH_3)_2NN=NN(CH_3)_2$；在 pH = 8~13 的介质中，则是上述两种化合物的混合物[4]。此外，三甲基肼与氯胺作用也生成偏腙[5]。偏二甲肼与氯胺的气相反应生成二甲基三氮氯化物$(CH_3)_2N(NH_2)_2Cl$[6]。

偏二甲肼也可以通过乙酰肼的甲醛缩合甲基化和还原，再经水解制得：

$$CH_3C(O)NHNH_2 + 2CH_2O + 2H_2 \longrightarrow CH_3C(O)NHN(CH_3)_2 + 2H_2O$$
$$CH_3C(O)NHN(CH_3)_2 + H_2O \longrightarrow CH_3COOH + (CH_3)_2NNH_2$$

偏二甲肼还可以由二甲胺与亚硝酸作用后经还原而得：

$$(CH_3)_2NH + HNO_2 \longrightarrow (CH_3)_2NNO + H_2O$$
$$(CH_3)_2NNO + 2Zn + 4HCl \longrightarrow (CH_3)_2NNH_2 + 2ZnCl_2 + H_2O$$

### 1.1.2 偏二甲肼的危险性

偏二甲肼属于易燃、易爆、高毒的危险化学品，在储存、运输、转注、加注和处理等作业过程中，必须严格按规程操作，防止发生着火或爆炸、人员中毒、环境污染等事故。偏二甲肼危险性标识见图 1-3。

易燃液体，类别1

皮肤腐蚀/刺激，类别1
严重眼损伤/眼睛刺激，类别1

急性毒性，类别3

致癌性、生殖毒性
呼吸危害

对水环境的危害，急性类别1
慢性类别2

图 1-3 偏二甲肼危险性标识

偏二甲肼的可燃浓度极限(体积分数)为 2.5%~78.5%，相应的可燃温度极限为-10.5~57.5℃，可发生燃烧甚至爆炸。偏二甲肼的闪点为 1.1℃，属于Ⅰ类易燃液体，但偏二甲肼含水量大于55%时遇电火花也不会发生爆炸。偏二甲肼与许多氧化剂(如高锰酸钾、重铬酸钾、次氯酸钙等)的水溶液发生反应，并放出热量。偏二甲肼与浓过氧化氢、浓硝酸、固体高锰酸钾、四氧化二氮、二氟化氯等强氧化剂接触时发生剧烈反应，大量接触时可由燃烧转为爆炸。

偏二甲肼是一种吸热化合物，非常稳定，甚至在临界温度 248.26℃也不分解。偏二甲肼催化分解和光分解的产物有氢气、氮气、甲烷、乙烷等，气体热分解的产物有甲烷、乙烷、丙烷、二甲胺等。

偏二甲肼可通过呼吸道、皮肤或伤口及消化道进入体内，引起轻度贫血和谷丙转氨酶轻度升高，但它不会在体内累积。偏二甲肼是人体可疑致癌物。动物实验证实偏二甲肼有致癌作用，可诱导 DNA 发生突变。20 世纪 80 年代发现，植物生长调节剂丁酰肼的使用造成植物果实中含偏二甲肼，由此成为食物特别是苹果汁中的癌症风险物质。偏二甲肼释放到空气环境中发生化学反应，生成强致癌物亚硝基二甲胺。

偏二甲肼具有低的沸点和较高的蒸汽压，大量泄漏或在通风不好的环境中易产生有毒有害的蒸气，因此职业中毒的主要危险是呼吸道吸入。我国规定偏二甲肼作业场所的时间加权平均容许浓度(PC-TWA)为 0.2ppm*(0.5mg/m³)；偏二甲肼对皮肤有腐蚀性，18h 的暴露限值为 0.5ppm，160min 的暴露限值建议为 0.06ppm。

偏二甲肼的半数致死剂量 LD$_{50}$ 为 122mg/kg(大鼠，口服)、1.09g/kg(兔子，经皮)，半数致死浓度 LC$_{50}$ 为 252ppm(大鼠，吸入 4h)。通过腹膜内给药，偏二甲肼的 LD$_{50}$ 分别为 125mg/kg(小鼠)、104mg/kg(大鼠)、60~100mg/kg(狗)和 60~100mg/kg(猴)[7]。这些动物的典型症状主要为强直-阵挛性痉挛行为，最后因呼吸循环衰竭死亡。无论何种给药方式，狗和猴在给予一定剂量偏二甲肼后的 15~60min，常出现呕吐。对于麻醉的狗，偏二甲肼没有改变肾上腺素、去甲肾上腺素、乙酰胆碱、组胺或利血平对血压的影响，没有显著影响自主神经节或神经节后神经末梢，也没有在 1~2h 显著改变心电图或血压。然而，未麻醉的狗血压显著升高，直到发生抽搐和呼吸停止。偏二甲肼对中枢神经系统具有兴奋作用，对肝脏、肾脏和心血管循环系统无明显影响。

### 1.1.3 肼和甲基肼的毒性

肼主要损伤肝脏和肾脏，甲基肼不损伤肝脏，但可引起肾损伤、可逆性溶血性

---

* ppm 为非法定计量单位，1ppm = (22.4/$M$) × [(273 + $T$)/273] × (101325/$p$)mg/m³，其中 $M$ 为气体分子量；$T$ 为气体温度，单位 K；$p$ 为压力，单位 Pa。

贫血和中枢神经系统兴奋作用。高浓度肼蒸气刺激眼睛、鼻子和喉咙,进一步引发头晕、头痛、恶心、肺水肿、癫痫和昏迷。肼是腐蚀性液体,可引起腐蚀性烧伤,肼的致死作用模式涉及抑郁,而 UDMH 和 MMH 的致死作用涉及惊厥[8]。研究表明,肼和甲基肼通过口服和吸入途径在急性或中等持续时间暴露后,可能会对人体产生不利的全身健康影响或癌症,动物可引起癌症。美国环境保护署、美国卫生和人类服务部、国际癌症研究机构和世界卫生组织将肼列为可能致癌的环境污染物[9]。

根据美国国家职业安全卫生研究所(NIOSH)的研究推荐,美国职业安全与健康管理局(OSHA)颁布的 HZ 允许暴露限值(PEL)为 1.0ppm(1.3mg/m³),此限值是 8h 的时间加权平均值(TWA)工作日。NIOSH 更谨慎建议的允许暴露限值(PEL)为 0.03ppm(0.04mg/m³),这是最低的通过 NIOSH 方法检测浓度,被认为是最高暴露限量,是在 120min 的采样周期内进行浓缩后测得。基于立即威胁生命和健康浓度(IDLH),NIOSH 还建议 15min 短期暴露极限(STEL)为 50ppm。美国政府工业卫生学家委员会(ACGIH)推荐的工作场所 HZ 的阈限值(TLV)为 0.01ppm(0.01mg/m³)。美国各机构发布的 HZ 和 MMH 的暴露限值见表 1-2[10]。

**表 1-2 美国 HZ 和 MMH 的暴露限值[10]**

| 组织 | 暴露时间 | HZ | | MMH | |
|---|---|---|---|---|---|
| | | 暴露限值/ppm | 暴露限值/(mg/m³) | 暴露限值/ppm | 暴露限值/(mg/m³) |
| OSHA PEL TWA | 8h/d;40h/w | 1.0 | 1.3 | 0.2 | 0.35 |
| NIOSH PEL | 120min | 0.03 | 0.04 | 0.04 | 0.08 |
| NIOSH STEL(IDLH) | 15min | 50 | 50 | 20 | 20 |
| ACGIH TLV TWA | 8h/d;40h/w | 0.01 | 0.01 | 0.01 | 0.01 |

根据《化学物质毒性全书》急性中毒标准分级,肼、偏二甲肼为中等毒性,甲基肼为高毒。肼的 $LD_{50}$ 为 60mg/kg(大鼠,口服)、59mg/kg(小鼠,口服);甲基肼的 $LD_{50}$ 为 32mg/kg(大鼠,口服)、183mg/kg(大鼠,经皮)、95mg/kg(兔,经皮);甲基肼的 $LC_{50}$ 为 34ppm(大鼠,吸入 4h)。肼皮肤染毒吸收急性中毒危险性比偏二甲肼高 10 倍,而偏二甲肼吸入急性中毒危险性是肼的 2 倍。根据《剧毒化学品名录》(2002 版)中有关剧毒化学品毒性判定界限,肼、甲基肼、偏二甲肼均属于剧毒化学品。根据《高毒物品目录》(2003 版),肼、甲基肼、偏二甲肼是高毒物品。根据《工作场所有害因素职业接触限值化学有害因素》GB/Z 2.1—2019,肼、偏二甲肼是人体可疑致癌物质。根据 AQ/T 4208—2010《有害作业场所危害程度分级》,甲基肼属Ⅰ级极度危害,肼、偏二甲肼属Ⅱ级高度危害。

### 1.1.4 肼和甲基肼的环境归宿

肼不仅用作液体推进剂,在农业和制药业中也广泛应用。肼释放到空气、水和周围土壤环境中，会对动物、人类造成危害。

甲基肼与臭氧、羟基自由基·OH 和氧气反应，在空气中能迅速降解为二氧化碳。肼释放到大气中的最终归宿可能与臭氧反应有关。在过量臭氧存在下，肼降解产生过氧化氢的二级反应速率常数是 $5 \times 10^2 L/(mol \cdot s)$；在空气中臭氧正常浓度情况下，肼的半衰期为 10min～2h。基于与羟基自由基的反应，在污染严重的城市空气中肼的半衰期小于 1h，污染较轻时则为 3～6h；在无光照的空气环境中，肼的半衰期为 1.8～5h[11]。

Ellis 等研究了浓度、温度和多种催化剂对肼降解的影响[12,13]，发现反应与氧气有关，且随活性炭、硫酸铜的加入而显著加速；在没有氧气和碳存在的情况下，反应产物是氮气和氨气；在有紫外线情况下，氧气显著增强肼的降解。20 世纪 50 年代研究发现，在酸性介质中 $Fe^{3+}$ 可提高肼氧化降解速率[14]。Gaunt 和 Wetton 研究了痕量肼和氧在 25℃ 和 70℃ 碱性溶液中的反应，发现即使经过严格清洗的玻璃也会产生比聚乙烯更高的分解速率，$Mn^{2+}$ 和 $Cu^{2+}$ 可明显提高反应速率[15]。

肼在水体中降解取决于 pH、硬度、温度、溶解氧含量以及金属或有机物质的存在，氧化和生物降解是主要降解方式。不同的硬度、pH 和溶解氧水平下，金属离子催化肼与溶解氧反应的研究表明[11]，肼在肮脏的河水中降解最为迅速，2h 后肼的浓度降低 2/3；在池塘和过滤的氯化池塘水中，1d 后肼的浓度降低 90%；在氯化、过滤和软化的市政用水中，4d 后肼含量由 5mg/L 降为 4.5mg/L；有机质和硬水可增大肼降解率[16]。

肼在没有金属催化剂的天然水体中的降解是一个缓慢过程，$10^{-4}$mol/L 的肼 5d 内在池塘水中的降解率不到 25%，在海水中的降解率为 40%，在蒸馏水中的降解率小于 2%。加入 $Cu^{2+}$、$PO_4^{3-}$ 等催化剂可提高氧化速率[17]，升高温度或增大 $Cu^{2+}$ 浓度都能显著提高氧化速率。pH 对氧化速率有一定影响，pH = 8～9 时氧化速率最大。$Cu^{2+}$ 的催化作用可以表示为[2]

$$N_2H_4 + Cu^{2+} \longrightarrow NH_2NH \cdot + Cu^+ + H^+$$

$$Cu^+ + O_2 + H^+ \longrightarrow Cu^{2+} + HO_2 \cdot$$

生物降解是去除水环境中低浓度肼的有效手段。然而，高浓度的肼对细菌种群是有毒害的，会严重破坏天然细菌种群如无色杆菌细菌。在圣达菲河流和湖泊可以有效降解肼的浓度为 50μg/mL 的水样，同样的细菌在其他水域如 Newmans Lake、Prairie Creek、自来水和蒸馏水中降解肼的能力则降为 25μg/mL[18]。另一项研究发现，低浓度肼和甲基肼降低了亚硝化单胞菌数目[19]。

肼在土壤中降解的主要过程也是氧化和生物降解，但降解速率比在水中快。研究发现，沙子中浓度为 10μg/g、100μg/g 和 500μg/g 的肼，分别在 1.5h、1d 和 8d 后全部降解，其中氧化是占主导地位的过程，约 20% 为生物降解。比较无菌和有菌土壤的降解结果可知，生物降解导致约 20%的肼从土壤中消失。从土壤中分离出一种异养细菌，能够将肼快速降解为氮气[8]。

肼对许多形式的细菌有毒害，可使自养硝化细菌、反硝化细菌和厌氧产甲烷菌的活性受到抑制。此外，肼延长了生长的滞后期，并抑制土壤细菌阴沟肠杆菌的生长。由于肼在土壤中的降解速率很大，因此 100μg/g 的肼仅对土壤细菌种群表现出暂时的抑制作用。尽管土壤中的真菌种群由于肼的存在而增多，但是 500μg/g 的肼可引起土壤细菌种群的显著减少。测定硝化细菌、反硝化细菌和厌氧产甲烷细菌的混合培养和单培养培养物中的肼、甲基肼和偏二甲基肼的毒性，发现甲基肼的毒性比肼高，而肼的毒性比偏二甲基肼高。尽管肼对土壤细菌有毒害性，但是少量的肼可由亚硝化单胞菌，经过亚硝基肼降解为氮气[1,18]，固氮异养细菌的酶系统能够将肼转化为氨。

## 1.2 不同环境中偏二甲肼的迁移转化

污染物迁移是指污染物在环境中的发生及其引起的污染物富集、扩散和消失的过程。偏二甲肼污染物进入水环境主要有以下两个途径：一是偏二甲肼储库中储罐和管道的跑、冒、滴、漏，储罐和管道的冲洗，检修槽罐的洗消；二是火箭试验发射过程中，偏二甲肼和四氧化二氮燃烧产物通过消防水进入导流槽，从而产生偏二甲肼污水，污水渗入土壤造成污染。特别需要指出的是，从发射开始到火箭残骸落地，形成的偏二甲肼气溶胶和未燃尽的偏二甲肼会影响生态系统，有 10～30kg 偏二甲肼散布在地球表面[20]。哈萨克斯坦拜科努尔发射场的污染研究表明，偏二甲肼在火箭残骸坠落区域的残留超过 20 年[21,22]。

偏二甲肼污染物在风力和水流的作用下发生空间位移，可能进入植物和水体生物中发生生物富集作用，危害食物链中的生态环境。偏二甲肼在大气中与羟基自由基、氧气、臭氧、氮氧化物发生氧化还原反应，转化为其他有害物质；在光的作用下发生光化学反应，在土壤中发生微生物化学作用，这些转化过程可以将污染物转化为无毒的二氧化碳、水和氮气，也可能转化为毒性更大的物质如亚硝基二甲胺(NDMA)。在 20 世纪 60 年代，人们就已发现亚硝胺类化合物对人体的强致癌作用；70 年代，巴尔的摩附近偏二甲肼生产厂周围的空气与水中都检测出 NDMA。近年来，越来越多的公共卫生学家认为，工业区癌症高发率与大气环境中亚硝胺类化合物含量较高可能存在关联。

在 20 世纪 60 年代到 80 年代，人们主要关注偏二甲肼的大气污染问题，其后逐步转为关注水体和土壤中偏二甲肼环境污染问题。

### 1.2.1　大气中的迁移转化

肼、甲基肼和偏二甲肼可以作为太空运输系统燃料。肼用作美国 F-16 战斗机的备用燃料，经大气释放，会对周围空气质量产生影响[23]。偏二甲肼在大气中的迁移转化包括：在风力和气流的作用下发生扩散和稀释；通过降水和吸附在颗粒物表面的沉降作用重新返回地面；与大气中的氧化剂发生化学反应，转化为其他衍生物。

化学反应物的浓度消耗到初始浓度的一半所经历的时间称为反应半衰期(half-life of reaction)，又称反应半寿期，一般用于表征环境污染物在化学反应动力学上进行的难易程度。通过研究 HZ、MMH 和 UDMH 氧化反应动力学过程和机理，测定半衰期或反应速率常数以评估其对大气的影响。研究发现，在 6515L 氟碳薄膜环境舱内，空气氧化条件下，HZ、MMH 和 UDMH 的半衰期分别为 40h、19h 和 60h，三羟铝石涂覆的铝是肼空气氧化的高效催化剂[24]。

未燃尽的液体火箭推进剂在高空大气中主要与原子氧发生反应。1956 年，首次观察到 HZ 与基态氧原子的反应中存在:NH、·NH$_2$、·OH 和·NO，测得氧原子与 HZ、MMH 和 UDMH 的反应速率常数分别为 $1.64 \times 10^8$ L/(mol·s)、$2.6 \times 10^8$ L/(mol·s) 和 $3.41 \times 10^8$ L/(mol·s)。

在模拟大气环境条件下，研究了 HZ、MMH 和 UDMH 的自动氧化反应[25]，发现 HZ 的主要反应产物是水和氨，MMH 的主要反应产物是甲烷、甲醇、水和甲基二氮烯，UDMH 的主要反应产物是偏腙，HZ、MMH 和 UDMH 的半衰期分别为 133min、250min 和 83.5h。美国海军武器试验站(NOTS)研究了 UDMH 在纯氧条件下的自动氧化反应，发现反应产物主要是偏腙、氮和水分子，还有氨、二甲胺、亚硝基二甲胺、重氮甲烷、一氧化二氮、甲烷、二氧化碳、甲醛、甲醛甲基腙(CH$_3$NHN=CH$_2$)和甲醛腙(NH$_2$N=CH$_2$)。MMH 的氧化动力学特征与 UDMH 相似，与 O$_3$ 的反应是通过自由基链式机理发生的，·OH 和 O$_3$ 从 N—H 键中脱氢，得到的 N-烷基与 O$_2$ 反应生成 HO$_2$· 和(烷基)二氮烯，(烷基)二氮烯在大气环境中发生光解或与 O$_3$(或与·OH)发生反应最终生成 N$_2$。

20 世纪 80 年代，实验测得大气中 HZ、MMH 和 UDMH 与·OH 反应的速率常数[26]分别为 $1.0 \times 10^9$ L/(mol·s)、$1.1 \times 10^9$ L/(mol·s)和 $0.83 \times 10^9$ L/(mol·s)，均高于 HZ、MMH 和 UDMH 与 O$_3$ 反应的速率常数 $5.6 \times 10^4$ L/(mol·s)、$7.5 \times 10^4$ L/(mol·s)、$9.13 \times 10^4$ L/(mol·s)[27]。然而，大气中·OH 浓度远低于 O$_3$ 浓度。大气中·OH 浓度为 $1 \times 10^9$ 个/L，则 HZ、MMH 和 UDMH 与·OH 反应速率常数与羟基自由基浓度的乘积 $k \cdot [\cdot OH]$ 分别为 $1.67 \times 10^{-6}$ s$^{-1}$、$1.83 \times 10^{-6}$ s$^{-1}$、$1.37 \times 10^{-6}$ s$^{-1}$。大气中 O$_3$ 浓度为 $1.2 \times 10^{15}$ 个/L，则 HZ、MMH 和 UDMH 与臭氧反应速率常数与臭氧浓度的乘积 $k \cdot [O_3]$ 分别为 $1.12 \times 10^{-4}$ s$^{-1}$、$1.49 \times 10^{-4}$ s$^{-1}$、$1.82 \times 10^{-4}$ s$^{-1}$。

因此，HZ、MMH 和 UDMH 与 $O_3$ 的反应比与·OH 的反应更为重要。

20℃时 UDMH 蒸汽压为 123mmHg，因此释放到大气中的 UDMH 将仅存在于蒸汽阶段的环境氛围。UDMH 在对流层与 $O_3$ 迅速发生反应，最大半衰期估计为 16.5min，主要产物是亚硝基二甲胺；若大气中光化学作用产生·OH 浓度为 $5 \times 10^8$ 个/L，则 UDMH 与·OH 反应的半衰期估计为 6d，而 HZ 与 $O_3$ 反应的半衰期不到 10min，在对流层小于 2h，因此与 $O_3$ 的反应将是释放到大气中肼的主要归宿，寿命最长不超过 3h。

UDMH 接触空气后被氧化为人体潜在致癌物 NDMA，还可能被转化为甲基过氧化氢($CH_3OOH$)、甲基二氮烯($CH_3N{=}NH$)和二甲基二氮烯($CH_3N{=}NCH_3$)等。发现长期储存的 UDMH 中含有少量的 NDMA，在 UDMH 的生产、储存、转运和使用等过程中，UDMH 和其中的 NDMA 可能通过各种途径进入大气环境，威胁人体健康。NDMA 在环境中也可通过二甲胺与亚硝酸反应生成，而二甲胺与亚硝酸或氮氧化物又可能是 UDMH 在大气环境中的转化产物，最终可能进一步转化为 NDMA。

Urry 等提出 UDMH 气相自动氧化反应按照自由基链式机理进行[28]，在诱导期生成了偏二甲肼过氧化氢($(CH_3)_2NNH(OOH)$)，自动氧化反应对 UDMH 是一级的，对氧是零级的，受到金属催化、自由基清除剂(如 2,3-丁二烯)的抑制。同时，光化学反应还要考虑 $O_3$、单线态分子氧 $O_2(^1\Delta g)$ 和 $NO_x(NO、NO_2、HONO)$等进一步氧化 UDMH 及转化物生成 NDMA 的影响，以及太阳光对 NDMA 的直接光分解反应。

$NO_2$ 与 HZ、MMH 和 UDMH 反应都会生成亚硝酸，其中与 UDMH 的反应最快，其次是 MMH。UDMH 和 $NO_x$ 反应生成四甲基四氮烯(TMT)和 NDMA；HZ 和 $NO_x$ 作用生成硝酸肼 $N_2H_4 \cdot HNO_3$，仅在 HZ 过量时生成少量的 $N_2O$ 和 $NH_3$，HZ 与 NO 的反应非常缓慢。此外，HZ、MMH 和 UDMH 与大气中的其他污染物如二氧化硫等也会发生反应。

### 1.2.2 水体中的迁移转化

有机污染物在水体中的迁移转化方式包括通过挥发作用进入大气，通过水中颗粒物对污染物的吸附作用进入水底的淤泥中；同时，有机污染物在水体中还可以发生氧化还原、光解、水解和生物降解等作用而转化为其他物质。

通常用亨利常数描述有机污染物的挥发性。1803 年，英国化学家亨利研究气体在液体中的溶解度时总结出一条经验规律：在一定温度和压强下，一种气体在液体中的溶解度与该气体的平衡压强 $p_B$ 成正比。

$$p_B = k_{B,x} x_B \tag{1-1}$$

式中，$x_B$ 为溶质 B 的摩尔分数；$k_{B,x}$ 为亨利常数。

氧气的亨利常数为 $4.40 \times 10^6$，20℃时水中饱和溶解氧只有 9.08mg/L。偏二甲肼与水可以任意比例互溶，因此偏二甲肼溶解度很大、亨利常数较小，水中的偏二甲肼不容易挥发到大气中。

有机污染物的正辛醇-水分配系数(octanol-water partition coefficient，$K_{ow}$)反映了有机污染物在水和土壤或沉积物之间的分配作用，是讨论有机污染物在环境介质中分配平衡的重要参数。$K_{ow}$ 定义为一定温度下，正辛醇相和水相达到分配平衡之后两相中有机物浓度的比值：

$$K_{ow} = 有机物在正辛醇相中的浓度/有机物在水相中的浓度 \qquad (1-2)$$

例如，25℃标准大气压下，苯的正辛醇-水分配系数为 102.2～147.9，即达到分配平衡后，苯在正辛醇相中的浓度约为在水相中浓度的 150 倍。由于有机物在正辛醇中的分配与在土壤有机质中的分配极为相似，因此正辛醇-水分配系数是反映有机物在水和沉积物、有机质间或水生生物脂肪之间分配的指标，$K_{ow}$ 数值越大，有机物在有机相中的溶解度越大，在水生生物体内的富集作用也越大。

$K_{ow}$ 与有机物在水中溶解度的关系可表示为

$$\lg K_{ow} = 5.00 - 0.67\lg(S_w \times 10^3/M_r) \qquad (1-3)$$

式中，$S_w$ 为有机物在水中的溶解度，mg/L；$M_r$ 为有机物的分子量。式(1-3)表明，可以通过有机物在水中的溶解度计算辛醇-水分配系数。

许多污染物在生物体内的浓度远大于在环境中的浓度，并且只要环境中这种污染物持续存在，污染物在生物体内的浓度就会随着生物体生长发育而增加。对于一个受污染的生态系统而言，不同营养级上生物体内污染物的浓度，不仅高于环境中污染物的浓度，而且具有明显地随营养级升高而增加的现象，这种现象称为生物富集作用。生物富集作用用生物富集系数(BCF)，即污染物在生物体内的平衡浓度与其在环境中浓度的比值表示。研究发现，有机物正辛醇-水分配系数与生物富集系数的对数之间存在线性关系：

$$\lg BCF = a\lg K_{ow} + b \qquad (1-4)$$

极性有机物如正丁酸、甲基异丁基醚等是亲水的，具有较低的 $K_{ow}$(小于 10)，因而在土壤或沉积物中的吸附系数 $K_d$ 和在水生生物中的 BCF 就较小；大多数有机物是弱极性和非极性的，是非常憎水或疏水的，具有较大的 $K_{ow}$(大于 10)，因而在土壤或沉积物中的吸附系数 $K_d$ 和在水生生物中的 BCF 就较大[29]。偏二甲肼在水生生物的生物浓缩系数 BCF 预计值为 0.1，生物体中的浓度低于环境浓度，不会发生生物富集作用。基于土壤研究，偏二甲肼也较少吸附在水中沉积颗粒物上。

25℃时肼的蒸汽压仅为 14mmHg，液体的蒸发率为 16～100mg/(cm²·h)，在空气中的半衰期约为 6h，在水中的半衰期约为 5d[30]。Slonim 和 Gisclard 研究了不同硬度、溶解氧和 pH 下水中肼的降解[16]。肼的初始浓度为 5mg/L，在河水中 2d 内降至 0.05mg/L 以下，在池塘水中 4d 内降至 0.27mg/L，在自来水中 4d 内浓度下降很小。pH 为 5～9 时，肼的氧化速率与 pH 成正比，半衰期为 3.9～630d；MMH 和 UDMH 在蒸馏水中非常稳定[31]，UDMH 在池塘水中的半衰期为 16.3～22.2d，在海水中约为 12.6d。

水环境中 MMH 在没有金属离子催化或曝气的情况下氧化降解速率很小。UDMH 在 $Cu^{2+}$ 催化氧化下快速转化为 NDMA，转化率取决于 UDMH 初始浓度。UDMH 初始浓度较低时只有少量转化生成 NDMA，浓度为 60%～80%(体积分数)时转化率最高，浓度大于 80%(体积分数)时转化率又逐步下降[32]。

UDMH 废水主要是由发动机试车、火箭发射和推进剂槽车、储罐、管道等的清洗以及突发泄漏事故等产生[33]。污水来源不同，污染物成分差别很大。中国科学院化学研究所对 UDMH 试车废水进行检测分析发现，水中主要含有下列组分：偏二甲肼、亚硝基二甲胺、硝基甲烷、四甲基四氮烯、氢氰酸、有机腈、甲醛、一甲胺、二甲胺、偏腙、胺类及其他亚硝胺类化合物(二乙基亚硝胺、二丙基亚硝胺、二丁基亚硝胺、亚硝胺呱啶、亚硝基吡咯烷、亚硝基吗啉)等[34]，其中亚硝胺类化合物和氰化物比 UDMH 的毒性更大。

在第一级火箭撞击地点采集了富含有机物的豌豆沼泽地表水。研究发现，天然水中，N,N-二甲基甲酰胺和 1-甲基-1H-1,2,4-三唑是主要转化产物[35]。

### 1.2.3　土壤中的迁移转化

有机污染物进入土壤环境中，一部分被土壤有机质吸附，这里的土壤有机质，很多情况下指的是腐殖酸等物质；另一部分成为微生物的能量来源，微生物通过分解有机物质得到必要的能量，有机物分解后变成小分子有机物和二氧化碳、水；还有一部分被植物吸收，吸收的方式有植物固定、植物挥发、根际过滤等。土壤颗粒对有机物的吸附很强，所以很多有机污染物不容易扩散，往往停留在土壤的表层。

当肼类燃料污水排入地面后，由于土壤中存在着气、液、固三相，肼类燃料与土壤的相互作用反映两个主要历程：①肼类燃料在土壤中的化学分解；②肼类燃料吸附到土壤中。肼类燃料分解反应活性顺序是 HZ、MMH、UDMH。HZ、MMH 和 UDMH 通过分子中的氮原子与土壤之间形成氢键。HZ 与干砂土不发生吸附作用，但与自然土壤的作用很强。黏性土壤是酸性土壤，HZ、MMH 和 UDMH 是弱碱性物质，因此与黏性土壤作用发生物理吸附和化学降解。pH 较低时，黏性土壤中主要是可逆离子交换吸附；pH 较高时，在土壤表面形成不溶的铝和铁的氢氧化物，通过氢键和离子结合大量肼。如果黏性土壤被 $Cu^{2+}$ 处理并且充分曝气，土壤中 HZ 的降解会非常迅速。在金属和金属氧化物表面催化下，MMH 与空气作用，检测到甲烷、甲基二氮烯、甲基肼和甲醇，在某些情况下还检出痕量的氨。MMH 在不同材料表面的相对分解速率如下[24]：

| Fe | > | Al₂O₃ | > | Zn | > | Ti | > | Cr | > | Al | > | Ni |
|----|---|-------|---|----|---|----|---|----|---|----|---|----|

$$Fe \quad > \quad Al_2O_3 \quad > \quad Zn \quad > \quad Ti \quad > \quad Cr \quad > \quad Al \quad > \quad Ni$$
$$210 \qquad 120 \qquad 41 \qquad 10 \qquad 7 \qquad 2 \qquad 1$$

二甲基、三甲基和四甲基取代的肼比 HZ、MMH 的反应活性低，UDMH 和三甲基肼(TMH)仅在铁的金属氧化物表面发生反应[36]。

UDMH 在土壤中可以分解生成反应性二酰亚胺中间体，在大多数土壤中发生迁移。含有黏土和有机碳的土壤可以吸附 UDMH，沙质土壤会渗出 UDMH 并可能释放到空气中。从亨利常数推断，UDMH 从潮湿的土壤表面挥发的可能性不大。UDMH 在土壤中主要通过物理过程快速去除，生物降解并不重要。

偏二甲肼在土壤中的主要转化物包括二甲基甲酰肼(FDMH)、偏腙(FDH)、乙醛腙(DMHA)、NDMA、1-甲基-1H-1,2,4-三唑(MT)*、四甲基四氮烯(TMT)、二甲基甲酰胺(DMF)、2-糠醛二甲基腙(DMHFur)等，如图 1-4 所示[37]。

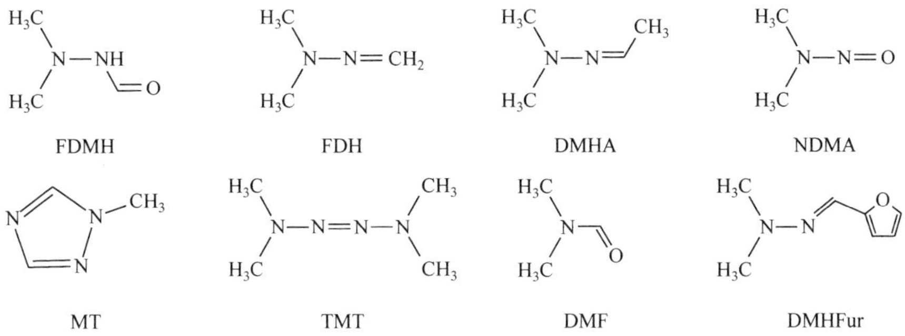

图 1-4　偏二甲肼在土壤中的主要转化物[37]

研究表明，随着 UDMH 进入土壤，土壤水分蒸发，促进了土壤初期污染物浓度的增加，且土壤有机质含量越高，UDMH 浓度越高，但 90d 后土壤中 UDMH 浓度降至初始浓度的 0.5%以下，逸出的 UDMH 主要转化为 1-甲基-1H-1,2,4-三唑(MT)、甲酸二甲酰肼、N,N-二甲基脲和二甲胺等[38]。

在微生物降解偏二甲肼实验中，检测到 FDH、NDMA、二甲基甲酰胺、甲醛、1,2-二甲基咪唑和 MT，降解到第 10 天时上述产物的浓度最大，其后逐步减小，40d 后主要残留物为 MT、二甲基甲酰胺和甲醛。

在哈萨克斯坦中部，质子号运载火箭发射后的前三年，分别定量检测土壤中

---

* 参考 1H-1,2,4-三唑的命名，其甲基取代物命名为 1-甲基-1H-1,2,4-三唑，其余三唑类物质命名同此。

UDMH 的转化物，1-甲基-1H-1,2,4-三唑的浓度依次为 57.3mg/kg、44.9mg/kg 和 13.3mg/kg，1-乙基-1H-1,2,4-三唑的浓度依次为 5.45mg/kg、3.66mg/kg 和 0.66mg/kg，1,3-二甲基-1H-1,2,4-三唑的浓度依次为 24.0mg/kg、17.8mg/kg 和 4.9mg/kg，而 4-甲基-4H-1,2,4-三唑仅在第 2 年、第 3 年检测到，浓度分别为 4.2mg/kg 和 0.66mg/kg[39]。

仅火箭助推器残骸落区直径 8～10m 范围内的土壤受到 UDMH 污染，沿土壤剖面检测发现，UDMH 转化物可以迁移下降到 120cm 土壤深度，而高浓度 UDMH 转化物通常发生在 20～60cm 的土壤深度[39]。此外，对 UDMH 污染的土壤进行隔年检测发现，在土壤中的 UDMH 转化物达近百种，其中大部分为环状化合物，主要是吡唑、三唑和咪唑的衍生物，如表 1-3 所示[39]。

**表 1-3　偏二甲肼在土壤中的主要转化物[39]**

| 序号 | 名称 | 序号 | 名称 | 序号 | 名称 |
|------|------|------|------|------|------|
| 1 | 三甲胺 | 13 | 1,4-二甲基-1H-吡唑 | 25 | 二甲氨基乙腈 |
| 2 | 乙醛 | 14 | 二甲基氰胺 | 26 | 亚硝基二甲胺 |
| 3 | 甲酸甲酯 | 15 | 5-氨基-1,5-二甲基-1H-吡唑 | 27 | 二甲基甲酰胺 |
| 4 | 偏腙 | 16 | 1-甲基-1H-1,2,4-三唑 | 28 | 二甲基乙酰胺 |
| 5 | 2-丁酮 | 17 | 1H-1,2,4-三唑 | 29 | 甲酰胺 |
| 6 | 乙腈 | 18 | 2-甲基-2H-三唑 | 30 | 二甲基二氮烯 |
| 7 | 乙醛腙 | 19 | 3-甲基-1H-1,2,4-三唑 | 31 | 二甲基甲酰肼 |
| 8 | 四甲基四氮烯 | 20 | 4-甲基-4H-1,2,4-三唑 | 32 | 1,1,5-三甲基甲簪 |
| 9 | 吡嗪 | 21 | 1,3-二甲基-1H-1,2,4-三唑 | 33 | 四甲基肼 |
| 10 | 1-甲基-1H-吡唑 | 22 | 1-乙基-1H-1,2,4-三唑 | 34 | N,N-二甲基肼羧酸 |
| 11 | 1,3-二甲基-1H-吡唑 | 23 | 1-甲基-1H-咪唑 | 35 | 甲基甲酰基甲基腙 |
| 12 | 1,5-二甲基-1H-吡唑 | 24 | 1-甲基-1,6-二氢-1,2,4,5-四嗪 | | |

使用高锰酸钾解毒方法，再进行微生物土壤联合解毒方法，大大加快了土壤微生物区系的恢复过程[40]。

## 1.3　环境转化物的二次迁移转化及生物毒性

偏二甲肼的反应活性高，容易氧化转化为许多有毒、致突变和致畸的化合物。UDMH 氧化过程可以分为 2 个阶段：首先，生成大量含有多达 10 个氮原子的复杂不稳定中间体；其次，这些中间体转化为平均分子量较低的最终反应产物。采用高分辨率质谱法确定 UDMH 氧化转化的中间体和最终产物，推测氧化产物中存在下列种类的杂环含氮化合物：亚胺、哌啶、吡咯烷、二氢吡唑、二氢咪唑、三唑、氨基三嗪和均四嗪等。

Carlsen 采用气相色谱-质谱(GS-MS)分析研究了土壤中偏二甲肼及其转化物的环境转化特性，结果见表 1-4[22](表 1-4～表 1-8 中的化合物序号相同)。

**表 1-4　土壤中偏二甲肼及其转化物的环境转化特性**

| 序号 | 名称 | 分子量 | 1h | 1d | 1w |
|---|---|---|---|---|---|
| 1 | 偏二甲肼 | 60.10 | 少 | — | — |
| 2 | 三甲胺 | 59.11 | 少 | 少 | — |
| 3 | 二甲胺 | 45.08 | 少 | 非常少 | — |
| 4 | 四甲基四氮烯 | 116.17 | 大 | 中等 | 非常少 |
| 5 | 亚硝基二甲胺 | 74.08 | — | — | 非常少 |
| 6 | 二甲基甲酰胺 | 73.10 | 少 | 少 | 少 |
| 7 | 四甲基肼 | 88.15 | 非常少 | 少 | 非常少 |
| 8 | 乙醛腙 | 86.14 | 少 | 中等 | 少 |
| 9 | 偏腙 | 72.11 | 非常大 | 大 | 中等 |
| 10 | 三甲基肼 | 74.13 | 非常少 | 少 | 非常少 |
| 11 | 乙醛 | 44.05 | 少 | 少 | — |
| 12 | 二甲基甲酰肼 | 88.11 | 无 | 无 | 无 |
| 13 | 二甲氨基乙腈 | 84.12 | 中等 | 中等 | 少 |
| 14 | 氨水 | 17.03 | 非常少 | — | — |
| 15 | 氢氰酸 | 27.03 | 非常少 | — | — |
| 16 | 1,3-二甲基-1 氢-1,2,4-三唑 | 97.12 | — | 非常少 | 少 |
| 17 | 1-甲基-1 氢-1,2,4-三唑 | 83.09 | 非常少 | 少 | 少 |
| 18 | 1-甲基-1 氢-吡唑 | 82.11 | 非常少 | 少 | 少 |

注：表中序号表示相应偏二甲肼及其转化物的序号；1h 为 1 小时，1d 为 1 天，1w 为 1 星期。

UDMH 在土壤中初期主要转化为偏腙、四甲基四氮烯和二甲氨基乙腈，反应 1h 后大部分转化物的浓度逐步减小；乙醛腙浓度先升高，在 1d 后逐渐降低，而亚硝基二甲胺和环状化合物在 1 周后浓度逐步升高。

### 1.3.1　转化物的环境迁移

大部分化学品的危险性通常与其物理化学性质有关，如分子量、水中溶解度 $S_w$、亨利常数 $k_B$、蒸汽压 VP、正辛醇-水分配系数 $K_{ow}$ 和生物降解率。UDMH 及在土壤中 17 种转化物的相关物理化学常数见表 1-5[22]。

表 1-5　土壤中偏二甲肼及其转化物的相关物理化学常数[22]

| 序号 | lg $S_w$/(mg/L) | lg $K_{ow}$ | lg $K_{OC}$ | lg $k_B$/(atm·m³/mol) | lg VP/mmHg |
|---|---|---|---|---|---|
| 1 | $1 \times 10^6 (1 \times 10^6)$ | −1.19 | 1.29 | $6.95 \times 10^{-8}$ | $1.68 \times 10^2 (1.57 \times 10^2)$ |
| 2 | $1 \times 10^6 (8.9 \times 10^5)$ | 0.04(0.16) | 1.17 | $1.28 \times 10^{-4} (1.04 \times 10^{-4})$ | $1.69 \times 10^3 (1.61 \times 10^3)$ |
| 3 | $1 \times 10^6 (1.7 \times 10^6)$ | −0.17(−0.38) | 1.12 | $1.81 \times 10^{-5} (1.77 \times 10^{-5})$ | $1.52 \times 10^3 (1.47 \times 10^3)$ |
| 4 | $1 \times 10^6$ | 0.69 | 1.03 | $1.96 \times 10^8$ | 21.3 |
| 5 | $9.6 \times 10^5 (1 \times 10^6)$ | −0.64(−0.57) | 1.58 | $2.02 \times 10^{-6} (1.82 \times 10^{-6})$ | 4.3(2.70) |
| 6 | $1 \times 10^6 (1 \times 10^6)$ | −0.93(−1.01) | 0.38 | $7.38 \times 10^{-8} (7.39 \times 10^{-8})$ | 3.49(3.87) |
| 7 | $1 \times 10^6$ | −0.52 | 1.53 | $7.39 \times 10^{-7}$ | $1.31 \times 10^2$ |
| 8 | $4.5 \times 10^5$ | 0.40 | 1.85 | $5.91 \times 10^{-5}$ | 80.3 |
| 9 | $7.78 \times 10^5$ | 0.68 | 1.58 | $4.45 \times 10^{-5}$ | $3.30 \times 10^2$ |
| 10 | $1 \times 10^6$ | −0.73 | 1.45 | $1.53 \times 10^{-7}$ | $1.45 \times 10^2$ |
| 11 | $4.77 \times 10^5 (1 \times 10^6)$ | −0.17(−0.34) | 0.18 | $6.78 \times 10^{-5} (6.67 \times 10^{-5})$ | $9.10 \times 10^2 (9.02 \times 10^2)$ |
| 12 | $1 \times 10^6$ | −1.70 | 0.65 | $3.08 \times 10^{-10}$ | 0.14 |
| 13 | $1 \times 10^6$ | −0.44 | 1.00 | $1.52 \times 10^{-8}$ | 7.12 |
| 14 | $3.02 \times 10^4 (4.8 \times 10^5)$ | 0.23(−1.38) | 1.16 | $3.45 \times 10^{-6}$ | $35.2(7.51 \times 10^3)$ |
| 15 | $3.1 \times 10^5 (1 \times 10^6)$ | −0.69(−0.25) | 0.43 | $2.42 \times 10^{-2} (1.33 \times 10^{-4})$ | $7.32 \times 10^2 (7.42 \times 10^2)$ |
| 16 | $2.0 \times 10^5$ | 0.33 | 2.37 | $3.60 \times 10^{-5}$ | 3.78 |
| 17 | $5.7 \times 10^5$ | −0.21 | 2.16 | $3.26 \times 10^{-5}$ | 10.5 |
| 18 | $7.3 \times 10^4$ | 0.61(0.23) | 1.20 | $7.88 \times 10^{-5}$ | 11.5 |

由表 1-5 可知，偏二甲肼的转化物都具有高的水溶性($\lg S_w$)，低的有机碳分配系数($\lg K_{OC}$)、正辛醇-水分配系数($\lg K_{ow}$)和亨利常数($\lg k_B$)，表明上述化合物更趋于溶解在水中，而不易进入含有机物的底泥中；较低的亨利常数表明不会轻易从水中蒸发到大气中；蒸汽压($\lg VP$)相对高的物质，如偏二甲肼、甲基肼、三甲基肼、乙醛和氢氰酸等，在干燥的土壤中则有可能挥发到大气中。

对于化合物的持久性和生物蓄积性，Walker 和 Carlsen 采用 USEPA 生物富集潜力的定义进行了比较研究，1000＜BCF＜5000 的化合物为中间生物富集潜力，BCF＞5000 的化合物为高生物富集潜力。研究认为，表 1-5 中化合物的 $\lg K_{ow}$＜1 时，此时 lgBCF 的估计值为 0.5，表明所列偏二甲肼及转化物均不具有生物富集作用。

大气中的 NDMA 大部分存在于气相中，极少分布于颗粒物上。NDMA 在阳光下迅速分解，光解的半衰期为 5～30min；地表水中的 NDMA 在阳光下也可发生光解。由于 NDMA 的亨利常数低，因此水体中 NDMA 的挥发不是主要过程；

---

＊ 1atm=1.01325 × 10⁵Pa。

土壤表面的 NDMA 主要通过光解和挥发而减少。野外条件下，土壤表面 NDMA 的挥发半衰期为 1～2h；表层以下的土壤以及阳光到达不了的深水处，NDMA 主要在微生物的作用下缓慢降解。在通气状态下，NDMA 微生物降解的半衰期为 50～55d，稍快于厌氧状态。根据正辛醇-水分配系数估计，NDMA 被水生生物富集、悬浮颗粒物或底泥固定的作用微弱，也不易被土壤颗粒固定，但存在向下迁移进入地下水的可能性。

### 1.3.2　转化物的环境持久性

　　化合物的环境持久性与降解可能性、生物降解半衰期等密切相关。偏二甲肼及其转化物的最终生物降解概率(BDP3)、生物降解半衰期、厌氧生物快速降解评估结果以及河流和湖泊中的半衰期见表 1-6[22]。

表 1-6　偏二甲肼及其转化物的环境持久性[22]

| 序号 | BDP3 | 生物降解半衰期 | 厌氧生物快速降解 | 河流中半衰期 | 湖水中半衰期 |
|---|---|---|---|---|---|
| 1 | 3.0664 | 数周 | 是 | 272 d | 8.1 y |
| 2 | 2.8137 | 数周 | 否 | 5.1 h | 5.0 d |
| 3 | 3.1240 | 数周 | 是 | 22.9 h | 12.8 d |
| 4 | 2.9425 | 数周 | 是 | 3.67 y | 40.1 y |
| 5 | 2.6503 | 数周到数月 | 是 | 11.6 d | 130 d |
| 6 | 2.9834 | 数周 | 否 | 282 d | 8.4 y |
| 7 | 3.0044 | 数周 | 是 | 31.0 d | 340 d |
| 8 | 3.0088 | 数周 | 否 | 10.1 h | 7.9 d |
| 9 | 3.0398 | 数周 | 是 | 12.0 h | 8.4 d |
| 10 | 3.0354 | 数周 | 是 | 137 d | 4.1 y |
| 11 | 3.1241 | 数周 | 是 | 6.5 h | 5.3 d |
| 12 | 3.0045 | 数周 | 是 | 204 y | 2220 y |
| 13 | 2.6761 | 数周到数月 | 否 | 4.0 y | 44.0 y |
| 14 | 3.1615 | 数周 | 否 | 6.7 d | 6.7 d |
| 15 | 3.1394 | 数周 | 是 | 2.8 h | 3.1 d |
| 16 | 2.9097 | 数周 | 否 | 17.0 h | 11.2 d |
| 17 | 3.0155 | 数周 | 是 | 17.3 h | 11.1 d |
| 18 | 3.0177 | 数周 | 否 | 7.7h | 6.6d |

　　由表 1-6 可以看出，除了亚硝基二甲胺 **5**、二甲氨基乙腈 **13** 的半衰期为数周

到数月外，其余转化物的生物降解半衰期都是数周，即在数周内可快速最终降解。根据 Carlsen 和 Walker 规定物质的持久性、生物蓄积性和有毒性 PBT 标准[41]，水生生物半衰期＞60d、陆地生物半衰期＞180d 就具有持久性。因此，偏二甲肼 **1**、四甲基四氮烯 **4**、二甲基甲酰胺 **6**、三甲基肼 **10**、二甲基甲酰肼 **12** 和二甲氨基乙腈 **13** 在河流、湖泊和土壤中可能具有持久性，其中二甲基甲酰肼是持久性最长的化合物。Adushkin 研究发现，偏二甲肼在干燥的土壤中持久性非常强，自修复时间长达 34 年[41]。如果偏二甲肼初始浓度高，二次污染转化物的残留时间就会比较长。

### 1.3.3　转化物的生物毒性

生物毒性主要分急性毒性和慢性毒性。急性毒性通常为小鼠或大鼠采用经口、吸入或经皮染毒途径，一般用半数致死剂量 $LD_{50}$ 和半数有效剂量 $EC_{50}$ 表示。$LD_{50}$ 是指化学物质引起一半受试对象出现死亡所需要的剂量，这是评价化学物质急性毒性大小最重要的参数，也是对不同化学物质进行急性毒性分级的基础标准[29]。化学物质的急性毒性与 $LD_{50}$ 成反比，即急性毒性越大，$LD_{50}$ 的数值越小。$EC_{50}$ 是指毒物引起半数受试生物产生同一中毒作用所需的毒物剂量。

表 1-7 总结了表 1-5 中偏二甲肼及其转化物对鱼类、水蚤和绿藻的急性毒性[22]，表 1-8 是其慢性毒性及部分蚯蚓毒性数据。使用部分顺序排序方法，基于其预测的人类健康影响对转化物进行排序，应主要关注亚硝基二甲胺、1,1,4,4-四甲基四氮烯、三甲基肼、乙醛腙、二甲基甲酰肼和偏腙。偏二甲肼及三甲基肼、四甲基肼、偏腙、乙醛腙等二次污染物具有显著急性毒性，二甲基甲酰肼的毒性＜1mg/L，是典型的慢性毒性污染物。

表 1-7　偏二甲肼及其转化物对鱼类、水蚤和绿藻的急性毒性[22]

| 序号 | LC$_{50}$/(mg/L) | | | EC$_{50}$/(mg/L) |
| --- | --- | --- | --- | --- |
| | 鱼 [a] | 绿藻 | 水蚤 [c] | 鱼 [a] |
| 1 | 48500 | 5.9 | 6.2 | 0.53[d] |
| 2 | 4050 | 290 | 16.8 | 16.1[b] |
| 3 | 4700 | 300 | 17.0 | 15.1[b] |
| 4 | 2160 | 1470 | 1450 | 830[b] |
| 5 | 19800 | 1000 | 5200 | 39.8[b] |
| 6 | 35000 | 30800 | 27000 | 4200[b] |
| 7 | 18500 | 4.4 | 6.1 | 0.67[d] |
| 8 | 2850 | 1.7 | 3.5 | 0.53[d] |
| 9 | 1350 | 1.1 | 2.5 | 0.42[d] |
| 10 | 23800 | 4.6 | 5.8 | 0.59[d] |

续表

| 序号 | LC$_{50}$/(mg/L) | | | EC$_{50}$/(mg/L) |
| --- | --- | --- | --- | --- |
| | 鱼$^a$ | 绿藻 | 水蚤$^c$ | 鱼$^a$ |
| 11 | 4600 | 17.8 | 48.8 | 1820$^b$ |
| 12 | 200000 | 14.4 | 12.2 | 0.88$^d$ |
| 13 | 15100 | 850 | 45.5 | 37.0$^b$ |
| 14 | 800 | 580 | 550 | 310$^b$ |
| 15 | 8000 | 6775 | 6025 | 3225$^b$ |
| 16 | 3700 | 2675 | 2550 | 1450$^b$ |
| 17 | 9400 | 7350 | 6775 | 3725$^b$ |
| 18 | 1800 | 1225 | 1200 | 690$^b$ |

注：a 表示 14d 基准(非急性)毒性；b 表示 96h 急性毒性；c 表示 48h 急性毒性；d 表示 144h 急性毒性。

表 1-8　偏二甲肼及其转化物的慢性毒性及部分蚯蚓毒性数据[22]

| 序号 | ChV/(mg/L) | | | LC$_{50}$/(mg/kg)$^①$ |
| --- | --- | --- | --- | --- |
| | 鱼 | 水蚤 | 绿藻 | 蚯蚓 |
| 1 | 0.59 | 0.62 | 0.13 | — |
| 2 | | | 2.3 | — |
| 3 | — | — | 2.1 | — |
| 4 | 150 | | 39.1 | 1800 |
| 5 | — | — | 4.8 | — |
| 6 | 2475 | — | 260 | 3600 |
| 7 | 0.44 | 0.61 | 0.17 | — |
| 8 | 0.17 | 0.35 | 0.13 | — |
| 9 | 0.11 | 0.25 | 0.10 | — |
| 10 | 0.46 | 0.58 | 0.15 | — |
| 11 | 8.9 | — | 52.0 | — |
| 12 | 1.4 | 1.2 | 0.22 | — |
| 13 | — | — | 4.7 | — |
| 14 | 56.4 | −11 | 23 | 75 |
| 15 | 565 | 95.2 | 68.1 | 1125 |
| 16 | 265 | — | 55.2 | 1950 |
| 17 | 665 | — | 105 | 2450 |
| 18 | 127 | — | 31.0 | 1350 |

注：ChV 表示慢性毒性值；①为干质量。

1976 年，对白化病小鼠从 6 周龄开始，在饮用水中给予 0.05%的三甲基肼盐酸盐(TMH)溶液以诱导血管、肺和肾的肿瘤。对照组中这些组织的肿瘤发生率分别为 5%、22%和 0%，而在给药组中相应的肿瘤发生率则分别增至 85%、44%和 6%[42]。

1978 年，国际癌症研究机构(IARC)等向大鼠和小鼠的腹腔中灌入 NDMA，大鼠的半数致死剂量为 43mg/kg，小鼠的半数致死剂量为 20mg/kg。在其他生物实验中，当 NDMA 的剂量为 30~60mg/kg 时，可对肝(肝中毒)、肾(肿瘤)及睾丸(输精上皮组织坏死)产生影响；NDMA 吸入毒性也很高，大鼠4h 半数致死剂量为 240mg/m$^3$，小鼠 4h 半数致死剂量为 176mg/m$^3$[43]。亚硝基二甲胺的有害物质清单于 1987 年 4 月 17 日和 1988 年 10 月 20 日发表在《联邦公报》上[44]。

据文献报道，至少有两人在吸入 NDMA 后死亡。其中一人是参与 NDMA 生产的男性化学家，接触未知浓度的 NDMA 约 2 周[45]，接触 6 天后患病，出现腹胀、肝脏变软、脾脏肿大等病症，6 周后死亡；另一人是一家汽车工厂的男性工人，也是接触未知浓度的 NDMA 后死亡，解剖显示肝硬化肝脏有再生区[45]。

综合考虑持久性和有毒物质，除了主要污染物偏二甲肼 **1** 之外，四甲基肼 **7**、三甲基肼 **10** 和二甲基甲酰肼 **12** 等 3 种转化物需要进一步关注，其次是有 2 个腙结构的转化物乙醛腙 **8** 和偏腙 **9**。

### 1.3.4 转化物对健康影响的评估

外来化学物从体外吸收、在体内分布和排泄出体外的过程称为生物转运，包括吸收、分布、代谢和排泄等过程。外来化学物可经皮肤、消化道、呼吸道及其他一些途径或方式被机体吸收；环境污染物进入血液后，一部分与血浆蛋白质(主要是白蛋白)结合，另一部分呈游离状态，经血液输送分布到全身各个组织器官。有些环境污染物可在脂肪组织或骨组织中蓄积和沉积，有些在组织细胞内通过生物转化转变为代谢物，最后以其原物或代谢产物通过肾脏进入尿液或通过肝脏的胆汁进入粪便，也有一部分通过其他排泄途径排出体外。

QSAR/QSTR(定量结构活性/毒性)建模研究偏二甲肼及其转化物对人类健康的可能影响[46]，主要包括急性毒性、器官特异性不良血液学效应、心血管和胃肠系统、肾脏、肝脏与肺部的代谢和排泄(ADME)模型，以及转化物的生物活性模型。结果表明，偏二甲肼转化物通过口服摄取容易被生物吸收，其中很大一部分物质被发现是全身循环中的游离物种，典型的情况是这些转化物不会发生显著的第 1 道代谢，可以在全身自由移动并发挥一系列的毒理和药理作用。由于转化物的亲水性质，活性蛋白介导的运输不起任何重要作用。

四甲基四氮烯 TMT 是一种潜在的火箭燃料，加热至沸点 130℃时发生爆炸分解放出 NO。生物体中的组织分布实验结果表明，TMT 在肝、肾、脑等有限器官中迅速分布；去除速率数据表明，TMT 能非常迅速地从体内去除[47]。

偏二甲肼及其转化物会对人体器官产生若干不利影响，包括血液毒性、心血管和胃肠毒性，以及对肾、肝和肺的损害。此外，几种转化物具有致癌(CAR)、诱变(MUT)、致畸(TER)和胚胎(EMB)毒性的可能性很高。

图 1-5 是基于胃肠系统(GAS)、肝脏(LIV)和肺(LUN)参数构建的 Hasse 图[46]。转化物位于 Hasse 图顶部，代表其危险性最强，因此转化物四甲基四氮烯 **4**、亚硝基二甲胺 **5** 和乙醛腙 **8** 需要重点关注，其次是转化物(2 级)偏二甲肼 **1**、三甲胺 **2**、偏腙 **9**、三甲基肼 **10**、二甲基甲酰基 **12** 和二甲氨基乙腈 **13**，而位于 Hasse 图底部的转化物乙醛 **11** 和 1-甲基-1 氢-吡唑 **18**，危险性相对最小。

图 1-6 是通过 PASS 预测概率，基于 CAR、MUT、TER 和 EMB 参数构建的 Hasse 图[46]。由图 1-6 可知，亚硝基二甲胺 **5** 是最危险的物质，其次是转化物(2 级)偏二甲肼 **1**、四甲基四氮烯 **4**、二甲基甲酰胺 **6**、乙醛腙 **8** 和三甲基肼 **10**，转化物二甲氨基乙腈 **13** 位于图的底部，危险性相对最小。

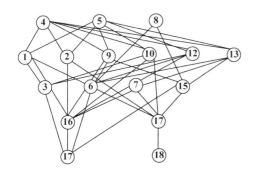

图 1-5　GAS、LIV 和
LUN 参数构建 Hasse 图[46]

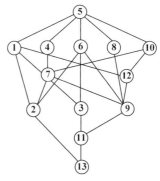

图 1-6　CAR、MUT、TER 和
EMB 参数构建 Hasse 图[46]

### 1.3.5　转化物的致癌作用

偏二甲肼及其转化物中的醛类、肼类、腙类和亚硝胺类都可能具有致癌性。IARC 将 N-亚硝胺类化合物列为人类致癌物，其中 NDMA 为 2A 类，对人类致癌性证据有限，但对实验动物致癌性的证据充分[43]。

化学致癌物的机理非常复杂，一般认为有 2 个阶段。第一阶段是引发阶段，即致癌物与 DNA 反应引起基因突变，导致遗传密码改变；第二阶段是促长阶段，突变细胞改变遗传信息的表达，增殖为肿瘤。在引发阶段，都是亲电的活泼物质通过烷基化、芳基化作用与 DNA 碱基中富电的 N 原子(或 O 原子)氧化产物以共价结合方式引起 DNA 基因突变。

NDMA 具有强烈的致癌、致畸和致突变性。1956 年 Magee 和 Barnes 报道 NDMA 能诱导小鼠肝癌以后,大量实验进一步表明 NDMA 能引起动物的肝、肺、肾等组织器官的癌症。1991 年,美国环境保护机构(USEPA)将 NDMA 归为人体致癌物,其致癌性远超三氯甲烷。1988 年阿根廷的一个水貂繁殖地中暴发肝坏死和肝血管肉瘤,原因是养殖用 Minks 食品中含有 2.6ppm 的二甲基亚硝胺(NDMA),而添加的亚硝酸盐防腐剂导致食品中含有亚硝基二甲胺[48]。

有学者对吸入 NDMA 致癌的可能性评价进行了研究。其中一项研究,让大鼠每周两次暴露在 50ppm 或 100ppm 的 NDMA 蒸汽中长达 30min,结果大鼠出现恶性鼻腔肿瘤[49]。1975 年 Moiseev 的一项研究[50],让大鼠和小鼠分别持续接触 0.07ppm NDMA 25 个月和 17 个月,结果大鼠和小鼠肺、肝和肾的肿瘤发病率显著增加。肿瘤类型包括肺、肝、肾中的各种腺瘤、癌、肉瘤,以及肝脏中的血管瘤,这与 NDMA 口服和注射的研究结论是一致的。

对大鼠、小鼠、仓鼠和貂进行的急性、中期和慢性持续时间的研究,证实了口服 NDMA 的致癌性。肝和肺是 NDMA 致癌的主要目标,但肾脏和睾丸的肿瘤也可能发生。肝和肺肿瘤的发病率通常为 50%~100%,但大鼠出现肝脏肿瘤的概率最高,仓鼠和小鼠出现肺肿瘤的概率最高。肝肿瘤通常为血管瘤和肝细胞癌,肺肿瘤通常为腺瘤和肝肿瘤转移。

对大鼠每日喂食 NDMA(8mg/kg),持续 6 天,大鼠肾脏内上皮肿瘤的发病率 8.6%,间充质肿瘤的发病率 14.5%[51];对小鼠每日喂食 NDMA(9.5mg/kg),持续 7 天,小鼠产生肾脏和肺腺瘤[52]。

NDMA 与肝脏脱氧核糖核酸 DNA 相互作用,可与 $N^7$-甲基鸟嘌呤和 $O^6$-甲基鸟嘌呤形成加合物,$O^6$-甲基鸟嘌呤是 DNA 突变前重要损伤产物。大量动物实验表明,NDMA 在人体内将 DNA 烷基化,最终诱发癌症。肿瘤研究中,检测到许多肿瘤的重要基因并未发生突变、缺失,基因表达的异常主要通过 DNA 甲基化实现。癌基因的去甲基化和抑癌基因的甲基化状态,可导致癌基因激活、抑癌基因失活。癌基因的低甲基化和抑癌基因的高甲基化改变是肿瘤细胞的一个重要特征。DNA 甲基化状态的改变导致基因结构和功能的异常,其与肿瘤之间的相关性是近年来研究的热点。

肼具有遗传毒性,在动物研究中具有致癌性。在很高的暴露水平下已证明了胚胎毒性,但在职业接触水平上却缺乏支持这些发现的流行病学证据[53]。肼暴露剂量与肺癌发病率呈正相关,也观察到结直肠癌发病率与剂量反应相关联。

肼分子本身不带甲基,但在动物体内仍然诱导 DNA 甲基化。用不同剂量的肼喂食大鼠 16h,观察大鼠肝脏 DNA 中 $N^7$-甲基鸟嘌呤和 $O^6$-甲基鸟嘌呤甲基化的诱导作用[54,55]。口服肼剂量 0.1~10mg/kg 组,每 $10^9$ 个核苷酸中大鼠 $N^7$-鸟嘌呤甲基化数量从 1.1~1.3 个增加到 39~45 个,0.2mg/kg 剂量组未见明显增加。

肼剂量从 0.2mg/kg 到 10mg/kg，每 $10^9$ 个核苷酸中 $O^6$-鸟嘌呤甲基化数量从 0.29 个增加到 134 个。数据表明，即使在低于最大耐受剂量 0.6(mg/kg)/d 下，尚未形成癌之前，甲基化 DNA 加合物已形成[54]。

0.01 致死剂量($LD_{0.01}$)的肼与 $^{14}C$-甲基蛋氨酸共同作用于大鼠或小鼠，导致肝脏 DNA 中 $N^7$ 位鸟嘌呤的甲基化，而肝脏 DNA 中鸟嘌呤 $O^6$ 位的甲基化仅在小鼠中发生。经 MMH 处理的大鼠和小鼠，仅 $N^7$ 位鸟嘌呤的肝脏 DNA 发生甲基化，并且在 UDMH 中的程度要轻得多。MMH 和 UDMH 产生的二氧化碳，在大鼠肝脏中活性最高，在肾脏和结肠中活性较低，在肺中仅有轻微活性；MMH 产生的二氧化碳比 UDMH 多 1.4~5.5 倍[55]。

HZ 和 MMH 具有急性神经毒性、肝毒性和肾毒性[56]，对啮齿动物的肝和肺致癌。肼导致大鼠、小鼠、仓鼠和豚鼠的靶器官 DNA 甲基化，形成 7-甲基鸟嘌呤和 $O^6$-甲基鸟嘌呤。研究表明，HZ 与体内的甲醛反应生成可以代谢为甲基化剂的缩合产物[57]。0.50mmol HZ 和甲醛的溶液在混合后生成甲醛腙，在含有线粒体核糖体蛋白(S9)、微粒体、胞质或线粒体细胞部分的体外系统中孵育，导致 DNA 鸟嘌呤甲基化；S9 是最活跃的部分，细胞色素酶 P450 单加氧酶和黄素单加氧酶系统在肼/甲醛诱导的 DNA 甲基化中是重要的。数据支持生成甲醛腙作为 HZ 和甲醛的缩合产物，其可以在过氧化氢酶存在下在各种肝细胞中迅速转化成甲基化剂。

给大鼠注射 1,2-二甲基肼(40mg/kg)5 周，约 10 周后发展成结肠癌[58]。1,2-二甲基肼对肝脏和其他器官有严重毒性反应，但肿瘤只在结肠和肛门周围诱发，诱导大肠腺瘤息肉和腺癌肿瘤的发病率 100%[59]。将 1,2-二甲基肼注射到大鼠体内(300mg/kg)，给药后在不同组织中测量 DNA 烷基化程度，发现结肠的 4-甲基鸟嘌呤/7-甲基鸟嘌呤比例(0.0565)比肝脏的比例(0.0136)高出约 4 倍[60]。

在金属离子存在下，甲基肼、偏二甲肼和 1,2-二甲基肼可引起 DNA 的损伤，$Cu^{2+}$介导的 DNA 损伤的顺序为：1,2-二甲基肼与 UDMH 相近，远大于 MMH。DNA 的损伤顺序与 $Cu^{2+}$催化自氧化甲基自由基·$CH_3$ 的顺序(甲基肼大于偏二甲肼，远大于 1,2-二甲基肼)无关，DNA 损伤顺序与甲基肼 $Cu^+$催化氧化过程中观察到的 $H_2O_2$ 产生与 $O_2$ 消耗的比例有关。这些结果表明，在 MMH 加 $Cu^{2+}$诱导的 DNA 损伤中，不是·$CH_3$ 而是 $Cu^+$-过氧化物络合物起着更重要的作用。利用 DNA 测序技术研究了金属离子存在下由 MMH、UDMH 和 1,2-二甲基肼诱导的 DNA 损伤。1,2-二甲基肼加 $Mn^{3+}$引起每个核苷酸的 DNA 切割，无明显的位点特异性。ESR 自旋捕获实验表明，在 1,2-二甲基肼的 $Mn^{3+}$催化自氧化过程中羟基自由基·OH 不是通过 $H_2O_2$ 产生，且·OH 引起 DNA 损伤[61]。

在 6 周龄小鼠的饮用水中连续给 0.0078%甲基甲酰肼(MFH)，最终导致肝、肺、胆囊和胆管的肿瘤，肿瘤发生率分别为 33%、50%、9%和 7%，而在未处理的对照组中则分别为 1%、18%、0%和 0%[62]。

　　甲醛是有机化合物降解过程中的重要中间体。甲醛能够降解肿瘤抑制蛋白的 BRCA2，破坏 DNA 损伤修复机理，由此成为诱发癌症的高危物质。人类 BRCA2 基因突变的携带率为 1%，甲醛对于携带乳腺癌 2 号基因 BRCA2 基因突变的人来说尤其"凶险"。BRCA2 基因突变与乳腺癌、卵巢癌、前列腺癌甚至是胰腺癌的发生密切相关。据《自然》报道，剑桥大学科学家发现乙醛直接破坏细胞 DNA 结构，诱发基因突变，甚至引起严重的染色体重排。我国有大量乙醛脱氢酶(ALDH2)基因缺陷(喝酒上脸一族，亚洲人约三分之一存在这种情况)或者基因修复能力有缺陷的人，特别容易受到酒精和乙醛的伤害。具有 ALDH2 基因缺陷的老鼠喝酒后，DNA 突变数量是普通老鼠的 4 倍。

## 参 考 文 献

[1] Kane D A. Bacterial toxicity and metabolism of three hydrazine fuels [D]. Corvallis:Oregon State University, 1980.

[2] MacNaughton M G, Urda G A, Bowden S E. Oxidation of hydrazine in aqueous solutions[R]. ADA058239, 1978.

[3] McQuistion W E, Bowen R E, Carpenter G A, et al. Basic studies relating to the synthesis of 1,1-Dimethylhydrazine by chloramination[R]. Naval Surface Weapons Center Dahlgren Lab, VA, 1979.

[4] Delalu H, Marchand A. Détermination des conditions de formation de la formaldéhyde diméthylhydrazone (FDMH) par oxydation de la diméthylhydrazine asymétrique (UDMH) par la chloramine. Ⅰ. Cinétique de la réactiond'oxydation del'UDMH par la chloramine[J]. Journal de Chimie Physique, 1987, 84: 991-995.

[5] Giordano T J, Sisler H H. Chloramination of trimethylhydrazine[J]. Inorganic Chemistry, 1977, 16(8): 2043-2046.

[6] Utvary K, Sisler H H. Reaction of 1,1-dimethylhydrazine with gaseous chloramine[J]. Inorganic Chemistry, 1968, 7(4): 698-701.

[7] Back K G, Thomas A A. Pharmacology and toxicology of 1, 1-dimethylhydrazine (UDMH)[J]. American Industrial Hygiene Association Journal, 1963, 24(1): 23-27.

[8] O'brien R D, Kirkpatrick M, Miller P S. Poisoning of the rat by hydrazine and alkylhydrazines[J]. Toxicology and Applied Pharmacology, 1964, 6(4): 371-377.

[9] Choudhary G, Hansen G, Donkin H, et al. Toxicological profile for hydrdazines[R]. Atlanta: U.S. Department of Health and Human Services: Agency for ToxicSubstances and Disease Registry,1997.

[10] Oropeza C M. An Evaluation Study of the effectiveness of usingareaction-based process for hydrazine wasteremediation [D]. Florida:University of Central Florida, 2011.

[11] Choudhary G, Hansen H.Human health perspective of environmental exposure to hydrazines: A review[J]. Chemosphere, 1998, 37(5): 801-843.

[12] Ellis S R M, Moreland C. The reaction between hydrazine and oxygen[C]. Proceedings of the International Conference on Hydrazine and Water Treatment, Bournemouth, 1957.

[13] Ellis S R M, Jeffreys G V, Hill P. Oxidation of hydrazine in aqueous solution[J]. Journal of Applied Chemistry, 1960, 10(8): 347-352.

[14] Higginson W C E, Wright P. The oxidation of hydrazine in aqueous solution. Part Ⅲ. Some aspects of the kinetics of oxidation of hydrazine by iron (Ⅲ) in acid solution[J]. Journal of the Chemical Society (Remed), 1955: 1551-1556.

[15] Gaunt H, Wetton E A M. The reaction between hydrazine and oxygen in water[J]. Journal of Applied Chemistry, 1966, 16(6): 171-176.

[16] Slonim A R, Gisclard J B. Hydrazine degradation in aquatic systems[J]. Bulletin of Environmental Contamination and Toxicology, 1976, 16(3): 301-309.

[17] Moliner A M, Street J J. Decompostion of hydrazine in aqueous solutions[J]. Journal of Environmental Quality, 1989, 18(4): 483-487.

[18] Ou L T, Street J J. Microbial enhancement of hydrazine degradation in soil and water[J]. Bulletin of Environmental Contamination and Toxicology, 1987, 39(3): 541-548.

[19] Kane D A, Williamson K J. Bacterial toxicity and metabolism of hydrazine fuels[J]. Archives of Environmental Contamination and Toxicology, 1983, 12(4): 447-453.

[20] Nauryzbaev M K, Batyrbekova S E, Tassibekov K S, et al. Ecological problems of central Asia resulting from space rocket debris[J]. History and Society in Central and Inner Asia, Toronto Studies in Central and Inner Asia, 2005, 7: 327-349.

[21] ISTC.System analysis of environmental objects in the territories of Kazakhstan, which suffered negative influence through Baikonurspace port activity, Final technical Report of ISTC K451.2[R]. Center of Physical-Chemical Methods of Analysis, al-Farabi KazakhNational University in Almaty, Kazakhstan, 2006.

[22] Carlsen L, Kenessov B N, Batyrbekova S Y. A QSAR/QSTR study on the environmental health impact by the rocket fuel 1,1-dimethyl hydrazine and its transformation products [J]. Environmental Health Insights, 2008, 1(1)：11-20.

[23] Pitts Jr J N, Tuazon E C, Carter W P L, et al. Atmospheric Chemistry of Hydrazines: Gas Phase Kinetics and Mechanistic Studies[R]. ADA093486, 1980.

[24] Martin N B, Davis D D, Kilduff J E, et al. Environmental fate of hydrazines[R]. ADA242930, 1989.

[25] Stone D A. Autoxidation of hydrazine, monomethylhydrazine, and unsymmetrical dimethylhydrazine[J]. Proceedings of SPIE - The International Society for Optical Engineering, 1981, 289(12): 45.

[26] Vaghjiani G L. Kinetics of OH reactions with $N_2H_4$, $CH_3NHNH_2$ and $(CH_3)_2NNH_2$ in the gas phase[J]. International Journal of Chemical Kinetics, 2001, 33(6): 354-362.

[27] Coleman D J, Judeikis H S, Lang V. Gas-Phase rate constant measurements for reactions of ozone with hydrazines[R]. ADA 318118, 1996.

[28] Urry W H, Olsen A L, Bens E M, et al. Autoxidation of 1,1-dimethylhydrazine[R]. AD0622785, 1965.

[29] 戴树桂. 环境化学 [M]. 北京: 高等教育出版社, 2006.

[30] MacNaughton M G, Stauffer T B, Stone D A. Environmental chemistry and management of hydrazine[J]. Aviation, Space, and Environmental Medicine, 1981, 52(3): 149-153.

[31] Braun B A, Zirrolli J A. Environmental fate of hydrazine fuels in aqueous and soil environments[R]. ADA125813, 1983.

[32] Banerjee S, Pack Jr E J, Sikka H, et al. Kinetics of oxidation of methylhydrazines in water. Factors controlling the formation of 1, 1-dimethylnitrosamine[J]. Chemosphere, 1984, 13(4): 549-559.

[33] 陈定茂. 偏二甲肼及其有关环境化学问题[J]. 环境工程学报, 1985(3): 16-24.

[34] 焦玉英, 王相明, 孙思恩, 等. 偏二甲肼推进剂污水成分研究[J]. 环境科学与技术, 1988(3): 9-11, 51.

[35] Ul'yanovskii N V, Kosyakov D S, Pokryshkin S A, et al. Determination of transformation products of 1, 1-dimethylhydrazine by gas chromatography–tandem mass spectrometry[J]. Journal of Analytical Chemistry, 2015, 70(13): 1553-1560.

[36] Kilduff J E, Davis D D, Koontz S L. Surface-catalyzed air oxidation reactions of hydrazines: Tubular reactor studies Hazardous Materials Technical Center[C]. The Third Conference on the Environmental Chemistry of Hydrazine Fuels, Panama, 1988, 128-137.

[37] Kosyakov D, Ul'yanovskii N V, Lakhmanov D, et al. Rapid determination of 1,1-dimethylhydrazine transformation products in soil by accelerated solvent extraction coupled with gas chromatography–tandem mass spectrometry[J]. International Journal of Environmental Analytical Chemistry, 2015, 95(14): 1321-1337.

[38] Rodin I A, Smirnov R S, Smolenkov A D, et al. Transformation of unsymmetrical dimethylhydrazine in soils[J]. Eurasian Soil Science, 2012, 45(4): 386-391.

[39] Kenessov B, Alimzhanova M, Sailaukhanuly Y, et al. Transformation products of 1,1-dimethylhydrazine and their distribution in soils of fall places of rocket carriers in Central Kazakhstan[J]. Science of the Total Environment, 2012, 427: 78-85.

[40] Tovassarov A D, Bissariyeva S S, Nursultanov M E, et al. Combined environmentally safe method of detoxition of soil contaminated with unsymmetrical dimethylhydrazineun[J].Engineering Science and Technology, 2016, 6(3): 1-5.

[41] Carlsen L, Walker J D. QSARs for Prioritizing PBT Substances to Promote Pollution Prevention[J]. QSAR & Combinatorial Science, 2003, 22(1): 49-57.

[42] Nagel D, Toth B, Kupper R, et al. Trimethylhydrazine hydrochloride as a tumor inducer in Swiss mice[J]. Journal of the National Cancer Institute, 1976, 57(1): 187-189.

[43] 古楠, 刘永东, 钟儒刚. 亚硝基二甲胺(NDMA)的环境过程和毒理效应[J]. 生态毒理学报, 2013, 8(3): 338-343.

[44] Agency for Toxic Substances，Disease Registry. Toxicological profile for *N*-nitrosodimethylamine [R]. Agency for Toxic Substances and Disease Registry (ATSDR) U.S. Public Health Service In collaboration with U.S. Environmental Protection Agency (EPA), 1989.

[45] Bartsch H，O'Neill I K，Castegnaro M. *N*-Nitroso Compounds: Occurrence and Biological Effects[C]. The 72 Papers Presented at the Seventh International Symposium on *N*-Nitroso Compounds, Tokyo, 1981.

[46] Carlsen L, Kenessov B N, Batyrbekova S Y. A QSAR/QSTR study on the human health impact of the rocket fuel 1,1-dimethyl hydrazine and its transformation products: Multicriteria hazard ranking based on partial order methodologies.[J]. Environ Toxicol Pharmacol, 2009, 27(3): 415-423.

[47] Dhenain A, Darwich C, Sabaté C M, et al. (E)-1,1, 4,4-tetramethyl-2-tetrazene (TMTZ): A Prospective Alternative to Hydrazines in Rocket Propulsion[J]. Chemistry–A European Journal, 2017, 23(41): 9897-9907.

[48] Martino P E, Gomez M I D, Tamayo D, et al. Studies on the mechanism of the acute and carcinogenic effects of *N*-Nitrosodimethylamine on mink liver[J]. Journal of Toxicology and Environmental Health, Part A Current Issues, 1988, 23(2): 183-192.

[49] Druckrey H， Preussmann R, Ivankovic S, et al. Organotrope carcinogene Wirkungen bei 65 verschiedenen *N*-Nitroso-Verbindungen an BD-Ratten[J]. Zeitschrift für Krebsforschung, 1967, 69: 103-201.

[50] Moiseev G E，Benemanskiĭ V V. The carcinogenic activity of small concentrations of nitrosodimethylamine when inhaled[J]. Voprosy Onkologii, 1975, 21(6): 107-109.

[51] McGiven A R, Ireton H J C. Renal epithelial dysplasia and neoplasia in rats given dimethylnitrosamine[J]. The Journal of Pathology, 1972, 108(3): 187-190 .

[52] Terracini B, Palestro G, Gigliardi M R, et al. Carcinogenicity of dimethylnitrosamine in Swiss mice[J]. British Journal of Cancer, 1966, 20(4):871-876.

[53] Keller W C. Toxicity assessment of hydrazine fuels[J]. Aviation, Space, and Environmental Medicine, 1988, 59(11):

A100-A106.

[54] Van Delft J H M, Steenwinkel M J S T, De Groot A J L, et al. Determination of N7-and $O^6$-methylguanine in rat liver DNA after oral exposure to hydrazine by use of immunochemical and electrochemical detection methods[J]. Toxicological Sciences, 1997, 35(1): 131-137.

[55] Shank R C. Comparative Biochemistry and Metabolism. Part 1. Carcinogenesis[R]. ADA119124, 1981.

[56] Lambert C E, Shank R C. Role of formaldehyde hydrazone and catalase in hydrazine-induced methylation of DNA guanine[J]. Carcinogenesis, 1988, 9(1): 65-70.

[57] Gomes L F, Augusto O. Formation of methyl radicals during the catalase-mediated oxidation of formaldehyde hydrazone[J]. Carcinogenesis, 1991, 12(7): 1351-1353.

[58] Bleich M, Ecke D, Schwartz B, et al. Effects of the carcinogen dimethylhydrazine (DMH) on the function of rat colonic crypts[J]. Pflügers Archiv, 1996, 433(3): 254-259.

[59] Haase P, Cowen D M, Knowles J C, et al. Evaluation of dimethylhydrazine induced tumours in mice as a model system for colorectal cancer[J]. British Journal of Cancer, 1973, 28(6): 530-543.

[60] Likhachev A J, Margison G P, Montesano R. Alkylated purines in the DNA of various rat tissues after administration of 1, 2-dimethylhydrazine[J]. Chemico-Biological Interactions, 1977, 18(2): 235-240.

[61] Kawanishi S, Yamamoto K. Mechanism of site-specific DNA damage induced by methylhydrazines in the presence of copper (Ⅱ) or manganese (Ⅲ)[J]. Biochemistry, 1991, 30(12): 3069-3075.

[62] Toth B, Nagel D. Tumors induced in mice by N-methyl-N-formylhydrazine of the false morel Gyromitra esculenta[J]. Journal of the National Cancer Institute, 1978, 60(1): 201-204.

# 第 2 章　环境化学转化动力学基础

偏二甲肼的环境转化物繁多，表明偏二甲肼的环境转化过程复杂。偏二甲肼环境转化有多个平行反应方向，同时每个反应方向又会连续发生多步反应，逐步转化产生系列转化物。偏二甲肼环境转化机理研究的第一步就是要建立转化物之间平行、可逆和连续进行的关系。为了更好地认识偏二甲肼的环境转化机理，首先应具备化学反应动力学、有机化合物反应类型和反应机理基础知识，为此本章介绍对峙反应、平行反应和连续反应等复杂反应动力学特征。从微观反应历程的角度看，偏二甲肼环境转化过程主要表现为自由基链式反应，偏二甲肼环境化学转化涉及氧化还原、光化学分解和水解等转化类型。

## 2.1　化学反应动力学基础

一般用化学反应的速率常数和半衰期描述污染物在环境中的持久性。这 2 个指标通过测定化学反应速率与反应物浓度的关系即速率方程获得。

### 2.1.1　基元反应与速率方程式

影响反应速率的因素包括浓度、温度、催化剂等，其中最重要的是浓度对反应速率的影响。反应速率 $r$ 和浓度 $c$ 的关系式称为反应速率方程式 $r = f(c)$，有微分式和积分式两种形式。速率方程式，清楚地表示了浓度如何影响反应速率，同时也是确定反应机理的主要依据，如：

$$H_2 + Cl_2 \longrightarrow 2HCl \qquad r = kc_{H_2} \cdot c_{Cl_2}^{1/2}$$

$$H_2 + I_2 \longrightarrow 2HI \qquad r = kc_{H_2} \cdot c_{I_2}$$

上述 2 个化学反应的计量系数相同，但动力学方程不同，说明它们的动力学机理不同。反应速率方程是根据实验数据整理而成。

反应速率方程中的比例系数 $k$ 称为速率常数。物理意义是各反应物的浓度都为单位浓度时的反应速率，其值大小与浓度无关，而与反应温度、反应本性、催化剂、溶剂等因素有关。对于一定反应，在一定条件下反应速率是个常数。

反应速率与反应物 A、反应物 B 浓度的关系具有浓度幂乘积的形式：

$$r = kc_A{}^{\alpha} \cdot c_B{}^{\beta}$$

式中，$\alpha$、$\beta$ 分别为物质 A、B 的分级数，$n = \alpha + \beta$，是整个反应的级数。例如：

$$H_2 + I_2 \longrightarrow 2HI \qquad r = kc_{H_2}c_{I_2}$$

对 $H_2$ 和 $I_2$ 分别为一级的反应，对整个反应来说为二级。

(1) 反应级数 $\alpha$、$\beta$ 均由实验确定，其数值随反应条件改变，简单的级数有 0、1、2、3 级，也可以是分数级反应或负数级反应。

(2) 反应级数是反应物浓度对反应速率影响的方次数，表示各物质浓度对反应速率的影响程度，级数越高，则该物质的浓度变化对反应速率的影响越重要，0 级反应说明浓度的改变对反应速率无影响。

设一反应 $A \longrightarrow P$，其速率方程为 $r = kc^n$，测出浓度与时间的 $c\text{-}t$ 曲线(图 2-1)，曲线上任一点的切线，就是该浓度下的瞬时速度。

当反应物浓度为 $c_1$ 时，$r_1 = kc_1^n$；

当反应物浓度为 $c_2$ 时，$r_2 = kc_2^n$。

将两式分别取对数，得

$$\lg r_1 = \lg k + n\lg c_1，\quad \lg r_2 = \lg k + n\lg c_2$$

$$n = \frac{\lg r_2 - \lg r_1}{\lg c_2 - \lg c_1}$$

只要求得曲线上任意两浓度下的速率，即可求出反应级数 $n$。也可以对速率公式的通式取对数 $\lg r = n\lg c + \lg k$，用 $\lg r$ 对 $\lg c$ 作图得直线(图 2-2)，则可由该图形纵轴上的截距确定反应速率常数 $k$。直线的斜率即为反应级数 $n$。

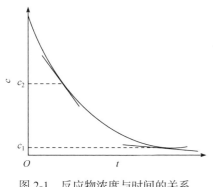

图 2-1　反应物浓度与时间的关系

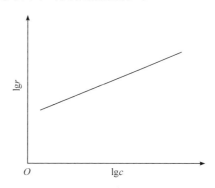

图 2-2　图解法求解反应级数

这种处理方法的特点是在 $c\text{-}t$ 图上，测出不同时刻的斜率，对应得到不同时间的级数。

速率常数和反应半衰期 $t_{1/2}$ 可以通过以下关系式获得。

对于零级反应：

$$k = r = c_0 - c/t \qquad t_{1/2} = c_0/k$$

对于一级反应：

$$k = \ln(c_0/c)/t \qquad t_{1/2} = 0.693/k$$

反应速率常数越大，半衰期越小，越有利于反应的进行。

化学反应式通常不代表反应历程，仅表示各物质在反应中所遵循的计量关系，从反应物到转化物也许是一步碰撞实现，也许是分几步实现。表示反应机理的由反应物微粒(分子、离子等)直接碰撞而一步实现的反应称为基元反应或基元步骤。

一个化学反应如果只含有 1 个基元反应步骤，称为简单反应；一个化学反应如果含有 2 个或以上基元反应步骤，称为复杂反应。

乙酸乙酯与碱反应是一步实现的，本身为基元反应，称为简单反应。

$$CH_3COOC_2H_5 + OH^- \longrightarrow CH_3COO^- + C_2H_5OH$$

$H_2 + I_2 \longrightarrow 2HI$ 的反应是两步反应，称为复杂反应。

$$I_2 \longrightarrow 2I\cdot$$
$$H_2 + 2I\cdot \longrightarrow 2HI$$

基元反应表示反应经过的途径，动力学上称为反应历程或反应机理(reaction mechanism)。基元反应可将质量作用定律直接应用于化学反应式，得出反应速率方程式。

质量作用定律(law of mass action)由 Guldberg 与 Waage 在 1867 年提出：化学反应速率与反应物的有效质量成正比。有效质量也就是有效浓度，由于历史原因，仍使用质量一词，后来发现质量作用定律不是对任何化学反应式都适用，仅适用于基元反应或复杂反应中的每个基元步骤，因此质量作用定律可表述为：基元反应的速率与各反应物浓度的幂的乘积成正比，各反应物浓度的幂的指数即基元反应方程式中该反应物化学计量数的绝对值。例如，基元步骤：

$$aA + bB \longrightarrow eE + fF \qquad r = kc_A{}^a c_B{}^b \tag{2-1}$$

如何知道一个反应是基元反应呢？最根本的方法是通过实验证实，但是有些情况下，可以根据微观可逆性原理来判断(这样可以减少不必要的实验)。

所谓微观可逆性原理(principle of microreversibility)是指任一基元反应与其逆向的基元反应具有相同的反应途径(仅方向相反)。如果某一基元反应的逆向过程是不可能的，则该基元反应也是不可能的。例如：

$$NH_3 + NH_3 \longrightarrow N_2 + 3H_2$$

该反应机理是不可能的，因为其逆向过程是 4 个分子的反应，概率非常小，实际是不可能发生的。

### 2.1.2 阿伦尼乌斯方程和活化能

1889 年，阿伦尼乌斯(Arrhenius)总结了大量的实验数据，提出了反应速率常

数 $k$ 与反应温度 $T$ 的经验关系式，并在理论上加以论证，其数学表达形式为

$$k = Ae^{-\frac{E_a}{RT}} \tag{2-2}$$

式中，$E_a$ 为阿伦尼乌斯活化能，也称为实验活化能、表观活化能；$A$ 为指前因子(preexponential factor)或频率因子。由上述关系可以看出 $E_a$ 和 $T$ 对反应速率的影响，并可以进行定量计算。式(2-2)还可以写成

$$\ln k = \ln A - E_a/(RT) \tag{2-3}$$

式中，$\ln k$ 与 $-1/T$ 为直线关系，直线斜率为 $-E_a/R$，截距为 $\ln A$。由实验测出不同温度下的 $k$ 值，并将 $\ln k$ 对 $1/T$ 作图，即可求出 $E_a$ 值。

活化能是 Arrhenius 为了解释经验公式(2-2)、式(2-3)所提出的概念。Arrhenius 认为分子反应首先要碰撞，但并不是所有的分子一经碰撞就会发生反应，只有少数能量相当高的分子碰撞才能反应，这种能反应的、能量高的分子称为活化分子，而活化分子平均能量与普通分子平均能量的差称为反应的活化能。Arrhenius 把活化能看成分子反应时需要克服的一种能垒，这种能垒对正反应存在，对逆反应也存在，即吸热反应需要活化能，放热反应也需要活化能。近代反应速率理论更进一步指出，2 个分子发生反应时必须经过 1 个过渡态-活化络合物。过渡态具有比反应物分子和转化物分子都要高的势垒，碰撞的反应物分子必须具有足以克服反应势垒的较高能量，才能形成过渡态而发生反应，此即活化能的本质。

对一反应，正逆反应活化能和热效应关系见图 2-3。

$$A + B \xrightleftharpoons{\phantom{xx}} C$$

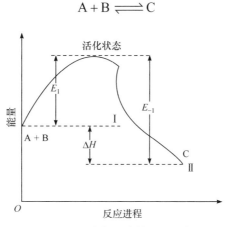

图 2-3　反应物系中能量的变化

$k_1$、$k_{-1}$ 分别表示正、逆反应的速率常数。反应物分子必然吸收一定的能量而达到活化态。吸收比平均能量高出 $E_1$ 的数值时，才能越过能峰变成转化物分子，

$E_1$ 称为正向反应活化能；同理，逆向反应必须吸收比 $E_{II}$ 高出 $E_{-1}$ 的能量才能越过能峰，变成反应物分子。$E_{-1}$ 为逆反应活化能。反应的热效应 $\Delta H$：

$$\Delta H = E_1 - E_{-1} \tag{2-4}$$

需要注意的是，Arrhenins 对活化能的解释只对基元反应才有明确的物理意义，所以 Arrhenius 经验公式仅适用于基元反应或者复杂反应中的每个基元步骤。对于某些复杂反应，只要其速度公式具有 $r = kc_A{}^a c_B{}^b \cdots$ 的形式(即具有明确的反应级数)，也可以应用阿伦尼乌斯公式求得活化能，但这时求出的活化能不像基元反应那样有明确的物理意义，可能是复杂反应各基元反应活化能的某种组合，因此称为表观活化能。不具备 $r = kc_A{}^a c_B{}^b \cdots$ 形式的复杂反应，不适用阿伦尼乌斯公式。

基元反应的活化能，可以用反应涉及的键能进行估算，常见的有四种类型。

(1) 分子裂解为自由基的反应。例如：

$$Cl—Cl + M \longrightarrow 2Cl\cdot + M$$

M 为惰性气体或反应容器器壁。反应所需的活化能就是断裂化学键的键能。$E = \varepsilon_{Cl-Cl}$，如果氯分子的能量能够达到键能的值，则该氯分子是活化分子，能转化为 $Cl\cdot$。

(2) 自由基和分子之间的基元反应：

$$\cdot A + B—C \longrightarrow A—B + \cdot C$$

如果是放热反应，$E_a = 0.05\varepsilon_{C-B}$；逆反应吸热，$E_a' = E_a + \Delta H$。例如：

$$Cl\cdot + H—H \longrightarrow HCl + H\cdot \qquad \varepsilon_{H-Cl} = 431.37kJ$$

该反应是吸热反应，已知 $\Delta H = 3.93kJ/mol$，则反应活化能：

$$E_a = 0.05 \times 431.37 + 3.93 = 25.5(kJ)$$

实验值 25.1 kJ，与理论预测值接近。

(3) 自由基之间复合的基元反应。例如：

$$Cl\cdot + Cl\cdot + M \longrightarrow Cl_2 + M \qquad E_a = 0$$

由于自由基活性很大，自由基复合过程不需要破坏任何键，故反应的活化能一般等于零，反应过程中只要同时有一个能接受耗散能量的第三物质 M，反应便能进行。自由基的复合反应活化能为零，因此是最容易发生的过程。

(4) 分子之间的基元反应：

$$A—B + C—D \longrightarrow A—C + B—D$$

活化能 $E_a = 0.3(\varepsilon_{A-B} + \varepsilon_{C-D})$，称为 30%规则。分子裂解为自由基的反应的活化能最大，其次为分子之间的基元反应活化能，后者约是自由基和分子之间的基元反应活化能的 10 倍，而自由基的终止反应活化能最小为零。

了解温度 $T$ 对反应速率常数 $k$ 的影响后，选择化学反应方向时，可根据所学知识适当控制反应温度。例如，对于平行反应：

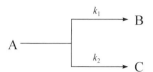

在一定温度下两平行反应速率常数的比值 $k_2/k_1$ 是一个常数，如果改变温度，$k_2/k_1$ 如何变化？这取决于两个反应活化能的大小。设第一个反应的速率常数为 $k_1$、活化能为 $E_1$，第二个反应的速率常数为 $k_2$、活化能 $E_2$，则

$$\ln\frac{k_2}{k_1} = \ln\frac{A_2}{A_1} + \frac{E_1 - E_2}{RT} \tag{2-5}$$

如果 $E_1 > E_2$，则升高温度，$k_2/k_1$ 减小，$k_1$ 随温度的增加值要大于 $k_2$ 的增加值。如果 $E_1 < E_2$，则升高温度，$k_2/k_1$ 增加，$k_2$ 随温度的增加值要比 $k_1$ 的增加值大。

可以看出，活化能较大的反应对温度升高更敏感，即高温有利于活化能大的反应，相对来说低温有利于活化能较小的反应，这是温度对竞争反应速度影响的一个规则。

进一步看，若 $A_1 = A_2$，则当 $E_1 - E_2 = 10kJ$ 时，在室温 298K 条件下，$k_2$ 与 $k_1$ 相差近两个数量级，而温度升高到 500K 条件时，两者的反应速率相当。因此，在室温下两个平行反应的活化能相差 10kJ 时，其中活化能较大的反应似乎可以认为不能进行。但事实上，一些活化能很低的反应，由于碰撞概率低反而难于进行。

对于气相双分子反应 $A + B \longrightarrow P$，由碰撞理论推导出反应速率常数的表达式：

$$k(T) = L\pi d_{AB}^2 \left(\frac{8RT}{\pi\mu_M}\right)^{1/2} \exp(-E_c/RT) \tag{2-6}$$

式中，$d_{AB} = \dfrac{d_A + d_B}{2}$，$d_A$ 和 $d_B$ 分别为相撞分子 A 和 B 的直径；$\left(\dfrac{8RT}{\pi\mu_M}\right)^{1/2} = \bar{v}$，为平均速度，$\mu_M$ 为折合摩尔质量，$\mu_M = \dfrac{M_A M_B}{M_A + M_B}$，$M_A$、$M_B$ 分别为 A、B 分子的摩尔质量。

活化能 $E_a$ 与 $E_c$ 的关系：

$$E_a = E_c + 1/2RT \tag{2-7}$$

可见，$E_a$ 应与温度有关。如果反应温度不是很高，则 $E_a \approx E_c$，即二者数值近似相等。碰撞理论计算的指前因子 $A$ 理论表达式：

$$A = L\pi d_{AB}^2 \left(\frac{8RT}{\pi\mu_M}\right)^{1/2} \tag{2-8}$$

按照碰撞理论,指前因子 $A$ 随温度的平方根而变,不过对大多数反应而言,这种关系被指数项所掩盖。表 2-1 给出了指前因子的理论计算值和实验值的比较结果。

表 2-1　碰撞理论指前因子计算值与实验值的比较[1]

| 反应 | $T$/K | $E_a$/(kJ/mol) | $A$/[×10⁻¹¹L/(mol·s)] | | $P$ |
|---|---|---|---|---|---|
| | | | 实验值 | 理论值 | |
| K + Br₂ ⟶ KBr + Br· | 600 | 0 | 10 | 2.1 | 4.8 |
| ·CH₃ + ·CH₃ ⟶ C₂H₆ | 300 | 0 | 0.24 | 1.1 | 0.22 |
| 2NOCl ⟶ 2NO + Cl₂ | 470 | 102 | 0.0094 | 0.59 | 0.16 |
| H₂ + C₂H₄ ⟶ C₂H₆ | 800 | 180 | 1.24×10⁻⁵ | 7.3 | 1.7×10⁻⁶ |

由于该理论未考虑分子的复杂性,因此理论计算与实验结果有时差别较大[1],如表 2-1 所示,进一步的修正是考虑碰撞分子的相互取向和方位,用空间因子来修正,即 $P = k_{实验}/k_{理论}$。

对于平行反应,若反应的活化能相近,就需要考虑碰撞分子的空间因子,即碰撞机会的大小。偏二甲肼的甲基上有 6 个氢,而氨基上只有 2 个氢,偏二甲肼甲基氢碰撞发生反应的空间因子应为氨基上氢的 3 倍以上。同一分子中总是端基原子易于发生反应,而分子中间的原子由于屏蔽作用不容易发生分子碰撞,尽管反应活化能低也不容易发生反应。

### 2.1.3　复杂反应类型

实际的化学反应并不都是一步完成的基元反应,大多数的化学反应是经过若干步才完成的,由若干个基元步骤组成的化学反应称为复杂反应。

#### 2.1.3.1　可逆反应

可逆反应也称对峙反应。若一反应存在逆向反应,则原反应(正向反应)与逆向反应的集合构成可逆反应,如光气的合成与分解、碘化氢与其组成元素之间的转换、顺反异构化反应等,最简单的是 1-1 型可逆反应:

$$A \longrightarrow P \qquad k_1$$

$$P \longrightarrow A \qquad k_{-1}$$

其浓度随时间的变化关系:

若 A 和 P 的开始浓度分别为 $a$ 和 0，反应一段时间后 A 和 P 的浓度分别为 $a-x$ 和 $x$，此时正向速率：

$$-\mathrm{d}c_A/\mathrm{d}t = (\mathrm{d}x/\mathrm{d}t)_1 = k_1(a-x)$$

逆向速率：

$$\mathrm{d}c_P/\mathrm{d}t = (\mathrm{d}x/\mathrm{d}t)_{-1} = k_{-1} \cdot x$$

反应总速率，即生成 P 的净速率：

$$r_P = \mathrm{d}x/\mathrm{d}t = k_1(a-x) - k_{-1}x = k_1a = (k_1 + k_{-1})x$$

当 $t \to \infty$ 时，反应达到化学平衡，各物质的浓度为其平衡值。

可逆反应的反应物不能全部转化为转化物，在反应进行过程中，反应物不断通过正向反应转化为产物，但产物也可通过逆向反应转化为反应物，因此反应转化物的量小于由正反应速率常数预测的产物量。例如，亚硝基二甲胺的光解作用预计是一个较快的反应，但实际的测定值远小于预测值，其原因是

$$(CH_3)_2NNO + h\nu \longrightarrow (CH_3)_2N \cdot + NO$$

上述反应是可逆过程，二甲氨基自由基 $(CH_3)_2N \cdot$ 与 NO 快速反应生成亚硝基二甲胺：

$$(CH_3)_2N \cdot + NO \longrightarrow (CH_3)_2NNO$$

由图 2-4 可知，随着反应物的减少和转化物的增加，正向反应速率不断下降，而逆向反应速率不断上升，最终正向反应速率和逆向反应速率趋于相等，反应物和转化物的量达到定值，体系趋于热力学平衡态。

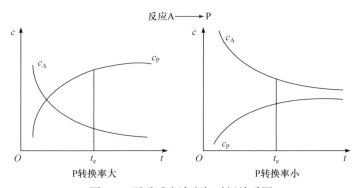

图 2-4　可逆反应浓度与时间关系图

可逆反应是讨论化学反应动力学性质与热力学性质关系的最重要的反应类型。可逆反应的平衡常数为正向反应与逆向反应的速率常数之比：

$$K = \frac{k_1}{k_{-1}} \tag{2-9}$$

正向反应与逆向反应活化能之差为反应热：

$$\Delta H = E_{a,1} - E_{a,-1} \tag{2-10}$$

### 2.1.3.2　平行反应

平行反应又称竞争反应(competing reaction)，反应物能同时平行地进行两个或两个以上的不同反应，生成不同的转化物。例如，苯酚的硝化反应即为平行反应，可得邻位、对位、间位三种硝基苯酚，主转化物为邻硝基苯酚(约占 59%)。有时平行反应的转化物是相同的。例如，一氧化氮可以通过均相和多相两种不同方式平行地进行分解而得到氧气和氮气。

以两个单分子反应构成的 1-1 型平行反应为例：

$$A \xrightarrow{k_1} P_1$$

$$A \xrightarrow{k_2} P_2$$

若 A、$P_1$、$P_2$ 反应开始浓度分别为 $a$、0、0，反应一段时间后 A、$P_1$、$P_2$ 的浓度分别为 $x$、$y$、$z$，对于反应 1：

$$(-dx/dt)_1 = dy/dt = k_1 x$$

对于反应 2：

$$(-dx/dt)_2 = dz/dt = k_2 x$$

转化物 $P_1$、$P_2$ 的浓度与 $t$ 的关系曲线如图 2-5 所示。

1-1 型平行反应的重要动力学特征是，同一时刻各转化物的浓度之比等于其速率常数之比：$y/z = k_1/k_2 = [P_1]_\infty/[P_2]_\infty$。

当 $t = \infty$，$[P_1]_\infty = k_1 a/(k_1 + k_2)$，$[P_2]_\infty = k_2 a/(k_1 + k_2)$，即 $k_i$ 值越大，该转化物的量在总转化物中所占比例越大，具有竞争性。可知：

$$y/z = k_1/k_2 = \frac{A_1}{A_2} e^{-(E_1 - E_2)/RT}$$

式中，$A_1$ 和 $E_1$ 分别为反应 1 的指前因子和活化能；$A_2$ 和 $E_2$ 分别为反应 2 的指前因子和活化能。若 $E_1 > E_2$ 且 $A_1 > A_2$，则 $-(E_1 - E_2) < 0$，当温度很高时，该负值趋近于零，可使 $k_1 > k_2$。此时，$E_{app} \approx E_1$、$k_{app} \approx k_1$，所以 $A \xrightarrow{k_1} P_1$ 是主反应。相反，若温度低，$-(E_1 - E_2)/RT$ 为较大的负值，虽然 $A_1 > A_2$，也会出现 $k_1 \gg k_2$。此时，

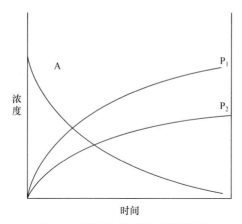

图 2-5　平行反应浓度与时间关系

$E_{app} \approx E_2$，$k_{app} \approx k_2$，所以 A $\xrightarrow{k_2}$ $P_2$ 成为主反应，不过温度降低不利于提高反应效率。

平行反应各个反应的转化量之比等于其反应速率常数之比。通常规定"所包含的不同反应速率之比值"或者"不同反应的转化物量之比值"为平行反应的选择性，一般可采用改变反应温度或添加特定催化剂等方法改变平行反应的选择性，以得到更多所期望的转化物。

### 2.1.3.3　连续反应

连续反应是指几个基元反应连续进行，前一个基元反应的转化物为后一基元反应的反应物。在反应前期和后期，连续反应的中间体的浓度都很低；在反应过程中，其浓度随时间的变化会出现极大值，而转化物必须通过中间体产生，因此它的生成速率也将经历由低变高再变低，从而其浓度随时间变化的曲线呈自加速的 S 形。它与自催化反应和链反应有些相似，但在这些反应中，作为某些基元反应转化物所生成的物质，在另一些基元反应中消耗后可以再生，这些物质可以是转化物(自催化反应)，也可以是中间体(链反应)。以 1-1 型连续单分子反应为例：

$$A \xrightarrow{k_1} I \xrightarrow{k_2} P$$

$$
\begin{array}{cccc}
 & A & I & P \\
t = 0 & a & 0 & 0 \\
t = t & x & y & z
\end{array}
$$

其中，A、I、P 依次为原始反应物、中间体和最终转化物。哈古特(Harcourt)和艾逊(Esson)最先推导出此反应中各物质浓度随时间变化的方程式，具体如下。

对于 A 物质的速率方程：

$$-dx/dt = k_1 x$$

分离变量积分，则动力学方程：

$$x = a\mathrm{e}^{-k_1 t}$$

它与只存在 A ——→ I 反应的动力学方程是一致的。I 物质的净生成速率方程：

$$\mathrm{d}y/\mathrm{d}t = k_1 x - k_2 y$$

此为三个变量的微分方程，中间体 I 的浓度随时间变化的动力学方程为

$$y = \frac{k_1 a}{k_2 - k_1}(\mathrm{e}^{-k_1 t} - \mathrm{e}^{-k_2 t})$$

1-1 型连续反应的特征：①与 $k_1$、$k_2$ 的相对大小无关，只要反应时间足够长，A、I 最终都将转为 P，因此连续反应是不可逆的；②当 $k_1$ 与 $k_2$ 较为接近(但不能相等)，绘制各物质浓度随时间变化的曲线，如图 2-6 所示。各曲线的特征是：A 曲线单调下降，因为 A 只是反应物；P 曲线则持续递增，因为 P 只是转化物；作为中间体的 I 曲线，先增后降，出现极大值点。因为前期 I 的生成速率大于其消耗速率，I 的浓度递增；在某时刻这 2 个速率相等，使 I 的浓度达到最大值；后期则是消耗速率大于生成速率(A 的浓度持续减小)，使 I 的浓度逐渐下降。

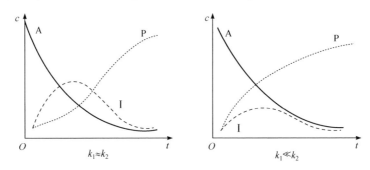

图 2-6　连续反应浓度与时间关系图

与平行反应相反,连续反应的动力学特征取决于其中速率系数最小的那一步，即决速(速控)步骤(rate determining step)。

(1) 若在整个温度区间都有 $k_1 \gg k_2$(即 $A_1 \approx A_2$，$E_1 < E_2$)，则 $k_{\mathrm{app}} \approx k_2$，$E_{\mathrm{app}} \approx E_2$，动力学实验显示的基本上是反应 A $\xrightarrow{k_2}$ P 的特征。

(2) 若与上述相反，$k_2 \gg k_1$，则表现为 A $\xrightarrow{k_1}$ P 的特征。中间体的浓度很低，甚至检测不到。

中间体越活泼，越不容易检测到。推测偏二甲肼自由基氧化过程中产生了甲基肼，但大多数情况下测不到甲基肼，可能是甲基肼的氧化速度远高于偏二甲肼的氧化速度。在偏二甲肼氧气氧化中产生大量二甲胺，但臭氧氧化过程中却未检测到二甲胺，这种情况是不是同甲基肼一样，是二甲胺的去除反应速度太快造成

呢? 二甲胺的臭氧氧化实验发现, 二甲胺难于臭氧氧化, 因此臭氧氧化过程中未检测到二甲胺的原因可能是二甲胺的生成量较小。

### 2.1.3.4 链反应

链反应(chain reaction)是指反应转化物或副转化物又可作为其他反应的原料, 从而使反应反复发生。在化学中, 链反应通常指光、热、辐射或引发剂作用下, 反应中交替产生活性中间体(如自由原子或自由基), 从而使反应一直进行, 是由基元反应组合成的更加复杂的复合反应。

以 $H_2 + Cl_2 \longrightarrow 2HCl$ 反应为例, 反应中产生的 $Cl \cdot$ 可以与 $H_2$ 反应生成 $H \cdot$, 而 $H \cdot$ 又可与 $Cl_2$ 反应生成 $Cl \cdot$, 如此往复进行, 使反应一直延续下去。

$$H_2 + Cl \cdot \longrightarrow H—Cl + H \cdot$$

$$H \cdot + Cl_2 \longrightarrow H—Cl + Cl \cdot$$

产生活性中间体的过程称为链引发, 活性中间体与反应物分子反复作用生成转化物的过程称为链增长或链传递, 活性中间体最后湮灭的过程称为链终止。一个活性中间体只能产生一个新的活性中间体的反应称为直链反应, 可以产生两个或多个新的活性中间体的反应称为支链反应。单质化合生成氯化氢及大多数的聚合反应是直链反应。

## 2.2 自由基反应

自由基在化学上也称为"游离基", 是指化合物的分子在光、热等外界条件下, 共价键发生均裂形成的具有不成对电子的原子或基团。共价键不均匀裂解时, 两原子间的共用电子对完全转移到其中的一个原子上, 其结果是形成带正电和带负电的离子, 这种断裂方式称为键的异裂。在书写自由基时, 一般在原子符号或者原子团符号旁边加上一个"·"表示没有成对的电子, 如氢自由基 $H \cdot$(氢原子)、氯自由基 $Cl \cdot$(氯原子)、甲基自由基 $\cdot CH_3$。

自由基反应又称游离基反应, 凡是有自由基生成或由其诱发的反应都称为自由基反应。自由基电子壳层的外层有一个不成对的电子, 对增加第二个电子有很强的亲和力, 故能起强氧化剂的作用。大气中较重要的自由基为羟基自由基 $\cdot OH$, 能与各种微量气体发生反应。许多自由基是中间体, 如形成光化学烟雾的化学反应中的自由基包括过氧化氢自由基 $HO_2 \cdot$、烷氧基自由基 $RO \cdot$、过氧烷基自由基 $RO_2 \cdot$、酰基自由基 $RCO \cdot$ 等, 在链反应中起引发、传递和终止过程的重要作用。

### 2.2.1 自由基反应过程

自由基反应包括链引发、链增加和链终止三个阶段。链引发阶段是产生自由基的阶段。由于键的均裂需要能量，因此链引发阶段需要加热或光照；链反应阶段是由一个自由基转变成另一个自由基的阶段，犹如接力赛一样，自由基不断地传递下去，像一环接一环的链，所以称为链反应；链终止阶段是自由基消失的阶段，自由基两两结合成键，所有的自由基都消失，自由基反应终止。

(1) 链引发。通过热辐射、光照、单电子氧化还原等手段使分子的共价键发生均裂产生自由基的过程称为链引发。例如：

$$Cl_2 + h\nu \longrightarrow 2Cl\cdot$$

(2) 链增加。链引发阶段产生的自由基与反应体系中的分子作用，产生一个新的分子和一个新的自由基，新产生的自由基再与体系中的分子作用产生一个新的分子和一个新的自由基，如此周而复始、反复进行的反应过程称为链增加。例如：

$$Cl\cdot + CH_4 \longrightarrow CH_3\cdot + HCl$$
$$CH_3\cdot + Cl_2 \longrightarrow Cl\cdot + CH_3Cl$$

(3) 链终止。两个自由基互相结合形成分子的过程称为链终止。例如：

$$Cl\cdot + Cl\cdot \longrightarrow Cl_2$$
$$Cl\cdot + CH_3\cdot \longrightarrow CH_3Cl$$
$$CH_3\cdot + CH_3\cdot \longrightarrow CH_3{-}CH_3$$

除上述反应外，自由基还可发生裂解、重排、氧化还原、歧化等反应。自由基反应一般进行得很快。

### 2.2.2 重要的活性自由基及来源

自由基在其电子壳层的外层有一个不成对电子，倾向得到一个电子以达到稳定结构，因而具有很高的化学活性，具有强氧化作用。比较重要的自由基有烷氧自由基 $RO\cdot$、羟基自由基 $HO\cdot$、过氧化氢自由基 $HO_2\cdot$、烷基自由基 $R\cdot$、过氧烷基自由基 $RO_2\cdot$、酰基自由基 $RCO\cdot$、氢自由基 $H\cdot$。其中，$HO\cdot$ 和 $HO_2\cdot$ 数量较多，参与反应也较多，是两个最重要的自由基。

$\cdot OH$ 是一种重要的活性氧，从分子式上看是由氢氧根离子($OH^-$)失去一个电子形成。$\cdot OH$ 具有极强的得电子能力，也就是氧化能力，氧化电位是 2.8V，是自然界中仅次于氟的强氧化剂。

#### 2.2.2.1 ·OH 和 HO₂·

$O_3$ 的光离解是大气中 $\cdot OH$ 的重要来源[2]：

$$O_3 + h\nu \longrightarrow \cdot O + O_2$$

$$\cdot O(^1D) + H_2O \longrightarrow 2 \cdot OH$$

水中臭氧的分解是自由基连锁反应。臭氧分子 $O_3$ 与 $OH^-$ 反应产生超氧自由基 $\cdot O_2^-$ 和 $HO_2\cdot$，$\cdot O_2^-$ 再与 $O_3$ 反应并与 $H^+$ 结合产生 $HO_3\cdot$，$HO_3\cdot$ 分解产生 $HO\cdot$[3,4]：

$$O_3 + OH^- \longrightarrow \cdot O_2^- + HO_2\cdot$$

$$HO_2\cdot \rightleftharpoons \cdot O_2^- + H^+$$

$$\cdot O_2^- + O_3 + H^+ \longrightarrow HO_3\cdot + O_2$$

$$HO_3\cdot \longrightarrow \cdot OH + O_2$$

$$O_3 + \cdot OH \longrightarrow HO_2\cdot + O_2$$

大气中 $HO_2\cdot$ 主要来源于甲醛的光解：

$$H_2CO + h\nu \longrightarrow H\cdot + HCO\cdot$$

$$H\cdot + O_2 \longrightarrow HO_2\cdot$$

$$HCO\cdot + O_2 \longrightarrow HO_2\cdot + CO$$

$$CO + \cdot OH \longrightarrow H\cdot + CO_2$$

甲醛光解产生甲酰基自由基 $HCO\cdot$，甲酰基自由基与氧气作用产生 $HO_2\cdot$。

### 2.2.2.2　$R\cdot$、$RO\cdot$ 和 $RO_2\cdot$

大气中甲基自由基 $\cdot CH_3$ 主要来源于乙醛、丙酮的光解：

$$CH_3CHO + h\nu \longrightarrow \cdot CH_3 + HCO\cdot$$

大气中甲氧自由基 $CH_3O\cdot$ 来源于甲基亚硝酸酯和甲基硝酸酯的光解：

$$CH_3ONO + h\nu \longrightarrow CH_3O\cdot + NO$$

$$CH_3ONO_2 + h\nu \longrightarrow CH_3O\cdot + NO_2$$

$\cdot O$ 和 $\cdot OH$ 与烷烃 RH 发生脱氢反应生成烷基自由基 $R\cdot$，$R\cdot$ 进一步与氧气反应生成过氧烷基自由基 $RO_2\cdot$，$RO_2\cdot$ 自反应转化为烷氧自由基 $RO\cdot$：

$$RH + \cdot O \longrightarrow R\cdot + \cdot OH$$

$$RH + \cdot OH \longrightarrow R\cdot + H_2O$$

$$R\cdot + O_2 \longrightarrow RO_2\cdot$$

$$2RO_2\cdot \longrightarrow 2RO\cdot + O_2$$

甲基自由基[5]、烷基自由基可以直接与氧气作用，说明烷基自由基易于加氧。由于大气环境中氧气的浓度最大，因此是实际的加氧过程。可以看出，$\cdot O$ 和烷烃 RH 发生脱氢反应还可以生成羟基自由基 $\cdot OH$。

在平流层，不到 1%甲基自由基 $\cdot CH_3$ 与臭氧分解产生的氧自由基 $O\cdot$ 反应，该反应是甲基自由基·CH$_3$ 与氧气作用速率的 300 倍。在臭氧作用下，反应产生的 CH$_3$O$_2$· 和 CH$_3$O· 可以互相转化[6]：

$$\cdot CH_3 + O \cdot \longrightarrow CH_3O \cdot$$
$$CH_3O \cdot + O_3 \longrightarrow CH_3O_2 \cdot + O_2$$
$$CH_3O_2 \cdot + O_3 \longrightarrow CH_3O \cdot + 2O_2$$

### 2.2.2.3　RCO· 和 H·

甲醛光解可以生成酰基自由基 HCO· 和氢自由基 H·，羟基自由基·OH 将 CO 转化为 CO$_2$ 的过程也可产生 H·。

$$H_2CO + h\nu \longrightarrow H \cdot + HCO \cdot$$
$$HCO \cdot + O_2 \longrightarrow HO_2 \cdot + CO$$
$$CO + \cdot OH \longrightarrow CO_2 + H \cdot$$

H· 是自由基反应中重要的还原自由基。在有机物难于彻底氧化时，可先将中间体还原再进一步氧化，将有害转化物彻底去除，因此在有机物氧化还原转化过程中 H· 是重要的自由基。

### 2.2.2.4　NO 自由基

NO 为双原子分子，分子构型为直线形。N 与 O 之间形成一个 σ 键、一个 2 电子 π 键与一个 3 电子 π 键，键级为 2.5，N 与 O 各有一对孤对电子。由于 NO 有 11 个价电子，是奇电子分子，带有自由基性质，因此化学性质非常活泼。常温下 NO 很容易氧化为 NO$_2$，与氧气反应生成强腐蚀性的 NO$_2$ 气体。

NO 具有顺磁性，其分子轨道式：

$$(\sigma_{1s})^2(\sigma_{1s}^*)^2(\sigma_{2s})^2(\sigma_{2s}^*)^2(\sigma_{2p})^2(\pi_{2p})^4(\pi_{2p}^*)^1$$

反键轨道上 $(\pi_{2p}^*)^1$ 易失去电子生成亚硝酰阳离子 NO$^+$。

大气中的 NO 来源于亚硝酸和亚硝酸酯的光解：

$$HNO_2 + h\nu \longrightarrow NO + \cdot OH$$

伴随产生羟基自由基。NO 非常活泼，可以将过氧化氢自由基转化为羟基自由基，将过氧烷基自由基转化为烷基自由基：

$$HO_2 \cdot + NO \longrightarrow HO \cdot + NO_2$$
$$RO_2 \cdot + NO \longrightarrow RO \cdot + NO_2$$
$$O_3 + NO \longrightarrow O_2 + NO_2$$

第一个反应可以将较弱的自由基转化为高活性的羟基自由基，而臭氧与 NO 作用则使臭氧失活。

NO 与羟基自由基反应，使羟基自由基猝灭：

$$NO + \cdot OH \longrightarrow HNO_2$$

### 2.2.2.5　$^1O_2$ 和 $O(^1D)$

处于基态的分子氧为三线态氧($^3O_2$ 或 $^3\sum_g^-$)，两个自旋平行的电子分布在两个 2pπ*轨道中，自旋量子数之和 $S = 1$，$2S + 1 = 3$，因而基态的氧分子自旋多重性为 3；激发态氧为单线态氧($^1O_2$)，激发态电子可以同时占据一个 2pπ*轨道，自旋相反，也可以分别占据两个 2pπ*轨道，自旋相同，这两种激发态，$S = 0$，$2S + 1 = 1$，即它们的自旋多重性均为 1，是单重态，分别用 $^1\Delta g$ 和 $^1\sum_g^+$ 表示。

单线态分子氧(singlet oxygen，$^1O_2$)是活性氧(reactive oxygen)，单线态氧虽不是自由基，但因解除了自旋限制，所以反应活性远比普通氧高。$^1O_2$ 在许多自由基反应中可以形成。三线态氧和激发态氧分子的电子能量相差 137.8kJ/mol，一般氧气在大气环境中以低能量的三线态存在。

基态氧分子吸收光直接产生 $^1O_2$ 是不可能的，跃迁高度禁阻，但 $^1O_2$ 可以由过氧化氢和次氯酸钠反应制备形成，或在光敏染料的存在下，用紫外线照射三线态氧 $^3\sum_g$，使其激发而得，光敏剂包括玫瑰红、曙红、亚甲蓝、荧光黄及 9,10-二氰蒽等，可在 1500W 高压汞灯照射下产生单线态氧 $^1O_2$，从而敏化一些有机物在溶剂中光氧化，在气相中获得超过 10%浓度的 $^1O_2$。

氧原子存在基态和激发态，基态氧原子表示为 $\cdot O(^3P)$(三线态氧原子)，单线态氧即激发态氧原子表示为 $\cdot O(^1D)$。

在太阳光作用下，臭氧分解产生单线态氧和单线态氧气[7,8]：

$$O_3 + hv \longrightarrow \cdot O(^1D) + O_2(^1\Delta g)$$

$O(^1D)$ 和 $O_2(^1\Delta g)$ 都是激发态，而 $O(^3P)$ 为基态。

### 2.2.3　碳氢化合物的自由基氧化反应

烷烃、烯烃、芳烃等碳氢化合物及含有氧、氮等元素的有机化合物，含有相同的烷基，因此碳氢化合物的自由基氧化过程，对其他类型有机物的自由基氧化过程的研究有借鉴作用。

碳氢化合物参与大气光化学烟雾的形成反应，对自由基增加和大气中一氧化氮转化为二氧化氮都具有重要作用。如果大气中没有碳氢化合物，就不会出现光化学烟雾。但反过来，如果碳氢化合物不能发生自由基反应，其危害程度可能更大，也就是说如果碳氢化合物长期存留在大气中，会产生持久性危害。有机物氧化产生强的羟基自由基，是加快大气中有机污染物去除的重要环节，对有机物的自由基氧化过程也起着重要作用。

### 2.2.3.1 烷烃的反应

烷烃与HO·、O·发生脱氢反应生成烷基自由基R·，R·与氧气反应生成过氧烷基自由基$RO_2$·：

$$RH + \cdot OH \longrightarrow R \cdot + H_2O$$
$$RH + \cdot O \longrightarrow R \cdot + HO \cdot$$
$$R \cdot + O_2 \longrightarrow RO_2 \cdot$$

$RO_2$·与NO反应生成烷氧自由基RO·：

$$RO_2 \cdot + NO \longrightarrow RO \cdot + NO_2$$

烷烃依次与HO·或O·、$O_2$、NO作用生成烷基自由基、过氧烷基自由基和烷氧自由基RO·：

$$RO \cdot + O_2 \longrightarrow R'CHO + HO_2 \cdot$$

烷烃氧化第一步的脱氢过程是一个难于反应的控制步骤，大气环境中烷烃主要与HO·、O·发生脱氢反应，而第二步加氧过程容易进行，大气中主要是氧气，因此第二步是氧气加氧。烷烃进一步氧化，最终转化为醛，生成醛时$RO_2$·需要去掉1个O，此时NO具有夺氧作用，$RO_2$·转化为烷氧自由基RO·，RO·进一步与氧气作用脱氢转化为醛。氧气可以摘除烷氧自由基上的氢，说明该氢原子非常容易被摘除。

### 2.2.3.2 烯烃的反应

烯烃与·OH主要发生加成、脱氢反应或生成二元自由基。烯烃氧化加成、加氧及脱氧反应过程如下：

$$RCH{=}CH_2 + \cdot OH \longrightarrow RCH(OH)CH_2 \cdot$$
$$RCH(OH)CH_2 \cdot + O_2 \longrightarrow RCH(OH)CH_2O_2 \cdot$$
$$RCH(OH)CH_2O_2 \cdot + NO \longrightarrow RCH(OH)CH_2O + NO_2$$

由于烷基的推电子作用比氢强，因此羟基自由基主要加成在含有较少氢的双键C原子上。加成后与烷基氧化相类似，依次经历与$O_2$、NO作用生成带羟基的烷基自由基、带羟基的过氧烷基自由基和带羟基的烷氧自由基R(OH)O·。

羟基自由基主要夺取端基烯烃上的氢，发生脱氢反应：

$$RCH{=}CH_2 + \cdot OH \longrightarrow RCHCH \cdot + H_2O$$

烯烃与臭氧加成反应生成五元环(图2-7)，当环发生断裂时，O—O—O有两个断裂部位，分别生成两种不同的酮和不同的二元自由基。

### 2.2.3.3 键断裂的反应

臭氧与烯烃的作用是有机化合物主链碳碳键断裂，转化为小分子的醛或酮的

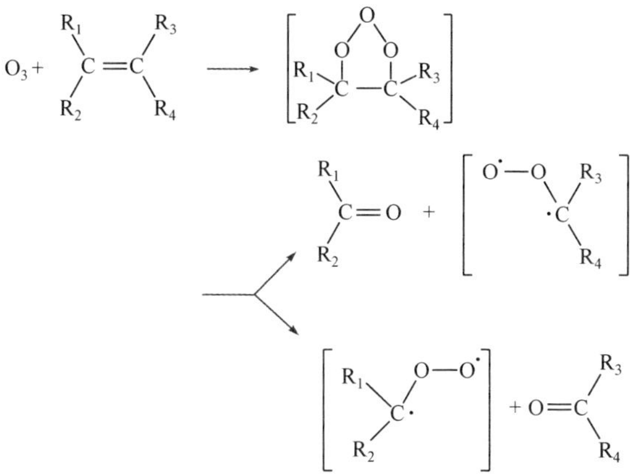

图 2-7　臭氧与烯烃加成氧化

过程。有机化合物醛与·OH、O·和臭氧反应，发生碳碳键断裂，从而逐步脱去碳原子，脱去的碳最后转化为 $CO_2$，剩余的烷基自由基进一步氧化生成醛，醛再氧化、脱碳，最终全部转化为 $CO_2$。

酰基自由基转化为一氧化碳的过程，通过碳氢键断裂完成。甲醛氧化生成二氧化碳、一氧化碳、甲酸分子和氢自由基的过程如下：

$$HC(O)H + \cdot OH \longrightarrow HCO\cdot + H_2O$$
$$HCO\cdot \longrightarrow CO + H\cdot$$
$$HCO\cdot + O_2 \longrightarrow HC(O)O_2\cdot$$
$$HC(O)O_2\cdot + NO \longrightarrow HC(O)O\cdot + NO_2$$
$$HC(O)O\cdot \longrightarrow CO_2 + H\cdot$$
$$HCO\cdot + \cdot OH \longrightarrow HC(O)OH$$

甲醛脱氢后生成甲酰基 $HCO\cdot$，$HCO\cdot$ 裂解生成一氧化碳、氧化生成甲酰过氧自由基 $HC(O)O_2\cdot$，$HC(O)O_2\cdot$ 类似于过氧烷基自由基，与 NO 反应后裂解产生二氧化碳，而醛基自由基与羟基自由基结合生成甲酸。类似地，乙醛氧化生成 $CH_3C(O)O\cdot$，分解生成甲基自由基和二氧化碳：

$$CH_3C(O)O\cdot \longrightarrow CO_2 + \cdot CH_3$$

有机化合物通过类似碳碳键的断裂逐步脱碳，转化为小分子。

臭氧双键作用与反应先生成五元环，然后双键部位发生断裂，生成两个小分子，其中一个为双自由基，其很不稳定，可进一步断裂成二氧化碳、一氧化碳和水等。这里过氧双自由基是分子断裂的重要中间体，如乙烯与臭氧反应生成 $\cdot H_2COO\cdot$ 亚甲基过氧双自由基，$\cdot H_2COO\cdot$ 进一步裂解产生一氧化碳、二氧化碳、甲酸、氢分子或氢自由基：

$$\cdot H_2COO \cdot \longrightarrow CO + H_2O$$

$$\cdot H_2COO \cdot \longrightarrow CO_2 + H_2 \text{ 或 } 2H \cdot$$

$$\cdot H_2COO \cdot \longrightarrow HC(O)OH$$

# 2.3 光化学反应

## 2.3.1 光化学反应类型

光化学反应是物质在紫外线和可见光的作用下发生的化学反应。光化学反应在环境中主要是受阳光的照射,污染物吸收光子使物质分子处于某个电子激发态,而引起与其他物质的化学反应。例如,光化学烟雾形成的起始反应,是 $NO_2$ 在阳光照射下,吸收波长 290~430nm 的紫外线而分解为 NO 和原子态氧(O,三线态)的光化学反应,由此开始链反应,导致臭氧与其他有机烃化合物的一系列反应,最终生成有毒转化物过氧乙酰硝酸酯 PAN 等。

光照射在物体上,会发生反射、透过和吸收。在光化学过程中,只有被分子吸收的光才能引起光化学反应。因此,光化学反应的发生必须具备两个条件:一是光源,只有光源发出能被反应物分子吸收的光,光化学反应才有可能进行;二是反应物分子必须对光敏感(与其分子的结构有关),即反应物分子能直接吸收光源发出的某种波长的光,被激发到较高的能级(激发态),从而进行光化学反应。例如,卤化银能吸收可见光谱里的短波辐射(绿光、紫光、紫外线)而发生分解:

$$2AgBr \rightleftharpoons 2Ag + Br_2$$

这个反应是照相技术的基础,但卤化银不受长波辐射(红光)的影响,所以暗室里可用红灯照明。可以看出,光化学反应的一个重要特点是它的选择性,反应物分子只有吸收特定波长的光才能发生反应。需要注意的是,有些物质本身并不能直接吸收某种波长的光而进行光化学反应,即对光不敏感,但可以引入吸收这种波长光的另外一种物质,使它变为激发态,然后再把光能传递给反应物,使反应物活化从而发生反应,这样的反应称为感光反应。起这种作用的物质称为感光剂。例如,$CO_2$ 和 $H_2O$ 不能吸收阳光,但植物中的叶绿素能吸收,叶绿素就是植物光合作用的感光剂,使 $CO_2$ 和 $H_2O$ 作用合成碳水化合物:

$$6CO_2 + 6H_2O \longrightarrow C_6H_{12}O_6 + 6O_2$$

光化学反应可引起化合、分解、电离、氧化还原等过程。其中,光合作用,如绿色植物使二氧化碳和水在日光照射下,合成碳水化合物。光分解作用,如高层大气中分子氧吸收紫外线分解为原子氧;染料在空气中的褪色,胶片的感光作用等。

光化学反应与热化学反应的差别在于：①光化学反应的活化主要是通过分子吸收一定波长的光来实现，而热化学反应的活化主要是分子从环境中吸收热能来实现。②光化学反应受温度的影响小，有些反应可在接近 0K 发生。③光活化分子一般与热活化分子的电子分布及构型有很大的不同，光激发态的分子实际上是基态分子的电子异构体，被光激发的分子具有较高的能量，可以得到内能高的一些转化物，如自由基、双自由基等。

## 2.3.2 光化学定律

光化学反应的初级过程是分子吸收光子使电子激发，分子由基态提升到激发态。分子中的电子状态、振动与转动状态都是量子化的，即相邻状态间的能量变化是不连续的。

1) 光化学第一定律

光化学第一定律也称为格鲁西斯-特拉帕(Grothus-Draper)定律：只有被分子吸收的光，才能有效地引起分子的化学反应。进一步讲，只有可以吸收光子的物质才可能引发光反应，吸收一定波长的紫外-可见光后，能量大于化学键的断裂能，才能发生光分解作用。光能与波长的关系：

$$\Delta E = h\nu = hc / \lambda$$

式中，$h$ 为普朗克常量，$h = 6.63 \times 10^{-34} J \cdot s$；$c$ 为光速。N—N、N=N 和 N≡N 键的键能分别为 159kJ/mol、456kJ/mol、946kJ/mol，每个分子的键能分别为上述数值除以阿伏伽德罗常数 $6.02 \times 10^{23}$，计算得到分别需要大于 758nm、264nm 和 127nm 波长的光照射，N—N、N=N 和 N≡N 键才能发生分解。含 N—N 键的肼类化合物和 NDMA 应当容易发生光解，但是 UDMH 只能吸收约 200nm 的光，而 NDMA 可以吸收 230nm 和 320nm 的紫外线，在太阳光的紫外线(290～430nm)作用下，NDMA 可以发生光解，UDMH 不吸收大于 290nm 的紫外线，因此不能直接光解。

2) 光化学第二定律

光化学第二定律也称斯塔克-爱因斯坦(Stark-Einstein)定律：发生光化学变化是分子吸收 1 个光量子的结果。或者说，在光化学反应的初级阶段，被吸收的 1 个光子，只能激活 1 个分子。

光化学反应的效率通常用量子产率($\Phi$)来表示，定义为

$$\Phi = \frac{\text{分解或生成的分子数}}{\text{吸收的光量子数}}$$

在光化学反应的初级阶段，光化学反应的效率最大为 1，即 1 个光子只能激活 1 个分子。在整个光化学反应过程中，量子产率可以达到 $10^6$，原因是发生了光催化作用。例如，在高空紫外线的照射下，氟利昂会释放出 Cl·，与臭氧作用后，

又重新转化为 Cl·：

$$Cl· + O_3 \longrightarrow O_2 + ClO·$$

$$ClO· + ·O \longrightarrow O_2 + Cl·$$

该反应经过 $10^6$ 次循环才终止，最终自由基的量子产率可以达到 $10^6$。

### 2.3.3　水环境污染物光化学反应

光化学过程是指分子吸收光能后转变为激发态进而发生的各种反应。通常光解作用是有机污染物真正的分解过程，因为它不可逆地改变了反应分子，强烈地影响水环境中某些污染物的归宿。有毒化合物光化学分解的转化物可能还是有毒的。例如，辐照 DDT 反应产生 DDE，DDE 在环境中滞留时间比 DDT 还长。

污染物降解过程的主要光化学反应分为三类[9]。

1) 直接光解

直接光解是化合物直接吸收太阳能进行分解反应。化合物的分子直接吸收光能，继而改变原有结构，直接发生解离的过程。例如，二氧化氮的光解过程：

$$NO_2 + h\nu \longrightarrow NO + ·O$$

$$HNO_3 + h\nu \longrightarrow HNO_2 + ·O$$

$$HNO_3 + h\nu \longrightarrow NO_2 + ·OH$$

$HNO_3$ 在光的作用下直接分解，生成具有很强活性的 ·O 和 ·OH，可引发进一步水相反应，如 ·O 与水中的 $O_2$ 结合生成臭氧 $O_3$，并立即参与氧化 $NO_2^-$ 的反应。

2) 敏化光解

敏化光解又称间接光解作用，指吸收光的分子将能量转移到接受体分子，导致接受体分子发生解离的过程。水体中存在的天然物质被阳光激发，又将其激发态的能量转移给其他化合物并导致分解。

2,5-二甲基呋喃在蒸馏水中暴露于阳光下没有反应，但是在含有天然腐殖质的水中降解很快，这是因为腐殖质可以强烈地吸收波长小于 500nm 的光，并将部分能量转移给 2,5-二甲基呋喃，从而导致 2,5-二甲基呋喃的降解。半导体纳米二氧化钛的光活性属于紫外线光区，染料敏化 $TiO_2$ 可以吸收各种波长可见光，从而提高纳米二氧化钛的太阳光催化分解有机污染物效率。

3) 氧化反应

氧化反应指天然物质被辐照而产生自由基或纯态氧等中间体，中间体又与化合物作用转化为新转化物的过程。有机毒物在水环境中常遇到的氧化剂有单线态氧 $^1O_2$、烷基过氧自由基 $RO_2·$、烷氧自由基 $RO·$ 或羟基自由基 $HO·$。

在废水处理中，光氧化作用可以通过光辐射氧化剂分解产生氧化能力较强的自由基。根据氧化剂种类不同，可分为 $UV/H_2O_2$、$UV/O_3$、$UV/H_2O_2/O_3$ 三种体系。

若同时使用半导体光催化剂 $TiO_2$，当能量高于半导体禁带宽度的光子照射半导体时，半导体的价带电子发生带间跃迁，从价带跃迁到导带，从而产生带正电荷的光致空穴和带负电荷的光生电子。光致空穴的强氧化能力引发一系列光催化反应，可以使有机污染物发生光的催化氧化。

# 2.4　偏二甲肼环境化学转化的类型

在太阳光、水、自由基的作用下，环境中的有机物可发生氧化还原作用、水解作用和光分解作用。偏二甲肼的氨基是一个活泼基团，可与其他带有 C=O 的有机物质发生缩合反应。

## 2.4.1　自由基反应

分子经过均裂产生自由基而引发的反应称为自由基反应。热、光和催化分解过程可以产生自由基。在臭氧、过氧化氢、羟基自由基的作用下，环境中的偏二甲肼发生脱氢、加氧和分解等自由基反应而去除。

1) 脱氢过程

在羟基自由基、氧自由基的作用下, $(CH_3)_2NNH_2$ 分子中—$NH_2$ 上的氢、—$CH_3$ 上的氢原子可以被摘除，生成一元自由基：

$$(CH_3)_2NNH_2 + \cdot OH \longrightarrow (CH_3)_2N(HN \cdot) + H_2O$$
$$(CH_3)_2NNH_2 + \cdot O \longrightarrow (CH_3)_2N(HN \cdot) + \cdot OH$$
$$(CH_3)_2NNH_2 + \cdot OH \longrightarrow (\cdot CH_2)(CH_3)NNH_2 + H_2O$$
$$(CH_3)_2NNH_2 + \cdot O \longrightarrow (\cdot CH_2)(CH_3)NNH_2 + \cdot OH$$

一元自由基进一步脱氢转化为二元自由基 $(CH_3)_2NN\colon$ ：

$$(CH_3)_2N(HN \cdot) + \cdot OH \longrightarrow (CH_3)_2NN\colon + H_2O$$
$$(CH_3)_2N(HN \cdot) + \cdot O \longrightarrow (CH_3)_2NN\colon + \cdot OH$$

实验结果表明，偏腙甲基上的氢、—N=$CH_2$ 的氢、二甲胺甲基上的氢、—NH 中的氢都可以在 $\cdot OH$ 和 $\cdot O$ 的作用下被摘除。脱氢过程是偏二甲肼及中间体氧化的第一步，脱氢后得到活性自由基。

在二价铜离子、三价铁离子及三价锰离子作用下，偏二甲肼也可以发生类似脱氢反应：

$$(CH_3)_2NNH_2 + Cu^{2+} \longrightarrow (CH_3)_2N(HN \cdot) + Cu^+ + H^+$$

二价铜离子从偏二甲肼分子夺得电子，偏二甲肼分子中—$NH_2$ 的 1 个 H 变成氢离子并解离转变为自由基，这是一种失电子形成自由基的过程。

有机化合物脱氢反应是一个活化能较大的慢过程。偏二甲肼的氧气脱氢过程很慢，从而使偏二甲肼氧气氧化变得很慢；臭氧、羟基自由基的活性高，偏二甲肼的氧化就会很快；得失电子的氧化还原反应速率非常快，因此 $Cu^{2+}$ 等金属离子可显著加快偏二甲肼的氧化反应速率。

2) 加氧过程

偏二甲肼脱氢后的自由基与氧气、过氧化氢自由基形成含氧自由基或分子的过程：

$$(\cdot CH_2)(CH_3)NNH_2 + O_2 \longrightarrow (H_2COO\cdot)(CH_3)NNH_2$$
$$(CH_3)_2N(HN\cdot) + HO_2\cdot \longrightarrow (CH_3)_2N(HNOOH)$$
$$(\cdot CH_2)(CH_3)NNH_2 + HO_2\cdot \longrightarrow (H_2COOH)(CH_3)NNH_2$$

甲胺、二甲胺、三甲胺和 MMH 类似发生亚甲基加氧过程。

3) 偶合过程

偏二甲肼摘氨基上 2 个氢后自由基之间偶合产生新物质的过程，也是自由基终止过程：

$$(CH_3)_2NN\colon + (CH_3)_2NN\colon \longrightarrow (CH_3)_2NN{=}NN(CH_3)_2$$

$HC\cdot O$ 为甲酰基，$(CH_3)_2N\cdot{-}NH_2$ 为甲基肼基自由基，它们分别与氢自由基偶合生成甲醛和甲基肼：

$$HC\cdot O + H\cdot \longrightarrow H_2CO$$
$$(CH_3)_2N\cdot{-}NH_2 + H\cdot \longrightarrow (CH_3)_2NHNH_2$$

二甲胺脱去氨基上氢与羟基自由基偶合生成二甲基羟胺：

$$\begin{array}{c} H_3C \\ \diagdown \\ H_3C \diagup \end{array} N\cdot + \cdot OH \longrightarrow \begin{array}{c} H_3C \\ \diagdown \\ H_3C \diagup \end{array} N{-}OH$$

偏二甲肼经过脱氢和偶合过程可以生成肼类、胺类转化物，偏二甲肼氧化转化物转化过程，多涉及偶合过程，偶合过程是偏二甲肼转化物众多的原因。

偶合反应的活化能一般为无势垒过程，在氧化剂活性较小的情况下，偏二甲肼及其氧化转化物主要发生脱氢过程而未进一步加氧就发生偶合，如四甲基四氮烯、四甲基肼。通过这种偶合过程，二甲基甲酰胺与氨、甲醇、甲胺、二甲胺发生脱氢和偶合作用，生成 *N*,*N*-二甲基脲、二甲氨基甲酸甲酯、三甲基脲、1,1,3,3-四甲基脲等一系列物质。

4) 交换过程

分子之间反应产生自由基的过程，如二烷基胺分子之间发生反应，使氢从烷基转移到氮原子上[10]：

$$2RRNH \longrightarrow R(R'CH\cdot)NH + R_2NH_2$$

或 N 到 N 的氢转移：

$$2RRNH \longrightarrow RRNH_2 + RRN \cdot$$

这两种反应起到了摘除烷基上氢和氮上氢的作用。

自由基之间也可以发生类似反应：

$$2CH_3OO \cdot \longrightarrow 2CH_3O \cdot + O_2$$

因此，过氧烷基自由基不需要通过 NO 提取其中的氧并转化为烷氧自由基，而是先传递氧生成 $CH_3OOO \cdot$，然后分解产生氧气和烷氧自由基。不同的过氧自由基可以发生交换反应：

$$CH_3OO \cdot + HO_2 \cdot \longrightarrow CH_3O \cdot + \cdot OH + O_2$$

有的观点认为，偏二甲肼氧化过程也可以发生甲基传递过程：

$$2(CH_3)_2NN: \longrightarrow (CH_3)_2NN \cdot CH_3 + CH_3N = N \cdot$$

羟基自由基夺烃分子上氢的反应活化能($E_a$)约为 52.96kJ/mol，$CH_3 \cdot$ 和 $CH_4$ 的交换反应[11]：

$$\cdot CH_3 + {}^{14}CH_4 \longrightarrow CH_4 + \cdot {}^{14}CH_3$$

氢交换过程的活化能 36.91~61.23kJ/mol，因此氢交换反应还是可以发生的，但甲基自由基的交换可能并不容易进行。

甲基肼和偏二甲肼在钯和铂的薄膜上以氚为示踪剂催化交换的研究表明，肼基上的氢在室温就可以发生交换[12]。

### 2.4.2　亲核反应和亲电反应

分子经过异裂生成离子而引发的反应称为离子型反应。离子型反应有亲核反应和亲电反应两种类型。由亲核试剂进攻而发生的反应称为亲核反应，亲核试剂是对带正电的原子核有显著亲和力而起反应的试剂。由亲电试剂进攻而发生的反应称为亲电反应，亲电试剂是对电子有显著亲和力而起反应的试剂。亲核反应分为亲核取代反应和亲核加成反应，亲电反应分为亲电取代反应和亲电加成反应。

表 2-2 列出常见亲电试剂和亲核试剂。亲核试剂通常是路易斯碱。亲核试剂和路易斯碱都能结合质子，如 HO—、RO—、Cl—、Br—、—CN、$R_3N:$、$H_2O$、ROH 等是亲核试剂；烯烃和芳烃也常被看作是亲核试剂，因为它们易与正离子或缺电子的分子反应。亲电试剂一般是带正电荷的试剂或具有空的 p 轨道、d 轨道，能够接受电子对的中性分子。

碳原子、氢原子的吸电子能力较弱，一般可以作为亲电原子。碳原子与氢原子相比较，碳原子具亲电性，氢原子表现为亲核性。但当形成双键或叁键时，形成的 π 键基团为亲核试剂，如腙中 C＝N 双键的 π 键是亲核试剂，可以与亲电基

表 2-2　亲电试剂与亲核试剂

| 序号 | 亲核试剂 | 亲电试剂 |
| --- | --- | --- |
| 1 | 所有的负离子 | 所有的正离子 |
| 2 | 有未共享电子对的分子 | 可能接受未共享电子对的分子 |
| 3 | 烯烃双键和芳环 | 羰基双键 |
| 4 | 还原剂 | 氧化剂 |
| 5 | 碱类 | 酸类(氢氟酸例外) |
| 6 | 有机金属化合物中的烷基 | 卤代烷中的烷基 |

团如 $Cu^{2+}$ 结合生成配位化合物。与 $H^+$、O 结合后的碳原子，亲电性加强，因此羰基双键中的碳原子具有亲电性。

偏二甲肼分子的两个氮原子有未共享电子，是一种电子对供体即路易斯碱，因此具有亲核性，其两个氮可以分别与亲电试剂氢离子结合。由于甲基的推电子作用比氢原子更大，因此二甲氨基氮的亲核作用强于氨基—$NH_2$ 上的氮。

偏二甲肼与甲醛发生曼尼希反应生成偏腙属于亲核加成-缩合反应,偏二甲肼的氨基具有亲核性，进攻—C=O 双键中的亲电基团碳原子，而氨基上的氢原子(亲电基团)与羰基中的亲核基团 O 结合生成偏腙和水：

$$(CH_3)_2NNH_2 + H_2CO \longrightarrow (CH_3)_2NN=CH_2 + H_2O$$

偏二甲肼与甲醛的反应、中间体的脱水作用、水解作用都与亲核反应密切相关，水分子、氢氧根离子作为亲核试剂参与反应，氢离子作为亲电试剂起催化作用。

加氧，只能通过偶合作用或伴随生成更稳定的化合物，在氮原子上加氧。氧化剂是亲电试剂，进攻有机分子中电子云密度较高的地方，但是羟基自由基、氧自由基和臭氧都含有孤对电子，具有路易斯碱的亲核特性，因此偏二甲肼分子的氧化是羟基自由基与亲电的氢原子、碳原子作用，发生脱氢反应和碳原子的加氧反应，不易在氮原子上。

## 2.4.3　氧化还原反应

氧化还原反应(oxidation-reduction reaction)是化学反应前后元素的氧化数有变化的一类反应，实质是电子的得失或共用电子对的偏移，是较强的氧化剂与还原剂反应生成较弱的氧化剂和还原剂的过程。偏二甲肼本身是一种还原剂，氧化过程中产生的甲醛也是还原剂。

偏二甲肼及转化产物中的还原性物质有偏二甲肼、甲基肼、肼、氨、甲醛、亚硝酸、一氧化氮、肼等，氧化性物质有臭氧、氧气、氯气、过氧化氢、羟基自由基、硝酸、二氧化氮、硝基甲烷。作为催化剂使用的二价铁离子、二价锰离子和一价铜离子具有还原性，而三价铁离子、二价铜离子和三价锰离子都具有氧化性。

偏二甲肼可以发生三种类型的氧化还原反应。

(1) 氧化反应：

$$UDMH + \cdot OH \longrightarrow (CH_3)_2N(HN\cdot) + H_2O$$

(2) 电子转移：

$$UDMH - e^- \longrightarrow (CH_3)_2N(HN\cdot) + H^+$$

(3) 还原反应：

$$UDMH + H_2 \longrightarrow (CH_3)_2NH + NH_3$$

有机物的氧化主要体现为加氧和脱氢，而还原主要体现为加氢和脱氧。以电子转移为基础的无机离子之间的氧化还原反应的速率很快。亚硝基二甲胺与羟基自由基、电子和氢原子反应的速率常数如下[13]：

$$NDMA + \cdot OH \longrightarrow 转化物 \qquad k = (4.30 \pm 0.12) \times 10^8 L/(mol \cdot s)$$

$$NDMA + e^- \longrightarrow 转化物 \qquad k = (1.41 \pm 0.02) \times 10^{10} L/(mol \cdot s)$$

$$NDMA + H\cdot \longrightarrow 转化物 \qquad k = (2.01 \pm 0.03) \times 10^8 L/(mol \cdot s)$$

其中，电子转移反应的反应速率常数是其他两种反应速率常数的 30～70 倍。

氧化还原反应能否进行通过反应物的电极电势大小来判断，氧化剂的氧化能力通过氧化剂的电位来衡量。在臭氧、氧气、氟气、过氧化氢、羟基自由基等氧化性物质中，羟基自由基和氧自由基的氧化能力高于臭氧，三者均高于氯气，而过氧化氢和氧气比氯气的氧化能力弱，如表 2-3 所示。

表 2-3　常见氧化剂的氧化能力

| 氧化剂 | 氧化电位/V(氢标) | 相对氯气的氧化能力 |
| --- | --- | --- |
| 氟气 | 3.06 | 2.25 |
| 羟基自由基 | 2.80 | 2.05 |
| 氧自由基 | 2.42 | 1.78 |
| 臭氧 | 2.07 | 1.52 |
| 过氧化氢 | 0.87 | 0.64 |
| 氧气 | 0.40 | 0.29 |

有机物自由基氧化过程主要发生脱氢或加氧，其氧化反应能力主要由反应速率常数与氧化剂浓度的乘积决定。环境中，羟基自由基的全球平均值为 $7 \times 10^5$ 个/cm³；

在雾天,近地面大气中的臭氧浓度(体积分数)达 $0.2 \times 10^{-6}$。

与臭氧不同,·OH 与大多数有机物反应的速率常数达 $10^9$ L/(mol·s)数量级,而且选择性很低,因此环境中的一些难降解有机物可以通过·OH 去除。例如,臭氧无法降解的一些毒性较大的氯代有机物,其与·OH 有较高反应活性。

表 2-4 列出了臭氧、·OH 和基态氧自由基·O($^3$P)与部分有机肼和有机胺的反应速率常数和活化能。

表 2-4 臭氧、·OH、·O 与部分有机物的反应速率常数 $k$ 和活化能 $E_a$

| 化合物 | ·O($^3$P) | | ·OH | | O$_3$ |
|---|---|---|---|---|---|
| | $k$/[L/(mol·s)] | $E_a$/(kJ/mol) | $k$/[L/(mol·s)] | $E_a$/(kJ/mol) | $k$/[L/(mol·s)] |
| 肼[14-17] | $9.8 \times 10^7$ | — | $3.6 \times 10^8$; $1.0 \times 10^9$ | 5.6 | $5.6 \times 10^4$ |
| 甲基肼[14-17] | $3.22 \times 10^8$ | 0.9 | $7.6 \times 10^8$; $1.1. \times 10^9$ | 3.0 | $7.5 \times 10^4$ |
| 偏二甲肼[14-17] | $3.80 \times 10^8$ | 5.1 | $5.6 \times 10^8$; $0.83 \times 10^9$ | 4.3 | $9.13 \times 10^4$ |
| 四甲基肼[18] | — | — | — | | 86.5 |
| 甲胺[19-23] | $9.4 \times 10^6$ | 6.19 | $1.7 \times 10^9$ | | 0.122 |
| 二甲胺[18-22] | $1.0 \times 10^8$ | 2.3 | $4.8 \times 10^9$; $1.01 \times 10^9$ | 2.0 | 73.2 |
| 三甲胺[18-22] | $3.65 \times 10^8$ | 1.7 | $4.35 \times 10^9$; $1.09 \times 10^9$ | 2.1 | 130 |
| 乙胺[19] | $2.2 \times 10^7$ | 5.3 | $4.6 \times 10^8$; $4.6 \times 10^8$ | 1.6 | — |

由表 2-4 可知,偏二甲肼与羟基自由基、氧自由基反应速率常数数量级基本相同,偏二甲肼与臭氧反应速率常数低于羟基自由基的反应速率常数 4 个数量级;相比于二甲胺与羟基自由基反应,与氧自由基的反应速率常数下降 1 个数量级,与臭氧作用反应速率常数下降 7 个数量级。在羟基自由基与甲胺 MA、二甲胺 DMA 和乙胺 EA 的反应体系中加入氧气,甲胺、二甲胺、乙胺的反应速率常数不随加入的氧气而变化,但是三甲胺 TMA 的反应速率常数显著降低。氨与羟基自由基作用的反应速率常数 $k = 1.38 \times 10^9$ L/(mol·s),与胺、肼持平。但大气中,甲胺比氨更难于被臭氧氧化,这可能是因为相连的甲基对胺具有保护作用。所有情况下,有效氧化所需的臭氧都比化学计量学计算的要多,时间也较长。通过与光化学产生的羟基自由基反应,气相甲胺会在大气中降解,在空气中的半衰期约为18h。气相甲胺在大气中通过与臭氧反应而降解,在空气中半衰期约为 540d。

理论研究表明,甲醛与·OH 反应的活化能(14.9kJ/mol)远低于甲醛与 O$_3$ 反应的活化能(84.4kJ/mol)[24,25],甲醛与·OH 反应的速率常数远大于甲醛与 O$_3$ 反应的速率常数[26,27]。大多数有机物与甲醛相似,羟基自由基的反应活性高出臭氧几个数量级,羟基自由基对所有有机物(如偏二甲肼转化物)都有很好的降解能力,参见表 2-5,而臭氧具有更强的选择性,臭氧对肼的去除能力较强,对胺的去除能力较弱。

表 2-5　·OH 与部分偏二甲肼转化物的反应速率常数[L/(mol·s)]

| 化合物 | 甲烷 | 甲醇 | 乙醇 | 甲醛 | 甲酸 | 甲酰胺 | 二甲基甲酰胺 |
|---|---|---|---|---|---|---|---|
| 反应速率常数 | $8.2 \times 10^7$ | $1.66 \times 10^7$ | $4.34 \times 10^7$ | $1.41 \times 10^8$ | $4.90 \times 10^8$ | $5.4 \times 10^9$ | $8.5 \times 10^9$ |

15～35℃、pH 2.7～11.0 条件下，水溶液中的臭氧与甲酸、甲醛和甲醇的去除实验结果显示，甲酸的臭氧氧化速率是 3 种反应物中最快的，并且甲醇与甲醛的氧化速率处于同一数量级[28,29]。

## 2.4.4　光分解反应

1 个分子吸收 1 个光量子的辐射能时，如果所吸收的能量等于或多于键的离解能，则发生键的断裂，产生原子或自由基。哪些物质可以吸收紫外-可见光呢？一般含有双键、叁键基团的分子都可以吸收紫外线。含有双键的无机物和有机物吸收紫外线，并将能量传递给分子中相对较弱的单键发生光分解。无机物中的臭氧、硝酸、亚硝酸和有机物中的醛、酮和硝酸酯等都含有双键，可以吸收紫外线，化学键断裂产生 O·、HO·、H·HCO·和 NO 等自由基。光解反应是含有—N=O 和—C=O 化合物的去除方法，产生的 O·、HO·、H·活性基团可以增强偏二甲肼及转化物的去除效果。

偏二甲肼氧化产生的亚硝基二甲胺、硝基二甲胺、二氧化氮、亚硝酸和硝酸等含有双键的转化物，可吸收紫外线并进一步发生光解，而不含有双键的化合物则需要通过敏化或在真空紫外线作用下发生光解。

1) 亚硝基二甲胺的光解

NDMA 对光的吸收带分别位于 230nm 和 320nm，其最强吸收在 230nm，在紫外线照射下很容易发生如下光解反应：

$$(CH_3)_2NNO + h\nu \longrightarrow (CH_3)_2N \cdot + NO$$

NDMA 光解的研究首次发表于 1939 年，当时 Bamford 在气相中使用中压和低压汞灯分解 NDMA，鉴定出 $H_2$、$CH_4$、$N_2$、$CH_2=CH_2$ 和 DMA 等几种气态转化物。

NDMA 在气相中的光致分解属于 $S_0(363.5nm) \rightarrow S_1(n\pi^*)$ 和 $S_0(248.1nm) \rightarrow S_2(\pi\pi^*)$ 跃迁[30]。在量子产率为 1 的情况下，产生$(CH_3)_2N \cdot$ 和 NO，然后重新结合而不留下光分解转化物。添加 $O_2$ 仅产生一种光转化物$(CH_3)_2NNO_2$。照射到 $S_2$ 状态，毛细管气相色谱-质谱法鉴定结果显示，转化物包括 $CH_2NCH_3$、$(CH_2NCH_3)_3$、$CH_2NOH$、$N_2O$、NO、$H_2$ 和 $N_2$；在 $N_2$ 作为缓冲气体的情况下，光分解转化物仅

为 $CH_2NCH_3$、$(CH_2NCH_3)_3$、$N_2O$ 和 $H_2$。

在 pH3～9 的水中，NDMA 的紫外线光解检测到二甲胺和二甲基甲酰胺[31]；pH = 3、7 的水中，亚硝基二甲胺紫外线光照实验中，主要降解产物是二甲胺、亚硝酸盐和硝酸根离子，另外，生成少量的甲醛、甲酸和甲胺[32]。

2) 臭氧的光解

由图 2-8 可见，臭氧的紫外吸收带分别位于 200～320nm，其最强吸收在 254nm。臭氧的键能为 101.2kJ/mol，键解离能很低，在紫外线照射下很容易发生光解反应：

$$O_3 + h\nu \longrightarrow O\cdot + O_2$$

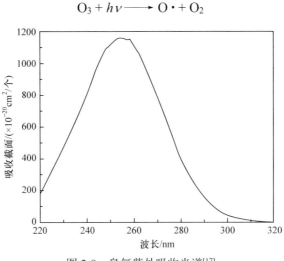

图 2-8  臭氧紫外吸收光谱[17]

3) 二氧化氮的光解

二氧化氮对 290～410nm 的光有吸收，键能为 300.5kJ/mol，吸收小于 420nm 的光发生如下光解反应：

$$NO_2 + h\nu \longrightarrow NO + O\cdot$$

4) 亚硝酸和硝酸的光解

亚硝酸对 120～335nm 的光有吸收，亚硝酸 HO—NO 的键能为 201.1kJ/mol，H—ONO 的键能为 324.0kJ/mol，分别发生如下光解反应：

$$HNO_2 + h\nu \longrightarrow HO\cdot + NO$$
$$HNO_2 + h\nu \longrightarrow H\cdot + NO_2$$

硝酸对 200～400nm 的光有吸收，硝酸 HO—NO_2 的键能为 199.4kJ/mol，发生如下光解反应：

$$HNO_3 + h\nu \longrightarrow HO\cdot + NO_2$$

5) 甲醛的光解

甲醛对 240~360nm 的光有吸收, 甲醛 H—CHO 的键能为 356.5kJ/mol, 发生如下光解反应:

$$H_2CO + h\nu \longrightarrow H\cdot + HCO\cdot$$

6) 过氧化物的光解

过氧化氢 $H_2O_2$ 主要通过 3 个不同过程, 在 248nm 处发生如下光解反应[33]:

$$H_2O_2 + h\nu \longrightarrow 2\cdot OH \qquad \lambda_{\text{阈值}} = 557nm$$

$$H_2O_2 + h\nu \longrightarrow H_2O + O(^1D) \qquad \lambda_{\text{阈值}} = 359nm$$

$$H_2O_2 + h\nu \longrightarrow H\cdot + HO_2\cdot \qquad \lambda_{\text{阈值}} = 324nm$$

在 298K、248nm 条件下, 测得 $H_2O_2$ 光解中·OH、O·和 H·的量子产率分别为 $2.09\pm0.36$、<0.002 和<0.0002。

过氧化氢被波长 308nm 的光照射时, 还会发生如下游离基链式分解反应:

$$H_2O_2 + HO\cdot \longrightarrow HO_2\cdot + H_2O$$

$$HO\cdot + HO_2\cdot \longrightarrow O_2 + H_2O$$

一般认为, 碱性条件下过氧化氢按上述机理分解。过氧化氢中的氢原子被烷基、酰基、芳香基等有机基团置换, 生成含有—O—O—过氧基团的有机化合物, 这些有机物不稳定、易分解, 在光照或受热超过一定温度后分解产生含氧自由基。

甲基过氧化氢 $CH_3OOH$ 光解产生·OH、·O 和·H[34,35], 量子产率分别为 $1.00\pm0.18$、<0.007 和 $0.038\pm0.007$:

$$CH_3OOH + h\nu \longrightarrow CH_3O\cdot + \cdot OH$$

$$CH_3OOH + h\nu \longrightarrow CH_3OO\cdot + \cdot H$$

$$CH_3OO\cdot + h\nu \longrightarrow CH_3O\cdot + \cdot O$$

7) 偏二甲肼和肼的光解

偏二甲肼的紫外吸收光谱显示, 吸收光谱是从 280nm 延伸到 200nm 的连续谱。研究了几种压力和波长下各种光源的光解, 总体量子产率为 0.3。肼和偏二甲肼主要光解过程如下[36]:

$$N_2H_4 + h\nu \longrightarrow \cdot NH_2 + \cdot NH_2$$

$$N_2H_4 + h\nu \longrightarrow N_2H_3\cdot + H\cdot$$

$$(CH_3)_2NNH_2 + h\nu \longrightarrow (CH_3)_2NNH\cdot + H\cdot$$

分子的主要初始断裂涉及 N—H 键的断裂。3 个偏二甲肼分子光解得到 $H_2$、$N_2$、$CH_4$、$NH_3$、$CH_3NH_2$ 和 $(CH_3N:CH_2)_2$ 各 1 个分子。向初始分裂中产生的自由基加氢, 降低了光解量子产率[37]。

甲基肼 $CH_3NHNH_2$ 在 248nm、222nm 和 193nm 处的光解, 生成氢原子的初

级量子产率分别为 $1.07 \pm 0.02$、$0.99 \pm 0.01$ 和 $0.94 \pm 0.07$[38]。

8) 甲胺和二甲胺的光解

胺类化合物可吸收 230nm 以下的紫外线，在真空紫外线作用下甲胺光解生成氢原子并转化为氢气[39,40]：

$$CH_3NH_2 + h\nu \longrightarrow \cdot CH_2NH_2 + H\cdot$$
$$CH_3NH_2 + h\nu \longrightarrow CH_3NH\cdot + H\cdot$$

甲胺光解产生 $CH_3NH\cdot$ 自由基的产率为 25%，二甲胺光解产生甲基氮烯(双自由基)$CH_3N$:的产率为 40%。甲胺光解的转化物包括氢气、甲烷、氮气、乙烷、氨气、乙烯亚胺、二甲胺、二甲基二氮烯 $CH_3N{=}NCH_3$ 等[41]。

二甲胺的真空紫外线化学气相氧化，不论是否存在分子氧，都会生成亚乙基亚胺 $CH_3CH{=}NH$ 和 $N,N,N',N'$-四甲基甲烷二胺[42]。在 $O\cdot$ 的存在下，发现了典型的氧化转化物硝基甲烷和甲酰胺。$N,N,N',N'$-四甲基甲烷二胺的生成，说明发生了 N—H 键断裂；亚乙基亚胺的生成，说明发生了 C—H 键断裂。

9) 氮烯的光解

二甲基二氮烯 $CH_3N{=}NCH_3$ 蒸汽的紫外线照射或加热情况下，可以分解生成 2 个 $\cdot CH_3$ 和 $N_2$。实验证明，二甲基二氮烯的两个 C—N 键不是同时断裂的，一个 C—N 键先断裂生成 $CH_3N_2\cdot$ 和 $\cdot CH_3$，另一个 C—N 后断裂生成 $\cdot CH_3$ 和 $N_2$[43]。在 24～190℃的温度范围内，二甲基二氮烯光解产生氮气、甲烷和乙烷。光解导致 C—N 键的断裂，甲基自由基偶合生成乙烷。

四甲基四氮烯 TMT 在酸性条件下光分解产生氮分子、二甲氨基自由基 $(CH_3)_2N\cdot$，二甲基氨基自由基偶合产生四甲基肼阳离子[44]：

$$(CH_3)_2NNNN(CH_3)_2 + h\nu \longrightarrow 2(CH_3)_2N\cdot + N_2$$
$$2(CH_3)_2N\cdot + 2H^+ \longrightarrow (CH_3)_2NH^+NH^+(CH_3)_2$$

10) 硝基甲烷的光解

Taylor 等发现硝基甲烷发生光解，且从海拔 0 到 50km，硝基甲烷的寿命从 10h 到 0.5h 不等[45]。$CH_3NO_2$ 在 198nm[摩尔吸光系数 $\varepsilon = 2000$L/(mol·cm)]和 270nm [$\varepsilon = 10$L/(mol·cm)]处有两个不同的紫外吸收带。Tsegaw 等提出[46]，在 $\pi \rightarrow C\pi^*$ 激发后，硝基甲烷(NM)的光化学反应路径如下：

$$CH_3NO_2 + h\nu \longrightarrow CH_3\cdot + NO_2$$
$$CH_3NO_2 + h\nu \longrightarrow \cdot CH_2NO_2 + H\cdot$$

硝基甲烷原子重排生成 $CH_3ONO$，$CH_3ONO$ 发生光解：

$$CH_3ONO + h\nu \longrightarrow CH_3O\cdot + NO$$
$$CH_3ONO + h\nu \longrightarrow :CH_2 + HONO$$

上述 4 种路径所占的比例依次是 18%、34%、10% 和 38%。

11) 酰胺的脱酰分解

使用 200nm 飞秒脉冲对水溶液中的甲酰胺进行光解，在激发之后，大约 80% 甲酰胺分子将电子激发能转换为振动激发，在几皮秒内通过振动弛豫有效地消散到溶剂中[47]。在 298K 下，实验确定·OH 与 N-甲基甲酰胺和 N,N-二甲基甲酰胺的反应速率常数分别为 $(5.7 \pm 1.7) \times 10^{12}$L/(mol·s)和$(8.0 \pm 1.4) \times 10^{12}$L/(mol·s)。取 $[\cdot OH]_{24h} = 10^6$ 个/cm$^3$，相对于酰胺与·OH 反应的大气寿命为 1.5~2d。甲基甲酰胺光氧化转化物是一种环境污染物甲基异氰酸酯 $CH_3N{=}C{=}O$，硝基甲胺 $CH_3NHNO_2$ 只是次要产品[48]。甲基甲酰胺 MF 光解生成甲氨基自由基 $CH_3NH\cdot$：

$$CH_3NHC(O)H \longrightarrow CH_3NH\cdot + H\cdot C{=}O$$

甲基甲酰胺的光氧化中 $CH_3NH\cdot$ 的产率为 18%，略低于甲胺转化为 $CH_3NH\cdot$ 的产率 25%。二甲基甲酰胺光解产生二甲氨基自由基：

$$(CH_3)_2NC(O)H \longrightarrow (CH_3)_2N\cdot + H\cdot C{=}O$$

由于二甲基甲酰胺分子中含有双键，因此$(CH_3)_2N\cdot$的转化率为 65%，高于二甲胺产生$(CH_3)_2N\cdot$转化率(41%)。MF 的光氧化中·$CH_3$、:NH 的产率 18%与甲胺转化为·$CH_3$、:NH 的转化率 25%接近。

在 DMF 中光氧化中，还发现了亚硝基二甲胺$(CH_3)_2NNO$ 和硝基二甲胺$(CH_3)_2NNO_2$ 的生成。

12) 亚甲基亚胺的光解

亚甲基亚胺 $HN{=}CH_2$ 在 235~260nm 区域显示出宽的 n→π* 跃迁吸收，接近 250nm 处的摩尔吸光系数最大值 $2.4 \times 10^5$L/(mol·cm)[49]，光解产物是 HCN 和 $H_2$。

## 2.4.5 热分解和催化分解

热分解是指加热升温使化合物分解的过程。过氧化物、偶氮化合物都容易发生热分解，热分解的同时存在热爆炸危险。$CH_3O{-}OH$ 键解离能为 178kJ/mol[50]，易发生如下热分解反应：

$$CH_3OOH \longrightarrow CH_3O\cdot + \cdot OH \longrightarrow CH_2O + H_2O$$

量子化学计算得到偏二甲肼分子中 N—N、N—C、N—H、C—H 键的键能分别为 260.7kJ/mol、268.2kJ/mol、338.5kJ/mol、393.3kJ/mol[51]。热分解一般首先发生在键能较低的化学键，即偏二甲肼的 N—N 键和 C—N 键。在 400℃的流动反应器中，气相偏二甲肼的热分解反应为一级反应[52]，与反应器的表面与体积比无关，拟合阿伦尼乌斯方程的活化能是 120kJ/mol，指前因子为 107.8s$^{-1}$。

催化分解是指催化剂作用下的分解反应。许多金属可作为催化剂，普遍使用的是钌、铑、钯、锇、铱、铂等过渡金属，它们具有优良的脱氢、加氢特性，可以使不容易热分解的 C—H 键和 N—H 键发生断裂。

1) 肼、二甲胺和亚硝胺的分解

室温下,甲基肼和偏二甲肼在钯或铂的薄膜上首先发生如下析氢过程:

$$(CH_3)_2NNH_2 \longrightarrow (CH_3)_2NNH \cdot + H \cdot$$

$$CH_3NHNH_2 \longrightarrow CH_3NNH_2 \cdot + H \cdot$$

然后,在更高的温度下,N—N 键几乎完全断裂。镍催化剂要在热分解温度下才发生氢的解离[12]。由于催化剂削弱了 N—H 键能,因此 N—H 键首先发生断裂。

通过程序升温研究肼在铑箔表面上的吸附、解吸和分解过程[53],发现气相转化物显著取决于初始肼的覆盖率。在较低的肼覆盖率下,只有 $H_2$ 和 $N_2$ 从表面解吸;在较高的肼覆盖率(接近单层覆盖率)下,检测到氢气、氨气、氮气和二酰亚胺。

$$N_2H_4 \longrightarrow N_2(g) + 4 \cdot H$$

$$N_2H_4 + 2 \cdot H \longrightarrow 2NH_3(g)$$

氨是甲基肼分解的主要转化物,MMH 分解反应过程生成 $CH_3N \cdot H$、$CH_3N \cdot NH_2$、$CH_3NHN \cdot H$ 和 $\cdot CH_2NHNH_2$ 等自由基,计算可得活化能分别为 90.3kJ/mol、202.7kJ/mol、213.6kJ/mol、262.5kJ/mol[54],说明甲基肼的 N—N 键容易断裂。MMH 分解是通过异质的一级反应发生。热解速率与输入浓度和环境温度无关,但增加表面积会导致热解温度显著降低[55]。MMH 通过分子协同产生 $NH_3$ 和 $H_2$[56]。

MMH、UDMH 热分解的主要转化物是氰化氢、氮气和氨分子,其中 $NH_3$ 分解产生 $N_2$ 和 $H_2$[57]。HCN 的生成可以通过以下反应解释:

$$CH_3NHNH_2 \longrightarrow CH_3N: + NH_3$$

$$CH_3N: \longrightarrow [NH{=}CH_2] \longrightarrow HCN + H_2$$

MMH、UDMH 在加热的 Shell 405 催化剂上催化分解,温度范围从室温到 1000℃,主要转化物是 $N_2$ 和 $H_2$。

经 Ni-Al 合金催化,HZ、MMH、UDMH、NDMA 和硝基二甲基胺(DMNM)水溶液还原分解[58]。该反应基于 Ni-Al 合金中的 Al 在水介质中溶解形成铝离子和氢气,镍催化产生的氢还原肼、亚硝胺、硝胺。Ni-Al 合金在 0.5mol/L 氢氧化钠水溶液中时,99%以上的 HZ、MMH、UDMH、NDMA 和 DMNM 分解。HZ 分解生成氨,MMH 分解生成甲胺和氨,UDMH、NDMA 和 DMNM 分解生成二甲胺和氨。MMH 在低于 500℃的 $SiO_2$ 表面分解的主要转化物是 $CH_4$、$NH_3$、$N_2$ 和 $H_2$,以及痕量的 HCN、$CH_3NH_2$、$CH_2NH$ 和 $CH_3NNH$。

在 85K 时,二甲胺在 Pt(Ⅲ)表面上,通过 N 上孤对电子形成分子吸附,350K 时脱氢形成甲基氨基碳炔 CNHCH₃,400~450K 时,产生甲基异氰化物 CNCH₃,

在 500K 以上生成 $H_2$ 和 $HCN$[59]。

甲胺热催化分解反应沿两个反应途径进行：一是 MA 分子的脱氢反应，经中间体亚甲基亚胺 $CH_2=NH$ 转化生成氰化氢；二是 C—N 键断裂形成氨和碳矿化转化物。利用周期性密度泛函理论(DFT)研究甲胺在 Pt(Ⅲ)上分解生成氰化氢的机理，发现优先发生 N—H 键断裂，然后是 C—H 键断裂：

$$CH_3NH_2 \longrightarrow CH_3 \cdot H \longrightarrow CH_3N\colon \longrightarrow CH_2NH \longrightarrow HCN$$

用电子结构和能全分析识别 C—H、N—H 和 C—N 键的初始竞争断裂[60]，发现 C—H 和 N—H 键断裂较容易，两种断裂方式存在竞争关系，但 C—N 键断裂不容易发生。

氧化及氢离子作用可以促进分解。偏二甲肼和亚硝基二甲胺的甲基氧化脱氢后，生成自由基 $CH_3(\cdot CH_2)NNH_2$ 和 $CH_3(\cdot CH_2)NNO$，N—N 键能下降，当二甲基上的氮与氢离子结合时，进一步削弱 N—N 键，并使其断裂生成亚甲基甲氨基双自由基 $CH_3(\cdot CH_2)N\cdot$ 和氨基自由基 $\cdot NH_2$ 或 NO。

$$CH_3(\cdot CH_2)NNH_2 \longrightarrow CH_3(\cdot CH_2)N\cdot + \cdot NH_2$$
$$CH_3(\cdot CH_2)NNO \longrightarrow CH_3(\cdot CH_2)N\cdot + NO$$

2) 硝基甲烷的分解

在 300K 温度下，吸附在 Pt(Ⅲ)上的 $CH_3NO_2$ 完全分解。其中，85%以上转化为 $C_2N_2$，约 10%转化为 CO 和 NO，1%~2%转化为 HCN、$CH_4$ 和 $CO_2$，1%以下转化为 $N_2$。$CH_3NO_2$ 在 Pt(Ⅲ)上的主要分解途径是 C—H 键断裂生成 $H_2$ 和 $H_2O$，N—O 键断裂解离生成 $H_2O$、CO 和 NO[61]。

用密度泛函理论在 B3LYP/6-311++G(2d, 2P)计算水平上对硝基甲烷的分子动力学进行计算，发现基态硝基甲烷分子沿 C—N 键分解生成二氧化氮和甲基的反应通道上不存在过渡态，只在能量足够高时造成 C—N 键的断裂，键离解能为223.2kJ/mol[62]。

在 3000K 温度下，硝基甲烷分解的第一反应是分子间氢原子转移：

$$CH_3NO_2 + CH_3NO_2 \longrightarrow CH_3NOOH + \cdot CH_2NO_2$$

在 2500K 和 2000K 温度下，分解过程的第一反应通常是 C—N 键断裂和异构化反应，生成亚硝酸甲酯 $CH_3ONO$[63]。

3) 氮烯的分解

在 24~190℃下，二甲基二氮烯热解产生氮分子、甲烷和乙烷。热解导致 C—N 键的断裂，甲基自由基偶合生成乙烷[64]。超高真空条件下，Pd(Ⅲ)表面上吸附的二甲基二氮烯 $CH_3N=NCH_3$ 是稳定的，250K 下发生 NN 键断裂；高于 280K 进一步分解生成 H· 和 HCN，随后在较高温度下解吸。Pd(Ⅲ)表面上化学吸附的二甲基二氮烯，N—N 和 C—H 键断裂，未发现 C—N 键解离；在二甲基二氮烯的气相热分解中仅发生 C—N 键断裂[65]。

利用 TZ2P CCSDT 理论水平预测，顺式和反式二甲基二氮烯都断裂一个 C—N 键，分解生成 $CH_3N_2 \cdot$ 和 $\cdot CH_3$，该步活化能为 193.5kJ/mol；甲基二氮烯进一步分解为 $\cdot CH_3$ 和 $N_2$，该步活化能为 9.6kJ/mol[66]。

$$CH_3N{=}NCH_3 \longrightarrow \cdot CH_3 + CH_3NN \cdot \qquad E_a = 193.5\text{kJ/mol}$$
$$CH_3N{=}NH \longrightarrow \cdot CH_3 + \cdot NNH \qquad E_a = 9.6\text{kJ/mol}$$

徐亚飞用密度泛函理论(DFT)的 B3LYP 方法，在 6-31 + G(d)基组水平上计算，得到 $CH_3NN \cdot$ 仅需克服 3.23kJ/mol 的势垒就可分解为 $CH_3 \cdot$ 和 $N_2$[67]，说明 $CH_3NN \cdot$ 是极不稳定的活性中间体。

四甲基四氮烯在酸性条件下的热分解作用与光分解作用相同，产生氮分子、二甲胺和四甲基肼阳离子[68]，推测产生二甲氨基自由基的过程为

$$(CH_3)_2NNNN(CH_3)_2 \longrightarrow 2(CH_3)_2N \cdot + N_2$$
$$(CH_3)_2NH^+NH^+N(CH_3)_2 \longrightarrow 2(CH_3)_2N \cdot H^+ + N_2$$

质子与亲核的 N 原子结合，破坏了二甲氨基 N 与相邻 N 的共轭作用，催化 N—N 键的断裂和分解，转化为二甲氨基自由基。

均四嗪，紫色结晶，熔点 99℃，溶于水、醇和醚，与强碱或稀盐酸作用或在空气中放置，均易分解为氨及其他化合物。用从头算分子动力学(AIMD)方法对均四嗪分子的热分解轨迹进行模拟发现，均四嗪分子的热分解机理为协同的叁键断裂，生成 1 分子 $N_2$ 和 2 分子 HCN[69]，与均四嗪光分解机理一致。

4) 酰肼的脱酰分解

有机化合物脱酰是碳链缩短的过程。由于 C=O 中氧具有较强的吸电子能力，因此其相邻单键的键能降低，容易发生断裂。醛可以脱掉羰基生成相应的烷基自由基。一级脂肪醛在室温下即可反应，二级脂肪族醛和芳香族醛一般需要加热到 80~100℃发生反应。在钯黑催化下芳香族醛脱酰基生成芳烃。酰卤在铑的配位化合物催化下也可发生脱酰基反应。

偏二甲肼经过脱氢加氧转化为甲基甲酰肼、酰肼等化合物，酰肼的分解涉及 C—N 键的断裂，并脱去酰基。一般有机化合物 C—C 键的键能为 332kJ/mol，而偏二甲肼 C—N 键的键能仅为 268.2kJ/mol，因此酰肼化合物比一般的醛更容易发生分解。据文献报道，N,N,N′,N′-四甲酰肼可广泛用于芳香族化合物的甲酰化剂[70]，说明酰肼容易解离出酰基自由基：

$$(HCO)(CH_3)NNH_2 \longrightarrow HCO \cdot + CH_3N \cdot {-}NH_2$$

## 2.4.6　水解反应

水解反应是有机化合物与水之间发生的最重要的反应，是有毒污染物的去除

过程和解毒过程。水解反应中，有机化合物的官能团 X⁻ 与水中 OH⁻ 发生交换：

$$RX + H_2O \longrightarrow ROH + HX$$

反应步骤还包括一个或多个中间体的形成。在环境条件下，一般酯类和饱和卤代烃容易水解，不饱和卤代烃和芳香卤代烃则不易发生水解。

酯类水解：

$$RCOOR' + H_2O \longrightarrow RCOOH + R'OH$$

饱和卤代烃分解：

$$CH_3CH_2-CBrH-CH_3 + H_2O \longrightarrow CH_3CH_2-CHOH-CH_3 + HBr$$

在一定温度下，pH 对水解过程的影响是非常大的。由于不同的化合物性质不同，水解反应机理也不同，因此 pH 的影响也表现出很大的差别。例如，苯甲腈类污染物在酸性和中性条件下几乎不水解，苯硫基乙酸酯类在中性条件下不水解，在强酸性条件下有微弱的水解，但两者在碱性条件下水解速度均较快。

通常有机物的水解是一级反应。水解反应能在酸、碱条件下发生催化作用，催化效应依赖于反应的类型和化合物的化学结构。一般情况下，溶液 pH 和温度是影响反应速率的主要因素。水解反应速率可表达为

$$-\frac{d[RX]}{dt} = K_h[RX]$$

$$K_h = K_A[H^+] + K_N + K_B[OH^-] = K_A[H^+] + K_N + K_B K_W / [H^+]$$

式中，$K_A$ 为酸性催化水解速率常数；$K_B$ 为碱性催化水解速率常数；$K_N$ 为中性催化水解速率常数；$K_h$ 为某一 pH 下总水解速率常数；$K_W$ 为水的离子积常数。

$K_h$ 与 pH 作图得图 2-9，三线相交处得到三个 pH：$I_{AN}$、$I_{NB}$ 和 $I_{AB}$。当 $K_N$ 较大时，pH-水解速率常数曲线为 U 形；当 $K_N$ 较小时，pH-水解速率常数曲线为 V 形。从图 2-9 可以看出，有机物水解的酸碱催化作用非常重要，酸性或(和)碱性条件更有利于水解。一般水解转化物比原来的化合物更易被生物降解。

偏二甲肼转化物中的腙、酰胺、亚硝胺、腈类化合物，在一定条件下可能发生水解。其中，亚硝胺在碱性和中性条件下很稳定，酸性条件下可以水解。

酰胺是含有酰胺键—CO—N 的有机物，在酸性或碱性条件下可以水解转化为羧酸盐和氨或铵根离子。二甲基甲酰胺在酸性介质中水解为二甲胺和甲酸：

$$HCON(CH_3)_2 + H_2O \longrightarrow (CH_3)_2NH + HCOOH$$

在酸性条件下，氢离子与羰基中的 C 结合，增强亲电性，然后亲核试剂水分子中的氧进一步与 C 结合导致 C—N 键断裂，水分子中的 1 个氢与氨基结合，水解生成胺和酸，其中氢离子只是催化剂；在碱性条件下，亲核性比水更强的氢氧根离子与羰基中 C 结合发生亲核加成-消除反应。

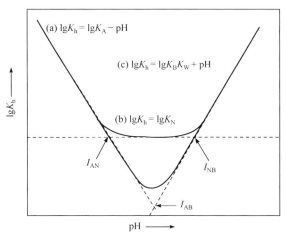

图 2-9　水解速率常数与 pH 的关系[9]

羟基自由基氧化偏腙会生成二甲氨基乙腈，水解为伯酰胺。酸性条件下与饱和碳相连的氰基，在酸中容易水解转化为酰胺，进一步水解生成酸。氢离子与 CN 中的 C 结合，其亲电性增强，然后在亲核试剂水的作用下发生亲核加成反应生成酰胺：

$$RCN + H_2O \longrightarrow RC{=}ONH_2$$

在中性条件下使用钯催化剂可使乙腈分解。乙腈是亲电基团，在碱性条件下可水解为乙酸和氨。首先亲核基团氢氧根离子进攻乙腈分子中氰基上的碳，然后水分子中的亲核氧进一步结合该碳原子，并将 1 个氢原子加成到氮原子上，最终导致 C—N 的键断裂，生成乙酸和氨：

$$CH_3C{\equiv}N + H_2O \longrightarrow CH_3CONH_2$$
$$CH_3CONH_2 + H_2O \longrightarrow CH_3COOH + NH_3$$

偏腙、亚胺类化合物都可以发生水解，如偏腙水解为偏二甲肼和甲醛：

$$(CH_3)_2NN{=}CH_2 + H_2O \longrightarrow (CH_3)_2NNH_2 + H_2CO$$

酰胺水解为胺和甲酸(盐)，如二甲基甲酰胺水解为二甲胺和甲酸：

$$(CH_3)_2NCHO + H_2O \longrightarrow (CH_3)_2NH + HCOOH$$

酰胺的水解较其他羧酸衍生物困难，反应也需要在酸或碱催化的条件下进行，有空间位阻的酰胺和 N-取代烃基的酰胺[71]更难水解。

亚硝基化合物水解为胺类和亚硝酸，如亚硝基二甲胺水解为二甲胺和亚硝酸：

$$(CH_3)_2NNO + H_2O \longrightarrow (CH_3)_2NH + HNO_2$$

偏二甲肼氧化产生易于水解的物质。偏二甲肼氧化转化物通过水解从较大分子转化为较小分子有利于最终的矿化，水能够促进该过程进行。从实验数据看，酸性或碱性条件都更有利于偏腙水解,其中偏腙和亚硝基二甲胺更易于发生酸解,而酰胺、二甲氨基乙腈更容易发生碱性水解。

### 2.4.7 缩合反应

缩合反应是两个或两个以上有机分子相互作用以共价键结合成一个大分子,并常伴有失去小分子(如水、氯化氢、醇等)的反应。缩合反应经历加成和消除过程。

偏二甲肼氧化过程产生的甲基肼、肼、甲胺和氨可以与甲醛等含有羰基的化合物发生缩合反应,生成 N=C 基团化合物,如偏二甲肼与甲醛作用生成偏腙:

$$(CH_3)_2NNH_2 + H_2CO \longrightarrow (CH_3)_2NN{=}CH_2 + H_2O$$

这类缩合反应在酸的催化作用下更容易进行。氢离子与甲醛分子的羰基结合,增强 C 原子的亲电性,更容易与偏二甲肼分子中的亲核基团 N 结合,氨基上的氢与甲醛分子中的氧结合,最后生成偏腙。

$H^+$ 对缩合反应有催化作用,但偏二甲肼上的氮易质子化而降低甚至失去亲核性,因此一般在弱酸或弱碱性条件下,缩合反应的活性更高。缩合反应 pH 的选择由肼或胺碱电离常数 $pK_b$ 决定,偏二甲肼的缩合反应在中性条件下活性最高。

偏二甲肼转化物中检测到二甲基脲、氨和 $N,N$-二甲基胍,$N,N$-二甲基脲与氨经缩合反应生成 $N,N$-二甲基胍:

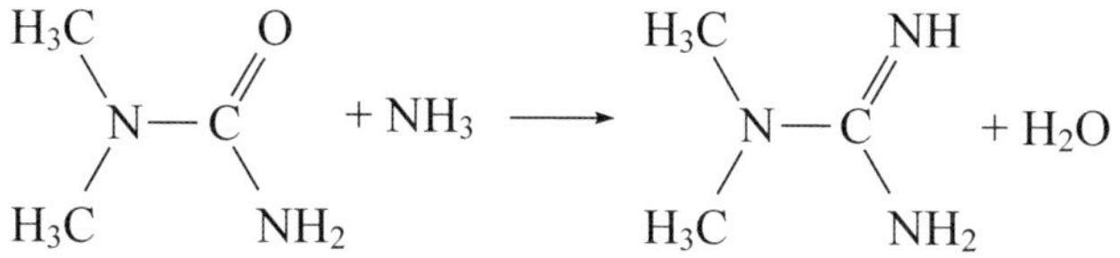

羰基和氨基的缩合反应是偏二甲肼及转化物之间的主要作用方式,进而转化为腙、亚胺、胍等物质。

偏二甲肼环境转化涉及的反应种类繁多,气相中主要发生自由基氧化、还原、分解反应及与醛的缩合反应,水相中还会发生水解反应,催化反应体系中还包括催化反应、吸附过程、光催化分解过程等。

### 参 考 文 献

[1] 傅献彩. 物理化学[M]. 5 版. 北京: 高等教育出版社, 2005.

[2] Vogt R, Sander R, Von Glasow R, et al. Iodine chemistry and its role in halogen activation and ozone loss in the marine boundary layer: A model study[J]. Journal of Atmospheric Chemistry, 1999, 32(3): 375-395.

[3] Lin S H, Yeh K L. Looking to treat wastewater? Try ozone[J]. Chemical Engineering, 1993, 100(5): 112-116.

[4] 王晓昌. 臭氧处理的副转化物[J]. 给水排水, 1998(12): 75-77.

[5] Washida N, Akimoto H, Okuda M. Reaction of methyl radicals with ozone[J]. The Journal of Chemical Physics, 1980, 73(4): 1673-1680.

[6] Komissarov V D, Komissarova I N, Farrakhova G K, et al. Chain decomposition of ozone in the $CH_3CHO-O_3-O_2$ system[J]. Russian Chemical Bulletin, 1979, 28(6): 1126-1132.

[7] Michelsen H A, Salawitch R J, Wennberg P O, et al. Production of O ($^1$D) from photolysis of $O_3$[J]. Geophysical Research Letters, 1994, 21(20): 2227-2230.

[8] Bahe F C, Marx W N, Schurath U, et al. Determination of the absolute photolysis rate of ozone by sunlight, $O_3+ hv \rightarrow$ O ($^1$D)+ $O_2$ ($^1\Delta$g), at ground level[J]. Atmospheric Environment, 1979, 13(11): 1515-1522.

[9] 戴树桂. 环境化学[M]. 2 版. 北京: 高等教育出版社, 2006.

[10] Malatesta V, Ingold K U. Kinetic applications of electron paramagnetic resonance spectroscopy. XI. Aminium radicals[J]. Journal of the American Chemical Society, 1973, 95(19): 6400-6404.

[11] Dainton F S, Ivin K J, Wilkinson F.The kinetics of the exchange reaction $CH_3+ CH_4 \longrightarrow CH_4+ CH_3$ using $^{14}$C as tracer[J]. Transactions of the Faraday Society, 1959, 55: 929-936.

[12] Logan S R. Catalyzed deuterium exchange and decomposition reactions of methylhydrazine and 1, 1-dimethylhydrazine on transition metals[J]. Journal of Catalysis, 1991, 129(1): 25-30.

[13] Mezyk S P, Cooper W J, Madden K P, et al. Free radical destruction of $N$-nitrosodimethylamine in water[J]. Environmental Science & Technology, 2004, 38(11): 3161-3167.

[14] Vaghjiani G L. Gas phase reaction kinetics of O atoms with $(CH_3)_2NNH_2$, $CH_3NHNH_2$, and $N_2H_4$, and branching ratios of the OH product[J]. Journal of Physical Chemistry A, 2001, 105(19): 4682-4690.

[15] Lang V I. Space and environment technology center technology operation srateconstants for reactions of hydrazine fuels with O($^3$P) [R]. ADA252813, 1992.

[16] Vaghjiani G L. Kinetics of OH reactions with $N_2H_4$, $CH_3NHNH_2$ and $(CH_3)_2NNH_2$ in the gas phase[J]. International Journal of Chemical Kinetics, 2001, 33(6): 354-362.

[17] Coleman D J, Judeikis H S, Lang V. Gas-Phase rate constant measurements for reactions of ozone with hydrazines[R]. ADA318118, 1996.

[18] Tuazon E C, Atkinson R, Aschmann S M, et al. Kinetics and products of the gas-phase reactions of $O_3$ with amines and related compounds[J]. Research on Chemical Intermediates, 1994, 20(3-5): 303-320.

[19] Atkinson R, Perry R A, Pitts Jr J N. Rate constants for the reactions of the OH radical with $(CH_3)_2NH$, $(CH_3)_3N$, and $C_2H_5NH_2$ over the temperature range 298-426K[J].The Journal of Chemical Physics, 1978, 68(4): 1850-1853.

[20] Atkinson R, Pitts Jr J N. Kinetics of the reactions of O($^3$P) atoms with the amines $CH_3NH_2$, $C_2H_5NH_2$,$(CH_3)_2NH$, and $(CH_3)_3N$ over the temperature range 298-440K[J]. The Journal of Chemical Physics, 1978, 68(3): 911-915.

[21] Onel L, Thonger L, Blitz M A, et al. Gas-phase reactions of OH with methyl amines in the presence or absence of molecular oxygen. An experimental and theoretical Study[J]. Journal of Physical Chemistry A, 2013, 117(41): 10736-10745.

[22] Hill D T, Barth C L. Removal of gaseous ammonia and methylamine using ozone[J]. Transactions of the ASAE, 1976, 19(5): 0835-0938.

[23] Valehi S, Vahedpour M.Theoretical study on the mechanism of $CH_3NH_2$ and $O_3$ atmospheric reaction[J].Journal of Chemical Sciences, 2014, 126(4): 1173-1180.

[24] Wen Z, Xu J, Wang Z, et al. Destruction mechanism and kinetic of formaldehyde by $O_3$ and OH radicals[J]. Asian Journal of Chemistry, 2011, 23(6): 2762-2766.

[25] Ravishankara A R, Davis D D. Kinetic rate constants for the reaction of hydroxyl with methanol, ethanol, and tetrahydrofuran at 298 K[J]. Journal of Physical Chemistry, 1978, 82(26): 2852-2853.

[26] Sivakumaran V, Hölscher D, Dillon T J, et al. Reaction between OH and HCHO: temperature dependent rate coefficients (202—399 K) and product pathways (298 K)[J]. Physical Chemistry Chemical Physics, 2003, 5(21): 4821-4827.

[27] Jolly G S, McKenney D J, Singleton D L, et al. Rates of hydroxyl radical reactions. Part 14. Rate constant and mechanism for the reaction of hydroxyl radical with formic acid[J]. Journal of Physical Chemistry, 1986, 90(24): 6557-6562.

[28] Bunkan A J C, Hetzler J, Mikoviny T, et al. The reactions of N-methylformamide and N, N-dimethylformamide with OH and their photo-oxidation under atmospheric conditions: experimental and theoretical studies[J]. Physical Chemistry Chemical Physics, 2015, 17(10): 7046-7059.

[29] Kuo C H, Wen C P. Ozonation of formic acid, formaldehyde and methanol in aqueous solutions[J].AIChE Symp Ser, 1977, 73(166): 272-282.

[30] Geiger G, Huber J R. Photolysis of dimethylnitrosamine in the gas phase[J]. Helvetica Chimica Acta, 1981, 64(4): 989-995.

[31] Chang S W, Lee S J, Cho I H. A study on the degradation and by-products formation of NDMA by the photolysis with UV: setup of reaction models and assessment of decomposition characteristics by the statistical design of experiment (DOE) based on the box-behnken technique[J]. Journal of Korean Society of Environmental Engineers, 2010, 32(1): 33-46.

[32] Stefan M I, Bolton J R. UV direct photolysis of N-nitrosodimethylamine (NDMA): Kinetic and product study[J]. Helvetica Chimica Acta, 2002, 85(5): 1416-1426.

[33] Thiebaud J, Aluculesei A, Fittschen C. Formation of HO$_2$ radicals from the photodissociation of H$_2$O$_2$ at 248 nm[J]. The Journal of Chemical Physics, 2007, 126(18): 186101.

[34] 王彩霞, 陈忠明. CH$_3$OOH 对大气 OH 自由基浓度水平的影响[J]. 自然科学进展, 2006, 16(7): 859-867.

[35] Vaghjiani G L, Ravishankara A R. Photodissociation of H$_2$O$_2$ and CH$_3$OOH at 248 nm and 298K: Quantum yields for oh, O (3P) and H (2S)[J].The Journal of Chemical Physics, 1990, 92(2): 996-1003.

[36] Overman J D, Wiig E O. Photochemical Investigations. Ⅶ. The Photolysis of Unsymmetrical Dimethylhydrazine1[J]. Journal of the American Chemical Society, 2002, 68(2): 320-321.

[37] Kay W L, Taylor H A. The photolysis of dimethylhydrazine[J]. The Journal of Chemical Physics, 1942, 10(8): 497-504.

[38] Ghanshyam L V. UV absorption cross sections, laser photodissociation product quantum yields, and reactions of H atoms with methylhydrazines at 298 K[J]. Journal of Physical Chemistry A, 1997, 101(23): 4167-4171.

[39] Magenheimer J J, Varnerin R E, Timmons R B. Photochemistry of methylamine at 1470 A[J]. Journal of Physical Chemistry, 1969, 73(11): 3904-3909.

[40] Gardner E P, McNesby J R. Vacuum-ultraviolet photolysis of methylamine[J]. Journal of Physical Chemistry, 1982, 86(14): 2646-2651.

[41] Michael J V, Noyes W A. The photochemistry of methylamine[J]. Journal of the American Chemical Society, 1963, 85(9): 1228-1233.

[42] Fethi F, López-Gejo J, Köhler M, et al. Vacuum-UV-(VUV) photochemically initiated oxidation of dimethylamine in the gas phase[J]. Journal of Advanced Oxidation Technologies, 2008, 11(2): 208-221.

[43] Holt P L, McCurdy K E, Adams J S, et al. Direct studies of photodissociation of azomethane vapor using transient CARS spectroscopy [J]. J Am Chem Soc, 1985, 107(7): 2180.

[44] Magdzinski L J. Thermal and photolytic acid-catalyzed decomposition of tetramethyl-2-tetrazene[D]. Burnaby:Simon Fraser University, 1977.

[45] Taylor W D, Allston T D, Moscato M J, et al. Atmospheric photodissociation lifetimes for nitromethane, methyl nitrite, and methyl nitrate[J]. International Journal of Chemical Kinetics, 1980, 12(4): 231-240.

[46] Tsegaw Y A, Sander W, Kaiser R I. Electron paramagnetic resonance spectroscopic study on nonequilibrium reaction pathways in the photolysis of solid nitromethane (CH$_3$NO$_2$) and D$_3$-Nitromethane (CD$_3$NO$_2$)[J]. Journal of Physical Chemistry A, 2016, 120(9): 1577-1587.

[47] Petersen C, Dahl N H, Jensen S K, et al. Femtosecond photolysis of aqueous formamide[J]. Journal of Physical Chemistry A, 2008, 112(15): 3339-3344.

[48] Bunkan A J C, Hetzler J, Mikoviny T, et al. The reactions of N-methylformamide and N, N-dimethylformamide with OH and their photo-oxidation under atmospheric conditions: experimental and theoretical studies[J]. Physical Chemistry Chemical Physics, 2015, 17(10): 7046-7059.

[49] Teslja A, Nizamov B, Dagdigian P J. The electronic spectrum of methyleneimine[J]. Journal of Physical Chemistry A, 2004, 108(20): 4433-4439.

[50] Matthews J, Sinha A, Francisco J S. Unimolecular dissociation and thermochemistry of CH$_3$OOH[J]. The Journal of Chemical Physics, 2005, 122(22): 221101-201104.

[51] 尹东光, 高文亮, 张彩霞, 等. 偏二甲肼分子化学键解离能的理论计算[J]. 火炸药学报, 2011, 34(3): 83-85.

[52] Cordes H F. The thermal decomposition of 1, 1-dimethylhydrazine[J]. Journal of Physical Chemistry, 1961, 65(9): 1473-1477.

[53] Prasad J, Gland J L. Hydrazine decomposition on a clean rhodium surface: A temperature programmed reaction spectroscopy study[J]. Langmuir, 1991, 7(4): 722-726.

[54] Sun H, Law C K. Thermochemical and kinetic analysis of the thermal decomposition of monomethylhydrazine: an elementary reaction mechanism[J]. Journal of Physical Chemistry A, 2007, 111(19): 3748-3760.

[55] Golden D M, Solly R K, Gac N A, et al. Very low-pressure pyrolysis. Ⅶ. The decomposition of methylhydrazine, 1,1-dimethylhydrazine, 1,2-dimethylhydrazine, and tetramethylhydrazine. concerted deamination and dehydrogenation of methylhydrazine[J]. International Journal of Chemical Kinetics, 1972, 4(4): 433-448.

[56] Lee R T, Stringfellow G B. Pyrolysis of monomethylhydrazine for organometallic vapor-phase epitaxy (OMVPE) growth[J]. Journal of Crystal Growth, 1999, 204(3): 247-255.

[57] Martignoni P, Duncan W A, Murfree Jr J A, et al. The thermal and catalytic decomposition of methylhydrazines[R]. Army missile research development and engineering lab redstone arsenal al propulsion directorate, 1972.

[58] Greene B, Johnson H T. Catalytic decomposition of propellant hydrazines, N-nitrosodimethylamine, and N-nitrodimethylamine[R]. NASA,2000.

[59] Kang D H, Trenary M. Surface chemistry of dimethylamine on Pt (Ⅲ): formation of methylaminocarbyne and its decomposition products[J]. Surface Science, 2002, 519(1-2): 40-56.

[60] Deng Z, Lu X, Wen Z, et al. Decomposition mechanism of methylamine to hydrogen cyanide on Pt (Ⅲ): selectivity of the C–H, N–H and C–N bond scissions[J]. RSC Advances, 2014, 4(24): 12266-12274.

[61] Hwang S Y, Kong A C F, Schmidt L D. CH$_3$NO$_2$ decomposition on Pt (111)[J]. Surface Science, 1989, 217(1-2): 179-198.

[62] 董光兴, 程新路, 葛素红, 等. 凝聚态硝基甲烷分解机理的密度泛函研究[J]. 原子与分子物理学报, 2014, 5: 687-694.

[63] Han S, Van Duin A C, Goddard I W, et al. Thermal decomposition of condensed-phase nitromethane from molecular dynamics from ReaxFF reactive dynamics[J]. Journal of Physical Chemistry B, 2011, 115(20): 6534-6540.

[64] Chang D R, Rice O K.The thermal decomposition of azomethane-d6[J]. International Journal of Chemical Kinetics, 1969, 1(2):171-191.

[65] Hanley L, Guo X, Yates Jr J T. Thermal decomposition of chemisorbed azomethane on palladium (Ⅲ)[J]. Journal of Physical Chemistry, 1989, 93(18): 6754-6757.

[66] Hu C H, Schaefer H F I. The mechanism of the thermal decomposition and the (n-. pi.*) excited states of azomethane[J]. Journal of Physical Chemistry, 1995, 99(19): 7507-7513.

[67] 徐亚飞. 偏二甲肼与羟基自由基降解反应机理的理论研究[D]. 重庆: 重庆大学, 2008.

[68] Madgzinski L J, Pillay K S, Richard H, et al. Decomposition of tetramethyl-2-tetrazene under acidic conditions[J]. Canadian Journal of Chemistry, 1978, 56(12): 1657-1667.

[69] 熊鹰, 舒远杰, 周歌, 等. 均四嗪热分解机理的从头算分子动力学模拟及密度泛涵理论研究[J]. 含能材料, 2006, 14(6): 421-424.

[70] Kantlehner W, Haug E, Scherr O, et al. Orthoamide. Part 60. N, N, N′, N′-Tetraformylhydrazine-aformylation agent for aromatic compounds of wide scope[J]. ChemInform, 2004, 35(36): 357-365.

[71] 王俊美, 仇汝臣, 孔锐睿, 等. 二甲基甲酰胺水解动力学的研究[J]. 化工时刊, 2007, 21(8): 13-15.

# 第3章  环境中偏二甲肼氧化机理初步分析

偏二甲肼氧化机理就是描述偏二甲肼与转化物之间的关系和转化过程的具体反应路径。偏二甲肼机理的研究方法，一是通过傅里叶变换红外光谱(FT-IR)或气相色谱-质谱(GC-MS)检测偏二甲肼氧化过程中产生的转化物，然后利用自由基氧化反应机理，推测转化物的生成反应历程；二是通过量化计算主要氧化转化物如亚硝基二甲胺、偏腙、甲醛和四甲基四氮烯的各种可能生成路径的活化能、反应速率常数等动力学参数，以此为依据推测主要氧化转化物的可能生成路径。

## 3.1  偏二甲肼、甲基肼和肼的气相氧化机理

大气环境中主要是氧气和氮气，污染的大气环境中存在臭氧、氮氧化物等，本节总结前人开展的气态偏二甲肼与氧气、臭氧和氮氧化物作用实验数据和机理研究论述。

### 3.1.1  氧气与甲基肼、偏二甲肼的反应

Molinet 在 2009 年研究了 MMH 的氧化。为了重构大气环境，在严格的单相气态介质中，组装了一个特定的装置以监测反应物随时间的变化。在温度 50℃、$O_2/MMH$ 物质的量比为 1:4、$O_2$ 分压为 5～18kPa(体积分数 4%MMH)条件下，GC-MS 检测到的转化物是 $N_2$、$CH_4$、$CH_3$—NH—N═$CH_2$(甲醛甲基腙)、$NH_3$、$H_2O$、$CH_3OH$ 和 $CH_2$═NN═N—$CH_3$(2,3,4-三氮-1,3-二烯)，未检测到 NDMA 的生成[1]。

Mathur 和 Sisler 早在 1981 年就研究了 UDMH 的氧气氧化[2]。250mL 反应器中有 1.0g 甲苯、0.2mol UDMH 的乙醚溶液和 91mmol 氧气，分别在 20℃、25℃、30℃下反应。20℃下反应 200 多小时，未发现溶液颜色变化，气相色谱-质谱检测到的转化物主要是偏腙、$N_2$、$CH_4$，有时发现痕量的四甲基四氮烯；在 25℃、30℃下反应 24 h，溶液变为微黄色，反应 48～78h 的转化物主要是偏腙、$N_2$、$CH_4$，随反应时间增加，开始检测到 NDMA、四甲基四氮烯和水，还检测到甲醛甲基腙、六氢-1,2,4,5-四甲基-1,2,4,5-四嗪、1,4-二甲基-2,5-二氢-1,2,4,5-四嗪、二甲基肼、三甲基甲酰四氮烯等。

Mathur 等研究了 UDMH 的氧化反应动力学[2]。20℃、25℃和 30℃下，环己烷溶剂中 UDMH 的氧气氧化反应速率常数 $k$ 分别为 $1.8 \times 10^{-6} s^{-1}$、$2.2 \times 10^{-6} s^{-1}$ 和 $6.4 \times 10^{-6} s^{-1}$，乙醚溶剂中氧化反应速率常数分别为 $1.4 \times 10^{-6} s^{-1}$、$3.8 \times 10^{-6} s^{-1}$ 和 $7.0 \times 10^{-6} s^{-1}$，不同溶剂中的活化能在 100kJ/mol 左右。

Urry 研究发现，偏二甲肼自动氧化过程的主要产物是偏腙、分子氮和水，同时检测到重氮甲烷、氧化二氮和甲醛。推测偏二甲肼氧化是一个自由基过程，先生成的偏二甲肼基-2-氢过氧化物，通过快速的壁反应得到产物偏腙、肼和过氧化氢。氮气和大多数次要产品可能是过氧化氢与偏二甲肼、偏腙和肼的进一步反应所致[3]。肼、过氧化氢反应如下：

$$2H_2NNH_2 + H_2O_2 \longrightarrow 2NH_3 + N_2 + 2H_2O$$

在相同条件下，偏二甲肼自动氧化反应速率是 MMH 或肼自动氧化反应速率的 1/10 左右，可认为偏二甲肼和氧气的脱氢反应首先生成 $(CH_3)_2N^+{=}N^-$。推测 $(CH_3)_2N^+{=}N^-$ 在气相中由反应式 I 得到[2]。

反应式 I：

$$(CH_3)_2NNH_2 + O_2 \longrightarrow (CH_3)_2NN(H)OOH \longrightarrow (CH_3)_2NNH \cdot + HO_2 \cdot$$
$$(CH_3)_2NNH_2 + HO_2 \cdot \longrightarrow (CH_3)_2NNH \cdot + H_2O_2$$
$$(CH_3)_2NNH \cdot + O_2 \longrightarrow (CH_3)_2NN(H)OO \cdot$$
$$(CH_3)_2NNH \cdot + (CH_3)_2NN(H)OO \cdot \longrightarrow (CH_3)_2N^+{=}N^- + (CH_3)_2NN(H)OOH$$

偏二甲肼与氧气作用首先发生氨基加氧过程，氧气与 UDMH 加成生成过氧酸，过氧酸不稳定脱去过氧化氢自由基，得到 N,N-二甲基肼基自由基 $(CH_3)_2NNH \cdot$。同时，过氧化氢自由基与 UDMH 发生脱氢反应，生成 N,N-二甲基肼基自由基 $(CH_3)_2NNH \cdot$ 和过氧化氢，N,N-二甲基肼基自由基进一步与过氧化氢自由基作用脱去第二个氢得到 $(CH_3)_2N^+{=}N^-$，$(CH_3)_2N^+{=}N^-$ 很容易发生二聚作用生成四甲基四氮烯。

偏腙、甲烷和氮分子可以由双分子 $(CH_3)_2N^+{=}N^-$ 反应生成（反应式 II）。

反应式 II：

$$(CH_3)_2N^+{=}N^- + (CH_3)_2N^+{=}N^- \longrightarrow (CH_3)_2N^+{=}NCH_3 + CH_3N{=}N^-$$

$$\downarrow -H^+ \qquad\qquad \downarrow +H^+$$

$$(CH_3)_2N{=}NCH_2 \qquad\qquad CH_4N^+{=}N^-$$

$$CH_4N^+{=}N^- \longrightarrow CH_4 + N_2$$

作为重要中间体，两分子 $(CH_3)_2N^+{=}N^-$ 之间发生交换反应生成偏腙和甲基二氮烯，甲基二氮烯分解生成氮和甲烷分子。

$CH_3N^+{=}N^-$ 中间体发生类似反应式 II 作用生成甲醛甲基腙和 $HN^+{=}N^-$（反应

式Ⅲ)，两分子的甲醛甲基腙反应生成 1,4-二甲基-2,5-二氢-1,2,4,5-四嗪，二氮烯 HN＝NH 最后分解为氮气和氨。

反应式Ⅲ：

$$2CH_3N^+H=N^- \longrightarrow CH_3N^+H=NCH_3 + HN=N^- \longrightarrow CH_3NHNCH_2 + HN=NH$$

$$3HN=NH \longrightarrow 2N_2 + 2NH_3$$

气相中生成亚硝基二甲胺的反应，首先是生成过氧化物$(CH_3)_2NN(H)OOH$，$(CH_3)_2NN(H)OOH$ 分解产生 NDMA 和水，反应可能被碱催化(反应式Ⅳ)。

反应式Ⅳ：

$$(CH_3)_2NN(H)OOH + B: \longrightarrow (CH_3)_2NN^-OOH + B:H$$
$$(CH_3)_2NN^-OOH \longrightarrow (CH_3)_2NN=O + OH^-$$
$$OH^- + B:H \longrightarrow B: + H_2O$$

偏腙发生甲基氧化生成 *N,N*-甲基甲酰腙，进一步与偏二甲肼作用生成 1,1,5-三甲基甲𦏵 $CH_3N=NCH=N-N(CH_3)_2$，四甲基四氮烯上的甲基可以氧化为甲酰基并生成三甲基甲酰四氮烯，重氮甲烷环化生成均四嗪(反应式Ⅴ)。

反应式Ⅴ：

$$(CH_3)_2NNCH_2 + O_2 \longrightarrow (CH_3)(CHO)NNCH_2 + H_2O$$
$$(CH_3)_2NNH_2 + (CH_3)(CHO)NNCH_2 \longrightarrow CH_3N=NCH=N-N(CH_3)_2 + H_2O$$
$$(CH_3)_2N^+=N^- + CH_3HN^+=N^- \longrightarrow (CH_3)_2NNH(CH_3) + N_2$$
$$(CH_3)_2NNNN(CH_3)_2 + O_2 \longrightarrow (CH_3)_2NNNN(CH_3)(CHO) + H_2O$$
$$2CH_3N^+H=N^- + O_2 \longrightarrow 2CH_2N^+=N^- + 2H_2O$$

$$2CH_2N^+=N^- \longrightarrow$$

偏二甲肼氧化是自由基反应过程。偏二甲肼氨基上的氢首先发生反应，产生过氧化氢自由基，并产生最重要的中间体$(CH_3)_2N^+=N^-$，依次氧化分解产生$CH_3N^+=N^-$、HNNH，最后氮元素转化为氮分子与氨分子，从而较好地解释了亚硝基二甲胺、四甲基四氮烯、氮、甲烷、四嗪等分子产生，并可认为四甲基四氮烯、偏腙的甲基可以发生氧化并生成酰基。

该研究认为，偏腙、NDMA、四甲基四氮烯都是偏二甲肼氨基氧化的结果，偏腙通过$(CH_3)_2N^+$＝$N^-$中间体的交换反应生成。但甲基交换过程活化能一般比较高，难于进行，而由图 3-1 知，氧气通入偏二甲肼液体首先大量生成的是偏腙而不是 NDMA，因此该研究提出的偏腙生成机理是不合理的。

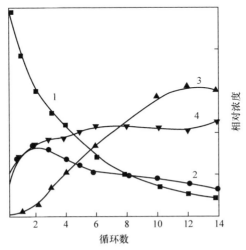

图 3-1　偏二甲肼液相氧化动力学曲线[4]

1. 偏二甲肼；2. 二甲胺；3. NDMA；4. 偏腙

### 3.1.2　臭氧与肼、甲基肼和偏二甲肼的反应

臭氧与肼、甲基肼和偏二甲肼的反应过程，被认为是大气中肼类化合物的去除过程。20 世纪 50 年代到 80 年代，肼类燃料在大气中的反应均采用长程傅里叶变换红外光谱研究，样品在长光程测试下，测定检测限低，检测下限达到 ppm 以下数量级。红外光谱法对特征官能团区的吸收强，但类似结构的辨识能力较差，因此一般用指纹区的吸收峰对偏二甲肼与臭氧作用的转化物进行检测。

Martin 在肼的环境归宿研究中，用红外光谱法检测到肼氧化生成过氧化氢和二氮烯 HN＝NH，甲基肼氧化生成甲基二氮烯、甲醇、过氧化氢、甲醛和二甲基二氮烯等[5]。Tuazon 等在模拟的大气条件下用原位长路径傅里叶变换红外光谱研究臭氧与肼($N_2H_4$)、甲基肼(MMH)和偏二甲肼(UDMH)的气相反应，MMH + $O_3$ 反应中检测到过氧化氢、甲醛、甲醇、过氧化氢、重氮甲烷($CH_2N_2$)和甲基二氮烯($CH_3N$＝NH)，UDMH + $O_3$ 反应中检测到亚硝基二甲胺、甲醛、过氧化氢和亚硝酸[6,7]。Huang 采用气相色谱-质谱法研究了肼、甲基肼和偏二甲肼与 $O_3$ 在不同反应物比率下的气相反应，发现偏二甲肼的氧化产物包括：四甲基四氮烯、二甲胺、二甲基甲酰胺等化合物[8]。

　　大气中肼、甲基肼、偏二甲肼的·OH 反应二阶速率常数分别为 $1.0 \times 10^9 L/(mol \cdot s)$、$1.1 \times 10^9 L/(mol \cdot s)$ 和 $0.83 \times 10^9 L/(mol \cdot s)$，均对应高于与臭氧反应的速率常数 $5.6 \times 10^4 L/(mol \cdot s)$、$7.5 \times 10^4 L/(mol \cdot s)$ 和 $9.13 \times 10^4 L/(mol \cdot s)$[9]。由于肼、甲基肼氧化过程中会产生羟基自由基，因此肼、甲基肼的臭氧氧化过程中会出现自动加速过程(图 3-2)，分为两个明确界定的阶段：首先是初始阶段的缓慢衰减，其次是加速反应阶段，可能是甲基肼、肼的臭氧氧化产生了羟基自由基，羟基自由基加速甲基肼和肼氧化反应速率所致。

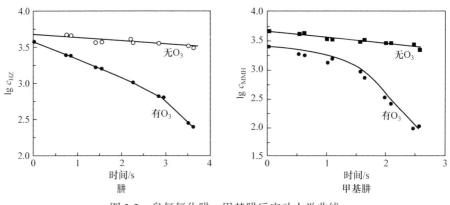

图 3-2　臭氧氧化肼、甲基肼反应动力学曲线

　　Martin 提出了臭氧与肼、甲基肼反应的氧化机理[5]。肼的臭氧氧化过程为脱氢过程，在引发过程中生成了羟基自由基 HO·。已有研究将肼与臭氧混合制备羟基自由基，从另一个角度佐证了肼臭氧氧化产生羟基自由基的观点。

　　臭氧与肼的氧化反应依次经历自由基引发过程、传递过程、增长过程和终止过程。传递过程是一个自由基转化为另一个自由基的过程，相继产生羟基自由基和过氧化氢自由基，在 HO·、HO₂·、氧气和臭氧的脱氢作用后，肼基自由基转化为二氮烯 N₂H₂、氮分子；增长过程是 1 个自由基产生 2 个自由基的过程；终止过程是自由基去除过程，产生稳定的过氧化氢、水和氧气。

引发过程：

$$N_2H_4 + O_3 \longrightarrow \cdot N_2H_3 + \cdot OH + O_2$$

传递过程：

$$N_2H_4 + \cdot OH \longrightarrow \cdot N_2H_3 + H_2O$$
$$N_2H_4 + HO_2 \cdot \longrightarrow \cdot N_2H_3 + H_2O_2$$
$$\cdot N_2H_3 + O_2 \longrightarrow N_2H_2 + HO_2 \cdot$$
$$\cdot N_2H_3 + O_3 \longrightarrow N_2H_2 + \cdot OH + O_2$$

$$N_2H_2 + HO_2 \cdot \longrightarrow \cdot N_2H + H_2O_2$$

$$\cdot N_2H + O_2 \longrightarrow N_2 + HO_2 \cdot$$

$$\cdot N_2H + O_3 \longrightarrow N_2 + \cdot OH + O_2$$

$$HO_2 \cdot + O_3 \longrightarrow 2 \cdot OH + O_2$$

$$\cdot OH + O_3 \longrightarrow O_2 + HO_2 \cdot$$

增长过程：

$$N_2H_2 + O_3 \longrightarrow \cdot N_2H + \cdot OH + O_2$$

$$N_2H_2 + O_2 \longrightarrow \cdot N_2H + HO_2 \cdot$$

终止过程：

$$\cdot OH + HO_2 \cdot \longrightarrow H_2O + O_2$$

$$HO_2 \cdot + HO_2 \cdot \longrightarrow H_2O_2 + O_2$$

上述过程充分说明，肼与臭氧、氧气、羟基自由基及过氧化氢自由基都可以发生脱氢氧化生成二氮烯，可以合理地解释羟基自由基、过氧化氢自由基的产生及过氧化氢的生成。

臭氧与甲基肼的氧化反应也依次经历自由基引发过程、传递过程、增长过程和终止过程，在引发过程中产生羟基自由基，在传递过程中相继产生过氧化氢自由基、过氧化氢等。甲基肼氧化生成甲基二氮烯 $CH_3N{=}NH$，$CH_3N{=}NH$ 不稳定产生甲基自由基和氮分子。后续研究发现，甲基肼氧化产生偏二甲肼和 1,2-二甲基肼，可以认为 $CH_3N{=}NH$ 氧化分解产生的甲基是甲基肼转化为二甲基肼的甲基供体。

引发过程：

$$CH_3NHNH_2 + O_3 \longrightarrow CH_3N \cdot NH_2 + \cdot OH + O_2$$

传递过程：

$$CH_3NHNH_2 + \cdot OH \longrightarrow CH_3N \cdot NH_2 + H_2O$$

$$CH_3NHNH_2 + HO_2 \cdot \longrightarrow CH_3N \cdot NH_2 + H_2O_2$$

$$CH_3N \cdot NH_2 + O_2 \longrightarrow CH_3N{=}NH + HO_2 \cdot$$

$$CH_3N{=}NH + HO_2 \cdot \longrightarrow CH_3 \cdot + N_2 + H_2O_2$$

$$CH_3N{=}NH + \cdot OH \longrightarrow CH_3 \cdot + N_2 + H_2O$$

$$CH_3 \cdot + O_2 \longrightarrow CH_3O_2 \cdot$$

$$CH_3N{=}NH + \cdot OH \longrightarrow \cdot CH_2N{=}NH + H_2O$$

$$CH_3N{=}NH + HO_2 \cdot \longrightarrow \cdot CH_2N{=}NH + H_2O_2$$

$$\cdot CH_2N{=}NH + O_2 \longrightarrow H_2CN_2 + HO_2 \cdot$$

$$HO_2 \cdot + O_3 \longrightarrow 2 \cdot OH + O_2$$

$$\cdot OH + O_3 \longrightarrow O_2 + HO_2 \cdot$$

增长过程：

$$CH_3N{=}NH + O_3 \longrightarrow CH_3N{=}N \cdot + HO \cdot + O_2$$

$$CH_3N{=}NH + O_2 \longrightarrow CH_3N{=}N \cdot + HO_2 \cdot$$

终止过程：

$$2CH_3OO \cdot \longrightarrow CH_3OH + HCHO + O_2$$

$$HO_2 \cdot + HO_2 \cdot \longrightarrow H_2O_2 + O_2$$

$$HO \cdot + HO_2 \cdot \longrightarrow H_2O_2 + O_2$$

上述过程充分说明，甲基肼通过脱氢氧化生成甲基二氮烯，可以合理地解释羟基自由基、过氧化氢自由基的产生及过氧化氢的生成。甲基二氮烯可以进一步转化为氮分子、重氮甲烷 $CH_2N_2$，同时提供了生成甲醇和甲醛的一种可能路径。

Tuazon 等研究了肼、甲基肼、偏二甲肼与臭氧的作用过程[6,7]，认为肼基自由基可以发生交换反应而产生肼和二氮烯，也可与过氧化氢自由基作用生成肼、二氮烯和氮气：

$$H_2NNH \cdot + H_2NNH \cdot \longrightarrow N_2H_4 + HN{=}NH$$

$$H_2NNH \cdot + HO_2 \cdot \longrightarrow H_2NNH_2 + O_2$$

$$H_2NNH \cdot + HO_2 \cdot \longrightarrow HN{=}NH + H_2O_2$$

$$H_2NNH \cdot + HO_2 \cdot \longrightarrow H_2N{-}NHOOH$$

$$H_2N{-}NHOOH \longrightarrow H_2O + H_2NNO$$

$$H_2NNO \longrightarrow H_2O + N_2$$

甲基肼臭氧氧化产生甲醇、甲醛、甲基过氧化氢、过氧化氢、氨、一氧化氮、二氧化氮、亚硝酸和重氮甲烷等。

引发过程：

$$CH_3NHNH_2 + O_3 \longrightarrow CH_3N \cdot NH_2 \cdot + \cdot OH + O_2$$

传递过程：

$$CH_3NHNH_2 + \cdot OH \longrightarrow CH_3NHNH \cdot + H_2O$$

$$CH_3NH{-}NH \cdot + O_2 \longrightarrow CH_3N{=}NH + HO_2 \cdot$$

$$CH_3N{=}NH + O_3 \longrightarrow CH_3N{=}N \cdot + \cdot OH + O_2$$

终止过程：

$$CH_3N{=}NH + \cdot OH \longrightarrow CH_3N{=}N \cdot + H_2O$$

$$CH_3N{=}NH + \cdot OH \longrightarrow \cdot CH_2N{=}NH + H_2O$$

转化物的生成反应：

$$CH_3N\!=\!N\cdot \longrightarrow \cdot CH_3 + N_2$$

$$CH_3\cdot + O_2 + M \longrightarrow CH_3O_2\cdot + M$$

$$HO_2\cdot + HO_2\cdot \longrightarrow H_2O_2 + O_2$$

$$CH_3O_2\cdot + HO_2\cdot \longrightarrow CH_3O\cdot + \cdot OH + O_2$$

$$2CH_3OO\cdot \longrightarrow CH_3OH + HCHO + O_2$$

$$2CH_3OO\cdot \longrightarrow 2CH_3O\cdot + O_2$$

$$2CH_3O\cdot + O_2 \longrightarrow HCHO + CH_3OH + O_2$$

$$CH_3O\cdot + NO_2 + M \longrightarrow CH_3ONO_2 + M$$

$$\cdot CH_2N\!=\!NH + O_2 \longrightarrow CH_2N_2 + HO_2\cdot$$

$$CH_2N_2 + O_3 \longrightarrow CH_2O + O_2 + N_2$$

甲基二氮烯 $CH_3N\!=\!NH$ 脱氢氧化生成重氮甲烷 $CH_2N_2$,其进一步氧化产生甲醛和氮气;甲基自由基与氧气作用生成甲基过氧自由基,然后脱去 1 个氧生成甲氧自由基,甲基氧自由基与二氧化氮结合转化生成甲基硝酸酯。与肼氧化产生 $NH\!=\!NH$ 类似,甲基肼氧化产生甲基二氮烯,$CH_3N\!=\!NH$ 在羟基自由基作用下产生甲基自由基和氮分子,并解释了转化生成 $CH_3ONO_2$、$CH_3OH$、$HCHO$ 和 $CH_2N_2$ 的原因。

Coleman 等[10]研究认为,偏二甲肼与臭氧反应生成过氧化氢、氨、甲醛、NDMA、NO、NO_2、HONO、$CH_2N_2$、硝基二甲胺,同时生成了甲基肼、无水肼与臭氧反应转化物,参见 4.1.1 小节。

引发过程:

$$(CH_3)_2NNH_2 + O_3 \longrightarrow (CH_3)_2N\!-\!NH\cdot + \cdot OH + O_2$$

传递过程:

$$(CH_3)_2NNH_2 + \cdot OH \longrightarrow (CH_3)_2N\!-\!N\cdot H + H_2O$$

$$(CH_3)_2N\!-\!N\cdot H + O_3 \longrightarrow (CH_3)_2NNHO\cdot + O_2$$

$$(CH_3)_2NNHO\cdot + O_2 \longrightarrow (CH_3)_2NNO + HO_2\cdot$$

终止过程:

$$HO_2\cdot + HO_2\cdot \longrightarrow H_2O_2 + O_2$$

转化生成NDMA的另一种可能路径:

$$(CH_3)_2NNH\cdot + O_2 \longrightarrow (CH_3)_2N^+\!=\!N^- + HO_2\cdot$$

$$(CH_3)_2N^+\!=\!N^- + O_3 \longrightarrow (CH_3)_2NNO + O_2$$

该研究提出了偏二甲肼与臭氧氧化过程中产生羟基自由基、过氧化氢自由基、亚硝基二甲胺和过氧化氢的反应机理,认为氧化过程首先发生偏二甲肼氨基上的脱氢反应,同时生成羟基自由基。推测了 NDMA 等部分转化物可能的生成过程,但对氨、一氧化氮和亚硝酸的产生机理未给予解释。

对于甲基肼与臭氧反应氨基脱氢产生羟基自由基，也有不赞成的观点。Richters 等[11]研究认为，甲基肼与臭氧反应的主要转化物是甲基二氮烯，其反应速率常数为 $6.9 \times 10^4 L/(mol \cdot s)$，检测到的 $\cdot OH$ 产率比预期小，因此不赞同 Martin 提出的甲基肼与臭氧反应产生羟基自由基的机理。合理的解释是，甲基肼臭氧氧化体系中，甲基二氮烯分解产生甲基自由基，甲基自由基与羟基自由基结合生成甲醇，消耗了羟基自由基，从而大大降低了羟基自由基的检测量。

### 3.1.3 氮氧化物与肼、甲基肼和偏二甲肼的反应

氮氧化物是大气中的氧化性污染物，同时肼氧化过程也会生成氮氧化物，因此有必要讨论氮氧化物与肼的作用。无光照条件下，肼与氮氧化物反应较慢；光照条件下，肼与氮氧化物反应生成 $NH_3$、$N_2O$、$NO_2$、$HONO$、$O_3$、$N_2$、$H_2O$ 和 $N_2H_4 \cdot xHNO_3$(硝酸肼)，NO 的浓度逐步降低，$NO_2$ 的浓度逐步增大[12]。

2014 年 Raghunath 等[13]提出了肼与 NO、$NO_2$ 和 $NO_3$ 反应的路径：

$$N_2H_4 + NO \longrightarrow N_2H_3 \cdot + HNO$$
$$N_2H_4 + NO \longrightarrow \cdot NH_2 + NH_2NO$$
$$N_2H_4 + NO_2 \longrightarrow N_2H_3 \cdot + HONO$$
$$N_2H_4 + NO_3 \longrightarrow N_2H_3 \cdot + HNO_3$$
$$N_2H_4 + NO_3 \longrightarrow HONO + H_2NNHO$$

$NO_2$ 与肼作用转化为亚硝酸，亚硝酸光解产生羟基自由基。Sawyer等[14]提出，在羟基自由基作用下，肼反应生成二氮烯，二氮烯和亚硝胺$H_2NNO$进一步分解转化为氮分子：

$$HONO + h\nu \longrightarrow \cdot OH + NO$$
$$HNO + h\nu \longrightarrow H \cdot + NO$$
$$HO_2 \cdot + NO \longrightarrow NO_2 + \cdot OH$$
$$N_2H_4 + \cdot OH \longrightarrow N_2H_3 \cdot + H_2O$$
$$N_2H_3 \cdot + \cdot OH \longrightarrow N_2H_2 + H_2O$$
$$HONO \longrightarrow H \cdot + NO_2$$
$$H_2NNO \longrightarrow N_2 + H_2O$$
$$N_2H_2 \longrightarrow N_2 + H_2$$

氮氧化物和甲基肼作用生成甲基二氮烯、氨、$N_2O$、$NO_2$、$O_3$、亚硝酸、硝酸、硝酸铵、$CH_3ONO_2$、甲醛等；偏二甲肼与氮氧化物反应生成氨、$N_2O$、$NO_2$、$O_3$、甲醛、亚硝酸、硝酸、一氧化碳、$CH_3ONO_2$、NDMA、硝基二甲胺等。

偏二甲肼与氮氧化物反应的动力学曲线如图 3-3 所示[12]。可以看出，在纯净

空气中，无光照条件下 UDMH 反应缓慢，唯一检测到的转化物是 $NH_3$，且产率很低。UDMH 衰变速率不受添加 NO 的影响，检测到 HONO、$NO_2$ 和一种或多种未鉴定的转化物。光照 UDMH-NO-空气的混合物反应，依次生成 $N_2O$、甲醛、甲酸、NDMA 和硝基二甲基胺、$O_3$ 和 $HNO_3$。生成 NDMA 的同时氨气消失，检出 $HNO_3$ 后 $HNO_2$ 消失。

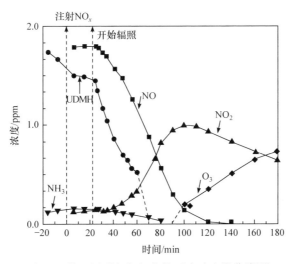

图 3-3　偏二甲肼与氮氧化物反应动力学曲线[14]

$NO_2$ 与肼、甲基肼和偏二甲肼反应都生成亚硝酸，偏二甲肼的氧化反应速率最大，其次是甲基肼。$NO_2$ 与肼、甲基肼和偏二甲肼反应生成亚硝酸的反应式可表示为

$$R_1R_2NNH_2 + NO_2 \longrightarrow R_1R_2N\text{—}N\cdot H + HNO_2 (R_1，R_2 = H \text{ 或 } CH_3)$$

$NO_2$ 具有孤电子，与偏二甲肼反应可以摘除氨基上的 2 个氢，偶合生成四甲基四氮烯[15]：

$$(CH_3)_2N\text{—}N\cdot H + NO_2 \longrightarrow (CH_3)_2N\text{—}NHNO_2$$

$$(CH_3)_2N\text{—}NHNO_2 \longrightarrow (CH_3)_2N^+N^- + HNO_2$$

$$(CH_3)_2N^+N^- + (CH_3)_2N^+N^- \longrightarrow (CH_3)_2NN\text{=}NN(CH_3)_2$$

$N,N$-二甲基肼基自由基与NO、$NO_2$反应生成$N_2O$和NDMA：

$$(CH_3)_2N\text{—}N\cdot H + NO \longrightarrow (CH_3)_2N\text{—}NHNO$$

$$(CH_3)_2N\text{—}NHNO + NO_2 \longrightarrow (CH_3)_2NNNO + HNO_2$$

$$(CH_3)_2N\text{—}NNO \longrightarrow (CH_3)_2N\cdot + N_2O$$

$$(CH_3)_2N\cdot + NO \longrightarrow (CH_3)_2NNO$$

偏二甲肼在大气环境中首先氧化生成$(CH_3)_2N\cdot$，然后$(CH_3)_2N\cdot$与 NO 作用生成 NDMA，这是偏二甲肼气相氧化转化为 NDMA 的一种路径。

## 3.2　偏二甲肼废水氧化机理

偏二甲肼废水中检测到的中间体非常庞杂。偏二甲肼与过氧化氢水溶液反应产生数十种 C、H、N 和 C、H、N、O 类化合物，其中相当数量的杂环结构属于亚胺、哌啶、吡咯烷、二氢吡唑、二氢咪唑、三唑、氨基三嗪和四嗪等[16]。偏二甲肼氧化生成大量复杂的不稳定中间体，最终转化为小分子量的不饱和含氧化合物[17]。

采用 GC-MS 和 UV-VIS 研究自然氧化法和臭氧[17]、次氯酸盐[18,19]、$Cu^{2+}$/$H_2O_2$[20]、非均相芬顿法[21,22]氧化处理偏二甲肼废水，转化物列于表 3-1。其中，次氯酸盐氧化偏二甲肼产生氨、甲醇、二甲胺、二甲基甲酰胺、甲醛甲基腙、偏腙、四甲基四氮烯、乙醛腙、亚硝基二甲胺等；$Cu^{2+}$/$H_2O_2$ 氧化偏二甲肼产生甲醇、二甲胺、偏腙、四甲基四氮烯和 NDMA，反应 1h 后主要转化物为 NDMA。非均相催化过程中，仅非均相芬顿体系未检出亚硝基二甲胺。

表 3-1　不同氧化法处理偏二甲肼的转化物检测结果

| 序号 | 转化物 | 分子量 | 自然氧化 | 其他氧化 | | | |
| --- | --- | --- | --- | --- | --- | --- | --- |
| | | | | 臭氧 | 次氯酸盐 | 非均相芬顿法 | $Cu^{2+}$/$H_2O_2$ |
| 1 | 氨 | 17 | | + | + | | |
| 2 | 氢氰酸 | 29 | | + | | | |
| 3 | 甲醛 | 30 | | + | | | + |
| 4 | 甲醇 | 32 | | | + | | + |
| 5 | 二甲胺 | 44 | | | + | | + |
| 6 | 甲酸 | 46 | | | | + | |
| 7 | 亚硝酸 | 47 | | + | + | | |
| 8 | 乙酸 | 60 | | | | + | |
| 9 | 硝基甲烷 | 61 | | + | | + | |
| 10 | 硝酸 | 62 | | + | + | | |
| 11 | 甲醛甲基腙 | 59 | | | + | | |
| 12 | 偏腙 | 73 | | + | + | | + |
| 13 | 二甲基甲酰胺 | 74 | + | | + | | |
| 14 | 亚硝基二甲胺 | 74 | + | + | + | | |
| 15 | 1-甲基-1H-1,2,4-三唑 | 83 | + | | | | |

续表

| 序号 | 转化物 | 分子量 | 自然氧化 | 其他氧化 | | | |
|---|---|---|---|---|---|---|---|
| | | | | 臭氧 | 次氯酸盐 | 非均相芬顿法 | Cu$^{2+}$/H$_2$O$_2$ |
| 16 | 二甲氨基乙腈 | 84 | + | | | | |
| 17 | 乙醛腙 | 85 | + | | + | | |
| 18 | 四甲基四氮烯 | 116 | + | + | + | | + |
| 19 | 三氯甲烷 | 119.5 | | | + | | |
| 20 | 1,1,5,5-四甲基甲赞 | 130 | (+) | | | | + |
| 21 | 胼 | 59 | + | | | | |
| 22 | 1,1,3,3-四甲基脲 | 116 | + | | | | |

注：+表示检出。

在臭氧[17,23]、次氯酸钙[18,19]、高锰酸钾[24]、Cu$^{2+}$/H$_2$O$_2$[18,20]和非均相-过氧化氢体系[25-27]中均发现高致癌物 NDMA、甲醛，同时还有氰化物等有毒物。此外，二甲氨基化合物如二甲基甲酰胺、二甲氨基乙腈、二甲胺、偏腙、四甲基四氮烯和乙醛腙等，在水体中都可以氧化生成 NDMA，因此这些化合物能否完全去除对偏二甲肼废水处理同样重要。

### 3.2.1 臭氧氧化偏二甲肼

Judeikis 和 Damschen[23]将臭氧通入偏二甲肼水溶液中，溶液颜色先从无色变成粉红色，颜色变化被归因于重氮类化合物，中间体被确定为 CH$_3$OH、NDMA、四甲基四氮烯(TMT)和其他一些未知物；继续氧化，溶液颜色变成深红色，这时检测到 7 种新的化合物，包括偏腙(FDH)、重氮类化合物等；进一步氧化，溶液颜色变成黄色，FDH、TMT 逐渐减少，检测到硝基甲烷；再继续氧化，溶液颜色变成无色，此时检测到 CH$_3$OH、NDMA、TMT、硝基甲烷等物质。

臭氧氧化降解偏二甲肼过程紫外吸收光谱如图 3-4 所示。紫外吸收光谱中 280nm 为 TMT，NDMA 的吸收峰为 230nm 的强吸收峰和 320nm 的弱吸收峰。

分别用零级、一级和二级动力学拟合 UDMH 运行的数据，结果表明 UDMH 和臭氧之间的氧化反应遵循半阶反应动力学。氧化高度依赖于 pH，在酸性条件下，反应几乎停止。臭氧为氧化剂，使用半阶模型，pH = 9.1 和 pH = 3.8 的 $k$ 分别为 0.47mg/(L·min)和 0.22mg/(L·min)，而 $t_{1/2}$ 分别为 19.9min 和 42.4min。

Sungeun 等研究了臭氧氧化降解偏二甲肼废水过程中生成 NDMA 的反应动力学[28]，国内许多学者也研究探讨了臭氧处理偏二甲肼废水的反应机理，归纳如图 3-5 所示[29]。

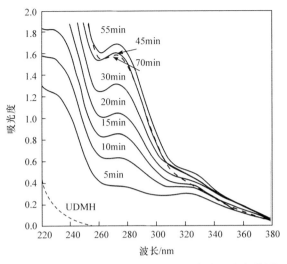

图 3-4　臭氧氧化降解偏二甲肼过程紫外吸收光谱[18]

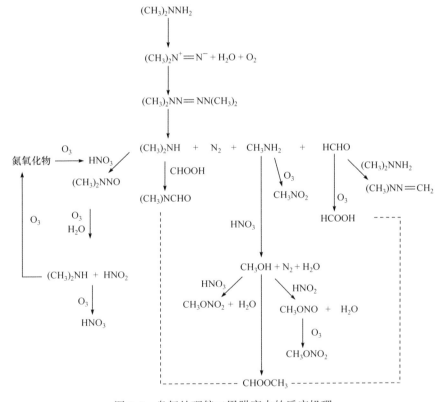

图 3-5　臭氧处理偏二甲肼废水的反应机理

由图 3-5 可以看出：

(1) 在臭氧与偏二甲肼反应过程中,生成的四甲基四氮烯是重要的中间体,进一步氧化生成甲醛、甲胺、二甲胺和氮分子。选择四甲基四氮烯作为中间体的原因,可能是四甲基四氮烯生成量最大。

(2) 甲醛与偏二甲肼作用生成偏腙。

(3) 二甲胺氧化生成亚硝基二甲胺和二甲基甲酰胺。

(4) 甲胺氧化生成硝基甲烷、甲醇,甲醇进一步氧化生成硝基甲酯等。

上述观点中合理的是甲醛与偏二甲肼作用生成偏腙,二甲胺氧化生成二甲基甲酰胺,甲胺转化生成硝基甲烷,但四甲基四氮烯作为唯一的中间体转化生成所有化合物(包括二甲胺)和二甲胺氧化生成亚硝基二甲胺的推测值得商榷。8.1 节的实验数据与本节观点不一致,臭氧氧化偏二甲肼废水过程中,先快速生成亚硝基二甲胺,然后才缓慢生成二甲胺,而不是先生成二甲胺再生成亚硝基二甲胺。偏腙、亚硝基二甲胺和二甲胺的生成机理是首先需要解决的问题,但上述反应机理中未能给出合理解释。

### 3.2.2　次氯酸钙氧化偏二甲肼

Brubaker 等研究发现,次氯酸钙与偏二甲肼反应的转化物有偏腙(FDH)、乙醛腙(DMHA)、二甲基甲酰胺(DMF)和四甲基四氮烯(TMT),但最初的转化物主要是偏腙,因此认为其他转化物都是偏腙进一步氧化的结果[19]。

次氯酸钙处理偏二甲肼、甲基肼和混肼-50 废水的转化物如表 3-2 所示。偏二甲肼与次氯酸钙溶液反应,溶液颜色先变成黄色,然后是橙色,之后是红褐色,进一步增加次氯酸钙量,红褐色消失。用次氯酸钙在玻璃容器中处理偏二甲肼,是推荐的少量偏二甲肼废水处理方法,但甲基肼和偏二甲肼氧化转化物中含三氯甲烷致癌物和 3 种亚硝胺类致癌物。

**表 3-2　次氯酸钙处理偏二甲肼、甲基肼和混肼-50 废水的转化物[19]**

| 转化物 | MMH | UDMH | 混肼-50 |
|---|---|---|---|
| 偏腙 | S | M | M |
| 氯仿 | M | M | M |
| 四氯化碳 | — | S | — |
| 乙醛腙(DMHA) | — | S | — |
| N,N-二甲基甲酰胺 | — | M | M |
| 亚硝基二甲胺 | — | L | M |
| N-亚硝基甲基乙胺(NMEA) | M | — | M |
| N-亚硝基二乙胺(NDEA) | M | — | — |

| 转化物 | MMH | UDMH | 混肼-50 |
|---|---|---|---|
| 二甲基氰胺 | — | M | M |
| 5-甲基-2,4-二氢吡唑-3-酮 | M | M | M |
| 异恶唑烷 | — | S | — |
| 1-甲基-1H-1,2,4-三唑 | S | M | M |

注：S 表示生成量少；M 表示生成量中等；L 表示生成量大；—表示不生成。

肼与次氯酸之间发生电子转移氧化还原作用，1 个电子转移生成肼基自由基·$N_2H_3$，与 Cl·结合生成 $H_2N$—$NHCl$，再一次发生电子转移生成二氮烯：

$$H_2N—NHCl \longrightarrow HN=NH + H^+ + Cl^-$$

·$N_2H_3$ 可以进一步被氧化为氨或发生二聚反应生成四氮烷，然后迅速分解产生氨和氮分子：

$$·N_2H_3 + ·N_2H_3 \longrightarrow H_2NNH—NHNH_2 \longrightarrow 2NH_3 + N_2$$

甲基肼与次氯酸盐生成重要的中间体甲基二氮烯($CH_3N=NH$)，在液氮温度下被分离为黄色固体，甲基二氮烯进一步发生以下反应生成甲醛和氮气：

$$2CH_3N=NH \longrightarrow N_2 + CH_3NH—NHCH_3^{[19]}$$
$$CH_3N=NH + ClO^- \longrightarrow CH_3N=NCl + OH^-$$
$$CH_3N=NCl + H_2O \longrightarrow CH_3OH + N_2 + HCl$$

1,1-二甲基-2-氯肼分解产生 *N,N*-二甲基二氮烯($(CH_3)_2N=N$)[19]。

$$(CH_3)_2N—NH_2 + ClO^- \longrightarrow (CH_3)_2N—NHCl + OH^-$$
$$(CH_3)_2N—NHCl \longrightarrow (CH_3)_2N=N + H^+ + Cl^-$$
$$(CH_3)_2N=N + H_2O \longrightarrow (CH_3)_2N=NH^+ + OH^-$$

上式说明偏二甲肼氧化可生成四甲基四氮烯，但在次氯酸钙氧化过程中未发现此转化物，而是生成更多的偏腙。

Brubaker 等提出偏腙可能有两种生成路径[19]。第一种生成路径是$(CH_3)_2N=N$之间发生甲基交换反应，转化为类似三甲基肼的结构中间体$(CH_3)_2N=NCH_3^+$，这与偏二甲肼氧气氧化生成偏腙的路径相同：

$$2(CH_3)_2N=N \longrightarrow (CH_3)_2N=NCH_3^+ + CH_3N=N^-$$
$$(CH_3)_2N=NCH_3^+ \longrightarrow FDH + H^+$$
$$CH_3N=N^- + H^+ \longrightarrow CH_4 + N_2$$

第二种生成路径是$(CH_3)_2N=NH^+$水解产生甲醛和甲基肼，甲醛与偏二甲肼作用生成偏腙：

$$(CH_3)_2N=NH^+ \rightleftharpoons (CH_3)N=CH_2^+(NH_2)$$
$$(CH_3)N=CH_2^+(NH_2) + H_2O \longrightarrow HCHO + MMH + H^+$$
$$UDMH + HCHO \longrightarrow FDH + H_2O$$

上述两种偏腙生成路径的核心还是甲基交换反应，但如果偏二甲肼只能发生氨基氧化，就应先生成 NDMA，而这与图 3-1 实验数据不一致。

NDMA 的产生路径如下：

$$(CH_3)_2N—NHCl + OH^- \rightleftharpoons (CH_3)_2N—NHOH + Cl^-$$
$$(CH_3)_2N—NHOH + ClO^- \longrightarrow (CH_3)_2N—N=O + H_2O + Cl^-$$

甲醛与偏二甲肼作用可以生成偏腙，该过程的速度非常快[30]，据此认为偏二甲肼发生甲基氧化生成甲醛，即偏腙是偏二甲肼和甲醛的作用结果更为合理。

### 3.2.3　羟基自由基氧化偏二甲肼

徐亚飞采用量化计算推测了羟基自由基氧化偏二甲肼过程产生亚硝基二甲胺、甲醛、四甲基四氮烯、偏腙的主要反应机理[31]，基本思路是偏二甲肼氨上的氢首先被摘除，当摘除 2 个氢后，偏二甲肼氧化产生 *N,N*-二甲基二氮烯重要中间体，中间体发生偶合生成四甲基四氮烯，中间体发生交换作用生成偏腙，偏二甲肼氨基摘 1 个氢形成的自由基再与过氧化氢自由基结合并脱水生成亚硝基二甲胺。

Ismagilov 等提出以偏腙为一种中间体的氧化机理[26]。偏二甲肼氨基上氢被全部摘除后，通过交换反应转化为偏腙和甲基二氮烯。其中偏腙是中间体，进一步氧化产生二甲胺、二氧化碳、水、氮气和氮氧化物，甲基二氮烯分解为氮气和甲烷，氧化生成二氧化碳、水、氮气和氮氧化物。其主要思想是含有单键的偏二甲肼难于氧化降解，含有双键的偏腙和甲基二氮烯相对容易分解或氧化[24]：

$$(CH_3)_2N—NH_2 + [O] \longrightarrow (CH_3)_2N=N + H_2O$$
$$(CH_3)_2N=N + (CH_3)_2N=N \longrightarrow (CH_3)_2N—N=CH_2 + CH_3N=NH$$
$$(CH_3)_2N—N=CH_2 + [O] \longrightarrow (CH_3)_2NH + CO_2 + H_2O + N_2 + NO_x$$
$$CH_3N=NH \longrightarrow CH_4 + N_2$$
$$CH_3N=NH + [O] \longrightarrow CO_2 + H_2O + N_2 + NO_x$$

Ul'Yanovskii 等提出了羟基自由基与偏二甲肼反应的 3 种转化路径，如图 3-6 所示[16]。

第一种路径，偏二甲肼氨基脱氢后发生 C—N 键断裂生成甲基自由基；第二种路径，偏二甲肼甲基发生脱氢氧化；第三种路径，偏二甲肼氨基氧化并发生 N—N 键断裂生成二甲胺。事实上，羟基自由基的活性较高，可以摘除偏二甲肼的甲基和氨基上的氢，而且偏二甲肼的甲基比氨基更容易被羟基自由基脱氢[26]：

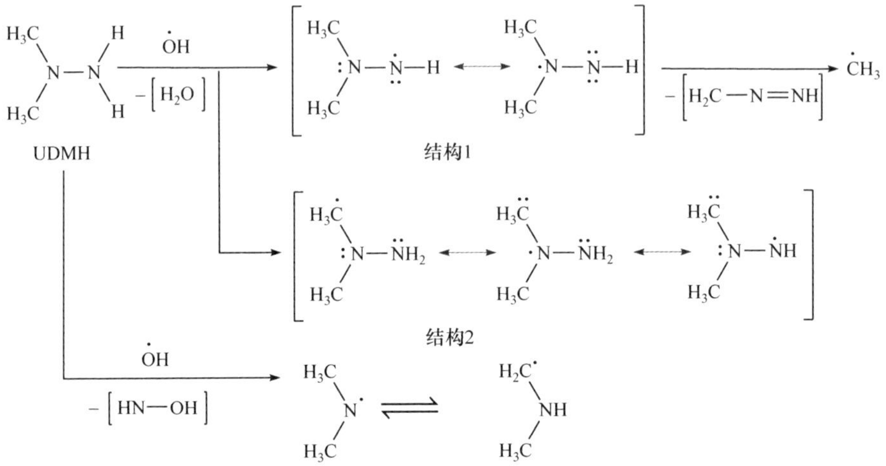

图 3-6　羟基自由基与偏二甲肼反应的转化路径[16]

$$(CH_3)_2NNH_2 + \cdot OH \longrightarrow (CH_3)\cdot CH_2NNH_2 + H_2O \qquad k = 2.5\times10^8 L/(mol\cdot s)$$

$$(CH_3)_2NNH_2 + \cdot OH \longrightarrow (CH_3)_2NN\cdot H + H_2O \qquad k = 5\times10^7 L/(mol\cdot s)$$

过氧化氢体系存在下列反应：

$$H_2O_2 + \cdot OH \longrightarrow HO_2\cdot + H_2O \qquad k = 5\times10^7 L/(mol\cdot s)$$

Angaji 研究提出的羟基自由基与偏二甲肼反应转化路径如图 3-7 所示[22]。图 3-7 中，偏二甲肼氧化反应从上到下，沿下列转化路径进行：

(1) 偏二甲肼甲基氧化生成甲醇、乙醇、甲酸、乙酸和甲醛腙；

(2) 偏二甲肼氨基上 1 个氢摘除后，偶合后 N—N 键断裂生成二甲胺；

(3) 偏二甲肼氨基上 2 个氢摘除后，加甲基和羟基转化为三甲基肼羟胺，三甲基肼羟胺进一步氧化生成偏腙；

(4) 偏二甲肼氨基上 1 个氢摘除后发生 N—N 键断裂生成氨基自由基·$NH_2$、二甲氨基自由基$(CH_3)_2N\cdot$，二甲氨基自由基进一步反应生成甲基自由基、氢氰酸、二甲基羟胺，氨基自由基与甲基自由基偶合生成甲胺，甲胺氧化生成硝基甲烷；

(5) 偏二甲肼氨基氧化生成过氧化氢自由基，然后两者作用生成亚硝基二甲胺，亚硝基二甲胺氧化生成甲胺和甲醛。

上述转化路径中合理的是，偏二甲肼的甲基和氨基在羟基自由基的作用下都能发生脱氢反应，亚硝基二甲胺是偏二甲肼直接氧化的转化物；偏二甲肼甲基氧化产生甲酸和乙酸。上述转化路径中不合理的是，几乎所有反应都涉及键的断裂，如 N—N 键、N—C 键等，而根据第 2 章碳氢化合物自由基氧化反应可知，与 C 相连的单键只有在生成羰基后才容易断裂。此外，二甲氨基自由基氧化生成甲基自由基、三甲基肼羟胺氧化生成偏腙等转化路径也都不尽合理。

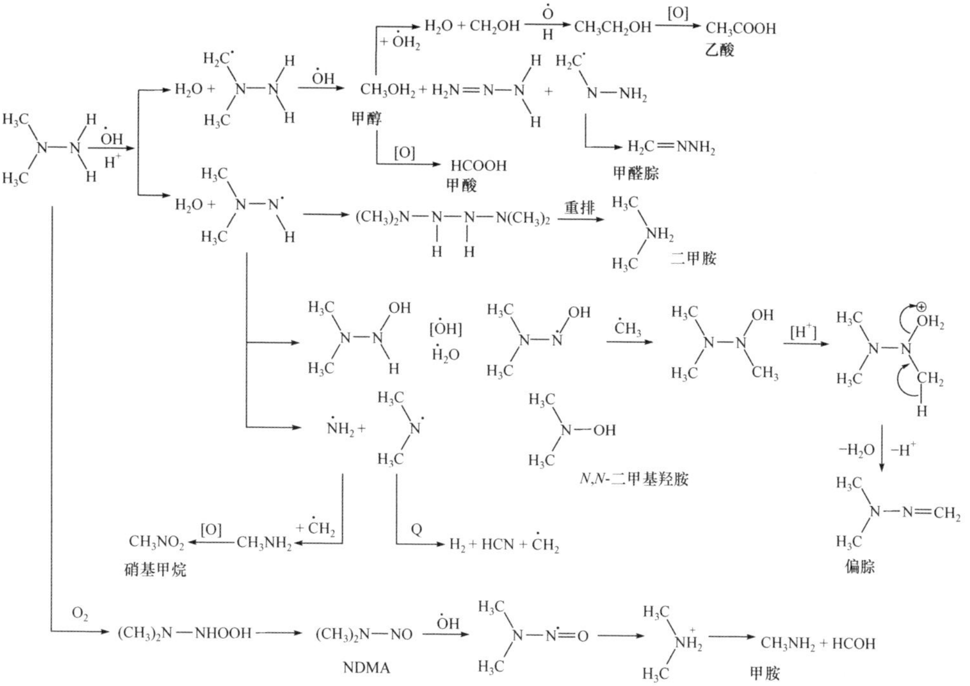

图 3-7　羟基自由基与偏二甲肼反应的转化路径[22]

Liang 等[27]提出羟基自由基与偏二甲肼反应生成亚硝基二甲胺、二甲胺、甲胺、甲醇和甲醛，转化路径如下：

$$(CH_3)_2NNH_2 + \cdot OH \longrightarrow (CH_3)_2NN\cdot H + H_2O$$

$$(CH_3)_2NNH\cdot + HO_2\cdot \longrightarrow (CH_3)_2NN(H)OOH$$

$$(CH_3)_2NN(H)OOH \longrightarrow (CH_3)_2NN^-OOH + H^+$$

$$(CH_3)_2NN^-OOH \longrightarrow (CH_3)_2NNO + OH^-$$

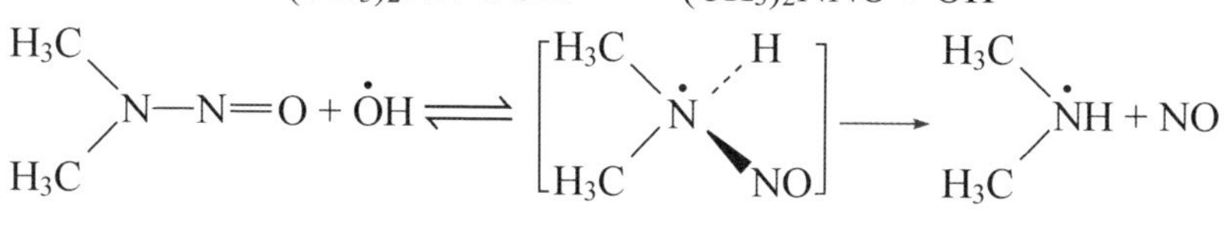

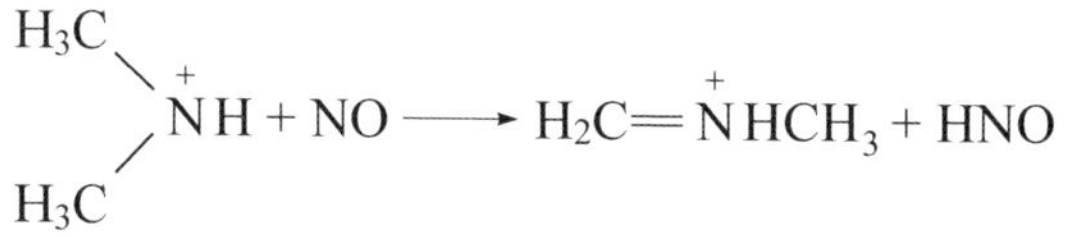

$$H_2C=\overset{+}{N}HCH_3 \, NHCH_3 + H_2O \longrightarrow CH_3NH_2 + HCHO + H^+$$

$$(CH_3)_2NNH\cdot + \cdot OH \longrightarrow (CH_3)_2NN: + H_2O$$

$$2(CH_3)_2NN: \longrightarrow (CH_3)_2NN=NN(CH_3)_2$$

$$(CH_3)_2NN: \longrightarrow CH_3N\!=\!N\cdot + CH_3\cdot$$

$$CH_3N\!=\!N\cdot \longrightarrow CH_3\cdot + N_2$$

$$CH_3\cdot + \cdot OH \longrightarrow CH_3OH$$

$$CH_3OH + \cdot OH \longrightarrow HCHO + H_2O + H\cdot$$

可以看出，羟基自由基与偏二甲肼反应有两种路径。其一，首先生成亚硝基二甲胺，亚硝基二甲胺氧化生成二甲胺、一氧化氮和甲基亚甲基亚胺，甲基亚甲基亚胺水解生成甲胺和甲醛；其二，生成$(CH_3)_2NN:$，偶合生成四甲基四氮烯，$(CH_3)_2NN:$分解生成甲基自由基和甲基二氮烯自由基$CH_3N\!=\!N\cdot$，甲基二氮烯自由基进一步分解为甲基自由基和氮分子，甲基自由基氧化生成甲醇和甲醛。甲醛是甲醇氧化转化物的观点，是基于有机化学反应中甲醇氧化产生甲醛的观点，这可能是甲醛的产生方式，但不是主要方式。此外，若只能发生氨基氧化，二甲胺看作亚硝基二甲胺脱 NO 的产物，这与图 3-1 的实验数据不一致。

### 3.2.4 $Cu^{2+}/H_2O_2$ 催化氧化偏二甲肼

用气相色谱法检测 $Cu^{2+}/H_2O_2$ 催化氧化偏二甲肼废水的转化物，不同反应条件下均检测到 NDMA[22]。在 348K 及酸性到碱性条件下，即使没有催化，过氧化氢氧化 UDMH 的速率都相当大，检测到 NDMA、二甲基甲酰胺(DMF)等十多种转化物，紫外吸收峰：NDMA230nm、甲醛甲基腙 235nm、1,1,4,4-四甲基四氮烯280nm、1,1,5,5-四甲基甲簪$(CH_3)_2NN\!=\!CH\!-\!N\!=\!N(CH_3)_2$360nm、1,1,5-三甲基甲簪320nm 和均四嗪 500nm[25]。

在 0℃下，用氯化铜作催化剂在水溶液中氧化 UDMH，产生紫色络合物$[(CH_3)_2N\!=\!N]_2Cu_3Cl_3$，说明生成了 N,N-二甲基二氮烯；在25℃下，用溴化铜作催化剂在水溶液中氧化 UDMH，得到由离散的平面阳离子和聚合阴离子组成的$(CH_3)_2N_2CHN_2(CH_3)_2Cu_2Br_3$，因此认为 360nm 吸收峰为 1,1,5,5-四甲基甲簪$(CH_3)_2NN\!=\!CH\!-\!N\!=\!N(CH_3)_2$[32]。

偏二甲肼废水催化氧化机理：偏二甲肼氧化产生甲醛，甲醛与 UDMH 反应生成偏腙，偏腙与偏二甲肼反应时 $Cu^{2+}$ 作催化剂，转化为$(CH_3)_2NN\!=\!CH\!-\!N\!=\!N(CH_3)_2$：

$$(CH_3)_2NNH_2 + O_2 \longrightarrow 2H_2CO + N_2 + 2H_2O$$

$$(CH_3)_2NNH_2 + H_2CO \longrightarrow (CH_3)_2NNCH_2 + H_2O$$

$$(CH_3)_2NNH_2 + (CH_3)_2NNCH_2 \xrightarrow{Cu^{2+}} (CH_3)_2NN\!=\!CH\!-\!N\!=\!N(CH_3)_2 + 3H^+$$

二价铜离子氧化偏二甲肼转变为一价铜，在过氧化氢作用下，重新转化为二价铜离子。

Pestunova[25]提出的四甲基四氮烯和亚硝基二甲胺的产生机理与其他研究者观点一致。在铜或甲醛催化下，甲醛甲基腙 $CH_2\!=\!NNHCH_3$ 与偏二甲肼作用生成 1,1,5-三甲基甲𦰡 $CH_3N\!=\!NCH\!=\!N\!-\!N(CH_3)_2$。在碱性介质中，甲醛甲基腙可以二分子聚合生成 1,4-二甲基-2,5-二氢-1,2,4,5-四嗪。

## 3.3　偏二甲肼主要氧化产物和氧化机理

根据相关文献，在不同氧化剂或氧化环境中，偏二甲肼环境转化主要转化物如图 3-8 所示。利用前述偏二甲肼氧化机理可以解释过氧化氢、四甲基四氮烯、甲醇、甲烷的产生，利用现有甲醛自由基氧化机理，推测甲醛进一步氧化生成甲酸、一氧化碳和二氧化碳。

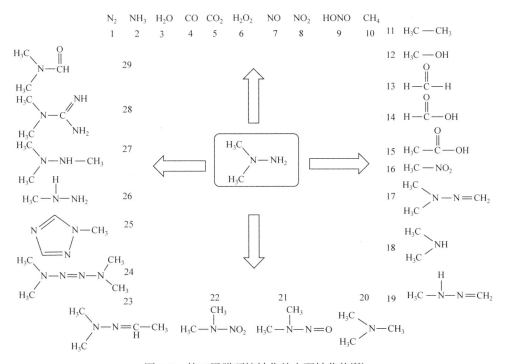

图 3-8　偏二甲肼环境转化的主要转化物[33]

偏二甲肼氧化机理的建立，需要解决下述问题：

(1) 偏二甲肼氧化的引发过程是自由基脱氢过程还是热解过程？氧化过程是否是自由基反应过程？

(2) 偏二甲肼氧化究竟有几个平行的竞争过程？是否只能发生偏二甲肼氨基氧化，而不能发生甲基氧化或分解反应？

(3) 偏二甲肼主要氧化产物的产生机理。偏二甲肼氧气氧化的初期转化物主要包括偏腙、二甲胺、四甲基四氮烯、亚硝基二甲胺和二甲基甲酰胺，四甲基四氮烯的生成已经达成共识，但偏腙和二甲胺的生成机理还没有合理的路径。

(4) 偏二甲肼氧化过程 N—N 键的断裂机理。偏二甲肼 N—N 键断裂产生二甲胺，存在直接断裂和亚硝基二甲胺氧化断裂两种观点，而量化计算发现两种断裂的活化能都较大，说明都不易进行。偏二甲肼氧化中发生了 N—N 键断裂，进而产生的氨或氨基自由基进一步氧化生成一氧化氮、二氧化氮、亚硝酸和硝酸。

(5) 偏二甲肼氧化过程有明显的甲基化特征，偏腙、偏二甲肼和二甲胺氧化过程中都出现了甲基化现象，如生成三甲基肼等，甲基来源于何处？

(6) 偏二甲肼氧化反应过程中羟基自由基如何产生，不同活性氧化剂自由基反应中的作用是什么？臭氧体系下，氨基与臭氧作用可以产生羟基自由基，那么，氧气体系、过氧化氢体系是否也都可以产生羟基自由基。羟基自由基、过氧化氢、$O_3$ 在偏二甲肼氧化过程起到哪些不同的作用？对二甲胺、亚硝基二甲胺的形成产生何种影响？

### 3.3.1 偏二甲肼的解离与氧化过程

偏二甲肼环境转化物种类繁多，具有自由基反应的特征。自由基的产生主要有两种途径，一是在光、热作用下，化学键断裂产生活性自由基，键能越小处越容易断裂；二是通过自由基反应产生新的自由基。

利用量子化学组合从头算方法 G3 计算偏二甲肼分子的化学键解离能[34]，得到 N—N、N—C、N—H、C—H 的键能分别为 260.7kJ/mol、268.2kJ/mol、338.5kJ/mol、393.3kJ/mol，可知偏二甲肼分子内较弱的化学键为 N—N 键和 N—C 键，因此偏二甲肼的解离反应首先发生在 N—N 键和 N—C 键。

甲基肼解离反应的解离能研究结果如下[35]：

$$CH_3NHNH_2 \longrightarrow CH_3NHN \cdot H + H \cdot \qquad E=334.9kJ/mol$$
$$CH_3NHNH_2 \longrightarrow \cdot CH_2NHNH_2 + H \cdot \qquad E=383.7kJ/mol$$
$$CH_3NHNH_2 \longrightarrow CH_3N \cdot H + \cdot NH_2 \qquad E=266.6kJ/mol$$
$$CH_3NHNH_2 \longrightarrow NH_2NH \cdot + \cdot CH_3 \qquad E=273.0kJ/mol$$

由此可见，热解离过程活化能过高，不能在常温下进行。

含氧自由基氧化偏二甲肼过程中，如果氧原子进攻偏二甲肼的氮原子，且氧与氮有很好的结合，那么氧化过程发生键的断裂时，必然引起 N—N 键的断裂。但是，由于氧作为亲核基团更容易与氢结合，而不与同是亲核原子的 N 结合，因此其更容易进攻偏二甲肼中的氢原子，引发氧化反应。偏二甲肼分子中的氢原子分别处于甲基和氨基 2 种基团上，从上述键能可以看出，夺去氨基上的氢更为容易。根据自由基和分子之间的基元反应：

$$\cdot A + B—C \longrightarrow A—B + \cdot C$$

如果是放热反应，可按活化能与键能的关系式 $E_a=0.05\varepsilon_{C-B}$ 近似计算，得到下列反应的活化能分别为 16.9 kJ/mol、19.6kJ/mol。

$$(CH_3)_2NNH_2 + \cdot OH \longrightarrow (CH_3)_2N(HN\cdot) + H_2O$$
$$(CH_3)_2NNH_2 + \cdot OH \longrightarrow CH_3(\cdot CH_2)NNH_2 + H_2O$$

有文献计算了偏二甲肼甲基氧化和氨基氧化的活化能，认为在低温条件下不可能发生甲基氧化。但是按照这个推论，偏二甲肼氨基氧化更可能首先生成亚硝基二甲胺，而事实上偏二甲肼液相氧化过程首先生成偏腙和二甲胺，因此认为偏二甲肼中的甲基和氨基都能被氧化并引发初级过程。

根据环境化学原理，臭氧和氧气与偏二甲肼的甲基很难发生氧化作用，需要由羟基自由基或氧自由基引发。水中羟基自由基与偏二甲肼的甲基、氨基氧化脱氢速率常数如下：

$$(CH_3)_2NNH_2 + \cdot OH \longrightarrow (CH_3)\cdot CH_2NNH_2 + H_2O \quad k=2.5\times10^8 L/(mol\cdot s)$$
$$(CH_3)_2NNH_2 + \cdot OH \longrightarrow (CH_3)_2NN\cdot H + H_2O \quad k=5\times10^7 L/(mol\cdot s)$$

显然，羟基自由基更容易与偏二甲肼的甲基发生脱氢反应。Sun 等[36]计算得到羟基自由基与甲基肼氨基上三个氢的脱氢活化能分别为 17.9kJ/mol、16.9kJ/mol 和 12.3kJ/mol，而甲基肼甲基氢原子的实际能垒为 12.9kJ/mol，这也说明肼结构中的甲基容易被氧化。

偏二甲肼中的甲基与一般的碳氢化合物中的甲基不同，偏二甲肼的甲基与强推电子基团—NH$_2$ 相连，—NH$_2$ 对自由基有很好的稳定作用，因此其比一般碳氢化合物要容易发生甲基脱氢反应。在气相、液相氧化反应前期，偏二甲肼主要生成偏腙等甲基氧化转化物。在水中氧化过程中，偏二甲肼转化为亚硝基二甲胺的比例一般仅为 1%～10%，说明偏二甲肼的甲基是可以氧化的，主要转化生成甲基氧化转化物。

降低偏二甲肼氨基氧化能力的因素包括质子保护、氢键作用、碰撞概率和甲醛的作用等。由于偏二甲肼分子之间存在氢键 N—H···N，因此氨基氧化还需要考虑氢键断裂的影响。

从羟基自由基与偏二甲肼的甲基和氨基上氢的碰撞概率来看，偏二甲肼有 2 个甲基(共 6 个氢)、1 个氨基(只有 2 个氢)，同时氢键作用会使氨基上的氢与氧原子碰撞的概率进一步减小，降低其反应能力。

甲酰基可以给氨基提供质子，同时甲醛与偏二甲肼作用转化为偏腙，都会抑制偏二甲肼氨基氧化：

$$(CH_3)_2NN\cdot H + HC\cdot O \longrightarrow (CH_3)_2NNH_2 + CO$$

### 3.3.2　偏二甲肼的甲基和氨基氧化

根据自由基氧化反应推测，偏二甲肼首先发生脱氢反应，进一步发生加氢、偶合、断键等过程生成中间体。偏二甲肼分子的氨基氧化生成四甲基四氮烯和亚硝基二甲胺，其重要中间体是二甲氨基氮烯(双自由基)$(CH_3)_2NN$∶；偏二甲肼甲基氧化生成甲基甲酰肼、甲醛和甲基肼，其中间体是甲基肼基自由基 $CH_3N \cdot NH_2$。

1) 四甲基四氮烯

偏二甲肼依次脱去—$NH_2$ 上的 2 个 H 生成二甲氨基氮烯(双自由基)$(CH_3)_2NN$∶，然后偶合生成四甲基四氮烯：

$$(CH_3)_2NNH_2 + 2 \cdot OH \longrightarrow (CH_3)_2NN\text{∶} + 2H_2O$$

$$(CH_3)_2NN\text{∶} + (CH_3)_2NN\text{∶} \longrightarrow (CH_3)_2NN{=\!\!=}NN(CH_3)_2$$

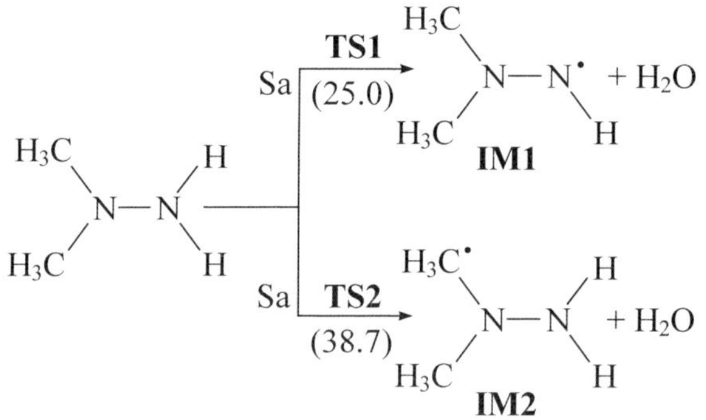

式中，TS 表示过渡态；IM 表示中间体；箭头下括号内数据为过渡态能垒，单位 kJ/mol。量化计算结果如图 3-9 所示。羟基自由基夺去偏二甲肼氨基上第 1 个氢的活化能 $E_a = 25.0$ kJ/mol，夺去第 2 个氢的活化能 $E_a = 4.2$ kJ/mol(见 9.3.3 小节)，说明引发第一步是困难的，但摘除第 2 个氢非常容易。

2) 亚硝基二甲胺

偏二甲肼的氨基—$NH_2$ 在羟基自由基的作用下脱去 1 个 H 原子，由于氮、氧都是吸电子基团，量化计算没有找到$(CH_3)_2N(HNOO)$的稳定驻点，因此认为氧气不能直接与 $N,N$-二甲基肼基自由基结合；偏二甲肼氧气氧化过程检测到四甲基四氮烯和二甲基二氮烯，因此认为反应先生成二甲氨基氮烯(双自由基)$(CH_3)_2NN$∶，然后与氧自由基结合生成亚硝基二甲胺：

$$(CH_3)_2NN\text{∶} + O \cdot \longrightarrow (CH_3)_2NNO$$

3) 甲基甲酰肼

参照烷烃氧化路径，甲基甲酰肼$(HCO)(CH_3)NNH_2$的生成路径为

$$(CH_3)_2NNH_2 + \cdot OH \longrightarrow (\cdot CH_2)(CH_3)NNH_2 + H_2O$$

$$(\cdot CH_2)(CH_3)NNH_2 + O_2 \longrightarrow (H_2CO_2 \cdot)(CH_3)NNH_2$$

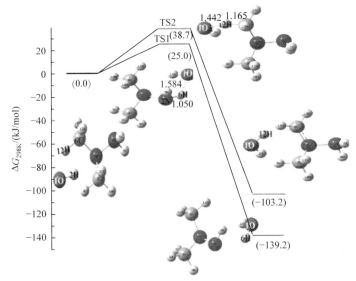

图 3-9　偏二甲肼和·OH 之间初始反应势垒

量化计算结果显示，(·CH₂)(CH₃)NNH₂ 与氧气作用加入 2 个氧原子生成 (H₂CO₂·)(CH₃)NNH₂，与臭氧作用再加入 1 个氧原子生成(H₂CO·)(CH₃)NNH₂，这 2 个过程均是无势垒过程，而(H₂CO₂·)(CH₃)NNH₂ 可以发生以下反应，转化为甲基甲酰肼：

$$(H_2CO_2\cdot)(CH_3)NNH_2 + NO \longrightarrow (H_2CO\cdot)(CH_3)NNH_2 + NO_2$$

$$(H_2CO\cdot)(CH_3)NNH_2 + O_2 \longrightarrow (HCO)(CH_3)NNH_2 + HO_2\cdot$$

或

$$2(H_2CO_2\cdot)(CH_3)NNH_2 \longrightarrow 2(HCO)(CH_3)NNH_2 + O_2$$

—CH₃ 与—NH₂ 的氧化过程不同，羟基自由基脱去甲基上的氢，加氧气生成过氧自由基，然后通过交换反应脱去 1 个氧，进一步氧气氧化脱去氢生成甲基甲酰肼。

4) 甲醛、甲基肼

甲基甲酰肼分解产生甲酰基自由基和甲基肼基自由基，然后发生偶合反应生成甲醛和甲基肼。在偏二甲肼臭氧气相氧化和偏二甲肼废水处理过程中都检测到甲醛，在偏二甲肼氧气氧化过程中检测到甲基肼：

$$(HCO)(CH_3)NNH_2 \longrightarrow HC\cdot O + (CH_3)N\cdot —NH_2$$

$$(CH_3)N\cdot —NH_2 + H\cdot \longrightarrow (CH_3)NNH_2$$

$$HC\cdot O + H\cdot \longrightarrow H_2CO$$

这里，脱除甲酰基的过程参考了烷基化合物的氧化脱酰过程。此外，还可能是$(H_2CO\cdot)(CH_3)NNH_2$直接分解产生甲醛：

$$(H_2CO\cdot)(CH_3)NNH_2 \longrightarrow H_2CO + (CH_3)N\cdot—NH_2$$

偏二甲肼的甲基直接氧化生成甲基甲酰肼，脱去的甲酰基可转化为甲醛。在偏二甲肼废水处理中经常检测到甲醛，证实了甲醛的存在。甲基甲酰肼脱除酰基的同时生成甲基肼基自由基，进一步氧化生成甲基二氮烯。

偏二甲肼直接氧化转化物包括：氨基氧化生成二甲基二氮烯、亚硝基二甲胺和四甲基四氮烯；甲基氧化生成甲醛、甲基肼和甲基甲酰肼。偏二甲肼甲基氧化转化物中的甲基肼和甲基甲酰肼都不容易检测到，因为它们不稳定，易于发生进一步的氧化、水解或分解反应而去除。偏二甲肼甲基氧化是更为重要的氧化路径，但许多研究往往忽略了这一路径。

从图 3-9 量化计算得到的活化能可知，偏二甲肼的氨基更容易发生脱氢反应转化为亚硝基二甲胺，但由于偏二甲肼的氨基受到质子保护或偏二甲肼分子间氢键的缔合保护，氨基并不容易被氧化，反而是甲基的反应活性更高。C 与 N 相比，N 的吸电子能力更强，因此 O 与 N 和 O 与 C 结合相比，后者更容易进行，易于转化为甲醛等。偏二甲肼直接转化为亚硝基二甲胺，并没有想象中简单直接，偏二甲肼氨基氧化不能照搬甲基氧化过程。

### 3.3.3　偏腙和二甲胺的产生

前期研究偏二甲肼与空气作用主要生成亚硝基二甲胺、偏腙和二甲胺等，反应过程中偏二甲肼、亚硝基二甲胺、偏腙和二甲胺相对浓度的变化如图 3-1 所示[4]。

一般认为，偏腙的生成路径主要有以下 3 种。

(1) 偏二甲肼生成三甲基肼，进一步在氯胺反应过程中生成偏腙：

$$(CH_3)_2NNH_2 + 2\cdot OH \longrightarrow (CH_3)_2NN: + 2H_2O$$

$$2(CH_3)_2NN: \longrightarrow (CH_3)_2NN\cdot CH_3 + CH_3NN\cdot$$

$$\cdot OH + (CH_3)_2NN\cdot CH_3 \longrightarrow (CH_3)_2NN{=}CH_2 + 2H_2O$$

(2) 偏二甲肼氧化先生成甲醛，然后甲醛与偏二甲肼反应生成偏腙。甲醛的生成路径有两种推测：一是偏二甲肼的甲基直接氧化生成。例如，在羟基自由基条件下，发生脱氢、加氧、脱氧和脱酰基反应，最后生成甲醛。

$$(CH_3)_2NNH_2 + \cdot OH \longrightarrow (\cdot CH_2)(CH_3)NNH_2 + H_2O$$

$$(\cdot CH_2)(CH_3)NNH_2 + O_2 \longrightarrow (H_2COO\cdot)(CH_3)NNH_2$$

$$2(H_2COO\cdot)(CH_3)NNH_2 \longrightarrow 2(H_2CO\cdot)(CH_3)NNH_2 + O_2$$

$$(H_2CO\cdot)(CH_3)NNH_2 \longrightarrow H_2CO + CH_3N\cdot—NH_2$$

二是偏二甲肼氨基脱氢氧化，然后重排生成$(\cdot CH_2)(CH_3)NNH_2$，再经上述加氧、脱氧和脱酰得到甲醛。

$$(CH_3)_2NNH_2 + \cdot OH \longrightarrow (CH_3)_2N(HN\cdot) + H_2O$$

$$(CH_3)_2N(NH\cdot) + (CH_3)_2NNH_2 \longrightarrow (\cdot CH_2)(CH_3)NNH_2 + (CH_3)_2NNH_2$$

(3) 偏二甲肼氨基氧化生成$(CH_3)_2N^+\!\!=\!\!N^-$,两分子之间发生交换反应生成偏腙:

$$2(CH_3)_2N^+\!\!=\!\!N^- \longrightarrow (CH_3)_2NN\!\!=\!\!CH_2 + CH_3N\!\!=\!\!NH$$

上述路径是基于偏二甲肼的氨基比甲基更容易氧化,因此偏腙是偏二甲肼氨基氧化转化物。但从实验数据看,甲醛与偏二甲肼直接发生缩合反应的速度非常快,有利于通过该缩合反应生成偏腙,特别是生成偏腙与生成亚硝基二甲胺之间存在明显的竞争关系。如果偏腙的生成是中间体$(CH_3)_2N^+\!\!=\!\!N^-$转化而来,那么有利于生成中间体$(CH_3)_2N^+\!\!=\!\!N^-$,就应该有利于生成亚硝基二甲胺或四甲基四氮烯,但实验结果并不支持这一观点。

$NH_2CH_2CH_2OH$ 与羟基自由基的大气光氧化研究表明,80%以上的反应发生在—$CH_2$—上脱氢,不到10%发生在—$NH_2$上脱氢,同样不到10%发生在—$CH_2OH$中碳上脱氢,光氧化的主要转化物(>80%)是甲酰胺和甲醛,证明与 N 相连的(亚)甲基比氨基更容易发生氧化。

因此,在羟基自由基引发偏二甲肼自由基反应过程中,可以认为是偏二甲肼的甲基首先被氧化生成甲醛,然后甲醛与偏二甲肼作用生成偏腙。

臭氧从偏二甲肼甲基上脱氢的活化能为 66.84kJ/mol,羟基自由基脱氢的活化能为 36.0kJ/mol。甲基氧化生成甲醛,甲醛在氢离子催化作用下转化为偏腙是 1 个无势垒的过程(下面反应式括号内数据为活化能,单位 kJ/mol):

$$
\begin{array}{ccc}
\underset{H_3C}{\overset{H_3C}{>}}N-N=CH_2 & \xleftarrow{-H^+} & \underset{H_3C}{\overset{H_3C}{>}}N-\overset{\overset{H}{|}}{\underset{+}{N}}=CH_2 & \xleftarrow{-H_2O} & \underset{H_3C}{\overset{H_3C}{>}}N-\overset{\overset{H}{|}}{N}-\overset{\overset{H_2O^+}{|}}{C}H_2
\end{array}
$$

过氧化氢、氧气对偏二甲肼甲基氧化能力弱，难于直接与偏二甲肼甲基发生脱氢氧化，但结合图3-1实验可知，偏二甲肼氧气氧化过程甲基先氧化生成偏腙，可能路径是，氧气与偏二甲肼先发生氨基氧化生成羟基自由基，在羟基自由基的作用下，摘除偏二甲肼甲基上的氢，而氨基氧化转化物亚硝基二甲胺后生成，是因为氧气不宜与氮结合生成亚硝基二甲胺所致。

最初认为，二甲胺的生成是偏二甲肼氨基氧化，并类似C—N键的断裂，在氨基上加氧后发生N—N键的断裂。理论计算发现，偏二甲肼氨基氧化生成中间产物，中间产物转化为亚硝基二甲胺的活化能远小于生成二甲胺的活化能，因此氨基氧化转化为二甲胺，亚硝基二甲胺应该比二甲胺更容易生成。但由图3-1可知，偏二甲肼液相氧气氧化是先生成二甲胺，然后生成亚硝基二甲胺。因此，二甲胺的生成必然另有路径，可能与偏二甲肼甲基氧化有关。偏二甲肼甲基氧化生成自由基($\cdot CH_2$)($CH_3$)$NNH_2$或表示为($CH_3$)$H_2C=N^+H_2$，形成的N=C双键削弱了N—N键的强度，因此可以分解生成亚甲基甲氨基双自由基和氨基自由基：

$$(\cdot CH_2)(CH_3)NNH_2 \longrightarrow (\cdot CH_2)(CH_3)N\cdot + NH_2\cdot$$

或

$$(\cdot CH_2)(CH_3)NNH_2 \longrightarrow CH_3N=CH_2 + NH_2\cdot$$

其后亚甲基甲氨基双自由基加氢转化为二甲胺：

$$(\cdot CH_2)(CH_3)N\cdot + 2\cdot H \longrightarrow (CH_3)_2NH$$

文献对甲基肼氧化产生亚甲基肼自由基($\cdot CH_2$)$HNNH$的N—N键断裂活化能计算值为49kJ/mol[37]，远低于偏二甲肼分子N—N键直接断裂的活化能266.6kJ/mol[36]，说明偏二甲肼甲基氧化导致N—N键断裂的路径是可以发生的，这是偏二甲肼氧化过程中最重要的过程，偏腙和二甲胺的生成都涉及偏二甲肼甲基氧化。

### 3.3.4 甲基自由基与氢自由基的来源

偏二甲肼氧化生成三甲基肼的过程需要甲基自由基，生成二甲胺的过程需要氢自由基。氢自由基可以通过直接反应如分解过程生成，也可以通过化学反应如质子的传递过程间接获得氢原子。

3.3.4.1　氧化分解过程

在 2.3.3 小节中述及，甲酰基分解产生氢自由基，乙酰基分解产生甲基自由基：

$$HCO \cdot \longrightarrow CO + H \cdot$$
$$CH_3CO \cdot \longrightarrow CO + CH_3 \cdot$$

偏二甲肼氧化过程中的甲酰基自由基，可以来自于甲基甲酰肼的分解或者是甲醛的氧化：

$$(HCO)(CH_3)NNH_2 \longrightarrow HC \cdot O + (CH_3)N \cdot -NH_2$$
$$HC(O)H + HO \cdot \longrightarrow HCO \cdot + H_2O$$

偏腙氧化过程可能产生双自由基 $\cdot CH_2OO \cdot$，在转化为 $CO_2$ 的过程中 $\cdot CH_2OO \cdot$ 可以提供 2 个氢原子。

偏二甲肼、甲基肼和肼氧化过程中都会产生二氮烯类化合物，偏二甲肼氧化生成二甲基二氮烯 $CH_3N{=}NCH_3$，甲基肼氧化生成甲基二氮烯 $CH_3N{=}NH$，肼氧化生成氮烯 $HN{=}NH$。二氮烯类化合物不稳定，热分解产生自由基和氮分子。

偏二甲肼自动氧化过程中检测到二甲基二氮烯，可能是二甲氨基氮烯(双自由基)异构生成：

$$(CH_3)_2NN: \longrightarrow CH_3N{=}NCH_3$$

红外光谱检测发现，甲基肼氧化过程中生成甲基二氮烯 $CH_3N{=}NH$，是甲基肼脱去 2 个氢形成：

$$(CH_3)N \cdot -NH_2 + HO \cdot \longrightarrow CH_3N{=}NH + H_2O$$

$CH_3N{=}NH$ 可以进一步氧化脱氢生成甲基自由基和氮分子：

$$CH_3N{=}NH + HO \cdot \longrightarrow CH_3 \cdot + N_2 + H_2O$$

甲基二氮烯、二甲基二氮烯分解产生甲基自由基的活化能分别为 9.18kJ/mol、193kJ/mol[31]，因此偏二甲肼氧化过程中可能是甲基二氮烯生成甲基自由基。GC-MS 检测偏二甲肼、甲基肼氧化转化物，检测到二甲基二氮烯，但未检测到甲基二氮烯，说明甲基二氮烯易于分解而难以检测到。

偏腙甲基氧化和甲醛甲基腙氧化生成重氮甲烷过程中可能产生甲基自由基：

$$(CH_3)NH{-}NCH_2 + HO \cdot \longrightarrow (CH_3)N \cdot -NCH_2$$
$$(CH_3)N \cdot -NCH_2 \longrightarrow CH_3 \cdot + CH_2N_2$$

因此，偏二甲肼、甲基肼或甲基肼基自由基氧化产生的甲基二氮烯、甲醛甲基腙是甲基自由基的主要来源。肼氧化过程中产生的二氮烯可能是氢自由基的供体，$HN{=}NH$ 进一步氧化脱氢生成氢自由基和氮分子：

$$HN{=}NH + HO \cdot \longrightarrow H \cdot + N_2 + H_2O$$

甲基自由基与羟基自由基存在多种反应路径，其中能量最低的是甲基自由基与羟基自由基偶合过程：

$$\cdot CH_3 + \cdot OH \longrightarrow CH_3OH$$
$$\cdot CH_3 + \cdot OH \longrightarrow CH_2O + H_2$$
$$\cdot CH_3 + \cdot OH \longrightarrow :CH_2 + H_2O$$

可以看出，生成甲醛的反应过程伴随着氢气的生成。同时，甲醇可以裂解为碳烯$:CH_2$ 和 $H_2O$。重氮甲烷不稳定分解产生碳烯$:CH_2$(一种活泼的双自由基)和氮分子。

$$CH_2N_2 \longrightarrow :CH_2 + N_2$$

重氮甲烷分解的碳烯$:CH_2$ 与甲基结合生成乙基自由基。

### 3.3.4.2　交换过程

甲基与甲烷、烷基胺之间发生氢的交换反应(参见 2.4.1 小节)，可以摘除不容易脱氢的烷基上的氢：

$$(CH_3)_2N—NH\cdot \longrightarrow (\cdot CH_2)(CH_3)NNH_2$$
$$(CH_3)_2N\cdot \longrightarrow (\cdot CH_2)(CH_3)NH$$

三甲基肼可以看作是甲基交换过程的转化物：

$$2(CH_3)_2NN: \longrightarrow (CH_3)_2N—N\cdot CH_3 + CH_3N{=}N\cdot$$

或

$$2(CH_3)_2N—NH\cdot \longrightarrow (CH_3)_2N—N(CH_3)H + CH_3N{=}NH$$

同理，二甲氨基自由基可以发生交换反应生成三甲胺$(CH_3)_3N$ 和 $CH_3N:$，甲基氮烯(双自由基)$CH_3N:$通过分子重排转化为亚甲基亚胺：

$$2(CH_3)_2N\cdot \longrightarrow (CH_3)_3N + CH_3N:$$
$$CH_3N: \longrightarrow CH_2{=}NH$$

二甲氨基自由基中的 N 是富电子的亲核基团，而甲基中的 C、与 N 相连的 H 是缺电子的亲电基团，亲核基团与亲电基团可以结合并发生交换反应。此交换反应类似于自氧化还原反应，反应后同种化合物的 1 个分子被氧化失去氢(或甲基)，同时另 1 个分子还原得到氢(或甲基)。

### 3.3.4.3　脱氢或氢转移过程

偏二甲肼、亚硝基二甲胺、二甲胺甲基氧化都会产生$(CH_3)H_2CO\cdot N—$，而与羰基 C＝O 连接的氢非常容易脱去，其他需要质子的基团可以由此获得质子。例如，二甲氨基自由基与$(CH_3)H_2CO\cdot NH$作用生成二甲胺和甲基甲酰胺：

$$(CH_3)_2N \cdot + (CH_3)H_2CO \cdot NH \longrightarrow (CH_3)_2NH + (CH_3)HCONH$$

偏二甲肼、二甲胺、亚硝基二甲胺的氧化过程同时伴随着还原过程。例如，偏二甲肼氧化产生二甲氨基自由基，而生成二甲胺需要通过还原过程得到质子。偏二甲肼发生 N—N 断裂形成自由基 $H_2CO \cdot N$—、$\cdot HCO$，其中的 H 易被摘除或转移。

上述甲基二氮烯分解或氢转移过程可能发生，其特点是氢转移后生成稳定化合物，$H_2CO \cdot N$—转化为甲酰胺基，而 $\cdot HCO$ 转化为 CO：

$$\cdot HCO + O_2 \longrightarrow CO + HO_2 \cdot$$

羟基自由基摘除偏二甲肼第 1 个质子的活化能较高，但是摘除第 2 个质子却很容易，$(CH_3)_2NNH \cdot$、$CH_3HNNH \cdot$ 和 $H_2NNH \cdot$ 自由基上的氢容易被摘除，转移到需要氢的二甲氨基自由基上生成二甲胺。

### 3.3.4.4 氧化还原过程

酸性水溶液且有金属参与的催化氧化反应体系[22]，可以通过电子作用将氢离子转化为氢原子。例如，偏二甲肼、亚硝基二甲胺在酸性芬顿体系中氧化脱氢，发生 N—N 键断裂生成亚甲基甲氨基自由基($\cdot CH_2)(CH_3)N \cdot$，在铁作用下还原为二甲胺：

$$(\cdot CH_2)(CH_3)N \cdot H^+ + Fe \longrightarrow (\cdot CH_2)(CH_3)NH + Fe$$

## 3.3.5 活性自由基的作用

偏二甲肼氧化需要各种不同的活性自由基，如羟基自由基、氧自由基、过氧化氢自由基等，这些自由基是如何产生的呢？

臭氧是一种不稳定的物质，在光、热的作用下容易分解产生活性更大的氧自由基，氧自由基与水作用产生羟基自由基：

$$O_3 \longrightarrow O \cdot + O_2$$

$$O \cdot + H_2O \longrightarrow 2HO \cdot$$

羟基自由基之间结合生成过氧化氢，该反应是可逆反应，即过氧化氢可以分解产生羟基自由基，还可生成过氧化氢自由基：

$$2HO \cdot \rightleftharpoons H_2O_2$$

$$H_2O_2 + h\nu (\text{或加热}) \longrightarrow 2HO \cdot$$

$$HO \cdot + H_2O_2 \longrightarrow HO_2 \cdot + H_2O$$

在臭氧氧化偏二甲肼过程中检测到了过氧化氢，氧化过程应该都存在氧自由基、羟基自由基、过氧化氢自由基、过氧化氢和臭氧。氧气氧化能力较弱，但单线态氧气氧化活性较强，首先生成过氧化氢自由基：

$$(CH_3)_2NNH_2 + O_2 \longrightarrow (CH_3)_2NNH \cdot + HO_2 \cdot$$

过氧化氢自由基歧化反应转化为羟基自由基：

$$2HO_2 \cdot \longrightarrow 2HO \cdot + O_2$$

因此，偏二甲肼氧气氧化过程也可以产生羟基自由基和过氧化氢自由基，过氧化氢分解可以产生氧自由基和臭氧：

$$H_2O_2 \longrightarrow O \cdot + HO_2 \cdot$$

$$O \cdot + O_2 \longrightarrow O_3$$

无论是臭氧氧化还是氧气氧化，都可以产生氧化活性更高的羟基自由基、氧自由基以及具有氧化能力的过氧化氢自由基、过氧化氢和臭氧，在偏二甲肼氧化过程中这些活性物质都可能参与氧化，主要表现为脱氢作用、加氧作用，而还原过程中活性自由基起加氢作用和脱氧作用。从现有文献看，加氢作用的活性自由基及化合物有甲酰基自由基、过氧化氢自由基和次硝酸 HNO 等。

### 3.3.5.1 脱氢作用

自由基氧化过程的引发过程是一个限速过程，在羟基自由基、过氧化氢自由基、氧自由基及臭氧和氧气等氧化剂中，羟基自由基和氧自由基可以相对容易地摘除偏二甲肼甲基上的氢；在过氧化氢、氧气和臭氧作用下，偏二甲肼的甲基和氨基都可以发生脱氢反应，但如果氧化过程产生羟基自由基和氧自由基，则会进一步加快脱氢反应速度，羟基自由基和氧自由基是更为重要的脱氢作用自由基。

此外，脱氢过程与有机分子结构本身有关，—$NH_2$、$H_2CO \cdot$ 等基团或分子上的氢容易被摘除，即使氧化剂活性不高也能摘除。

### 3.3.5.2 加氧和脱氧作用

有机化合物中 C 最终要转化为 $CO_2$，因此加氧过程是很重要的，氧自由基、羟基自由基、过氧化氢自由基、氧气和臭氧都能进行加氧反应：

$$R \cdot + O_3 \longrightarrow RO \cdot + O_2$$

$$R \cdot + O \cdot \longrightarrow RO \cdot$$

$$R \cdot + HO \cdot \longrightarrow ROH$$

$$RO \cdot + HO_2 \cdot \longrightarrow ROO \cdot + HO \cdot$$

$ROO \cdot$、$ROOH$ 进一步氧化减掉 1 个氧原子，脱氧过程如下：

$$ROOH \longrightarrow RO \cdot + \cdot OH$$

$$ROO \cdot + NO \longrightarrow RO \cdot + NO_2$$

类似烷基的加氧过程，偏二甲肼氨基上氮的加氧过程如下：

$$(CH_3)_2NNH \cdot + HO_2 \cdot \longrightarrow (CH_3)_2NHNOOH$$
$$(CH_3)_2NNH \cdot + O_2 \longrightarrow (CH_3)_2NHNOO \cdot$$

量化计算得知，氧气很难加到二甲氨基氮烯(双自由基)的 N 原子上：

$$(CH_3)_2NN : + O_2 \longrightarrow (CH_3)_2NNO_2 \qquad E_a = 141kJ/mol$$

但可以发生过氧化氢自由基和臭氧在二甲氨基氮烯(双自由基)上的加氧过程：

$$(CH_3)_2NN : + HO_2 \cdot \longrightarrow (CH_3)_2NNO + \cdot OH$$
$$(CH_3)_2NN : + O_3 \longrightarrow (CH_3)_2NNO + O_2$$

上述过程势垒较低，而计算表明偏二甲肼氧气氧化体系中，偏二甲肼的甲基加氧是一个无势垒的过程，相比氨基加氧更容易，偏二甲肼甲基氧化的加氧、脱氧过程为

$$(\cdot CH_2)(CH_3)NNH_2 + O_2 \longrightarrow (H_2COO \cdot)(CH_3)NNH_2$$
$$2(H_2COO \cdot)(CH_3)NNH_2 \longrightarrow 2(H_2CO \cdot)(CH_3)NNH_2 + O_2$$

不同氧化剂加氧的转化物不同，甲基与氧自由基、羟基自由基、过氧化氢自由基、氧气和臭氧的反应如下：

$$\cdot CH_3 + \cdot OH \longrightarrow CH_3OH$$
$$\cdot CH_3 + HO_2 \cdot \longrightarrow CH_3OOH$$
$$\cdot CH_3 + O \cdot \longrightarrow CH_3O \cdot$$
$$\cdot CH_3 + O_3 \longrightarrow CH_3O \cdot + O_2$$
$$CH_3O \cdot + O_3 \longrightarrow CH_3O_2 \cdot + O_2$$
$$\cdot CH_3 + O_2 \longrightarrow CH_3O_2 \cdot$$

臭氧和氧自由基 O· 是 C、N 原子上加 1 个 O 原子的重要氧化剂：

$$(CH_3)_2NN : + O_3 \longrightarrow (CH_3)_2NNO + O_2$$

臭氧与烯烃的加氧过程可以生成环状化合物，并引发原有双键的断裂：

$$RCH = CH_2 + O_3 \longrightarrow R'CHO + \cdot CH_2OO \cdot$$

与此类似，偏腙的臭氧氧化生成 NDMA 和 ·H₂COO· 亚甲基过氧双自由基：

$$(CH_3)_2NNCH_2 + O_3 \longrightarrow (CH_3)_2NNO + \cdot H_2COO \cdot$$

### 3.3.5.3　加氢作用

有机化学反应中脱氢和加氧过程属于氧化反应，加氢过程属于还原反应。偏二甲肼氧化过程会产生自由基，如二甲氨基自由基、甲酰基自由基等，通过加氢作用进一步转化为分子。偏二甲肼自由基反应过程中起加氢作用的自由基可能有甲酰基自由基、过氧化氢自由基等。

研究表明[38]，HCO· 与闭壳 H₂CO 相比，质子供体和质子受体均较强。对于

$HO_2 \cdot$ 与 $H_2O_2$, $HO_2 \cdot$ 是更强的质子供体和更弱的质子受体[39], 也就是说甲酰基自由基和过氧自由基都具有加氢能力, 起到加氢作用, 属于加氢自由基。

$$(CH_3)_2N \cdot + HO_2 \cdot \longrightarrow (CH_3)_2NH + O_2$$
$$(CH_3)_2N \cdot + HCO \cdot \longrightarrow (CH_3)_2NH + CO$$
$$2HCO \cdot \longrightarrow H_2CO + CO$$

甲酰基自由基之间发生脱氢和加氢作用转化为甲醛和一氧化碳。偏二甲肼氧化过程产生次硝酸 HNO, 次硝酸产生类似加氢作用, 将甲基自由基转化为甲烷[40]。

$$HNO + CH_3 \cdot \longrightarrow NO + CH_4$$

次硝酸 HNO 在氨基自由基 $\cdot NH_2$ 与臭氧[41]、亚氨氮烯(自由基):NH 与过氧氢自由基[41]作用下产生, 次硝酸氧化还原反应中对应的氧化产物为 NO:

$$HNO - e^- \longleftrightarrow NO + H^+$$

### 3.3.6　偏二甲肼氧化反应路径

偏二甲肼氧化是自由基氧化过程, 存在四种类型的平行反应: 甲基氧化、氨基氧化、N—N 键断裂和甲基化反应。与一般有机物氧化不同的是, 偏二甲肼的氨基容易被氧化产生羟基自由基, 因此偏二甲肼氧化过程具有自催化作用。通过下列反应, 偏二甲肼转化为以下氧化转化物:

偏二甲肼
- 甲基氧化 —— 甲基肼, 甲基甲酰肼, 甲醛及偏腙
- 氨基氧化 —— 二甲基二氮烯, 四甲基四氮烯, 亚硝基二甲胺
- 氮氮键断裂 —— 二甲胺, 氨
- 甲基化反应 —— 三甲基肼

偏二甲肼氧化的主要特点:

(1) 偏二甲肼的甲基和氨基氧化脱氢生成$(\cdot CH_2)(CH_3)NNH_2$ 和$(CH_3)_2NNH \cdot$, 氨基氧化的同时产生羟基自由基。

(2) 偏二甲肼甲基氧化产生甲基甲酰肼、甲基肼和甲醛, 氨基氧化产生二甲基二氮烯、亚硝基二甲胺和四甲基四氮烯。在偏二甲肼氧化过程中不容易检测到甲基甲酰肼、甲基肼的原因, 是其生成量少, 且不稳定易分解或易进一步氧化。

(3) 偏二甲肼氧化生成偏腙是与甲醛作用产生的; $(CH_3)_2NNH \cdot$ 通过甲基化作用生成三甲基肼; 偏二甲肼的 N—N 键断裂生成氨和二甲胺。

以上观点是在延承偏二甲肼可以发生氨基氧化的基础上, 选取前人的一些新观点, 如甲基也可以发生氧化, 氧化过程包括化学键断裂, 再结合实验数据和量化计算活化能的数据相互印证后提出的。其中, 偏二甲肼甲基氧化产生的 C—N

双键，削弱 N—N 键的键能导致 N—N 键断裂生成二甲胺和氨，氨进一步氧化生成氮氧化物、亚硝酸、硝酸等；C—N 键的断裂类似于烷烃氧化脱去酰基的过程；C—N 键断裂生成甲醛，这是甲醛产生的主要途径，甲醛进一步氧化产生甲酸、一氧化碳和二氧化碳：

$$HC(O)H + HO\cdot \longrightarrow HCO\cdot + H_2O$$

$$HCO\cdot + O_2 \longrightarrow CO + HO_2\cdot$$

$$HCO\cdot + O_2 \longrightarrow HC(O)O_2\cdot$$

$$HC(O)O_2\cdot + NO \longrightarrow HC(O)O\cdot + NO_2$$

$$HC(O)O\cdot + O_2 \longrightarrow CO_2 + HO_2\cdot$$

$$HCO\cdot + HO\cdot \longrightarrow HC(O)OH$$

偏二甲肼氧化过程生成甲基肼。如果甲基肼与偏二甲肼氧化的路径相同，则甲基肼类似生成肼、甲基二氮烯、甲醛甲基腙、甲胺、氨、亚硝基甲胺等，而肼类似生成氨、二氮烯、亚硝胺等。基于此，偏二甲肼氧化的可能转化物及相互关系可查附录一，偏二甲肼氧化过程涉及肼类、腙类、亚硝基化合物、硝基化合物、酰肼、胺类、酰胺类等类型物质。气相反应中实际检测到的物质比附录一所列的物质少，检测到的酰肼类化合物和亚硝胺类化合物少于预期，可能与这些物质水解、分解及缩合转化为环状化合物有关。

参照偏二甲肼氧化路径，给出甲基肼和肼氧化的路径如下：

$$甲基肼 \longrightarrow 甲基二氮烯 \longrightarrow 甲基 + 氮气$$

$$肼 \longrightarrow 二氮烯 \longrightarrow 氮气$$

偏二甲肼氧化逐步转化为甲基肼、肼，并最终转化为氮气。

## 3.3.7　偏二甲肼环境化学转化研究过程

研究过程是一个发现问题和解决问题的过程。偏二甲肼氧化转化物 100 余种，其研究过程必然是由表及里、探讨微观反应机理和挖掘梳理共性、发现规律、简化反应历程的过程。

### 3.3.7.1　机理研究的难点

环境化学转化具有复杂性、低水平性、综合性特点，主要表现为偏二甲肼在环境中的转化方向不是单一的。偏二甲肼氧化过程不是单一方向的连续反应，有些反应是可逆的，如偏二甲肼与偏腙之间的转化：

$$UDMH + HCHO \rightleftharpoons FDH + H_2O$$

甲醛是偏腙水解产生还是偏二甲肼氧化产生？先产生乙醛还是先产生乙

醛腙?

偏二甲肼、偏腙、四甲基四氮烯、亚硝基二甲胺和二甲胺之间存在相互转化现象。偏二甲肼、偏腙、四甲基四氮烯都可以转化为二甲胺、亚硝基二甲胺，而二甲胺也可以转化为偏二甲肼、亚硝基二甲胺，那么是偏二甲肼、偏腙、四甲基四氮烯和二甲胺直接转化为亚硝基二甲胺? 还是偏腙、二甲胺都转化为偏二甲肼后再转化为 NDMA? 或者是反向转化，即偏二甲肼转化为偏腙、二甲胺再进一步转化为 NDMA? 如果没有实验数据支持，这些问题都很难得到定论。

由于一些中间体的浓度很低，而且每种分析检测方法都有一定的局限性，因此反应机理难于确定。例如，理论推测偏二甲肼氧化过程产生甲基肼和肼，但实验中往往难以检测到，主要原因是甲基肼和肼的反应活性高，在反应体系中的浓度很低，同时还可能生成甲基肼基自由基后进一步转化为其他物质，而未直接转化为甲基肼和肼。

目前，偏二甲肼环境转化物的分析检测方法主要有傅里叶变换红外光谱(FT-IR)、气相色谱-质谱(GC-MS)、紫外-可见光谱(UV-VIS 谱)。国外早期采用 FT-IR 检测偏二甲肼、甲基肼、肼、三甲胺和二甲胺的气相反应转化物，由于常规气体检测样品池很小，检出限不能满足分析，需要制作长光程(文献采用 68.3m 光程)检测样品装置。不同类型有机化合物的红外光谱特性有时相同或相似，在多种有机混合物中鉴别出转化物是困难的，这不仅要求研究者非常熟悉 FT-IR 谱图解析，还需要对环境转化物有一个合理的预期，然后逐一筛查和排除。

GC-MS 是一种特别适合混合物定性检测的技术。理论上讲，色谱柱可以分离几百种有机物，并通过质谱检测器和标准物质数据库直接查得物质的结构。但实际上，首先由于气相色谱进样口温度较高，不能检出容易分解的物质；其次分子量小的气态物质在色谱柱中停留时间短，也难于分离检测。偏二甲肼、偏腙、甲基肼自动氧化过程产生了变色发黄物质，推测是均四嗪，但均四嗪容易分解，用GC-MS 从未检出过。同样，采用 FT-IR 检出偏二甲肼气相氧化转化物中有甲醛、过氧化氢、甲烷、甲基亚甲基亚胺等物质，但采用 GC-MS 从未检出过；采用 GC-MS 检出偏二甲肼氧化转化物中有偏腙、乙二醛双二甲基腙及二甲胺氧化产生的甲基甲酰胺、甲酰胺等物质，但采用 FT-IR 从未检出过。

相比而言，检测水相中的偏二甲肼转化物更困难。由于水会破坏气相色谱的色谱柱，因此需要采用溶剂萃取、顶空或固相微萃取的方法进行分析，对这三种方法都做过尝试。采用二氯甲烷溶剂萃取，二氯甲烷与二甲胺的色谱峰接近，导致无法检测。仅发现一篇文献检测到二甲胺，最后采用固相微萃取的方法实现了二甲胺的检测。偏二甲肼氧化转化物中既有分子量不足 40 的小分子，也有分子量 130 以上的大分子；既有极性分子，也有非极性分子，要实现这些物质的同时检出，就需要选择合适的色谱柱和固相微萃取针，还需要做进一步研究。总体而言，分子量较小的物质在色谱柱中的保留时间短，会造成分离和测定的困难，传统色谱填充柱比毛细管柱的效果可能更好。

偏二甲肼氧化过程中发黄物质的确定，最后是通过紫外-可见光谱确定的。通过对 GC-MS 检出的偏二甲肼氧化转化物采用 UV-VIS 测定，并查阅美国国家标准与技术院(NIST)紫外吸收光谱数据库和参考前人的研究观点，研究确定偏二甲肼氧化过程中的主要发黄物质是 306nm、360nm 和 500nm 的吸光物质。

偏二甲肼环境化学转化过程往往不是仅有一种反应路径，一是某种转化物可能是多种物质转化而来，如亚硝基二甲胺、二甲胺的生成；二是不同条件下同一转化物可能来源于不同的反应路径，如偏二甲肼臭氧氧化和氧气氧化产生亚硝基二甲胺的路径是不同的。

### 3.3.7.2　机理研究的方法

由图 3-8 可知，偏二甲肼氧化转化物中的很多物质可能是偶合产生，如乙烷、二甲胺、三甲基肼、二甲基甲酰胺、乙醛、甲醇、硝基甲烷、四甲基四氮烯等：

$$2 \cdot CH_3 \longrightarrow CH_3CH_3$$

$$(CH_3)_2N \cdot + H \cdot \longrightarrow (CH_3)_2NH$$

$$(CH_3)_2NN \cdot H + \cdot CH_3 \longrightarrow (CH_3)_2NNHCH_3$$

$$(CH_3)_2N \cdot + H \cdot CO \longrightarrow (CH_3)_2NCHO$$

$$\cdot CH_3 + H \cdot CO \longrightarrow CH_3CHO$$

$$\cdot CH_3 + \cdot OH \longrightarrow CH_3OH$$

$$\cdot CH_3 + NO_2 \longrightarrow CH_3NO_2$$

$$2(CH_3)_2NN: \longrightarrow (CH_3)_2NNNN(CH_3)_2$$

如果确定上述反应机理成立，首先需要弄清以下的自由基：甲基自由基 $\cdot CH_3$、氢自由基 $\cdot H$、羟基自由基 $\cdot OH$、甲酰基自由基 $HCO \cdot$、二甲氨基氮烯 $(CH_3)_2NN:$(一种双自由基)、二甲氨基自由基 $(CH_3)_2N \cdot$ 等的来源，为确定偏二甲肼及其二甲氨基化合物转化为亚硝基二甲胺的机理，主要采用环境化学理论、动力学实验和量化计算相结合的方法研究。

1) 理论和实验相结合

研究初期，按照碳氢化合物依次发生脱氢、加氧和脱去酰基的过程，初步推测偏二甲肼氨基氧化路径是经过脱氢、加氧、脱去 NO 得到二甲氨基自由基 $(CH_3)_2N \cdot$，根据这个路径，首先生成亚硝基二甲胺，然后生成二甲胺，但这与图 3-1 的实验结果完全不相符，因为脱去 NO 的活化能很高。其后根据第 8 章的实验，发现偏二甲肼氧化产生偏腙和二甲胺的规律更为相似，而与亚硝基二甲胺的规律相反，因此可认为偏腙和二甲胺都是偏二甲肼甲基氧化相关转化物。从文献知甲基肼的甲基氧化脱氢后 N—N 键断裂的活化能最低,理论和实验相互印证,确定了二甲胺是偏二甲肼甲基脱氢氧化 N—N 键断裂,再与 H·结合转化物。

偏二甲肼甲基氧化可以沿用碳氢化合物的氧化机理,但是偏二甲肼氨基加氧及 N—N 键的断裂方式不能沿用甲基氧化的思路。也就是说酰基的生成沿用了旧的模式,而二甲胺、亚硝基二甲胺的生成则需要寻找更合理的路径。

理论上,偏二甲肼的氨基容易氧化首先生成 NDMA,但实际上偏二甲肼氧气氧化首先生成偏腙、二甲胺,然后生成亚硝基二甲胺。理论计算发现生成的亚硝基二甲胺的前驱物$(CH_3)_2NN$:很难与 $O_2$ 结合。

$$(CH_3)_2NN: + O_2 \longrightarrow (CH_3)_2NNO_2 \qquad E_a = 141kJ/mol$$

最后推测可能是由于亚硝基二甲胺的生成受加氧自由基(羟基自由基)浓度的影响,反应前期难于转化为 NDMA。

2) 转化物的类比溯源

为研究清楚偏二甲肼氧化转化物之间的溯源关系,研究了中间体如偏腙、二甲胺、甲基肼、亚硝基二甲胺等进一步氧化的转化物。研究发现,偏二甲肼氧化转化物中,生成量越大的物质往往越难于进一步氧化,如亚硝基二甲胺、二甲胺等。相对而言,偏腙氧化转化物与偏二甲肼氧化转化物的关系密切,乙醛腙、丙酮腙、乙二醛双二甲基腙、二甲氨基乙腈、胍等都是偏腙进一步的氧化转化物。偏二甲肼的氧化过程虽然可以产生二甲基甲酰胺、甲基甲酰胺等,但二甲胺不容易氧化生成这些物质,这说明这些偏二甲肼转化物是通过二甲胺的前驱中间体$(·CH_2)(CH_3)N·$转化而来。虽然直接氧化二甲胺不容易转化为 NDMA,但是偏二甲肼氧化过程产生二甲胺、氨或氨基自由基,这种条件下二甲胺容易转化为NDMA。因此,偏二甲肼的溯源关系中,需要特别关注$(·CH_2)(CH_3)N·$的衍生转化物,以及反应条件对转化物种类和含量的影响。

有文献报道亚硝基二甲胺废水降解检测到二甲胺、甲胺、氨、甲醛、硝基甲烷等物质,按照类似偏二甲肼甲基氧化机理可以很好地推测这些转化物的反应路径。偏二甲肼氧化转化物中产生的二甲氨基化合物,具有$(CH_3)_2N$—结构的偏腙、乙醛腙、丙酮腙、四甲基四氮烯、三甲基肼、二甲基甲酰胺、二甲氨基乙腈甚至亚硝基二甲胺和偏二甲肼,在氧化降解中都会发生甲基氧化生成甲醛,同时都会发生 N—N 键断裂,因此对偏二甲肼氧化转化物演变规律的认识,可以基于偏二甲肼氧化规律,通过类比的方法构建二甲氨基化合物转化为亚硝基二甲胺、二甲胺、甲胺和氨的生成路径。这种类比溯源方法可以很好地将偏二甲肼甲基氧化和N—N 键断裂引入二甲氨基化合物,同时将偏二甲肼氧化产生甲醛和酰肼应用于二甲胺氧化生成甲醛、甲胺和甲基甲酰胺的机理研究。

研究不同金属离子催化剂催化作用发现，二价铁离子和一价铜离子的作用相近，而三价铁离子和二价铜离子的性质相近，因为两者都可以形成氧化还原离子电对，$Fe^{3+}/Fe^{2+}$，$Cu^{2+}/Cu^{+}$。

3) 转化物的反演和简化

偏二甲肼氧化转化物的产生机理可以通过溯源、类比和反演的方法来确定，其中反演法是根据生成物反推反应物的方法。反演出的反应物，以偏二甲肼氧化过程中可能产生的物质或自由基为基础，由相似过程互相印证。利用这种方法，成功推测了二甲基甲酰胺的衍生物、环状转化物和胺偶合物的生成路径。

但是这些方法对胍的推测不尽合理。根据反演法推测，理论上胍的生成与甲酰胺有关，偏腙、偏二甲肼氧气氧化过程中均检测到胍。偏二甲肼转化生成二甲胺、甲基甲酰胺再到二甲胺、甲酰胺的氧化路径漫长，而且二甲胺本身又难于被氧气氧化，用这种路径解释胍的生成有些牵强，必然存在一种简单路径。事实上，偏二甲肼甲基氧化产生甲酰基、N—N 键断裂产生氨基自由基·$NH_2$ 或氨，两者结合就可以直接生成甲酰胺，偏腙甲基氧化生成亚甲基亚氨基自由基 $CH_2N\cdot$，进一步氧化生成甲酰胺。

4) 普遍性和特殊性

在深入研究偏二甲肼主要氧化产物的基础上，对甲基肼、肼、二甲胺、甲胺的氧化都采取了类推的方法。既然偏二甲肼氧化生成甲醛、腙、酰肼、硝胺、氮烯和甲基肼等转化物，可以发生甲基化反应生成三甲基肼，那么甲基肼氧化生成甲醛甲基腙、甲酰肼、亚硝基甲胺和甲基二氮烯和肼，可以发生甲基化反应生成偏二甲肼或 1,2-二甲基肼。不同的是生成的亚硝基甲胺不稳定，难以通过实验直接检测到，甲基肼主要转化为甲基二氮烯，更容易发生甲基化反应。

与偏二甲肼氧化类似，二甲胺氧化生成甲醛、亚胺、甲酰胺，但是反应机理与偏二甲肼相差很大。偏二甲肼是先生成甲醛然后生成腙，而二甲胺更可能是先生成亚胺，然后水解产生醛；偏二甲肼氧化生成的酰肼不稳定，容易转化为甲基肼基自由基，而二甲胺氧化生成的酰胺很稳定，不容易脱去甲酰基自由基，因此二甲胺需通过氧化生成亚胺，亚胺水解生成甲醛。偏二甲肼主要通过甲基二氮烯分解发生甲基化反应，而二甲胺主要通过曼尼希反应与甲醛反应并还原生成三甲胺。

因此，虽然偏二甲肼、甲基肼、二甲胺氧化物具有非常多的相似性，但氧化路径却有所不同。这些认识并非一蹴而就，是在广泛研究和查阅文献的基础上，不断提出观点、又不断否定某些观点的过程中逐步形成的。

本书开展了气相臭氧、氧气氧化偏二甲肼和 4 种高级氧化技术处理偏二甲肼废水过程中转化物的测定和机理研究，提出的每一种转化路径都必须能够解释不同体系的实验结果，反复推敲，最后给出合理的路径。偏二甲肼环境转化物 100

余种，需要通过反演、类比、溯源、简化等推理逐步认识转化规律。同时，不同氧化剂、不同实验条件下转化物不同，生成的量也不同。准确认识和把握各种偏二甲肼环境转化反应，必须熟悉自由基或氧化剂在脱氢、加氧中的不同作用，以及肼、氨和胺氧化中的质子保护和氢键保护作用，氧化过程伴随还原、催化剂与有机污染物的氧化还原和配位等作用，提出的反应机理和反应规律能够合理地解释各种实验现象。

　　本章主要阐述了偏二甲肼主要转化物的产生机理。偏二甲肼的氧化路径包括甲基氧化、氨基氧化、N—N 键断裂和甲基化，前人大多认为偏二甲肼只能发生氨基氧化，但根据实验数据及机理分析，偏二甲肼的甲基更容易发生氧化，并由此产生大部分转化物。甲基二氮烯是甲基自由基的前驱物，二甲氨基自由基、二甲氨基氮烯(双自由基)是生成亚硝基二甲胺的前驱物，臭氧有利于将这两种自由基转化生成亚硝基二甲胺，从而减少二甲胺的生成。前人分别提出四甲基四氮烯、偏腙为重要中间体的氧化机理，但后面章节的研究发现，生成量越大的偏二甲肼转化物，越是难于进一步氧化的物质，因此真正重要的活性中间体是自由基而不是这些难于氧化降解的转化物，如四甲基四氮烯。偏二甲肼甲基氧化与烷烃氧化类似，亚甲基很容易与氧气作用发生加氧氧化，但氨基氧化与烷烃氧化有较大差异，主要表现在偏二甲肼的氨基氮难于加氧，氧气不能直接加到氨氮上以转化为亚硝基二甲胺或硝基二甲胺，因此氧气与臭氧氧化偏二甲肼相比，前者不容易通过二甲氨基氮烯(双自由基)直接转化为亚硝基二甲胺。此外本章还强调了脱氢和加氧氧化过程需要不同自由基或氧化剂作用完成，这是氧化剂种类对偏二甲肼氧化转化物产生影响的内在作用，有助于更好地理解后续章节内容。

## 参 考 文 献

[1] Molinet J, Pasquet V, Bougrine A J. Oxidation kinetics of methylhydrazine in a strictly single-phase medium studied in reconstituted air[J].Kinetics and Catalysis, 2009, 50(5): 715-724.

[2] Mathur M A, Sisler H H. Oxidation of 1, 1-dimethylhydrazine by oxygen[J]. Inorganic Chemistry, 1981, 20(2): 426-429.

[3] Urry W H, Olsen A L, Bens E M, et al. Autoxidation of 1, 1-dimethylhydrazine[R]. AD0622785, 1965.

[4] 咸琨, 刘祥萱, 王煊军. 液体推进剂偏二甲肼氧化变质的规律和影响因素[J]. 火炸药学报, 2006, 29(5):39-41.

[5] Martin N B, Davis D D, Kilduff J E, et al. Environmental fate of hydrazines[R]. ADA242 930, 1989.

[6] Tuazon E C, Carter W P L, Brown R V, et al. Atmospheric Reaction Mechanisms of Amine Fuels[R]. ADA118267, 1982.

[7] Tuazon E C, Carter W P L, Winer A M, et al. Reactions of hydrazines with ozone under simulated atmospheric conditions[J]. Environmental Science & Technology, 1981, 15(7): 823-828.

[8] Huang D, Liu X, Xie Z, et al. Products and mechanistic investigations on the reactions of hydrazines with ozone in gas-phase[J]. Symmetry, 2018, 10(9): 394-407.

[9] Vaghjiani G L. Kinetics of OH reactions with $N_2H_4$, $CH_3NHNH_2$ and $(CH_3)_2NNH_2$ in the gas phase[J]. International Journal of Chemical Kinetics, 2001, 33(6): 354-362.

[10] Coleman D J, Judeikis H S, Lang V. Gas-phase rate constant measurements for reactions of ozone with hydrazines[R]. ADA318118, 1996.

[11] Richters S, Berndt T. Gas-Phase reaction of monomethylhydrazine with ozone: Kinetics and OH radical formation[J]. International Journal of Chemical Kinetics, 2014, 46(1): 1-9.

[12] Pitts Jr J N, Tuazon E C, Carter W P L, et al. Atmospheric Chemistry of Hydrazines: Gas Phase Kinetics and Mechanistic Studies[R]. ADA093486, 1980.

[13] Raghunath P, Lin Y H, Lin M C. Ab initio chemical kinetics for the $N_2H_4$ + $NO_x$ ($x$=1–3) reactions and related reverse processes[J]. Computational and Theoretical Chemistry, 2014, 1046: 73-80.

[14] Sawyer R F, Glassman I. Gas-phase reactions of hydrazine with nitrogen dioxide, nitric oxide, and oxygen[J].Symposium (International) on Combustion, 1967, 11(1): 861-869.

[15] Tuazon E C, William P L, et al. Gas-phase reaction of 1,1-dimethylhydrazine with nitrogen dioxide[J]. J Phys Chem, 1983, 87(9)：1600-1605.

[16] Ul'Yanovskii N V, Kosyakov D S, Pikovskoi I I, et al. Characterisation of oxidation products of 1,1-dimethylhydrazine by high-resolution orbitrap mass spectrometry[J]. Chemosphere, 2017, 174: 66-75.

[17] Sierka R A, Cowen W F. The ozone oxidation of hydrazine fuels[R]. ADA065829, 1978.

[18] Mach M H, Baumgartner A M. Oxidation of aqueous unsymmetrical dimethylhydrazine by calcium hypochlorite or hydrogen peroxide/copper sulfate[J]. Analytical Letters, 1979, 12(9): 1063-1074.

[19] Brubaker K L, Bonilla J V, Boparai A S. Products of the hypochlorite oxidation of hydrazine fuels[R]. ADA213557, 1989.

[20] Lunn G, Sansone E B. Oxidation of 1, 1-dimethylhydrazine (UDMH) in aqueous solution with air and hydrogen peroxide[J]. Chemosphere, 1994, 29(7): 1577-1590.

[21] Makhotkina O A, Kuznetsova E V, Preis S V. Catalytic detoxification of 1, 1-dimethylhydrazine aqueous solutions in heterogeneous Fenton system[J]. Applied Catalysis B: Environmental, 2006, 68(3-4): 85-91.

[22] Angaji M T, Ghiaee R. Cavitational decontamination of unsymmetrical dimethylhydrazine waste water[J]. Journal of the Taiwan Institute of Chemical Engineers, 2015, 49: 142-147.

[23] Judeikis H S, Damschen D E. Reactions of hydrazines with chemicals found in environment[R]. ADA247046, 1992.

[24] Brubaker A K, Serdyuk T M, Ul'Yanov A V. Investigation of the reaction products of unsymmetrical dimethylhydrazine with potassium permanganate by gas chromatography-mass spectrometry[J]. Theoretical Foundations of Chemical Engineering, 2011, 45(4): 550-555.

[25] Pestunova O P, Elizarova G L, Ismagilov Z R, et al. Detoxication of water containing 1,1-dimethylhydrazine by catalytic oxidation with dioxygen and hydrogen peroxide over Cu-and Fe-containing catalysts[J]. Catalysis Today, 2002, 75(1-4): 219-225.

[26] Ismagilov Z R, Kerzhentsev M A, Ismagilov I Z, et al. Oxidation of unsymmetrical dimethylhydrazine over heterogeneous catalysts: Solution of environmental problems of production, storage and disposal of highly toxic rocket fuels[J]. Catalysis Today, 2002, 75(1-4): 277-285.

[27] Liang M, Li W, Qi Q, et al. Catalyst for the degradation of 1,1-dimethylhydrazine and its by-product N-nitrosodimethylamine in propellant wastewater[J]. RSC Advances, 2016, 6(7): 5677-5687.

[28] Sungeun L, Woongbae L, Soyoung N, et al. N-nitrosodimethylamine (NDMA) formation during ozonation of N,N-

dimethylhydrazine compounds. Reaction kinetics, mechanisms, and implications for NDMA formation control[J]. Water Research 2016, 105(15) :119-128.

[29] 国防科工委后勤部. 火箭推进剂监测防护与污染治理[M]. 长沙: 国防科技大学出版社, 1993.

[30] 张彦凤, 郭治安, 赵景婵. 偏二甲肼衍生高效液相色谱法测定水产品中甲醛[J]. 理化检验: 化学分册, 2009, 45(1): 55-57.

[31] 徐亚飞. 偏二甲肼与羟基自由基降解反应机理的理论研究[D]. 重庆: 重庆大学, 2008.

[32] Boehm J R, Balch A L, Bizot K F, et al. Oxidation of 1, 1-dimethylhydrazine by cupric halides. Isolation of a complex of 1, 1-dimethyldiazene and a salt containing the 1, 1, 5, 5-tetramethylformazanium ion[J]. Journal of the American Chemical Society, 1975, 97(3): 501-508.

[33] Huang D, Liu X X, Zhang L L, et al. Oxidation of unsymmetrical dimethylhydrazine in environment, products and mechanistic investigations: A review[J]. Adv Mat Tech Env, 2017, 1(2): 48-72.

[34] 尹东光, 高文亮, 张彩霞, 等. 偏二甲肼分子化学键解离能的理论计算[J]. 火炸药学报, 2011, 34(3): 83-85.

[35] Zhang P, Klippenstein S J, Sun H, et al. Ab initio kinetics for the decomposition of monomethylhydrazine (CH$_3$NHNH$_2$) [J]. Proceedings of the Combustion Institute, 2011, 33(1): 425-432.

[36] Sun H, Zhang P, Law C K. Gas-Phase kinetics study of reaction of OH radical with CH$_3$NHNH$_2$ by second-order multireference perturbation theory[J]. Journal of Physical Chemistry A, 2012, 116(21): 5045-5056.

[37] Sun H, Law C K. Thermochemical and kinetic analysis of the thermal decomposition of monomethylhydrazine: An elementary reaction mechanis[J]. Journal of Physical Chemistry A, 2007, 111, 3748-3760.

[38] Yong Y, Ying L. Hydrogen bond of radicals: Interaction of HNO with HCO, HNO, and HOO[J]. International Journal of Quantum Chemistry, 2009, 110(6): 1264-1272.

[39] Choi Y M, Lin M C. Kinetics and mechanisms for reactions of HNO with CH$_3$ and C$_6$H$_5$ studied by quantum-chemical and statistical-theory calculations[J]. Int J Chem Kinet, 2005, 37(5): 261-274.

[40] Sumathi R, Peyerimhoff S D. Theoretical investigations on the reactions NH + HO$_2$ and NH$_2$ + O$_2$: Electronic structure calculations and kinetic analysis[J]. Journal of Chemical Physics, 1998, 108(13): 5510-5518.

[41] Peiró-García J, Nebot-Gil I, Merchán M. An Ab initio study on the mechanism of the atmospheric reaction NH$_2$ + O$_3$ $\longrightarrow$ H$_2$NO + O$_2$[J]. Chem Phys Chem, 2003, 4(4): 366-372.

# 第 4 章　气液偏二甲肼与臭氧反应过程机理

臭氧与人类的生存环境密切相关，在自然大气中能够有效阻隔紫外线辐射，在低层大气中决定着·OH 和 NO₃ 的生成，而臭氧也是一种强氧化剂，可以清除许多污染物。世界气象组织(WMO)报道，对流层强辐射的增加与大量人为排放的臭氧前驱物，导致对流层臭氧浓度升高，特别是在污染严重的地区，对流层臭氧大幅度增加，加剧了区域大气污染。

有观点认为，大多数释放到大气中的肼类化合物，主要发生光解反应、与臭氧及羟基自由基的反应。但肼类化合物在光活性区(波长大于 290nm 的光)并不能吸收光的能量，光解作用不可能是主要的反应过程，因此肼类化合物与臭氧和羟基自由基的反应更为重要，以至于个别文献认为释放到大气中的肼类化合物主要受臭氧作用控制。

20 世纪 80 年代起，国外采用 FT-IR 对臭氧与气态偏二甲肼、甲基肼和肼[1,2]，臭氧与气态三甲胺、二甲胺和甲胺[3]的氧化作用开展了系统的研究。本章采用 GC-MS 研究偏二甲肼、甲基肼、偏腙、二甲胺及亚硝基二甲胺的氧化转化物和氧化机理，确定氧化转化物之间的溯源关系，并研究不同条件下偏二甲肼与臭氧作用的转化物，阐述偏二甲肼与臭氧反应过程机理。

## 4.1　肼类、胺类化合物与臭氧的气相反应

在一定频率红外光的作用下，有机物官能团从基态跃迁到激发态产生红外光谱特征吸收，从而实现 FT-IR 对转化物的检出。不是所有分子振动能级的跃迁都可以发生红外吸收，只有振动过程偶极矩发生变化跃迁才能产生红外吸收，因此肼类化合物氧化过程中产生的偶极矩为零的 N₂ 等分子，无法用 FT-IR 进行检测。FT-IR 检测肼为 958cm⁻¹、MMH 888cm⁻¹ 的吸收峰，偏二甲肼的特征光谱中—NH₂ 的摇摆振动吸收峰为 908cm⁻¹，偏腙的吸收峰为 1010cm⁻¹、1750cm⁻¹(C═N 伸缩振动)，CH₃N═NH 的特征峰为 845.2cm⁻¹，亚硝基二甲胺(CH₃)₂NNO 的特征峰为 1296cm⁻¹、1016cm⁻¹ 和 848cm⁻¹，甲醇的吸收峰为 3017cm⁻¹、1306cm⁻¹，CO₂ 的吸收峰为 2360cm⁻¹、2362cm⁻¹。肼、甲基肼、偏二甲肼及其氧化转化物的红外频率、吸收系数和检测限见表 4-1[4]。

表 4-1　部分肼类化合物及其氧化转化物的红外频率、吸收系数和检测限[4]

| 化合物 | 红外频率/$cm^{-1}$ | 吸收系数/($atm^{-1} \cdot cm^{-1}$) | 检测限/ppm |
|---|---|---|---|
| $N_2H_4$ | 957.48<br>(974.36~973.39) | 6.6<br>3.3 | 0.20<br>0.22 |
| MMH | 889.02<br>889.02(Q) | 9.8<br>7.2 | 0.10<br>0.10 |
| UDMH | 909.75<br>1144.55(Q) | 7.5 | 0.20<br>0.23 |
| HCHO | 2778.92(Q)<br>2781.33(Q) | 7.8(平均值) | 0.15 |
| HCOOH | 1105.49(Q) | 67.8 | 0.01 |
| $CH_3OH$ | 1033.66(Q) | 22.6 | 0.03 |
| $CH_3OOH$ | 1321.00(Q) | 1.5 | 0.50 |
| $CH_2N_2$ | 2102.03(Q) | 16.4 | 0.04 |
| $(CH_3)_2NNO$ | 1015.82 | 20 | 0.05 |
| $(CH_3)_2NNO_2$ | 1307.02 | 34 | 0.04 |
| $(CH_3)_2NNNN(CH_3)_2$ | 1008.59 | 37 | 0.03 |
| $CH_3ONO_2$ | (855.76~857.20)<br>(1291.59~1293.52) | 22.1<br>22.0 | 0.03<br>0.03 |
| CO | (2169.53~2170.01)<br>(2172.90~2172.42) | 12.8<br>13.0 | 0.05<br>0.05 |
| $O_3$ | 1055.35<br>(1055.35~1054.87) | 15.1<br>6.4 | 0.10<br>0.11 |
| $H_2O_2$ | 1251.09<br>(1251.58~1252.06) | 8.8<br>4.2 | 0.17<br>0.17 |
| NO | 1875.92 | 2.7 | 0.27 |
| $NO_2$ | (1605.93~1605.45)<br>(1631.00~1631.48) | 10.8<br>15.9 | 0.07<br>0.05 |
| $H_2O$ | 2213.40<br>2237.02 | 21<br>27 | 0.04<br>0.04 |
| HONO | 852.86(Q)<br>1264.11(Q) | 13.3<br>18.6 | 0.06<br>0.04 |
| $HNO_3$ | 879.38(Q) | 27 | 0.03 |
| $HO_2NO_2$ | 803.21(Q) | 27 | 0.03 |
| $N_2O_5$ | 1246.27 | 40 | 0.03 |
| $NH_3$ | 967.61<br>931.45 | 24.6<br>20.6 | 0.03<br>0.04 |

注：Q 表示官能团对该吸收峰高的吸收系数，未标明的为吸收峰面积的吸收系数。

### 4.1.1　臭氧氧化偏二甲肼、甲基肼、肼

　　偏二甲肼、甲基肼和肼与臭氧的反应过程，被认为是大气中肼类化合物的去

除过程。在模拟大气条件下,研究人员采用 FT-IR 研究了臭氧与肼、MMH 和 UDMH 的气相反应。结果表明[4],偏二甲肼臭氧氧化转化物中存在过氧化氢、氨、甲醛、亚硝基二甲胺、$NO_2$、HONO、一氧化碳、甲醇、$CH_3OOH$ 和硝基二甲胺;甲基肼臭氧氧化转化物中存在过氧化氢、氨、甲酸、氧化亚氮、$CH_3OOH$、重氮甲烷、一氧化碳等;肼臭氧氧化转化物中存在过氧化氢、HONO、氧化亚氮和氨。

理论上,偏二甲肼与臭氧反应还应生成偏腙、二甲胺、四甲基四氮烯和二甲基甲酰胺,但由于研究人员未考虑这些中间体,因此表 4-1 中未列出这些物质的红外频率。FT-IR 是一种间接测定方法,缺点是不易区分具有相同官能团的化合物。

第 3 章详细说明了肼氧化转化生成二氮烯、分子氮和过氧化氢的过程。氮分子来自于亚硝胺或四氮烯的分解,四氮烯可以分解为氮分子和氨基自由基·$NH_2$,氨基自由基进一步转化为氨:

$$NH_2NO \longrightarrow N_2 + H_2O$$
$$或 \quad NH_2NNNH_2 \longrightarrow N_2 + 2 \cdot NH_2$$
$$\cdot NH_2 + H \cdot \longrightarrow NH_3$$

氨可以被臭氧氧化生成一氧化氮、二氧化氮,氨与氮氧化物作用生成氮分子:

$$NO + NO_2 + 2NH_3 \longrightarrow 2N_2 + 3H_2O$$

氮氧化物与氨基自由基作用生成氧化亚氮和氮:

$$\cdot NH_2 + NO \longrightarrow N_2 + H_2O$$
$$\cdot NH_2 + NO_2 \longrightarrow N_2O + H_2O$$

甲基肼甲基氧化引起 N—N 键断裂生成氨:

$$(\cdot CH_2)NHNH_2 \longrightarrow \cdot NH_2 + \cdot CH_2NH \cdot$$
$$\cdot NH_2 + H \cdot \longrightarrow NH_3$$

第 3 章详细说明了甲基肼转化生成甲基二氮烯、分子氮和过氧化氢的过程。甲基二氮烯氧化产生氮分子和甲基自由基,甲基与羟基自由基、过氧化氢自由基结合生成甲醇、甲基过氧化氢 $CH_3OOH$:

$$CH_3 \cdot + \cdot OH \longrightarrow CH_3OH$$
$$CH_3 \cdot + HO_2 \cdot \longrightarrow CH_3OOH$$

甲基肼甲基氧化生成甲醛,进一步氧化生成一氧化碳。甲基肼氧化可以生成肼,进一步氧化生成氨、氧化亚氮。

偏二甲肼臭氧氧化生成氨,说明偏二甲肼甲基氧化发生了 N—N 键断裂,同时生成二甲胺,而甲醇和 $CH_3OOH$ 也是偏二甲肼氧化生成甲基肼后,由甲基肼进一步氧化产生。

根据以上分析，偏二甲肼臭氧氧化反应路径如下：

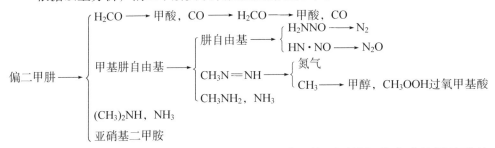

偏二甲肼臭氧氧化过程未检测到甲基肼、肼，其原因是氧化生成的甲基肼基自由基 $CH_3N \cdot NH_2$ 直接进一步发生反应。偏二甲肼、甲基肼和肼臭氧氧化都产生过氧化氢，说明都发生了脱氢反应，特别是氨基脱氢后产生羟基自由基，羟基自由基偶合生成过氧化氢：

$$(CH_3)_2NNH_2 + O_3 \longrightarrow (CH_3)_2NN \cdot H + \cdot OH + O_2$$

$$2 \cdot OH \longrightarrow H_2O_2$$

$$\cdot OH + O_3 \longrightarrow HO_2 \cdot + O_2$$

偏二甲肼、甲基肼和肼臭氧氧化都产生氨，说明都发生了 N—N 键断裂；偏二甲肼、甲基肼臭氧氧化都生成甲醇、$CH_3OOH$，说明都产生了甲基自由基 $CH_3 \cdot$，甲基自由基主要来源于甲基二氮烯、二甲氨基氮烯等。

$N_2O$ 是甲基肼和肼的氧化转化物，$N_2O$ 和 $N_2$ 来自 $HN \cdot NO$：

$$HN \cdot NO \longrightarrow N_2O + H \cdot$$

$$HN \cdot NO \longrightarrow N_2 + \cdot OH$$

甲基二氮烯与过量的臭氧迅速反应生成重氮甲烷。Tuazon 等提出的重氮甲烷产生和去除过程如下[4]：

$$CH_3N{=}NH + \cdot OH \longrightarrow \cdot CH_2N{=}NH + H_2O$$

$$\cdot CH_2N{=}NH + O_2 \longrightarrow CH_2N_2 + HO_2 \cdot$$

$$CH_2N_2 + O_3 \longrightarrow HCHO + O_2 + N_2$$

甲醛腙可以转化为重氮甲烷：

$$CH_3HNN{=}CH_2 + \cdot OH \longrightarrow CH_2{=}NN \cdot CH_3 + H_2O$$

$$CH_2{=}NN \cdot CH_3 \longrightarrow CH_2N_2 + \cdot CH_3$$

这是一种甲基自由基的可能来源路径。偏二甲肼臭氧氧化主要是甲基氧化和氨基氧化，生成的中间体种类相对较少，除亚硝基二甲胺外，其他氧化转化物都是不完全氧化的小分子，如甲醛、甲醇和亚硝酸等。

偏二甲肼和肼臭氧氧化过程中检出 $NO_2$ 和 $HNO_2$，说明偏二甲肼和肼氧化过程产生了氨基自由基·$NH_2$，·$NH_2$进一步氧化生成 NO、$NO_2$：

$$\cdot NH_2 \longrightarrow NO \longrightarrow NO_2$$

$$(CH_3)_2NNH_2 + NO_2 \longrightarrow (CH_3)_2NN\cdot H + HNO_2$$

理论上，偏二甲肼臭氧氧化发生 N—N 键断裂产生氨，应同时生成二甲胺，但氧化过程中并未检测到二甲胺。这可能是因为二甲胺的前驱物是亚甲基甲氨基双自由基转化生成了亚硝基二甲胺：

$$(\cdot CH_2)(CH_3)N\cdot + H\cdot + NO \longrightarrow (CH_3)_2NNO$$

如果这一假设成立，那么偏二甲肼臭氧氧化可以产生氨基自由基，并进而生成肼：

$$(CH_3)_2NNH_2 + \cdot OH \longrightarrow (CH_3)(\cdot CH_2)NNH_2 + H_2O$$

$$(CH_3)(\cdot CH_2)NNH_2 \longrightarrow (\cdot CH_2)(CH_3)N\cdot + \cdot NH_2$$

$$2\cdot NH_2 \longrightarrow NH_2NH_2$$

### 4.1.2　臭氧氧化二甲胺、三甲胺和甲胺

偏二甲肼臭氧氧化过程生成的转化物包括二甲胺、三甲胺，而二甲胺、三甲胺与臭氧反应的转化物是相同的，主要是二甲基甲酰胺、甲基亚甲基亚胺、硝基甲烷、甲醛、甲酸和二氧化碳。

二甲胺氧甲基化生成的应该是甲基甲酰胺，但是产物却是二甲基甲酰胺，从自由基反应分析发生了如下反应：

$$(CH_3)_2N\cdot + HCO\cdot \longrightarrow (CH_3)_2N(HCO)$$

其中二甲氨基自由基和酰基自由基分别来源于二甲胺的甲基氧化和氨基氧化。推测生成甲基亚甲基亚胺的反应如下：

$$(CH_3)_2NH + 2\cdot OH \longrightarrow CH_3N{=}CH_2 + 2H_2O$$

伯胺臭氧氧化 25%～53%转化为硝基烷烃，副转化物是伯胺的甲基氧化转化物醛、酮、酸和酰胺[5]。气相、水中甲胺在臭氧氧化下完全转化为硝基甲烷[6]。

三甲胺、二甲胺和甲胺的臭氧氧化都会产生硝基甲烷，其可能的生成机理如下。

1）甲基亚甲基亚胺氧化生成硝基甲烷

由于亚硝基二甲胺氧化过程中检测到等量的硝基甲烷和甲醛，因此 Tuazon 等[7]提出，甲基亚甲基亚胺可以氧化转化为硝基甲烷：

$$CH_3N{=}CH_2 + O_3 \longrightarrow CH_3NO_2 + HCHO$$

将甲基亚甲基亚胺与臭氧混合，并未检测到甲基亚甲基亚胺发生反应。同时大气光氧化甲胺 $CH_3NH_2$ 的主要转化物是亚甲基亚胺，$CH_2{=}NH + O_3$ 反应的高斯

G4 方法计算表明, 反应速度太慢, 在大气条件下不重要[8]。因此甲基亚甲基亚胺、亚甲基亚胺与偏腙虽然都含有—N＝CH$_2$ 基团, 偏腙容易与臭氧发生加成氧化反应, 但臭氧并不容易与亚胺发生反应而生成硝基甲烷。

2) 甲胺臭氧氨基氧化生成硝基甲烷

Bachman 等[5]研究了臭氧氧化伯胺转化为硝基烷烃, 认为烷基羟胺更容易转化为硝基烷烃, 并提出生成路径:

$$CH_3NHOH + O_3 \longrightarrow CH_3NO + H_2O + O_2$$

$$CH_3N : + O_3 \longrightarrow CH_3NO + O_2$$

$$CH_3NO + O_3 \longrightarrow CH_3NO_2 + O_2$$

甲胺臭氧氧化主要发生氨基氧化, 因此可能发生以上过程, 依次生成亚硝基甲烷和硝基甲烷。衍生自伯胺的酮亚胺可以产生硝基烷烃, 但是产率仅 15%。

甲胺光解和热分解过程都证明生成了 CH$_3$N:。CH$_3$N:是和 CH$_2$:类似的双自由基, CH$_2$:是气相中重氮甲烷的光解产物、许多燃烧反应的瞬间中间体, 同时也是产生光化学烟雾的重要自由基[9,10]。有观点认为, 单线态的 CH$_3$N:是不稳定的, C 上的 1 个 H 会迅速迁移到 N 上生成 H$_2$C＝NH。

3) 甲基自由基与二氧化氮反应生成硝基甲烷

有机合成硝基甲烷是甲烷和二氧化氮作用生成, 自由基反应过程为

$$CH_3 \cdot + NO_2 \longrightarrow CH_3NO_2$$

亚硝基二甲胺臭氧氧化生成硝基甲烷, 按该过程进行。

其他相关研究未提及甲基甲酰胺和甲酰胺的生成, 用 GC-MS 检测到二甲胺臭氧氧化生成上述两种物质(见 4.2.1 小节)。甲胺、二甲胺和三甲胺都可以氧化生成甲基甲酰胺和甲酰胺, 类似甲基甲酰肼发生脱酰生成甲醛或甲酰基, 进一步氧化还原转化为一氧化碳、甲酸和甲醛。

推测二甲胺氧化转化路径如下:

$$(CH_3)_2NH \longrightarrow \begin{cases} \text{甲基甲酰胺} \longrightarrow \text{甲醛}H_2CO \\ (CH_3)_3N, \text{二甲基甲酰胺} \longrightarrow \begin{cases} \text{甲酸, CO} \longrightarrow \text{二氧化碳} \\ (CH_3)_2NH \end{cases} \\ (\cdot CH_2)(CH_3)N \cdot \longrightarrow CH_3N＝CH_2 \longrightarrow \text{甲醛, 甲胺}(\longrightarrow CH_3NO_2) \end{cases}$$

胺类化合物氧化与偏二甲肼氧化有相似之处, 都可以发生甲基氧化生成甲醛、二氧化碳等, 也可以生成—N＝CH$_2$ 基团。不同的是偏二甲肼氧化生成亚硝基化合物, 而胺类化合物臭氧氧化生成硝基化合物; 偏二甲肼氧化产生的偏腙易于被氧化, 而甲基亚甲基亚胺则不易被氧化; 胺氧化产生酰胺, 而肼氧化却很难检测到酰肼, 可能与分子结构稳定性有关。硝基二甲胺由于硝基中的两个氧与二甲氨基两个甲基的空间位阻效应, 不宜生成, 硝基甲烷中仅 1 个甲基结, 结构简单不存

在位阻效应，能稳定存在。酰胺基团结合的推电子基烷基越多，C—N 键就越稳定，其稳定性次序如下：

$$二甲基甲酰胺 > 甲基甲酰胺 > 甲酰胺$$

臭氧氧化甲胺的氨基和甲基反应活化能如下[11]：

$$CH_3NH_2 + O_3 \longrightarrow CH_3N \cdot H + \cdot OH + {}^3O_2 \qquad E_a = 41.7kJ/mol$$

$$CH_3NH_2 + O_3 \longrightarrow NH_2CH + HO_2 \cdot + \cdot OH \qquad E_a = 122.3kJ/mol$$

二甲胺与臭氧可以同时发生甲基和氨基氧化，而甲胺与臭氧主要发生氨基氧化，文献中胺类化合物臭氧氧化脱氢位点占比见表 4-2。

表 4-2    胺类化合物臭氧氧化脱氢位点占比

| 位点 | 三甲胺 | 二甲胺 | 甲胺 |
| --- | --- | --- | --- |
| 甲基脱氢 | 1.0 | 0.45 | 0.02 |
| 氨基脱氢 | 0 | 0.55 | 0.98 |

羟基自由基与二甲胺、甲胺发生脱氢反应的位点占比与臭氧不同，排放到大气中的甲胺与·OH 迅速反应，在大气中的寿命通常不到 1d。

$$CH_3NH_2 + \cdot OH \longrightarrow \cdot CH_2NH_2 + H_2O$$

$$CH_3NH_2 + \cdot OH \longrightarrow CH_3NH \cdot + H_2O$$

实验测得羟基自由基摘除甲胺甲基和氨基上氢的物质的量之比是 3∶1，Annia 等预测摘除甲胺甲基和氨基上氢的物质的量之比是 4∶1[12]。

$$(CH_3)_2NH + \cdot OH \longrightarrow CH_3NHCH_2 \cdot + H_2O$$

$$(CH_3)_2NH + \cdot OH \longrightarrow (CH_3)_2N \cdot + H_2O$$

类似地，·OH 与二甲胺初始反应有两种路径，摘除甲基和氨基上氢的物质的量之比的理论计算结果是 0.52∶0.48[12]，实验结果是 0.63∶0.37、0.58∶0.42[13]。可以看出，羟基自由基条件下二甲胺特别是甲胺，均以甲基氧化为主。

### 4.1.3    臭氧-紫外线降解 NDMA

臭氧-紫外线降解亚硝基二甲胺生成 $(CH_3)_2NNO_2$、$CH_3NO_2$、$HCHO$、$CO$、$HNO_3$、$N_2O_5$ 和 $NO_2$，NDMA 相对快速的光解可能是白天大气中的主要去除模式[14]，但光解 NDMA 的衰减速率明显小于基本光分解反应的速率。其原因如下：

$$(CH_3)_2NNO \longrightarrow (CH_3)_2N \cdot + NO$$

该反应是可逆过程，二甲氨基自由基与 NO 快速反应返回亚硝基二甲胺：

$$(CH_3)_2N \cdot + NO \longrightarrow (CH_3)_2NNO$$

臭氧可以与 NO 迅速反应生成 $NO_2$，从而充分抑制 NO 水平，生成的 NDMA 逐步转化为硝基二甲胺 DMNM：

$$NO + O_3 \longrightarrow NO_2 + O_2$$

$$2NO_2 \rightleftharpoons N_2O_4$$

$$N_2O_4 + O_3 \longrightarrow N_2O_5 + O_2$$

$$(CH_3)_2N \cdot + NO_2 \longrightarrow (CH_3)_2NNO_2$$

约 65%的 NDMA 臭氧光解生成 DMNM，同时生成少量的 HCHO、$CH_3NO_2$ 和 CO。

氧化转化物中甲醛的生成是亚硝基二甲胺甲基氧化的结果。亚硝基二甲胺的甲基发生脱氢反应，然后 N—N 键断裂生成亚甲基甲氨基双自由基，进一步氧化生成氮烯，氮烯与臭氧作用生成硝基甲烷和甲醛。

亚硝基二甲胺臭氧-紫外线降解路径如下：

$$NDMA \longrightarrow (CH_3)_2N \cdot \longrightarrow (CH_3)_2NNO_2$$

$$NDMA \longrightarrow (CH_3)_2N \cdot \longrightarrow CH_3N: \longrightarrow CH_3NO_2$$

$CH_3NHNO_2$ 和$(CH_3)_2NNO_2$ 与·OH 自由基在$(298 \pm 2)$K 和$(1013 \pm 10)$kPa 纯化空气中反应的速率常数分别为$(5.7 \pm 1.1) \times 10^8$L/(mol·s)和$(2.1 \pm 0.4) \times 10^9$L/(mol·s)，而与臭氧反应的速率常数小于 0.6L/(mol·s)，非常缓慢。由 FT-IR、质子转移反应飞行时间质谱(PTR-TOF-MS)和量子化学计算得知，·OH 引发 $CH_3NHNO_2$ 和$(CH_3)_2NNO_2$ 的氧化转化物主要是 $CH_2=NH$、$CH_3N=CH_2$、N-硝基酰胺、$CHONHNO_2$ 和 $CHON(CH_3)NO_2$[14]。

表 4-3 列出去除亚硝基二甲胺和硝基二甲胺的半衰期[7]，这些半衰期是基于北半球·OH 自由基浓度年平均 $8 \times 10^5$ 个/$cm^3$、臭氧在对流层中的浓度 40ppb (1ppb = 1/1000ppm)的假设提出的。

**表 4-3　基于不同大气去除过程估计的 NDMA 和 DMNM 的半衰期**[7]

| $t_{1/2}$ | NDMA | DMNM |
|---|---|---|
| 光解 | 5min | 2d |
| 羟基自由基 | $\geqslant$3d | $\geqslant$2d |
| 臭氧 | $\geqslant$2y | $\geqslant$7y |

NDMA 快速光解导致对流层半衰期仅为 5min，预计 DMNM 的半衰期为 2d，其主要的去除过程是与·OH 自由基反应。

文献[7]给出的 NDMA、DMNM 与羟基自由基反应的速率常数分别为 $1.8 \times 10^9$L/(mol·s)、$2.7 \times 10^9$L/(mol·s)，与臭氧反应的速率常数分别为 $6 \times 10^9$L/(mol·s)、

$1.8 \times 10^9 \mathrm{L/(mol \cdot s)}$。结合表 2-4 可知，肼、胺和亚硝基二甲胺与羟基自由基反应的速率常数在同一数量级，大小排序：肼＞胺＞亚硝基二甲胺。

## 4.2　偏二甲肼及中间体与臭氧的气液反应

本节利用 GC-MS 研究了偏低含量臭氧与偏二甲肼及偏二甲肼氧化过程产生的甲基肼、二甲胺、偏腙等中间体的气液反应。由于气相采集获得转化物的种类较少，因此主要取液体样品的 GC-MS 分析数据。

GC-MS 分析对化合物的要求是待测物质的热稳定性高，在分析过程中不发生分解，无法检测过氧化氢、甲基二氮烯和甲基过氧化氢。由于色谱柱对常温下气态物质的吸附能力较弱，因此也无法测定低分子量的含氮化合物，如氨、甲醛等。同时，受仪器检测限的限制，含量较低的物质通常难以进行准确测定。

本书第 4、5 章采用 Agilent 7890A-5795C 气相色谱-质谱联用仪检测偏二甲肼及其转化物。测试条件：DB-WAX 型毛细管柱(30m×0.32mm×0.25μm)，载气 He，流速 1.8mL/min；进样口温度 200℃，初始柱温 30℃，保持 5min；以 10℃/min 的速率升温至 180℃，保持 5min；质谱选择四极杆分析器，分子质量数扫描范围 15～350amu，电离电压 70eV，离子源温度 230℃；选择 RET 积分器，最小积分面积设置为最大面积的 0.1%。

### 4.2.1　二甲胺与臭氧的反应

以 33mg/(L·min)的速度向二甲胺的甲醇溶液通入臭氧，反应 35min 和 60min 取样测定，结果见表 4-4。

表 4-4　二甲胺与臭氧气液反应转化物液相相对浓度

| 化合物 | 峰面积比/% | |
| --- | --- | --- |
| | 35min | 65min |
| 三甲胺 | 0.065 | 0.208 |
| 二甲胺 | 10.290 | * |
| 二甲基羟胺 | 3.237 | 6.910 |
| 硝基甲烷 | * | * |
| 亚硝基二甲胺 | 0.056 | 0.309 |
| 二甲基甲酰胺 | 1.654 | 11.188 |
| 甲基甲酰胺 | 0.926 | 6.524 |
| 甲酰胺 | 2.102 | 5.369 |

＊表示物质未检测到或不能有效积分。

由表 4-4 可知，二甲胺的臭氧氧化反应转化物有二甲基甲酰胺、甲基甲酰胺、二甲基羟胺、甲酰胺、硝基甲烷、亚硝基二甲胺等。其中，二甲基甲酰胺的含量较多，亚硝基二甲胺含量较少，与 Andrzejewski 等[15]在臭氧氧化二甲胺水溶液中对亚硝基二甲肼的检测结果(＜0.4%)基本相当。

羟基自由基与二甲胺发生甲基和氨基的脱氢反应：

$$HO\cdot + (CH_3)_2NH \longrightarrow H_2O + (CH_3)_2N\cdot$$

$$HO\cdot + (CH_3)_2NH \longrightarrow H_2O + (CH_3)\cdot CH_2NH$$

文献[16]测定 $C_2H_5NH_2$、$(CH_3)_3N$ 和$(CH_3)_2NH$ 与羟基自由基反应的速率常数分别为 $1.7\times10^9$L/(mol·s)、$1.01\times10^9$L/(mol·s)和 $1.09\times10^9$L/(mol·s)，而与臭氧反应的速率常数仅为 0.122L/(mol·s)、73.2L/(mol·s)和 130L/(mol·s)，4.2.1 小节和 4.3.3 小节实验结果也证实臭氧与二甲胺的氧化反应并不迅速。

类似于肼类化合物，二甲胺也可以发生氨基氧化、甲基氧化。二甲胺属于仲胺，氨基脱氢氧化生成二甲氨基自由基$(CH_3)_2N\cdot$，二甲氨基自由基与羟基自由基结合生成二甲基羟胺，说明臭氧与二甲胺作用可以产生羟基自由基。

$$(CH_3)_2N\cdot + HO\cdot \longrightarrow (CH_3)_2NOH$$

GC-MS 检测到二甲胺臭氧氧化中生成了二甲基甲酰胺、甲基甲酰胺和甲酰胺，弥补了 FT-IR 难以检测分子结构类似的不同物质的不足。

二甲胺直接氧化生成甲基甲酰胺，在有机化学中，酰胺与胺可以发生交换反应，甲基甲酰胺的酰基与二甲胺氮上氢发生交换生成甲胺和二甲基甲酰胺：

$$CH_3NH(HCO) + (CH_3)_2NH \longrightarrow (CH_3)_2N(HCO) + CH_3NH_2$$

在自由基氧化过程，臭氧氧化生成二甲基甲酰胺、甲基甲酰胺、甲酰胺，意味着反应过程生成了二甲氨基自由基、甲氨基自由基、氨基自由基和甲酰自由基，并通过偶合反应转化而来：

$$(CH_3)_2N\cdot + HCO\cdot \longrightarrow 二甲基甲酰胺$$

$$CH_3NH\cdot + HCO\cdot \longrightarrow 甲基甲酰胺$$

$$\cdot NH_2 + HCO\cdot \longrightarrow 甲酰胺$$

甲氨基自由基和氨基分别与氢自由基结合生成甲胺和氨。

$$CH_3NH\cdot + H\cdot \longrightarrow 甲胺$$

$$\cdot NH_2 + H\cdot \longrightarrow 氨$$

二甲胺氧化还生成了三甲胺，故二甲胺的氧化转化路径如下：

$$三甲胺 \longleftarrow 二甲胺 \longrightarrow 甲胺 \longrightarrow 氨$$

4.1.2 小节中，二甲胺氧化过程检测到了甲基亚甲基亚胺，二甲胺脱去 2 个氢生成甲基亚甲基亚胺，进一步水解生成甲醛和甲胺；甲胺在羟基自由基作用下生成亚甲基亚胺，进一步水解生成氨和甲醛；二甲胺氧化过程中发生羟基自由基脱氢生成水，因此通过甲基氧化和水解作用，二甲胺可以逐步氧化生成氨。由于甲胺不容易氧化，按照该机理转化的话，二甲胺臭氧氧化过程更可能检测到的是甲胺而不是酰胺，因此上述过程不是二甲胺臭氧反应的主要转化方式，二甲胺甲基氧化生成甲氨基自由基、氨基自由基和亚氨自由基过程是二甲胺氧化降解的主要途径：

$$(CH_3)_2NH + O_3 \text{ 或} \cdot OH \longrightarrow CH_3NH \cdot \text{ 或 } CH_3NH_2 + H_2CO \text{ 或 } HCO \cdot$$

$$CH_3NH \cdot \text{ 或 } CH_3NH_2 + O_3 \text{ 或} \cdot OH \longrightarrow :NH \text{ 或 } NH_2 + NH_3 + H_2CO \text{ 或 } HCO \cdot$$

二甲胺臭氧氧化产生的甲醛用于三甲胺的生成，甲酰胺自由基用于酰胺的转化。

二甲胺氧化产生三甲胺，说明氧化过程发生了甲基化反应。按照甲基交换、甲基自由基结合原理推测反应机理，有些牵强。

二甲胺转化为三甲胺可通过与甲醛反应而来。该反应在二甲氨基乙腈和四甲基甲烷二胺的生成过程中首先发现，二甲胺与甲醛通过曼尼希反应生成$(CH_3)_2NCH_2OH$，然后加氢还原生成三甲胺：

$$(CH_3)_2NH + H_2C{=}O \longrightarrow (CH_3)_2NCH_2OH$$

$$(CH_3)_2NCH_2OH + 2H \cdot \longrightarrow (CH_3)_3N + H_2O$$

三甲胺、二甲胺和甲胺与羟基自由基发生甲基氧化，臭氧或氧气加氧后分别转化为二甲基甲酰胺、甲基甲酰胺和甲酰胺。

$$(CH_3)_3N + \cdot OH + O_3 \longrightarrow (CH_3)_2N(C{=}O)H + H_2O + HO_2 \cdot$$

$$(CH_3)_2NH + \cdot OH + O_3 \longrightarrow CH_3N(C{=}O)H + H_2O + HO_2 \cdot$$

$$CH_3NH_2 + \cdot OH + O_3 \longrightarrow H_2N(C{=}O)H + H_2O + HO_2 \cdot$$

单独臭氧与甲胺作用生成极少量甲酰胺，主要生成硝基甲烷。

二甲胺可通过偏二甲肼可以转化为 NDMA，氨与二甲氨基自由基结合生成偏二甲肼后进一步转化为 NDMA：

$$(CH_3)_3N \cdot + NH_3 \longrightarrow UDMH \longrightarrow NDMA$$

二甲胺转化生成 NDMA 也可能存在另一种路径：氨在羟基自由基作用下转化为$\cdot NH_2$，$\cdot NH_2$ 与 $O_3$ 发生反应生成 $NH_2O$ 或 NO，进一步与二甲胺作用转化为 NDMA。量化计算表明，二甲氨基自由基与 NO 的反应是无势垒过程，且比反应物能量低 185kJ/mol[17]，过程如下[17-19]：

$$\cdot NH_2 + O_3 \longrightarrow NH_2O \cdot + O_2 \qquad k{=}2{\times}10^6 L/(mol \cdot s)$$

$$NH_2O\cdot \longrightarrow \cdot NHOH \qquad k=1.3\times10^3 L/(mol\cdot s),\ E_a = 58.52 kJ/mol$$

$$\cdot NHOH \longrightarrow \cdot H + HNO$$

$$\cdot H + HNO \longrightarrow H_2 + NO \qquad E_a \approx 1.3\ kJ/mol$$

$$(CH_3)_2N\cdot + NO \longrightarrow (CH_3)_2NNO$$

与文献不同的是，气相二甲胺臭氧氧化过程产生的硝基甲烷很少，主要是二甲胺含量高、臭氧含量低，二甲胺氧化不完全所致。

二甲胺发生氨基氧化、甲基氧化等生成的转化物相互关系如下：

$$二甲胺 \longrightarrow \begin{cases} 甲基氧化 \longrightarrow 甲基甲酰胺，二甲基甲酰胺、甲酰胺 \\ 氨基氧化 \longrightarrow 二甲基羟胺，亚硝基二甲胺 \\ 其他 \longrightarrow 三甲胺，甲胺 \end{cases}$$

分别用 $C_氨$、$C_甲$ 表示氨基氧化、甲基氧化的转化率，$C_氨 = C_{二甲基羟胺}$，$C_甲 = C_{甲基甲酰胺} + C_{甲酰胺} + C_{二甲基甲酰胺}$，所有酰胺都看作甲基氧化的结果，因此反应到 35min 时，$C_氨$：$C_甲 = 1:1.25$，而反应到 65min 时，$C_氨$：$C_甲 =1:3$。反应前期，主要表现为臭氧氧化二甲胺，甲基和氨基氧化速率持平；反应后期，主要表现为羟基自由基氧化二甲胺，二甲胺甲基氧化比氨基氧化更重要。

### 4.2.2　偏二甲肼与臭氧的反应

在液体偏二甲肼 1mL、臭氧充入量 400mL、温度 15～20℃的反应条件下，对气、液两相偏二甲肼与臭氧反应生成的转化物进行检测。气相检测只取反应 2min 时的样品，液相检测取反应 3min、5min 和 35min 时的样品，用微量进样器抽取 1μL 液体样品进行 GC-MS 分析。

在选定的条件下，气相样品检出的物质含量分别为偏腙 15.265%、甲醇 2.906%、偏二甲肼 79.828%。由此可知，偏二甲肼与臭氧的反应远快于与氧气的反应，反应前期主要转化物是偏腙和甲醇，甲醇的生成说明偏二甲肼首先发生氨基氧化生成羟基自由基，羟基自由基快速氧化偏二甲肼的甲基生成偏腙和甲基二氮烯，甲基二氮烯分解产生甲基自由基，甲基自由基与羟基自由基作用转化为甲醇。甲醇的生成是羟基自由基产生的证据。

$$(CH_3)_2NNH_2 + O_3 \longrightarrow (CH_3)_2NNH\cdot + \cdot OH + O_2$$

$$(CH_3)_2NNH_2 + \cdot OH \longrightarrow (CH_3)\cdot CH_2NNH_2 + H_2O$$

$$(CH_3)\cdot CH_2NNH_2 + O_3 \longrightarrow (CH_3)\cdot CH_2ONNH_2 + O_2$$

$$(CH_3)\cdot CH_2ON—NH_2 \longrightarrow CH_3N\cdot NH_2 + CH_2{=}O$$

$$(CH_3)_2NNH_2 + CH_2{=}O \longrightarrow (CH_3)_2NN{=}CH_2 + H_2O$$

$$CH_3N\cdot NH_2 + O_3 \longrightarrow CH_3NNH + \cdot OH + O_2$$

$$CH_3NNH \longrightarrow CH_3 \cdot + \cdot N_2H$$
$$CH_3NNH + O_3 \longrightarrow CH_3 \cdot + \cdot OH + O_2 + N_2$$
$$\cdot CH_3 + \cdot OH \longrightarrow CH_3OH$$

甲基二氮烯无论是分解过程还是氧化过程，都可以转化生成甲基自由基。

当反应进行到 3min、5min 和 35min 时，分别取偏二甲肼与臭氧反应的液相样品进行检测，结果见表 4-5。

表 4-5　偏二甲肼与臭氧气液反应转化物液相相对浓度

| 转化物 | 峰面积比/% | | |
| --- | --- | --- | --- |
| | 反应 3min | 反应 5min | 反应 35min |
| 三甲胺 | 0.072 | 0.158 | 1.426 |
| 二甲胺 | * | * | * |
| 四甲基肼 | 0.057 | 0.225 | * |
| 三甲基肼 | 0.181 | 0.246 | 0.235 |
| 二甲基乙基肼 | 0.123 | 0.287 | 0.189 |
| 偏腙 | 7.431 | 6.403 | 2.333 |
| 偏二甲肼 | 88.42 | 84.37 | 65.84 |
| 乙醛腙 | 2.717 | 1.974 | 0.477 |
| 四甲基四氮烯 | 0.661 | 0.375 | 0.706 |
| 二甲基甲酰胺 | 0.036 | * | 1.533 |
| 亚硝基二甲胺 | 0.408 | 3.019 | 25.08 |
| 乙二醛双二甲基腙 | 0.112 | 0.52 | 1.325 |

＊表示检测到的含量过小不能有效积分。

由表 4-5 可知，在偏二甲肼与臭氧反应的液相中检测到 11 种化合物，分别是三甲胺、四甲基肼、三甲基肼、二甲基乙基肼、偏腙、UDMH、乙醛腙、四甲基四氮烯、二甲基甲酰胺、NDMA 和乙二醛双二基腙。除 NDMA 外，采用 FT-IR 均未检出上述物质。由于过氧化氢、甲基二氮烯等在进样口的高温下迅速分解，因此采用 GC-MS 未能检测到甲醛、过氧化氢和甲基二氮烯等。

根据 3.3.6 小节臭氧氧化偏二甲肼的路径，偏二甲肼氨基氧化生成四甲基四氮烯和亚硝基二甲胺；在羟基自由基作用下，摘除偏二甲肼甲基上的氢，再通过加氧、脱酰生成甲醛，然后甲醛与偏二甲肼发生缩合作用转化为偏腙；偏二甲肼甲基氧化后 N—N 键断裂生成亚甲基甲氨基双自由基，$(\cdot CH_2)(CH_3)N\cdot$ 与甲醛作用生成二甲基甲酰胺：

$$(\cdot CH_2)(CH_3)N\cdot + H_2CO \longrightarrow (CH_3)_2N(HCO)$$

三甲基肼是偏二甲肼甲基化产物。前述偏二甲肼氧化过程中生成 $(CH_3)_2NN\cdot H$、$(CH_3)_2NN:$，与甲基二氮烯提供的甲基作用分别转化为三甲基肼和四甲基肼；四甲基肼还可通过偏二甲肼甲基氧化生成的 $(\cdot CH_2)(CH_3)N\cdot$ 偶合加氢生成：

$$2(\cdot CH_2)(CH_3)N\cdot + H_2 \longrightarrow (CH_3)_2NN(CH_3)_2$$

分别用 $C_{\text{氨}}$、$C_{\text{甲}}$ 表示偏二甲肼的氨基和甲基 2 个方向的转化率，$C_{\text{氨}} = C_{\text{亚硝基二甲胺}} + C_{\text{四甲基四氮烯}}$，$C_{\text{甲}} = C_{\text{偏腙}} + C_{\text{二甲基甲酰胺}}$。氧化初期，偏二甲肼甲基氧化的趋势更为明显，这时生成的偏腙量最大；检测到甲醇，说明偏二甲肼甲基氧化产生了羟基自由基。反应到 35min 时，2 个方向的转化率比值 $C_{\text{氨}}:C_{\text{甲}} = 7:1$，之后则以偏二甲肼氨基氧化转化生成 NDMA 为主(参见 4.2.3 小节)，可能是生成的偏腙也转化为 NDMA。Tuazon 等[1]研究了偏二甲肼气相氧化反应，发现反应到 2min 时主要转化物为亚硝基二甲胺，反应到 3min 时主要转化物是偏腙(含量为 7.4%)，因此偏二甲肼可能首先发生氨基氧化生成羟基自由基，在羟基自由基的作用下发生甲基氧化进而生成偏腙，而偏腙与臭氧作用又转化为亚硝基二甲胺。

偏二甲肼、偏腙和亚硝基二甲胺的摩尔分数随反应时间的变化如图 4-1 所示。

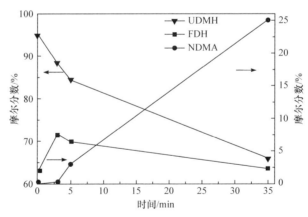

图 4-1 UDMH、FDH 和 NDMA 的摩尔分数随反应时间的变化

由图 4-1 可以看出，偏腙含量先增大后减小，是典型的中间体。臭氧氧化偏二甲肼产生羟基自由基，在羟基自由基或臭氧作用摘除偏二甲肼甲基上的氢和臭氧加氧作用后，碳氮键断裂生成甲醛，反应前 3min 主要发生甲醛与偏二甲肼缩合反应生成偏腙，表现为偏腙浓度逐步增大，其后偏腙被氧化转化为亚硝基二甲胺占主导，偏腙浓度逐步下降，亚硝基二甲胺的生成量急剧增大。偏二甲肼臭氧氧化转化为亚硝基二甲胺的量达 74%，其中甲基氧化产生亚甲基甲氨基双自由基，

同样可转化为亚硝基二甲胺。在臭氧条件下，$(\cdot CH_2)(CH_3)N\cdot$ 转化存在多种竞争路径：

$$(\cdot CH_2)(CH_3)N\cdot + 2H\cdot \longrightarrow 二甲胺$$
$$(\cdot CH_2)(CH_3)N\cdot + HNO \longrightarrow 亚硝基二甲胺$$
$$(\cdot CH_2)(CH_3)N\cdot + H_2CO \longrightarrow 二甲基甲酰胺$$

其中，偏二甲肼甲基氧化 N—N 键断裂后产生 $\cdot NH_2$，$\cdot NH_2$ 氧化生成 NO 或 HNO。臭氧氧化偏二甲肼气液两相中亚硝基二甲胺的转化路径如下：

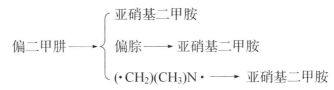

偏二甲肼比二甲胺容易氧化，其原因是：①UDMH 比二甲胺分子携带更多氮上氢，因此可以产生更多的羟基自由基；②UDMH 与二甲胺的甲基氧化脱氢后都可以形成双键 $CH_2=N-$ 结构，由于 UDMH 的氨基比氢有更强的推电子作用，因此 $CH_2=N-$ 结构更为稳定，更容易发生甲基脱氢。偏二甲肼臭氧氧化过程是以羟基自由基为主的甲基氧化脱氢过程。

Brubaker 等认为，偏二甲肼氧化过程产生的乙醛腙是 1,1,5-三甲基甲臜 $CH_3N=NCH=N-N(CH_3)_2$ 进一步氧化的结果[20]：

$$CH_3N=NCH=N-N(CH_3)_2 \longrightarrow N_2 + CH_3CH=N-N(CH_3)_2$$

上述转化路径证据不充分，那么乙醛腙是否是偏二甲肼与乙醛作用生成？这一问题可以从偏腙与臭氧反应中找到答案。

### 4.2.3　偏腙与臭氧的反应

采用与偏二甲肼臭氧氧化相同的方法研究偏腙与臭氧的反应。反应到 2min 时，取气相样品进行检测，发现主要物质仍然为偏腙，同时检测到极少量的亚硝基二甲胺和四甲基四氮烯。偏腙臭氧氧化生成 NDMA 的反应如下：

$$(CH_3)_2NNCH_2 + O_3 \longrightarrow (CH_3)_2NNO + \cdot CH_2OO\cdot$$

四甲基四氮烯的生成，意味着可能形成了二甲氨基氮烯。偏腙氧化生成二甲基甲酰肼，偏二甲肼氧化过程检测到的一种物质，二甲基甲酰肼脱去酰基生成二甲氨基氮烯，偶合后生成四甲基四氮烯：

$$(CH_3)_2NNCH_2 + O_3 \longrightarrow (CH_3)_2NN: + CH_2O + O_2$$
$$2(CH_3)_2NN: \longrightarrow (CH_3)_2NNNN(CH_3)_2$$

因此偏腙臭氧氧化生成亚硝基二甲胺存在第二种路径，即偏腙氧化生成二甲氨基氮烯自由基后转化为 NDMA：

$$(CH_3)_2NN: + O_3 \longrightarrow (CH_3)_2NNO + O_2$$

测定结果见表 4-6，在偏腙与臭氧反应的液相中检测到 11 种转化物，其中亚硝基二甲胺含量约 52.1%、乙二醛双二甲基腙约 16.8%、胍约 3.6%。

表 4-6 偏腙与臭氧气液反应转化物液相相对浓度

| 化合物 | 峰面积比/% | | |
| --- | --- | --- | --- |
| | 5min | 35min | 65min |
| 三甲胺 | * | * | 1.130 |
| 二甲胺 | * | * | 2.444 |
| 偏腙 | 94.123 | 91.850 | 19.438 |
| 偏二甲肼 | * | * | 1.628 |
| 丙酮腙 | 0.261 | 0.334 | * |
| 乙醛腙 | 0.088 | 0.085 | 0.091 |
| 甲醛甲基腙 | 0.156 | 0.270 | 0.055 |
| 四甲基四氮烯 | 0.098 | 0.154 | 0.095 |
| 亚硝基二甲胺 | 1.509 | 2.102 | 52.112 |
| 乙醛甲基腙 | 0.086 | 0.057 | * |
| 胍 | 0.351 | 0.632 | 3.640 |
| 乙二醛双二甲基腙 | 1.210 | 2.471 | 16.798 |

*表示物质未检测到或不能有效积分。

随着反应继续进行，3 种化合物增加速率依次为亚硝基二甲胺、乙二醛双二甲基腙、胍。反应到 65min 时，主要转化物是亚硝基二甲胺、乙二醛双二甲基腙。在反应过程中，溶液颜色由透明逐渐变为淡黄色、黄色、红棕色。亚硝基二甲胺和乙二醛双二甲基腙都是黄色物质，偏腙比偏二甲肼更容易氧化变黄，可能与生成这两种物质或其中之一有关，5.6 节将专门讨论偏二甲肼和偏腙氧化变黄问题。

偏腙氧化过程产生乙二醛双二甲基腙，偏腙分子中双键—N＝CH$_2$ 上的 H 也可以发生脱氢、偶合生成乙二醛双二甲基腙：

$$(CH_3)_2NN=CH\cdot + (CH_3)_2NN=CH\cdot \longrightarrow (CH_3)_2NN=CHCH=NN(CH_3)_2$$

甲醛甲基腙可看作甲基肼与甲醛作用的转化物，但更可能是偏腙甲基氧化转化物。与一般烯烃化合物氧化脱氢相同，偏腙氧化脱氢过程主要发生在双键—N＝CH$_2$ 上，脱去碳上 1 个氢与 1 个甲基结合生成乙醛腙，乙醛腙双键中 C 上再脱 1 个 H，与甲基自由基作用生成丙酮腙。

$$(CH_3)_2NN{=\!\!=}CH_2 + \cdot OH \longrightarrow (CH_3)_2NN{=\!\!=}CH \cdot + H_2O$$

$$(CH_3)_2NN{=\!\!=}CH \cdot + \cdot CH_3 \longrightarrow (CH_3)_2NN{=\!\!=}CHCH_3$$

$$(CH_3)_2NN{=\!\!=}CHCH_3 + \cdot OH \longrightarrow (CH_3)_2NN{=\!\!=}C \cdot CH_3 + H_2O$$

$$(CH_3)_2NN{=\!\!=}C \cdot CH_3 + \cdot CH_3 \longrightarrow (CH_3)_2NN{=\!\!=}CH(CH_3)_2$$

偏腙氧化过程中的甲基自由基又是哪里来的？最初认为是产生的二甲基二氮烯转化而来，但因其分解转化为甲基自由基的活化能高达 193kJ/mol，该转化路径是不可能的。因此，推测是偏腙甲基氧化生成甲基腙基自由基$(CH_3)N \cdot {-\!\!-}NCH_2$。$(CH_3)N \cdot {-\!\!-}NCH_2$ 不稳定，分解产生甲基自由基：

$$(CH_3)N \cdot {-\!\!-}NCH_2 \longrightarrow CH_3 \cdot + CH_2N_2$$

如果是这样，那么乙醛腙、丙酮腙的生成就可以与乙二醛双二甲基腙、甲醛甲基腙的生成机理相互印证。乙醛腙、丙酮腙、乙二醛双二甲基腙的生成，首先来自于${-\!\!-}N{=\!\!=}CH_2$ 的脱氢氧化，而乙醛腙、丙酮腙生成的甲基来自于甲醛腙的氧化。

胍的分子结构是 $H_2N{=\!\!=}C(NH_2)_2$，可参考偏二甲肼氧化生成 $N,N$-二甲基胍推测胍的生成。在第 5 章中，偏二甲肼氧气氧化过程首先生成二甲基甲酰胺，然后检测到 $N,N$-二甲基脲，据此推测反应过程如下：

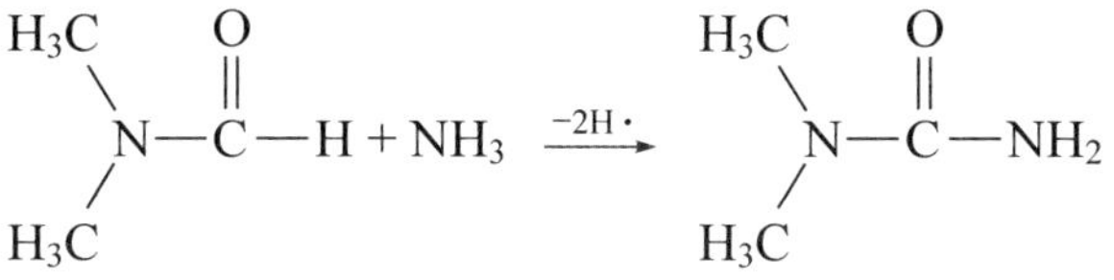

$N,N$-二甲基脲进一步与氨发生缩合作用生成 $N,N$-二甲基胍：

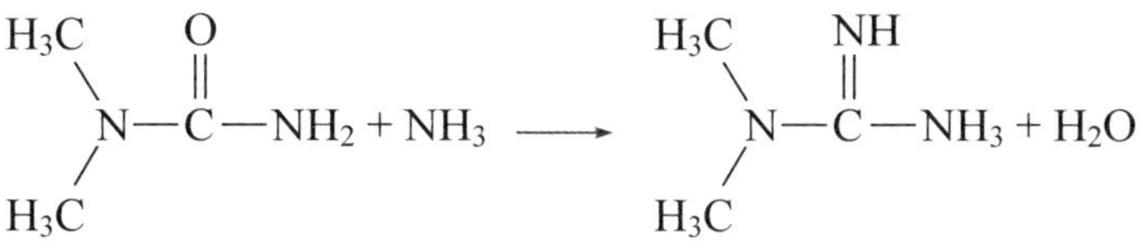

因此，偏腙氧化过程同样是先生成甲酰胺，然后发生类似二甲基甲酰胺的偶合反应生成胍：

$$HC{=\!\!=}ONH_2 + \cdot OH \longrightarrow \cdot C{=\!\!=}ONH_2 + H_2O$$

$$\cdot C{=\!\!=}ONH_2 + \cdot NH_2 \longrightarrow C{=\!\!=}O(NH_2)_2$$

$$C{=\!\!=}O(NH_2)_2 + NH_3 \longrightarrow HN{=\!\!=}C(NH_2)_2 + H_2O$$

芬顿法处理 NDMA 的过程中生成了羟基脲 $C{=\!\!=}O(NH_2)_2(NHOH)$[21]，是甲酰胺与氨基偶合生成脲 $C{=\!\!=}O(NH_2)_2$，然后再与羟胺缩合生成亚胺结构的羟基胍，从而可以证实胍的生成是先偶合、后缩合。

偏腙臭氧氧化生成胍的原因，主要是胍的生成需要大量的氨基自由基·$NH_2$。胍的生成可能与甲酰基自由基 HCO· 的以下竞争过程相关：

$$HCO· + (CH_3)_2N· \longrightarrow 二甲基甲酰胺$$

$$HCO· + ·NH_2 \longrightarrow 甲酰胺$$

$$HCO· + 2·NH_2 + NH_3 \longrightarrow 胍$$

偏二甲肼甲基氧化发生 N—N 键断裂，等量产生亚甲基甲氨基双自由基和·$NH_2$，因此偏二甲肼看上去更容易生成胍。由表 4-5 可知，偏二甲肼臭氧氧化过程检测到了二甲基甲酰胺，却没有检测到甲酰胺和胍。由表 4-6 可知，偏腙臭氧氧化过程中没有检测到二甲基甲酰胺和甲酰胺，反而检测到相对大量的胍。偏腙甲基氧化生成亚甲基亚氨基自由基 $CH_2N·$，氧化生成甲酰胺，甲酰胺脱去酰基后产生·$NH_2$，因此偏腙比偏二甲肼更容易生成胍。

二甲胺是亚硝基二甲胺、偏二甲肼和偏腙的氧化转化物，三者都可以通过甲基氧化发生氮氮键断裂生成亚甲基甲氨基自由基。偏腙—N＝$CH_2$ 的氧化，也可能发生氮氮键断裂生成二甲氨基自由基：

$$(CH_3)_2NN＝CH· \longrightarrow (CH_3)_2N· + N≡CH(氢氰酸)$$

亚甲基甲氨基自由基或二甲氨基自由基与氢自由基结合生成二甲胺。

### 4.2.4　甲基肼与臭氧的反应

Sun 等计算了羟基自由基摘除甲基肼的氢产生 $CH_3N·NH_2$、顺式—$CH_3NHN·H$、反式—$CH_3NHN·H$ 和·$CH_2NHNH_2$ 等四个自由基中间体的活化能，前三者的活化能分别为 12.3kJ/mol、17.9kJ/mol、16.9kJ/mol，而与甲基上 H 原子的实际能垒为 12.9kJ/mol[22]，说明甲基上与 N 相连的 H 最容易被摘除。主要通道是 $CH_3N·NH_2$ 末端 N 原子的·OH 加入，形成加合物 $CH_3NNH_2OH$，通过小的能垒分解为反式-甲基二氮烯、顺式-甲基二氮烯和水，放热量高达 313.5kJ/mol。$O(^1D)$ 和 $CH_3NHNH_2$ 反应有 2 个最可行的反应通道：一个是 C—N 键断裂，伴随 H 原子从 O 原子迁移到—NH—基团的 N 原子上，生成转化物 $CH_2O$ 和 $NH_2NH_2$；另一个是 N—N 键断裂，同时 H 原子从 O 原子转移到 N 原子上，生成转化物 $CH_3NH_2$ 和 HNO。预测甲基肼的氧化产物有甲醛、肼、甲胺和次硝酸 HNO。

借鉴偏二甲肼氧化机理，甲基肼氧化有 3 种反应路径：氮上脱氢生成甲基化试剂甲基二氮烯；甲基氧化 C—N 键断裂生成肼、甲醛及甲醛甲腙；甲基氧化 N—N 键断裂生成甲胺、氨基自由基或氨。4.1.1 小节甲基肼氧化转化物中检测到了氨和 NO，说明这一机理与实验数据更为一致。

甲基肼与臭氧反应的速率高于偏二甲肼，检测结果见表 4-7。

表 4-7 甲基肼与臭氧气液反应转化物液相相对浓度

| 化合物 | 峰面积比/% | |
|---|---|---|
| | 5min | 35min |
| 甲醇 | 1.222 | 5.210 |
| 偏二甲肼 | 0.352 | 0.203 |
| 1,2-二甲基肼 | 0.106 | 0.126 |
| 甲基肼 | 80.132 | 54.102 |
| 甲醛甲基腙 | 14.221 | 33.161 |
| 亚硝基甲胺* | 0.069 | 0.814 |

*表示该物质的数据为分析结果，非仪器检测结果。

由表 4-7 可知，甲基肼臭氧氧化的转化物含量从高到低依次为甲醛甲基腙、甲醇、亚硝基甲胺、偏二甲肼、1,2-二甲基肼。与偏二甲肼与臭氧反应的区别是，偏二甲肼主要转化物为亚硝基二甲胺，而甲基肼则主要生成了甲醛甲基腙，这一阶段并未出现甲醛甲基腙向甲基亚硝胺转化的迹象。与偏二甲肼臭氧氧化未检测到二甲胺相似，甲基肼臭氧氧化过程中也未检测到甲胺。

与偏二甲肼类似，甲基肼臭氧氧化同样可以发生氨基氧化、甲基氧化和甲基化反应。甲基肼主要发生甲基氧化生成甲醛甲基腙，且含量持续增加，这与偏二甲肼臭氧氧化明显不同。甲基肼氧化生成甲醛甲基腙的机理与偏二甲肼氧化生成偏腙相似，甲基肼甲基氧化生成甲酰基自由基·CHO，转化为甲醛后与甲基肼发生缩合反应生成甲醛甲基腙：

$$CH_3HNNH_2 + H_2CO \longrightarrow CH_3HNN{=}CH_2 + H_2O$$

甲基肼氧化生成偏二甲肼、1,2-二甲基肼，说明甲基肼氧化过程易于发生甲基化反应：

$$CH_3HNNH_2 + O_3 \longrightarrow (CH_3)\cdot N{-}NH_2 \ 或(CH_3)NH{-}NH\cdot + \cdot OH + O_2$$
$$CH_3HNNH_2 + 2O_3 \longrightarrow CH_3N{=}NH + 2\cdot OH + 2O_2$$
$$CH_3N{=}NH \longrightarrow \cdot CH_3 + \cdot N{=}NH$$
$$(CH_3)\cdot N{-}NH_2 + \cdot CH_3 \longrightarrow (CH_3)_2N{-}NH_2$$
$$(CH_3)NH{-}NH\cdot + \cdot CH_3 \longrightarrow CH_3HN{-}NHCH_3$$

实验测得偏二甲肼生成量大于 1,2-二甲基肼，进一步证明甲基肼更容易生成甲基肼基自由基$(CH_3)N\cdot{-}NH_2$。甲基肼和偏二甲肼臭氧氧化过程都生成了甲醇，由此判断氧化过程必然产生了羟基自由基和甲基自由基。羟基自由基与甲基自由基偶合生成甲醇，甲醇生成量越多，说明羟基自由基的生成量越大；甲基二氮烯 $CH_3N{=}NH$ 分解产生甲基自由基。

$$CH_3 \cdot + HO \cdot \longrightarrow CH_3OH$$

甲醇是甲基肼 N 上的 H 发生氧化的转化物。甲基肼氨基氧化更容易生成甲基二氮烯，而不是亚硝基甲胺，这是甲基肼与偏二甲肼的重要区别。

推测甲基肼臭氧氧化转化路径如下：

$$
\text{甲基肼} \longrightarrow
\begin{cases}
\text{甲基氧化} \longrightarrow \text{甲醛，一甲基甲醛腙} \\
\text{氨基氧化} \longrightarrow \text{甲基二氮烯} CH_3N = NH \longrightarrow \text{甲基} \longrightarrow \text{甲醇} \\
\text{甲基化反应} \longrightarrow \text{偏二甲肼，1,2-二甲基肼}
\end{cases}
$$

分别用 $C_氨$、$C_甲$、$C_化$ 表示三个方向的转化率，其中，$C_氨 = C_{甲醇}$，$C_甲 = C_{偏腙}$，$C_化 = C_{二甲基肼}$，可以得到反应 5min 时各方向转化率的近似比，$C_甲 : C_氨 : C_化 = 11 : 1 : 1.2$。甲基肼更容易发生甲基氧化。

### 4.2.5　臭氧氧化偏二甲肼反应路径

偏二甲肼、甲基肼、偏腙和二甲胺与臭氧反应的氧化转化物研究表明，偏二甲肼臭氧氧化主要转化物主要来源于偏腙和偏腙氧化转化生成的乙醛腙、乙二醛双二甲基腙等；其次是偏二甲肼氨基氧化生成的 $N,N$-二甲基肼基自由基 $(CH_3)_2NN \cdot H$ 及其氧化转化物四甲基四氮烯、亚硝基二甲胺，以及偏二甲肼甲基氧化转化物等。偏二甲肼、甲基肼甲基氧化生成甲基化试剂二氨基氮烯，偏二甲肼甲基化转化物是三甲基肼和四甲基肼，甲基自由基与羟基自由基结合转化为甲醇。因此，偏二甲肼臭氧氧化转化路径为

$$
\text{偏二甲肼} \longrightarrow
\begin{cases}
\text{氨基氧化} \longrightarrow \text{四甲基四氮烯，亚硝基二甲胺} \\
\text{甲基氧化} \longrightarrow
\begin{cases}
\text{甲基肼} \longrightarrow \text{甲基二氮烯} \longrightarrow CH_3 \longrightarrow \text{甲醇} \\
\text{偏腙} \longrightarrow \text{乙醛腙，乙二醛双二甲基腙，亚硝基二甲胺}
\end{cases} \\
\text{N—N键断裂} \longrightarrow \text{二甲基甲酰胺，二甲胺} \longrightarrow \text{亚硝基二甲胺，三甲胺} \\
\text{甲基化反应} \longrightarrow \text{三甲基肼，四甲基肼}
\end{cases}
$$

由于臭氧加氧作用显著，抑制了偏二甲肼的甲基氧化脱氢分解产生二甲胺，同时二甲胺可能直接与亚硝酸、NO 作用转化为亚硝基二甲胺，与酰基结合生成二甲基甲酰胺，因此二甲胺的生成量较少。臭氧与偏二甲肼、偏腙氧化中检测到四甲基四氮烯，但未检测到二甲基二氮烯，是因为二氨基氮烯快速与臭氧结合生成亚硝基二甲胺。此外，由于本节研究使用的臭氧用量少，不能将相关氧化转化物完全氧化，因此未检测到硝基甲烷。

## 4.3　偏二甲肼及中间体与臭氧的气相反应

分别取 0.05mL 偏二甲肼、二甲胺、偏腙和亚硝基二甲胺加入 500mL 反应瓶中，臭氧充到 1.2 个标准大气压，每隔 15min 取 1mL 样品进行检测，并再次充臭氧到 1.2 个标准大气压。GC-MS 的测试条件：进样口温度 200℃，32℃保持 5min，10℃/min 升温到 150℃停留 8min，分流比 1∶1，流量 1.5mL/min。

按保留时间顺序列出臭氧氧化气态偏二甲肼及中间体的转化物，见表 4-8。

表 4-8　臭氧氧化气态偏二甲肼及中间体的转化物

| 物质名称 | 保留时间/min | 物质结构 | UDMH | DMA | FDH | NDMA |
|---|---|---|---|---|---|---|
| 氨 | 2.30 | $NH_3$ | + | | | |
| 二甲胺 | 2.486 | $H_3C$-NH-$CH_3$ | + | | | + |
| 偏二甲肼 | 2.885 | $H_3C$-N($CH_3$)-$NH_2$ | + | | | |
| 偏腙 | 3.486 | $H_3C$-N($CH_3$)-N=$CH_2$ | + | | | |
| 硝基甲烷 | 5.297 | $CH_3$—$NO_2$ | + | + | + | + |
| $N,N$-二甲基脲 | 5.486 | $H_3C$-N($CH_3$)-C(=O)-$NH_2$ | | | | |
| 四甲基四氮烯 | 7.169 | $H_3C$-N($CH_3$)-N=N-N($CH_3$)-$CH_3$ | + | | + | |
| 二甲氨基乙腈 | 8.756 | N≡C-$CH_2$-N($CH_3$)- | + | | | |
| 亚硝基二甲胺 | 11.587 | $H_3C$-N($CH_3$)-N=O | + | | | |
| 二甲基甲酰胺 | 12.168 | $H_3C$-N($CH_3$)-CH=O | + | + | + | + |

| 物质名称 | 保留时间/min | 物质结构 | UDMH | DMA | FDH | NDMA |
|---|---|---|---|---|---|---|
| 甲基甲酰胺 | 12.256 | 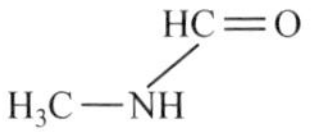 HC=O，H₃C—NH | | + | + | + |
| 三甲基肼 | 12.265 | 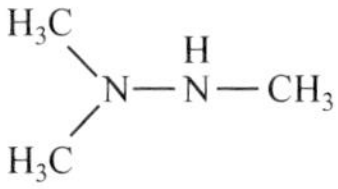 H₃C、H₃C N—N—CH₃ | | | + | |
| 二甲基氰胺 | 12.404 | 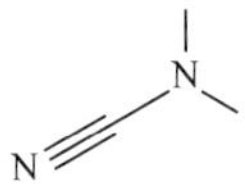 N≡C—N(CH₃) | + | | | |
| 1-甲基-1,2,4-三唑 | 12.769 | 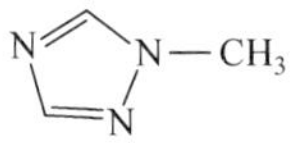 三唑 N—CH₃ | + | | | |
| 硝基二甲胺 | 14.733 | 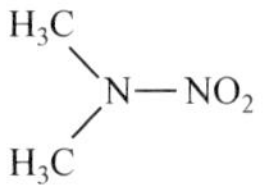 H₃C、H₃C N—NO₂ | + | | | |
| 胍 | 14.842 | 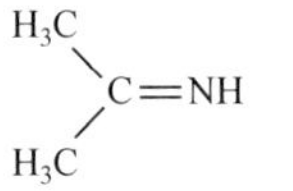 H₃C、H₃C C=NH | + | | + | |
| 1-甲酸-1,2,4-三唑 | 15.309 | 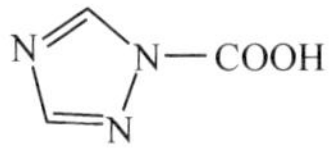 三唑 N—COOH | + | | | |
| 四甲基甲烷二胺 | 3.017 | 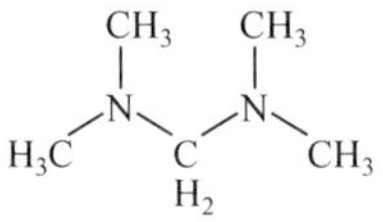 CH₃ CH₃，H₃C—N—C—N—CH₃，H₂ | | + | | |
| 甲基二甲酰胺 | 13.06 | 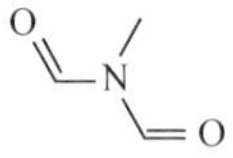 O N O | | + | | |
| 三甲胺 | 2.332 | 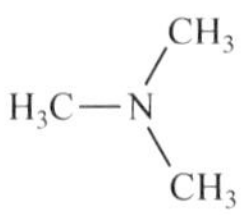 H₃C—N(CH₃)₂ | | + | | |

注：+ 表示检测到氧化转化物。

与上节偏二甲肼与臭氧的气液反应不同，本节偏二甲肼与臭氧的气相反应中检测到了二甲胺，只是二甲胺的生成量远低于偏腙和亚硝基二甲胺，同时检测到硝基二甲胺、硝基甲烷、二甲氨基乙腈等化合物。对比可知，臭氧氧化气态偏二甲肼的转化物与臭氧氧化偏二甲肼的转化物高度一致。根据偏二甲肼氧化和转化反应类型，推测偏二甲肼臭氧氧化的气相反应路径如下：

$$
偏二甲肼 \longrightarrow
\begin{cases}
氨基氧化 \longrightarrow 四甲基四氮烯，亚硝基二甲胺 \longrightarrow 硝基二甲胺 \\
甲基氧化 \longrightarrow 偏腙 \longrightarrow 乙醛腙，亚硝基二甲胺 \\
甲基化反应 \longrightarrow 三甲基肼 \\
N—N键断裂 \longrightarrow 三甲胺，二甲基甲酰胺，二甲胺，硝基甲烷
\end{cases}
$$

由表 4-8 可知，偏二甲肼与臭氧发生气相氧化反应，生成了结构更为复杂的二甲氨基乙腈、二甲基氰胺、1-甲基-1,2,4-三唑、1-甲酸-1,2,4-三唑等 4 种化合物，及偏二甲肼深度氧化转化物硝基甲烷和硝基二甲胺。

### 4.3.1　偏二甲肼、偏腙、二甲胺和 NDMA 的气相氧化转化物

偏二甲肼、二甲胺和偏腙与臭氧发生气相氧化反应都会产生硝基甲烷、二甲氨基乙腈、二甲基甲酰胺、甲基甲酰胺、亚硝基二甲胺，而偏二甲肼和偏腙的气相氧化还会生成硝基二甲胺。

#### 4.3.1.1　硝基二甲胺

亚硝基二甲胺的直接臭氧反应未检测到硝基二甲胺，但光照条件下检测到了硝基二甲胺。

$$(CH_3)_2NNO \longrightarrow (CH_3)_2N \cdot + NO$$
$$(CH_3)_2N \cdot + NO_2 \longrightarrow (CH_3)_2NNO_2$$

偏二甲肼的气相氧化产生了硝基二甲胺，可能是通过甲基氧化、氮氮键断裂分别生成了二甲氨基自由基$(CH_3)_2N\cdot$和氨基自由基$\cdot NH_2$，氨基自由基被臭氧氧化转化为二氧化氮、$HNO_2$，二甲氨基自由基与二氧化氮作用转化为硝基二甲胺：

$$\cdot NH_2 + O_3 \longrightarrow NO_2 + H_2O$$
$$(CH_3)_2N \cdot + NO_2 \longrightarrow (CH_3)_2NNO_2$$

气态的偏腙臭氧氧化过程也产生了硝基二甲胺，其可以发生上述类似过程，生成亚甲基氨基自由基，气态的偏腙臭氧氧化生成了胍，说明反应过程中产生了氨基自由基$\cdot NH_2$，氨基自由基氧化生成二氧化氮或亚硝酸，再与亚甲基氨基自由基结合生成硝基二甲胺：

$$\cdot (CH_3)_2N \cdot + HNO_2 \longrightarrow (CH_3)_2NNO_2$$

#### 4.3.1.2　胺、酰胺和硝基甲烷

虽然在偏腙臭氧氧化转化物中未检测到二甲胺和三甲胺，但检测到了二甲基甲酰胺和甲基甲酰胺，间接说明偏腙与臭氧作用发生了氮氮键断裂，生成了二甲氨基自由基。

偏二甲肼、偏腙和亚硝基二甲胺的臭氧氧化都涉及氮氮键断裂。偏二甲肼甲基氧化生成 $CH_3(H_2C\cdot)NNH_2$，进一步分解生成亚甲基甲氨基双自由基：

$$CH_3(H_2C\cdot)NNH_2 \longrightarrow CH_3(H_2C\cdot)N\cdot + \cdot NH_2$$

胺、酰胺的生成涉及以下反应：

$$(\cdot CH_2)(CH_3)N\cdot + 2H\cdot \longrightarrow 二甲胺$$

$$(\cdot CH_2)(CH_3)N\cdot + H_2CO \longrightarrow 二甲基甲酰胺$$

$$(\cdot CH_2)(CH_3)N\cdot + O_2 + H\cdot \longrightarrow 甲基甲酰胺$$

二甲胺的氨基氧化脱氢后可以生成二甲氨基自由基：

$$(CH_3)_2NH + \cdot OH 或 O_3 \longrightarrow (CH_3)_2N\cdot$$

二甲氨基自由基或亚甲基甲氨基双自由基进一步甲基氧化生成甲基氮烯自由基：

$$(CH_3)_2N\cdot + \cdot OH 或 O_3 \longrightarrow CH_3N:$$

甲基氮烯进一步转化为甲胺、甲基甲酰胺和硝基甲烷：

$$CH_3N: + 2\cdot H \longrightarrow 甲胺$$

$$CH_3N: + \cdot OH、O_3 \longrightarrow 甲酰胺$$

$$CH_3N: + 2O_3 \longrightarrow 硝基甲烷$$

从偏二甲肼、偏腙和亚硝基二甲胺选择性地转化为二甲胺、二甲基甲酰胺、硝基甲烷情况来看，偏二甲肼臭氧气相氧化过程主要生成二甲胺；亚硝基二甲胺臭氧氧化过程则主要生成硝基甲烷，其次是二甲胺；偏腙臭氧氧化过程中未检测到二甲胺，而检测到等量的二甲基甲酰胺和硝基甲烷。

### 4.3.1.3 二甲氨基乙腈和二甲基氰胺

偏二甲肼、二甲胺和偏腙的臭氧氧化过程产生二甲氨基乙腈。有机合成中，腈类物质可以通过有机酰胺脱水产生，但该反应一般是在催化剂的作用下进行。二甲氨基乙腈是偏二甲肼氧化过程中的常见转化物，其氧化机理尚不完善。欧洲专利介绍了一种在水中由氢氰酸、甲醛和二甲胺制备二甲氨基乙腈的方法，三种反应物基本上是等物质的量之比[23]。氢氰酸、甲醛和二甲胺都是偏二甲肼氧化过程中的转化物，因此通过该路径生成二甲氨基乙腈的可能性极大。

二甲胺甲基氧化产生甲醛，甲醛与二甲胺发生曼尼希反应(也称曼氏反应或胺甲基化反应)生成羟甲基二甲胺，再与 HCN 作用生成二甲氨基乙腈：

$$(CH_3)_2NH + H_2C{=}O \longrightarrow (CH_3)_2NCH_2OH$$

$$(CH_3)_2NCH_2OH + HCN \rightleftharpoons (CH_3)_2NCH_2CN + H_2O$$

偏腙分子—N=CH$_2$ 上的氢在羟基自由基作用下脱氢生成自由基：

$$(CH_3)_2NN{=}CH_2 + \cdot OH \longrightarrow (CH_3)_2NN{=}C\cdot H + H_2O$$

自由基分解产生 HCN，HCN 与二甲氨基自由基作用产生二甲基氰胺。

$$(CH_3)_2N\cdot + HCN + \cdot OH \longrightarrow (CH_3)_2NCN + H_2O$$

二甲胺甲基氧化脱去酰基后生成 $CH_3NH\cdot$，在羟基自由基和氧气作用下发生下列转化生成 HCN：

$$CH_3NH \xrightarrow{\cdot OH} CH_3N{:} \longrightarrow CH_2{=}NH \xrightarrow{\cdot OH} CH_2{=}N\cdot \text{ 或 } \cdot CH{=}NH \xrightarrow{O_2} HCN$$

在羟基自由基作用下，偏腙甲基氧化发生氮氮键断裂，生成亚甲基甲氨基自由基和 $CH_2{=}N\cdot$，$CH_2{=}N\cdot$ 在氧气作用下也可以转化为 HCN。因此，在羟基自由基作用下，偏二甲肼可以通过偏腙和二甲胺转化为二甲氨基乙腈。芬顿法中用羟基自由基处理偏二甲肼废水检测到了二甲氨基乙腈，而在臭氧体系中却没有检测到，由此证明二甲氨基乙腈、HCN 的生成与羟基自由基、偏腙反应密切相关。

#### 4.3.1.4　1-甲基-1,2,4-三唑

偏二甲肼比二甲胺、偏腙、亚硝基二甲胺臭氧氧化转化物多的主要原因是偏二甲肼氧化产生酰肼和酰胺，甲基甲酰肼、甲酰肼、甲酰胺都含有双活性官能团，羰基和氨基之间可以发生缩合反应生成带有 N=C 键的环状化合物。例如，1-甲基-1,2,4-三唑分子中含有 N=C 键，推测是—C=O 基团与—$NH_2$ 发生缩合，甲基甲酰肼与甲酰胺反应生成：

$$(CH_3)C(O)HNNH_2 + H_2NC(O)H \longrightarrow$$

甲基甲酰肼是偏二甲肼甲基氧化转化物，1-甲酸-1,2,4-三唑是 1-甲基-1,2,4-三唑甲基氧化转化物。

#### 4.3.1.5　亚硝基二甲胺

偏二甲肼、二甲胺、三甲胺和偏腙与臭氧反应都能生成亚硝基二甲胺，转化率由大到小依次为偏腙、偏二甲肼、二甲胺、三甲胺，参见 4.3.2 小节和 4.3.3 小节。初步推断偏二甲肼与臭氧反应生成亚硝基二甲胺的反应过程如下。

脱氢过程：

$$(CH_3)_2NNH_2 + O_3 \longrightarrow (CH_3)_2NN\cdot H + \cdot OH + O_2$$
$$(CH_3)_2NN\cdot H + \cdot OH \longrightarrow (CH_3)_2NN{:} + H_2O$$

加氧过程：

$$(CH_3)_2NN{:} + O_3 \longrightarrow (CH_3)_2NNO + O_2$$

偏二甲肼与臭氧反应过程中生成偏腙，进而发生 N—C 键和 O—O 键断裂生成亚硝基二甲胺：

$$
\begin{array}{ccccc}
H_3C & & H_3C & O & H_3C \\
\diagdown & & \diagdown & \| \quad O-O & \diagdown \\
N-N=CH_2 & \xrightarrow[(0)]{O_3} & N-N-CH_2 & \xrightarrow[(30.6)]{TS} & N-N=O \\
\diagup & & \diagup & & \diagup \\
H_3C & & H_3C & & H_3C
\end{array}
$$

量化计算表明，第一步是无势垒过程，第二步分解过程的势垒为 30.6kJ/mol，较偏二甲肼更容易转化为 NDMA[24]。

偏二甲肼甲基氧化产生二甲氨基自由基和·$NH_2$，·$NH_2$ 与臭氧作用生成 NO，二甲氨基自由基与 NO 结合生成亚硝基二甲胺：

$$(CH_3)_2N\cdot + NO \longrightarrow (CH_3)_2NNO$$

在大气环境中，二甲胺臭氧氧化也可以通过与污染物 NO 作用转化为 NDMA。二甲胺氨基氧化生成的二甲氨基自由基与 NO 结合生成亚硝基二甲胺，该路径中，羟基自由基和臭氧缺一不可，羟基自由基主要表现为脱氢优势，二甲胺甲基氧化生成二甲氨基自由基，$NH_3$ 与羟基自由基作用转化为氨基自由基·$NH_2$，之后臭氧将·$NH_2$ 转化为 NO。由于二甲胺氧化生成·$NH_2$ 和 $NH_3$ 属于从二甲胺到甲胺，甲胺到·$NH_2$ 和 $NH_3$ 反应链的末端，特别是 $NH_3$ 比偏二甲肼更难降解，二甲胺臭氧氧化生成 NDMA 的量远低于偏腙和偏二甲肼臭氧氧化生成 NDMA 的量。

水中二甲胺降解过程检测到了偏二甲肼，氧气氧化生成偏腙，转化反应是二甲胺氧化产生二甲氨基自由基、·$NH_2$、$CH_2N\cdot$，偶合作用分别转化为偏二甲肼、偏腙：

$$(CH_3)_2N\cdot + \cdot NH_2 \longrightarrow (CH_3)_2NNH_2$$
$$(CH_3)_2N\cdot + \cdot NCH_2 \longrightarrow (CH_3)_2NNCH_2$$

二甲胺有可能通过偏二甲肼、偏腙转化为亚硝基二甲胺。

### 4.3.2 臭氧氧化偏二甲肼、偏腙

#### 4.3.2.1 偏二甲肼

在臭氧与偏二甲肼的气相反应过程中，偏二甲肼甲基氧化、氨基氧化和氮氮键断裂的转化物都有，但没有甲基化转化物生成，主要转化物是偏腙、亚硝基二甲胺、四甲基四氮烯和二甲胺。

图 4-2 显示，UDMH 臭氧反应前期主要为甲基氧化，偏腙生成量快速上升，30min 时，偏腙浓度已超过 UDMH 含量，40min 后，偏腙浓度迅速下降，同时 NDMA 浓度迅速增大，偏腙臭氧氧化曲线显示，臭氧转化为 NDMA 很快，说明

偏二甲肼臭氧反应 40min 后，NDMA 主要是偏腙臭氧转化而来，NDMA 的生成
速度迅速增大。

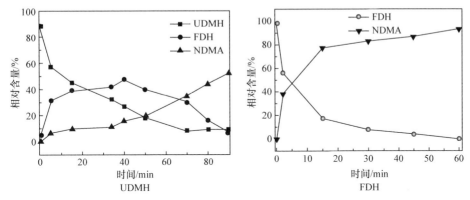

图 4-2　臭氧氧化 UDMH、FDH 过程中 NDMA 的产生

表 4-9 可知，偏二甲肼臭氧反应 5min，偏腙、亚硝基二甲胺 + 四甲基四氮烯、
二甲胺三个反应方向转化物生成量之比为 17∶3.4∶1，而反应到 70min 时，三者
生成量之比为 1∶8∶0。偏二甲肼臭氧反应到 50min 时偏腙和二甲胺的浓度达到
最大值，然后开始减少。随着反应的进行，下列物质浓度持续增大，按照生成浓
度由大到小的次序是亚硝基二甲胺、四甲基四氮烯、硝基甲烷、二甲基甲酰胺、
甲基甲酰胺和硝基二甲胺，分别来自于氨基氧化和甲基氧化，而二甲胺、乙醛腙、
二甲氨基乙腈、1-甲基-1,2,4-三唑的浓度达到峰值后逐步减小，直至为 0。在偏二
甲肼臭氧氧化体系中，二甲胺、二甲基乙醛腙、二甲氨基乙腈、1-甲基-1,2,4-三
唑属于相对容易降解的物质，而亚硝基化合物、硝基化合物和酰胺类化合物难于
降解。

表 4-9　偏二甲肼与臭氧的气相反应转化物相对浓度

| 化合物 | 峰面积比/% | | | | |
|---|---|---|---|---|---|
| | 5min | 15min | 40min | 50min | 70min |
| 二甲胺 | 1.86 | 2.82 | 3.83 | 4.442 | 0 |
| 偏二甲肼 | 55.9 | 42.3 | 26.6 | 18.943 | 11.7 |
| 偏腙 | 32.0 | 39.5 | 47.6 | 49.544 | 8.89 |
| 乙醛腙 | 1.14 | 1.28 | 0.994 | 1.31 | 0 |
| 丙烯二甲胺 | 0.599 | 0.610 | 0.446 | 0.448 | 0 |
| 硝基甲烷 | 0.148 | 0.293 | 0.210 | 0.303 | 0.976 |
| 四甲基四氮烯 | 1.58 | 2.68 | 3.52 | 4.10 | 7.99 |

| 化合物 | 峰面积比/% | | | | |
|---|---|---|---|---|---|
| | 5min | 15min | 40min | 50min | 70min |
| 二甲氨基乙腈 | 0.041 | 0.048 | 0.031 | 0 | 0 |
| 亚硝基二甲胺 | 6.44 | 10.13 | 16.2 | 20.3 | 68.3 |
| 二甲基甲酰胺 | 0.164 | 0.179 | 0.280 | 0.383 | 0.923 |
| 甲基甲酰胺 | 0.053 | 0.043 | 0.050 | 0.057 | 0.976 |
| 硝基二甲胺 | 0.029 | 0.043 | 0.070 | 0.115 | 0.211 |
| 1-甲基-1,2,4-三唑 | 0.0041 | 0.0087 | 0 | 0 | 0 |
| 1-甲酸-1,2,4-三唑 | 0 | 0.0131 | 0.0573 | 0.0289 | 0 |

#### 4.3.2.2 偏腙

如表 4-10 所示，在偏腙与臭氧的气相反应过程中，大约 93% 转化为亚硝基二甲胺，四甲基四氮烯、二甲基甲酰胺、硝基甲烷的生成量比偏二甲肼与臭氧的气相反应低，而二甲氨基乙腈的生成量略高。偏腙的腙基比甲基更容易发生氧化，偏腙与不同氧化剂作用生成不同产物：

$$(CH_3)_2NNCH_2 + O_3 \longrightarrow 亚硝基二甲胺、四甲基四氮烯$$

$$(CH_3)_2NNCH_2 + H_2O \longrightarrow 偏二甲肼$$

$$(CH_3)_2NNCH_2 + \cdot OH \longrightarrow 二甲氨基乙腈$$

在羟基自由基作用下，偏腙甲基氧化或腙基氧化都可以转化为二甲氨基自由基或亚甲基甲氨自由基，二甲氨基自由基和甲酰基自由基结合生成二甲基甲酰胺 $(CH_3)_2(HCO)N$，亚甲基甲氨自由基进一步氧化生成甲基氮烯后与臭氧作用生成硝基甲烷：

$$(CH_3)_2N \cdot + CHO \cdot \longrightarrow (CH_3)_2(HCO)N$$

$$(\cdot CH_2)N \cdot \ (CH_3) + O_2 \longrightarrow CH_3N: \longrightarrow 硝基甲烷$$

表 4-10 偏腙与臭氧的气相反应转化物相对浓度

| 化合物 | 峰面积比/% | | | | |
|---|---|---|---|---|---|
| | 5min | 15min | 30min | 45min | 60min |
| 偏腙 | 55.0 | 14.9 | 5.16 | 3.07 | 0 |
| 硝基甲烷 | 0.720 | 0.636 | 0.761 | 2.03 | 1.74 |
| N,N-二甲基脲 | 0.00 | 0.440 | 0.326 | 0.383 | 0.338 |
| 四甲基四氮烯 | 2.77 | 0.318 | 2.82 | 1.38 | 0.00 |

续表

| 化合物 | 峰面积比/% | | | | |
|---|---|---|---|---|---|
| | 5min | 15min | 30min | 45min | 60min |
| 二甲氨基乙腈 | 0.467 | 2.98 | 0.679 | 1.00 | 0.598 |
| 亚硝基二甲胺 | 39.8 | 78.7 | 87.8 | 89.6 | 93.8 |
| 二甲基甲酰胺 | 0.503 | 1.59 | 1.95 | 2.09 | 1.27 |
| 甲基甲酰胺 | 0.467 | 0 | 0.163 | 0.206 | 1.56 |
| 三甲基乙基肼 | 0.00 | 0.146 | 0.00 | 0.00 | 0.260 |
| 三甲基肼 | 0.00 | 0.122 | 0.163 | 0.00 | 0.286 |
| 硝基二甲胺 | 0.107 | 0.00 | 0.10 | 0.118 | 0.104 |

臭氧与偏腙的气相反应中检出了三甲基肼、三甲基乙基肼，三甲基肼通过偏腙还原产生：

$$(CH_3)_2NNCH_2 + [H] \longrightarrow (CH_3)_2NNHCH_3$$

偏腙通过脱氢、甲基化生成二甲基乙基肼自由基，加甲基转化为三甲基乙基肼：

$$(CH_3)_2NNCH_2 + \cdot CH_3 \longrightarrow (CH_3)_2NN \cdot CH_2CH_3$$

$$(CH_3)_2NN \cdot CH_2CH_3 + \cdot CH_3 \longrightarrow (CH_3)_2NN(CH_3)(C_2H_5)$$

偏腙臭氧氧化的速度较快，但氧化过程产生大量亚硝基二甲胺，反应到 45min 时大部分转化物含量达到最大值，之后逐步减少，但硝基甲烷、甲基甲酰胺、三甲基肼和四甲基肼的含量逐步增大，这些转化物都难以进一步矿化。

将臭氧与偏二甲肼按不同比例混合，反应至各物质浓度不再变化，然后测定偏腙和亚硝基二甲胺的相对含量，结果如图 4-3 所示。由图 4-3 可知，增加臭氧

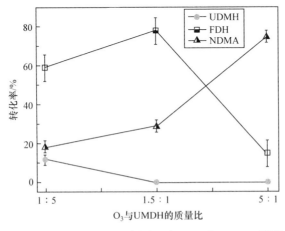

图 4-3　$O_3$ 与 UDMH 的比例对生成 FDH 和 NDMA 的影响

含量，能更好地去除偏二甲肼。在臭氧含量较低的条件下，反应速率受碰撞概率控制，有利于偏二甲肼甲基氧化产生甲醛，进而与偏二甲肼的氨基作用转化为偏腙，从而抑制亚硝基二甲胺的生成，主要氧化转化物是偏腙。在臭氧含量较高的条件下，偏二甲肼的氨基与臭氧碰撞概率增大，亚硝基二甲胺的生成量逐步增加[25]；偏腙含量则先增大后减小，充足的臭氧可以将生成的偏腙转化为亚硝基二甲胺，因此这时的主要转化物是亚硝基二甲胺。

### 4.3.3　臭氧氧化三甲胺、二甲胺、甲胺

将臭氧与二甲胺、三甲胺按照不同比例混合至反应完全，测定转化物种类及含量，分别见表 4-11 和表 4-12。

表 4-11　臭氧与二甲胺不同质量比对气相氧化转化物相对浓度的影响

| 化合物 | 峰面积比/% | | | | |
|---|---|---|---|---|---|
| | 1∶1 | 5∶1 | 10∶1 | 20∶1 | 50∶1 |
| 二甲胺 | 54.61 | 52.26 | 41.87 | 34.69 | 22.00 |
| 三甲胺 | — | — | 23.56 | 25.69 | 20.52 |
| 四甲基甲烷二胺 | 37.590 | 41.820 | 9.000 | 6.684 | 14.61 |
| 硝基甲烷 | 1.740 | 1.843 | 5.692 | 11.100 | 25.430 |
| 二甲氨基乙腈 | 0.135 | 0.097 | 3.077 | 2.070 | — |
| 亚硝基二甲胺 | 0.128 | 0.168 | 0.238 | 0.525 | 0.617 |
| 二甲基甲酰胺 | 1.586 | 0.810 | 4.600 | 7.266 | 8.650 |
| 甲基甲酰胺 | 0.288 | 0.150 | 1.104 | 2.808 | 1.345 |
| 二甲氨基甲基-N-甲基甲酰胺 | — | — | — | 1.494 | — |
| 甲基二甲酰胺 | — | — | — | — | 1.441 |

表 4-12　臭氧与三甲胺不同质量比对气相氧化转化物相对浓度的影响

| 化合物 | 峰面积比/% | | |
|---|---|---|---|
| | 1∶1 | 5∶1 | 100∶1 |
| 二甲胺 | — | — | 24.54 |
| 三甲胺 | 92.56 | 86.53 | 23.21 |
| 硝基甲烷 | 0.78 | 1.74 | 11.22 |
| 二甲氨基乙腈 | — | 0.09 | — |
| 亚硝基二甲胺 | 0.17 | 0.34 | 0.55 |

| 化合物 | 峰面积比/% | | |
| --- | --- | --- | --- |
| | 1：1 | 5：1 | 100：1 |
| 二甲基甲酰胺 | 4.89 | 6.46 | 20.90 |
| 甲基甲酰胺 | 0.33 | 0.72 | 4.01 |
| 二甲氨基甲基-N-甲基甲酰胺 | 0.54 | 1.18 | 3.38 |
| 甲基二甲酰胺 | 0.43 | 1.09 | 5.65 |
| 二甲基-N-二甲胺-甲酰胺 | 0.30 | 1.89 | 3.85 |

对比表 4-11 和表 4-12 可知，三甲胺和二甲胺的氧化转化物基本相同。在臭氧与二甲胺质量比不大于 5：1 时，主要生成四甲基甲烷二胺。文献[26]在二甲胺真空紫外线降解和氧气氧化过程中也检测到该化合物，并给出了反应式：

$$2(CH_3)_2NH + HCHO \longrightarrow (CH_3)_2NCH_2N(CH_3)_2 + H_2O$$

据此推断，二甲胺首先发生甲基氧化生成甲醛，在臭氧浓度较低的条件下，二甲胺和甲醛作用生成四甲基甲烷二胺，而随着臭氧含量的增大，甲醛生成量增加，甲醛和二甲胺作用生成三甲胺。当臭氧与二甲胺质量比增大为 10：1 时，主要转化物是三甲胺，其他转化物的浓度由大到小依次为硝基甲烷、二甲基甲酰胺、四甲基甲烷二胺、甲基甲酰胺、二甲氨基乙腈、亚硝基二甲胺等，检测到的二甲氨基甲基-N-甲基甲酰胺是四甲基甲烷二胺甲基氧化转化物；当臭氧与二甲胺质量比增大到 50：1 时，主要转化物是硝基甲烷和三甲胺。二甲胺臭氧氧化的主要转化物是四甲基甲烷二胺、三甲胺、硝基甲烷、二甲基甲酰胺。随着臭氧含量的增大，依次以四甲基甲烷二胺、三甲胺和硝基甲烷为主要转化物。氧化体系氧化能力弱的情况下生成四甲基甲烷二胺、三甲胺，反之主要生成硝基甲烷，随着臭氧含量的增大，硝基甲烷和二甲基甲酰胺的含量增多。

在臭氧与三甲胺的气相反应过程中，没有生成四甲基甲烷二胺，其他氧化转化物与二甲胺基本相同。三甲胺甲基氧化首先生成二甲基甲酰胺，而且随着臭氧与三甲胺质量比的增大，二甲基甲酰胺含量持续增大。臭氧与三甲胺质量比为 1：1～5：1 时，主要生成二甲基甲酰胺；臭氧与三甲胺质量比增大到 100：1 时，主要生成二甲胺，其次是二甲基甲酰胺、硝基甲烷，然后是甲基二甲酰胺、甲基甲酰胺、亚硝基二甲胺等。亚硝基二甲胺的生成量也随臭氧与三甲胺质量比的增大而增大。

二甲基甲酰胺是三甲胺直接氧化转化物，脱去酰基生成二甲氨基自由基，二甲氨基自由基进一步氧化或还原转化为硝基甲烷、二甲胺和亚硝基二甲胺：

$$(CH_3)_2N \cdot + H \cdot \longrightarrow 二甲胺$$

$$(CH_3)_2N \cdot + NH_3 \longrightarrow 偏二甲肼 \longrightarrow 亚硝基二甲胺$$

$$(CH_3)_2N \cdot + NO \longrightarrow 亚硝基二甲胺$$

$$(\cdot CH_2)N \cdot (CH_3) + O_2 \longrightarrow CH_3N: \longrightarrow 硝基甲烷$$

二甲胺、三甲胺臭氧氧化生成硝基甲烷含量明显高于亚硝基二甲胺，而偏腙、偏二甲肼生成亚硝基二甲胺含量明显高于硝基甲烷，偏腙、偏二甲肼生成亚硝基二甲胺来源于二者的直接氧化，而二甲胺、三甲胺氧化产生亚硝基二甲胺过程，需要将甲基氧化，逐步转化生成 NO、·$NH_2$，并通过偏二甲肼转化为 NDMA，由于逐级甲基氧化得不完全，因此不能将所有 N 转化为 $NH_3$，因此三甲胺和二甲胺的 NDMA 的转化率不高。

在臭氧与甲胺的气相反应过程中，检测到主要转化物是硝基甲烷和少量的二甲基甲酰胺、甲基甲酰胺。证实硝基甲烷来源于甲胺臭氧氧化，文献认为羟基自由基作用下主要转化物是 HCN，次要产物是甲酰胺：

$$CH_3NH_2 + O_3 \longrightarrow CH_3NO_2$$

$$CH_3NH_2 + \cdot OH \longrightarrow HCN、HCONH_2$$

甲胺的氨基氧化生成硝基甲烷，甲基氧化生成甲酰胺，甲酰胺与甲胺发生酰基交换反应生成甲基甲酰胺和氨。

$$CH_3NH_2 + HCONH_2 \rightleftharpoons CH_3NHCOH + NH_3$$

甲胺与甲醛甲基化反应生成二甲胺，二甲胺与甲酰胺发生交换反应生成二甲基甲酰胺：

$$(CH_3)_2NH + CH_3NHCOH \rightleftharpoons (CH_3)_2NCOH + CH_3NH_2$$

### 4.3.4　臭氧氧化甲基肼、肼

用 GC-MS 检测臭氧与肼的气相氧化转化物，发现主要是 $N_2$ 和少量 $N_2O$、水，推测反应过程可能涉及中间体 HN·NO 或 $H_2NNO$ 的如下反应：

$$H_2NNO \longrightarrow N_2 + H_2O$$

$$HN \cdot NO \longrightarrow N_2O + \cdot H$$

$$HN \cdot NO \longrightarrow N_2 + \cdot OH$$

GC-MS 检测到臭氧与甲基肼的气相氧化转化物中存在氮气、偏腙、亚硝基二甲胺、二甲胺、二甲基甲酰胺等，结果见表 4-13，其中符合度是指转化物质谱图与 GC-MS 中质谱图库的比对相似程度。

表 4-13　臭氧与甲基肼的气相反应转化物

| 转化物 | 保留时间/min | CAS 号 | 符合度/% |
|---|---|---|---|
| 氮 | 2.241 | 7727-37-9 | 98.0 |
| 水 | 2.740 | 7732-18-5 | 97.2 |
| 二甲胺(DMA) | 2.438 | 124-40-3 | 70.5 |
| 偏腙(FDH) | 3.276 | 2035-89-4 | 91.4 |
| 甲醛甲基腙(FMH) | 4.646 | 36214-48-9 | 30.5 |
| 乙醛腙(DMHA) | 5.687 | 17167-73-6 | 35.5 |
| N,N-四甲基-甲烷二胺 | 7.430 | 51-80-9 | 10.8 |
| 1,2-二甲基二氮杂环丙烷(DDZ) | 8.859 | 6794-95-2 | 20.1 |
| 亚硝基二甲胺(NDMA) | 9.430 | 62-75-9 | 85.4 |
| 二甲基甲酰胺(DMF) | 10.092 | 68-12-2 | 76.6 |
| 1-甲基-2-哌啶酮 | 11.047 | 931-20-4 | 17.3 |
| 1-甲基-1H-1,2,4-三唑(MT) | 11.638 | 6086-21-1 | 74.2 |
| 乙醛甲基甲酰肼(AFMH) | 12.171 | 16568-02-8 | 55.1 |
| 2-硝基乙醇 | 12.956 | 625-48-9 | 38.6 |
| N'-亚硝基-N-甲基-N-乙基胺 | 13.060 | 10595-95-6 | 26.0 |
| 1,3-二甲基-咪唑啉酮 | 13.087 | 80-73-9 | 28.1 |

对比表 4-9 和表 4-13 可知，臭氧氧化甲基肼、偏二甲肼的转化物较为一致，说明甲基肼臭氧氧化过程中甲基化现象显著。4.1.1 小节 FT-IR 检测结果证实，甲基肼臭氧氧化产生了甲基二氮烯。甲基二氮烯是甲基的供体：

$$CH_3N{=}N\cdot \longrightarrow \cdot CH_3 + N_2$$

GC-MS 检测臭氧氧化肼、甲基肼的色谱流出曲线，见图 4-4。

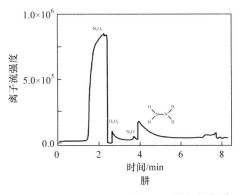
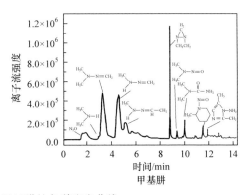

图 4-4　臭氧氧化肼、甲基肼的色谱流出曲线

甲基肼通过甲基化生成 1,2-二甲基肼, 1,2-二甲基肼与甲醛发生脱水加成生成 1,2-二甲基二氮杂环丙烷, 1,2-二甲基二氮杂环丙烷可看作偏二甲肼与甲醛作用产生的类似偏腙的转化物; 1-甲基-1,2,4-三唑分子是甲基甲酰肼与甲酰胺缩合的转化物; 2-硝基乙醇可能是硝基甲烷与甲醇脱氢偶合的转化物; $N'$-亚硝基-$N$-甲基-$N$-乙基胺是亚硝基二甲胺的 1 个甲基替换为乙基的化合物, 在 3.2.2 小节次氯酸处理甲基肼过程中同样产生了 $N'$-亚硝基-$N$-甲基-$N$-乙基胺。甲基肼臭氧氧化过程不仅发生甲基化, 还可以发生亚甲基化。亚甲基化试剂重氮甲烷通过甲醛甲基腙氧化生成:

$$CH_3HNNCH_2 \longrightarrow CH_3N \cdot NCH_2 \longrightarrow N_2CH_2(重氮甲烷) \longrightarrow N_2 + CH_2:$$
$$CH_2: + \cdot CH_3 \longrightarrow \cdot CH_2CH_3$$

臭氧氧化甲基肼产生的二甲胺和二甲基甲酰胺发生脱氢偶合转化生成 1,3-二甲基-2-咪唑啉酮, 结构如下:

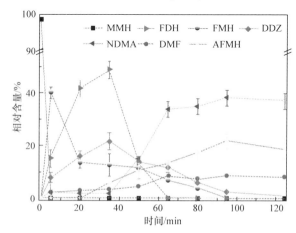

图 4-5 为甲基肼臭氧氧化过程中偏腙、甲醛甲基腙、1,2-二甲基二氮杂环丙烷 DDZ、乙醛甲基甲酰肼 AFMH、亚硝基二甲胺 NDMA、二甲基甲酰胺 DMF 等转化物含量随反应时间的变化。反应开始时, 甲基肼含量下降迅速, 首先生成甲醛甲基腙 FMH, 然后生成偏腙 FDH 和 1,2-二甲基二氮杂环丙烷。甲基肼可直接转化为甲醛甲基腙, 甲醛甲基腙含量达到最大值后逐步降低, 而偏腙含量逐步增大, 因此偏腙可能是甲醛甲基腙甲基化转化物。甲基肼甲基氧化生成甲醛甲基腙, 甲醛甲基腙脱去氮上氢, 在甲基化试剂作用下甲基化转化为偏腙:

$$CH_3N \cdot NCH_2 + \cdot CH_3 \longrightarrow (CH_3)_2NNCH_2$$

图 4-5 甲基肼臭氧氧化过程中转化物相对含量变化

甲基肼并没有全部转化为甲醛甲基腙，有一部分转化为偏二甲肼和 1,2-二甲基肼，偏腙和 1,2-二甲基二氮杂环丙烷的含量几乎同时达到最大值。

理论上，亚硝基二甲胺的生成存在三种路径：一是甲基肼氧化生成亚硝基甲基肼，进一步甲基化生成 NDMA；二是甲基肼氧化生成甲醛甲基腙，进一步生成亚硝基甲基胺，再甲基化生成 NDMA；三是甲基肼氧化生成甲醛甲基腙，进一步甲基化生成偏腙，再由偏腙转化生成 NDMA。由图 4-6 可知，臭氧氧化甲基肼过程中，首先生成甲醛甲基腙 FMH，然后生成偏腙 FDH，随着偏腙含量逐步降低，亚硝基二甲胺 NDMA 迅速生成，当偏腙含量降为零时，亚硝基二甲胺含量达到最大值，推测亚硝基二甲胺主要是通过偏腙转化生成。因此甲基肼臭氧氧化生成亚硝基二甲胺的过程中，发生如下连串反应：

甲基肼 ⟶ 甲醛甲基腙 ⟶ 偏腙 ⟶ 亚硝基二甲胺

偏腙甲基氧化转化为甲基甲醛腙，致使甲基腙的最终消除时间处于偏腙之后。

甲基肼氧化产生甲基的方式可能有三种：甲基二氮烯分解、甲基腙基自由基 $CH_3N\cdot NCH_2$ 分解和亚硝基甲氨基自由基分解：

$$CH_3N{=}NH \longrightarrow CH_3\cdot + \cdot N{=}NH$$
$$CH_3N\cdot NCH_2 \longrightarrow CH_3\cdot + CH_2N_2$$
$$CH_3N\cdot NO \longrightarrow CH_3\cdot + N_2O$$

4.1.1 小节 FT-IR 检测结果证实，甲基肼臭氧氧化产生了甲基二氮烯，甲基二氮烯自由基分解可产生甲基。甲基腙基自由基上的腙基和亚硝基甲氨基自由基上的亚硝基具有吸电子作用，可以减少甲基上碳与氮的结合，有利于碳氮键断裂形成甲基自由基，比甲基二氮烯更容易。亚硝基的吸电子作用最强，最容易分解产生甲基自由基。

由图 4-5 还可以看出，在亚硝基二甲胺快速生成时间段，二甲基甲酰胺含量同时增大，说明二甲基甲酰胺可能来自于偏腙的氧化；反应前期 1,2-二甲基二氮杂环丙烷 DDZ、反应后期乙醛甲基甲酰肼 AFMH 的生成量都较大，乙醛甲基甲酰肼可认为是乙醛腙甲基氧化转化物，甲基肼臭氧氧化转化路径：

甲基肼 ⟶ {
- 甲基自由基
- 甲基甲醛腙 ⟶ 偏腙 ⟶ {
  - 二甲基甲酰胺
  - 亚硝基二甲胺，乙醛腙 ⟶ 乙醛甲基甲酰肼
- 1,2-二甲基肼 ⟶ 1,2-二甲基二氮杂环丙烷

在甲基肼臭氧氧化过程中，甲醛甲基腙、亚硝基甲氨基自由基和偏腙是重要的中间体。

### 4.3.5 臭氧氧化 NDMA

臭氧与亚硝基二甲胺的气相反应非常缓慢，NDMA 初始浓度 $0.1g/m^3$，$O_3$ 浓度分别为 $5g/m^3$、$50g/m^3$，间隔 15min 采样分析。臭氧浓度为 $5g/m^3$ 时，未检测到转化物，NDMA 的峰面积没有变化；臭氧浓度为 $50g/m^3$ 时，反应 30min 检测到的转化物有二甲胺、硝基甲烷、二甲基酰胺、甲基甲酰胺、甲基二甲酰胺，见图 4-6。

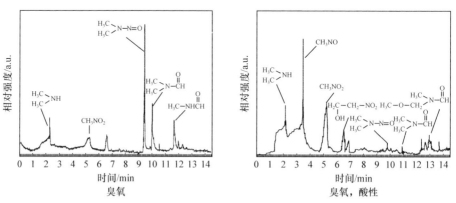

图 4-6　臭氧与 NDMA 质量比 100∶1 反应样品的色谱流出曲线

在酸性条件下，NDMA 臭氧氧化的主要转化物是 $CH_3NO_2$，其相对含量达 46.5%，其次为亚硝基甲烷 16.1%、二甲胺 15%，并检测到 2-硝基乙醇和 1-甲氧基-2-甲基甲酰胺两种新的转化物。

亚硝基二甲胺甲基氧化脱氢后，氮氮键断裂增加 $CH_3N \cdot CH_2 \cdot$ 生成量，通过亚甲基甲氨基双自由基进一步转化为硝基甲烷、二甲胺、二甲基甲酰胺：

$$CH_3N \cdot CH_2 \cdot + H_2CO \longrightarrow 二甲基甲酰胺$$

$$CH_3N \cdot CH_2 \cdot + 2H \cdot \longrightarrow 二甲胺$$

$$(\cdot CH_2)N \cdot (CH_3) \cdot + \cdot OH + O_3 \longrightarrow CH_3N: \longrightarrow 硝基甲烷$$

产生 $CH_3N \cdot CH_2 \cdot$ 的同时，释放出 NO。亚硝基二甲胺甲基氧化脱去酰基生成亚硝基甲氨基自由基 $CH_3N \cdot NO$，$CH_3N \cdot NO$ 分解产生甲基自由基，甲基自由基与 NO 反应生成亚硝基甲烷：

$$CH_3N \cdot NO \longrightarrow CH_3 \cdot + N_2O$$

$$CH_3 \cdot + NO \longrightarrow CH_3NO$$

NO 可以氧化生成 $NO_2$，$NO_2$ 与甲基自由基反应生成硝基甲烷：

$$CH_3 \cdot + NO_2 \longrightarrow CH_3NO_2$$

亚硝基二甲胺甲基氧化或硝基氧化都会转化为二甲胺，亚硝基二甲胺甲基氧化脱氢后,氢离子可促进氮氮键断裂增加 $CH_3N \cdot CH_2 \cdot$ 生成量,促进硝基甲烷的转化,这是酸性条件下亚硝基二甲胺相对容易被氧化转化生成硝基甲烷的主要原因。

2-硝基乙醇可能是硝基甲烷与甲醇上甲基脱氢偶合的转化物。甲基甲酰胺、甲基二甲酰胺可分别来自二甲胺、二甲基甲酰胺的氧化。

### 4.3.6　自由基捕获剂对产生 NDMA 的影响

臭氧氧化偏二甲肼、甲基肼和二甲胺过程中会产生羟基自由基。为弄清羟基自由基对上述过程中亚硝基二甲胺生成的影响,同时对添加羟基自由基捕获剂异丙醇与未添加捕获剂 NDMA、二甲基甲酰胺 DMF 和硝基甲烷 NM 生成量进行对比研究,实验结果如图 4-7 所示。其中,DMA 初始浓度 $5g/m^3$,臭氧投入量 $250g/m^3$,反应时间 30min,一组加入异丙醇,另一组不加,最后对 DMA 及其转化物进行归一化处理。

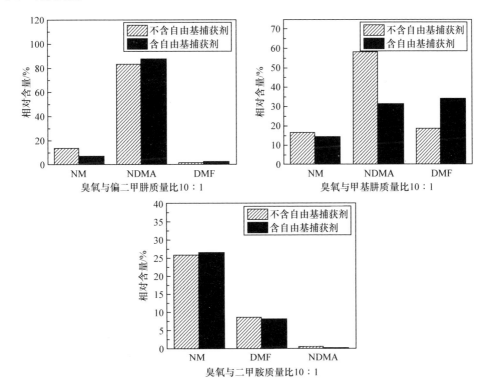

图 4-7　自由基捕获剂对臭氧氧化偏二甲肼、甲基肼和二甲胺转化物浓度的影响

由图 4-7 可以看出,羟基自由基捕获剂对甲基肼的影响最大,其次是偏二甲肼。羟基自由基捕获剂影响越大的体系,产生的羟基自由基越多,甲基肼氮上有

3 个氢，可以产生更多的羟基自由基。羟基自由基的作用主要体现在对甲基有更强的氧化能力。

偏二甲肼高比例转化为亚硝基二甲胺(NDMA)，使用羟基自由基捕获剂时，亚硝基二甲胺生成量较大，说明臭氧有利于 NDMA 的产生。甲基肼臭氧氧化中使用羟基自由基捕获剂时 NDMA 生成量减少，说明 NDMA 的产生与甲基氧化关系密切，甲基氧化生成甲醛，有利于甲醛甲基腙的生成，甲基肼通过甲醛甲基腙、偏腙最后转化为 NDMA，因此羟基自由基有利于甲基肼转化为 NDMA。二甲胺臭氧氧化过程中，使用羟基自由基捕获剂时，NDMA 生成量减少。二甲胺氧化生成 NDMA 的量主要受·$NH_2$ 或 $NH_3$ 生成量的限制，二甲胺需要通过甲基氧化逐步生成 $NH_3$，羟基自由基有利于该过程的进行，因此羟基自由基捕获剂降低了 NDMA 生成量。

偏二甲肼、二甲胺、甲基肼氧化生成硝基甲烷(NM)的机理可能不完全相同，硝基甲烷的转化有两种路径：

$$CH_3 \cdot + NO_2 \longrightarrow CH_3NO_2$$
$$CH_3N: + O_3 \longrightarrow CH_3NO_2$$

偏二甲肼甲基氧化亚甲基甲氨自由基,进一步甲基氧化生成甲基氮烯自由基,甲基氮烯由臭氧提供氧生成硝基甲烷。羟基自由基有利于偏二甲肼转化生成亚甲基甲氨基双自由基和甲基氮烯,因此羟基自由基有利于偏二甲肼转化为硝基甲烷。甲基肼转化为硝基甲烷,有两种路径：一是甲基氧化生成甲基氮烯,甲基氮烯臭氧氧化生成硝基甲烷；二是甲基与二氧化氮反应转化为硝基甲烷。羟基自由基有利于氮氮键断裂转化生成氮烯和·$NH_2$,因此羟基自由基有利于甲基肼转化为硝基甲烷。二甲胺臭氧氧化过程,羟基自由基生成量有限,羟基自由基对硝基甲烷的生成影响不大。

表面上，实验反映的是羟基自由基对亚硝基二甲胺、硝基甲烷和二甲基甲酰胺生成的影响，但前提是亚硝基二甲胺、硝基甲烷和二甲基甲酰胺生成后没有进一步降解。羟基自由基对二甲基甲酰胺转化量的影响，与羟基自由基进一步降解二甲基甲酰胺有关。羟基自由基能进一步降解二甲基甲酰胺，甲基肼、偏二甲肼氧化体系中可以产生较大量的羟基自由基，因此有利于降低偏二甲肼、甲基肼转化为二甲基甲酰胺的量。二甲胺氧化体系中羟基自由基很少，羟基自由基主要体现在甲基氧化产生酰基，因此羟基自由基有利于二甲基甲酰胺的生成。

理论上，羟基自由基脱氢作用可以加速甲基氧化，因此有利于甲基氧化转化物含量的提高，但不同有机物影响程度不同。例如，表 4-2 中臭氧氧化二甲胺、甲胺的甲基与氨基氧化比分别为 0.45∶0.55、0.02∶0.98，而羟基自由基氧化二甲胺、甲胺的甲基与氨基氧化比分别为 0.6∶0.4、4∶1。羟基自由基对甲胺氧化产物影响很大，但对二甲胺的影响较小。

### 4.3.7 臭氧氧化偏二甲肼的机理

重点讨论偏二甲肼臭氧氧化过程中中间体的形成及其进一步氧化转化物。对比臭氧氧化偏二甲肼的转化物偏腙、亚硝基二甲胺和二甲胺，偏腙更容易进一步氧化，因此必然存在偏腙进一步氧化的转化物；二甲胺不容易被氧化，但存在亚甲基甲氨基双自由基$(\cdot CH_2)(CH_3)N\cdot$ 进一步氧化，存在$(\cdot CH_2)(CH_3)N\cdot$ 进一步转化相关产物。

空气中的臭氧在 30℃下就可以分解，产生氧自由基：

$$O_3 \longrightarrow O\cdot + O_2$$

在氧自由基的作用下，偏二甲肼臭氧氧化发生了甲基氧化和氨基氧化，并产生相应转化物。

1) 偏二甲肼氨基氧化

通过脱氢反应生成二甲氨基氮烯(双自由基)，加氧生成亚硝基二甲胺，二甲氨基氮烯(双自由基)偶合生成四甲基四氮烯：

$$UDMH + [O] \longrightarrow (CH_3)_2NN: \quad [O] = \cdot OH、\cdot O、O_3$$
$$(CH_3)_2NN: + O_3 \longrightarrow NDMA$$
$$(CH_3)_2NN: \longrightarrow TMT$$

2) 偏二甲肼甲基氧化

通过脱氢、加氧和脱醛过程生成甲醛和甲基肼基自由基，甲醛与偏二甲肼缩合生成偏腙：

$$UDMH + [O] \longrightarrow HCHO + MMH \quad [O] = \cdot OH、\cdot O$$
$$HCHO + UDMH \longrightarrow FDH$$

偏二甲肼、亚硝基二甲胺和偏腙的甲基氧化生成亚甲基甲氨基双自由基：

$$UDMH 或 FDH 或 NDMA + [O] \longrightarrow (\cdot CH_2)(CH_3)N\cdot 或 CH_3N{=\!=}CH_2$$
$$+ \cdot NH_2 或 H_2CN\cdot 或 NO$$

偏二甲肼甲基氧化过程还可以产生甲酰基和甲基肼，甲酰基与$\cdot NH_2$ 作用产生甲酰胺：

$$UDMH + O\cdot \longrightarrow HC\cdot O + MMH$$
$$H\cdot CO + \cdot NH_2 \longrightarrow HCONH_2$$

甲酰胺进一步与$\cdot NH_2$和$NH_3$作用转化为胍。

3) 偏腙的氧化

偏腙在臭氧作用下生成亚硝基二甲胺：

$$FDH + O_3 \longrightarrow NDMA + \cdot CH_2OO \cdot$$

生成的亚甲基过氧双自由基 $\cdot H_2COO \cdot$ 分解产生甲酸、一氧化碳、二氧化碳、水和氢分子：

$$\cdot H_2COO \cdot \longrightarrow CO + H_2O$$

$$\cdot H_2COO \cdot \longrightarrow CO_2 + H_2 \text{ 或 } 2H \cdot$$

$$\cdot H_2COO \cdot \longrightarrow HC(O)OH$$

偏腙臭氧氧化还可以生成二甲氨基氮烯(双自由基)，二甲氨基氮烯(双自由基)进一步转化为亚硝基二甲胺和四甲基四氮烯：

$$(CH_3)_2NN: + O_3 \longrightarrow NDMA + O_2$$

$$2(CH_3)_2NN: \longrightarrow TMT$$

偏腙在羟基自由基的作用下氧化生成二甲氨基乙腈，$N,N$-二甲基腙基自由基 $(CH_3)_2NN{=\!\!=}CH \cdot$ 与甲基结合生成乙醛腙：

$$FDH + O_2 \longrightarrow (CH_3)_2NN{=\!\!=}CH \cdot + HO_2 \cdot$$

$$(CH_3)_2NN{=\!\!=}CH \cdot + \cdot CH_3 \longrightarrow DMHA$$

4) ($\cdot CH_2$)($CH_3$)N$\cdot$ 的氧化

偏二甲肼臭氧氧化生成($\cdot CH_2$)($CH_3$)N$\cdot$，通过偶合、还原、氧化等作用转化为二甲基甲酰胺、二甲胺、三甲胺等：

$$(\cdot CH_2)(CH_3)N \cdot + H_2C{=\!\!=}O \longrightarrow DMF$$

$$(\cdot CH_2)(CH_3)N \cdot + H_2 \longrightarrow DMA$$

$$(\cdot CH_2)(CH_3)N \cdot + H \cdot + \cdot CH_3 \longrightarrow TMA$$

($\cdot CH_2$)($CH_3$)N$\cdot$ 的上述反应过程，可以很好地说明偏二甲肼、偏腙和亚硝基二甲胺氧化过程中都可以生成二甲胺、二甲基甲酰胺、三甲胺等转化物。

偏二甲肼一旦氧化生成二甲胺，就不容易氧化，但($\cdot CH_2$)($CH_3$)N$\cdot$ 会进一步反应。偏二甲肼甲基氧化产生的 $\cdot NH_2$ 可以氧化转化为 NO 或 $NO_2$，与($\cdot CH_2$)($CH_3$)N$\cdot$ 偶合生成亚硝基二甲胺 NDMA 和硝基二甲胺 DMNM：

$$(\cdot CH_2)(CH_3)N \cdot + H \cdot + NO \longrightarrow NDMA$$

$$(\cdot CH_2)(CH_3)N \cdot + H \cdot + NO_2 \longrightarrow DMNM$$

($\cdot CH_2$)($CH_3$)N$\cdot$ 与 $NH_3$ 作用转化为偏二甲肼：

$$(\cdot CH_2)(CH_3)N \cdot + NH_3 \longrightarrow UDMH$$

5) 胍的形成

4.2.3 小节讨论了胍的生成过程。通过氧化产生的甲酰胺，与 $\cdot NH_2$ 结合生成胍。甲酰胺转化为胍需要氨基自由基 $\cdot NH_2$，$\cdot NH_2$ 更有可能来自于偏二甲肼氮氮键断裂，而 NDMA、二甲胺氧化不能提供大量的 $\cdot NH_2$，因此未检测到胼。胼的生成说明偏二甲肼氧化过程中产生了 $\cdot NH_2$。偏腙甲基氧化生成 $CH_2N\cdot$，因此更容易转化为胼。

本章采用 GC-MS 研究了气态和气液两相条件下臭氧氧化甲基肼、偏二甲肼、肼、二甲胺、偏腙及亚硝基二甲胺的氧化转化物，发现了新的氧化转化物。偏二甲肼、二甲胺、偏腙和亚硝基二甲胺的氧化产物也非常相似，采用第 3 章提出的研究方法分析，发现偏二甲肼及中间体的氧化主要都是通过甲基、氨基 2 个途径完成，形成相同的活性中间体。

偏二甲肼氧化过程的主要中间体除二甲氨基氮烯外，还有 $(\cdot CH_2)(CH_3)N\cdot$。偏腙易于臭氧氧化，许多偏二甲肼转化物如乙醛腙、二甲氨基乙腈等来源于偏腙氧化。偏二甲肼无论是氨基氧化还是甲基氧化，都无法避免亚硝基二甲胺的生成，但氨基直接氧化产生的 NDMA 比甲基氧化产生的 NDMA 更多。

$$2(CH_3)_2NN: \longrightarrow TMT$$

$$O_3 + (CH_3)_2NN: \longrightarrow NDMA$$

$$2H\cdot 或 H_2CO + (\cdot CH_2)(CH_3)N\cdot \longrightarrow DMA 或 DMF$$

$$HNO 或 NH_3 + (\cdot CH_2)(CH_3)N\cdot \longrightarrow NDMA 或 UDMH$$

偏二甲肼、偏腙、亚硝基二甲胺和二甲胺等氧化过程都会产生 $(\cdot CH_2)(CH_3)N\cdot$，可以进一步转化为二甲胺、二甲基甲酰胺、硝基甲烷，$(\cdot CH_2)(CH_3)N\cdot$ 还可以转化为偏二甲肼、偏腙和亚硝基二甲胺，因此偏二甲肼、偏腙、亚硝基二甲胺和二甲胺等物质的氧化生成以上相同的转化物。偏二甲肼氮氮键断裂产生氨基自由基 $\cdot NH_2$，$\cdot NH_2$ 进一步氧化产生 NO，与二甲氨基自由基反应，增加 NDMA 的产生量；反之，$\cdot NH_2$ 在不易被氧化的条件下转化为胼，胼的生成证明存在甲基氧化氮氮键断裂的转化路径。

研究发现，偏二甲肼、甲基肼、偏腙和二甲胺都可以氧化生成亚硝基二甲胺，其中偏腙氧化生成亚硝基二甲胺的比率最高，其次是偏二甲肼、甲基肼，而二甲胺、三甲胺转化为 NDMA 的比率低，因为二甲胺、三甲胺需要不断甲基化生成 $NH_3$ 或 $\cdot NH_2$、$\cdot NCH_2$，再通过生成 NO、UDMH、FDH 转化为 NDMA。氧化过程产生的多种二甲氨基化合物，如偏腙、乙醛腙、二甲胺、二甲氨基乙腈、四甲基四氮烯、二甲基甲酰胺等，都可能进一步转化为 NDMA。在这些化合物转化过程中还产生了酰基自由基，参与二甲基甲酰胺和胼的生成。

羟基自由基、臭氧氧化能力的差异，主要表现为羟基自由基的甲基氧化能力比臭氧强，因此臭氧氧化二甲胺、三甲胺、甲胺和亚硝基二甲胺的反应速率都较小。甲胺臭氧氧化更容易发生氨基氧化，生成硝基甲烷，而羟基自由基作用下可能转化为 HCN；臭氧和羟基自由基对二甲胺的氨基脱氢和甲基脱氢反应基本没有选择性。偏腙臭氧氧化转化为 NDMA、四甲基四氮烯，而羟基自由基作用下转化为二甲基氰胺、二甲氨基乙腈和脲。臭氧氧化容易转化为 NDMA、硝基甲烷、二甲基甲酰胺和甲基甲酰胺，这些物质难以进一步氧化。羟基自由基在偏二甲肼氧化过程中起抑制 NDMA 生成的作用，而甲基肼却显著促进 NDMA 生成；二甲胺氧化过程通过甲基氧化逐步去除甲基，进而获得 NO 或·$NH_2$，因此羟基自由基会促进二甲胺转化为 NDMA。

偏二甲肼、甲基肼、偏腙和二甲胺都可以发生甲基化反应，其中二甲胺通过与甲醛作用转化为三甲胺和四甲基甲烷二胺，而其他物质的甲基化过程则是通过与甲基自由基结合进行。研究认为，除甲基二氮烯外，亚硝基甲氨基自由基、甲基腙基自由基也是甲基化试剂，其中亚硝基甲氨基自由基$(CH_3)N·NO$ 最容易分解，而甲基腙基自由基分解生成重氮甲烷，重氮甲烷是亚甲基试剂。甲基肼最容易发生甲基化，生成偏二甲肼、1，2-二甲基肼、偏腙、亚硝基二甲胺、二甲胺等。偏腙发生甲基化生成三甲基乙基肼、乙醛腙、丙酮腙等。偏二甲肼臭氧氧化的主要产物是亚硝基二甲胺和偏腙，臭氧对亚硝基二甲胺的降解能力很弱，主要是臭氧氧化烷基能力弱，臭氧与偏二甲肼作用转化为亚硝基二甲胺比率高，因此臭氧气相氧化偏二甲肼对环境是不利的。

## 参 考 文 献

[1] Tuazon E C, Carter W P L, Winer A M, et al. Reactions of hydrazines with ozone under simulated atmospheric conditions[J]. Environmental Science and Technology, 1981, 15(7): 823-828.

[2] Richters S, Berndt T. Gas-phase reaction of monomethylhydrazine with ozone: Kinetics and OH radical formation[J]. International Journal of Chemical Kinetics, 2014, 46(1): 1-9.

[3] Tuazon E C, Atkinson R, Aschmann S M, et al. Kinetics and products of the gas-phase reactions of $O_3$ with amines and related compounds[J]. Research on Chemical Intermediates, 1994, 20(3-5): 303-320.

[4] Tuazon E C, Carter W P L, Brown R V, et al. Atmospheric Reaction Mechanisms of Amine Fuels[R]. ADA118267, 1982.

[5] Bachman G B, Strawn K G. Ozone oxidation of primary amines to nitroalkanes[J]. The Journal of Organic Chemistry, 1968, 33(1): 313-315.

[6] McCurry D L, Quay A N, Mitch W A. Ozone promotes chloropicrin formation by oxidizing amines to nitro compounds[J]. Environmental Science and Technology, 2016, 50(3): 1209-1217.

[7] Tuazon E C, Carter W P L, Atkinson R, et al. Atmospheric reactions of *N*-nitrosodimethylamine and dimethylnitramine[J]. Environmental Science and Technology, 1984, 18(1): 49-54.

[8] Bunkan A J C, Tang Y, Sellevåg S R, et al. Atmospheric gas phase chemistry of $CH_2$=NH and HNC. A first-principles approach[J]. Journal of Physical Chemistry A, 2014, 118(28): 5279-5288.

[9] Currie C L, Darwent B B. The photochemical decomposition of methylazide[J]. Canadian Journal of Chemistry, 1963, 41(6): 1552-1559.

[10] Ying L, Xia Y, Shang H, et al. Photodissociation of methylazide: Observation of triplet methylnitrene radical[J].The

Journal of Chemical Physics, 1996, 105(14): 5798-5805.

[11] Valehi S, Vahedpour M. Theoretical study on the mechanism of CH₃NH₂ and O₃ atmospheric reaction[J]. Journal of Chemical Sciences, 2014, 126(4): 1173-1180.

[12] Annia G, Alvarez-Idaboy J R. Branching ratios of aliphatic amines + OH gas-phase reactions: A variational transition-state theory study [J]. Journal of Chemical Theory and Computation, 2008, 4(2): 322-327.

[13] Onel L, Blitz M, Dryden M. Branching Ratios in Reactions of OH Radicals with Methylamine, Dimethylamine, and Ethylamine[J]. Environmental Science and Technology, 2014, 48(16): 9935-9942.

[14] Maguta M M, Aursnes M, Bunkan A J, et al. Atmospheric fate of nitramines: An experimental and theoretical study of the OH reactions with CH₃NHNO₂ and (CH₃)₂NNO₂[J]. Journal of Physical Chemistry A, 2014,118(19): 3450-3462.

[15] Andrzejewski P, Kasprzyk-Hordern B, Nawrocki J. N-nitrosodimethylamine (NDMA) formation during ozonation of dimethylamine-containing waters[J].Water Research, 2008, 42(4-5): 863-870.

[16] Atkinson R, Perry R A, Pitts Jr J N. Rate constants for the reactions of the OH radical with (CH₃)₂NH, (CH₃)₃N, and C₂H₅NH₂ over the temperature range 298-426K[J]. The Journal of Chemical Physics, 1978, 68(4): 1850-1853.

[17] Tang Y, Hanrath M, Nielsen C J. Do primary nitrosamines form and exist in the gas phase? A computational study of CH₃NHNO and (CH₃)₂NNO[J]. Physical Chemistry Chemical Physics, 2012, 14(47): 16365-16370.

[18] Lindley C R C, Calvert J G, Shaw J H. Rate studies of the reactions of the (CH₃)₂N radical with O₂, NO, and NO₂[J].Chemical Physics Letters, 1979, 67(1): 57-62.

[19] Bulatov V P, Buloyan A A, Cheskis S G, et al. On the reaction of the NH₂ radical with ozone[J]. Chemical Physics Letters, 1980, 74(2): 288-292.

[20] Brubaker K L, Bonilla J V, Boparai A S. Products of the hypochlorite oxidation of hydrazine fuels[R]. ADA213557，1989.

[21] Wang L, Yang J, Li Y, et al. Oxidation of N-nitrosodimethylamine in a heterogeneous nanoscale zero-valent iron/H₂O₂ Fenton-like system: Influencing factors and degradation pathway[J]. Journal of Chemical Technology & Biotechnology, 2017, 92(3): 552-561.

[22] Sun H, Zhang P, Law C K. Gas-Phase kinetics study of reaction of OH radical with CH₃NHNH₂ by second-order multireference perturbation theory[J]. Journal of Physical Chemistry A, 2012, 116(21): 5045-5056.

[23] Fell R, Wilbert G, Stährfeldt T. Color-stable solution of dimethylaminoacetonitrile in water and process for preparing it [P]. U.S. Patent 6504043. 2003-1-7.

[24] 黄丹, 刘祥萱, 王煊军, 等. 偏二甲肼大气氧化生成亚硝基二甲胺机理的理论研究[J]. 含能材料, 2019, (1): 35-40.

[25] Huang D, Liu X, Wang X, et al. The mechanism of N-nitrosodimethylamine and formaldehyde dimethylhydrazone competitive formation of 1,1-dimethylhydrazine during ozonation: a combined theoretical and experimental studyc[J]. Chemical Physical, 2019, 2(522): 220-222.

[26] Fethi F, López-Gejo J, Köhler M, et al. Vacuum-UV-(VUV-) photochemically initiated oxidation of dimethylamine in the gas phase[J]. Journal of Advanced Oxidation Technologies, 2008, 11(2): 208-221.

# 第5章 偏二甲肼自动氧化反应过程机理

偏二甲肼的还原性强，储存过程中由于泄露等原因与空气中的氧气发生氧化反应，称为自动氧化。自动氧化将导致偏二甲肼质量下降甚至变质失效。为探讨偏二甲肼储存过程中的质量变化规律，将空气、氧气通入液体偏二甲肼进行动态氧化研究，发现了 20 余种偏二甲肼氧化转化物，确定了初期氧化转化物和主要氧化转化物[1-3]。

偏二甲肼液相氧化速度远低于气相氧化，其偏二甲肼液相自动氧化的实质是气液两相氧化，即挥发到气相的偏二甲肼氧化后的转化物重新迁移到液体偏二甲肼中，导致偏二甲肼发生变质，因此进一步开展了静态自动氧化研究[4]，检测到40 余种以上的转化物。与国外偏二甲肼气相氧化规律不同的是，本章偏二甲肼自动氧化反应转化物与土壤中偏二甲肼转化物比较接近。偏二甲肼在土壤中发生气固两相反应，气相氧化反应转化物通过传质、吸附过程重新转移到土壤中。

本章在第 4 章的基础上，进一步确定偏二甲肼氧化转化物之间的关系，按照转化物的分子结构系统归纳偏二甲肼自动氧化反应转化物的类型，从氧化、分解、偶合、水解、甲基化、缩合等多种反应类型的角度分析形成转化物的可能机理。

## 5.1 偏二甲肼转化物与氧气的气液反应

在空气中氧气含量较低且长时间反应过程中，偏二甲肼初期氧化产生的中间体进一步氧化，转化为新的物质，转化物之间还可以发生相互作用，因此偏二甲肼自动氧化反应机理非常复杂。本章在第 3、4 章建立的主要转化反应路径基础上，进一步研究偏二甲肼及转化物二甲胺、甲基肼、偏腙与氧气反应的机理，探讨偏二甲肼自动氧化反应的特点和规律。本章研究检测到的氧化转化物更多，需要对一些新的转化物的转化路径给予合理推测。

偏二甲肼自动氧化的主要转化物[5,6]是偏腙、氮气和水，其次是氨、二甲胺、二甲基亚硝胺、重氮甲烷、氧化亚氮、甲烷、二氧化碳和甲醛，氮气和大多数次要转化物可能是过氧化氢与偏二甲肼的反应所产生。乙醚或环己烷溶液中分子氧氧化偏二甲肼的研究发现，主要产物是偏腙、水、四甲基四氮烯、氮气、甲烷、甲醛、甲基甲醛腙，还有少量的 1,4-二甲基-2,5-二氢-1,2,4,5-四嗪和亚硝基二甲胺[6]。在 25℃时，肼与氧气和过氧化氢反应的速率常数分别为 13L/(mol·s)、

95L/(mol·s)。此外，丙酮烷基腙类容易发生自动氧化，生成了 2-烷基偶氮-2-丙基氢过氧化物[7]，说明腙自动氧化过程中，氧气插入—N＝CH₂基团的碳氢之间形成—N＝CHOOH。

在 55℃±3℃时，在金属粉末填充的湍流反应器中，肼、甲基肼、偏二甲肼、1,2-二甲基肼、三甲基肼和四甲基肼在 Fe、Al₂O₃、Zn、Ti、Cr、Al、Ni 表面催化空气氧化反应中，肼氧化反应完全，甲基肼的主要氧化转化物是甲醇、甲烷和甲基二氮烯，而偏二甲肼、1,2-二甲基肼、三甲基肼和四甲基肼基本不反应。在 23.8m² 的 Al/Al₂O₃ 表面催化空气氧化条件下，检测到肼氧化的中间体氮烯($N_2H_2$)和最终转化物中痕量的氨气，甲基肼氧化的中间体甲基二氮烯($HN＝NCH_3$)和最终转化物中痕量的甲醇，未检测到偏二甲肼氧化转化物。肼、甲基肼和偏二甲肼的反应速率之比为 130∶7.3∶1.0[8]。

肼蒸气在室温下自动氧化的主要反应为

$$N_2H_4 + O_2 \longrightarrow N_2 + 2H_2O$$

氨气为副产物[9]。

研究发现，偏二甲肼的主要氧化产物包括偏腙、二甲胺、亚硝基二甲胺、四甲基四氮烯等，甲基肼是偏二甲肼甲基氧化的预期中间转化物。本节开展甲基肼、偏腙、二甲胺等物质自动氧化实验机理研究。

### 5.1.1　甲基肼与氧气的气相反应

用 FT-IR 研究 HZ、MMH 和 UDMH 浓度 1～30ppm 时在模拟空气中的自动氧化反应，发现 HZ 氧化转化物为水和氨气，MMH 氧化转化物是甲烷、甲醇、水和甲基二氮烯，UDMH 的氧化转化物是偏腙，HZ、MMH、UDMH 的半衰期分别为 133min、250min、83.5h[10]。

为研究 MMH 与空气的氧化反应动力学，将氧气与 MMH 按 1∶4(物质的量之比)混合，在 50℃ 条件下反应，用 GC-MS 检测，发现转化物为 $N_2$、$CH_4$、$CH_3NHN＝CH_2$、$NH_3$、$H_2O$、$CH_3OH$、$CH_2＝N—N＝N—CH_3$(2,3,4-三氮-1,3-二烯)，未检测到亚硝胺类化合物。据此推测甲基肼与氧气反应，主要包括甲基氧化及缩合反应生成甲醛甲基腙，氮上脱氢生成甲基二氮烯；甲基二氮烯分解反应生成甲基自由基，偶合反应生成 $CH_2＝N—N＝N—CH_3$，其氧化转化路径如下：

$$CH_3NHNH_2 \longrightarrow \begin{cases} \cdot CH_2NHNH_2 \longrightarrow \begin{cases} (HCO)NHNH_2 \longrightarrow NH_2NH_2,\ H_2CO \longrightarrow 甲基甲醛腙 \\ NH_3,\ CH_2＝NH \longrightarrow CH_2＝N—N＝N—CH_3 \end{cases} \\ CH_3N＝NH \longrightarrow 氮气,\ \cdot H,\ \cdot CH_3 \longrightarrow 甲烷,甲醇 \end{cases}$$

在氧气作用下，甲基肼分别发生氮上脱氢和甲基脱氢反应。由于氧气夺取甲基上氢的活化能很大，反应初期不是主要反应，而首先发生了—NH 上氢被夺发生羟基自由基的反应：

$$CH_3NHNH_2 + O_2 \longrightarrow CH_3N \cdot NH_2 + HO_2 \cdot$$
$$2HO_2 \cdot \longrightarrow 2HO \cdot + O_2$$

羟基自由基摘除甲基上的氢，发生甲基加氧脱酰反应，生成甲醛和亚甲基肼自由基($\cdot CH_2$)NHNH_2：

$$(\cdot CH_2)NHNH_2 + O_2 \longrightarrow (H_2COO \cdot)HNNH_2$$
$$2(H_2COO \cdot)HNNH_2 \longrightarrow 2(H_2CO \cdot)HNNH_2 + O_2$$
$$(H_2CO \cdot)HNNH_2 \longrightarrow H_2CO + HN \cdot \text{—}NH_2$$

甲醛和甲基肼反应生成甲醛甲基腙：

$$H_2CO + CH_3NHNH_2 \longrightarrow CH_3NHN\text{=}CH_2 + H_2O$$

肼自由基进一步氧化生成四氮烯，四氮烯分解、加氢转化为氮气和氨分子：

$$2H_2NNH \cdot + 1.5O_2 \longrightarrow 2N_2 + 3H_2O$$
$$NH_2\text{—}N\text{=}N\text{—}NH_2 + 2H \cdot \longrightarrow 2NH_3 + N_2$$

甲基肼发生脱氢反应生成甲基二氮烯：

$$(CH_3)NHN \cdot H + O_2 \longrightarrow (CH_3)N\text{=}NH + HO_2 \cdot$$

甲基二氮烯不稳定，易分解，是甲基自由基和氢自由基的供体，且可以转化为甲烷：

$$(CH_3)N\text{=}NH \longrightarrow N_2 + \cdot CH_3 + H \cdot$$
$$\cdot CH_3 + H \cdot \longrightarrow CH_4$$

甲基肼氧化转化物中检测到甲醇，说明氧化过程产生了羟基自由基。推测发生脱氢反应时产生了过氧化氢自由基 $HO_2 \cdot$，$HO_2 \cdot$ 发生交换反应得到过氧化氢，过氧化氢分解产生羟基自由基：

$$HO_2 \cdot + HO_2 \cdot \longrightarrow 2HO \cdot + O_2$$
$$HO_2 \cdot + NO \longrightarrow NO_2 + HO \cdot$$

甲基肼氧化产生氨，涉及氮氮键的断裂：

$$\cdot CH_2NHNH_2 \longrightarrow \cdot CH_2NH \cdot \text{ 或 } CH_2\text{=}NH + \cdot NH_2$$
$$\cdot NH_2 + H \cdot \longrightarrow NH_3$$
$$CH_2\text{=}NH + H_2O \longrightarrow CH_2O + NH_3$$

甲基肼甲基脱氢、氮氮键断裂生成亚甲基氨基自由基和氨基自由基。亚甲基氨基自由基与甲基二氮烯发生反应得到 $CH_2\text{=}N\text{—}N\text{=}N\text{—}CH_3$：

$$\cdot CH_2NH \cdot + CH_3N\text{=}NH + O \cdot \longrightarrow CH_2\text{=}N\text{—}N\text{=}N\text{—}CH_3 + H_2O$$

### 5.1.2　甲基肼与氧气的气液反应

GC-MS 检测到甲基肼氧气氧化 3d 样品中的化合物见表 5-1。

表 5-1　甲基肼氧气氧化 3d 的液相转化物

| 转化物 | 保留时间/min | 峰面积比/% | 符合度/% |
|---|---|---|---|
| 二氧化碳 | 1.116 | 0.198 | 88.6 |
| 二甲胺 | 1.376 | 1.071 | 80.4 |
| 甲胺 | 1.524 | 0.651 | 90.3 |
| 甲醇 | 1.759 | 5.390 | 92.2 |
| 偏二甲肼 | 1.809 | 4.752 | 94.8 |
| 1,2-二甲基肼 | 2.824 | 0.702 | 74.6 |
| 水 | 3.467 | 5.524 | 96.3 |
| 甲基肼 | 3.765 | 70.682 | 90.8 |
| 1-甲基-1H-1,2,4-三唑 | 8.245 | 1.235 | 81.4 |
| 1,3-丙二醇 | 9.569 | 2.153 | 35.7 |
| 1-异丁基-1-甲基肼 | 13.184 | 0.056 | 77.7 |
| 甲基甲酰胺 | 14.038 | 0.116 | 73.3 |
| 1,3-二甲基-2-咪唑啉酮 | 14.706 | 4.102 | 64.3 |
| 5-异丁基-5-甲基海因 | 17.120 | 2.105 | 69.4 |

由表 5-1 可知，甲基肼氧气氧化转化物中含量较高且质谱与谱库符合度较高的物质有二甲胺、甲醇、偏二甲肼、1-甲基-1H-1,2,4-三唑、1,3-二甲基-2-咪唑啉酮和 5-异丁基-5-甲基海因，其中后三者均为环状化合物，说明甲基肼有利于环状化合物的生成。

推测甲基肼氧气氧化的转化路径如下：

$$甲基肼 \longrightarrow \begin{cases} 氨基氧化 \longrightarrow CH_3N{=}NH \longrightarrow 甲基 \longrightarrow 甲醇 \\ 甲基化反应 \longrightarrow 偏二甲肼，1,2\text{-}二甲基肼 \\ 氮氮键断裂 \longrightarrow 氨，亚甲基亚胺 \longrightarrow 甲胺，二甲胺，甲基甲酰胺 \end{cases}$$

本实验条件下，氨基脱氢氧化后生成甲基二氮烯($CH_3N{=}NH$)，$CH_3N{=}NH$ 很不稳定，容易分解产生甲基自由基，甲基自由基与羟基自由基结合生成甲醇；甲基肼自由基的甲基化反应生成偏二甲肼和 1,2-二甲基肼。

$$(CH_3)N\cdot{-}NH_2 + CH_3\cdot \longrightarrow (CH_3)_2NNH_2$$

$$(CH_3)NH\text{—}NH\cdot + \cdot CH_3 \longrightarrow CH_3HNNHCH_3$$

偏二甲肼的生成量约是 1,2-二甲基肼的 7 倍，说明与甲基相连的 N—H 键更容易脱氢，这与 Sun 等[11]和王娜[12]的量化计算结果一致。

甲基肼甲基脱氢氧化并引发氮氮键断裂生成亚甲基氨基自由基，其加氢生成甲氨基自由基，甲氨基自由基加氢转化为甲胺，甲基化反应生成二甲胺，与酰基结合生成甲基甲酰胺，其中酰基来自甲基氧化：

$$\cdot CH_2N\cdot H + H\cdot \longrightarrow CH_3NH\cdot$$

$$CH_3NH\cdot + H\cdot \longrightarrow 甲胺$$

$$CH_3NH\cdot + \cdot CH_3 \longrightarrow 二甲胺$$

$$CH_3NH\cdot + \cdot CHO \longrightarrow 甲基甲酰胺$$

甲基肼基自由基与酰基结合生成甲基甲酰肼，甲基甲酰肼与甲酰胺发生反应生成 1-甲基-1H-1,2,4-三唑：

$$(CH_3)C(O)HNNH_2 + H_2NC(O)H \longrightarrow$$

1,3-二甲基-2-咪唑啉酮是四甲基甲烷二胺的脱氢偶合、加氧转化物，而四甲基甲烷二胺是二甲胺和甲醛的作用转化物。

液态甲基肼氧气氧化加氧作用弱,仅检测到相关产物甲基甲酰基和二氧化碳，未检测到甲醛甲基腙。

### 5.1.3　二甲胺、三甲胺与氧气的气液反应

实验中，二甲胺甲醇溶液、三甲胺四氢呋喃溶液浓度均为 2mol/L，在氧气加入量 400mL、二甲胺或三甲胺加入量 3mL、温度 15～20℃条件下反应 3d(偏二甲肼封闭体系氧化反应 3d 基本停止),用 GC-MS 检测二甲胺、三甲胺及转化物各组分含量。二甲胺与三甲胺溶液的气相色谱总离子流色谱(TIC)分别如图 5-1、图 5-2 所示。

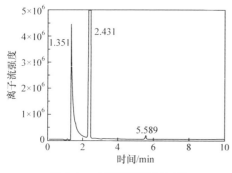

图 5-1　二甲胺溶液 TIC 图

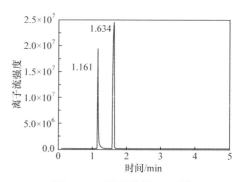

图 5-2　三甲胺溶液 TIC 图

图 5-1 中 1.351min、2.431min 和 5.589min 分别对应二甲胺、甲醇和水，图 5-2 中 1.161min 和 1.634min 分别对应三甲胺和四氢呋喃。二甲胺、三甲胺氧气氧化 3d 的液相转化物见表 5-2。

表 5-2　二甲胺、三甲胺氧气氧化 3d 的液相转化物

| 反应物 | 转化物 | 保留时间/min | 峰面积比/% |
|---|---|---|---|
| 二甲胺 | 二甲胺 | 1.35 | 29.768 |
| | 二甲基甲酰胺 | 10.2 | 0.098 |
| | $N,N$-二甲基脲 | 13.1 | 0.097 |
| 三甲胺 | 三甲胺 | 1.16 | 19.092 |
| | 二甲基甲酰胺 | 10.2 | 0.060 |

由表 5-2 可知，二甲胺、三甲胺与氧气的反应远没有甲基肼与氧气的反应迅速，转化物种类较少且含量低，仅生成了二甲基甲酰胺和 $N,N$-二甲基脲，这是二甲胺的氮氢键键能较高、氧气氧化能力弱所致。

二甲胺氧化产生的二甲基甲酰胺是二甲胺甲基氧化生成酰基，酰基脱落，再与二甲氨基自由基结合生成；$N,N$-二甲基脲是二甲基甲酰胺的衍生物。$N,N$-二甲基脲的生成说明二甲胺氧化过程中生成 $NH_3$ 或 $\cdot NH_2$，二甲基甲酰胺与 $NH_3$ 发生脱氢、偶合反应生成 $N,N$-二甲基脲：

更直接的反应过程是自由基偶合反应：

$$(CH_3)_2NCO\cdot + \cdot NH_2 \longrightarrow (CH_3)_2NCONH_2$$

二甲胺甲基氧化在脱去酰基或甲醛的过程中依次生成甲胺、氨：

$$二甲胺 \longrightarrow 甲胺 \longrightarrow 氨$$

氧气氧化二甲胺 30d 的转化物见表 5-3。

表 5-3　氧气氧化二甲胺 30d 的液相转化物

| 转化物 | 保留时间/min | 峰面积比/% |
|---|---|---|
| 三甲胺 | 1.326 | 0.12 |
| 二甲胺 | 1.402 | 58.52 |
| 四甲基甲烷二胺 | 1.722 | 15.41 |

续表

| 转化物 | 保留时间/min | 峰面积比/% |
|---|---|---|
| 偏腙 | 1.833 | 0.62 |
| 二甲基羟胺 | 6.191 | 0.50 |
| 二甲基甲酰胺 | 10.140 | 8.11 |
| N,N-二甲基脲 | 13.110 | 16.71 |

由表 5-3 可知，二甲胺氧气氧化 30d 的转化物明显增多，检测到了四甲基甲烷二胺和少量的三甲胺、偏腙、二甲基羟胺。四甲基甲烷二胺和 N,N-二甲基脲的相对含量分别为 15.41%、16.71%，37%的二甲胺转化为四甲基甲烷二胺，40%的二甲胺转化为 N,N-二甲基脲。因此，推测偏二甲肼氧气氧化生成的这两种物质是由中间体二甲胺生成：

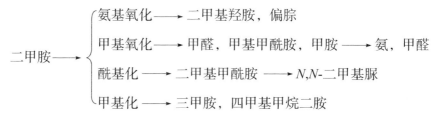

二甲基羟胺的生成标志着二甲胺氮上的氢被夺去，反应过程中产生了活性更大的羟基自由基或过氧化氢自由基，羟基自由基与二甲氨基自由基结合生成二甲基羟胺。二甲胺甲基、氨基氧化生成亚甲基亚氨基自由基 $CH_2N\cdot$。二甲氨基自由基与亚甲基亚氨基自由基结合生成偏腙：

$$(CH_3)N\cdot + CH_2N\cdot \longrightarrow (CH_3)NNCH_2$$

Cullis 等[13]研究指出，甲胺与氧气作用主要转化为甲醛和氨，最初转化为氨，但也会生成少量的氮氧化物，进一步作用转化为氮气。

甲基氨基自由基 $CH_3NH\cdot$ 在羟基自由基作用下转化为亚胺 $CH_2\!=\!NH$，脱氢后生成的亚甲基亚氨基自由基 $CH_2N\cdot$ 与二甲氨基自由基结合生成偏腙：

$$CH_3NH\cdot + \cdot OH \longrightarrow CH_2NH + H_2O$$
$$CH_2N\cdot + (CH_3)_2N\cdot \longrightarrow (CH_3)_2NNCH_2$$

二甲胺氧气氧化检测到了偏腙，没有检测到 NDMA，而二甲胺臭氧氧化过程中检测到 NDMA。因此，二甲胺臭氧氧化也可能通过生成偏腙转化为 NDMA。

四甲基甲烷二胺、三甲胺都是二甲胺与甲醛作用的转化物，甲醛为胺类化合物的甲基化试剂，二甲胺甲基和氨基氧化亚甲基甲氨基自由基与甲酰自由基，两者偶合二甲基甲酰基自由基，二甲基甲酰基自由基与氨基自由基偶合生成 $N,N$-二甲基脲。

### 5.1.4　偏腙与氧气的气液反应

偏腙样品纯度 99%，与氧气反应 3d 后用 GC-MS 检测转化物，结果见表 5-4。由表 5-4 可知，偏腙氧气氧化转化物主要是各种胺类和分子量更大的腙。其中，胍$(NH_2)_2C═NH$ 的相对含量最大，约为 4.3%。

表 5-4　偏腙氧气氧化 3d 的液相转化物

| 转化物 | 保留时间/min | 峰面积比/% | 符合度/% |
|---|---|---|---|
| 三甲胺 | 1.374 | 0.104 | 85.3 |
| 偏腙 | 1.770 | 84.450 | 80.5 |
| 丙酮腙 | 1.894 | 0.436 | 90.6 |
| 乙醛腙 | 2.191 | 0.132 | 95.3 |
| 水 | 3.218 | 0.936 | 98.4 |
| 二甲基二氮烯 | 3.676 | 0.302 | 24.4 |
| 亚硝基二甲胺 | 8.912 | 0.055 | 89.3 |
| 二甲基甲酰胺 | 9.233 | 0.052 | 92.1 |
| 异戊酰胺 | 10.521 | 2.554 | 18.2 |
| 3-甲基-5,6-二氢-脲嘧啶 | 11.424 | 0.335 | 14.8 |
| 乙醛甲基腙 | 13.269 | 1.845 | 26.41 |
| $N'$-亚硝基-$N$-甲基-$N$-丙胺 | 13.553 | 0.965 | 53.8 |
| 胍 | 14.149 | 4.276 | 31.8 |
| 1,5-二甲基-1H-吡唑-4-胺 | 14.902 | 0.486 | 28.5 |
| 乙二醛双二甲基腙 | 16.734 | 1.068 | 95.1 |

胍的生成标志着偏腙氧化、水解等过程产生了·$NH_2$，而该反应体系特性(如酸碱性)决定了·$NH_2$ 不容易被氧化。类似偏腙与臭氧氧化过程，偏腙分子中—$N═CH_2$ 上的氢也可以发生脱氢、偶合，并生成乙二醛双二甲基腙。实验检测到的二甲基二氮烯可能是偏腙甲基氧化生成甲基腙自由基，异构为 $CH_3N·NCH_2·$ 再加氢还原而来：

$$(CH_3)_2NNCH_2 \longrightarrow CH_3N·NCH_2· \longrightarrow CH_3N═NCH_2· \longrightarrow CH_3N═NCH_3$$

偏腙氧气氧化过程可以发生双键脱氢、氧化，氮氮键断裂和水解作用生成相应转化物，转化路径如下：

$$
偏腙 \longrightarrow
\begin{cases}
双键脱氢 \longrightarrow 乙二醛双二甲基腙，二甲基甲酰胺，乙醛腙 \longrightarrow 丙酮腙\\
甲基氧化 \longrightarrow 甲基甲醛腙，乙醛甲基腙\\
N—N键断裂 \longrightarrow 三甲胺，甲胺
\end{cases}
$$

反应中间体甲基二氮烯或甲基腙基自由基提供了甲基自由基，偏腙分子中双键碳发生脱氢后，分别与1个甲基自由基和2个甲基自由基偶合生成乙醛腙和丙酮腙，自偶合生成乙二醛双二甲基腙。偏腙的氧气氧化与臭氧氧化不同，不容易发生双键氧化生成亚硝基二甲胺。偏腙分子中的—N＝$CH_2$氧化并脱去HCN生成二甲氨基自由基：

$$(CH_3)_2N—N＝CH_2 + ·OH \longrightarrow (CH_3)_2N· + HCN + H_2O$$

偏腙甲基脱氢、加氧并脱落产生酰基自由基·CHO，二甲氨基自由基分别与甲基和酰基自由基结合生成三甲胺和二甲基甲酰胺：

$$(CH_3)_2N· + ·CH_3 \longrightarrow 三甲胺$$
$$(CH_3)_2N· + ·CHO \longrightarrow 二甲基甲酰胺$$

$N'$-亚硝基-$N$-甲基-$N$-丙胺的生成过程是，亚硝基二甲胺甲基氧化脱氢生成亚甲基亚硝基甲胺自由基$(CH_3)(·CH_2)NNO$，该自由基与乙烷自由基偶合生成$N'$-亚硝基-$N$-甲基-$N$-丙胺。乙烷自由基是甲基自由基和碳烯偶合生成，甲基自由基和碳烯都来源于偏腙的氧化。偏腙甲基氧化脱去酰基生成甲醛甲基腙，甲醛甲基腙脱氢后C—N键断裂分解产生甲基自由基，同时生成重氮甲烷$CH_2N_2$，重氮甲烷分解产生碳烯：

$$CH_3HNNCH_2 \longrightarrow CH_3N·NCH_2 \longrightarrow N_2CH_2(重氮甲烷) \longrightarrow N_2 + CH_2:$$

偏二甲肼生成多碳原子烷基转化物所需的亚甲基，均来自于重氮甲烷的分解。

甲基二甲酰胺和乙胺分别脱氢，然后偶合生成3-甲基-5,6-二氢-脲嘧啶，乙胺可能是甲基自由基与亚甲基氨自由基·$CH_2NH_2$结合生成。

偏腙氧气氧化具有以下特点：

(1) $N'$-亚硝基-$N$-甲基-$N$-丙胺的生成，证明偏腙氧化容易生成甲基化、亚甲基化前驱物，甲醛甲基腙自由基分解产生甲基、重氮甲烷的推测是合理的；

(2) 胍的生成，标志着反应过程生成了偏二甲肼、·$NH_2$和酰基自由基·CHO；

(3) 偏腙氧化过程中检测到可能的发黄物质二甲基二氮烯和NDMA。

但NDMA的产量低于二甲基二氮烯。偏腙比偏二甲肼更容易氧化变黄，无色

的纯品偏腙一旦启封立即变黄，因此偏腙氧化变黄可能与 NDMA 无关。

偏腙臭氧氧化或氧气氧化都可以生成胍，但氧气氧化更容易生成胍。在氧气条件下，偏腙更容易发生氮氮键断裂生成亚甲基亚氨基自由基 $CH_2N\cdot$。Yelle 等[14]认为，$H_2CN\cdot$ 与 $\cdot NH_2$ 作用可以转化为 $NH_3$ 和 $HCN$。氧气氧化有利于甲酰胺、$\cdot NH_2$ 的生成，减少 NDMA 的产生。

## 5.2　偏二甲肼与空气或氧气的反应

利用 GC-MS 检测了火箭推进剂级偏二甲肼原样中各组分的保留时间及含量，结果见表 5-5。其中，二甲胺、偏腙、偏二甲肼是偏二甲肼出厂产品中就有的，乙醛腙是储存过程中的氧化产物。

表 5-5　偏二甲肼原样中各组分的 GC-MS 检测结果

| 组分名称 | 保留时间/min | 峰面积比/% | 质量分数/% | 符合度% |
|---|---|---|---|---|
| 二甲胺 | 1.463 | 0.56 | 0.20 | 85.6 |
| 偏腙 | 2.527 | 4.07 | 0.41 | 95.1 |
| 偏二甲肼 | 2.762 | 95.03 | 99.2 | 94.3 |
| 乙醛腙 | 3.616 | 0.34 | — | 86.3 |

偏二甲肼原始样品的总离子流色谱图如图 5-3 所示，图中 1.463min、2.527min、2.762min 分别对应二甲胺、偏腙、偏二甲肼，按照分子量大小顺序流出。

### 5.2.1　偏二甲肼与空气或氧气反应的液相转化物

#### 5.2.1.1　偏二甲肼动态氧化的液相转化物

表 5-6 和表 5-7 中实验使用了两个偏二甲肼原始样品，其中样品 1 外观无色透明，按 GJB 753—89 规定的化学分析法测定，各组分含量：偏二甲肼 99.2%，水 0.11%，二甲胺 0.20%，偏腙 0.41%，符合国军标使用要求；样品 2，储存过期报废偏二甲肼，外观黄色；按 GJB 753—89 规定的化学分析法测定，各组分含量：偏二甲肼 96.8%，水 0.73%，二甲胺 0.98%，偏腙 1.24%。

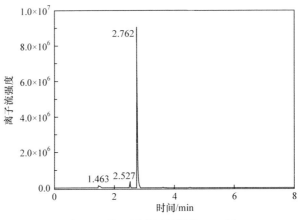

图 5-3　偏二甲肼原始样品 TIC 图

**表 5-6　偏二甲肼初级氧化样品的 GC-MS 数据**

| 化合物 | 分子量 | 沸点/℃ | 保留时间/min | 峰面积比/% | 质谱中主要离子峰(丰度) |
|---|---|---|---|---|---|
| 水 | 18 | 100 | 3.641 | 0.015 | 18(100),17(30),16(6) |
| 二甲胺 | 45 | 7.4 | 3.730 | 6.33 | 44(100),45(64),28(29),42(15) |
| 偏二甲肼 | 60 | 63.3 | 3.973 | 71.24 | 60(100),42(94),45(52),59(51), 28(42),18(36),30(30),15(26) |
| 偏腙 | 72 | — | 4.331 | 14.75 | 72(100),71(65),42(54),57(23),30(8) |
| 二甲基二氮烯 | 58 | — | 4.446 | 2.6 | 58(100),57(74),43(25),28(17),30(14),42(14) |
| 乙醛腙 | 86 | — | 4.942 | 0.80 | 74(100),42(34),43(16),30(5) |
| 亚硝基二甲胺 | 74 | 152 | 6.232 | 2.06 | 74(100),42(34),43(15.6),30(5),44(4) |
| 四甲基四氮烯 | 116 | 130 | 6.516 | 0.64 | 116(100),43(40),72(34),42(28),44(24) |

注：样品 2 空气氧化 60h 实验数据。

**表 5-7　偏二甲肼动态氧化的液相转化物质谱数据**

| 序号 | 化合物 | 分子式 | 分子量 | 离子峰(丰度) | 来源 |
|---|---|---|---|---|---|
| 1 | 水 | $H_2O$ | 18 | 18(100),17(30),16(6) | 氧化 |
| 2 | 二氧化碳 | $CO_2$ | 44 | 44(100),28(8),16(2) | 氧气氧化样品 2 金属氧化物/样品 1 |
| 3 | 二甲胺 | $CH_7N$ | 45 | 44(100),45(64),28(29),42(15) | 氧化 |
| 4 | 二甲基二氮烯 | $C_2H_6N_2$ | 58 | 58(100),57(74),43(25),28(17), 30(14),42(14) | 氧化 |
| 5 | 三甲胺 | $C_3H_9N$ | 59 | 58(100),59(47),42(30),30(8) | 氧气氧化样品 2 |

续表

| 序号 | 化合物 | 分子式 | 分子量 | 离子峰(丰度) | 来源 |
|---|---|---|---|---|---|
| 6 | 偏二甲肼 | $C_2H_8N_2$ | 60 | 60(100),42(94),45(52),59(51),28(42),18(36),30(30),15(26) | |
| 7 | 偏腙 | $C_3H_8N_2$ | 72 | 72(100),71(65),42(54),57(23),30(8) | 氧化 |
| 8 | 二甲基甲酰胺 | $C_3H_7NO$ | 73 | 73(100),44(52),42(23),30(10)28(9) | 空气和氧气氧化样品 2 |
| 9 | 亚硝基二甲胺 | $C_2H_6N_2O$ | 74 | 74(100),42(34),43(15.6),30(5),44(4) | 氧化 |
| 10 | 二甲氨基乙腈 | $C_4H_8N_2$ | 84 | 83(100), 58(52),42(48) | 氧化 |
| 11 | 乙醛腙 | $C_4H_{10}N_2$ | 86 | 86(100),42(34),43(16),30(5) | 氧化 |
| 12 | 二甲基乙基肼 | $C_4H_{12}N_2$ | 88 | 59(100),88(48),42(5) | 空气氧化样品 2 |
| 13 | 三(二甲氨基)甲烷 | $C_3H_{11}N_3$ | 101 | 101(100),44(43),60(18),42(17),59(15),86 (10) | $Ni_2O_3$/样品 1 |
| 14 | 1-甲氧基-1,2,4-三唑 | $C_3H_7N_3O$ | 101 | 59(100),43(48),42(28)83(28),44(28),101(19) | $Ni_2O_3$/样品 1 |
| 15 | 四甲基甲烷二胺 | $C_4H_{12}N_3$ | 102 | 58(100),42(17),102(5),30(8),44(4) | 空气氧化样品 2 |
| 16 | 二甲氨基甲酸甲酯 | $C_4H_9NO_2$ | 103 | 72(100),103(79),88(71),42(30),58(28),44(27),59(22),28(17) | 金属铝/样品 2不锈钢/样品 2 |
| 17 | 1,3-二甲基-2-咪唑啉酮 | $C_5H_{10}ON_2$ | 114 | 114(100),42(67),113(67),84(19),57(11) | $Cr_2O_3$/样品 1 |
| 18 | 4-甲基脲唑 | $C_3H_5O_2N_3$ | 115 | 115(100),44(53),58(50),42(25),71(14),100(13) | 氧气氧化样品 2$Ni_2O_3$/样品 1$Cr_2O_3$/样品 1 |
| 19 | 二甲基丙酰肼* | $C_5H_{13}N_3$ | 115 | 59(100),43(55),28(49),44(37),42(32),18(22),115(14) | 空气、氧气氧化样品 2 |
| 20 | 四甲基四氮烯 | $C_4H_{12}N_4$ | 116 | 116(100),43(40),72(34),42(28),44(24) | 氧化 |
| 21 | 1,1,5-三甲基甲脒* | $C_4H_{12}N_4$ | 116 | 116(100),46(37),59(29),44(27),42(27),45(17),43(15),71(10) | 空气氧化样品 1 |
| 22 | 1,1,4,4-四甲基-2,3-二 H-四氮烷* | $C_4H_{14}N_4$ | 118 | 59(100),76(25),43(19),118(18),44(14),28(13) | 金属铝/样品 2不锈钢/样品 2 |
| 23 | 1,1,5,5-四甲基甲脒* | $C_5H_{14}N_4$ | 130 | 59(100),130(47),43(60),60(59),44(47)45(37),42(34) | $Cr_2O_3$/样品 1 |
| 24 | 乙二醛双二甲基腙 | $C_6H_{12}N_4$ | 142 | 44(100),47(74),42(51),43(39),45(29), 83(18) | 空气氧化样品 2 |
| 25 | 未知物 | | 144 | 73(100),72(68),71(64),42(37),59(30),44(25),144(22),116(6) | 金属铝/样品 2不锈钢/样品 2 |

* 表示该物质为分析得出，未采用谱库匹配结果。

室温下，将流量为 15mL/min 的氧气或空气通入 250mL 装有偏二甲肼样品 1(未添加或添加有金属氧化物粉末的偏二甲肼样品)的反应烧瓶中，每隔 10h 取样化验。采用 HP6890GC-5973MS 分析，仪器测试条件：色谱柱 SE-30-50m× 0.53mm×1μm；载气 He，1mL/min；柱温：初始 50℃恒温 30 min，30℃/min 程序升温，终点温度 180℃；检测器温度 230℃；电子能量 70eV；质量扫描范围 15～350amu。

将偏二甲肼样品 1 经空气氧化 60～100h，偏二甲肼样品空气氧化 60h，含量降低至 94%，而且水分和偏腙的含量均已超标。氧化转化物经 GC-MS 分析共发现 7 种转化物：水、二甲胺、偏腙、亚硝基二甲胺、二甲基二氮烯、乙醛腙和四甲基四氮烯，见表 5-6。偏二甲肼氧气氧化、金属或金属氧化物催化氧化实验，反应前期均只检测出上述 7 种转化物，将其视作偏二甲肼的初级氧化转化物，其中主要转化物为偏腙、二甲胺和亚硝基二甲胺，其余转化物含量一般小于 1%。

由图 3-1 可知，液体偏二甲肼经空气氧化 10～120h，二甲胺、偏腙和亚硝基二甲胺浓度上升，其中二甲胺浓度增长最快，但氧化 20h 后，二甲胺浓度下降，亚硝基二甲胺浓度迅速上升，且有新的氧化转化物出现。偏二甲肼自动氧化反应特点是：反应前期先生成偏腙和二甲胺，随后产生亚硝基二甲胺。亚硝基二甲胺的产生存在 1 个诱导期，二甲胺反应 20h 后浓度开始下降。偏腙在 2 个循环后浓度变化不大，在 2～8 个循环区间是偏二甲肼的主要氧化转化物。2 个循环后亚硝基二甲胺含量迅速增大，8 个循环后成为主要氧化转化物。

偏二甲肼首先还是氨基氧化生成二甲氨基氮烯(双自由基)，同时转化生成活性较高的过氧化氢自由基或羟基自由基：

$$(CH_3)_2NNH_2 + 2O_2 \longrightarrow (CH_3)_2NN: + 2HO_2 \cdot$$
$$2HO_2 \cdot \longrightarrow 2HO \cdot + O_2$$

二甲氨基氮烯(双自由基)是生成亚硝基二甲胺的重要中间体，受过氧化氢自由基含量的限制，只有少量 NDMA 生成：

$$(CH_3)_2NN: + HO_2 \cdot \longrightarrow (CH_3)_2NNO + \cdot OH$$

偏二甲肼分子一侧是 2 个甲基，另一侧的氨基形成氢键而被保护。羟基自由基作用下，偏二甲肼发生甲基氧化并转化为甲醛，甲醛与偏二甲肼作用进一步转化为偏腙，甲基氧化引起氮氮键断裂生成二甲胺，因此反应前期主要是甲基氧化，这一阶段对应于生成亚硝基二甲胺的诱导期。由于偏腙氧气氧化中检测到亚硝基二甲胺浓度很低，因此偏二甲肼氧气氧化过程中偏腙转化为亚硝基二甲胺的可能性不大。虽然二甲胺氧化过程中未检测到亚硝基二甲胺，但是偏二甲肼甲基氧化产生(·CH_2)(CH_3)N· 和·NH_2，·NH_2 进一步氧化可能生成 NO[15]：

$$\cdot NH_2 + O_2 \longrightarrow \cdot NH_2O_2 \cdot \qquad k = 3 \times 10^9 L/(mol \cdot s)$$

$$H_2N—O—O· \longrightarrow H—N—O—O—H \longrightarrow NO + H_2O$$

二甲氨基自由基与 NO 作用转化为亚硝基二甲胺：

$$(CH_3)_2N· + NO \longrightarrow (CH_3)_2NNO$$

图 3-1 中偏二甲肼、二甲胺的浓度变化和亚硝基二甲胺的生成曲线呈现连续反应特征，而亚硝基二甲胺生成的诱导期正是·$NH_2$ 进一步氧化所需要的时间。

偏二甲肼动态氧化实验共发现 20 余种转化物，结果见表 5-7。由表 5-7 可知，偏二甲肼空气氧化、氧气氧化、金属或金属氧化物催化氧化实验中检测到的常见转化物有二甲胺、三甲胺、偏腙、亚硝基二甲胺、四甲基四氮烯、乙醛腙、二甲基甲酰胺、乙二醛双二甲基腙、二甲氨基乙腈。

偏腙分子中—N＝$CH_2$ 上的氢脱去，偶合生成乙二醛双二甲基腙：

$$(CH_3)_2NN＝CH· + (CH_3)_2NN＝CH· \longrightarrow (CH_3)_2NN＝CHCH＝NN(CH_3)_2$$

二甲基乙基肼、乙醛腙是偏腙甲基化转化物：

$$(CH_3)_2NN·CH_2 + ·CH_3 \longrightarrow (CH_3)_2NN·(CH·CH_3)$$
$$(CH_3)_2NN·(CH_2CH_3) + ·H \longrightarrow (CH_3)_2NNH(CH_2CH_3)$$
$$(CH_3)_2NNCH· + ·CH_3 \longrightarrow (CH_3)_2NN＝CHCH_3$$

偏腙的氮氮键断裂生成 N≡CH，HCN 与二甲胺、甲醛作用生成二甲氨基乙腈：

$$(CH_3)_2NH + N≡CH + CH_2O \longrightarrow (CH_3)_2NCH_2C≡N + H_2O$$

二甲胺与甲醛作用生成三甲胺和四甲基甲烷二胺；甲基甲酰肼与甲酰胺反应生成 1-甲基-1,2,4-三唑，甲酰肼与甲醇脱氢偶合生成甲氧基甲酰肼，再与甲酰胺脱氢偶合生成 1-甲氧-1,2,4-三唑。甲基二酰胺与肼反应生成 4-甲基脲唑。

二甲基甲酰胺与甲醇发生脱氢反应生成二甲基氨基甲酸甲酯：

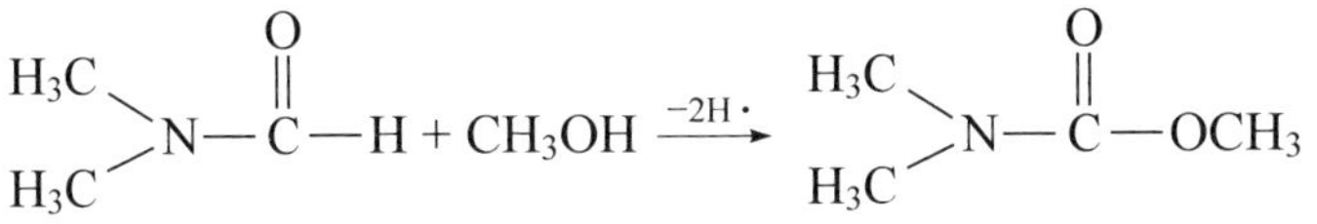

$$\underset{H_3C}{\overset{H_3C}{}}N—\overset{\overset{O}{\|}}{C}—H + CH_3OH \xrightarrow{-2H·} \underset{H_3C}{\overset{H_3C}{}}N—\overset{\overset{O}{\|}}{C}—OCH_3$$

三甲基肼甲基、氨基脱氢并偶合生成六氢-1,2,4,5-四甲基-1,2,4,5-四嗪：

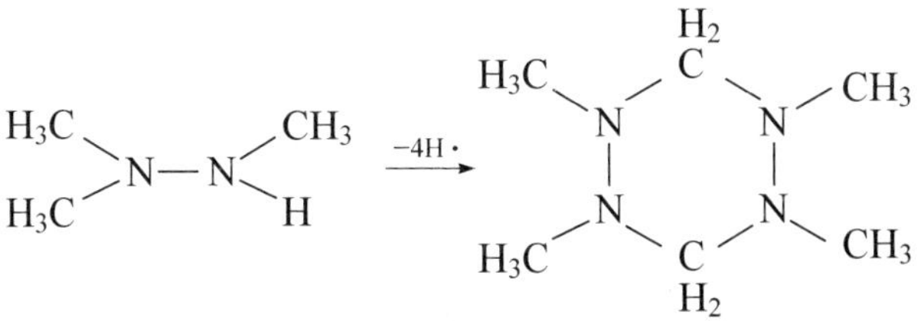

$$\underset{H_3C}{\overset{H_3C}{}}N—N\underset{H}{\overset{CH_3}{}} \xrightarrow{-4H·} \text{（结构式）}$$

偏二甲肼氧化不仅生成了上述结构复杂的转化物，而且生成了未检出的转化物,如甲基二酰胺、肼、甲醇、甲基甲酰肼、HCN 等。

表 5-7 中序号 **19**、**21**、**22**、**23**、**25** 的化合物在质谱图库中找到相匹配的物质,所给名称为推测结果。**19** 和 **22** 的最大质谱的离子峰为 59,推测结构中含有 $(CH_3)_2NNH^+$,可能是偏二甲肼脱氢后与其他物质偶合的转化物。**21** 为 N,N-二甲基肼基自由基偶合转化物,存在可能性较大;**23** 不能通过标准质谱图确定其结果,但在废水中检出。**21** 和 **23** 有可能是文献中提到的 1,1,5-三甲基甲脒和 1,1,5,5-四甲基甲脒,其中 1,1,5-三甲基甲脒是偏腙和甲基二氮烯或甲醛甲基腙与二甲氨基氮烯(双自由基)偶合转化物。1,1,5,5-四甲基甲脒$(CH_3)_2NN=CH—N=N(CH_3)_2$ 是偏腙和二甲氨基氮烯偶合转化物。

表 5-7 中以分子离子峰为最大离子峰的转化物有偏二甲肼、偏腙、亚硝基二甲胺、二甲胺、乙醛腙、二甲基甲酰胺、四甲基四氮烯、4-甲基脲唑等,而乙二醛双二甲基腙等都呈现为碎片离子峰,说明前者是较为稳定的化合物,后者是容易分解的化合物。碎片离子峰出现最多的是 $m/z = 59$,对应的离子是$(CH_3)_2NNH^+$,$m/z = 58$ 对应的离子是$(CH_3)_2NN^+$、$(CH_3)_2NCH_2$,$m/z = 44$ 对应的离子是$(CH_3)_2N^+$。

#### 5.2.1.2 偏二甲肼空气静态氧化的液相转化物

在密闭容器中偏二甲肼与空气反应 14d 后取液相部分进行测定,GC-MS 分析转化物的保留时间及相对含量,结果见表 5-8。

表 5-8 偏二甲肼空气静态氧化的液相转化物保留时间及相对含量

| 序号 | 保留时间/min | 峰面积比/% | 谱库检索物质及分子量 | 符合度/% |
|---|---|---|---|---|
| **1** | 1.220 | 0.187 | 二氧化碳 44 | 93.4 |
| **2** | 1.265 | 0.737 | 三甲胺 59 | 90.1 |
| **3** | 1.475 | 12.401 | 二甲胺 45 | 82.0 |
| **4** | 1.636 | 1.848 | 四甲基甲烷二胺 102 | 88.1 |
| **5** | 1.921 | 1.046 | 三甲基肼 74 | 44.1 |
| **6** | 2.069 | 0.980 | 二甲基乙基肼 88 | 83.7 |
| **7** | 2.490 | 11.138 | 偏腙 72 | 87.0 |
| **8** | 2.762 | 62.818 | 偏二甲肼 60 | 96.0 |
| **9** | 3.616 | 0.541 | 乙醛腙 86 | 93.6 |
| **10** | 6.723 | 0.313 | 甲醛甲基腙 58 | * |
| **11** | 7.367 | 0.871 | 四甲基四氮烯 116 | 95.2 |
| **12** | 7.429 | 0.032 | 三甲基脲 102 | 61.9 |

续表

| 序号 | 保留时间/min | 峰面积比/% | 谱库检索物质及分子量 | 符合度/% |
|---|---|---|---|---|
| **13** | 8.679 | 0.047 | 二甲基氨基甲酸甲酯 103 | 93.3 |
| **14** | 8.864 | 0.466 | 4-甲基脲唑 115 | 26.4 |
| **15** | 9.3007 | 0.089 | N-叔丁基-N'-甲基尿素 130 | 12.7 |
| **16** | 10.040 | 1.119 | 亚硝基二甲胺 74 | 93.3 |
| **17** | 10.238 | 0.986 | 二甲基甲酰胺 73 | 94.4 |
| **18** | 10.449 | 0.029 | 二甲基氰胺 70 | 90.9 |
| **19** | 10.486 | 0.013 | 2-仲-戊基-1,1 二甲基肼 130 | 20.7 |
| **20** | 11.154 | 0.806 | 三(二甲氨基)甲烷 145 | 80.7 |
| **21** | 11.451 | 0.115 | 3-甲基-5,6-二氢-脲嘧啶 128 | 23.0 |
| **22** | 12.194 | 0.124 | 六氢-1,2,4,5-四甲基-1,2,4,5-四嗪 144 | 82.4 |
| **23** | 12.305 | 0.170 | 未知物 172 | — |
| **24** | 12.454 | 0.164 | 二甲氨基甲基-N-甲基甲酰胺 116 | 67.9 |
| **25** | 12.578 | 0.033 | 1-甲基-1H-1,2,4-三唑 83 | 89.2 |
| **26** | 12.763 | 0.177 | N'-亚硝基-N-甲基-N-丙胺 102 | 52.3 |
| **27** | 13.036 | 0.025 | 二甲基正丁醛腙 114 | 54.5 |
| **28** | 13.073 | 0.410 | 甲基甲酰胺 59 | 90.9 |
| **29** | 13.271 | 0.214 | 1,2-二氢-3H-1,2,4-三唑-3-酮 85 | 21.4 |
| **30** | 14.867 | 0.122 | 乙二醛双二甲基腙 142 | 94.2 |
| **31** | 15.065 | 0.089 | 1,3-二甲基-2-咪唑啉酮 114 | 49.4 |

*表示该物质为分析得出，未采用谱库匹配结果。

由表 5-8 可知，在封闭的实验体系和空气量一定的情况下，反应 14d 后，检测到除偏二甲肼和二氧化碳外的转化物多达 29 种，实验所得谱图与 NIST 谱库符合度超过 80%的有 18 种，且多次实验均能检测到。

与偏二甲肼的液相氧化相比，新的转化物有三甲基脲、二甲基氰胺、甲基甲酰胺、二甲基正丁醛腙、1-甲基-1H-1,2,4-三唑、三(二甲氨基)甲烷、甲醛甲基腙、二甲氨基甲基-N-甲基甲酰胺及结构复杂的环状化合物 3-甲基-5,6-二氢-脲嘧啶、1,2-二氢-3H-1,2,4-三唑-3-酮、1,3-二甲基-2-咪唑啉酮和 N-叔丁基-N'-甲基尿素等。

在偏二甲肼臭氧氧化实验中，也检测到二甲基氰胺、甲基甲酰胺、1-甲基-1H-1,2,4-三唑。甲基甲酰胺是偏二甲肼甲基氧化、氮氮键断裂生成的二甲胺甲基氧化转化物；甲醛甲基腙是偏腙或甲基肼氧化转化物；1-甲基-1H-1,2,4-三唑是甲基甲酰肼与甲酰胺作用转化物；4-甲基-1,2,4-三唑烷-3,5-二酮是 1-甲基-1H-1,2,4-三唑环状分子碳加氧生成羰基的氧化转化物；二甲氨基甲基-$N$-甲基甲酰胺是四甲基烷二胺甲基氧化转化物；甲基二酰胺与乙二胺分别脱氢后偶合生成 3-甲基-5,6-二氢-脲嘧啶，二甲氨基甲基-$N$-甲基甲酰胺脱氢后偶合生成环状化合物 1,3-二甲基-2-咪唑啉酮；$N$-叔丁基-$N'$-甲基尿素是叔丁基胺与甲酰胺分别脱氢后偶合的转化物。上述反应中主要存在两种反应类型，一是脱氢偶合反应，二是羰基与氨分子的缩合反应。

偏二甲肼氧气氧化产生羟基自由基，偏腙在羟基自由基作用下氧化生成 $(CH_3)_2NNCH\cdot$，其分解产生二甲氨基自由基、HCN，与甲醛共存条件下转化为 $N,N$-二甲氨基乙腈。

### 5.2.1.3　偏二甲肼与氧气静态氧化的液相转化物

偏二甲肼试样量 3mL，氧气充入量 400mL，在 15～20℃下进行反应，14d 后用微量进样器抽取 1μL 进行分析，GC-MS 检测液相转化物保留时间及相对含量，结果见表 5-9。

表 5-9　偏二甲肼氧气静态氧化的液相转化物保留时间及相对含量

| 序号 | 保留时间/min | 峰面积比/% | 谱库检索物质及分子量 | 符合度/% |
|---|---|---|---|---|
| 1 | 1.220 | 0.259 | 二氧化碳 44 | 95.0 |
| 2 | 1.265 | 1.274 | 三甲胺 59 | 85.1 |
| 3 | 1.475 | 8.745 | 二甲胺 45 | 82.0 |
| 4 | 1.636 | 2.958 | 四甲基甲烷二胺 102 | 84.1 |
| 5 | 1.921 | 1.344 | 三甲基肼 74 | 44.1 |
| 6 | 2.069 | 0.156 | 二甲基乙基肼 88 | 83.7 |
| 7 | 2.478 | 13.005 | 偏腙 72 | 87.0 |
| 8 | 2.638 | 1.177 | 甲醇 32 | 13.9 |
| 9 | 2.762 | 18.205 | 偏二甲肼 60 | 96.0 |
| 10 | 3.616 | 1.433 | 乙醛腙 86 | 93.6 |

| 序号 | 保留时间/min | 峰面积比/% | 谱库检索物质及分子量 | 符合度/% |
|---|---|---|---|---|
| 11 | 6.005 | 0.387 | 二甲基羟胺 61 | 88.8 |
| 12 | 6.748 | 2.370 | 甲醛甲基腙 58 | * |
| 13 | 7.367 | 1.861 | 四甲基四氮烯 116 | 96.0 |
| 14 | 7.528 | 0.584 | (乙基二氮烯基)乙基-1,1-二甲肼 114 | 40.1 |
| 15 | 8.023 | 0.084 | N-甲酰乙胺 73 | 43.8 |
| 16 | 8.679 | 0.058 | 二甲基氨基甲酸甲酯 103 | 82.5 |
| 17 | 8.877 | 4.214 | 4-甲基脲唑 | 23.5 |
| 18 | 9.124 | 0.278 | 二甲氨基乙腈 84 | 97.6 |
| 19 | 10.064 | 23.402 | 亚硝基二甲胺 74 | 81.2 |
| 20 | 10.238 | 8.494 | 二甲基甲酰胺 73 | 96.3 |
| 21 | 10.486 | 0.347 | 2-仲-戊基-1,1-二甲肼 130 | 81.1 |
| 22 | 11.055 | 0.176 | N,N-二甲基胍 87 | 30.3 |
| 23 | 11.154 | 1.459 | 三(二甲氨基)甲烷 145 | 86.0 |
| 24 | 11.290 | 0.294 | 1,2-二甲基二氮杂环丙烷 72 | 11.6 |
| 25 | 11.451 | 0.105 | 3-甲基-5,6-二氢-脲嘧啶 128 | 15.1 |
| 26 | 11.563 | 0.090 | 1,1,3,3-四甲基脲 116 | 80.5 |
| 27 | 11.996 | 0.375 | 甲酸 46 | 46.0 |
| 28 | 12.194 | 0.128 | 六氢-1,2,4,5-四甲基-1,2,4,5-四嗪 144 | 45.3 |
| 29 | 12.454 | 0.178 | 二甲氨基甲基-N-甲基甲酰胺 116 | 81.6 |
| 30 | 12.578 | 0.299 | 1-甲基-1H-1,2,4-三唑 83 | 89.9 |
| 31 | 12.763 | 0.306 | N'-亚硝基-N-甲基-N-丙胺 102 | 25.7 |
| 32 | 13.036 | 0.591 | 正丁醛二甲基腙 114 | 66.5 |
| 33 | 13.073 | 0.187 | 甲基甲酰胺 59 | 88.2 |
| 34 | 13.110 | 2.827 | N,N-二甲基脲 88 | 92.6 |
| 35 | 14.385 | 0.294 | (1-环丙基甲基)脲 114 | 12.7 |
| 36 | 14.570 | 0.112 | N-甲基哌嗪 100 | 43.1 |
| 37 | 14.867 | 0.226 | 乙二醛双二甲基腙 142 | 94.0 |
| 38 | 15.065 | 0.052 | 1,3-二甲基-2-咪唑啉酮 114 | 15.8 |
| 39 | 15.239 | 0.487 | N,N,N'-三甲基乙二胺 102 | 21.4 |
| 40 | 15.585 | 0.078 | 1-乙基-3,3-二甲基-1-亚硝基脲 145 | 20.8 |

续表

| 序号 | 保留时间/min | 峰面积比/% | 谱库检索物质及分子量 | 符合度/% |
|---|---|---|---|---|
| **41** | 16.130 | 0.056 | 三甲基脲 102 | 81.1 |
| **42** | 16.637 | 0.125 | 2-氨基-1-甲基咪唑啉-4-酮 115 | 70.9 |

*表示该物质为分析结果，非仪器检测结果。

由表 5-9 可知，在封闭体系中偏二甲肼纯氧氧化的转化物多达 42 种(不含偏二甲肼)，比空气氧化(表 5-8)的转化物多出 12 种。偏二甲肼氧气氧化的转化物包含大量偏腙、二甲胺进一步氧化转化物，二甲基甲酰胺与氨、甲醇、甲胺、二甲胺发生偶合生成 N,N-二甲基脲、二甲基氨基甲酸甲酯、三甲基脲、1,1,3,3-四甲基脲等一系列化合物。与偏二甲肼臭氧氧化不同的是，反应生成了大量二甲胺、二甲基甲酰胺的脱氢偶合反应衍生物。推测转化路径如下：

偏二甲肼 — 
- 甲基氧化 —→ 甲醛，甲基肼，偏腙 — 乙醛腙，乙二醛双二甲基腙 / 甲基甲醛腙
- NN 键断裂 — 二甲胺，氨 —→ 亚硝基二甲胺，甲基甲酰胺，二甲基羟胺 / 甲基化，酰基化 —→ 三甲胺，二甲基甲酰胺 —→ 衍生物
- 甲基化反应 —→ 三甲基肼，四甲基肼

(乙基二氮烯基)乙基-1,1-二甲肼(分子量 114)是二甲基乙基肼与乙基氮烯脱氢偶合的转化物，1,2-二甲基二氮杂环丙烷是 1,2-二甲基肼与甲醛发生脱水缩合反应或三甲基肼脱氢环化产物。

### 5.2.2　水、氧气含量对偏二甲肼氧化的影响

有机物氧化过程会产生水，本节研究水对偏二甲肼氧化是否产生影响。已有研究认为，大气中氨、甲胺和二甲胺与甲醛作用生成加和物，有水存在时反应活化能显著下降。在没有水的情况下，$H_2CO$ 与 $(CH_3)_2NH$ 反应的活化能为 84.0kJ/mol，而有水情况下反应活化能为 22.6kJ/mol，水起催化剂的作用[16]。偏腙的生成过程与此类似，水对偏腙的生成反应有催化作用。有机物中的氢原子被氧化后生成水，水可以参与自由基反应，氧化产生的氢原子与水作用生成羟基自由基，因此水可促进偏二甲肼的氧化。

$$H \cdot + H_2O \longrightarrow 2 \cdot OH$$

质子耦合电子转移(proton-coupled electron transfer，PCET)机理是指氧化还原反应中电子和质子转移同步进行的反应。甲酸与羟基自由基的大气反应高水平量化计算表明[17,18]，水催化过程比非催化过程具有动力学上的优越性。羟基自由基主要按照质子耦合电子转移机理提取甲酸的酸性氢，单个水分子的参与使得通过氢原子转移提取甲酸甲酰基上的氢，其原因可能是水分子与甲酸的酸性氢之间形

成氢键而被保护，从而改变了羟基自由基氧化甲酸的反应路径。

偏二甲肼气相氧化转化物中，含量相对较高的是偏腙和二甲胺，而纯氧条件下有一定量的亚硝基二甲胺和四甲基四氮烯，还有含量很低的一些物质。因此，选取二甲胺(DMA)、偏腙(FDH)、四甲基四氮烯(TMT)、亚硝基二甲胺(NDMA)，研究影响因素对物质浓度的影响，获得 DMA、FDH、TMT、NDMA 在氧气、氧气＋水、空气、空气＋水(水为液态)4 种静态氧化条件下气相中各物质相对含量随时间的变化曲线，如图 5-4 所示。

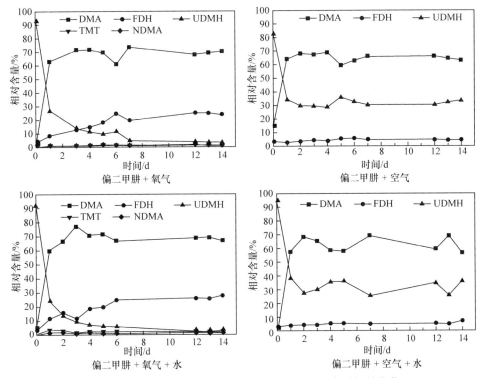

图 5-4 偏二甲肼静态氧化转化物相对含量随反应时间的变化

由图 5-4 可知，气液共存条件下，偏二甲肼氧化反应非常快，空气中反应 1d 基本停止；纯氧气相氧化 1d 后还有未完全反应的氧气，氧化 6d 后基本结束。空气中反应 1d 后，偏二甲肼降至原来的 20%～40%，二甲胺含量达到约 60%，之后二甲胺的含量基本保持不变；纯氧中偏腙含量缓慢增大到约 25%，空气中偏腙含量仅有 4%。此外，纯氧中偏二甲肼氧化产生约 1.3%气态亚硝基二甲胺，同时检出四甲基四氮烯，但空气中偏二甲肼氧化产生的亚硝基二甲胺含量很低。因此，在氧气充足条件下，偏二甲肼更易转化为亚硝基二甲胺。

偏二甲肼氧气氧化过程中液相部分采样的实验结果见图 5-5。

图 5-5 显示的液相中，纯氧氧化偏二甲肼产生的亚硝基二甲胺是空气中生成 NDMA 的 10～20 倍，亚硝基二甲胺含量最高可达 23.4%。偏二甲肼与纯氧的反应中约 30%的偏二甲肼转化为亚硝基二甲胺，而与空气的反应中仅有约 3.6%的偏二甲肼转化为亚硝基二甲胺，但约 36%的偏二甲肼转化为二甲胺。液相中，偏二甲肼纯氧氧化转化物含量高低依次为亚硝基二甲胺、偏腙、二甲胺、四甲基四氮烯；气相中，偏二甲肼氧化转化物含量高低依次为二甲胺、偏腙、亚硝基二甲胺、四甲基四氮烯。二甲胺沸点只有 6.9℃，主要存在于气相；亚硝基二甲胺沸点为 152℃，主要存在于液相。

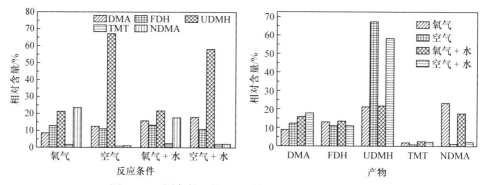

图 5-5　不同条件下偏二甲肼静态氧化转化物的含量

偏二甲肼的氧化速度随氧气的增加而增大，亚硝基二甲胺、偏腙含量相应增大，而二甲胺含量相应减少。二甲胺的生成仅需要脱去 1 个 H 即需要 1 个 O；偏腙的生成需要 2 个 O，分别起脱氢和加氧作用；亚硝基二甲胺的生成需要 3 个 O，其中 2 个脱氢、1 个加氧。氧气的增减对需氧量最大和最小的物质影响更为显著，氧气含量增大有利于需氧量大的物质产生。亚硝基二甲胺是二甲氨基自由基的转化物，增大氧气含量可有效减少二甲胺的生成。

由图 5-5 可知，水对空气和纯氧中的偏二甲肼氧化均具有促进作用，对二甲胺、四甲基四氮烯的生成具有促进作用，对偏腙的生成没有影响。此外，水对偏二甲肼氧化的影响可能还表现为氢键作用。偏二甲肼氨基与氧气的碰撞概率比甲基低，同时偏二甲肼分子通过氢键发生缔合：

$$2(CH_3)_2NNH_2 \rightleftharpoons (CH_3)_2NNH_2 \cdot H_2NN(CH_3)_2$$

缔合后的分子与氧气的碰撞概率进一步下降，导致偏二甲肼的氨基难以氧化，从而降低了反应速率，但偏二甲肼与水通过氢键作用缔合：

$$(CH_3)_2NNH_2 + H_2O \rightleftharpoons (CH_3)_2NNH_2 \cdot H_2O$$

水的氢键作用会使氨基裸露的程度增大，加大氨基氧化反应的概率，进而促进偏二甲肼氨基氧化生成二甲氨基氮烯(双自由基)，并偶合生成四甲基四氮烯。

氧气氧化偏二甲肼产生过氧化氢自由基，亚硝基二甲胺的转化路径：

$$(CH_3)_2NN\colon + HO_2\cdot \longrightarrow (CH_3)_2NNO + HO\cdot$$

$$(CH_3)_2NH + HONO \longrightarrow (CH_3)_2NNO + H_2O$$

亚硝基二甲胺与四甲基四氮烯、二甲胺生成表现出的竞争关系。在空气氧化条件下，水可以同时增大二甲胺、四甲基四氮烯和亚硝基二甲胺的生成量，而在纯氧条件下，水会减少亚硝基二甲胺的生成。

动态氧化实验中，对比氧气氧化时间 40h、空气氧化时间 280h 的偏二甲肼主要转化物，结果见表 5-10。在相同的偏二甲肼氧化程度下，空气氧化需要更多的时间和氧气量。

表 5-10　空气与纯氧中偏二甲肼动态氧化的主要转化物

| 化合物 | 氧气中氧化 | | 空气中氧化 | | 吸氧量 | 燃烧热 /(kJ/g) |
| --- | --- | --- | --- | --- | --- | --- |
| | 峰面积比/% | 面积增大倍数 | 峰面积比/% | 面积增大倍数 | | |
| 偏二甲肼 | 64.525 | 0.751 | 62.578 | 0.7292 | — | 32.99 |
| 偏腙 | 12.419 | 1.685 | 10.921 | 1.482 | 0.53 | — |
| 二甲胺 | 9.441 | 3.164 | 3.558 | 1.192 | 0.177 | 38.74 |
| 亚硝基二甲胺 | 6.809 | 24.85 | 12.328 | 45 | 0.432 | 22.30 |
| 四甲基四氮烯 | 3.396 | 2.14 | 1.709 | 1.07 | 0.138 | 30.3 |
| 二甲基二氮烯 | 2.405 | 2.35 | 2.823 | 3.237 | 0.275 | — |
| 水 | 1.033 | 1.39 | 2.371 | 3.20 | — | — |
| 乙醛腙 | 0.264 | 0.68 | 0.915 | 2.53 | 0.465 | — |

由表 5-10 可知，与纯氧氧化相比，偏二甲肼空气氧化转化物中的偏腙、二甲胺、四甲基四氮烯含量相对较低，而亚硝基二甲胺、水、二甲基二氮烯含量增大，其中亚硝基二甲胺的生成量增大。亚硝基二甲胺生成速度较慢，延长反应时间有利于转化为亚硝基二甲胺。

纯氧中偏二甲肼氧化时间短，氧气有利于生成反应速率大的物质，即有利于偏腙和二甲胺的转化；空气中反应时间长，中间体会进一步转化为难降解有机物，因此二甲胺、偏腙和四甲基四氮烯含量较纯氧中低，而乙醛腙特别是亚硝基二甲胺的转化量显著提高。

### 5.2.3　酸对偏二甲肼氧化的影响

偏二甲肼本身是碱性的，有机物氧化过程产生有机酸并使体系的酸性升高。分别测定偏二甲肼在酸性和碱性条件下氧化主要转化物亚硝基二甲胺、二甲胺、偏腙、四甲基四氮烯和二甲基甲酰胺的含量，结果如图 5-6 所示。

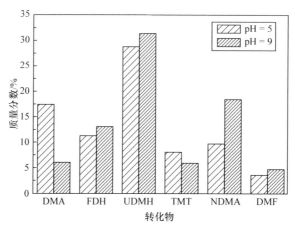

图 5-6　不同 pH 偏二甲肼氧化转化物的含量

由图 5-6 可知，偏二甲肼在酸性介质中更容易降解，转化物含量从大到小依次为二甲胺、偏腙、亚硝基二甲胺、四甲基四氮烯、二甲基甲酰胺；碱性条件下转化物含量从大到小依次为亚硝基二甲胺、偏腙、四甲基四氮烯、二甲胺、二甲基甲酰胺。除四甲基四氮烯和二甲胺外，其他转化物在酸性介质中的含量都低于碱性介质。碱性条件下二甲胺的含量为 6.0%，远低于酸性条件下的 17.9%；碱性条件下亚硝基二甲胺的含量为 18.6%，高于酸性条件下的 9.8%。

以上结果表明，在酸性介质偏二甲肼易被氧化，偏腙和亚硝基二甲胺中易水解。二甲胺与偏腙、亚硝基二甲胺的生成存在竞争关系，酸性条件下，偏二甲肼氮氮键更容易断裂生成二甲胺，同时二甲胺的氨基在质子保护作用下不容易被氧化，二甲胺含量更高；反之碱性条件下，二甲胺的氨基失去质子保护，氨基自由基($\cdot NH_2$)更容易转化为 NO，有利于二甲胺转化为亚硝基二甲胺，亚硝基二甲胺含量升高。亚硝基二甲胺与四甲基四氮烯之间存在竞争，受过氧化氢自由基的影响，酸性介质中更容易生成四甲基四氮烯，而碱性条件下亚硝基二甲胺的含量较高。二甲胺与二甲基甲酰胺之间表现出竞争关系，碱性介质中二甲胺更容易氧化转化为二甲基甲酰胺。

### 5.2.4　金属和金属氧化物对偏二甲肼空气氧化的影响

肼与铝、304 不锈钢、锌和钛金属板室接触，测定肼的分解率[19]。所有实验中，与金属板接触肼分解率均大于未接触金属板。肼与金属反应动力学过程可以描述如下：

$$S(表面) + O_2 \rightleftharpoons S:O_2$$

$$S'(表面) + N_2H_4 \rightleftharpoons S':N_2H_4$$

$$S:O_2 + S':N_2H_4 \longrightarrow S:H_2O_2 + S':N_2H_2$$

氧气和肼分别吸附在材料表面后相互作用，氧气摘除肼分子中的氢转化为过氧化氢自由基，肼转化为二氮烯。反应速率与氧气浓度、肼浓度成正比。

不同肼在铝氧化物表面反应的相对反应速率为

| HZ | MMH | 混肼-50 | UDMH |
|----|-----|---------|------|
| 158 | 11 | 2 | 1 |

可以看出，肼最容易分解，而偏二甲肼最稳定。

分别在不锈钢和玻璃器皿中进行低浓度(20~250ppm)溶解二氧化碳的影响研究，其中 60℃ 不锈钢容器中，肼的分解速率与二氧化碳的总浓度成正比[20]，说明空气中二氧化碳会促进肼的分解。

在偏二甲肼含量接近、不锈钢和金属铝存在条件下，GC-MS 检测偏二甲肼空气氧化不同时间后的转化物，结果见表 5-11。

表 5-11　氧气、不锈钢和铝对偏二甲肼空气氧化的影响

| 化合物 | 峰面积比/% | | | |
|--------|------|------|------|------|
| | 原样 | 空气中氧化 350h | 不锈钢/空气中氧化 120h | 铝/空气中氧化 120h |
| 水 | 0.742 | 2.076 | 1.022 | 1.531 |
| 二甲胺 | 2.984 | 4.710 | 20.37 | 16.08 |
| 偏二甲肼 | 85.82 | 55.62 | 50.62 | 57.95 |
| 偏腙 | 7.369 | 17.05 | 12.11 | 15.32 |
| 二甲基二氮烯 | — | 2.988 | — | — |
| 乙醛腙 | 0.361 | 0.620 | 0.716 | 0.532 |
| 亚硝基二甲胺 | 0.274 | 11.25 | 5.207 | 0.650 |
| 四甲基四氮烯 | 1.587 | 2.774 | 2.317 | 1.590 |

由表 5-11 可知，在不锈钢和铝条件下，偏二甲肼空气氧化样品中二甲胺含量明显高于单一空气氧化条件下的二甲胺含量，但亚硝基二甲胺的含量相对较小。金属材料表面对包括碳氢键、氮氢键和氮氮键等化学键断裂起催化作用，不锈钢的催化分解作用明显大于金属铝。

金属催化偏二甲肼氮氢键和碳氢键的断裂，起引发反应作用：

$$(CH_3)_2NNH_2 \xrightarrow{Fe或Al} (CH_3)_2NN \cdot H \ 或 \ CH_3(\cdot CH_2)NNH_2 + \cdot H$$

金属进一步催化 $CH_3(\cdot CH_2)NNH_2$ 氮氮键的断裂生成二甲胺和氨的活性中间体：

$$CH_3(\cdot CH_2)NNH_2 \longrightarrow CH_3(\cdot CH_2)NN\cdot + \cdot NH_2$$

在废水处理中，金属铁用作亚硝基二甲胺还原降解催化剂，而铝镍合金作为偏二甲肼还原处理催化剂，可避免偏二甲肼氧化变黄。由表 5-11 还可以看出，金属存在下，未检出二甲基二氮烯。金属催化偏二甲肼分解过程产生的氢自由基或 $H_2$ 将 $(CH_3)_2NN\colon$ 转化为偏二甲肼，从而抑制偏二甲肼转化为二甲基二氮烯和亚硝基二甲胺；同时，分解产生的氢分子或氢自由基的还原作用，可促进偏二甲肼向二甲胺的转化：

$$(CH_3)_2NN\colon + H_2(或\ 2\cdot H) \longrightarrow (CH_3)_2NNH_2$$

$$CH_3(\cdot CH_2)N\cdot + H_2(或\ 2\cdot H) \longrightarrow (CH_3)_2NH$$

文献研究认为，金属铁和金属铝是水中硝酸盐、亚硝酸盐还原处理法的还原剂，在碱性介质中主要还原产生氨和少量氮气，推测还原处理过程发生如下反应：

$$NO_3^- + 4Fe^0 + 10H^+ \rightleftharpoons 4Fe^{2+} + NH_4^+ + 3H_2O$$

$$NO_3^- + 2.8Fe + 0.75Fe^{2+} + 2.25H_2O \longrightarrow NH_4^+ + 1.19Fe_3O_4 + 0.5OH^-$$

$$2Al + 3NO_3^- + 3H_2O \longrightarrow 3NO_2^- + 2Al(OH)_3$$

$$2Al + NO_2^- + H^+ + 4H_2O \longrightarrow NH_3 + 2Al(OH)_3$$

$$2Al + 2NO_2^- + 4H_2O \longrightarrow N_2 + 2Al(OH)_3 + 2OH^-$$

产生的氨分子与亚甲基甲氨自由基 $CH_3(\cdot CH_2)NH$ 作用转化为偏二甲肼：

$$CH_3(\cdot CH_2)N\cdot + NH_3 \longrightarrow (CH_3)_2NNH_2$$

亚甲基甲氨基双自由基和二甲基氨基氮烯(双自由基)是生成亚硝基二甲胺的重要中间体，因此金属催化还原作用具有抑制亚硝基二甲胺生成的作用，如镍铝合金和镍粉可以将亚硝基二甲胺有效还原为偏二甲肼或二甲胺。金属对亚硝酸根也有类似作用，金属催化有机物产生氢自由基，在氢自由基作用下发生还原作用生成肼、胺和氨：

$$(CH_3)_2NNO + 2H_2\ 或\ 4\cdot H \longrightarrow (CH_3)_2NNH_2 + H_2O$$

$$(CH_3)_2NNO + 3H_2\ 或\ 6\cdot H \longrightarrow (CH_3)_2NH + NH_3 + H_2O$$

$$(CH_3)_2NN\colon + 2\cdot H \longrightarrow (CH_3)_2NNH_2$$

金属对偏二甲肼氧化有如下作用：①催化分解作用。不锈钢和铝都可以促进二甲胺的转化；②析氢还原作用。不锈钢和铝氧化体系中都未检测到二甲基二氮烯，同时亚硝基二甲胺的含量都低于对比样，说明金属催化加氢避免了二甲氨基氮烯(双自由基)异构转化为二甲基二氮烯，抑制亚硝基二甲胺的生成。不锈钢主要表现为催化分解作用，偏二甲肼含量降低，二甲胺含量显著增大，偏腙生成量减少；铝主要表现为催化还原作用，将氧化产生的二甲氨基氮烯(双自由基)转化为偏二甲肼，氧化过程偏二甲肼含量高于对比样，亚硝基二甲胺生成量少。利用以上性质，在偏二甲肼废水处理中使用金属催化剂将有可能减少亚硝基二甲胺的生成。

合格的偏二甲肼样品分别在 $Cr_2O_3$、$Ni_2O_3$、$Fe_2O_3$ 三种金属氧化物存在条件下于空气中氧化 60～140h，用 GC-MS 检测各样品中的偏二甲肼及主要氧化转化物二甲胺、偏腙和亚硝基二甲胺，结果见表 5-12。

表 5-12　金属氧化物对偏二甲肼动态氧化的影响

| 反应体系 | | 峰面积比/% | | | | | 其他转化物 |
|---|---|---|---|---|---|---|---|
| | | UDMH | FDH | DMA | NDMA | 余量* | |
| 空气 | 0h | 95.27 | 3.937 | 0.561 | — | 0.793 | 乙醛腙 |
| | 60h | 71.24 | 14.75 | 6.34 | 0.649 | 7.021 | 水,乙醛腙，二甲基二氮烯,四甲基四氮烯 |
| | 80h | 64.00 | 17.74 | 10.24 | 2.486 | 5.434 | 水,乙醛腙，二甲基二氮烯,四甲基四氮烯 |
| | 100h | 56.53 | 20.43 | 11.15 | 3.837 | 8.053 | 水,乙醛腙，二甲基二氮烯,四甲基四氮烯 |
| | 120h | 45.31 | 19.30 | 8.264 | 14.02 | 13.11 | 增加分子量 116，共 15 个明显的色谱峰 |
| Cr 氧化物 | 60h | 59.01 | 25.92 | 5.376 | 0.753 | 9.694 | 增加分子量 130 化合物 |
| | 80h | 54.237 | 30.52 | 6.224 | 0.761 | 8.258 | 水,乙醛腙，二甲基二氮烯,四甲基四氮烯，11 种 |
| | 100h | 51.53 | 27.15 | 6.714 | 1.308 | 13.30 | 水,乙醛腙，二甲基二氮烯,四甲基四氮烯，11 种 |
| | 120h | 50.00 | 28.99 | 7.329 | 1.027 | 12.65 | 水,乙醛腙，二甲基二氮烯,四甲基四氮烯，11 种 |
| | 140h | 49.99 | 28.92 | 7.484 | 1.028 | 12.58 | 水,乙醛腙，二甲基二氮烯,四甲基四氮烯，11 种 |
| Ni 氧化物 | 60h | 70.92 | 15.12 | 8.350 | 0.688 | 4.919 | 水,乙醛腙，二甲基二氮烯,四甲基四氮烯 |
| | 80h | 69.35 | 15.42 | 9.077 | 0.721 | 5.432 | 水,乙醛腙，二甲基二氮烯,四甲基四氮烯 |
| | 100h | 68.69 | 15.21 | 8.960 | 0.851 | 6.092 | 水,乙醛腙，二甲基二氮烯,四甲基四氮烯 |
| | 120h | 55.46 | 18.90 | 9.542 | 2.185 | 13.91 | 增加二甲基甲酰胺，分子量 115 化合物 |
| | 140h | 48.31 | 20.00 | 10.34 | 3.560 | 17.79 | 增加 2 个分子量 101 化合物,共 14 种 |
| Fe 氧化物 | 60h | 76.74 | 13.53 | 7.911 | — | 1.819 | 乙醛腙,四甲基四氮烯，二甲基二氮烯 |
| | 80h | 74.47 | 14.72 | 7.473 | — | 3.336 | 乙醛腙,四甲基四氮烯，二甲基二氮烯 |
| | 100h | 72.23 | 15.02 | 8.672 | 0.456 | 3.622 | 增加硝基二甲胺 |
| | 120h | 65.23 | 17.77 | 9.581 | 0.820 | 6.601 | 增加分子量 181 化合物 |
| | 140h | 66.88 | 17.71 | 7.981 | 1.114 | 6.315 | 增加分子量 181 化合物 |

*其余氧化转化物的色谱图中峰面积比之和。

由表 5-12 可知，偏二甲肼氧化后的大多数样品含有水、二甲胺、偏腙、二甲基二氮烯、乙醛腙、亚硝基二甲胺和四甲基四氮烯。以偏二甲肼在空气中氧化60h为例，偏二甲肼及上述氧化转化物的保留时间分别为3.97min、3.64min、3.73min、4.34min、4.45min、4.942min、6.23min、6.516min。

1) 空气中直接氧化

合格的偏二甲肼于空气中氧化60～120h，偏腙、二甲胺、亚硝基二甲胺含量持续增大；氧化到100h时偏腙和二甲胺含量达到峰值，随后逐渐下降；氧化到120h时，NDMA含量迅速增大，非主要氧化转化物的总含量明显增大，三种主要氧化转化物含量从大到小依次为偏腙、亚硝基二甲胺、二甲胺，氧化过程产生二甲胺、偏腙、亚硝基二甲胺、水、乙醛腙、二甲基二氮烯和四甲基四氮烯等7种转化物。

2) $Cr_2O_3$ 的影响

$Cr_2O_3$ 可明显促进偏二甲肼氧化，主要表现在氧化60～100h期间，偏二甲肼含量较空白实验小，而偏腙含量明显增大，且氧化产生分子量为114、115、130的一系列新转化物；100～140h时间段，氧化基本处于停滞状态，似乎氧化过程达到了化学平衡；氧化到120h时，三种主要氧化转化物含量大小依次为FDH、DMA、NDMA。

3) $Ni_2O_3$ 的影响

$Ni_2O_3$ 对偏二甲肼氧化过程的影响与 $Cr_2O_3$ 相反，氧化60～100h时间段，$Ni_2O_3$ 对偏二甲肼氧化没有明显的促进作用；氧化100～140h时间段，产生二甲基甲酰胺和分子量为101、115的转化物，偏二甲肼含量下降速度增加，非主要氧化转化物占比快速提高；氧化到120h时，三种主要氧化转化物含量大小依次为FDH、DMA、NDMA。

4) $Fe_2O_3$ 的影响

$Fe_2O_3$ 对偏二甲肼的氧化表现为抑制作用，不仅转化物含量较低，而且转化物种类也不多。与空白实验对比可以看出，除偏二甲肼原样已含的水、偏腙、二甲胺外，常见偏二甲肼氧化转化物生成(或出现色谱峰)次序是乙醛腙、四甲基四氮烯、二甲基二氮烯、亚硝基二甲胺。氧化到120h时，三种主要氧化转化物的浓度含量大小依次为FDH、DMA、NDMA。

金属氧化物对二甲胺和亚硝基二甲胺的生成有抑制作用，氧化120h后含 $Cr_2O_3$、$Ni_2O_3$、$Fe_2O_3$ 体系的亚硝基二甲胺含量分别仅为空白对比实验的7.32%、15.6%、5.85%。同时，$Fe_2O_3$、$Ni_2O_3$、$Cr_2O_3$ 都对DMA进一步转化为NDMA有抑制作用。这里金属氧化物作用的分析，参考了半导体催化剂的性质。单一的氧化锌半导体不能将硝酸盐和亚硝酸盐转化为氨，而加入 $Fe_2O_3$ 后紫外吸收谱发生红移并提高电荷分离，等量氧化锌和 $Fe_2O_3$ 复合后可同时将硝酸盐和亚硝酸盐转化为氨[21]。该作用与金属的作用相似，但本节使用的半导体金属氧化物属于单一的半导体催化剂且无紫外线照射,因此不能解释上述现象。研究表明,金属氧化物对氧化产生的 NO 具有分解作用,类似于氟石材料将 NO 分解为 $N_2$ 和 $N_2O$,或催化 $NH_3$ 与 NO 作用转化为 $N_2$ 和 $N_2O$,氮转化为 $N_2$ 避免或减少了氮的氧化物,从这一特性看金属氧化物在偏二甲肼氧化过程中,避免二甲胺与 NO 作用转化为 NDMA。

金属氧化物对偏二甲肼氧化的主要作用:①吸附作用。偏二甲肼选择性吸附在金属氧化物表面 Lewis 酸位上,避免了偏二甲肼氨基氧化,从而显著抑制偏二甲肼的氧化,有效减少二甲基二氮烯、NDMA 的产生,同时有利于甲基氧化转化为偏腙。②催化 NO 转化为 $N_2$ 和 $N_2O$,从而减少二甲氨基自由基与 NO 结合转化为 NDMA。其中,$Fe_2O_3$ 抑制偏二甲肼氧化和 NDMA 生成的作用最为显著。可能是对偏二甲肼类似肼和甲基肼[22]在 $Fe_2O_3$ 表面 Lewis 酸位产生了氢键吸附作用,降低偏二甲肼的氧化,这是偏二甲肼在土壤中残留 30 余年[23]的主要原因。

### 5.2.5 偏二甲肼氧化转化物对推进剂性能的影响

作为战略导弹和空间运载工具的燃料,偏二甲肼推进剂通过与强氧化剂反应燃烧将化学能转化为动能,一般单位质量的燃烧热值越高,推进剂的比推力就越大。偏二甲肼氧化转化物主要影响的是推进剂的燃烧热值和点火性能。偏二甲肼主要氧化转化物的燃烧热见表 5-13。

表 5-13 偏二甲肼主要氧化转化物的燃烧热

| 组分 | UDMH | MMH | HZ | DMA | NDMA | 水 | TMT |
|---|---|---|---|---|---|---|---|
| 氧气中燃烧热/(kJ/g) | −32.99 | −28.34 | −19.4 | −38.74 | −22.30 | 0 | −30.3 |
| 四氧化二氮中燃烧热/(kJ/g) | −51.4 | −43.5 | −61.25 | — | — | 0 | |

液体火箭发动机试车已证明,1%的偏腙使比推力下降 0.19s,而水作为完全氧化的转化物,不能再提供燃烧热,推进剂含水量增大 0.1%,比冲下降 1s。由表 5-13 各物质在氧气中的燃烧热可知,亚硝基二甲胺、四甲基四氮稀单位质量燃烧热值比偏二甲肼小,水含量的增加最不利,其次是亚硝基二甲胺,含氧化合物导致能量下降将更严重。偏二甲肼氧化过程中的加氧、脱氢过程都是偏二甲肼能量下降的原因,只有二甲胺可以增大燃烧热值。类似地,偏腙、二甲基二氮烯和乙醛分子中含有双键,含双键的分子含有较少的氢原子,会造成燃烧热下降。从三种肼在四氧化二氮中的燃烧热看,分子中氮上氢含量越大,燃烧热越小,同样表明转化物偏腙、亚硝基二甲胺将降低燃烧热。

Liu 等研究了甲基肼与氧化剂 $NO_2/N_2O_4$ 在室温和 1atm $N_2$ 下的气相化学行为,检测到 HONO、亚硝酸甲基肼(MMH—HONO)、甲基二氮烯($CH_3N=NH$)、硝酸甲酯($CH_3ONO_2$)、亚硝酸甲酯($CH_3ONO$)、硝基甲烷($CH_3NO_2$)、甲基叠氮化物 ($CH_3N_3$)、$H_2O$、$N_2O$ 和 NO 等化合物，提出在 $NO_2$ 气氛中氧化 MMH 通过顺序脱氢和生成 HONO 引发反应[24]。Sun 等认为 MMH 和 $NO_2$、MMH 和·OH 的反应在火箭发动机燃烧中都很重要[11]。羟基自由基对氨基和甲基氧化没有选择性，而肼的结构特性是含有易于氧化的氨基，自燃特性源于氨基与 $NO_2$ 的反应。

偏二甲肼与四氧化二氮可以发生自燃，但常温下偏二甲肼与氧气反应不会自燃。根据第 3 章的机理研究，四氧化二氮与偏二甲肼发生如下反应：

$$HNO_3 \longrightarrow NO_2 + \cdot OH$$

$$N_2O_4 \longrightarrow 2NO_2$$

$$(CH_3)_2NNH_2 + NO_2 \longrightarrow (CH_3)_2NN \cdot H + HNO_2$$

Ishikawa 等经过量化计算认为，$NO_2$ 可以夺取甲基肼的不同氢，生成 $CH_3NN \cdot H$、$CH_3NHN$、$\cdot CH_2N \cdot NH_2$ 和·$CH_2NHN \cdot H$ 等 4 种异构转化物。所有氢包括 $CH_3NNH_2$ 和 $CH_3NHNH$ 甲基的脱氢过程都是无障碍的，$CH_3N \cdot NH_2$ 和 $CH_3N \cdot NH \cdot$ 为 MMH 点火和燃烧的重要中间体[25]。

Thaxton 等报道 $NO_2$ 与 $NH_3$ 反应的活化能为 104.8kJ/mol，$NO_2$ 对 MMH 的脱氢反应活化能为 24.66kJ/mol[26]，这与 Seamans 等 MMH 和四氧化二氮(NTO)的低温气相反应实验研究结果一致[27]。Tuazon 等根据反应动力学实验，推测

$$(CH_3)_2NNH_2 + NO_2 \longrightarrow (CH_3)_2NNH \cdot + HONO$$

反应活化能近似为 20.9kJ/mol[28]。正是这个反应引发了偏二甲肼与 NTO 的自燃反应，因此双组元自燃推进剂的氧化剂必须含有 $NO_2$，NTO 与肼、胺都能发生上述反应，胺类与 NTO 也能发生自燃反应。引起偏二甲肼自燃延迟的氧化转化物包括亚硝基二甲胺和偏腙，而二甲胺不会引起点火延迟的严重下降。因此，在偏二甲肼质量检测中必须特别关注偏腙特别是 NDMA 含量，两者对偏二甲肼的点火和燃烧性能都可能产生不利影响。

### 5.2.6 偏二甲肼氧气氧化反应机理

偏二甲肼氧化在诱导期主要转化生成偏腙、二甲胺，之后二甲胺含量逐渐下降，而亚硝基二甲胺含量则显著增大，并转化生成大量腙、胺、酰胺、胍、脲、亚胺和环状化合物。反应过程中产生的水、酸对氧化过程有催化作用。

#### 5.2.6.1 偏二甲肼氧气氧化机理

偏二甲肼氧气氧化主要生成二甲胺、偏腙、四甲基四氮烯和亚硝基二甲胺，由于液态偏二甲肼或气态饱和偏二甲肼分子之间存在氢键作用，因此推测这些物质都是甲基氧化下生成。

$$(CH_3)_2NNH_2 + \cdot OH \longrightarrow CH_3(\cdot CH_2)NNH_2$$

由于只有偏腙较易氧化，因此偏二甲肼氧化转化物中存在偏腙进一步氧化的转化物和$(\cdot CH_2)(CH_3)N \cdot$进一步作用的转化物。

1) 偏二甲肼的氧化

偏二甲肼加氧、交换脱氧和脱醛生成甲醛和甲基肼基自由基，甲醛与偏二甲肼缩合生成偏腙：

$$UDMH + O \cdot \longrightarrow HCHO + MMH$$

$$HCHO + UDMH \longrightarrow FDH$$

偏二甲肼、亚硝基二甲胺和偏腙甲基氧化生成甲基亚甲基亚胺或亚甲基甲氨自由基：

$$UDMH(或 FDH, NDMA) + \cdot O \longrightarrow (\cdot CH_2)(CH_3)N \cdot 或 CH_3N = CH_2$$
$$+ \cdot NH_2(或 H_2CN \cdot, NO)$$

偏二甲肼氧化过程还可以产生甲酰基自由基，与$\cdot NH_2$作用产生甲酰胺：

$$HCO \cdot + \cdot NH_2 \longrightarrow HCONH_2$$

甲酰胺与$\cdot NH_2$作用转化为胍。

偏二甲肼氨基氧化生成二甲氨基氮烯(双自由基)，加氧生成亚硝基二甲氨，偶合生成四甲基四氮烯：

$$UDMH + O \cdot \longrightarrow (CH_3)_2NN:$$

$$(CH_3)_2NN: + HO_2 \cdot \longrightarrow NDMA$$

$$2(CH_3)_2NN: \longrightarrow TMT$$

$(CH_3)_2NNH \cdot$不与氧气结合以生成亚硝基二甲胺，因此偏二甲肼氧气氧化初期难以生成亚硝基二甲胺。

2) 偏腙的氧化

偏腙氧化很容易生成乙二醛双二甲基腙，甲基自由基与$N,N$-二甲基腙基自由基$(CH_3)_2NNCH \cdot$结合生成乙醛腙 DMHA：

$$FDH + \cdot OH \longrightarrow (CH_3)_2NN = CH \cdot + HO_2 \cdot$$

$$2(CH_3)_2NN = CH \cdot \longrightarrow (CH_3)_2N = CHCH = N(CH_3)_2$$

$$(CH_3)_2NN = CH \cdot + \cdot CH_3 \longrightarrow DMHA$$

偏腙氧气氧化检测到了二甲基二氮烯和甲醛甲基腙说明偏腙的甲基也可以发生氧化水。偏腙水解是一个重要过程，偏腙和偏二甲肼同时存在时氧化转化生成胍。

3) $(\cdot CH_2)(CH_3)N \cdot$的氧化

偏二甲肼氧气氧化生成的$(\cdot CH_2)(CH_3)N \cdot$通过偶合、还原等作用转化为二甲基甲酰胺、三甲胺、二甲胺：

$$(\cdot CH_2)(CH_3)N\cdot + \cdot H + HC{=}O\cdot \longrightarrow DMF$$

$$(\cdot CH_2)(CH_3)N\cdot + \cdot H + \cdot CH_3 \longrightarrow TMA$$

$$(\cdot CH_2)(CH_3)N\cdot + 2H\cdot \longrightarrow DMA$$

4) NDMA 的产生

文献提出偏二甲肼氧气氧化产生亚硝基二甲胺的机理：氧化过程产生大量过氧化氢和过氧化氢自由基后，$(CH_3)_2NN{:}$ 或 $(CH_3)_2NNH\cdot$ 在 $HO_2\cdot$ 作用下进一步转化为亚硝基二甲胺：

$$(CH_3)_2NN{:} + HO_2\cdot \longrightarrow (CH_3)_2NNO + \cdot OH$$

或

$$(CH_3)_2NNH + HO_2\cdot \longrightarrow (CH_3)_2NNHOOH$$

$$(CH_3)_2NNHOOH \longrightarrow (CH_3)_2NNO + H_2O$$

甲基肼氧气氧化产生甲醇证实氧化过程产生了羟基自由基，脱氢反应生成过氧化氢自由基 $HO_2\cdot$，甲酰基自由基 $HCO\cdot$ 与氧气作用生成过氧化氢自由基：

$$HCO\cdot + O_2 \longrightarrow HO_2\cdot + CO$$

上式反映了过氧化氢自由基的产生机理，但氧气直接夺取偏二甲肼氨基上氢的过程活化能高，反应慢。那么是不是还存在其他中间体生成 NDMA 的转化路径？虽然二甲胺与氧气作用未检测到亚硝基二甲胺的生成，但在图 3-1 所示偏二甲肼氧气氧化过程中，首先发生甲基氧化生成二甲胺和偏腙，之后亚硝基二甲胺生成量迅速增大，二甲胺含量迅速减小，可能通过二甲氨基自由基转化为亚硝基二甲胺。该机理成立的先决条件是体系中存在 NO 或 $HNO_2$ 等硝基化物质。

偏二甲肼氧气氧化过程中，生成二甲胺同时生成的 $\cdot NH_2$，可能进一步转化为 NO。偏二甲肼氨基氧化生成过氧化氢自由基，在氧气氧化体系中，存在加氧活性自由基过氧化氢自由基 $HO_2\cdot$。Sumathi 等[29,30]认为，过氧化氢自由基与臭氧[31]一样与 $\cdot NH_2$ 作用生成 $NH_2O\cdot$ 或 HNO，HNO 可进一步转化为 NO。Xiang 等[32]认

为 $\cdot NH_2 + HO_2$ 主要转化为 $NH_3$ 和 $O_2$：

$$\cdot NH_2 + HO_2 \cdot \longrightarrow NH_2O_2H \longrightarrow NH_3 + O_2$$

过氧化氢自由基与亚氨氮烯(自由基)：NH 发生如下反应[33]：

$$:NH + HO_2 \cdot \longrightarrow NHO_2H$$

$$NHO_2H \longrightarrow HNO + \cdot OH \qquad E_a = 25.5 \sim 58.1 kJ/mol$$

$$HNO \longrightarrow NO + H \cdot$$

当氧化过程产生一定量的过氧化氢自由基时，:NH 转化生成 NO 的同时产生氢自由基，二甲氨基自由基与 NO 作用生成 NDMA。此外，Laszlo 等[15]认为氧气与 $\cdot NH_2$ 作用可能通过 $NH_2O_2 \cdot$ 转化为 NO。因此，在氧气条件下有可能通过生成二甲氨基自由基和 NO 转化为亚硝基二甲胺。

### 5.2.6.2　自由基的产生与偶合

偏二甲肼氧化产生自由基，第一种方式是脱氢，可以产生羟基自由基 $\cdot OH$、 $N,N$-二甲基肼基自由基、二甲氨基自由基 $(CH_3)_2N \cdot$、亚甲基甲氨基双自由基 $CH_3(\cdot CH_2)N \cdot$ 等，自由基基团越大，通过氧化脱氢获得的可能性越大，如自由基 $(CH_3)_2NN:$。第二种方式是分解，如甲基自由基 $CH_3 \cdot$、氢自由基 $H \cdot$、甲酰基自由基 $HCO \cdot$ 等都属于这种方式产生。例如，$\cdot NH_2$、NO、$\cdot N\!=\!CH_2$、$(\cdot CH_2)(CH_3)N \cdot$，分别来源于偏二甲肼、甲基肼、亚硝基二甲胺和偏腙的氮氮键断裂，而 $CH_3 \cdot$、 $HCO \cdot$、$\cdot CH_2OO \cdot$ 来源于碳氮键的断裂，$H \cdot$ 来源于碳氢键和氮氢键的断裂。

氮氮键断裂：

$$(\cdot CH_2)(CH_3)NNH_2 \longrightarrow (\cdot CH_2)(CH_3)N \cdot + \cdot NH_2$$

$$(\cdot CH_2)(CH_3)NNO \longrightarrow (\cdot CH_2)(CH_3)N \cdot + NO$$

$$(\cdot CH_2)(CH_3)NNCH_2 \longrightarrow (\cdot CH_2)(CH_3)N \cdot + \cdot NCH_2$$

碳氮键断裂：

$$CH_3N \cdot NH \cdot \longrightarrow CH_3 \cdot + HN_2 \cdot$$

$$CH_3N \cdot NO \longrightarrow CH_3 \cdot + N_2O$$

碳氢键和氮氢键断裂：

$$(CHO)(CH_3)NNH_2 \longrightarrow HC \cdot O + (CH_3)N \cdot NH_2$$

$$HC \cdot O \longrightarrow CO + H \cdot$$

$$CH_3NNH \longrightarrow CH_3N_2 + H \cdot$$

$$HN \cdot NO \longrightarrow H \cdot + N_2O$$

### 5.2.6.3　偏二甲肼氧化转化路径

偏二甲肼、甲基肼的氧化方式包括甲基氧化、甲基化、酰基化、氮氮键断裂、氨基氧化，而二甲胺的主要氧化方式是甲基氧化、甲基化和酰基化。偏二甲肼氧化过程伴随着分解、水解、光解和缩合，主要氧化转化路径是甲基氧化。

(1) 偏二甲肼甲基氧化转化为甲基肼前驱物，进一步生成甲醇和甲基二氮烯，逐步转化为含氮和碳的小分子；

(2) 偏二甲肼氧化过程产生偏腙、亚硝基二甲胺和四甲基四氮烯，偏二甲肼、偏腙、亚硝基二甲胺和四甲基四氮烯氧化产生$(\cdot CH_2)(CH_3)N\cdot$，$(\cdot CH_2)(CH_3)N\cdot$进一步氧化、偶合生成甲醛、胺、酰胺、亚胺等；

(3) 偏二甲肼氧化的部分转化物是偏腙进一步氧化的转化物，腙基脱氢甲基化生成乙醛腙、丙酮腙，偶合生成乙二醛双二甲基腙；

(4) 偏二甲肼氧化生成二甲基甲酰胺、酰肼等，通过偶合、缩合生成二甲基甲酰胺衍生物和环状化合物。

偏二甲肼氧化主要发生甲基氧化而不是氨基氧化，偏二甲肼生成偏腙、二甲氨基氮烯(双自由基)、亚甲基甲氨基双自由基等活性中间体，然后进一步氧化产生其他转化物。其中，二甲氨基氮烯(双自由基)、亚甲基甲氨基双自由基都是生成亚硝基二甲胺的前驱物。

转化物分子越小，就越可能有多种反应路径。例如，甲醛是甲基氧化产生，同时是腙、亚甲胺的水解转化物；甲胺可以通过二甲胺、$(\cdot CH_2)(CH_3)N\cdot$、甲基肼氧化产生及甲基自由基和$\cdot NH_2$偶合产生；氨可以通过偏二甲肼、甲基肼、肼的氮氮键断裂生成，也可以通过二甲胺、甲胺氧化产生，还可以通过酰胺和甲基亚甲基亚胺的水解产生。此外，反应条件对反应路径也会产生影响。有水条件下甲基亚甲基亚胺水解产生甲胺和甲醛，而无水条件下，二甲胺甲基氧化生成甲醛和甲胺。氧化能力强(如臭氧)时主要生成加氧氧化转化物亚硝基二甲胺、硝基甲烷和二甲基甲酰胺，而氧化能力弱(如氧气)时长时间反应后生成脱氢偶合大分子。

## 5.3　偏二甲肼氧化直接转化物及形成机理

偏二甲肼空气、氧气、臭氧及废水处理中的氧化转化物列于附录二。偏二甲肼氧气氧化的主要转化物有偏腙、亚硝基二甲胺、二甲胺、四甲基四氮烯，与臭氧氧化不同的是，偏腙和二甲胺氧气氧化不直接转化为亚硝基二甲胺；偏二甲肼氧气氧化生成过氧化氢自由基，在过氧化氢自由基作用下偏二甲肼氨基氧化才转化为亚硝基二甲胺；此外，偏二甲肼甲基氧化生成的二甲氨基自由基与NO、$HNO_2$作用也可生成NDMA。偏二甲肼氧气氧化过程缓慢，主要表现为通过脱氢偶合产生更大分子化合物和环状化合物。偏二甲肼臭氧氧化直接导致亚硝基二甲胺的生成，转化为难以进一步氧化的二甲基甲酰胺、硝基甲烷、亚硝基二甲胺等物质，氧化中间体种类较少。

偏二甲肼氧化转化物具有多样性和复杂性，需要分类进行讨论。本节主要讨论肼类和胺类等直接氧化转化物的生成和性质，下一节介绍通过分子间反应生成的腙类、腈类、胺类、酰胺衍生物和环状化合物的生成。讨论的物质不局限于偏二甲肼氧气氧化转化物，还包括臭氧氧化、废水中及土壤中发现的部分转化物。

### 5.3.1 肼类化合物

肼类化合物是指含有 $R_1R_2N\text{—}NR_3R_4$ 结构的化合物(其中 $R_1$、$R_2$、$R_3$ 和 $R_4$ 可以是烃基或氢)，如肼、甲基肼和偏二甲肼等。偏二甲肼是致癌物亚硝基二甲胺的重要前驱物。相关肼类化合物的结构式如下：

四甲基肼　　　三甲基肼　　　偏二甲肼　　　甲基肼　　　　肼

偏二甲肼通过甲基氧化和甲基化反应可以转化为其他肼类化合物。偏二甲肼甲基氧化生成甲基肼基自由基，然后与氢自由基偶合生成甲基肼：

$$(HCO)(CH_3)NNH_2 \longrightarrow HC\cdot O + (CH_3)N\cdot\text{—}NH_2$$
$$(CH_3)N\cdot\text{—}NH_2 + \cdot H \longrightarrow (CH_3)NH\text{—}NH_2$$

甲基肼甲基氧化，脱去酰基并加氢生成肼：

$$(HCO)HNNH_2 \longrightarrow HC\cdot O + HN\cdot\text{—}NH_2$$
$$HN\cdot\text{—}NH_2 + \cdot H \longrightarrow NH_2\text{—}NH_2$$

$N,N$ 二甲基肼基自由基 $(CH_3)_2NNH\cdot$ 通过甲基化反应生成三甲基肼和四甲基肼：

$$(CH_3)_2NNH\cdot + \cdot CH_3 \longrightarrow (CH_3)_2NNH(CH_3)$$
$$(CH_3)_2NN\cdot(CH_3) + \cdot CH_3 \longrightarrow (CH_3)_2NN(CH_3)_2$$

此外，四甲基肼还可能是二甲胺脱氢偶合产生，在二甲胺光解反应中检测到四甲基肼的生成：

$$(CH_3)_2N\cdot + (CH_3)_2N\cdot \longrightarrow (CH_3)_2NN(CH_3)_2$$

直接测定出的偏二甲肼肼类转化物有三甲基肼、四甲基肼、甲基肼、二甲基乙基肼、2-仲-戊基-1,1-二甲基肼，偏腙氧化过程也生成三甲基肼和二甲基乙基肼。

其中, 二甲基乙基肼是偏腙甲基化转化物乙醛腙加氢的转化物, 2-仲-戊基-1,1-二甲基肼是丙酮腙烷基化的转化物。

偏二甲肼氧化产生的甲基肼基自由基很容易发生进一步反应, 甲基肼和肼比偏二甲肼更容易被氧化转化为其他化合物, 因而不容易被直接检测到。偏二甲肼氧化转化物 4-甲基脲唑是甲基二甲酰胺与肼的缩合转化物, 从转化物反推可知偏二甲肼氧化过程产生了肼。

此外, 偏二甲肼氧化过程生成的偏腙可以通过水解重新生成偏二甲肼, 二甲氨基化合物可以通过甲基氧化氮氮键断裂产生$(\cdot CH_2)(CH_3)N\cdot$, 与 $NH_3$ 作用重新生成偏二甲肼。水解作用可以加快甲基甲酰胺转化为 $NH_3$, 进而加快偏二甲肼的生成。亚硝基二甲胺重新生成偏二甲肼的路径:

$$(CH_3)_2NNO + \cdot OH \longrightarrow CH_3(\cdot CH_2)NNO + H_2O$$
$$CH_3(\cdot CH_2)NNO \longrightarrow CH_3(\cdot CH_2)N\cdot + NO$$
$$CH_3(\cdot CH_2)N\cdot + H_2O \longrightarrow CH_3NH_2 + CH_2O$$
$$CH_3NH_2 + 2\cdot OH \longrightarrow CH_2O + \ NH_3 + H_2O$$

或

$$CH_3NH_2 + 2O\cdot \longrightarrow CHONH_2 + H_2O$$
$$CHONH_2 + H_2O \longrightarrow HCOOH + \ NH_3$$
$$CH_3(\cdot CH_2)N\cdot + \ NH_3 \longrightarrow (CH_3)_2NNH_2$$

### 5.3.2 硝基和亚硝基化合物

亚硝基二甲胺　　　　　$N$-硝基二甲胺　　　　硝基甲烷

偏二甲肼、偏腙和二甲胺等二甲氨基化合物都可以转化为亚硝基二甲胺。在臭氧氧化气态偏二甲肼过程中, 偏二甲肼氨基氧化生成二甲氨基氮烯(双自由基), 进一步转化为亚硝基二甲胺:

$$(CH_3)_2NNH_2 + 2O_3 \longrightarrow (CH_3)_2NN\colon + 2O_2 + 2\cdot OH$$
$$(CH_3)_2NN\colon + O_3 \longrightarrow (CH_3)_2NNO + O_2$$

偏二甲肼氧气氧化产生二甲氨基氮烯(双自由基), 二甲氨基氮烯(双自由基)与过氧化氢自由基作用生成亚硝基二甲胺:

$$(CH_3)_2NN\colon + HO_2\cdot \longrightarrow (CH_3)_2NNO + \cdot OH$$

这是过氧化氢氧化处理偏二甲肼废水中亚硝基二甲胺的主要生成方式。偏腙在臭氧作用下生成亚硝基二甲胺：

$$(CH_3)_2NNCH_2 + O_3 \longrightarrow (CH_3)_2NNO + \cdot CH_2OO \cdot$$

二甲氨基化合物和二甲胺都可以转化为 NDMA，转化过程需要生成二甲氨基自由基$(CH_3)_2N\cdot$ 或 $CH_3(\cdot CH_2)N\cdot$ 和 $\cdot NH_2$ 或 $NH_3$ 及其氧化物。一种情况是通过转化为偏二甲肼：

$$CH_3(\cdot CH_2)N\cdot + NH_3 \longrightarrow UDMH$$
$$(CH_3)_2N\cdot + \cdot NH_2 \longrightarrow UDMH$$
$$(CH_3)_2NH + NH_2OH \longrightarrow UDMH + H_2O$$

再由偏二甲肼转化为亚硝基二甲胺。另一种情况是 $NH_3$ 或 $\cdot NH_2$ 转化为 NO、$NO_2$，直接与二甲胺或二甲氨基自由基作用生成亚硝基二甲胺：

$$(CH_3)_2N\cdot + NO \longrightarrow NDMA$$
$$(CH_3)_2NH + HNO_2 \longrightarrow NDMA + H_2O$$

二甲胺还可能通过转化为偏腙进一步转化为亚硝基二甲胺。

甲氨基自由基与 NO 作用转化为亚硝基甲胺是无势垒过程：

$$CH_3NH\cdot + NO \longrightarrow CH_3NHNO$$

量子化学计算可知，甲胺与 NO 反应是通过放热生成伯亚硝胺中间体 $CH_3NHNO$[34]，顺式和反式构象 $CH_3NHNO$ 的能量分别比反应物的能量低 195.6kJ/mol 和 190.1kJ/mol[35]，但胺光氧化实验中未检测到亚硝基甲胺[36]。亚硝基甲胺甲基氮上的氢容易被氧化，产生自由基，发生光解：

$$CH_3NHNO + [O] \longrightarrow CH_3N\cdot NO \qquad [O] = \cdot OH、\cdot O、O_3$$
$$CH_3N\cdot NO \longrightarrow CH_3\cdot + N_2O$$

亚硝基二甲胺光解后可以重新生成亚硝基二甲胺，亚硝基甲胺光氧化分解发生在 C—N 键断裂而不是亚硝基二甲胺的 N—N 键断裂，亚硝基甲胺 C—N 键断裂后不会发生逆反应重新产生亚硝基甲胺，因此甲胺光氧化实验中检测不到亚硝基甲胺。

类似偏二甲肼的氧化，氧化甲基肼和肼生成甲基亚硝胺和亚硝胺，亚硝胺同样不稳定、易分解[37]：

$$NH_2NO \longrightarrow N_2 + H_2O$$

甲基肼的次氯酸钙氧化转化物中检测到 N-亚硝基甲乙胺、N-亚硝基二乙胺[38]，在偏二甲肼发射试验废水中检测到二乙基亚胺、二丙基亚硝胺、二丁基亚硝胺[39]。

与偏二甲肼相比，首先甲基肼不容易产生亚硝基化合物，因为甲基肼的 2 个氮原子上都有氢，更容易发生脱氢氧化生成甲基二氮烯：

$$CH_3NHNH_2 + [O] \longrightarrow CH_3N{=\!=}NH \qquad [O] = \cdot OH、\cdot O、O_3$$

其次，甲基亚硝胺和亚硝胺 $NH_2NO$ 不稳定。亚硝基二甲胺中氮氧双键中 O 的吸电子作用会削弱亚硝胺中氮氮键的强度，但是另一个氮上的甲基具有推电子作用，使氮氮键加强。亚硝基二甲胺、甲基亚硝胺和亚硝胺的稳定性次序为亚硝基二甲胺＞甲基亚硝胺＞亚硝胺。

甲基亚硝胺可发生分子重排转化为 $CH_3NNOH$，脱水生成重氮甲烷 $CH_2N_2$[34]。检测到的甲基肼氧化转化物基本上是二烷基亚硝胺，原因是甲基肼通过甲基二氮烯分解产生甲基自由基，重氮甲烷分解产生碳烯，因此可以生成多碳二烷基亚硝胺。

液体火箭发动机试车过程中产生多种二烷基亚硝胺的原因是：发动机试车时的高温使偏二甲肼发生分解，产生甲基自由基和碳烯:$CH_2$，两者结合转化为含碳量逐步增大的烷基自由基如乙基、丙基、丁基等，进而转化为相应的亚硝胺转化物。亚硝基吡咯烷 NPYR 可以看作 N-亚硝基二乙胺 NDEA 两个乙基脱氢偶合成环的转化物，而亚甲基化试剂是重氮甲烷。相关亚硝基化合物结构式如下：

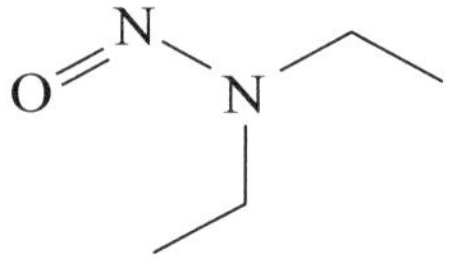

NDEA 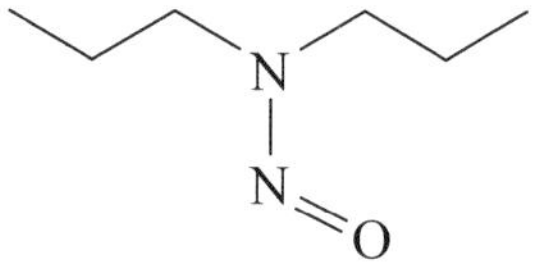　　　　　　　　　　　　　　　　NDPA

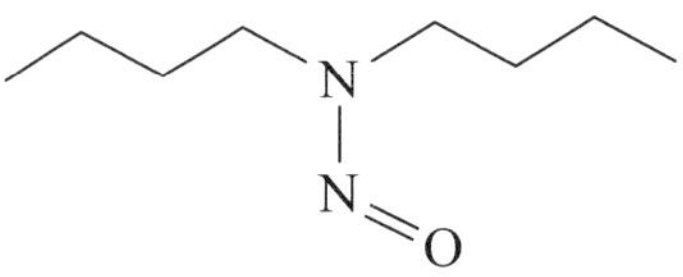

NDBA 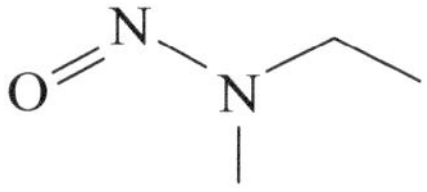　　　　　　　　NMEA 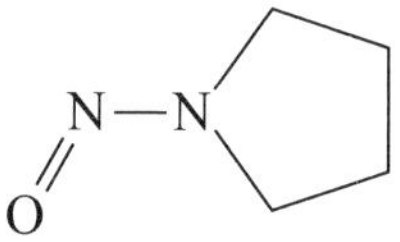　　　　　　　NPYR

二甲氨基自由基与二氧化氮作用转化为硝基二甲胺：

$$(CH_3)_2N \cdot + NO_2 \longrightarrow (CH_3)_2NNO_2$$

大量文献还报道了硝基甲烷的生成。硝基甲烷是废水处理过程中的一种难降解有机物，二甲氨基$(CH_3)_2N$—相关化合物甲基氧化、甲胺氨基氧化生成甲基氮烯，甲基氮烯与臭氧作用生成硝基甲烷：

$$CH_3N: + 2O_3 \longrightarrow CH_3NO_2 + 2O_2$$

此外，甲基自由基与二氧化氮作用也可以产生硝基甲烷。

### 5.3.3　有机胺

甲胺、二甲胺和三甲胺分别属于伯胺、仲胺和叔胺。其中，二甲胺是致癌物 NDMA 的重要前驱物。实验中检测到的脂肪胺有三甲胺、二甲胺，文献报道还检测到了甲胺。相关有机胺化合物的结构如下：

$$\diagdown N— \qquad \overset{H}{\underset{\diagdown}{N}} \qquad CH_3—NH_2 \qquad CH_3CH_2—NH_2$$

三甲胺 　　　二甲胺 　　　甲胺 　　　　乙胺

有机胺转化路径如下。

1) 氧化分解

偏二甲肼、偏腙、亚硝基二甲胺甲基氧化分解、还原生成二甲胺:

$$[O] + (CH_3)_2NNH_2 \text{ 或}(CH_3)_2NNO \longrightarrow (CH_3)(\cdot CH_2)NNH_2 \text{ 或}(CH_3)(\cdot CH_2)NNO$$

$$(CH_3)(\cdot CH_2)NNH_2 \text{ 或}(CH_3)(\cdot CH_2)NNO \longrightarrow (CH_3)(\cdot CH_2N\cdot) + \cdot NH_2 \text{ 或 } NO$$

$$(CH_3)(\cdot CH_2)N\cdot + 2[H] \longrightarrow (CH_3)_2NH$$

甲基肼氧化分解产生甲胺。

偏腙的—N=CH$_2$与羟基自由基作用,亚硝基二甲胺硝基氧化导致氮氮键断裂,转化为二甲胺前驱物二甲氨基自由基:

$$(CH_3)_2NNCH_2 + \cdot OH \longrightarrow (CH_3)_2NNCH\cdot \longrightarrow (CH_3)_2N\cdot + HCN$$

$$(CH_3)_2NNO + \cdot OH \longrightarrow (CH_3)_2NNO(OH) \longrightarrow (CH_3)_2N\cdot + HNO_2$$

2) 亚胺水解

二甲胺氧化生成甲基亚甲基亚胺,甲基亚甲基亚胺水解生成甲胺:

$$(CH_3)_2NH + O\cdot \longrightarrow CH_3NCH_2 + H_2O$$

$$CH_3NCH_2 + H_2O \longrightarrow CH_3NH_2 + CH_2O$$

3) 甲基化过程

偏二甲肼氧化过程中产生的甲基自由基与二甲氨基自由基结合生成三甲胺:

$$(CH_3)_2N\cdot + CH_3\cdot \longrightarrow (CH_3)_3N$$

二甲胺氧化过程产生的甲醛,在臭氧充足条件下与二甲胺作用生成三甲胺。

4) 酰胺水解

偏二甲肼、偏腙和胺氧化过程都可能生成酰胺,酰胺水解产生减少 1 个碳的胺,即二甲基甲酰胺水解产生二甲胺,甲基甲酰胺水解产生甲胺。

### 5.3.4 有机酰胺

有机酰胺是氨分子或有机胺氮上的氢被酰基取代后生成的化合物。常温时,除甲酰胺是液体外,其他酰胺都是晶体,低级酰胺易溶于水。酰胺类化合物是中性物质,酰胺和水加热煮沸发生水解反应生成羧酸和氨。偏二甲肼氧化过程主要产生二甲基甲酰胺,同时检测到甲基甲酰胺、4-甲基脲唑,4-甲基脲唑表示反应过程中生成了甲基二甲酰胺;甲基甲酰肼与甲酰胺反应生成 1-甲基-1H-1,2,4-三唑,表明氧化过程产生了甲酰胺。甲酰胺有 2 个活泼的官能团:羰基和氨基,易参与化学反应。相关有机酰胺的结构式如下：

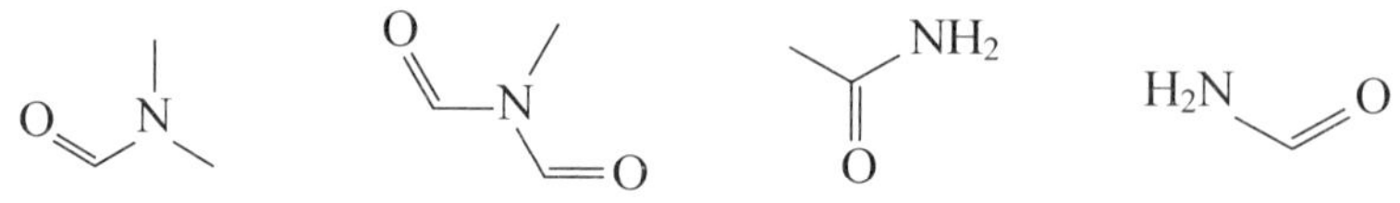

二甲基甲酰胺　　　甲基二甲酰胺　　　甲基甲酰胺　　　　甲酰胺

三甲胺、二甲胺和甲胺甲基氧化分别生成二甲基甲酰胺、甲基甲酰胺和甲酰胺。其中，三甲胺氧化生成二甲基甲酰胺的路径如下：

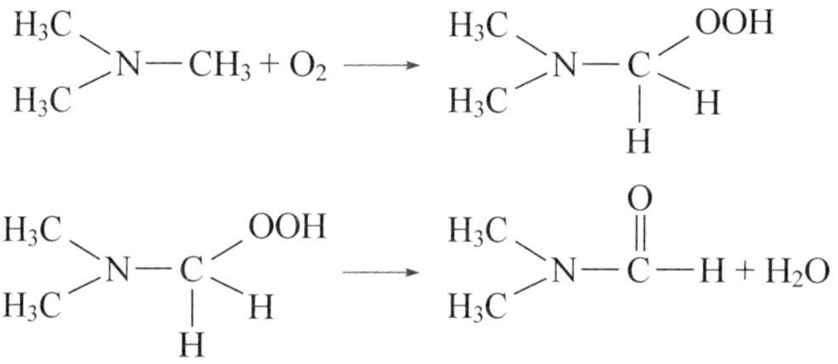

与此类似，甲胺可以氧化生成甲酰胺：

$$CH_3NH_2 + O_2 \longrightarrow HOOCH_2NH_2$$

$$HOOCH_2NH_2 \longrightarrow OCHNH_2 + H_2O$$

偏二甲肼通过二甲氨基自由基与甲酰基偶合生成二甲基甲酰胺：

$$(CH_3)_2N \cdot + HC \cdot O \longrightarrow (CH_3)_2NC(O)H$$

二甲基甲酰胺继续氧化生成甲基二甲酰胺：

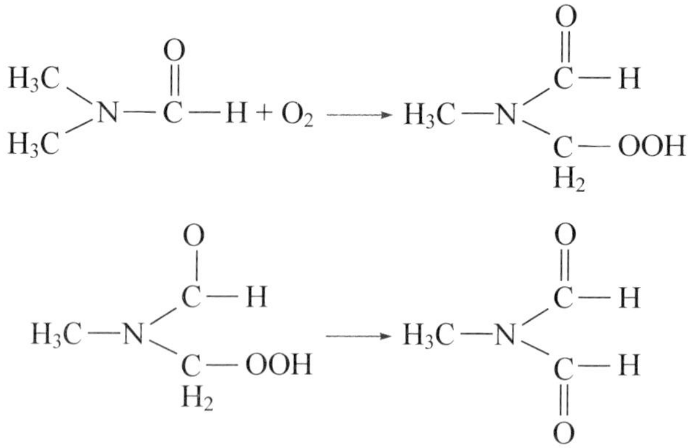

此外，亚硝基二甲胺和偏腙甲基氧化生成酰基，氮氮键断裂产生二甲氨基自由基，两者结合生成酰胺类化合物：

$$[O] + (CH_3)_2NNO \ 或(CH_3)_2NNCH_2 \longrightarrow CH_3 \cdot CH_2NNO \ 或 CH_3 \cdot CH_2NNCH_2$$

$$CH_3 \cdot CH_2NNO \ 或 CH_3 \cdot CH_2NNCH_2 \longrightarrow CH_3N \cdot CH_2 \cdot + NO \ 或 \cdot NCH_2$$

$$CH_3N \cdot CH_2 \cdot + CH_2O \longrightarrow (CH_3)_2NC(O)H$$
$$(CH_3)_2N \cdot + \cdot CHO \longrightarrow (CH_3)_2NC(O)H$$

### 5.3.5　有机酰肼

有机酰肼的结构通式为 $R_1CONR_2NR_3R_4$。甲酰肼为黄色叶状体或针状体结晶，熔点 54℃，溶于苯、乙醇、乙醚、氯仿。甲酰肼、甲基甲酰肼和二甲基甲酰肼有 2 个活泼的官能团，甲酰肼是重要的化工原料。相关有机酰肼的结构式如下：

甲酰肼　　　　甲基甲酰肼　　　　二甲基甲酰肼

偏二甲肼、甲基肼甲基氧化生成甲基甲酰肼 $(HCO)(CH_3)NNH_2$ 和甲酰肼。其中，甲基甲酰肼的转化路径如下：

$$(CH_3)_2NNH_2 + \cdot OH \longrightarrow (\cdot CH_2)(CH_3)NNH_2 + H_2O$$
$$(\cdot CH_2)(CH_3)NNH_2 + O \cdot \longrightarrow (H_2CO \cdot)(CH_3)NNH_2$$
$$(H_2CO \cdot)(CH_3)NNH_2 + O_2 \longrightarrow (HCO)(CH_3)NNH_2 + HO_2 \cdot$$

偏腙腙基加氧氧化产生二甲基甲酰肼，偏二甲肼氧化过程可直接检测到甲基甲酰肼。甲基甲酰肼和甲酰胺分子中的羰基与另一个分子中的氨基反应生成环状化合物 1-甲基-1H-1,2,4-三唑：

$$(CH_3)C(O)HNNH_2 + H_2NC(O)H \longrightarrow$$

同理，甲酰肼和甲酰胺分子中的羰基与另一个分子中的氨基反应生成环状化合物 1H-1,2,4-三唑；甲酰肼与乙酰胺反应生成 3-甲基-1,2,4-三唑；乙酰肼与甲酰胺分子生成 5-甲基-1H-1,2,4-三唑；肼与甲基二甲酰胺作用生成 4-甲基-4H-1,2,4-三唑；甲基甲酰肼与乙酰胺反应生成 1,3-二甲基-1H-1,2,4-三唑；乙基甲酰肼与甲酰胺作用生成 1-乙基-1H-1,2,4-三唑；甲酰肼与甲酰胺作用生成三唑环状化合物；甲酰肼与乙二醛反应生成吡嗪。土壤中偏二甲肼氧化产生多种上述化合物的衍生物，说明偏二甲肼氧化过程生成甲基甲酰肼、乙基甲酰肼、甲酰肼和乙酰肼。

### 5.3.6　氮烯化合物

偏二甲肼氧化过程检测到二甲基二氮烯，甲基肼、肼氧化分别产生甲基二氮烯、二氮烯。相关二氮烯的结构式如下：

$$CH_3N{=}NCH_3 \qquad (CH_3)N{=}N \qquad CH_3N{=}NH \qquad HN{=}NH$$

二甲基二氮烯 　　$N,N$ 二甲基二氮烯　　甲基二氮烯　　　　二氮烯

四甲基四氮烯　　　　　　重氮甲烷　　　　　　　1,5,5-三甲基甲䐶

文献中甲基肼、肼氧化脱氢生成甲基二氮烯和二氮烯：

$$\cdot N_2H_3 + [O] \longrightarrow N_2H_2 + HO\cdot + O_2 \qquad [O]= \ \cdot OH、\cdot O、O_3$$

$$CH_3N\cdot{-}NH_2 + [O] \longrightarrow CH_3N{=}NH$$

偏二甲肼氧化过程生成二甲氨基氮烯(双自由基)，然后异构化产生二甲基二氮烯：

$$(CH_3)_2NNH_2 + 2\cdot OH \longrightarrow (CH_3)_2NN\colon + 2H_2O$$

$$(CH_3)_2NN\colon \longrightarrow CH_3NNCH_3$$

甲胺氨基氧化生成甲基氮烯(双自由基)，进一步偶合生成二甲基二氮烯：

$$2CH_3N\colon \longrightarrow CH_3NNCH_3$$

二氮烯类化合物通式 R—N=N—R′(其中 R 和 R′可以是烃基或氢)，具有顺、反几何异构体，在光照或加热条件下两种异构体可相互转化，其中反式比顺式稳定。

二氮烯基是一个发色团，能吸收一定波长的可见光。二甲基二氮烯高毒，皮下大鼠 $LD_{50}=27mg/kg$，氧化偶氮甲烷可诱导大小鼠结肠癌。二甲基二氮烯与 $N,N$-二甲基二氮烯为同分异构体，二甲基二氮烯分子重排为 $N,N$-二甲基二氮烯的活化能为 424kJ/mol，旋转异构化的活化能为 207kJ/mol[40]。偏二甲肼氨基氧化首先生成二甲氨基氮烯(双自由基)，然后异构化产生二甲基二氮烯，$N,N$-二甲基二氮烯可能仅在水溶液和铜的配合物中存在。

偏二甲肼氧化还可以产生四甲基四氮烯和 1,1,5-三甲基甲䐶，四甲基四氮烯是二甲基二氮烯偶合生成，1,1,5-三甲基甲䐶是$(CH_3)_2NNCH\cdot$和甲基二氮烯自由基或二甲氨基氮烯(双自由基)和甲醛甲基腙自由基偶合转化物：

$$(CH_3)_2NNCH\cdot + CH_3N{=}N\cdot \longrightarrow (CH_3)_2NNCHNNCH_3$$

$$CH_3NNCH\cdot + (CH_3)_2NN\colon \longrightarrow (CH_3)_2NNCHNNCH_3$$

G3X-K 复合理论方法计算表明，甲氨基自由基 $CH_3N\cdot H$ 与 NO 在气相中的反应，通过放热生成亚硝胺中间体 $CH_3NHNO$，发生异构化生成烷基二氮基氧化物 $CH_3NNOH$，进一步脱水生成重氮甲烷 $CH_2N_2$[34]。此外，甲基二氮烯脱氢氧化可以转化为重氮甲烷。甲醛甲基腙自由基分解转化为重氮甲烷 $CH_2N_2$。

$$CH_3NNH + [O] \longrightarrow CH_2N_2 \qquad [O]= \cdot OH、\cdot O、O_3$$
$$CH_3N \cdot NCH_2 \longrightarrow CH_3 \cdot + CH_2N_2$$

# 5.4　偏二甲肼氧化间接转化物及形成机理

## 5.4.1　腙、亚胺和胍类化合物

腙类化合物的生成通常涉及肼与羰基化合物(醛和酮)的脱水缩合。偏二甲肼氧化产生偏腙、甲醛甲基腙、乙醛腙、正丁醛二甲基腙、乙二醛双二甲基腙等腙类化合物,其生成量占比相对较高,将导致推进剂的比推力下降,同时作为亚硝基二甲胺的重要前驱物,可加速氧化过程。

亚胺是常见的配体,具有微弱的碱性,最大特性是容易水解生成甲醛。亚胺是羰基(醛羰基或酮羰基)上的氧原子被氮取代后生成的一类有机化合物,通式是RR′C=NR″,其中 R、R″ 和 R′ 可以是烃基或氢。

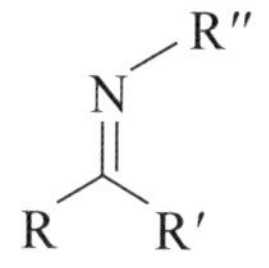

腙和亚胺有以下几种转化路径。

1) 肼、胺和氨与甲醛作用

偏二甲肼氧化产生甲醛,甲醛与偏二甲肼反应生成偏腙,甲醛与甲基肼发生缩合反应生成甲醛甲基腙,甲醛与肼反应生成甲醛腙:

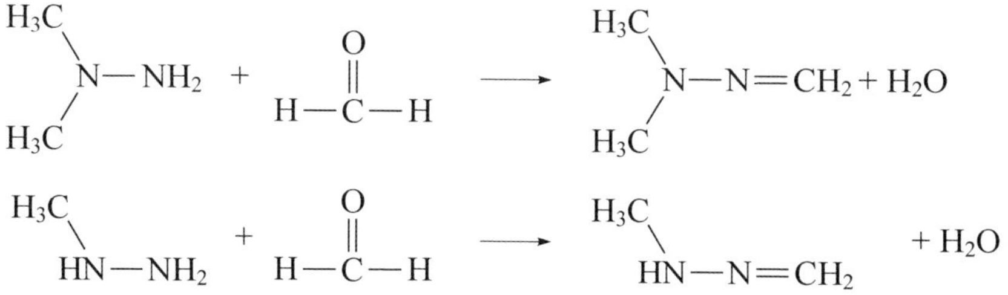

甲胺与甲醛生成甲基亚甲基亚胺 $CH_3N=CH_2$,氨分子与甲醛作用生成六次甲基四胺,反应机理是胺的孤对电子进攻羰基发生亲核加成生成半缩醛胺—C(OH)(NHR)—中间体,而后继续去除一分子水生成亚胺。

2) 腙的进一步氧化

偏腙分子中的 $N=CH_2$ 发生脱氢、偶合生成乙二醛双二甲基腙:

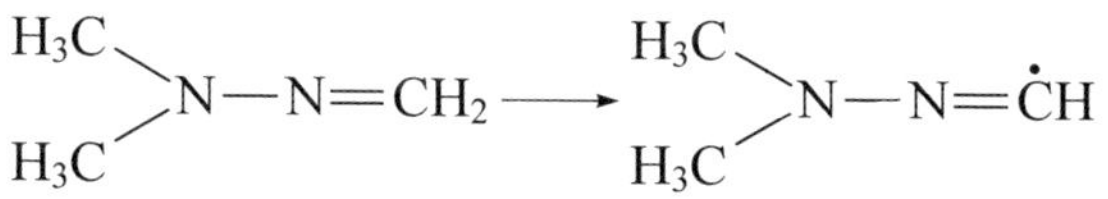

$$2 \quad \begin{matrix} H_3C \\ H_3C \end{matrix} N\!-\!N\!=\!\overset{\bullet}{C}H \longrightarrow \begin{matrix} H_3C \\ H_3C \end{matrix} N\!-\!N\!=\!\underset{H}{C}\!-\!\underset{H}{C}\!=\!N\!-\!N \begin{matrix} CH_3 \\ CH_3 \end{matrix}$$

乙二醛双二甲基腙

乙二醛双二甲基腙是偏腙发黄的相关物质。

$N,N$-二甲基腙基自由基甲基化生成乙醛腙：

$$(CH_3)_2NN\!=\!CH\cdot + \cdot CH_3 \longrightarrow (CH_3)_2NN\!=\!CHCH_3$$

3) 甲氨基中甲基的脱氢氧化过程

三甲基肼$(CH_3)_2NNH(CH_3)$与氯胺反应生成偏腙，可能是三甲基肼脱氢氧化转化而来：

$$(CH_3)_2NNHCH_3 + 2\cdot OH \longrightarrow (CH_3)_2NN\!=\!CH_2 + 2H_2O$$

偏二甲肼和甲基肼氧化过程中，二甲氨基或甲氨基化合物甲基氧化，发生氮氮键断裂生成甲基亚甲基亚胺或亚甲基亚胺：

$$(CH_3)_2NNH_2 + \cdot OH \longrightarrow CH_3(\cdot CH_2)NNH_2 + H_2O$$
$$CH_3(\cdot CH_2)NNH_2 \longrightarrow CH_3N\!=\!CH_2 + \cdot NH_2$$
$$CH_3NHNH_2 + \cdot OH \longrightarrow \cdot CH_2NHNH_2 + H_2O$$
$$\cdot CH_2NHNH_2 \longrightarrow HN\!=\!CH_2 + \cdot NH_2$$

二甲胺氧化过程中检测到甲基亚甲基亚胺，因此亚胺可通过甲基脱氢氧化产生：

$$(CH_3)_2NH + 2\cdot OH \longrightarrow CH_3N\!=\!CH_2 + 2H_2O$$

同理，亚甲基亚胺是甲胺的羟基自由基氧化产物。

相关腙和亚胺化合物结构式如下：

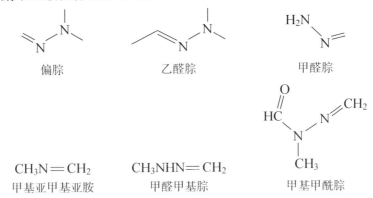

偏腙　　　　　　乙醛腙　　　　　　甲醛腙

$CH_3N\!=\!CH_2$　　　　$CH_3NHN\!=\!CH_2$
甲基亚甲基亚胺　　　　甲醛甲基腙　　　　甲基甲酰腙

亚胺与腙的特性不同的是，后者容易与臭氧发生氧化反应，而甲基亚甲基亚胺、亚甲基亚胺几乎不与臭氧反应，因此亚胺主要通过水解而逐步消除。

胍是含氮有机化合物，又称亚胺脲、氨基甲脒，是吸湿性很强的无色结晶，易溶于水。胍是脲的衍生物，如 $N,N$-二甲基脲与氨分子发生类似缩合反应生成含—C≡NH 基团的化合物 $N,N$-二甲基胍：

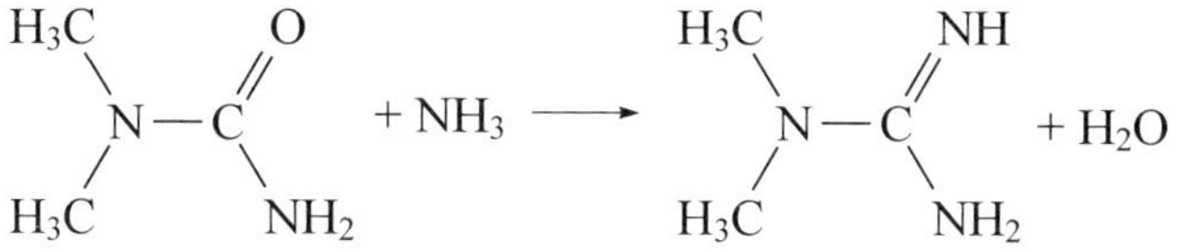

实验检测到 $N,N$-二甲基胍、胍 $NH_2C$≡$NH(NH_2)$ 和氨基胍 $NH_2NHC$≡$NH(NH_2)$。甲酰胺自由基·C≡ONH$_2$ 与·NH$_2$、NH$_2$—N·H 偶合，再分别与 NH$_3$ 作用生成两种亚胺结构的胍：

$$·C{=}ONH_2 + ·NH_2 \longrightarrow NH_2C{=}ONH_2$$
$$·C{=}ONH_2 + NH_2{-}N·H \longrightarrow NH_2NHC{=}ONH_2$$
$$NH_2C{=}ONH_2 + NH_3 \longrightarrow NH_2C{=}NH(NH_2) + H_2O$$
$$NH_2NHC{=}ONH_2 + NH_3 \longrightarrow NH_2NHC{=}NH(NH_2) + H_2O$$

氨基胍的生成，说明偏二甲肼氧化过程中产生了氨、肼和氨基脲。

胍、氨基胍和 $N,N$-二甲基胍的结构式如下：

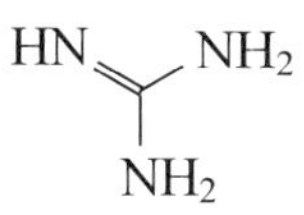

胍 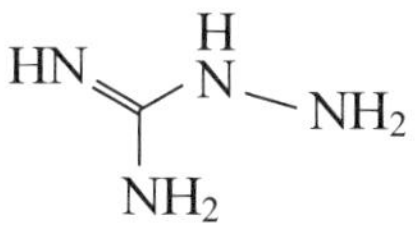　　　　　　氨基胍 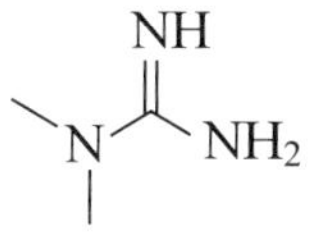　　　　　$N,N$-二甲基胍

偏腙、偏二甲肼臭氧和氧气氧化过程中都检测到胍，理论上二甲胺氧化也应产生胍，但可能是缺少分子氨或氨基自由基而未生成。偏二甲肼本身发生氮氮键断裂产生·NH$_2$，·NH$_2$ 与甲酰胺共存时可以生成胍。偏腙发生水解反应可以生成偏二甲肼，但单纯偏腙氧化不容易产生羟基自由基，导致偏二甲肼分解产生的·NH$_2$ 不容易被进一步氧化，因此偏腙氧化过程中更容易转化为胍。

### 5.4.2　腈和氰胺化合物

偏二甲肼氧化过程检测到二甲氨基乙腈、乙腈、二甲基氰胺。相关腈和氰胺化合物的结构式如下：

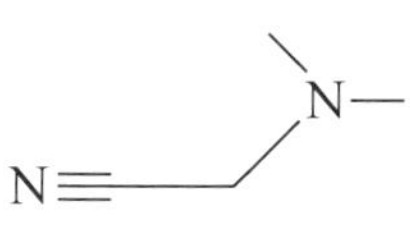

二甲氨基乙腈 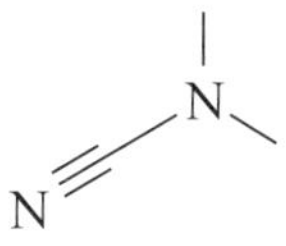　　　　　　二甲基氰胺

这些化合物的前驱物包括二甲氨基自由基和氢氰酸。氢氰酸通过甲酸铵脱水产生：

$$HCOONH_4 \longrightarrow HCN + 2H_2O$$

在催化剂存在条件下,加热至不超过 35℃,酰胺类化合物也可分解出氰化氢,但不是偏二甲肼氧化转化物中 HCN 的主要来源。偏腙中的—N≡CH₂ 容易氧化脱氢,N—N 键断裂生成 HCN,此外甲胺的羟基氧化能生成 HCN:

$$(CH_3)_2NN{=}CH_2 + \cdot OH \longrightarrow (CH_3)_2NNCH \cdot + H_2O$$
$$(CH_3)_2NNCH \cdot \longrightarrow (CH_3)_2N \cdot + HCN$$

甲胺转化为氢氰酸的过程为

$$CH_3NH_2 \xrightarrow{\cdot OH} CH_3N: \longrightarrow CH_2{=}NH \xrightarrow{\cdot OH} CH_2{=}N \cdot \ 或 \cdot CH{=}NH \xrightarrow{O_2} HCN$$

HCN 与二甲氨基自由基(及甲醛)结合生成 N,N-二甲基氰胺、二甲氨基乙腈:

$$\cdot OH + (CH_3)_2N \cdot \longrightarrow (CH_3)_2NC{\equiv}N(二甲基氰胺) + H_2O$$
$$(CH_3)_2NH + H_2C{=}O \longrightarrow (CH_3)_2NCH_2OH$$
$$(CH_3)_2NCH_2OH + HCN \longrightarrow (CH_3)_2NCH_2HCN(二甲氨基乙腈) + H_2O$$

$(CH_3)_2NNCH \cdot$ 中的—CN 使氮氮键稳定性下降,N—N 键断裂并重新连接生成结构稳定的二甲基氰胺,而二甲胺、甲醛和氢氰酸结合生成二甲氨基乙腈。因此,偏腙是腈、氢氰酸和氰胺的前驱物,偏腙危害性比偏二甲肼严重,原因之一是偏腙在羟基自由基作用下生成了毒性大的氰化物。

### 5.4.3　二甲基甲酰胺衍生物

偏二甲肼氧化产生的二甲基甲酰胺与氨、甲醇、甲胺、二甲胺偶合生成 N,N-二甲基脲、二甲氨基甲酸甲酯、三甲基脲、1,1,3,3-四甲基脲等二甲基甲酰胺衍生物:

上述 *N,N*-二甲基脲、二甲氨基甲酸甲酯、三甲基脲、1,1,3,3-四甲基脲可以通过二甲酰胺自由基与氨基自由基、甲烷氧自由基、甲氨基自由基、二甲氨基自由基偶合生成。

甲基二甲酰胺与肼、乙胺偶合生成环状化合物(参见 5.4.5 小节)，1-乙基-3,3-二甲基-1-亚硝基脲是二甲基甲酰胺和亚硝基乙胺的脱氢偶合转化物。

## 5.4.4  胺的偶合物

亚甲基二甲氨自由基和二甲氨基自由基、五甲基甲氨自由基偶合生成四甲基甲烷二胺、*N,N,N'*-三甲基乙二胺：

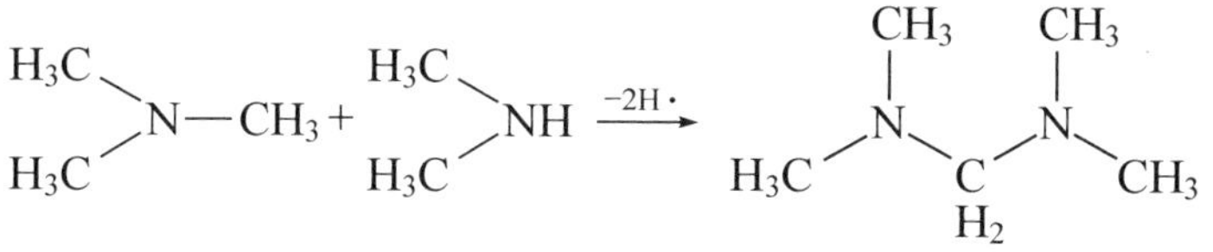

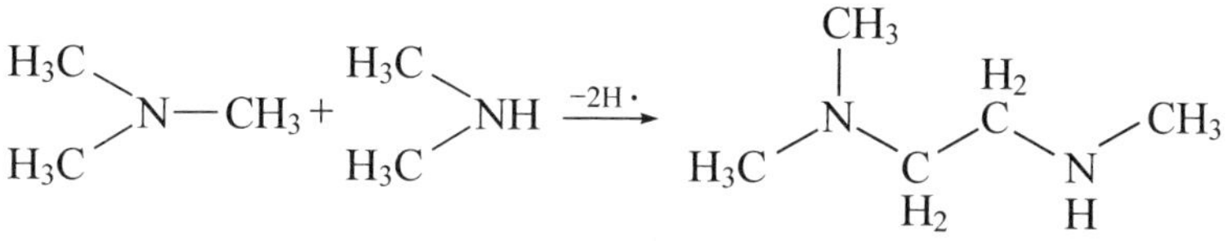

还有一种可能的转化路径是二甲胺、甲醛，通过甲醛的亚甲基化作用转化生成亚甲基二甲氨自由基，亚甲基二甲氨自由基与二甲氨基自由基偶合，分别生成四甲基甲烷二胺、*N,N,N'*-三甲基乙二胺，四甲基甲烷二胺是二甲胺主要转化物，说明氮上的氢更容易脱去。两者其他可能生成路径如下：

$$(CH_3)_2NH + CH_2O \longrightarrow (CH_3)_2N^+{=}CH_2 \cdot OH^-$$
$$\text{(曼尼希碱)}$$
$$(CH_3)_2N^+{=}CH_2 \cdot OH^- + (CH_3)_2NH \longrightarrow (CH_3)_2NCH_2N(CH_3)_2 + H_2O$$
$$(CH_3)_2N^+{=}CH_2 \cdot OH^- + (CH_3)(CH_2 \cdot )NH \longrightarrow (CH_3)_2NCH_2CH_2NHCH_3 + H_2O$$

三甲胺脱去 2 个氢自由基和 2 个二甲氨基自由基偶合生成三(二甲氨基)甲烷：

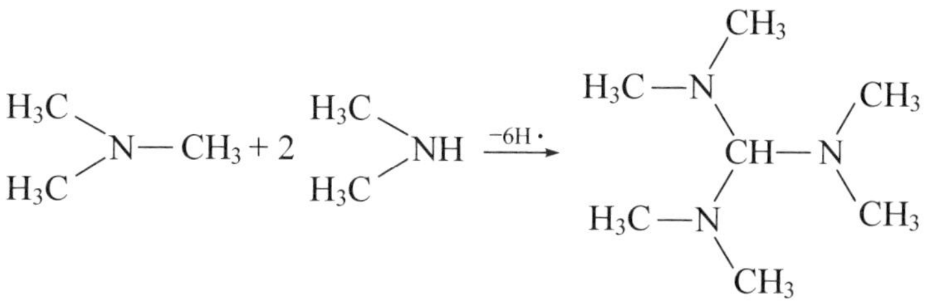

三甲胺和二甲胺分子中 2 个甲基各失去 1 个氢原子生成双自由基，然后偶合生成 *N*-甲基哌嗪：

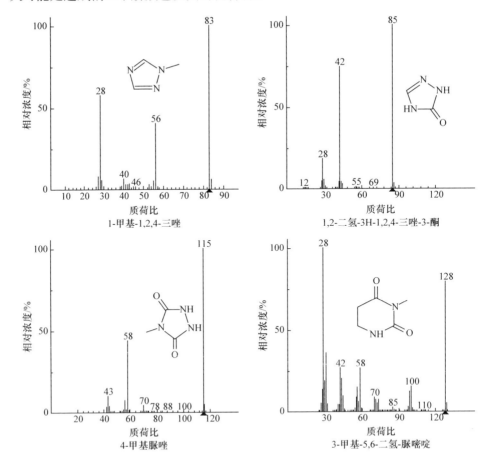

四甲基甲烷二胺是最常见的二甲胺和偏二甲肼氧化过程转化物。

### 5.4.5　环状化合物

偏二甲肼氧化检测到 4-甲基-1,2,4-三唑烷-3,5-二酮、1-甲基-1H-1,2,4-三唑、1,2-二氢-3H-1,2,4-三唑-3-酮、六氢-1,2,4,5-四甲基-1,2,4,5-四嗪、1,3-二甲基-2-咪唑啉酮等多种环状化合物。相关环状化合物的质谱图如图 5-7 所示。

文献[6]还报道了 1,4-二甲基-2,5-二氢-1,2,4,5-四嗪、六氢-1,2,4,5,-四甲基-1,2,4,5-四嗪等四嗪化合物。偏二甲肼空气氧化极易发黄，而环状化合物均四嗪很大可能是造成偏二甲肼颜色发黄的化合物。

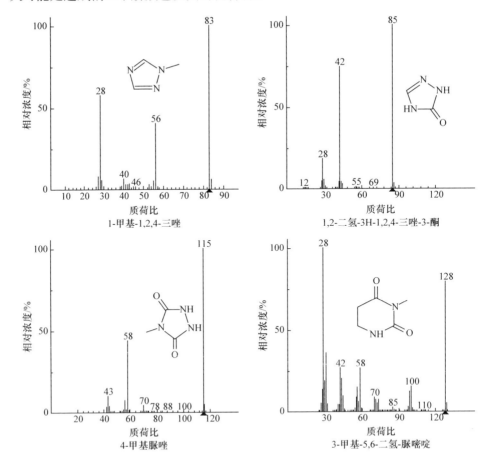

1-甲基-1,2,4-三唑

1,2-二氢-3H-1,2,4-三唑-3-酮

4-甲基脲唑

3-甲基-5,6-二氢-脲嘧啶

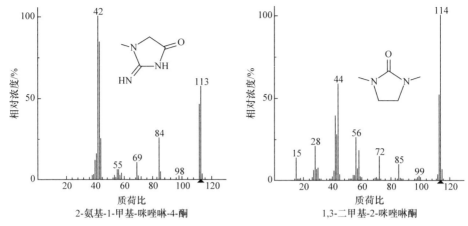

图 5-7　部分环状化合物质谱图

偏二甲肼的环状转化物，通过形成氮碳单键、碳碳单键、氮碳双键、碳碳双键四种新的化学键而成环，其中氮碳、碳碳单键通过偶合产生，氮碳双键通过氨基与羰基缩合产生，碳碳双键通过 2 个羰基缩合而成。

均四嗪及衍生物分子中有 2 个 N—N 键和 4 个 C—N 键，其中 2 个 C—N 键通过偶合反应生成环状化合物；1,2-二氢-3H-1,2,4-三唑-3-酮由二甲基甲酰胺与肼反应生成，二甲基甲酰胺的 1 个羰基与肼的—NH₂ 发生反应生成 C═N 键，另外 1 个羰基脱氢后与·NH₂ 偶合生成环状化合物。

1-甲基-1H-1,2,4-三唑及其衍生物含有 1 个 N—N 键、2 个 C═N 双键和 1 个 C—N 键，其中 2 个 C═N 双键通过缩合反应成环。1-甲基甲酰肼与甲酰胺分子中的羰基与另一个分子中的氨基发生反应生成 1-甲基-1H-1,2,4-三唑：

$$(CH_3)C(O)HNNH_2 + H_2NC(O)H \longrightarrow$$

1-甲基-1H-1,2,4-三唑是偏二甲肼转化产物中最常见的环状化合物，在土壤、废水和液相氧化过程中都检测到这种物质。5-甲基-2,4-二氢-吡唑-3-酮是甲酰肼与丙酮作用转化物，成环过程生成 C═N 双键和 C—C 单键，其中 C═N 键是曼尼希缩合作用产生，C—C 键是脱氢偶合产生。

$$C(O)HNNH_2 + CH_3C(O)CH_3 \longrightarrow$$

环状化合物的一种产生方式是反应物先脱氢后偶合。2-氨基-1-甲基-咪唑啉-4-酮由二甲基甲酰胺与二甲胺脱氢偶合生成，甲基二酰胺与乙二胺脱氢偶合生成 3-甲基-5,6-二氢-脲嘧啶，N,N-二甲基胍与甲醛脱氢偶合生成 2-氨基-1-甲基咪唑啉-

4-酮，1,3-二甲基-2-咪唑啉酮是三甲胺和二甲胺偶合成环的甲基氧化转化物。

1,1,4,4-四甲基-四嗪是 2 个三甲基肼双甲基中的 1 个甲基脱氢、NH 发生脱氢反应后 C 与 N 偶合生成；1,2-二甲基肼、甲基肼的 1 个甲基脱氢、NH 发生脱氢反应后 C 与 N 偶合生成 1-甲基-1,6-二氢-1,2,4,5-四嗪；六氢-1,2,4,5-四甲基-1,2,4,5-四嗪是三甲基肼脱氢偶合转化物，三甲基肼脱去氮上氢和另外 1 个氮上甲基的氢原子生成双自由基中间体偶合生成：

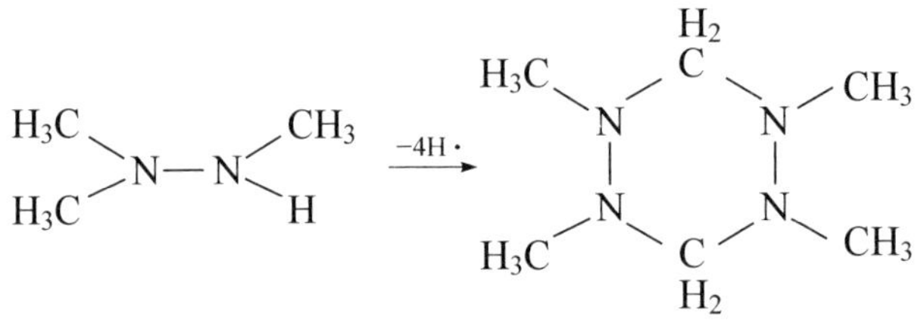

环状化合物的另一种产生方式是，带有双官能团的氨基和羰基分子之间发生缩合反应生成环状化合物，如甲基甲酰肼和甲酰胺缩合生成 1-甲基-1H-1,2,4-三唑。4-甲基脲唑是甲基二甲酰胺与肼的偶合转化物：

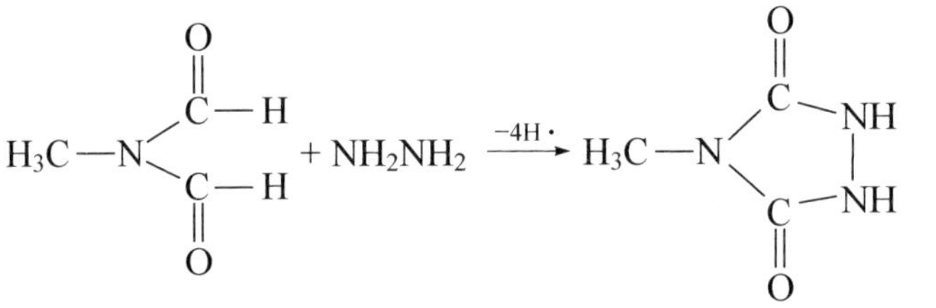

偏二甲肼氧化产生的杂环含氮化合物有四嗪、三唑、吡唑、咪唑等。

均四嗪是甲酰肼转化而来，即甲基肼氧化生成甲酰基然后与氨基发生缩合反应生成均四嗪：

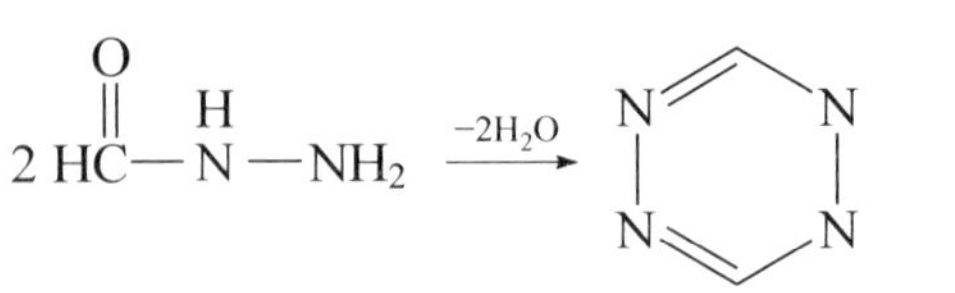

$CH_3NNH$ 氧化产生甲酰肼并生成均四嗪的过程：

$$CH_3NNH + O_2 \longrightarrow \cdot CH_2NNH + HO_2 \cdot$$

$$\cdot CH_2NNH + O_2 \longrightarrow CH_2ONNH + 1/2\, O_2$$

$$CH_2ONNH \longrightarrow 均四嗪 + H_2O$$

Mathur 等[6]认为，偏二甲肼氧化过程产生的均四嗪是甲基二氮烯氧化生成：

$$(CH_3)_2NNH_2 \longrightarrow (CH_3)_2N^+ {=} N^- \longrightarrow CH_3NNH$$

$$2CH_3NNH + O_2 \longrightarrow 2CH_2{=}N^+{=}N^- \longrightarrow [CHNN]_2(均四嗪)$$

甲基肼更容易转化为甲基二氮烯，进而转化为均四嗪，甲醛甲基腙可能转化为均四嗪，二者都是先生成重氮甲烷中间体然后转化为均四嗪：

$$CH_3NNH + [O] \longrightarrow CH_2N_2$$
$$CH_3 \cdot NN = CH_2 \longrightarrow \cdot CH_3 + CH_2N_2$$
$$[O] + 2CH_2N_2 \longrightarrow [CHNN]_2$$

偏二甲肼和偏腙氧化过程都会发黄，均四嗪的可见光吸收峰位在 500nm 附近，因此二者都可能先转化为甲基二氮烯或甲醛甲基腙最终转化为均四嗪。

三唑是由 2 个碳原子和 3 个氮原子组成的五元杂环有机化合物，或指含 3 个氮原子的五元芳香杂环化合物。甲酰肼和甲酰胺分子中的羰基与另一个分子中的氨基反应生成环状化合物 1H-1,2,4-三唑；乙酰肼与甲酰胺分子反应生成 5-甲基-三唑；酰肼与乙酰胺作用生成 3-甲基-1H-1,2,4-三唑；酰肼与甲基甲酰胺作用生成 4-甲基-1H-1,2,4-三唑；甲基甲酰肼与乙酰胺反应生成二甲基-1H-1,2,4-三唑；乙基甲酰肼与甲酰胺反应生成 1-乙基-1H-1,2,4-三唑。

吡唑是含有 2 个相邻氮杂原子的五元杂环化合物，其分子含有 1 个 N—N 键、1 个 C=N 双键、1 个 C—N 键、1 个 C—C 键和 1 个 C=C 双键。其中，C=N 键由羰基与氨基反应生成，C=C 双键由 2 个醛基反应生成。甲基甲酰肼与乙二醛反应得到 1-甲基-1H-吡唑，而 1,3-二甲基-1H-吡唑、1,4-二甲基-1H-吡唑和 1,5-甲基-1H-吡唑可能是 1-甲基-1H-吡唑与甲基偶合产生。

咪唑是分子结构中含有 2 个间位氮原子的五元芳杂环化合物，含有 1 个 C=N 双键、3 个 C—N 键和 1 个 C=C 双键。1-甲基-1H-咪唑由甲基二甲酰胺与甲酰胺反应生成。

2-氨基-1-甲基-咪唑啉-4-酮是 N,N-二甲基胍与甲酰胺的脱氢偶合转化物，3-甲基-5,6-二氢-脲嘧啶是甲基二甲酰胺与乙胺的脱氢偶合转化物，4-甲基-1,2,4-三唑烷-3,5-二酮是甲基二甲酰胺与肼的脱氢偶合转化物。

### 5.4.6　含碳和氮的小分子

#### 5.4.6.1　含碳小分子

偏二甲肼氧化过程产生的含碳小分子包括甲烷、甲醇、甲醛、甲酸、一氧化碳和二氧化碳等，其分子结构式如下：

| CH₄ | CH₃OH | HCOH | HCOOH | CO | CO₂ | CH₃OOH |
|---|---|---|---|---|---|---|
| 甲烷 | 甲醇 | 甲醛 | 甲酸 | 一氧化碳 | 二氧化碳 | 甲基过氧化氢 |

甲基二氮烯分解产生甲基自由基，甲基自由基与羟基自由基反应生成甲醇、甲醛、水和氢分子[41]：

$$\cdot CH_3 + \cdot OH \longrightarrow CH_3OH$$

$$\cdot CH_3 + \cdot OH \longrightarrow CH_2: + H_2O$$

$$\cdot CH_3 + \cdot OH \longrightarrow H_2 + HCOH$$

偏二甲肼氧化产生甲烷、甲醇和甲基过氧化氢，可以看作甲基与氢原子、羟基自由基和过氧化氢自由基的结合转化物。甲基自由基与过氧化氢自由基反应有多种途径，可以生成甲基过氧化氢、甲烷、甲氧自由基、甲醛等[42]：

$$\cdot CH_3 + HO_2 \cdot \longrightarrow CH_3OOH$$

$$\cdot CH_3 + HO_2 \cdot \longrightarrow CH_4 + O_2$$

$$\cdot CH_3 + HO_2 \cdot \longrightarrow CH_3O \cdot + \cdot OH$$

$$\cdot CH_3 + HO_2 \cdot \longrightarrow CH_3OOH \longrightarrow CH_2O + H_2O$$

偏二甲肼及其含甲基的转化物发生甲基氧化都生成甲醛，而乙醛、丙酮、乙二醛是乙醛腙、丙酮腙和乙二醛双二甲基腙的水解转化物。

偏二甲肼脱氢、加氧后，脱去含氧羰基生成甲醛或甲酰基自由基：

$$(H_2CO)(CH_3)NNH_2 \longrightarrow HCOH + (CH_3)N \cdot -NH_2$$

$$(HCO)(CH_3)NN \cdot H \longrightarrow H \cdot CO + (CH_3)N \cdot -NH_2$$

偏二甲肼及其氧化转化物甲基氧化和 C—N 键断裂生成酰基，酰基与羟基自由基结合生成甲酸：

$$HCO \cdot + HO \cdot \longrightarrow HC(O)OH$$

二甲基甲酰胺水解为二甲胺和甲酸(盐)：

$$(CH_3)_2NCHO + H_2O \longrightarrow (CH_3)_2NH + HCOOH$$

甲醛或甲酰基自由基进一步氧化生成一氧化碳、二氧化碳：

$$\cdot OH + HCHO \longrightarrow H_2O + HCO \cdot$$

$$HCO \cdot + O_2 \longrightarrow HO_2 \cdot + CO$$

$$CO + \cdot OH \longrightarrow H \cdot + CO_2$$

含碳小分子反映了偏二甲肼中碳元素的最终归宿，偏二甲肼及其中间体都经过甲基氧化转化为甲醛，再进一步转化为甲酸、乙酸、一氧化碳、二氧化碳。

### 5.4.6.2　含氮小分子

偏二甲肼氧化过程产生的含氮小分子包括氨、氮气、氢氰酸、一氧化二氮、一氧化氮、二氧化氮、亚硝酸和硝酸，其分子结构式如下：

| $NH_3$ | $N_2$ | $HCN$ | $N_2O$ | $NO$ | $NO_2$ | $HNO_2$ | $HNO_3$ |
| --- | --- | --- | --- | --- | --- | --- | --- |
| 氨 | 氮气 | 氢氰酸 | 一氧化二氮 | 一氧化氮 | 二氧化氮 | 亚硝酸 | 硝酸 |

偏二甲肼氧化首先产生 $\cdot NH_2$ 自由基、肼、氨和氮气，$\cdot NH_2$ 自由基、肼、氨

进一步氧化生成氮的氧化物和含氮酸。

氮氧化物来源于氨的氧化还是硝基、亚硝基化合物的分解？在氧气氧化条件下，偏二甲肼、二甲胺、甲胺的氨基以及氨分子都不容易被氧化，亚硝基二甲胺、硝基甲烷可以发生光解，但是常温不足以热分解。氮氧化物主要来源于·$NH_2$ 的氧化，·$NH_2$ 氧化产生一氧化氮和二氧化氮，然后氮氧化物与有机物或自由基作用再生成亚硝基二甲胺和硝基甲烷。

甲胺的甲基氧化生成氨基自由基，偏二甲肼、甲基肼甚至肼都可以转化为·$NH_2$、:NH，·$NH_2$、:NH 氧化生成一氧化氮、二氧化氮，而氨基自由基·$NH_2$ 与一氧化氮作用转化为亚硝胺等，分解产生氮分子和 $N_2O$，$N_2O$ 氧化转化为 NO。肼通过亚硝胺转化为氮分子和 $N_2O$。

$$偏二甲肼，甲基肼，肼，甲胺 \longrightarrow \cdot NH_2，:NH \longrightarrow HNO \longrightarrow NO，NO_2$$

$$NO + :NH \longrightarrow HN \cdot NO$$

$$\cdot NH_2 + NO \longrightarrow H_2NNO$$

$$NH_2NH_2 + \cdot O \longrightarrow H_2NNO + H_2O$$

$$H_2NNO \longrightarrow N_2 + N_2O$$

$$HN \cdot NO \longrightarrow H \cdot + N_2O$$

1) NO 和 $NO_2$ 的生成

甲胺的甲基氧化脱去甲酰基生成氨，偏二甲肼、甲基肼的甲基氧化发生氮氮键断裂转化为氨。肼在臭氧和氧气条件下的转化物不同，肼氧气氧化主要生成氮气和少量氨，肼臭氧氧化主要生成 $N_2$ 和 $N_2O$。

肼氧化产生氨的过程中生成了·$N_2H_3$ 的二聚体，然后分解产生氮分子和氨分子。与偏二甲肼氧化生成四甲基四氮烯路径类似，肼还可能氧化生成四氮烯，通过四氮烯分解产生·$NH_2$ 进一步夺取肼上的氢转化为氨：

$$2NH_2N \longrightarrow NH_2N=NNH_2$$

$$NH_2N=NNH_2 \longrightarrow N_2 + 2 \cdot NH_2$$

$$NH_2NH_2 + \cdot NH_2 \longrightarrow N_2H_3 \cdot + NH_3$$

氨与羟基自由基反应速率常数为 $k = 2.65 \times 10^6$ L/(mol·s)[43]，而肼与羟基自由基反应速率常数 $k = 3.6 \times 10^8$ L/(mol·s)[44]，显然肼比氨更容易氧化。

胺和肼氧化转化为 $NH_3$，$NH_3$ 进一步氧化生成·$NH_2$：

$$O_3 \longrightarrow \cdot O(^1D) + O_2$$

$$\cdot O(^1D) + NH_3 \longrightarrow \cdot NH_2 + \cdot OH \qquad k = 1.5 \times 10^{11} L/(mol \cdot s)$$

$$NH_3 + \cdot OH \longrightarrow \cdot NH_2 + H_2O \qquad k = 2.65 \times 10^6 L/(mol \cdot s)^{[43]}$$

上述反应在 $10^{-5}$s 内就可以完成。在 UMP-SAC4 理论水平上计算，·$NH_2$ + ·OH $\longrightarrow$ :NH + $H_2O$ 反应的势垒为 13.96kJ/mol，与实验值基本一致[45]。

　　文献[46]认为，羟基自由基与过氧化氢共存条件下，·OH 可以氧化 $NH_3$ 生成·$NH_2$，二阶反应速率常数为 $1.0×10^8$L/(mol·s)(20℃)。·$NH_2$ 是·OH 与 $NH_3$ 作用的主要转化物，将进一步与 $H_2O_2$ 反应生成·NHOH。·NHOH 不能在溶液中保持稳定，会迅速转化为 $NH_2O_2$，进一步转化为 $NO_2^-$ 和 $NO_3^-$。

　　$HO_2$· 和·$NH_2$ 反应在 B3LYP/6-311 + + G(3df，3pd)和 CCSD(T)处输出(单点)水平的计算表明[31]，反应可同时发生在单线态和三线态表面。300K 和 1atm 下，:NH 和 $HO_2$· 反应的总速率常数计算结果为 $1.52×10^7$L/(mol·s)，主要反应[33]如下：

$$:NH + HO_2· \longrightarrow ·NH_2 + O_2 \qquad E_a = 9.2\sim23.4kJ/mol$$

$$:NH + HO_2· \longrightarrow HNOOH$$

$$HNOOH \longrightarrow HNO + \quad ·OH \qquad E_a = 25.5\sim58.1kJ/mol$$

　　臭氧氧化处理偏二甲肼废水过程中检测到氨，含量高于硝酸和亚硝酸。$O_3$ 和过量 $NH_3$ 的气态混合物在 30℃下反应生成 $O_2$、$H_2O$、$N_2O$、$N_2$、$NH_4NO_3$(固态)[47]。

　　理论研究预测大气中·$NH_2 + O_3 \longrightarrow H_2NO· + O_2$ 反应的势垒为 $16.3\sim27.6$ kJ/mol，略高于实验值[48]。

　　·$NH_2$ 在臭氧条件下转化为羟胺[29]，并进一步转化为次硝酸 HNO：

$$·NH_2 + O_3 \longrightarrow NH_2O· + O_2 \qquad E_a = 26.8kJ/mol$$

$$NH_2O· \longrightarrow ·NHOH \qquad k=(1.3\pm0.1)×10^3s^{-1}，E_a = 58.52kJ/mol$$

$$·NHOH \longrightarrow ·H + HNO$$

$$:NH + O_3 \longrightarrow HNO + O_2$$

$$·H + HNO \longrightarrow H_2 + NO \qquad E_a \approx 1.3kJ/mol[49]$$

　　HNO 与烷基自由基作用还可以转化为 NO[50]：

$$HNO + ·CH_3 \longrightarrow NO + CH_4$$

$$HNO + ·CH_3 \longrightarrow H· + CH_3NO$$

　　HNO 是转化为 NO 的重要前驱体，生成的 NO 进一步氧化生成二氧化氮、亚硝酸：

$$NO + ·OH \longrightarrow HNO_2$$

$$HO_2· + NO \longrightarrow ·OH + NO_2$$

$$NO + O_3 \longrightarrow NO_2 + O_2$$

　　$NO_2$ 溶于水生成硝酸和 NO，经过氧化等最终又生成硝酸：

$$NO_2 + H_2O \longrightarrow NO + 2HNO_3$$

$$2HNO_2 + O_2 \longrightarrow 2HNO_3$$

$$NO_2 + ·OH \longrightarrow HNO_3$$

由此可见，偏二甲肼氧化产生的氨基自由基在臭氧、羟基自由基作用下，首先转化为 NO，进而转化为 $NO_2$、$HNO_2$ 和 $HNO_3$。

偏二甲肼、甲基肼和肼提供氢原子与二氧化氮作用也可以生成亚硝酸：

$$R_1R_2NNH_2 + NO_2 \longrightarrow R_1R_2N-N \cdot H + HNO_2(R_1、R_2=H \text{ 或 } CH_3)$$

生成的 NO 和 $HNO_2$ 都可以加速二甲胺转化为亚硝基二甲胺，亚硝基二甲胺、硝基甲烷分解分别生成一氧化氮、二氧化氮，二者水解产生亚硝酸：

$$(CH_3)_2NNO + H_2O \longrightarrow (CH_3)_2NH + HNO_2$$

$$CH_3NO_2 + H_2O \longrightarrow CH_3OH + HNO_2$$

2) $N_2$ 和 $N_2O$ 的生成

二氮烯反应生成氮分子的过程如下[5]：

$$HN=NH + \cdot OH \longrightarrow H_2O + HN_2 \cdot$$

$$HN_2 \cdot + O_2 \longrightarrow HO_2 \cdot + N_2$$

甲基二氮烯与羟基自由基作用转化为 $CH_3N_2 \cdot$，分解也转化为 $N_2$。

氨与氮氧化物(NO、$NO_2$)作用转化为氮分子和 $N_2O$[51]。

肼在羟基自由基脱氢作用和臭氧加氧作用下转化为 $N_2O$ 和 $N_2$，反应过程可能涉及:NH 与 NO 作用产生的中间体 HN·NO，HN·NO 分解生成 $N_2O$ 或 $N_2$：

$$HN \cdot NO \longrightarrow N_2O + H \cdot$$

$$HN \cdot NO \longrightarrow N_2 + \cdot OH$$

氨氧化过程中也生成 HN·NO，进而转化为 $N_2O$ 和 $N_2$。:NH($X^3\Sigma^-$) + NO 仅产生 ·OH + $N_2$，:NH($a^1\Delta$) + NO 产生 ·OH + $N_2$ 的效率低于前者 1/5。VUV LIF 技术检测 H 原子的分布表明，H 原子直接在反应:NH($a^1\Delta$) + NO 中产生，但反应:NH($X^3\Sigma^-$) + NO 中不产生 ·H[52]。

·$NH_2$ 与 NO 反应可以生成 $N_2$[53]：

$$\cdot NH_2 + NO \longrightarrow N_2 + H_2O \qquad k = (1.1 \pm 0.2) \times 10^{10} L/(mol \cdot s)$$

Li 研究发现，反应中间体 $NH_2NO$ 在氟石的 B 酸位点上很容易分解生成 $N_2$ 和 $H_2O$，分解过程的活化能非常低[54]。

·$NH_2$ 与 $NO_2$ 作用产生 $NH_2NO_2$。$NH_2NO_2$ 有两种可能热分解路径[55]：

$$NH_2NO_2 \longrightarrow N_2O + H_2O$$

$$NH_2NO_2 \longrightarrow N_2 + H_2O_2$$

HN·NO、$NH_2NO$ 转化为 $N_2$(和 $N_2O$)。肼、氨与氮氧化物作用转化为 $N_2$ 和 $N_2O$，未检测到的亚硝基甲胺转化为 $N_2O$ 也经过上述过程。

$N_2O$ 在真空紫外 170nm 和 140~155nm 下光解生成 NO 或分解为 $N_2$[56]：

$$\cdot O(^1D) + N_2O \longrightarrow 2NO$$

　　前述臭氧氧化氨的过程中未检测到亚硝酸根、NO，但检测到了硝酸铵。实际上，检测出硝酸说明氧化过程生成了 NO、二氧化氮和亚硝酸，只是 NO 与·NH₂ 中间体作用转化为氮分子。当氧化剂氧化能力弱或含量较低时，表现为·NH₂ 或 NH₃ 过量，因此体系中会生成胩，如偏腙氧气氧化过程中生成大量胩。反应条件适宜时，在臭氧作用下则可能很快发生进一步的氧化反应，臭氧充足时主要生成硝酸盐。硝酸盐和铵盐是无机氮中更稳定的形态，或者说氨氧化为 NO 的过程比较困难，但 NO 较容易转化为 $NO_2^-$ 直至 $NO_3^-$，只是过程并不容易控制，不可避免地会生成 NO 或 $HNO_2$，从而使二甲胺转化为 NDMA。

　　3) HCN 的生成

　　偏二甲肼[57]、甲基肼[57]、二甲胺[58]、甲胺[59]、硝基甲烷[60]和均四嗪[61]热分解过程都可以生成 HCN。量化计算显示，亚甲基亚胺 $CH_2{=}NH$ 是转化为 HCN 的重要前驱体，说明具有类似结构的甲基亚甲基亚胺 $CH_3N{=}CH_2$ 和偏腙都可能是 HCN 的直接前驱物。

　　大气光氧化甲胺 $CH_3NH_2$ 的主要转化物是亚甲基亚胺。在羟基自由基作用下，从 $CH_2NH$ 中—$CH_2$ 提取氢占主导地位，亚甲基亚胺氧化主要转化物是氢氰酸 HCN，而氢氰酸异构体 HNC 和甲酰胺 $CHONH_2$ 是次要的初级转化物[62]。甲基亚甲基亚胺和亚甲基亚胺不容易被臭氧氧化，用 M06-2X 方法计算氧气与亚甲基亚胺反应热力学和动力学参数，结果表明水分子对下述反应有催化作用[63]。

$$CH_2NH + O_2 \longrightarrow HCN + H_2O_2$$

　　分子轨道从头计算法计算亚甲基亚胺(又称甲亚胺)及其异构体甲基氮烯($CH_3N$:)在最低位单线态和三线态中的分解。在最低位单线态下，HCN 不是在亚甲基亚胺碎裂时直接生成，而是由作为主要转化物的 HNC 重排形成，即先将 $CH_2NH$ 的 C 上的氢摘除，然后 N 上氢重排转化为 HCN[64]。研究表明，水分子对 HCN 和 $H_2O_2$ 的转化起催化作用。此外，在 Al 负载支撑的 Pt 和 Rh 催化剂上，甲醛还原 NO 生成大量 HCN[65]。

　　偏二甲肼的热燃烧过程可能产生 HCN，偏二甲肼废水氧化降解过程产生的氢氰酸与偏腙氧化有关。$(CH_3)_2NN{=}CH{\cdot}$双键氧化并引起氮氮键断裂生成氢氰酸：

$$(CH_3)_2NNCH_2 \cdot + \cdot OH \longrightarrow (CH_3)_2NN{=}CH \cdot \longrightarrow (CH_3)_2N \cdot + HCN$$

　　偏腙甲基氧化及氮氮键断裂生成 $H_2CN\cdot$，偏二甲肼甲基氧化及氮氮键断裂后生成·NH₂。Yelle 等认为，$H_2CN\cdot$ 与·NH₂ 作用转化为 NH₃ 和 HCN，可解释高层大气中生成大量 NH₃ 的原因[14]，也是 HCN 产生的可能途径。

　　含氮燃料的燃烧过程中不可避免地产生氢氰酸和氨[66]，图 5-8 为演变路径。

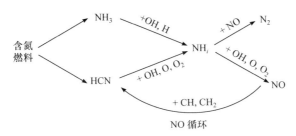

图 5-8　含氮燃料生成含氮化合物的主要路径[67]

氢氰酸和氨在活性自由基的作用下都转化为 ·$NH_i$ 自由基，·$NH_i(i = 1,2)$进一步氧化生成 NO 或 $N_2$，水体和大气中 HCN 在臭氧作用下生成氰酸盐 $CNO^-$ [68]：

$$HCN + \cdot OH \rightleftharpoons \cdot NH_2 + CO$$

偏二甲肼氧化产生的含氮小分子主要以氮气形态存在。由于氨不容易氧化，与 NO 和 $NO_2$ 作用产生 $N_2O$，而 NO 容易转化为 $NO_2$，因此偏二甲肼氧化转化物中含有多种形态氮的化合物。在非高温反应条件下，除 $N_2$ 外，相对较多的是氨氮，其次可能是硝酸氮。二氮烯转化为 $N_2$ 是最可能的路径，氮氧化物与 $NH_3$ 作用转化为 $N_2$ 也是含氮有机物降解的有效路径。

偏二甲肼氧化产生含氮小分子的转化路径：肼、胺氧化生成氨或氨基自由基，氨基自由基进一步氧化生成 NO 和 $NO_2$，而氨与氮氧化物作用转化为 $N_2$ 和 $N_2O$；偏二甲肼氧化产生含碳小分子的转化路径：甲醛分别转化为甲酸、一氧化碳和二氧化碳。

## 5.5　偏二甲肼氧化过程的作用规律

偏二甲肼氧化属于自由基反应类型，偏二甲肼本身反应活性强，但大多数氧化转化物如亚硝基二甲胺、二甲胺、二甲基甲酰胺和偏腙难于被氧化，部分氧化转化物进一步氧化产生下一级氧化转化物，或氧化转化物之间发生反应，以及氧化过程的自由基过程，这些因素导致了偏二甲肼氧化转化物种类繁多的现象。在氧化能力弱、反应时间长的情况下，偏二甲肼主要发生脱氢偶合反应，产生很多氧化转化物，因此本章研究的偏二甲肼气液氧化转化物的种类多，这与偏二甲肼在土壤中的氧化转化一致，不同的是土壤中含有的氮化合物会参与氧化反应，导致生成很多无法解释反应历程的环状有机物。

前面的章节主要从分子之间的转化关系探讨转化物之间的溯源关系，但未触及体系中各种物质氧化活性的差异和反应方向的选择。偏二甲肼氧化过程容易产生羟基自由基，这是偏二甲肼比二甲胺、偏腙和亚硝基二甲胺等转化物容易氧化的重要原因。此外，电子效应的也是影响氧化能力和稳定性的重要因素，本节从电子效应着手分析和解释以下问题：

(1) 为什么偏二甲肼的甲基易于氧化，而偏腙和亚硝基二甲胺的甲基却相对难于氧化？

(2) 什么因素影响偏二甲肼、亚硝基二甲胺的氮氮键断裂的难易程度？

(3) 为什么二甲基甲酰胺容易检测到，而甲基甲酰肼不易检测到？

### 5.5.1　电子效应与脱氢反应活性

偏二甲肼的氨基具有还原性，易与羟基自由基、臭氧、二氧化氮反应，也可以与氧气、铜离子、铁离子等发生脱氢反应。

有机物中烷基氧化产生的烷基自由基，可以看作是 C—H 键断裂产生。C—H 键键能越大，C—H 键断裂所需能量就越高，生成的烷基自由基就越不稳定；C—H 键解离能越小，生成的烷基自由基就越稳定。常见烷基自由基的稳定性顺序：

$$CH_2=CHCH \cdot \quad >(CH_3)_3C \cdot \quad >CH_3 \cdot CHCH_3 \quad >CH_3CH_2 \cdot \quad >CH_3 \cdot$$
烯丙基自由基　　　三甲丁基自由基　　　异丙基自由基　　　　乙烯基　　　甲基自由基

元素电负性越大，烷基自由基越不稳定：$R_3C \cdot >R_2N \cdot >RO \cdot$。

烷基自由基属于缺电子结构，推电子基团的诱导效应、共轭效应和超共轭效应都会提高烷基自由基的稳定性；反之，吸电子基团则降低烷基自由基的稳定性。叔丁基的甲基是推电子基团，可产生超共轭效应，叔丁基自由基比异丙基、乙烯基、甲基的甲基数量多，因此其自由基的稳定性最强。按照这一规律推测，取代甲基越多的胺、肼、腙、硝基的稳定性越强，偏二甲肼、甲基肼氧化主要生成偏腙、亚硝基二甲胺、二甲胺、三甲胺、二甲基甲酰胺等二甲氨基化合物。

取代基取代苯环上的氢，导致苯环上电子密度升高的基团称为推电子基团；反之，使苯环上电子密度降低的基团称为吸电子基团。强吸电子基团包括：叔胺正离子—$N^+R_3$、硝基—$NO_2$、三卤甲基—$CX_3$(X=F、Cl)；中等吸电子基团包括：氰基—CN、磺酸基—$SO_3H$；弱吸电子基团包括：甲酰基—CHO、酰基—COR、羧基—COOH、氧负离子—$O^-$。强推电子基团包括：二烷基氨基—$NR_2$、烷基氨基—NHR、氨基—$NH_2$、羟基—OH、烷氧基—OR；中等推电子基团包括：酰胺基—NHCOR、酰氧基—OCOR；弱推电子基团包括：烷基—R、羧基甲基—$CH_2COOH$、苯基—Ph 等。

烃类化合物碳原子的杂化有三种类型：sp 杂化(炔烃)、$sp^2$ 杂化(烯烃)、$sp^3$ 杂化(烷烃)，杂化轨道中 s 的成分越多，吸电子能力越强，因此吸电子能力次序为：$sp>sp^2>sp^3$。

偏二甲肼的氨基是强推电子基团，同时甲基失去质子后的自由基可生成 $CH_2=N=N$ 共轭结构，因此偏二甲肼的甲基最容易氧化。偏二甲肼氧化生成的偏腙、亚硝基二甲胺、二甲氨基乙腈、四甲基四氮烯、二甲基甲酰胺，含有 NO、N=C、C≡N、N=N 和 C=O 基团，一方面可生成稳定共轭结构的自由基，另一方面这些基团都是吸电子基团，因此转化物的甲基都不如偏二甲肼的甲基容易氧化，导致转化物难以进一步氧化分解。

二烷基氨基—$NR_2$、烷基氨基—NHR、氨基—$NH_2$ 都是强推电子基团，因此甲基肼、二甲基肼、三甲基肼、四甲基肼的甲基，相对于胺、亚硝胺上的甲基都容易被氧化。但是由于甲基上氢比氮上的氢难于氧化，因此实际上甲基越多的肼越难以氧化。偏二甲肼氧化产生的甲基衍生物如甲醇、甲胺的氨基、羟基都是推电子基团，相对容易发生甲基氧化；甲基甲酰胺、硝基甲烷的硝基和酰基是吸电子基团，甲基难以被氧化。

三甲胺、甲胺的 C—H 键能分别为 372kJ/mol、388kJ/mol，都比偏二甲肼的 C—H 键能 393.3kJ/mol 小。实验表明，二甲胺、三甲胺比偏二甲肼难以被氧化，原因是偏二甲肼脱氢氧化可生成稳定的共轭结构 $CH_2=N=N$，因此二甲胺氧化脱氢过程不容易进行。

甲基推电子基团对胺类化合物自由基具有稳定作用，这种稳定作用随着甲基的减少逐步减弱，因此二甲胺的甲基和氨基氧化作用基本相同，而甲胺臭氧氧化主要是氨基氧化。同时氨、甲胺、二甲胺和三甲胺被氧化难易度随甲基数量的增多而增大。

1) 肼类化合物的甲基和氨基脱氢

偏二甲肼、偏腙、亚硝基二甲胺中，偏二甲肼的氨基是推电子基团，偏二甲肼甲基上的氢最容易失去，而—$N=CH_2$ 和亚硝基是吸电子基团，而且亚硝基的吸电子能力更强，因此亚硝基二甲胺的甲基最难被氧化。甲基脱氢反应活性次序：偏二甲肼＞偏腙＞亚硝基二甲胺。

甲基肼及其衍生物与甲基相连氮上氢的摘除次序：甲基肼＞甲醛甲基腙＞硝基甲胺。

甲基肼甲氨基上的氮与甲基、氨基 2 个推电子基团相连，摘除该氮上氢的活性最大。偏二甲肼、甲基肼、肼的推电子基团活性大小次序：$(CH_3)_2N·$＞$CH_3NH·$＞$·NH_2$。因此，氨基脱氢反应活性次序：偏二甲肼＞甲基肼＞肼，但由于需要综合考虑不同位置上氢的反应活性，因此肼类化合物的总体反应活性并不按这个顺序呈现。

Sun 等[11]量化计算表明，羟基自由基摘除甲基肼的氢产生 $CH_3N·NH_2$、顺式—$CH_3NHN·H$、反式—$CH_3NHN·H$ 和 $·CH_2NHNH_2$ 等 4 个自由基中间体，前三者的活化能分别为 12.3kJ/mol、17.9kJ/mol、16.9kJ/mol，摘取甲基肼甲基上氢原子的势垒为 12.9kJ/mol，产生第一种结构的自由基的脱氢活化能低，因此甲基肼比偏二甲肼更容易被氧化。偏二甲肼、甲基肼和肼的自燃温度次序：甲基肼＜偏二甲肼<肼，可以证明上述推测的合理性。

2) 胺的甲基和氨基脱氢

偏二甲肼氧化过程可以产生三甲胺、二甲胺和甲胺，由于甲基的推电子能力比质子大，因此甲基脱氢反应活性次序为三甲胺>二甲胺>甲胺，氨脱氢反应活性次序为二甲胺>甲胺>氨。

总体来看，二甲胺的反应活性比氨、甲胺高，二甲胺与三甲胺活性接近，其原因是二甲胺的氨基活性最强，在臭氧作用下可以产生羟基自由基。

偏二甲肼甲基氧化非常重要。在甲基不断氧化的过程中，偏二甲肼逐步降解为小分子，沿下列两种路径进行：

$$偏二甲肼 \longrightarrow 甲基肼 \longrightarrow 肼 \longrightarrow N_2$$

$$偏二甲肼 \longrightarrow 二甲胺 \longrightarrow 甲胺 \longrightarrow 氨 \longrightarrow NO$$

但是，由于硝基和亚硝基都是吸电子基团，显著降低甲基氧化的能力，因此一旦偏二甲肼氨基氧化生成亚硝基二甲胺，甲胺氧化生成硝基甲烷，难于被进一步氧化。

### 5.5.2 电子效应对化学键断裂的影响

环境化学理论中，烷烃转化为酰基后可以使相连的碳碳键断裂，烷烃碳链长度逐步缩短。烷基是推电子基团，烷基氧化生成的酰基是吸电子基团，可使相邻 C—C 键的电子云密度降低，化学键强度下降，进而碳碳键断裂。从这一角度来看，偏二甲肼及胺的甲基氧化均涉及碳氮键断裂，偏二甲肼、偏腙和亚硝基二甲胺转化生成二甲胺均涉及氮氮键断裂，与反应前后推电子基团转化为吸电子基团密切相关。

偏二甲肼甲基氧化生成酰基是推电子的烷基转化为吸电子的 $H_2C$— 或酰基 HCO—，吸电子基团削弱了碳氮单键，键断裂失去甲醛或甲酰基；偏二甲肼氨基氧化生成硝基和亚硝基是推电子的氨基转化为吸电子的硝基和亚硝基，吸电子基团削弱了氮氮单键的强度，但由于 N—N=O 形成了 p-π 共轭，增大了氮氮单键的强度，因此亚硝基二甲胺和硝基二甲胺不易发生氮氮键断裂生成二甲胺。

偏二甲肼氨基氧化生成偏腙是从推电子基团转化为吸电子基团—N=CH_2，—N=CH_2 进一步发生氧化脱氢生成吸电子能力更强的—CN，有利于氮氮键断裂从而生成二甲胺和 HCN。同理，偏二甲肼甲基氧化导致氮氮键断裂，甲基脱氢是推电子的烷基转化为吸电子的 $CH_2=N^+$—，从而转化生成二甲胺。

亚硝基二甲胺、偏腙分子结构中 N—N=O 或 N—N=CH_2 可形成 p-π 共轭，增大氮氮键的强度。偏二甲肼、亚硝基二甲胺在酸性介质中都容易转化为二甲胺，是因为在酸性介质中生成的—$H^+NR_2$ 转化为吸电子基团，同时质子化作用破坏

p-π 共轭体系，削弱了氮氮键的强度，从而有利于二甲胺的生成。偏腙和亚硝基二甲胺的吸电子基团会降低甲基氧化脱氢能力，而一旦脱氢又容易发生氮氮键断裂转化为二甲胺。

偏二甲肼、甲基肼、三甲胺、二甲胺和甲胺都可以发生甲基氧化，但胺类化合物氧化生成酰胺，而肼类化合物氧化发生碳氮键断裂生成甲醛，为什么会有这样的差异呢？

偏二甲肼和二甲胺的分子结构相似，但偏二甲肼的氨基是强推电子基团，生成甲醛后甲基肼基自由基比甲氨基自由基稳定性高：$(CH_3)N\cdot—NH_2 > (CH_3)N\cdot H$。

因此，甲基肼、偏二甲肼甲基氧化并脱去酰基，而三甲胺、二甲胺更容易生成酰胺。生成酰胺后，NC=O 结构形成共轭，使碳氮键带有一定的双键性质，导致碳氮键不容易断裂。由于酰胺水解涉及碳氮键的断裂，甲基取代酰胺不容易水解，甲基是推电子基团，因此二甲基甲酰胺比甲基甲酰胺的稳定性更高。

### 5.5.3　肼、腙和胺的甲基化

生物体内 DNA 分子甲基化作用中，由于甲基是亲电试剂，氮是亲核试剂，因此容易发生结合。

亲核试剂(nucleophile)又称为亲核基，可用 Nu 表示。属于路易斯碱，是一些带有未共享电子对的分子或负离子，在反应过程中，它倾向与正电性物质结合。亲核试剂分为三种类型：未共用电子对型(lone-pair nucleophile)，σ 键型(σ-bond nucleophile)和 π 键型(π-bond nucleophile)。未共用电子对型亲核试剂有胺、氨、羟基自由基、醇、硫醇、烷氧负离子、碳负离子等。π 键的成键电子对与亲电试剂的亲电原子形成 σ 键。例如，烯烃的 π 键在反应中可以发生异裂，其中 1 个双键的碳原子带着成键电子对与亲电试剂反应。因此，富电子烯烃是亲核试剂。

偏二甲肼、偏腙和甲基肼臭氧氧化的甲基化转化物见表 5-14。

**表 5-14　偏二甲肼、偏腙和甲基肼臭氧氧化的甲基化转化物**

| 化合物 | 甲基化转化物 |
| --- | --- |
| 偏二甲肼 | 三甲基肼、四甲基肼 |
| 偏腙 | 乙醛腙、丙酮腙、二甲基乙基肼 |
| 甲基肼 | 1,2-二甲基肼、偏二甲肼 |

在偏二甲肼氧化过程中，羟基自由基、氨基自由基属于亲核试剂，氧化产生的—C=N、C≡N 属于亲核试剂。因此，$N,N$-二甲基肼基自由基中的—NH·、$N,N$-二甲基腙基自由基中的—NCH·都可能发生甲基化反应。例如，偏腙转化为二甲基乙基肼和乙醛腙，偏二甲肼转化为三甲基肼。偏二甲肼、偏腙、甲基肼和二甲

胺氧化的甲基化转化物一般不是通过甲基交换反应获得，而是通过甲基化反应而得。

1) 自由基反应中的甲基化

偏二甲肼、甲基肼和偏腙的氧化过程都有明显甲基化现象，其中甲基肼最为显著，其次是偏腙，最后是偏二甲肼。自由基反应过程主要通过与甲基自由基的结合生成相应转化物，如三甲基肼、四甲基肼、乙醛腙和丙酮腙：

$$(CH_3)_2NNH \cdot + CH_3 \cdot \longrightarrow (CH_3)_2NNHCH_3$$
$$(CH_3)_2NN \cdot CH_3 + CH_3 \cdot \longrightarrow (CH_3)_2NN(CH_3)_2$$
$$(CH_3)_2NNCH \cdot + CH_3 \cdot \longrightarrow (CH_3)_2NNCHCH_3$$

甲基肼氧化过程产生的甲基二氮烯是甲基化试剂，偏二甲肼甲基氧化脱酰基后很容易转化为甲基二氮烯的前驱物，因此偏二甲肼甲基化顺理成章，但偏腙容易甲基化的原因不能用甲基二氮烯来简单解释。根据电子效应对带甲基与氮结合时的碳氮键的影响，亚硝基、腙基吸电子作用使碳氮键更容易断裂，易生成甲基自由基。因此，甲基化试剂还包括甲基二氮烯、亚硝基甲氨基自由基和甲基腙基自由基 $CH_3N \cdot NCH_2$：

$$CH_3NNH \longrightarrow CH_3 \cdot + HN_2 \cdot$$
$$CH_3N \cdot NO \longrightarrow CH_3 \cdot + N_2O$$
$$CH_3N \cdot NCH_2 \longrightarrow CH_3 \cdot + CH_2N_2$$

2) 曼尼希反应甲基化

甲醛是胺甲基化的重要试剂。曼尼希反应也称作胺甲基化，曼尼希反应的产物称为"曼尼希碱"。在自由基反应中，在氢自由基的还原作用下，曼尼希碱进一步转化为上一级的胺，即甲胺转化为二甲胺，二甲胺转化为三甲胺。

甲醛和肼类、胺类化合物反应生成腙、亚胺，在含有 $\cdot H$ 的条件下亚甲基转化为甲基。例如，甲酰肼与甲醛作用生成二甲基甲酰肼，二甲胺与甲醛作用生成三甲胺、四甲基甲烷二胺：

$$(CH_3)_2NH + CH_2O \longrightarrow (CH_3)_2N^+{=}CH_2 \cdot OH^-$$
$$\text{曼尼希碱}$$
$$(CH_3)_2N^+{=}CH_2 \cdot OH^- + 2H \cdot \longrightarrow (CH_3)_3N + H_2O$$
$$(CH_3)_2N^+{=}CH_2 \cdot OH^- + (CH_3)_2N \cdot \longrightarrow (CH_3)_2NCHN(CH_3)_2 + H_2O$$

甲醛的甲基化作用可以将甲胺转化为二甲胺：

$$CH_3NH_2 + CH_2O \longrightarrow CH_3N{=}CH_2 + H_2O$$
$$CH_3N{=}CH_2 + 2H \cdot \longrightarrow (CH_3)_2NH$$

甲醛的甲基化作用，可以将甲胺转化为二甲胺，进而转化为亚硝基二甲胺，因此甲醛在含氮有机化合物转化为亚硝基二甲胺过程中起着关键作用。

甲醛的甲基化作用可以将偏二甲肼转化为三甲基肼:

$$(CH_3)_2NNH_2 + CH_2O \longrightarrow (CH_3)_2NN{=}CH_2 + H_2O$$

$$(CH_3)_2NN{=}CH_2 + H_2 \longrightarrow (CH_3)_2NNHCH_3$$

### 5.5.4　反应活性中间体

偏二甲肼与其主要氧化转化物二甲胺、亚硝基二甲胺等相比更容易氧化,因此这些转化物虽然可以进一步发生氧化,但并不是偏二甲肼的活性中间体。二甲胺氧化可以产生亚硝基二甲胺、二甲基甲酰胺,但是二甲胺本身很难转化为这两种化合物,实际上亚硝基二甲胺是偏二甲肼氧化的中间体$(\cdot CH_2)(CH_3)N\cdot$转化而来,而不是二甲胺转化而来:

$$UDMH \longrightarrow (\cdot CH_2)(CH_3)N\cdot \longrightarrow DMF、DMA、NDMA、NM$$

偏二甲肼臭氧氧化时更容易生成二甲基甲酰胺、亚硝基二甲胺和硝基甲烷,而氧气氧化时反应前期主要生成二甲胺,随着氧化反应的进行,活性较大的活性氧化剂含量逐步增大,亚硝基二甲胺、二甲基甲酰胺生成量增大。

偏二甲肼氧化过程的第 2 个活性中间体是二甲氨基氮烯(双自由基),由此中间体生成亚硝基二甲胺和四甲基四氮烯:

$$UDMH \longrightarrow (CH_3)_2NN: \longrightarrow NDMA、TMT$$

偏二甲肼氧化过程还有 1 个重要中间体是甲基肼基自由基$(CH_3)N\cdot NH_2$,该过程涉及偏腙、甲基自由基和偏二甲肼氧化生成小分子的过程:

$$UDMH \longrightarrow (CH_3)N\cdot NH_2 \longrightarrow MMH、CH_3OH、N_2$$

$$UDMH + HCOH \longrightarrow FDH$$

偏二甲肼甲基氧化脱去酰基后生成第 3 个活性中间体甲基肼基自由基$(CH_3)N\cdot NH_2$,甲基肼基自由基加氢还原为甲基肼,甲基肼基自由基进一步脱氢氧化为甲基二氮烯。$(CH_3)N\cdot NH_2$ 自由基相关转化物包括甲基肼、甲基二氮烯、氮气,同时涉及甲基自由基和氢自由基的生成,以及所有甲基化转化物,如三甲基肼等。

偏二甲肼氧化过程第4个活性中间体是偏腙,偏腙氧化生成乙醛腙、乙二醛双二甲基腙和二甲氨基乙腈等。

偏二甲肼氧化过程存在大量的自由基,与酰胺生成的自由基包括甲酰基自由基、二甲氨基自由基、甲氨基自由基:

$$(CH_3)_2N\cdot + HCO\cdot \longrightarrow 二甲基甲酰胺$$

$$CH_3NH\cdot + HCO\cdot \longrightarrow 甲基甲酰胺$$

$$\cdot NH_2 + HCO\cdot \longrightarrow 甲酰胺$$

$N,N$-二甲基脲、二甲氨基甲酸甲酯、三甲基脲、1,1,3,3-四甲基脲等二甲基甲酰胺衍生物相关的自由基包括二甲酰基自由基、氨基自由基、甲烷氧自由基、甲氨基自由基、二甲氨基自由基等。

$$(CH_3)_2NCO \cdot + \cdot NH_2 \longrightarrow N,N\text{-二甲基脲}$$

$$(CH_3)_2NCO \cdot + H_3CO \cdot \longrightarrow \text{二甲氨基甲酸甲酯}$$

$$(CH_3)_2NCO \cdot + CH_3NH \cdot \longrightarrow \text{三甲基脲}$$

$$(CH_3)_2NCO \cdot + (CH_3)_2N \cdot \longrightarrow 1,1,3,3\text{-四甲基脲}$$

本书介绍的一些脱氢、偶合产物,多数直接由自由基偶合生成,如1,1,3,3-四甲基脲是二甲氨自由基与二甲基甲酰基$(CH_3)_2NCO \cdot$偶合而成。亚甲基二甲氨自由基与二甲氨基自由基偶合,分别生成四甲基甲烷二胺、$N,N,N'$-三甲基乙二胺。硝基甲烷不一定非要通过甲胺转化而来,直接通过甲基氮烯就可以转化生成,甲基氮烯相关的转化物包括:

$$CH_3N: + 2 \cdot H \longrightarrow \text{甲胺}$$

$$CH_3N: + \cdot OH + O_2 \longrightarrow \text{甲酰胺}$$

$$CH_3N: + 2O_3 \longrightarrow \text{硝基甲烷}$$

$$CH_3N: \longrightarrow \text{亚甲基亚胺}$$

### 5.5.5 反应过程中的竞争关系

偏二甲肼氧化过程存在连续反应和平行反应,存在连续过程的竞争关系,同时还存在平行竞争反应。一般反应的活化能越低,反应就越容易进行,因此常通过反应活化能大小推测竞争反应中的主反应或副反应。偏二甲肼甲基氧化与氨基氧化之间存在相互竞争关系,碰撞概率的大小决定反应转化物比例的大小。

偏二甲肼与臭氧的气相氧化转化物偏腙、二甲胺、四甲基四氮烯、亚硝基二甲胺和二甲基甲酰胺之间的反应关系如下:

偏二甲肼 $\begin{cases} \text{氨基氧化:四甲基四氮烯,亚硝基二甲胺} \\ \text{甲基氧化:偏腙} \\ \text{NN键断裂:二甲基甲酰胺,二甲胺} \end{cases}$

偏二甲肼与臭氧的气相通过氨基氧化生成亚硝基二甲胺,但偏腙氧化产生亚硝基二甲胺的过程也不容忽视;由于氨基的氢键保护作用,液态偏二甲肼主要通过二甲胺或二甲氨基自由基与NO作用进一步转化为亚硝基二甲胺。氧化剂种类对转化物的种类和含量也产生影响。

偏二甲肼氧化过程中存在多重竞争反应过程。

1) 偏腙与亚硝基二甲胺的竞争

偏二甲肼氧化转化为偏腙还是亚硝基二甲胺,本质上是偏二甲肼甲基氧化与氨基氧化的竞争。无论是臭氧氧化还是氧气氧化，偏二甲肼都先转化为偏腙。偏二甲肼首先表现为甲基氧化，在反应体系中生成羟基自由基，羟基自由基作用下发生甲基氧化主要转化为偏腙。在臭氧氧化条件下，偏二甲肼首先转化生成偏腙，可以抑制亚硝基二甲胺的生成，但当偏腙含量达到一定程度时，由于偏腙更容易转化为亚硝基二甲胺，因此在反应后期亚硝基二甲胺含量上升，偏腙含量下降。

2) 偏腙与二甲胺的竞争

偏腙和二甲胺都是偏二甲肼甲基氧化转化物，但是偏腙是通过甲醛转化而来，甲醛的生成则涉及加氧反应，不同氧化剂的加氧能力是不同的，臭氧远比氧气容易加氧，因此偏二甲肼臭氧氧化主要生成偏腙，二甲胺的生成量较少，而氧气氧化有利于生成二甲胺。

3) 二甲胺和二甲基甲酰胺的竞争

偏二甲肼、偏腙、亚硝基二甲胺氧化或光作用下产生二甲氨基自由基，可以分别与甲酰基、氢自由基作用生成二甲基甲酰胺和二甲胺：

$$CH_3N \cdot CH_3 + \cdot CHO \longrightarrow (CH_3)_2NC(O)H$$

$$CH_3N \cdot CH_3 + H \cdot \longrightarrow (CH_3)_2NH$$

反应体系的氧化能力强时主要生成二甲基甲酰胺，反之则生成二甲胺。例如，臭氧氧化主要转化为二甲基甲酰胺，氧气氧化主要转化为二甲胺。

此外，甲烷和甲醇也存在竞争关系。臭氧氧化主要转化为甲醇，而氧气氧化主要转化为甲烷：

$$\cdot CH_3 + HO \cdot \longrightarrow CH_3OH$$

$$CH_3 \cdot + H \cdot \longrightarrow CH_4$$

4) 亚硝基二甲胺与四甲基四氮烯的竞争

亚硝基二甲胺与四甲基四氮烯都是偏二甲肼氨基氧化转化物，氧化过程生成自由基$(CH_3)_2NN:$，二甲氨基氮烯(双自由基)偶合生成四甲基四氮烯，偶合反应是一个无势垒的过程。二甲氨基氮烯(双自由基)臭氧氧化生成亚硝基二甲胺的活化能为 25kJ/mol，但在臭氧氧化过程中，仍然主要生成亚硝基二甲胺，原因是臭氧含量远大于二甲氨基氮烯(双自由基)，生成亚硝基二甲胺的碰撞概率远大于生成四甲基四氮烯。只有当二甲氨基氮烯(双自由基)含量高时，才可能主要生成四甲基四氮烯(参见 9.3.2 小节实验结果)，当加氧氧化剂不充足时，更多的是生成四甲基四氮烯。

### 5.5.6　二甲氨基化合物的生成及转化

偏二甲肼氧化过程产生的具有$(CH_3)_2N$—结构的物质称为二甲氨基化合物。偏二甲肼氧化转化物中有大量二甲氨基化合物，如偏腙、亚硝基二甲胺、二甲基甲酰胺、四甲基四氮烯、二甲氨基乙腈等。二甲氨基化合物的生成原因之一是偏二甲肼本身就是二甲氨基化合物，但是甲基肼氧化过程中也会生成偏二甲肼、偏腙，这是因为二甲氨基化合物比甲氨基化合物更为稳定，同时反应过程中有实现这种转化的反应条件。

研究发现，甲基肼氧化转化物与偏二甲肼类似，而二甲胺氧化转化物与三甲胺类似，原因是甲基肼甲基一侧氢的氧化能力大于氨基一侧的氢。因此，甲基一侧的氢容易被摘除生成自由基，而甲基肼氧化过程又可以生成不容易被氧化的甲基，因此甲基和甲基肼基自由基作用就生成了 UDMH。同理，即使生成甲醛甲基腙，也容易转化为偏腙。二甲胺氮上的氢可以被摘除，在甲基或酰基存在条件下，容易转化为三甲胺和二甲基甲酰胺。甲基具有推电子作用，可以提高含氮氮键的二甲氨基化合物的稳定性，因此氧化过程中生成的单甲基氨基化合物又转化为二甲氨基化合物。

二甲氨基化合物的共同特性是甲基氧化，氮氮键断裂生成$(\cdot CH_2)(CH_3)N\cdot$，该自由基进一步反应生成二甲胺、甲胺、氨、二甲基甲酰胺、甲基甲酰胺、甲酰胺、甲基亚甲基亚胺、亚甲基亚胺、硝基甲烷，特别是可能进一步转化为亚硝基二甲胺等。亚甲基亚胺通过水解作用生成甲胺，$(\cdot CH_2)(CH_3)N\cdot$加氢生成二甲胺：

$$(\cdot CH_2)(CH_3)N\cdot \rightleftharpoons (CH_3)N{=}CH_2$$

$$(CH_3)N{=}CH_2 + H_2O \longrightarrow CH_3NH_2 + CH_2O$$

$$(\cdot CH_2)(CH_3)N\cdot + 2H\cdot \longrightarrow (CH_3)_2NH$$

甲胺、二甲胺甲基氧化生成甲醛、胺、酰胺等，如二甲胺氧化生成甲醛、甲胺、二甲基甲酰胺、甲酰胺：

$$(CH_3)_2NH + [O] \longrightarrow CH_3CH_2O\cdot NH \longrightarrow CH_2O + CH_3N\cdot H \quad [O]{=}\cdot OH、\cdot O、O_3$$

$$(CH_3)_2NH + [O] \longrightarrow CH_3CHONH \longrightarrow \cdot CHO + \quad CH_3NH\cdot$$

$$CH_3(HCO)N\cdot + CH_3\cdot \longrightarrow (CH_3)_2NCHO$$

$$CH_3NH\cdot + \cdot H \longrightarrow CH_3NH_2$$

$$CH_3NH_2 + [O] \longrightarrow CHONH_2$$

二甲胺与 $N_2O_3$、$(\cdot CH_2)(CH_3)N\cdot$与 NO 作用都可以转化为亚硝基二甲胺：

$$(CH_3)_2NH + N_2O_3 \longrightarrow (CH_3)_2NNO + H_2O + HNO_2$$

$$(\cdot CH_2)(CH_3)N\cdot + NO + H\cdot \longrightarrow (CH_3)_2NNO$$

其中 NO 和 $N_2O_3(NO + NO_2)$来源于甲胺的氧化：

$$CH_3NH_2 + [O] \longrightarrow CH_2O\cdot NH\cdot \longrightarrow CH_2O + \cdot NH_2 \quad [O]{=}\cdot OH、\cdot O$$

$$\cdot NH_i + [O] \longrightarrow NO \text{ 或 } N_2O_3 \quad [O]{=}\cdot OH、\cdot O、O_2、O_3$$

$$\cdot NH_i + H\cdot \longrightarrow NH_3 \qquad i = 1,2$$

因此，偏二甲肼氧化生成的具有$(CH_3)_2N{-}$结构的偏腙、乙醛腙、丙酮腙、四甲基四氮烯、二甲胺、三甲胺、三甲基肼、二甲基甲酰胺、二甲氨基乙腈等都可以进一步氧化生成亚硝基二甲胺；二甲胺、三甲胺和二甲基甲酰胺转化为 $NH_3$ 的过程为限速过程，通过这种路径转化为 NDMA 的量较小。如果上述过程发生在水相，甲酰胺可以进一步水解为氨和甲酸：

$$CHONH_2 + H_2O \longrightarrow HCOOH + NH_3$$

由于质子保护作用，酸性条件下，$NH_3$ 难以氧化转化为 NO 或 $HNO_2$，进而减少亚硝基二甲胺的生成。碱性条件下，$NH_3$ 可以转化为氮氧化物，增加亚硝基二甲胺的生成量。

## 5.6　偏二甲肼氧化转化物的紫外-可见吸收光谱

偏二甲肼在储存过程中有时颜色会逐渐变黄，意味着其发生自然氧化反应，生成了具有共轭双键的化合物，因此在可见光区产生了吸收。

### 5.6.1　发黄偏二甲肼和偏腙光谱

对储存过程中自然氧化发黄的偏二甲肼和偏腙进行紫外-可见光谱扫描，结果分别如图 5-9、图 5-10 所示。由于偏二甲肼原液浓度太大，因此图 5-9 不能直接区分偏二甲肼的谱峰，但发黄偏二甲肼吸收波长延伸至 400nm 以上可见光区。

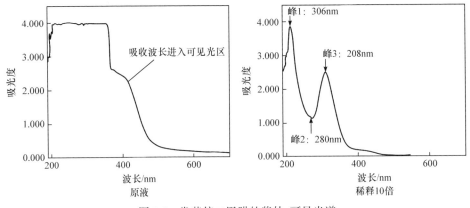

图 5-9　发黄偏二甲肼的紫外-可见光谱

图 5-9 中，稀释 10 倍后的谱图可以较为清晰地区分出 400nm 以下的前三个峰，其中峰 3(208nm)为偏二甲肼本身的吸收峰，而峰 1 吸收波长为 306nm，峰 2(280nm)为四甲基四氮烯的吸收峰。

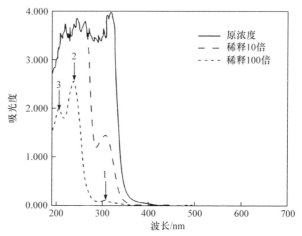

图 5-10 发黄偏腙的紫外-可见光谱

1. 306nm 峰；2. 235nm 峰；3. 208nm 峰

图 5-10 中，稀释后的曲线能明显区分出三个峰，其中峰 2(235nm)为偏腙本身的吸收峰。

对比发黄的偏二甲肼和偏腙谱图可知，偏二甲肼自然氧化发黄转化物与偏腙氧化发黄转化物的吸收峰中均出现了 306nm 附近的吸收峰，该吸收峰与偏二甲肼和偏腙变黄密切相关。

### 5.6.2 有色氧化转化物的紫外吸收光谱

文献中偏二甲肼废水降解过程相关转化物的紫外特征吸收波长见表 5-15。

表 5-15 偏二甲肼废水降解过程相关转化物的紫外特征吸收波长[69,70]

| 产物 | 特征吸收波长/nm |
| --- | --- |
| 偏二甲肼(UDMH) | 200 |
| 二甲胺(DMA) | 205 |
| 偏腙(FDH) | 235 |
| 亚硝基二甲胺(NDMA) | 230 |
| 四甲基四氮烯(TMT) | 280 |
| 1,1,5-三甲基甲臜 | 320 |
| 1,1,5,5-四甲基甲臜 | 360 |
| 均四嗪 | 500 |

有学者认为，在 320nm 和 360nm 出现吸收峰的转化物是 1,1,5-三甲基甲臜和 1,1,5,5-四甲基甲臜[69]，但现有实验的 GC-MS 检测中没有这两种物质的直接证据；

也有学者认为黄色物质与偶氮化合物(即氮烯化合物)有关，但未提供相关的吸收峰位；还有学者认为，黄色物质是实验检测到的偏二甲肼氧化产物均四嗪，其可吸收 500nm 可见光[6]。

偏二甲肼在储运过程中易发黄变质。偏二甲肼、甲基肼和偏腙的气相氧化及液相氧化中都会出现发黄的现象，偏二甲肼水溶液氧化过程也有黄色物质产生。梁开伦等采用 GC-MS 在发黄偏二甲肼中检测到偏二甲肼、水、二甲胺、甲醛、偏腙、亚硝基二甲胺、四甲基四氮烯和少量的甲胺、甲基肼、二甲基乙基肼、三甲基肼、二甲基二氮烯、偏二甲肼、乙醛腙、二甲基甲酰胺、1H-3-甲基-1,2,4-吡唑、1,4-二甲基-2,5-二氢-1,2,4,5-四嗪等[71]。

偏二甲肼、二甲胺、亚硝基二甲胺和偏腙水溶液紫外-可见光谱如图 5-11。

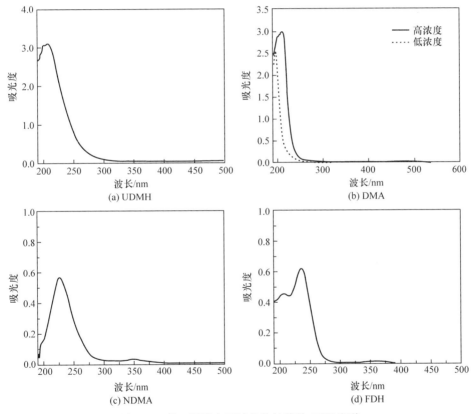

图 5-11　偏二甲肼主要转化物的紫外-可见光谱

图 5-11(a)中，偏二甲肼分子在 200nm 附近出现了宽频吸收峰，可以归属于 N—H 和 N—C 的 $n \rightarrow \sigma^*$ 跃迁，其中 n 电子由 N 原子孤对电子提供，反键轨道 $\sigma^*$ 是 N—C 或 N—H 的反键分子轨道。偏二甲肼在 350~800nm 可见光区无吸收，

因此为无色液体。图 5-11(b)中，二甲胺在 194nm 处出现吸收谱带，归属于 N—H 和 N—C 的 $n \rightarrow \sigma^*$ 跃迁，二甲胺为无色液体，在可见光区无吸收。图 5-11(d)中，偏腙分子含有 C=N 双键，存在 $\pi \rightarrow \pi^*$ 和 $n \rightarrow \pi^*$ 两种跃迁，C=N 不饱和基团的属于发色团，而另一个 N 原子带有 p 电子，是助色团，助色团与发色团相连，可以使吸收峰向长波移动，吸收峰位在 235nm，纯品偏腙是无色液体。

液体偏二甲肼、偏腙氧化后、偏二甲肼废水处理过程中都会出现变黄、发红的现象，可能发黄物质有亚硝基二甲胺，文献报道有二甲基二氮烯和甲酰肼，此外对可能的有色物质的紫外-可见光谱也进行了检测和收集，见图 5-12。

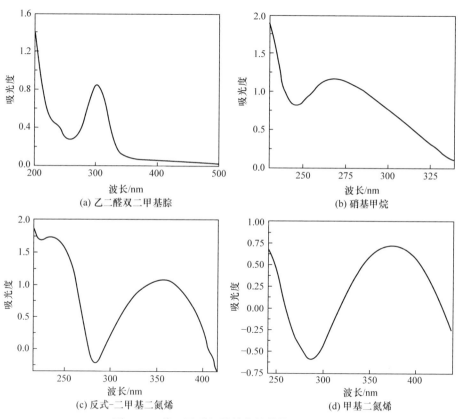

图 5-12　偏二甲肼相关转化物紫外-可见光谱

1）亚硝基二甲胺

文献给出亚硝基二甲胺 2 个吸收峰的摩尔吸光系数 $\varepsilon$，对应最大吸收峰的波长分别为 228nm[摩尔吸光系数 $\varepsilon = 7378$L/(mol·cm)]、332nm[$\varepsilon = 109$L/(mol·cm)]。图 5-11(c)中，亚硝基二甲胺分子中含有亚硝基 N=O 双键，存在 $\pi \rightarrow \pi^*$ 和 $n \rightarrow \pi^*$ 两种跃迁，其中非键轨道上的 n 电子发生 $n \rightarrow \pi^*$ 跃迁，处于长波但强度较弱。亚

硝基—N＝O 是一个发色团，与助色团即另一个 N 原子相连，并使吸收峰发生红移。230nm 为 $\pi \rightarrow \pi^*$ 跃迁，吸收强度较大，而 320nm 为 $n \rightarrow \pi^*$ 跃迁，强度较弱，但对产生可见光区域的吸收有贡献。

2) 二甲基氨基乙腈

二甲氨基乙腈在 290nm 和 220nm 处出现 2 个吸收峰，其中腈基—C≡N 为发色团，220nm 为 $\pi \rightarrow \pi^*$ 跃迁，而 290nm 为 $n \rightarrow \pi^*$ 跃迁。

3) 乙二醛双二甲基腙

取 1mL 偏二甲肼于烧杯中，用医用注射器加入一定量的乙二醛，反应生成乙二醛双二甲基腙。以每次 0.2mL 的量向偏二甲肼中加入乙二醛，每次加入后轻微搅拌，等待数秒观察颜色变化。偏二甲肼中分别加入 0.2mL、0.4mL、0.6mL、0.8mL、1mL 和>1mL 乙二醛后的颜色变化如图 5-13 所示。随着乙二醛加入量的增大，样品颜色逐渐加深，当加入量达到 1mL 时，样品颜色变为红棕色，之后颜色变化不明显。

|　0.2mL　|　0.4mL　|　0.6mL　|　0.8mL　|　1mL　|　>1mL　|

图 5-13　偏二甲肼与乙二醛反应颜色变化图

对第 1 个和最后 1 个样品进行 GC-MS 分析，样品中的主要生成物是乙二醛双二甲基腙，由此证明偏二甲肼与醛类可以发生缩合反应。

乙二醛双二甲基腙分子中含有 2 个 C＝N 双键，形成大的 $\pi \rightarrow \pi^*$ 共轭体系产生 K 带，同时存在 $n \rightarrow \pi^*$ 跃迁，其中 306nm 吸收峰可归属于 $n \rightarrow \pi^*$ 两种跃迁，二甲氨基的氮原子带有 p 电子作为助色团，使吸收峰向长波移动即发生红移，在 306nm 处产生吸收峰，见图 5-12(a)。GC-MS 检测到偏二甲肼和偏腙氧化过程中均出现该转化物，同时发黄偏二甲肼和偏腙的紫外-可见光谱(图 5-9、图 5-10)中都出现 306nm 的吸收峰，说明乙二醛双二甲基腙是导致偏腙和偏二甲肼发黄的主要物质。

4) 硝基甲烷

图 5-12(b) 中，$CH_3NO_2$ 分子在 198nm[$\varepsilon = 2000 L/(mol \cdot cm)$] 和 270nm[$\varepsilon = 10 L/(mol \cdot cm)$] 处有 2 个不同的紫外吸收带；$NO_2$ 基团含有双键，同时含有非键电子，因此上述吸收峰分别对应 $\pi \rightarrow \pi^*$ 跃迁和 $n \rightarrow \pi^*$ 跃迁。

5) 二甲基二氮烯

图 5-12(c)和(d)中，反式-二甲基二氮烯、甲基二氮烯的吸收峰位在 355nm 和

360nm。二甲基二氮烯分子中的 N=N 基团是发色团，同时存在 $\pi \to \pi^*$ 和 $n \to \pi^*$ 两种跃迁，甲基的 σ 键与 π 产生超共轭效应，可以增加吸收峰的强度，并使谱峰红移。—N=N—化合物 $n \to \pi^*$ 的 $\lambda_{max} \approx 360nm$。$CH_3N=NCH_3$ 在水溶液中的 $n \to \pi^*$ 跃迁：反式 $\lambda_{max} \approx 343nm$ [摩尔吸光系数 $\varepsilon = 2L/(mol \cdot cm)$]，顺式 $\lambda_{max} \approx 353nm$ [$\varepsilon = 240L/(mol \cdot cm)$]。具有 N=N 结构的二甲基二氮烯和甲基二氮烯为黄色液体，在偏二甲肼、甲基肼氧化过程中可检测到，它们比亚硝基二甲胺的吸收峰更靠近可见光。铜离子催化氧化处理偏二甲肼废水的紫外吸收光谱也显示 360nm 处的吸收，据此认为产生 360nm 吸收的转化物是 N,N-二甲基二氮烯而不是表 5-15 中给出的 1,1,5,5-四甲基甲簪。

有研究表明，水中偏二甲肼可以氧化生成 $(CH_3)_2N^+=N^-$。用氯化铜氧化 0℃ 水溶液中的偏二甲肼，得紫色络合物 $Cu_3Cl_3[(CH_3)_2N=N]_2$。用盐酸和氨连续处理时，该络合物产生四甲基四氮烯。用氯胺水溶液氧化偏二甲肼得到 (E)-1,1,4,4-四甲基四氮烯浅黄色液体。文献认为，N,N-二甲基二氮烯是四甲基四氮烯的前驱物，检测到四甲基四氮烯表明存在 N,N-二甲基二氮烯[72]。

$$2(CH_3)_2N^+=N^- \longrightarrow (CH_3)_2NNNN(CH_3)_2$$

N,N-二甲基二氮烯是单线态的，原因是氮原子上电子对可填充在空轨道得到稳定。

6) 均四嗪

均四嗪是一种黄色化合物。Mathur 等在 250mL 反应器中加入 1.0g 甲苯、0.2mol UDMH 的乙醚溶液和 91mmol 氧气，检测到均四嗪、六氢-1,4-二甲基-四氮嗪、2,5-二甲基-1,2,4,5 -四嗪[6]。

均四嗪为具有类似苯环的大 π 键化合物，由于分子中含有带有孤对电子的 4 个 N 原子，电子跃迁能级变小，谱峰处于可见区，颜色为紫红色。图 5-14 中，均四嗪分子的吸收光谱在气态时呈现出从 400nm 到 580nm 范围连续 6 个吸收峰的精细结构，且从边缘到中间逐渐增强，而水溶液中的吸收峰则呈现出从 450nm 到 550nm 之间的一个大的宽峰。以上现象正是溶剂效应所致，在水溶液中的极性增大使四嗪精细结构消失。

除上述有色化合物外，1H-3-甲基-1,2,4-吡唑也是黄色物质。偏二甲肼、偏腙和甲基肼变黄可能是多个物质的共同作用，其中包括二甲基二氮烯、甲基二氮烯、亚硝基二甲胺、四甲基四氮烯和乙二醛双二甲基腙等。根据图 5-9 和图 5-10，偏

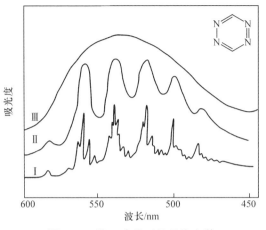

图 5-14　均四嗪的可见吸收光谱

Ⅰ. 蒸汽；Ⅱ. 环己烷；Ⅲ. 水

二甲肼和偏腙氧化主要是在 306nm 处产生吸收的乙二醛双二甲基腙。偏腙比偏二甲肼更容易发黄，因此认为偏二甲肼先转化为偏腙，然后转化为乙二醛双二甲基腙：

$$(CH_3)_2N=CH_2 + O_2 \longrightarrow (CH_3)_2NCH\cdot + HO_2\cdot$$

$$2(CH_3)_2NCH\cdot \longrightarrow (CH_3)_2N=CHCH=N(CH_3)_2$$

### 5.6.3　水溶液自然氧化过程的光谱

偏二甲肼废水氧化处理过程中，360nm 处(甲基二氮烯、二甲基二氮烯)、500nm 处(均四嗪)均产生吸收。由于液体偏二甲肼自然氧化变黄是偏腙氧化的结果，因此同时研究了偏腙水溶液的自然氧化。

#### 5.6.3.1　偏腙水溶液

对不同 pH 条件下自然氧化后的偏腙水溶液进行紫外-可见光谱分析。用偏腙标准样品配制成浓度为 500mg/L 的偏腙水溶液，在不同 pH 条件下自然氧化 7d 后，观测到 pH = 3 和 pH = 5 的偏腙水溶液颜色开始发黄，pH = 7 和 pH = 9 的偏腙水溶液颜色变化不明显，将各样品稀释 50 倍进行紫外-可见光谱扫描，结果如图 5-15 所示。

图 5-15 中，偏腙吸收峰为 235nm(峰 2)，乙二醛双二甲基腙吸收峰为 306nm 峰(峰 1)。pH 为 7 和 9 的中性和弱碱性条件下，235nm 处(峰 2)的偏腙特征峰强度较大，而 306nm 处吸收峰(峰 1)微弱，说明在中性和碱性条件下，偏腙不容易被氧化；相反，pH 越低，偏腙的特征峰强度降低越明显，相应 306nm 处的吸收峰强度越大，说明偏腙在酸性条件下更容易被氧气氧化。偏腙水溶液自然氧化 10d

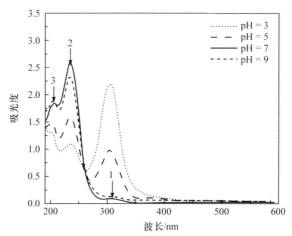

图 5-15　不同 pH 条件下偏腙自然氧化转化物的紫外-可见光谱
1. 306nm 峰；2. 235nm 峰；3. 208nm 峰

后，酸性和中性条件下，溶液开始变为红色，随着氧化时间的增加，溶液逐渐变为深红色，而 pH = 9 的碱性溶液未发现明显变色。对各溶液进行紫外-可见光谱扫描，发现 pH 为 3、5、7 的溶液可在 394nm、508nm 附近检测出 2 个新吸收峰。

图 5-16 所示为 pH = 5 时偏腙水溶液变红后 360~800nm 的紫外-可见光谱，可以清晰地看到出现 2 个新吸收峰，依据表 5-15 推断 508nm 处吸收峰为均四嗪产生。

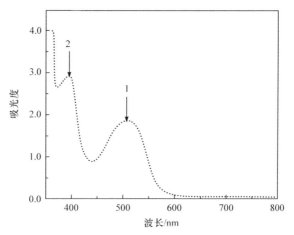

图 5-16　pH = 5 时偏腙水溶液自然氧化转化物的紫外-可见光谱(未稀释)
1. 508nm 峰；2. 394nm 峰

偏腙在酸性介质中更容易被氧化的原因是偏腙分子中的氮原子是亲核基团，与氢离子结合，促进偏腙甲基和—N=CH₂ 的氧化脱氢反应。

#### 5.6.3.2　偏二甲肼与偏腙混合水溶液

配制 100mg/L 偏二甲肼和 500mg/L 偏腙水溶液，在不同 pH 条件下自然氧化 10d，将各样品稀释 50 倍进行紫外-可见光谱扫描，结果如图 5-17 所示。pH = 3、pH = 5、pH = 7 的溶液同样变为红色，而 pH=9 的溶液颜色未发生变化。由于偏腙在酸性介质中非常容易发生水解，而发红现象又恰好出现在酸性介质中，因此认为偏二甲肼对氧化有促进的作用。

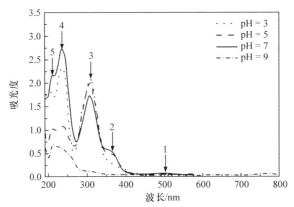

图 5-17　偏二甲肼与偏腙混合水溶液自然氧化的紫外-可见光谱

1. 500nm 峰；2. 360nm 峰；3. 306nm 峰；4. 280nm 峰；5. 235nm 峰

由图 5-17 可以看出，pH 为 3、5、7 的溶液除了在偏腙自然氧化检测到的峰 5、峰 4、峰 3 外(分别归属于偏腙、四甲基四氮烯和乙二醛双二甲基腙)，还有 360nm 附近的吸收峰 2(归属于 $N,N$-二甲基二氮烯)和 500nm 附近的吸收峰 1(归属于均四嗪)，这 2 个吸收峰强度规律为 pH = 7＞pH = 5＞pH = 3，而 pH = 9 的溶液则未检测到吸收峰，即中性条件下易生成二甲基二氮烯(360nm)和均四嗪。酸性条件下，偏二甲肼可以加速偏腙氧化转化为乙二醛双二甲基腙(306nm)。

李传博等研究甲基肼氧化过程转化物，检测到氧化后甲基肼水溶液在 309nm 和 340nm 处出现新的紫外吸收峰，用 GC-MS 同步检测水溶液发现含有甲醛甲基腙[73]。甲基肼氧化产生甲醛甲基腙，其中 309nm 处产生吸收峰的可能为乙二醛双甲基腙，甲醛甲基腙氧化偶合转化物，而 340nm 处产生的吸收峰推测可能为甲基二氮烯而不是文献[73]推测的甲醛甲基腙，甲醛甲基腙的紫外吸收峰在 230nm。用 GC-MS 检测，发黄偏二甲肼液体未检测到均四嗪，发黄甲基肼中未检测到甲基二氮烯，是因为两者易于热分解。

文献[6]报道，偏二甲肼氧化过程产生均四嗪，可能是通过甲基二氮烯氧化生成：

$$2CH_3NNH + 2 \cdot OH \longrightarrow [NNCH]_2 + 2H_2O$$

均四嗪可能通过如下路径生成：偏腙甲基氧化或甲醛甲基腙氧化生成甲基腙基自由基(CH₃)N·NCH₂，然后脱去甲基生成重氮甲烷 CH₂N₂，偶合生成均四嗪[NNCH]₂。

$$(CH_3)N \cdot NCH_2 \longrightarrow CH_3 \cdot + \ CH_2N_2$$

$$2 \cdot OH + 2CH_2N_2 \longrightarrow [NNCH]_2 + 2H_2O$$

以上分析说明，偏二甲肼、甲基肼和偏腙容易生成黄色物质包括乙二醛(二或一)甲基腙、(二或一)甲基二氮烯和均四嗪。

### 5.6.3.3 二甲胺水溶液

偏二甲肼自然氧化过程中产生大量的二甲胺，二甲胺是否是颜色变黄的前驱物呢？为此对二甲胺进行了自然氧化实验。对 pH 为 5 和 9 条件下二甲胺自然氧化 10d 以后的样品进行紫外-可见光谱扫描，结果如图 5-18 所示。

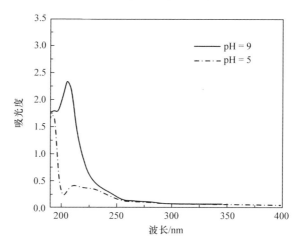

图 5-18　酸性和碱性条件下二甲胺自然氧化后的紫外-可见光谱

由图 5-18 可以看出，二甲胺在酸性(pH = 5)和碱性(pH = 9)条件下自然氧化后的谱图不同，可能是 pH 的影响，二甲胺的谱峰发生了移动。由于在 300nm 以上未发现新的吸收峰，因此推测二甲胺的自然氧化与偏二甲肼颜色发黄无关。

研究得到偏二甲肼氧化转化物的紫外特征吸收波长见表 5-16。

表 5-16　偏二甲肼氧化转化物的紫外特征吸收波长

| 转化物 | 特征吸收波长 |
| --- | --- |
| 乙二醛双二甲基腙 | 306nm |
| N,N-二甲基二氮烯、二甲基二氮烯 | 360nm |
| 均四嗪 | 500nm |

续表

| 转化物 | 特征吸收波长 |
| --- | --- |
| 亚硝基二甲胺 | 230nm，320nm |
| 偏腙 | 235nm |
| 四甲基四氮烯 | 280nm |

偏二甲肼和偏腙自然氧化主要生成乙二醛双二甲基腙(306nm)，而废水处理过程中的发黄物质主要是 N,N-二甲基二氮烯(360nm)和均四嗪(500nm)。

气、液偏二甲肼的氧气氧化实验与臭氧氧化实验相比，臭氧氧化偏二甲肼的反应快、转化物种类少，而空气、氧气氧化偏二甲肼的转化物种类多。偏二甲肼氧气氧化不易进行，其氧化过程表现为脱氢过程，然后脱氢自由基或氧化转化物通过甲基化、偶合、缩合等过程转化为大量新的物质，偶合过程产生更大分子量的物质，同时产生复杂的环状物质，直接氧化转化物或间接氧化转化物见附录二。附录二列出的化合物一部分是直接检测到的，还有一部分未直接检测到物质，是通过产物反推反应物时预测而来，如在环状化合物生成中反推甲基甲酰肼、甲酰肼等。还有一些物质是从反应机理推测而来的，如亚硝基甲胺、亚硝胺等，这些物质不稳定，采用 GC-MS 技术无法检出，同时因与亚硝基二甲胺的特征吸收峰位一样，傅里叶红外检测也无法检出。亚硝基甲胺等未检测到的物质对偏二甲肼氧化同样产生重要影响，亚硝基甲胺分解转化为甲基和 $N_2O$，亚硝胺分解生成 $N_2$ 和水，可说明这些物质的产生机理。

偏二甲肼自动氧化通过生成的羟基自由基和过氧化氢自由基进一步生成转化物。本章重点阐述了这些转化物的产生机理，大分子主要通过分解合适的中间体，然后偶合、缩合或甲基化生成；小分子主要通过·$NH_2$ 逐步转化为 NO、$NO_2$、$N_2O$ 和 $N_2$。偏二甲肼废水氧化处理过程中产生的氢氰酸，其重要前驱物是腙和亚胺。偏二甲肼氧化生成小分子的同时，容易发生甲基化反应，从甲氨基化合物转化为二甲氨基化合物，甲基化增强了结构的稳定性，因此偏二甲肼及转化物易于转化为化学性质稳定的二甲氨基化合物，在废水中主要发现的是不同烷基取代的二烷基亚硝胺，由此偏腙、亚硝基二甲胺、二甲胺、二甲基甲酰胺、四甲基四氮烯成为偏二甲肼主要氧化转化物。

偏二甲肼中的发黄物质一直没有定论，本章研究获得了二甲基二氮烯和均四嗪存在的紫外光谱证据，同时发现生成乙二醛双二甲基腙时偏腙比偏二甲肼更容易发黄的原因。纯品偏二甲肼和偏腙在空气中氧化变黄主要是生成了乙二醛双二甲基腙，而水溶液变黄主要是生成 360nm 处产生吸收峰的 N,N-二甲基二氮烯或甲基二氮烯和 500nm 处产生吸收峰的均四嗪，N,N-甲基二氮烯的产生证明偏二甲肼可以通过氨基氧化生成四甲基四氮烯和亚硝基二甲胺。

肼类推进剂通过与 NO₂ 发生脱氢反应而具有自燃特性，其中所含的氮、氢、氧元素对燃烧热值有影响，电子效应决定偏二甲肼及其氧化转化物甲基被氧化的能力，亚硝基二甲胺可明显降低燃烧热值，引起点火延迟。

金属对偏二甲肼氧化主要起催化分解和催化加氢作用，增大二甲胺的生成，减小亚硝基二甲胺的生成。偏二甲肼在金属氧化物的静电吸附作用下，抑制偏二甲肼的氧化，这可能是偏二甲肼在土壤中残留 30 余年的主要原因。这一观点很好地解释臭氧处理偏二甲肼废水中金属、活性炭会减少体系中 NDMA 生成量的现象。此外，还通过实验证明了氢离子可加速偏二甲肼氧化转化为二甲胺，同时抑制亚硝基二甲胺的生成，该结论对偏二甲肼的废水处理有指导作用。

偏二甲肼及转化物的演变转化规律显示，一方面由于分子结构的差异，环境化学转化性质显著差，如偏二甲肼是易氧化物，而亚硝基二甲胺不宜被氧化；偏二甲肼氧化过程产生的酰肼易分解，而胺氧化产生的酰胺却很稳定；亚硝基二甲胺难于被氧化，而亚硝基甲胺、亚硝胺容易被氧化并分解。另一方面转化反应的类型、方式、中间体和产物有极为相似，如偏二甲肼与二甲胺都会发生甲基氧化和氨基氧化，二甲氨基化合物都会产生相同的中间体二甲氨基自由基或亚甲基甲氨基双自由基，二甲氨基化合物的转化物中都有亚硝基二甲胺、二甲胺、二甲基甲酰胺等。此外，偏二甲肼转化物之间存在竞争现象，且不同的反应条件下产物种类和含量差异很大，在臭氧条件下，偏二甲肼更容易转化为亚硝基二甲胺、硝基甲烷、二甲基甲酰胺等，而氧气氧化条件下，偏二甲肼更容易转化为二甲胺、二甲基二氮烯及环状化合物。

偏二甲肼及其转化物环境转化的复杂性表现为，环境转化过程为自由基反应，在自由基的氧化、还原、分解和偶合反应过程，产生多种类大量自由基，因此反应方向和产物种类就多。此外，反应方向不仅不单一，而且可逆，偏二甲肼与转化物之间彼此能相互转化，如甲基肼与偏二甲肼之间、二甲胺与偏腙之间、偏二甲肼与二甲胺之间等都可以相互转化，使同一转化物可来自不同的转化路径。

## 参 考 文 献

[1] 刘祥萱, 郭和军, 王煊军, 等. 气相色谱/质谱联用分析液体推进剂偏二甲肼组分[J]. 化学推进剂与高分子材料, 2004, 2(1): 41-43.

[2] 王煊军, 刘祥萱, 郭和军, 等. 气相色谱/质谱法分析偏二甲肼初期氧化转化物[J]. 含能材料, 2004, 12(2): 89-92.

[3] 咸琨, 刘祥萱, 王煊军. 液体推进剂偏二甲肼氧化变质的规律和影响因素[J]. 火炸药学报, 2006, 29(5): 39-41.

[4] 张浪浪, 刘祥萱, 王煊军. 氧气与气液两相偏二甲肼作用的氧化转化物及其反应机理[J]. 火炸药学报, 2017, 40(5): 88-92.

[5] Urry W H, Olsen A L, Bens E M, et al. Autoxidation of 1, 1-dimethylhydrazine[R]. AD0622785, 1965.

[6] Mathur M A, Sisler H H. Oxidation of 1, 1-dimethylhydrazine by oxygen[J]. Inorganic Chemistry, 1981, 20(2):

426-429.

[7] Mochizuki M, Michihiro K, Shiomi K, et al. Autooxidation of alkylhydrazones and mutagenicity of the resulting hydroperoxides[J]. Biological & Pharmaceutical Bulletin, 1993, 16(1): 96-98.

[8] Kilduff J E, Davis D D, Koontz S L. Surface-catalyzed air oxidation of hydrazines: Environmental chamber studies[R].NASA Technical Reports Server, 1988.

[9] Stone D A. The Autoxidation of Hydrazine Vapor[R]. ADA055467, 1978.

[10] Stone D A. Autoxidation of hydrazine, monomethylhydrazine, and unsymmetrical dimethyl- hydrazine[C]. Intl Conf on Fourier Transform Infrared Spectroscopy, Columbia, 1981, 45-48.

[11] Sun H, Zhang P, Law C K. Gas-Phase kinetics study of reaction of OH radical with $CH_3NHNH_2$ by second-order multireference perturbation theory[J]. Journal of Physical Chemistry A, 2012, 116(21): 5045-5056.

[12] 王娜. 两种大气污染物反应机理的理论研究[D]. 开封: 河南大学, 2014.

[13] Cullis C F, Wilisher J P, Hinshelwood C N. The thermal oxidation of methylamine[J]. Proc R Soc Lond A, 1951, 209(1097): 218-238.

[14] Yelle R V, Vuitton V, Lavvas P, et al. Formation of $NH_3$ and $CH_2NH$ in Titan's upper atmosphere[J]. Faraday Discussions, 2010, 147: 31-49.

[15] Laszlo B, Alfassi Z B, Neta P, et al. Kinetics and mechanism of the reaction of ·$NH_2$ with $O_2$ in aqueous solutions[J]. Journal of Physical Chemistry A, 1998, 102(44): 8498-8504.

[16] Louie M K, Francisco J S, Verdicchio M, et al. Dimethylamine addition to formaldehyde catalyzed by a single water molecule: A facile route for atmospheric carbinolamine formation and potential promoter of aerosol growth[J]. Journal of Physical Chemistry A, 2015, 120(9): 1358-1368.

[17] Anglada J M, Gonzalez J. Different catalytic effects of a single water molecule: The gas-phase reaction of formic acid with hydroxyl radical in water vapor[J]. Chem Phys Chem, 2009, 10(17): 3034-3045.

[18] Luo Y, Maeda S, Ohno K. Water-catalyzed gas-phase reaction of formic acid with hydroxyl radical: A computational investigation[J]. Chemical Physics Letters, 2009, 469(1-3): 57-61.

[19] Martin N B, Davis D D, Kilduff J E, et al. Environmental fate of hydrazines[R]. ADA242930, 1989.

[20] Bellerby J M. The chemical effects of storing hydrazine containing carbon dioxide impurity in stainless steel systems[J]. Journal of Hazardous Materials, 1983, 7(3): 187-197.

[21] Ranjit K T, Viswanathan B. Photocatalytic reduction of nitrite and nitrate ions to ammonia on ZnO $Fe_2O_3$ coupled semiconductor[J]. Journal of Photochemistry and Photobiology A Chemistry, 1996,35A:351-356.

[22] Sullivan B A, Sullivan B P, Bowen J M, et al. Environmental Chemistry of Hydrazine[R]. ADA318006, 1996.

[23] Adushkin V V, Rodionov V N Shcherbakov S G. Mechanism of the spontaneous generation of rock avalanches on mountain slopes[J]. Doklady Earth Sciences, 2000, 373(6):958-959.

[24] Liu W G, Wang S, Dasgupta S, et al. Experimental and quantum mechanics investigations of early reactions of monomethylhydrazine with mixtures of $NO_2$ and $N_2O_4$[J]. Combustion and Flame, 2013, 160(5): 970-981.

[25] Ishikawa Y, McQuaid M J. Reactions of $NO_2$ with $CH_3NHNH$ and $CH_3NNH_2$: A direct molecular dynamics study[J]. Journal of Molecular Structure: THEOCHEM, 2007, 818(1-3): 119-124.

[26] Thaxton A G, Hsu C C, Lin M C. Rate constant for the $NH_3 + NO_2 \rightarrow NH_2 + HONO$ reaction: Comparison of kinetically modeled and predicted results[J]. International Journal of Chemical Kinetics, 1997, 29(4): 245-251.

[27] Agosta V D, Seamans T F, Vanpee M. Development of a fundamental model of hypergolic ignition in space-ambient engines[J]. Aiaa Journal, 1967, 5(9): 1616-1624.

[28] Tuazon E C, Carter W P L, Brown R V, et al. Gas-phase reaction of 1, 1-dimethylhydrazine with nitrogen dioxide[J]. Journal of Physical Chemistry, 1983, 87(9): 1600-1605.

[29] Sumathi R, Peyerimhoff S D. A quantum statistical analysis of the rate constant for the $HO_2 + NH_2$ reaction[J]. Chemical Physics Letters, 1996, 263(6): 742-748.

[30] Bulatov V P, Buloyan A A, Cheskis S G, et al. On the reaction of the $NH_2$ radical with ozone[J]. Chemical Physics Letters, 1980, 74(2): 288-292.

[31] Mousavipour S H, Keshavarz F, Soleimanzadegan S. A theoretical study on the dynamics of the gas phase reaction of $NH_2(^2B1)$ with $HO_2(^2A'')$[J]. Journal of the Iranian Chemical Society, 2016, 13(6): 1115-1124.

[32] Xiang T, Si H, Han P, et al. Theoretical study on the mechanism of the $HO_2$ plus $NH_2$ reaction[J]. Computational & Theoretical Chemistry, 2012, 985: 67-71.

[33] Sumathi R, Peyerimhoff S D. Theoretical investigations on the reactions $NH + HO_2$ and $NH_2 + O_2$: Electronic structure calculations and kinetic analysis[J]. Journal of Chemical Physics, 1998, 108(13): 5510-5518.

[34] Silva G D. Formation of nitrosamines and alkyldiazohydroxides in the gas phase: The $CH_3NH + NO$ reaction revisited[J]. Environmental Science & Technology, 2013, 43: 7766-7772.

[35] Tang Y, Hanrath M, Nielsen C J. Do primary nitrosamines form and exist in the gas phase? A computational study of $CH_3NHNO$ and $(CH_3)_2NNO$[J]. Physical Chemistry Chemical Physics, 2012, 14(47): 16365-16370.

[36] Kachina A, Preis S, Kallas J. Gas-phase photocatalytic oxidation of dimethylamine: The reaction pathway and kinetics[J]. International Journal of Photoenergy, 2007, (10): 167-171.

[37] Walch S P. Theoretical characterization of the reaction $NH_2 + NO \rightarrow$ products[J]. The Journal of Chemical Physics, 1993, 99(7): 5295-5300.

[38] Mach M H, Baumgartner A M. Oxidation of aqueous unsymmetrical dimethylhydrazine by calcium hypochlorite or hydrogen peroxide/copper sulfate[J]. Analytical Letters, 1979, 12(9): 1063-1074.

[39] 焦玉英, 王相明, 孙思恩, 等. 偏二甲肼推进剂污水成分研究[J]. 环境科学与技术, 1988, 3: 9-11, 51.

[40] Vrábel I, Biskupič S, Staško A. Stationary points on the ground-state potential energy surface of dimethyldiazene. Isomerization and decomposition in competition[J]. Journal of Physical Chemistry A, 1997, 101(32): 5805-5812.

[41] Walch S P. Theoretical characterization of the reaction $CH_3 + OH \rightarrow CH_3OH \rightarrow$ products: The $^1CH_2 + H_2O$, $H_2 + HCOH$, and $H_2 + H_2CO$ channels[J]. The Journal of Chemical Physics, 1993, 98(4): 3163-3167.

[42] Zhu R, Lin C. The $CH_3 + HO_2$ reaction: First-principles prediction of its rate constant and product branching probabilities[J]. Journal of Physical Chemistry A, 2001, 105(25): 6243-6248.

[43] Zellner R, Smith I W M. Rate constants for the reactions of OH with $NH_3$ and $HNO_3$[J]. Chemical Physics Letters, 1974, 26(1): 72-74.

[44] Vaghjiani G L. Kinetics of OH reactions with $N_2H_4$, $CH_3NHNH_2$ and $(CH_3)_2NNH_2$ in the gas phase[J]. International Journal of Chemical Kinetics, 2001, 33(6): 354-362.

[45] Mongepalacios M, Rangel C, Espinosagarcia J. Ab initio based potential energy surface and kinetics study of the $OH + NH_3$ hydrogen abstraction reaction[J]. The Journal of Chemical Physics, 2013, 138(8): 5101-5119.

[46] Huang L, Li L, Dong W, et al. Removal of ammonia by OH radical in aqueous phase[J]. Environmental Science and Technology, 2008, 42(21): 8070-8075.

[47] De Pena R G, Olszyna K, Heicklen J. Kinetics of particle growth. I. ammonium nitrate from the ammonia-ozone reaction[J]. Journal of Physical Chemistry, 1973, 77(4): 438-443.

[48] Peiró-García J, Nebot-Gil I, Merchán M. An Ab Initio Study on the Mechanism of the Atmospheric Reaction

NH$_2$ + O$_3$→H$_2$NO + O$_2$[J]. Chem Phys Chem, 2003, 4(4): 366-372.

[49] Walch S P. Theoretical characterization of the reaction NH$_2$ + O yields products[J].The Journal of Chemical Physics, 1993, 99(7): 1265-1266.

[50] Choi Y M, Lin M C. Kinetics and mechanisms for reactions of HNO with CH$_3$ and C$_6$H$_5$ studied by quantum‐chemical and statistical‐theory calculations[J]. Int J Chem Kinet, 2005, 37(5): 261-274.

[51] 鍵谷勤, 土居邦宏, 八田博司, 等. NO$_x$-NH$_3$-O$_3$-空气系の光化学反応[J]. 日本化学会誌, 1979(1): 132-137.

[52] Yamasaki K, Okada S, Koshi M, et al. Selective product channels in the reactions of NH ($a\,^1\Delta$) and NH ($X\,^3\Sigma^-$) with NO[J]. The Journal of Chemical Physics, 1991, 95(7): 5087-5096.

[53] Lesclaux R, Van Khê P, Dezauzier P, et al. Flash photolysis studies of the reaction of NH$_2$ radicals with NO[J]. Chemical Physics Letters, 1975, 35(4): 493-497.

[54] Li J, Li S. New insight into selective catalytic reduction of nitrogen oxides by ammonia over H-form zeolites: A theoretical study[J]. Physical Chemistry Chemical Physics, 2007, 9(25): 3304-3311.

[55] Mebel A M, Hsu C C, Lin M C, et al. An ab initio molecular orbital study of potential energy surface of the NH$_2$ + NO$_2$ reaction[J]. The Journal of Chemical Physics, 1995, 103(13): 5640-5649.

[56] Chamberlain G A, Simons J P.Vacuum ultra-violet photolysis of nitrous oxide. Energy disposal in the reaction O(2$^1$D) + N$_2$O→2NO[J].Journal of the Chemical Society, Faraday Transactions 2: Molecular and Chemical Physics, 1975, 71: 402-408.

[57] Martignoni P, Duncan W A, Murfree Jr J A, et al. The thermal and catalytic decomposition of methylhydrazines[R]. Army missile research development and engineering lab redstone arsenal al propulsion directorate, 1972.

[58] Kang D H, Trenary M. Surface chemistry of dimethylamine on Pt (111): formation of methylaminocarbyne and its decomposition products[J]. Surface science, 2002, 519(1-2): 40-56.

[59] Deng Z, Lu X, Wen Z, et al. Decomposition mechanism of methylamine to hydrogen cyanide on Pt (111): selectivity of the C–H, N–H and C–N bond scissions[J]. RSC Advances, 2014, 4(24): 12266-12274.

[60] Hwang S Y, Kong A C F, Schmidt L D. CH$_3$NO$_2$ decomposition on Pt (111)[J]. Surface Science, 1989, 217(1-2): 179-198.

[61] 熊鹰, 舒远杰, 周歌, 等. 均四嗪热分解机理的从头算分子动力学模拟及密度泛涵理论研究[J]. 含能材料, 2006, 14(6):421-424.

[62] Bunkan A J C, Tang Y, Sellevåg S R, et al. Atmospheric gas phase chemistry of CH$_2$=NH and HNC. A first-principles approach[J]. Journal of Physical Chemistry A, 2014, 118(28): 5279-5288.

[63] Asgharzadeh S, Vahedpour M. Kinetic and mechanisms of methanimine reactions with singlet and triplet molecular oxygen: Substituent and catalyst effects[J]. Chemical Physics Letters, 2018, 702: 57-68.

[64] Nguyen M T, Sengupta D, Ha T K. Another look at the decomposition of methylazide and methanimine: How is HCN formed?[J]. Journal of Physical Chemistry, 1996, 100(16): 6499-6503.

[65] Mizuno K, Kamuki T, Suzuki M. CN-compounds formation over Al$_2$O$_3$ supported Pt and Rh catalysts in the reduction of NO with propylene and H$_2$CO[J].Chemistry Letters, 1980, 9(6): 731-734.

[66] Koger S, Bockhorn H. NO$_x$ formation from ammonia, hydrogen cyanide, pyrrole, and caprolactam under incinerator conditions[J]. Proceedings of the Combustion Institute, 2005, 30(1): 1201-1209.

[67] Gohlke O, Weber T, Seguin P, et al. A new process for NO$_x$ reduction in combustion systems for the generation of energy from waste[J]. Waste Management, 2010, 30(7):1348-1354.

[68] Abdollahpour N, Vahedpour M. Computational study on the mechanism and thermodynamic of atmospheric oxidation

of HCN with ozone[J]. Structural Chemistry, 2014, 25(1): 267-274.

[69] Pestunova O P, Elizarova G L, Ismagilov Z R, et al. Detoxication of water containing 1,1-dimethylhydrazine by catalytic oxidation with dioxygen and hydrogen peroxide over Cu-and Fe-containing catalysts[J]. Catalysis Today, 2002, 75(1-4): 219-225.

[70] 卜晓宇, 刘祥萱, 刘博, 等. 紫外线谱法探讨偏二甲肼废水氧化降解机理[J]. 含能材料, 2015, 23(10): 977-981.

[71] 梁开伦, 侯子文, 王翔. 冷凝法分离富集黄色偏二甲肼组分的方法研究[J]. 计测技术, 2005, 25(B06): 35-39.

[72] Boehm J R, Balch A L, Bizot K F, et al. Oxidation of 1,1-dimethylhydrazine by cupric halides. Isolation of a complex of 1,1-dimethyldiazene and a salt containing the 1, 1, 5, 5-tetramethylformazanium ion[J]. Journal of the American Chemical Society, 1975, 97(3): 501-508.

[73] 李传博, 曹智, 晏太红, 等. N, N-二甲基羟胺和甲基肼溶液中甲基肼的次级反应[J]. 核化学与放射化学, 2018, 40(1): 30-36.

# 第6章  偏二甲肼废水氧化降解方法及催化剂的作用

偏二甲肼废水处理方法包括物理法、催化还原法、化学氧化法(包括高级氧化法)和生物法等。

物理法采用活性炭、活性炭纤维、碳纳米管和离子交换树脂将废水中的偏二甲肼吸附到材料表面，从而使废水水质得到净化。碳纳米管对偏二甲肼及其氧化产物如偏腙、四甲基四氮烯等都有较好的去除效果，但活性炭、活性炭纤维对偏二甲肼、二甲胺等分子量较小和易挥发的有机物吸附能力较弱。例如，改性活性炭纤维对二甲胺的吸附量仅为 61mg/g[1]，而离子交换树脂对二甲胺的吸附量高达 225mg/g[2]。因此，离子交换树脂用于吸附处理偏二甲肼、二甲胺废水更有效。

催化还原法是以 Ni/Fe、Ni/Al 合金为催化剂，Ni 合金催化偏二甲肼加氢还原，加速 N—N 键的断裂，同时在氢气的作用下，将偏二甲肼转化为二甲胺和氨。例如，Ni/Al 合金催化还原降解偏二甲肼的反应[3]：

$$2Al + 2NaOH + 2H_2O \longrightarrow 2NaAlO_2 + 3H_2$$

$$(CH_3)_2NNH_2 + [H] \xrightarrow{Ni} (CH_3)_2NH + NH_3 \qquad [H] = H\cdot、H_2$$

化学氧化法是有机污染物分子在氧化剂的作用下转化生成分子量较小的有机物或无机物的过程。化学氧化法处理是偏二甲肼废水处理研究最多的一类处理方法。目前，应用于化工废水深度处理的化学氧化技术，如氯氧化、芬顿氧化、臭氧氧化在偏二甲肼废水处理中都有研究和应用。

20 世纪 90 年美国对泄漏肼燃料处理的推荐方法是使用次氯酸钠或过氧化氢氧化处理。将液体肼注入流化床焚烧处理肼或偏二甲肼，臭氧法处理含肼燃料的废水，以及生物降解处理都认为是可接受的处理方法。近年随着对偏二甲肼废水处理研究的深入，处理后残余有毒有害物质产生二次污染问题，特别是水处理中亚硝基二甲胺危害认识的提升，偏二甲肼废水处理方法需重新评估和选择。

## 6.1  偏二甲肼废水氧化降解方法

在偏二甲肼的生产、运输、转注、贮存、使用过程中都可能产生废水，贮存过程中可能发生泄漏事故，质量检验时产生少量废水，液体火箭发动机试车时用大量水对燃气进行冷却而产生大量废水,偏二甲肼浓度从数十 ppm 到数千 ppm 不等。火箭发射尾气冷却水各组分含量见表 6-1[4],包含有毒污染物亚硝基二甲胺、氰根和亚硝酸根。

**表 6-1　火箭发射尾气冷却水各组分含量[4]**

| 组分 | 偏二甲肼 | 四甲基四氮烯 | 亚硝基二甲胺 | 硝基甲烷 | $NO_2^-$ | $CN^-$ |
|------|---------|-------------|-------------|---------|---------|--------|
| 含量/ppm | 600 | ～50 | ～20 | ～20 | 150 | 50 |

1993 年我国颁布的航天工业推进剂废水排放标准见表 6-2。

**表 6-2　推进剂废水污染物最高允许排放浓度(mg/L)**

| 偏二甲肼 | 甲醛 | 氨氮 | 生化需氧量($BOD_5$) | 化学需氧量($COD_{Cr}$) | 悬浮物 | pH |
|---------|------|------|-------------------|----------------------|--------|-----|
| 0.5 | 0.5 | 25 | 60 | 150 | 200 | 6～9 |

1996 年我国颁布的《污水综合排放标准》GB 8978—1996 中,氰化物、总铜、总锰和余氯等的排放标准见表 6-3。

**表 6-3　第二类污染物最高允许排放浓度(mg/L)**

| 氰化物 | 甲醛 | 氨氮 | pH | 总铜 | 总锰 | 余氯 | 生化需氧量($BOD_5$) | 化学需氧量($COD_{Cr}$) |
|--------|------|------|-----|------|------|------|-------------------|----------------------|
| 0.5 | 1.0 | 15 | 6～9 | 0.5 | 2.0 | <0.5 | 30 | 100 |

不同来源的偏二甲肼废水中,化合物的种类有很大不同,火箭发动机试车废水中含多种亚硝胺化合物,其原因是燃烧发生了热裂解和氧化多重作用,裂解产生甲烷、乙烷、丙烷,并相应产生多种二烷基亚硝胺,而泄漏废水中仅检测到 NDMA。西北大学学者在火箭发动机试车废水中检测到 NDMA、硝酸根、硝基甲烷、四甲基四氮烯、甲醛、氰根和偏腙等,建议偏二甲肼废水排放标准见表 6-4。

**表 6-4　偏二甲肼废水排放建议标准(ppm)**

| UDMH | NDMA | TMT | FDH | $CH_3NO_2$ | 甲醛 | $CN^-$ | $NO_2^-$ |
|------|------|-----|-----|-----------|------|--------|----------|
| 0.5 | 未检出 | 10 | 0.5 | 30 | 0.5 | 0.5 | 0.5 |

偏二甲肼的氧化降解首先是希望彻底消除偏二甲肼,并降低综合反映中间产物降解的指标即化学需氧量(COD)的值,其次要去除代表性有毒污染物如亚硝基二甲胺、甲醛、亚硝酸和氰根等。偏二甲肼本身并非难降解的化合物,但是偏二甲肼氧化中间产物如亚硝基二甲胺、二甲胺是难降解的化合物。因此,偏二甲肼

氧化降解处理的技术难点是如何将 NDMA 及其前驱体如二甲胺、四甲基四氮烯、偏腙等二甲氨基化合物完全去除。

### 6.1.1　含氯氧化剂法

#### 6.1.1.1　次氯酸盐氧化法

次氯酸盐氧化法是国外推荐的少量偏二甲肼废水处理的方法，处理 1g 偏二甲肼需要 25%商用漂白剂(约含 5%次氯酸钠)32mL，在 45～50℃条件下，将偏二甲肼废水逐滴加入次氯酸盐溶液中，加入过程大约 1h，持续搅拌 2h，直到温度回落到室温[5]。Mach 等研究认为，用过量次氯酸钙处理事故泄漏的偏二甲肼，主要转化物是偏腙 FDH 和四甲基四氮烯 TMT，不生成 NDMA[6]，但 Brubaker 等研究发现，偏二甲肼与次氯酸钙反应的产物有 NDMA、FDH、乙醛腙、二甲基甲酰胺 DMF、TMT、三氯甲烷等[7]。三氯甲烷和 NDMA 都是公认的强致癌物。

采用活性炭催化空气氧化法处理发射尾气冷却水(主要组分含量见表 6-1)，为了提高氧化效率，缩短反应时间，除鼓入空气外，还加入次氯酸钠溶液[4]。废水流到装有活性炭的一级反应槽，鼓入空气进行反应，然后流到装有活性炭的二级反应槽，继续鼓入空气，并加入次氯酸钠 NaClO，用盐酸调节 pH 为 6。废水经过二级处理后，除甲醛含量仍为 50～180ppm 外，其他有毒污染物基本上被去除，因此需要对甲醛进行单独处理，方法是补加 NaClO，再加热到 70～80℃，可使甲醛降到 5.0ppm 以下。检测的 7 个项目中除 NDMA 外，均达到或稀释 10倍后达到表 6-4 排放标准。由此可知，次氯酸盐法对甲醛和 NDMA 处理效果不理想。

#### 6.1.1.2　紫外线-氯化法

紫外线-氯化法处理偏二甲肼废水是在紫外线照射下，氯气与偏二甲肼快速发生反应，美国专利[8]推测反应式为

$$(CH_3)_2NNH_2 + 2H_2O + 2Cl_2 \longrightarrow 2CH_3OH + 4HCl + N_2$$

紫外线强度对反应速率影响较大，光强 1W/L 时的反应速率是 0.1W/L 时的 20 倍。紫外线-氯化法的优点是处理速度快，处理后的废水毒性较小[8]，但实际上偏二甲肼降解并不专一，其氧化转化物不可能只有甲醇。实验研究了 pH、紫外线对氯解 UDMH 及氯解过程中甲醛含量的影响，结果如图 6-1～图 6-3 所示[9]。

由图 6-1～图 6-3 可知，废水 pH 过低不利于偏二甲肼降解，弱酸性和中性条件下偏二甲肼降解反应速率最大，废水处理效果最好。无紫外线照射条件下，偏二甲肼几乎完全去除时，甲醛含量达到最大值，之后随反应的进行含量逐渐下

降，但远达不到排放标准；紫外线照射，虽能有效去除偏二甲肼废水处理过程中产生的甲醛，但 GC-MS 检测到 NDMA 和氯代烷烃等高毒物质。

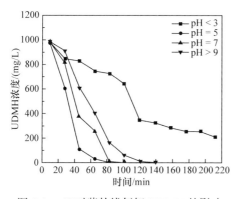

图 6-1　pH 对紫外线氯解 UDMH 的影响

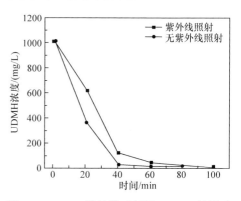

图 6-2　pH = 5 紫外线对氯解 UDMH 的影响

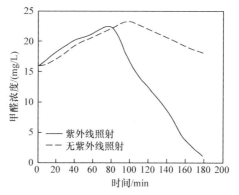

图 6-3　紫外线对氯解 UDMH 过程中甲醛含量的影响

### 6.1.1.3　二氧化氯氧化法

二氧化氯 $ClO_2$ 是一种淡黄绿色气体，浓度高时不稳定，受热、光照、电火花或振动时，可能引起爆炸。在水里它不会像氯气那样发生水解，而是保持 $ClO_2$ 的分子形态。$ClO_2$ 一般通过亚氯化钠 $NaClO$ 与氯气 $Cl_2$ 或次氯酸 $HOCl$ 反应生成。有学者认为，偏二甲肼废水二氧化氯处理法的最大优点，是不会产生三氯甲烷 THMs、卤代乙酸 HAAs 等其他氯制剂处理产生的氧化副产物[10]。

用产氯量为 2.16g/min 的二氧化氯发生器，向 200mL 浓度为 1500mg/L 的偏二甲肼废水中通入 $ClO_2$，偏二甲肼与 $ClO_2$ 物质的量的投料比为 1∶9，采取三级氧化塔串联氧化方式，反应温度 15℃，陈化时间 15d，废水以流量为 3mL/min 速度流经吸附柱(25mm×400mm，100g 活性炭)后，各项理化指标达到 GB 8978—1996 排放标准。

　　将 $ClO_2$ 通入 5000mg/L 的偏二甲肼废水中，观察到溶液的颜色由无色逐渐变成棕红色、橙黄色直至黄绿色，最终的黄绿色是 $ClO_2$ 溶于水中的颜色。处理前的偏二甲肼废水呈碱性，pH 在 11 左右，而经 $ClO_2$ 处理后的废水呈酸性，pH 小于 1。偏二甲肼二氧化氯氧化转化物是偏腙，没有检测到亚硝基二甲胺。用离子色谱法检测废水水质，发现含有甲醛、氨根离子、硝酸根离子、亚硝酸根离子、氰根与氯离子等，各组分含量见表 6-5。

表 6-5　偏二甲肼废水二氧化氯氧化处理后各组分含量(ppm)[10]

| 偏二甲肼 | 甲醛 | $NO_2^-$ | $NO_3^-$ | $CN^-$ | $Cl^-$ | $NH_3$-N |
| --- | --- | --- | --- | --- | --- | --- |
| 0.37 | 17.53 | 0.02 | 386 | 0.023 | 4500 | 4.608 |

　　从处理后废水中存在硝酸根、亚硝酸根来看，偏二甲肼的氨基是可以被氧化的，因此不能排除亚硝基二甲胺生成的可能。

### 6.1.2　臭氧氧化法

　　臭氧氧化法处理偏二甲肼废水是国内研究最多的方法，主要涉及臭氧直接氧化法、臭氧-紫外线-活性炭法、紫外线-臭氧氧化法及 Ni/Fe 催化臭氧氧化法，分别用于处理从 50mg/L 的低浓度到 3%的高浓度偏二甲肼废水。

　　20 世纪 70 年代中期，部分学者已开始研究臭氧法处理偏二甲肼废水，但矿化效果不好，不能将偏二甲肼彻底氧化为 $CO_2$ 和 $H_2O$。

#### 6.1.2.1　臭氧直接氧化法

　　采用臭氧法处理浓度为 130mg/L 的偏二甲肼废水，得到臭氧量对甲醛、NDMA 和硝基甲烷 $CH_3NO_2$ 含量的影响如图 6-4 所示[11]，pH 对偏二甲肼降解率(质量比浓度 $c/c_0$)的影响如图 6-5 所示[11]。

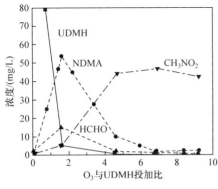

图 6-4　臭氧量对甲醛、NDMA 和 $CH_3NO_2$ 的影响[11]

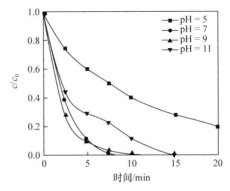

图 6-5　pH 对偏二甲肼质量比浓度的影响[11]

由图 6-4 可知,偏二甲肼含量随着 $O_3$ 与 UDMH 投加比的增加而迅速下降。当 $O_3$ 与 UDMH 投加比为 1.5 时,偏二甲肼降解率达 95%以上,甲醛、NDMA 的含量峰值分别为 14.82mg/L 和 54.69mg/L,这时约 50%的 UDMH 转化为 NDMA;当 $O_3$ 与 UDMH 投加比大于 4.6 时,偏二甲肼含量小于 0.5mg/L;当 $O_3$ 与 UDMH 投加比为 6.9 时,甲醛和 NDMA 含量下降到 1mg/L,此时硝基甲烷 $CH_3NO_2$ 含量达到峰值 47.36mg/L,约 30%的 UDMH 转化为 $CH_3NO_2$,即使 $O_3$ 与 UDMH 投加比增大到 9.2,硝基甲烷含量仍达 43.44mg/L,说明硝基甲烷比甲醛、亚硝基二甲胺更难于去除。

由图 6-5 可知,无论是在酸性还是碱性废水中,偏二甲肼都非常容易降解,特别是 pH = 5 时,偏二甲肼降解更快。处理过程亚硝基二甲胺含量增加到废水中原含量的近百倍,生成的甲醛、NDMA 等中间产物不易降解,需要进一步增大臭氧投加量和延长反应时间,但一旦生成硝基甲烷,仅通过增大臭氧投加量和延长反应时间,并不能彻底解决问题。

### 6.1.2.2 紫外线-臭氧氧化法

采用紫外线-臭氧氧化法处理偏二甲肼废水,一方面可能使一些中间产物直接光解,另一方面在受到紫外线照射时,臭氧在水中会生成 O·、·OH、$HO_2$· 等活性氧化剂,特别是·OH 的活性最为强烈,可以把饱和化合物中的氢取代出来。

选择甲醛、亚硝基二甲胺作为考察偏二甲肼降解中间产物的指标。增大废水的 pH 有利于偏二甲肼的降解,且单纯将偏二甲肼降解到 0.1mg/L 并不难,难点在于如何使偏二甲肼氧化过程中产生的甲醛含量降低到 0.5mg/L 以下。采用紫外线照射,可有效抑制处理后废水中甲醛、NDMA 的含量,当 $O_3$/UDMH 的物质的量比为 7∶1 时,甲醛含量可降低到 1mg/L 左右[12]。

王晓晨等[13,14]研究了臭氧法($O_3$ 法)、紫外线-臭氧法($O_3$/UV 法)和真空紫外线-臭氧法($O_3$/VUV 法)处理偏二甲肼废水的效果。结果表明,$O_3$/VUV 法是最有效的偏二甲肼废水处理方法,其反应速率常数分别比 $O_3$/UV 法、$O_3$ 法高 39.8% 和 65.6%。

在 $O_3$/VUV 体系中,调节初始 pH 分别为 5、7、9 和 11,偏二甲肼初始浓度 200mg/L、臭氧投加速率 21.4mg/(L·min)。结果表明,初始 pH 为 9 时的偏二甲肼一级反应速率常数($k = 0.446min^{-1}$)略高于初始 pH 为 7 时的反应速率常数($k = 0.427min^{-1}$),远大于 pH 为 11 时的反应速率常数($k = 0.198min^{-1}$)和 pH 为 5 时的反应速率常数($k = 0.077min^{-1}$),pH 太高或太低都不利于偏二甲肼的氧化降解,初始 pH 为 7~9 是最佳反应条件。

在 $O_3$/VUV 体系中,中间产物甲醛降解迅速,反应 50min 时即无法检出。反应速率常数随臭氧投加量的增加线性增大,偏二甲肼初始浓度从 100 mg/L 增加到 2000mg/L，反应动力学由一级转为零级。碳酸盐浓度在 0～2mmol/L 对 $O_3$/VUV 降解偏二甲肼没有明显的抑制作用，说明以臭氧直接氧化作用为主，偏二甲肼氧化产物含有硝酸根和亚硝酸根，但以氨离子为主，无机氮只占总氮的 40%～60%，可认为仍有相当比例的氮以有机氮形式存在，体系中可能存在未完全降解的含氮有机化合物。

在 $O_3$/VUV 和 $O_3$/VUV/$TiO_2$ 体系降解偏二甲肼的过程中，pH 会下降，在中性条件下偏二甲肼降解最快，中间产物甲醛含量最低，提高或降低 pH 均导致偏二甲肼降解速率变慢和甲醛含量增加。

徐泽龙等对比研究了 $O_3$、UV/$O_3$、UV/$H_2O_2$、$H_2O_2$/UV/$O_3$ 四种处理偏二甲肼的反应体系，检测出亚硝基二甲胺 NDMA、甲醛 HCHO、偏腙 FDH 和四甲基四氮烯 TMT 等中间产物，发现 $H_2O_2$/UV/$O_3$ 体系对偏二甲肼及中间产物具有较好的处理效果[15]。

### 6.1.2.3　臭氧-紫外线-活性炭法

臭氧-紫外线-活性炭法是集臭氧氧化作用、活性炭吸附作用和紫外线光化学作用于一体的偏二甲肼废水处理的早期方法，其工艺流程如图 6-6 所示[16]。

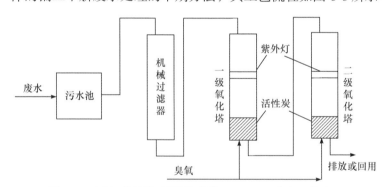

图 6-6　臭氧-紫外线-活性炭法处理 UDMH 废水工艺流程

活性炭对偏二甲肼和 COD 的去除有明显的加强作用，增大废水 pH 有利于偏二甲肼降解。无紫外线照射时，约 5%偏二甲肼转化为 NDMA，NDMA 含量增至废水中 NDMA 原始含量的 80 倍。国产的紫外灯主要有低压汞灯和高压汞灯两类，其发射的紫外线波长分别集中于 253.7nm 和 365nm。使用高压汞灯的紫外线-臭氧氧化体系处理后的偏二甲肼废水中，NDMA 含量明显增大，与未使用紫外的臭氧氧化法含量相近；而使用低压汞灯的紫外线-臭氧氧化体系处理后的偏二甲肼废水中，NDMA 含量与原始含量相近，约 30μg/L。发生上述现象的原因是，臭氧在波长 253.7nm 处有很高的吸收系数，易生成大量羟基自由基，同时低压汞灯的波长与 NDMA 的吸收波长相近，容易使 NDMA 发生光解反应。

　　在紫外照射和活性炭催化下，废水中污染物与臭氧发生一系列光化学反应和氧化降解，生成无毒或低毒物质，从而达到净化目的。当时的研究观点是，臭氧与偏二甲肼反应生成偶氮化合物，大部分偶氮化合物偶联生成四甲基四氮烯，少量偶氮化合物继续被臭氧氧化生成二氧化碳、氨气和水；四甲基四氮烯进一步被臭氧氧化生成甲胺、二甲胺、甲醛和氮气；碱性条件下，二甲胺和甲胺可继续被臭氧氧化生成甲醛、亚硝酸盐和硝酸盐。

　　采用臭氧-紫外线-活性炭法对通信卫星发射任务中产生的偏二甲肼废水进行处理，处理前后废水中的主要组分含量见表 6-6[17]。

表 6-6　偏二甲肼废水处理前后主要组分的浓度(mg/L)[17]

| 组分 | UDMH | 甲醛 | 偏腙 | 甲胺 | 二甲胺 | 三甲胺 | 硝基甲烷 | $CN^-$ |
|---|---|---|---|---|---|---|---|---|
| 处理前 | 80 | 4.8 | 28 | 6.0 | 22 | 未检出 | 2.7 | 7.4 |
| 处理后 | 未检出 | 8.1 | 40 | 18 | 21 | 未检出 | 未检出 | 1.5 |

| 组分 | $NO_2^-$ | $NO_3^-$ | 亚硝基二甲胺 | 二乙基亚硝胺 | 二丙基亚硝胺 | 二丁基亚硝胺 | 亚硝基哌啶 | 亚硝基吡咯烷 |
|---|---|---|---|---|---|---|---|---|
| 处理前 | 20 | 235 | $4.5\times10^{-3}$ | $3.4\times10^{-3}$ | $1.6\times10^{-3}$ | $0.10\times10^{-3}$ | $0.17\times10^{-3}$ | $0.16\times10^{-3}$ |
| 处理后 | 2.4 | 272 | $21\times10^{-3}$ | $21\times10^{-3}$ | $6.3\times10^{-3}$ | $0.18\times10^{-3}$ | $1.5\times10^{-3}$ | $0.4\times10^{-3}$ |

　　由表 6-6 可知，偏二甲肼废水主要组分为偏二甲肼、偏腙、甲醛、硝基甲烷、甲胺、二甲胺、亚硝基二甲胺、二乙基亚硝胺、二丙基亚硝胺、二丁基亚硝胺、亚硝基哌啶、亚硝基吡咯烷、氰根离子、亚硝酸盐和硝酸盐等 15 种物质。由于是偏二甲肼与四氧化二氮反应产生的废水，因此废水中硝基和亚硝基化合物的种类较多，亚硝酸根转化为硝酸根。

　　在臭氧-紫外线-活性炭法处理后的废水中，偏二甲肼和硝基甲烷已检测不出，$CN^-$ 和 $NO_2^-$ 的含量均降低，而甲胺、甲醛、偏腙、亚硝基二甲胺、二乙基亚硝胺和二丙基亚硝胺的含量明显增大，二甲胺、二丁基亚硝胺、亚硝基吡咯烷含量基本保持不变。由此可见，该法对偏腙、二甲胺和亚硝胺化合物的处理效果不理想。

### 6.1.2.4　Ni/Fe 催化臭氧氧化法

　　杨宝军等研究了 Ni/Fe 催化臭氧氧化法处理偏二甲肼废水[18]，主要考察偏二甲肼降解过程中偏二甲肼、甲醛、NDMA 和 $COD_{Cr}$ 的变化。结果表明，使用 Ni/Fe 催化剂可显著提高亚硝基二甲胺的降解速率和减小残余量。在催化氧化反应 60min 后，100mg/L 的偏二甲肼基本上完全降解，废水 $COD_{Cr}$ 显著降低，其中 NDMA 含量在反应 40min 时达到最大，反应 60min 时小于 0.01mg/L。当偏二甲肼初始含量为 50mg/L 时，只需要反应 35min，偏二甲肼和甲醛就可达到排放标准要求；当偏二甲肼初始含量为 200mg/L 时，偏二甲肼和甲醛达到排放标准需要反应 90min；当偏二甲肼初始含量为 1000mg/L 时，偏二甲肼和甲醛达到排放标准需要反应 220min，但 NDMA 含量为 0.01mg/L。

随着 Ni 含量的增加，处理后废水中甲醛和 NDMA 的含量相应减小。相对而言，pH 对反应的影响几乎可以忽略，Ni/Fe 催化剂在 pH 分别为 9、7 和 4 条件下都表现出良好的催化性能。与臭氧氧化法相比，Ni/Fe 催化剂有利于 NDMA 还原生成偏二甲肼、二甲胺、氨来去除。

### 6.1.3 过氧化氢氧化法

在碱性条件、阳光照射和空气自然氧化作用下，偏二甲肼废水自然存放半年左右，主要有毒有害污染物均可达到排放标准要求。若在废水中加入少量的二价铜离子，自然净化周期可缩短到两个月甚至更短。因此，铜离子作为偏二甲肼废水处理中的常用催化剂，一直被广泛使用和研究。

#### 6.1.3.1 $Cu^{2+}/H_2O_2$ 氧化法

采用 $H_2O_2$ 和 $CuSO_4$ 处理偏二甲肼废水时，偏二甲肼降解量与两种药剂的添加顺序有关，先加 $CuSO_4$ 再加 $H_2O_2$，只有约 65% 的偏二甲肼降解，而先加 $H_2O_2$ 再加 $CuSO_4$，偏二甲肼可完全降解。然而，先加 $CuSO_4$ 再加 $H_2O_2$ 会增加 NDMA 等中间产物的生成[19]。

Lunn 等用 $Cu^{2+}/H_2O_2$ 氧化法处理 1000mg/L 偏二甲肼废水，研究了 pH 对偏二甲肼及其氧化产物如亚硝基二甲胺、二甲胺、偏腙、四甲基四氮烯和甲醇等的影响，结果见表 6-7[20]。

表 6-7 不同 pH 下 $Cu^{2+}/H_2O_2$ 氧化法处理偏二甲肼废水后的主要组分含量(mg/L)[19]

| 项目 | UDMH | NDMA | DMA | TMT | FDH | 甲醇 |
|---|---|---|---|---|---|---|
| pH=3 | 21.4 | 0 | 3.8 | 0.7 | 11.3 | 5.2 |
| pH=5 | 12.6 | 0 | 3.7 | 1.2 | 9.9 | 6.0 |
| pH=7 | 0 | 2.9 | 9.0 | 4.3 | 4.4 | 10.2 |
| pH=9 | 0 | 8.1 | 2.9 | 9.9 | 14.6 | 10.5 |
| pH=11 | 0 | 4.3 | 0.7 | 6.1 | 21.2 | 15.5 |

由表 6-7 可知，碱性条件下 $Cu^{2+}/H_2O_2$ 氧化法处理偏二甲肼废水的效果较好，但处理后废水中亚硝基二甲胺和偏腙的含量较高，二甲胺的含量：中性＞酸性＞碱性，而在酸性条件下未检测到亚硝基二甲胺，结果是否表明酸性条件下偏

二甲肼不会生成亚硝基二甲胺？本书8.3节有专门研究。

### 6.1.3.2 CuO(FeO)/$H_2O_2$催化氧化法

Pestunova 等[21]研究了 CuO/$H_2O_2$ 或 FeO/$H_2O_2$ 催化氧化法处理偏二甲肼废水，结果表明，偏二甲肼初始含量为1.5%，过氧化氢投加量为1.6%～6.8%，在pH 为 7 或 9 条件下，无论是否添加催化剂，无论是 CuO 还是α-FeO，都能检测到亚硝基二甲胺、甲醇和二甲基甲酰胺，其中甲醇为主要氧化产物；亚硝基二甲胺在 pH 为 9 时含量更大，有 10%～15%的偏二甲肼转化为亚硝基二甲胺；在pH 为 7 条件下，以 ZSM-5 为载体、CuO 负载催化剂时，NDMA 含量较小。Makhotkina 等[22]进一步研究了 ZSM-5 负载 FeO 的催化剂，过氧化氢催化氧化降解偏二甲肼废水，发现偏二甲肼完全矿化，处理后的废水中检测到甲酸、乙酸和硝基甲烷。催化剂的载体 ZSM-5 对减少亚硝基二甲胺可能起重要作用，NO 与$O_2$ 和 $NH_3$ 一起吸附在 ZSM-5 上产生的 $^{15}N$ 核磁共振谱研究发现，降解过程中 $N_2$ 和 $N_2O$ 是 NO 的歧化产物[23]，即 ZSM-5 可有效抑制 NO 的产生，因此以 ZSM-5 为载体的催化剂有抑制偏二甲肼氧化过程中 NDMA 产生的作用。

Liang 等[24]以 CuO-ZnO-NiO/$\gamma$-$Al_2O_3$ 为催化剂研究了用过氧化氢催化氧化降解偏二甲肼废水。在偏二甲肼初始含量 500mg/L、30%过氧化氢 4mL、催化剂量1g、pH8.5、反应温度 60℃的条件下，反应 15min 时检测到亚硝基二甲胺、四甲基四氮烯、N,N-二甲基脲、二甲基甲酰肼、甲醛。其中，亚硝基二甲胺的含量为50mg/L，最大生成时间在 5～10min，继续反应 50min 也不能去除。在研究影响因素的实验中，发现亚硝基二甲胺的含量最大可达 75mg/L，在最佳处理工艺条件下，亚硝基二甲胺含量可以降低到 0.45mg/L 以下。

### 6.1.3.3 芬顿法

芬顿法是以亚铁离子 $Fe^{2+}$ 为催化剂，用过氧化氢($H_2O_2$)进行化学氧化的废水处理方法。在酸性条件下、$Fe^{2+}$ 催化 $H_2O_2$ 产生氧化能力极强的羟基自由基·OH，具有去除难降解有机污染物的高能力，同时 $Fe^{2+}$ 在一定 pH 条件下可生成 $Fe(OH)_3$ 胶体而兼有混凝作用。

Angaji 等[25]研究认为，利用水力空化结合芬顿试剂的化学过程可以有效降解偏二甲肼废水。实验中采用金属铁叶片作为非均相催化剂，没有额外添加 $Fe^{2+}$催化剂，偏二甲肼初始含量为 2～15mg/L，结果表明，在 pH 为 3、偏二甲肼初始含量为 10mg/L 时，反应 120min 偏二甲肼降解率为 98.6%，检测到甲酸、乙酸和硝基甲烷副产物，没有检测到 NDMA 等其他有毒污染物。

### 6.1.4　纯氧氧化法

1994 年，Lunn 等研究了铜离子催化空气氧化降解偏二甲肼废水，未检测到亚硝基二甲胺的生成[20]；2002 年，Pestunova 等研究了以 $\alpha$-FeO/ZSM-5 和 CuO/ZSM-5 为催化剂、纯氧条件下催化氧化降解偏二甲肼废水[21]，检测到亚硝基二甲胺、甲醇和二甲基甲酰胺，其中甲醇为主要氧化产物，NDMA 的含量比以过氧化氢为氧化剂的催化反应过程低 1~2 个数量级。Ismagilov 等研究了 $Cu_xMg_{1-x}Cr_2O_4\gamma$-$Al_2O_3$、32.9%Ir/$\gamma$-$Al_2O_3$ 和 $\alpha$-$Si_3N_4$ 为催化剂、反应温度 150~400℃、空气条件下催化氧化降解偏二甲肼废水[26]，检测到处理后废水中含有甲烷、二甲胺、偏腙、甲基乙基肼、乙烷、甲醇、甲醛等，转化过程的 $CO_2$ 收率高、$NO_x$ 收率低。

汪沨等研究了 CuO/$Al_2O_3$ 为催化剂、纯氧条件下催化氧化降解航天发射场浓度达 6.0%的偏二甲肼废水[27]。在偏二甲肼初始含量 60g/L、液流速度 0.3mL/min、气流速度 4L/h、反应温度 380℃、CuO/$Al_2O_3$ 催化剂质量 10g 的条件下，处理后偏二甲肼废水的主要组分含量见表 6-8。

表 6-8　偏二甲肼废水 CuO/$Al_2O_3$ 催化、高温纯氧氧化处理后的各项指标(mg/L)[27]

| 项目 | UDMH | 甲醛 | $CN^-$ | NDMA | COD | pH |
|---|---|---|---|---|---|---|
| 初始含量 60g/L 的 UDMH 废水 | 5.7 | 81 | 3.98 | 0.4 | 1600 | 8.8 |
| 初始含量 6g/L 的 UDMH 废水 | <0.5 | 6.8 | 0.4 | 痕量 | 144 | 7.9 |

由表 6-8 可知，偏二甲肼、甲醛、$CN^-$、NDMA、COD 均未达到国家排放标准。将偏二甲肼废水初始含量降低至 6g/L，在液流速度 0.3mL/min、气流速度 4L/h、反应温度 380℃、CuO/$Al_2O_3$ 催化剂 10g 的条件下，偏二甲肼降解率大于 99.99%，其中偏二甲肼、$CN^-$、COD、pH 均达到国家排放标准，仅甲醛超标，可进一步采用活性炭吸附使之达到国家排放标准。

在上述处理方法中，首先应排除的是含氯氧化剂的处理，因为偏二甲肼氧化过程容易产生甲基自由基，不仅生成亚硝基二甲胺，而且还生成氯代烷系列有毒化合物。芬顿氧化处理过程中未检测到 NDMA，而纯氧氧化过程中检测到 NDMA 的生成量较低，有必要开展进一步研究。

## 6.2　金属离子催化剂的作用

羟基自由基和氧自由基可以摘除偏二甲肼甲基和氨基上的氢并引发偏二甲肼

的氧化降解，而其他氧化剂如高锰酸钾、氧气等难以发生甲基脱氢反应。偏二甲肼的氨基氧化有利于亚硝基二甲胺产生，甲醛由甲基氧化产生，甲基氧化与氨基氧化之间存在竞争关系，反应以甲基氧化方向为主还是以氨基氧化方向为主，决定着副产物的种类和残余量。

### 6.2.1 pH 对分子形态的影响

偏二甲肼呈弱碱性，其共轭酸的 $pK_a$ 等于 7.21，在不同 pH 条件下偏二甲肼存在以下平衡。

酸性条件：$$(CH_3)_2NNH_3^+ \rightleftharpoons (CH_3)_2NNH_2 + H^+$$

碱性条件：$$(CH_3)_2NNH_2 + H_2O \rightleftharpoons (CH_3)_2NNH_2 \cdot H_2O$$

碱性条件下，偏二甲肼分子与水分子之间通过氢键作用缔合成水合偏二甲肼。无论是偏二甲肼缔合还是与氢离子结合为阳离子，都会对偏二甲肼的氨基产生保护作用，而阳离子化的保护作用更为显著，因此偏二甲肼的氨基在中性或碱性条件下才能被氧化。质子化的二甲胺与臭氧作用的反应速率常数小于 $1.0 \times 10^{-1}$ L/(mol·s)，与羟基自由基作用的反应速率常数为 $6 \times 10^7$ L/(mol·s)；游离状态下的二甲胺与臭氧作用的反应速率常数为 $1.9 \times 10^7$ L/(mol·s)，与羟基自由基作用的反应速率常数为 $8.9 \times 10^9$ L/(mol·s)。质子化的二甲胺与臭氧作用时的反应速率常数比游离状态下二甲胺等低 8 个数量级，质子化的二甲胺与羟基自由基的反应速率常数比分子状态的二甲胺低 2 个数量级[28]，质子化作用不仅降低了二甲胺的氨基氧化能力，还降低了二甲胺甲基的被氧化能力。

肼、氨、二甲胺和甲胺的共轭酸的 $pK_a$ 分别为 8.10、9.24、10.73 和 10.62，即当 pH 分别为 8.10、9.24、10.73 和 10.62 时，对应的肼、氨、二甲胺和甲胺有 50%以分子或水合分子存在，50%生成对应的阳离子。与偏二甲肼共轭酸的 $pK_a$ 对比可知，偏二甲肼在中性条件下会失去阳离子化对氨基的保护作用，而肼、氨、二甲胺和甲胺在碱性条件下才失去这种保护作用，也就是说，只有在碱性条件下，肼、氨、二甲胺和甲胺的氨基才能被氧化。研究表明，电解法去除重污染河水中的氨氮时，只有当 pH 提高到 9 以上，氨氮的去除率才迅速提高[29]，这说明只有以分子形式存在的氨才容易被氧化。偏二甲肼氧化会产生氨和二甲胺，由于它们的共轭酸的 $pK_a$ 均大于偏二甲肼，因此需要在更高的 pH 条件下氧化，其所需 pH 大小次序是二甲胺、甲胺＞氨＞偏二甲肼、肼。

不同 pH 溶液中 $NH_3$、$NH_4^+$ 所占比例如图 6-7 所示[30]，pH 对偏二甲肼反应速率常数的影响如图 6-8 所示[31]。

由图 6-8 可知，水溶液中 pH 升高，偏二甲肼的反应速率常数随之增大，当 pH 大于 $pK_a$ 之后，其反应速率常数增大减缓，显示质子作用显著降低反应速率常数。

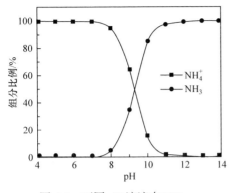

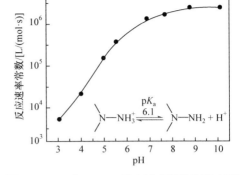

图 6-7　不同 pH 溶液中 NH₃、　　　　　图 6-8　pH 对 UDMH 反应速率常数的影响[30]
　　　　　NH₄⁺ 所占比例[29]

偏二甲肼、二甲胺和氨与羟基自由基的反应速率常数分别为 $0.83 \times 10^9 L/(mol \cdot s)$、$1.01 \times 10^9 L/(mol \cdot s)$、$2.65 \times 10^6 L/(mol \cdot s)$，显然氨最难被羟基自由基氧化，由此看来，二甲胺与氨共存特别是酸性条件下，直接氧化转化为亚硝基二甲胺是不易发生的。

偏二甲肼氧化产物是由其甲基和氨基上的脱氢反应而引发的。氨基是一种非常容易被氧化的基团，但是在偏二甲肼降解过程中氨基并不容易被氧化，因为偏二甲肼分子的氨基具备形成氢键的条件，氮原子半径较小、有孤对电子可以与另一个偏二甲肼分子氨基上的氢形成氢键，氢键作用对氨基有保护作用。

偏二甲肼分子的两个氮原子都是亲核基团，其中二甲氨基上 N 原子的亲核作用更显著，吸电子诱导效应使其甲基上的 H 带有更强的亲电子性，更容易发生脱氢反应；同时，偏二甲肼的甲基脱氢后，生成的 —CH₂=N⋯N 共轭结构对自由基有稳定作用，因此偏二甲肼容易发生甲基氧化。酸性溶液中，偏二甲肼分子的二甲氨基 N 的质子化，会进一步加强 N 对甲基的吸电子能力，使甲基更容易氧化生成(CH₃)CH₂NH⁺—，从而破坏氮氮共轭结构，N—N 键断裂生成二甲胺。偏腙、四甲基四氮烯和亚硝基二甲胺也有类似特性。

废水中偏二甲肼含量对偏二甲肼分子形态也会产生影响。偏二甲肼含量很低时，主要是偏二甲肼和水分子间的氢键 N—H⋯O；随着含量的增大，偏二甲肼分子间的作用逐步增强，逐步转化为偏二甲肼分子间氢键 N—H⋯N。氢原子带正电荷越多，越易形成更强的氢键，氧的电负性大于氮，能吸引更多负电荷使与之相连的氢带更多正电荷，从而形成更稳定的氢键。N—H⋯O 氢键键能(8kJ/mol)大于 N—H⋯N 氢键键能(5.4kJ/mol)，但是 N—H⋯N 氢键会极大地减少活性氧化物质与氨基上氢原子的碰撞概率，因此在偏二甲肼含量较高时，氢键保护作用导致氨基的氧化活性显著下降。

阳离子的解离过程和缔合分子的解离过程都是吸热过程，因此提高温度有利于游离偏二甲肼的存在，有利于偏二甲肼的氨基氧化。偏二甲肼分子之间可发生缔合作用：

$$n(CH_3)_2NNH_2 \rightleftharpoons [(CH_3)_2NNH_2]_n \qquad n = 2，3$$

研究表明，二甲胺存在二聚体和三聚体聚合，最稳定的二聚体结构具有 Cs 对称性和$-15.6kJ/mol$ 的相互作用能[32]，甚至肼氧化过程生成的 $\cdot N_2H_3$ 也能生成二聚体[33]。类似原理，由于空间位阻效应，偏二甲肼只能生成三聚体或二聚体，由图 6-8 可知，碱性介质中反应速率远大于酸性介质，由此可以说明氢键缔合作用降低反应速率的作用显著小于质子对反应速率降低的作用。含量较低的气态条件下，分子间氢键作用消失，偏二甲肼成为游离状态而容易被氧化。

如果只考虑范德华力，UDMH、MMH 和 HZ 的沸点应随分子量的增大而升高，但事实上，偏二甲肼的沸点最低，偏二甲肼、甲基肼和无水肼的沸点依次是 $64.0℃$、$87.5℃$、$65℃$，说明甲基肼、无水肼比偏二甲肼的分子氢键作用力大。

在废水处理中常加入金属离子催化剂，随着溶液 pH 的增大，金属离子与 $OH^-$反应生成沉淀物，金属氢氧化物溶解度曲线如图 6-9 所示。

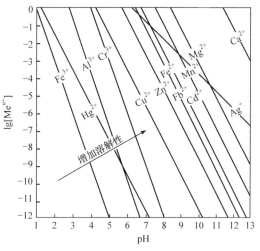

图 6-9　金属氢氧化物的溶解度曲线[34]

金属离子沉淀导致催化作用由均相变为非均相，催化活性大大降低。$Cu(OH)_2$、$Mn(OH)_2$、$Fe(OH)_2$ 在水中的溶解-沉淀平衡如下：

$$Cu(OH)_2 \rightleftharpoons Cu^{2+} + 2OH^-$$

$$Mn(OH)_2 \rightleftharpoons Mn^{2+} + 2OH^-$$

$$Fe(OH)_2 \rightleftharpoons Fe^{2+} + 2OH^-$$

$Cu(OH)_2$、$Mn(OH)_2$、$Fe(OH)_2$ 的溶度积常数 $K_{sp}$ 分别为 20.35、12.8 和 15.1。若金属离子溶解度小于 $10^{-3}$ mol/L 时开始发生沉淀，对应图 6-9 中纵坐标为 $-3$，由沉淀溶解曲线可得到不同金属离子发生沉淀时的初始 pH，$Cu^{2+}$、$Fe^{2+}$、$Mn^{2+}$ 开始沉淀的 pH 分别为 5.8、8.0 和 9.1，因此这三种金属离子作催化剂时，$Mn^{2+}$ 的 pH 适应性最好。当 pH 为 2 时 $Fe^{3+}$ 开始发生沉淀，因此在 $Fe^{3+}$ 为催化剂的类芬顿体系中，处理过程的 pH 只能控制在 3.5 附近的很窄范围内，而使用 $Cu^{2+}$、$Fe^{2+}$ 时，pH 可扩展到弱碱性。

## 6.2.2　偏二甲肼与金属离子的配位作用

偏二甲肼分子的氮原子带有孤对电子可作为有机配体，与金属离子发生配位作用生成配位化合物。以肼为配体的有：$CoCl_2(NH_2NH_2)_2$、$CoCl_2(NH_2NH_2)_3$ 和 $NiCl_2(NH_2NH_2)_2$，甲基肼生成 $CoX_2(CH_3NHNH_2)_2$ 和 $Co(CH_3NHNH_2)_6X_2$ 2 种六配位配位化合物，偏二甲肼生成四面体配位化合物 $CoX_2[(CH_3)_2NNH_2]_2$[35]。肼与氯化铜(Ⅱ)在酸性水溶液中反应至少产生 4 种不同的配位化合物，肼表现为还原剂，生成白色反磁性铜(Ⅰ)配位化合物 $(N_2H_4)CuCl$；酸性溶液中 $Cu^{2+}$ 与 $Fe^{3+}$、肼共存时，产生一种配位化合物 $Cu(N_2H_4)(HSO_4)_2$[36]。

按照软硬酸碱理论，体积小、正电荷数高、可极化性低的中心原子称为硬酸，体积大、正电荷数低、可极化性高的中心原子称为软酸；电负性高、极化性低、难被氧化的配位原子称为硬碱，反之称为软碱。软酸与软碱、硬酸和硬碱可以生成稳定化合物，阳离子半径越小，硬酸越强，而电负性越大，硬碱越强。

$Fe^{2+}$ 半径比 $Cu^{2+}$ 半径小，相对而言为硬酸，而 $OH^-$ 中的氧比 $NH_3$ 中的氮电负性大，相对而言为硬碱。因此，这两种金属离子分别与 $OH^-$、$NH_3$ 结合的选择中，$Fe^{2+}$ 与 $OH^-$ 结合生成沉淀，不与 $NH_3$ 结合生成稳定配位化合物，但 $Cu^{2+}$ 与 $NH_3$ 结合生成铜氨配位化合物。$Cu^{2+}$、$Fe^{2+}$、$Mn^{2+}$ 分别与一个 $NH_3$ 络合的稳定常数的对数 $\lg\beta$ 为 4.04、1.4 和 1.0，稳定性次序为 $Cu(NH_3)^{2+} > Fe(NH_3)^{2+} > Mn(NH_3)^{2+}$。

偏二甲肼与氨的结构类似，可能具有相似性质。在采用伏安法测定偏二甲肼的实验中发现，$Cu^{2+}$、$Fe^{2+}$、$Mn^{2+}$ 均对测定产生干扰，$Fe^{2+}$、$Mn^{2+}$ 使循环伏安峰减小，加入乙二胺四乙酸 EDTA 配合剂可以去除干扰，$Fe^{2+}$、$Mn^{2+}$ 可能与偏二甲肼发生配位作用产生干扰。$Cu^{2+}$ 不仅使循环伏安峰减小，而且出现新的还原峰。$Cu^{2+}$ 除与偏二甲肼发生配位作用外，更重要的是存在氧化还原作用。

配位作用与 pH 有关，只有氨、偏二甲肼以分子形态存在时才能发生配位，也就是说 $NH_4^+$、$(CH_3)_2NNH_3^+$ 形态时不能与金属离子配位，偏二甲肼只有在中性或碱性条件下才能与 $Cu^{2+}$ 配位。

### 6.2.3 偏二甲肼与金属离子的氧化还原作用

偏二甲肼具有还原性，与催化剂离子可能发生氧化还原作用。有研究发现，甲基肼、偏二甲肼和2-羟基乙基肼均以较慢的速率将 $Fe^{3+}$ 还原为 $Fe^{2+}$，在温度为293K 时,反应速率常数分别为 $0.023min^{-1}$、$0.11min^{-1}$ 和 $0.45min^{-1}$[37]。肼不仅可以被三价铁离子氧化，还可以发生配位作用[38]。肼在氧化过程中将 $Fe^{3+}$ 还原为 $Fe^{2+}$，并生成 $H_2NNH\cdot$，促进了肼降解和氨的生成[33]：

$$N_2H_5^+ + Fe^{3+} \longrightarrow \cdot N_2H_3 + Fe^{2+} + 2H^+$$
$$\cdot N_2H_3 + Fe^{3+} \longrightarrow HNNH + Fe^{2+} + H^+$$
$$HNNH + 2Fe^{3+} \longrightarrow N_2 + 2Fe^{2+} + 2H^+$$
$$2N_2H_3\cdot \longrightarrow H_2NHNNHNH_2$$
$$H_2NHNNHNH_2 \longrightarrow N_2 + 2NH_3$$

$Cu^{2+}$ 和 $Fe^{3+}$ 都可以与偏二甲肼的氨基发生电子转移反应：

$$2Fe^{3+} + (CH_3)_2NNH_2 \longrightarrow (CH_3)_2NN\colon + 2Fe^{2+} + 2H^+$$
$$2Cu^{2+} + (CH_3)_2NNH_2 \longrightarrow (CH_3)_2NN\colon + 2Cu^+ + 2H^+$$

同时，该反应远比自由基氧化或还原反应快，因此显著加快偏二甲肼的氨基氧化，在没有加氧条件下有利于四甲基四氮烯的转化，而臭氧、过氧化氢等氧化剂存在条件下有利于亚硝基二甲胺的生成。

水中铁的 $pE$ 与 pH 的关系如图 6-10 所示。

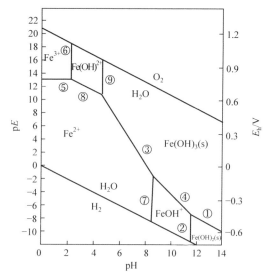

图 6-10　水中铁的 $pE$-pH(总溶解性铁浓度 $1 \times 10^{-7}mol/L$)[33]

由图 6-10 可知，$Fe^{2+}$ 与氧气或臭氧作用也会转化为 $Fe^{3+}$。$Fe^{3+}$ 与偏二甲肼发生氧化还原反应，其 $Fe^{3+}/Fe^{2+}$ 氧化还原电位为 0.771V。

$$Fe^{3+} + e^- \longrightarrow Fe^{2+}$$

$Cu^{2+}$ 与偏二甲肼发生氧化还原反应，其 $Cu^{2+}/Cu^+$ 氧化还原电位为−0.153V，因此，在循环伏安分析中，产生 $Cu^+$ 的还原峰。

$$Cu^{2+} + e^- \longrightarrow Cu^+$$

$Mn^{2+}$ 与臭氧反应生成 $MnO_2$，$MnO_2$ 氧化还原电位为 1.507V。

$$Mn^{2+} + 2O_3 + 2e^- \longrightarrow MnO_2 + 2O_2$$

$$MnO_2 + 4H^+ + 2e^- \longrightarrow Mn^{2+} + 2H_2O$$

偏二甲肼与金属离子可以发生配位作用和氧化还原作用，导致高级氧化法处理偏二甲肼的机理比处理其他有机物更为复杂。$Cu^{2+}/H_2O_2$ 或 $Cu^{2+}/O_3$ 体系中，$Cu^{2+}$ 不仅能破坏偏二甲肼氢键作用，还能与偏二甲肼发生氧化还原作用，导致 $Cu^{2+}/H_2O_2$ 或 $Cu^{2+}/O_3$ 体系中的 NDMA 生成量大幅上升。

# 6.3　臭氧体系羟基自由基的产生及反应活性

臭氧是氧的同素异形体，由 3 个氧原子构成，分子结构如图 6-11 所示。

图 6-11　臭氧分子结构

由图 6-11 可知，两端氧原子的周边只有 6 个电子而呈正电，这也是臭氧具有较强亲电性的主要原因。臭氧具有极强的氧化能力，在常见的水处理氧化剂中氧化能力是最强的，水中的氧化还原电位为 2.07eV，氧化能力是氯气的 1.52 倍，且反应后剩余臭氧分解成氧气，是无二次污染的高效氧化剂。由于臭氧在水中溶解的含量限制，水中臭氧的浓度不超过 0.2mmol/L，20℃条件下 30min 后测定水中臭氧浓度仅为 0.05mmol/L。

## 6.3.1　臭氧与有机物反应的类型及活性

臭氧与有机物反应主要分臭氧直接氧化和自由基间接氧化两种类型。

1) 臭氧直接氧化反应

臭氧与水中有机污染物之间的直接氧化反应有两种方式：①亲电取代反应。亲电取代反应主要发生在分子结构中电子云密度较大的位置。臭氧在偏二甲肼加氧氧化过程中，与电子云密度较大的 N 原子和 C 原子结合。②偶极加成反应。臭氧分子具有偶极结构，偶极矩约为 0.55D，因此臭氧分子与含不饱和键的有机物分子如偏腙可进行偶极加成反应。一般而言，臭氧直接氧化反应速率较慢，而且反应具有选择性，降解有机污染物的效率较低。

2）自由基间接氧化反应

自由基间接氧化反应过程可以粗略分为两个阶段：第一阶段是臭氧自身分解产生自由基。当溶液中存在如·OH 时，可以明显加快臭氧分解产生自由基的速度。第二阶段是·OH 与有机分子中的活泼结构单元如—OH、—$NH_2$ 等发生反应，并引发自由基链反应。随着反应的进行，有机物分子被氧化分解转化为小分子有机物如甲酸、乙酸等。

·OH 间接氧化反应有以下两个主要特点：①反应速率非常快；②·OH 的反应选择性很小，与不同化合物的反应速率常数相近。

在臭氧反应体系中，往往既出现臭氧直接氧化反应，又出现自由基间接氧化反应。溶液 pH 对臭氧氧化反应选何种机理起决定作用，强酸性条件下以直接氧化反应为主，碱性条件下则以自由基间接氧化反应为主。在脱色和除臭过程中，起主要作用的往往是臭氧的直接氧化反应，这主要是因为在水体中产生色度和臭味的通常是一些含硫和偶氮类化合物。臭氧的氧化性对一些小分子有机物如醛、醛酸、羧酸、酮等往往无能为力，需要通过臭氧分解产生活性羟基自由基来去除。

在臭氧氧化过程中，臭氧与不同物质的反应活性相差极大，这就是臭氧氧化的选择性。臭氧与水中某些有机物直接氧化反应的速率很小，氧化顺序为：链烯烃>胺>酚>多环芳香烃>醇>醛>链烷烃，而且当有机物分子存在推电子基团时，会加速臭氧氧化反应；相反，当存在吸电子基团时，会减弱有机物的反应活性。

烷烃类化合物是含饱和键的化合物，臭氧氧化反应速率都比较小，如辛烷的臭氧的氧化速率常数仅为 0.014L/(mol·s)；取代烷烃有机物中，—$CH_2OH$ 提高烷烃的反应活性而—C=O 降低反应活化，如叔丁醇的臭氧氧化速率常数为 0.6L/(mol·s)，带有吸电子基的氯代烷烃则使反应活性降低，且氯代程度越高，活性降低越显著。直链烃有机酸的臭氧氧化反应速率较小，如乙酸和草酸的臭氧氧化反应速率极低，即使在高浓度臭氧环境下，也几乎不降解。相关化合物与臭氧反应的速率常数见表 6-9[39]。

表 6-9　典型化合物与臭氧反应的速率常数[39]

| 典型化合物 | $c/(mmol/L)$ | pH | $k/[L/(mol·s)]$ |
|---|---|---|---|
| 甲醇 | 600 | 2～6 | 0.024 |
| 乙醇 | 6～600 | 2 | 0.37 |

续表

| 典型化合物 | $c$/(mmol/L) | pH | $k$/[L/(mol·s)] |
|---|---|---|---|
| 甲醛 | 70~600 | 2 | 0.1 |
| 四氯乙烯 | 0.7 | 2 | <0.1 |
| 乙酸 | 1000 | 2.5 | $<3\times10^{-5}$ |
| 甲酸 | 1~20 | 3.75 | 0~10 |

臭氧与烯烃和取代烯烃等烯烃类不饱和双键有机物的反应活性较高,反应一般遵循 Criegee 机理,如己烯的臭氧氧化反应速率常数大于 $10^5$L/(mol·s)。臭氧的氧化作用导致不饱和有机物分子 π 键断裂,与臭氧结合生成臭氧氧化物。臭氧氧化物自发性分裂产生醛或酮及·$CH_2OO$·。

酚类、胺类和氨基酸类化合物的臭氧氧化反应大多较快,而且反应速率随溶液 pH 的升高而增大。主要有两方面的原因:一是有机物的分子形态;质子保护离解作用;二是·OH 的产生。碱性条件有利于产生·OH 自由基,pH 每升高 1 单位,酚类化合物的臭氧氧化反应速率往往增大 10 倍左右;胺类和氨基酸类化合物的氨基受质子化作用的影响,氨和大多数氨基酸在 pH 小于 2 的溶液中与臭氧几乎无反应活性,只有当 pH 升高到一定值时,才显示臭氧氧化反应活性。

### 6.3.2 金属离子和金属氧化物催化产生羟基自由基

臭氧在水中的分解机理随水体性质的不同而不同。谭桂霞等研究发现,水中臭氧的分解随体系 pH 的增大而加快[40];Czapski 等研究发现臭氧在碱性溶液中会产生·O,水中臭氧分解产生·OH 和 $HO_2$·等自由基[41];Nadezhdin 等在总结各种链式反应基础上,提出如下臭氧分解机理和分解历程[42,43]。

引发过程:

$$O_3 + H_2O \longrightarrow 2HO_2·$$
$$O_3 + OH^- \longrightarrow ·O_3^- + ·OH$$

增长过程:

$$HO_2· \longrightarrow H^+ + ·O_2^-$$
$$·O_2^- + O_3 \longrightarrow O_2 + ·O_3^-$$
$$·O_3^- \longrightarrow ·O^- + O_2$$
$$·OH + O_3 \longrightarrow HO_2· + O_2$$

终止过程:

$$2HO_2· \longrightarrow H_2O_2 + O_2$$

$$HO_2 \cdot + \cdot O_2^- \longrightarrow HO_2^- + O_2$$

$$\cdot O_3^- + \cdot O_2^- + H_2O \longrightarrow 2OH^- + 2O_2$$

由以上链式反应可以看出，$OH^-$ 在臭氧的分解反应中起催化作用，提高 pH，溶液中 $OH^-$ 浓度增大，从而提高 $OH^-$ 催化作用，因此臭氧分解随 pH 升高而加快。

臭氧氧化反应过程产生各种活性自由基如 $\cdot OH$、$HO_2 \cdot$、$\cdot O^-$、$\cdot O_3^-$、$\cdot O_2^-$ 和氧化剂如 $O_2$、$H_2O_2$，$\cdot O^-$ 和 $HO_2 \cdot$ 氧化能力虽然较弱，但能促进臭氧分解生成 $\cdot OH$，在整个氧化过程中具有极其重要的作用。常见的 $HCO_3^-$、$CO_3^{2-}$ 和叔丁醇等与 $\cdot OH$ 发生反应导致链终止，因此在研究臭氧氧化有机物降解过程机理时，往往选择上述几种物质来考察羟基自由基 $\cdot OH$ 在整个过程中的作用。

金属氧化物、活性炭和金属都可催化臭氧分解。金属氧化物主要是过渡金属、碱金属和碱土金属的氧化物，单组分金属氧化物对臭氧催化分解的活性次序为[44]

$$Co>Mn \approx Ni>Cr>Fe>Zn>Mg>Cu>Ag>Sn>Pb>$$

$$U>Cd>Al>Si \approx Bi \approx Ce \approx CaCO_3 \approx La>Na$$

Imamura 等研究认为，金属的活性较其氧化物低，部分金属及其金属氧化物的活性次序如下[45]：

$$Cu<Cu_2O<CuO; \quad Ag<Ag_2O<AgO; \quad Ni<Ni_2O_3$$

$$Fe<Fe_2O_3; \quad Au<Au_2O_3$$

### 6.3.2.1　金属氧化物的催化

Imamura 等研究了负载于石英砂上的等体积催化剂对臭氧分解反应的催化活性。结果表明，$Ag_2O$、$NiO$、$Fe_2O_3$、$Co_3O_4$、$CeO_2$、$Mn_2O_3$、$CuO$ 等催化活性较高，多为 P 型半导体氧化物，催化活性较高的原因可能是反应产生的 $O^{2-}$、$O_2^{2-}$ 等通过库仑力与催化剂表面作用而稳定存于 P 型半导体上，使其电导增加，从而增强了催化剂的反应活性[45]；$Pb_2O_3$、$Bi_2O_3$、$SnO_2$、$MoO_3$、$V_2O_5$ 等催化活性较低，多为 N 型半导体氧化物。

催化剂表面的羟基自由基是臭氧分解的活性位。Bulanin 等用低温高分辨率红外技术研究了臭氧在酸性氧化物 $SiO_2$、$TiO_2$ 和中性氧化物 $CeO_2$ 及碱性氧化物 $CaO$ 表面上的吸附[46-48]。结果表明，在酸性氧化物表面，臭氧首先与表面的羟基自由基发生氢键作用；在中性氧化物表面，则包括与表面羟基自由基的氢键作用、物理吸附和化学吸附；在碱性氧化物表面，臭氧与羟基自由基发生配位。

Golodets[49]研究认为，臭氧首先在催化剂的活性位上吸附，然后分解为一个自由氧分子和一个表面氧原子：

$$O_3 \longrightarrow \cdot O + O_2$$

活性中间体 O·发生一系列链式反应生成·OH、$HO_2\cdot$、$O_2$，重新在催化剂表面生成活性位：

$$H_2O + O\cdot \longrightarrow 2\cdot OH$$
$$HO\cdot + O_3 \longrightarrow HO_2\cdot + O_2$$
$$O_3 + HO_2\cdot \longrightarrow \cdot OH + 2O_2$$
$$\cdot OH + HO_2\cdot \longrightarrow H_2O + O_2$$
$$O_3 + HO_2\cdot \longrightarrow \cdot HO + 2O_2$$

活性中间体 O·与臭氧分子碰撞生成 $O_2$ 分子失活：

$$O_3 + O\cdot \longrightarrow 2O_2$$

### 6.3.2.2　金属离子的催化

金属离子催化属于均相催化。臭氧氧化的催化剂一般为过渡金属离子，如 $Fe^{2+}$、$Mn^{2+}$、$Ni^{2+}$、$Co^{2+}$、$Cd^{2+}$、$Cu^{2+}$、$Ag^+$、$Cr^{3+}$、$Zn^{2+}$等。过渡金属离子催化臭氧氧化的作用机理，目前至少有两个观点：一是羟基自由基 OH·反应观点，二是配位氧化观点。

Roser 等[50]采用 $O_3$、$O_3/Fe^{3+}$、$O_3/Fe^{3+}/UV$ 降解苯胺和对氯苯酚时发现，催化体系增加了反应初始速率，但生成的中间产物草酸铁抑制了反应的进行，根据反应速率的变化认为是自由基反应，反应机理如下：

$$Fe^{2+} + O_3 \longrightarrow Fe^{3+} + \cdot O_3^-$$
$$Fe^{3+} + \cdot O_3^- \longrightarrow FeO^{2+} + O_2$$
$$FeO^{2+} + H_2O \longrightarrow Fe^{3+} + 2\cdot OH$$
$$FeO^{2+} + Fe^{2+} + H_2O \longrightarrow 2Fe^{3+} + \cdot OH + OH^-$$
$$Fe^{2+} + \cdot OH \longrightarrow Fe^{3+} + OH^-$$
$$FeO^{2+} + Fe^{2+} + 2H^+ \longrightarrow 2Fe^{3+} + H_2O$$

Ma 等[51]研究了 $Mn^{2+}$催化臭氧氧化降解农药莠去津，认为臭氧与 $Mn^{2+}$反应生成新生态水合二氧化锰，引发水中 OH·的生成：

$$Mn^{2+} + O_3 + H_2O \longrightarrow Mn^{4+} + O_2 + 2OH^-$$

$$Mn^{4+} + 4OH^- \longrightarrow Mn(OH)_4 \longrightarrow MnO_2 + 2H_2O$$

通入臭氧后，溶液中水合二氧化锰胶体的出现，使原来的均相环境介质发生变化，出现水溶液、催化剂表面和催化剂-溶液界面等 3 种环境。Gracia 等[52]认为，在 $Mn^{2+}$ 催化臭氧氧化过程中，$Mn^{2+}$ 首先转化为水合二氧化锰，即水合二氧化锰催化臭氧氧化，而非 $Mn^{2+}$ 催化臭氧氧化。

Andreozzi 等[53]提出配位氧化观点，认为在 $Mn^{2+}$ 催化臭氧氧化草酸过程中，草酸与 $Mn^{2+}$ 先生成配位化合物，该配位化合物更容易被臭氧氧化；Pines 等[54]研究认为，在 $Co^{2+}$ 催化臭氧氧化草酸过程中，也是先生成 $Co^{2+}$-草酸配位化合物，再进一步被臭氧氧化；施银桃等的实验结果也采用该机理解释[55]。

Andreozzi 等[53]研究酸性条件下草酸降解动力学时发现，臭氧与草酸并不反应，但加入 $Mn^{2+}$ 则发生反应。臭氧氧化实验结果表明，当 pH 为 0 时，$Mn^{2+}$ 通过 $Mn^{4+}$ 氧化为 $Mn^{3+}$ 被认为是整个氧化过程的速率控制步骤，反应速率对臭氧和 $Mn^{2+}$ 都为一级反应，而与草酸无关；当 pH 为 4.7 时为自由基氧化机理，草酸和 $Mn^{3+}$ 生成一种中间产物，这种中间产物是自由基链式反应的引发剂。这与 Nowell 等[56]的论述一致，因为 $Mn^{3+}$ 是羧酸、乙醛和乙醇的有效氧化剂。$Mn^{2+}$ 催化臭氧氧化草酸的机理如下：

$$Mn^{2+} + O_3 + H_2O \longrightarrow Mn^{4+} + O_2 + 2OH^-$$

$$Mn^{2+} + Mn^{4+} \longrightarrow 2Mn^{3+}$$

$$Mn^{3+} + nC_2O_4^{2-} \longrightarrow Mn(C_2O_4^{2-})_n$$

$$Mn^{2+} + mC_2O_4^{2-} \longrightarrow Mn(C_2O_4^{2-})_m$$

$$Mn(C_2O_4^{2-})_n \longrightarrow Mn^{3+} + C_2O_4^- + (n-1)C_2O_4^{2-}$$

$$Mn(C_2O_4^{2-})_m \longrightarrow Mn^{2+} + C_2O_4^- + (m-1)C_2O_4^{2-}$$

$$C_2O_4^- + O_3 + H^+ \longrightarrow 2CO_2 + O_2 + \cdot OH$$

$Mn^{2+}$ 与臭氧反应产生的 $Mn^{3+}$ 与草酸根配位还原生成 $C_2O_4^-$，$C_2O_4^-$ 促进臭氧转化为羟基自由基，从而加快了草酸的羟基自由基氧化。其中，$Mn^{2+}$ 发生系列氧化还原反应和配位反应，能促进 $\cdot OH$ 的产生。

### 6.3.3 活性炭的吸附和催化作用

活性炭具有比表面积大、微孔结构丰富和吸附容量高的特点，广泛应用于吸附、催化及助催化。具有类似作用的还有碳纳米管、石墨烯、可膨胀石墨、碳纤维等材料。活性炭的吸附性能由其物理性质(比表面积和孔结构)和表面化学性质共同决定，比表面积和孔结构影响活性炭的吸附容量，而表面化学性质影响活性炭与极性或非极性吸附质之间的相互作用力。活性炭吸附有机物的量与有机物在水中的溶解度有关，如活性炭从水中吸附有机酸是按甲酸、乙酸、丙酸、丁酸的顺序增加，溶解度越小，活性炭越易吸附，对同系物的溶解度随分子链的增长而减小，吸附容量随同系物分子量的增加而增加。活性炭是一种非极性吸附剂，对水中非极性物质的吸附能力大于极性物质。活性炭与被吸附物质之间服从

"相似相溶"原理，活性炭表面化学性质很大程度上由表面官能团的类别和数量决定。

为提高对极性有机物的吸附，对活性炭的表面进行氧化或还原改性，在活性炭表面生成含氧官能团，主要包括羧基、羧酸酐、内酯基、乳醇基、羟基、羰基、醌基、醚基等，结构如图 6-12 所示[57]。

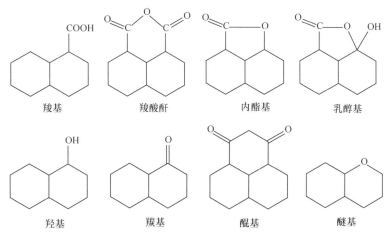

羧基　　　　　　羧酸酐　　　　　　内酯基　　　　　乳醇基

羟基　　　　　　羰基　　　　　　　醌基　　　　　　醚基

图 6-12　活性炭表面含氧官能团结构[57]

活性炭表面含氧官能团对有机化合物作用机理如下[58]。

1) 色散力作用

活性炭对非极性有机物的吸附主要是通过分子间色散力。活性炭类似于苯环架构，因此对含苯环的有机污染物具有很强的吸附能力。1968 年，Coughlin 和 Ezra[59]在研究苯酚的吸附时提出 π-π 色散力作用，认为活性炭氧化改性后产生的含氧官能团为吸电子基团，降低了活性炭骨架上的 π 电子密度，从而减弱了吸附剂和吸附质之间的 π-π 作用，导致对苯酚的吸附量下降。偏腙、四甲基四氮烯在活性炭表面可以形成 π-π 色散力的吸附。

2) 氢键作用

氢键作用机理是 Coughlin 和 Ezra[59]提出的。Zawadzki[60]认为活性炭表面氧化增加了苯酚和活性炭表面之间的结合能，吸附作用力主要为含氧官能团和苯酚之间的氢键作用。偏二甲肼与活性炭表面氧也能形成氢键作用吸附。

3) 静电作用

零电荷点 pH 以下时，活性炭表面带正电荷；反之，活性炭表面带负电荷。在一定 pH 条件下，带正电荷的活性炭对带负电荷的有机物之间的吸附，或带负电荷的活性炭对带正电荷的有机物如苯胺阳离子之间的吸附，属于静电作用吸附。

Radovic 等[61]研究了不同含氧量活性炭对苯胺和硝基苯的吸附，发现在最佳 pH 条件下，活性炭表面带负电荷，而苯胺以阳离子的形式存在，此时静电作用力最大，因此推断吸附作用力包含静电作用力。

静电作用的特点是同号相斥异号相吸。活性炭磁性纳米复合材料(AC-MNC)对水中 UDMH 的吸附实验显示，AC-MNC 零电荷点 ZPC 大约 pH6.8，在 pH6.0下，偏二甲肼的吸附容量最大。低于和高于 pH 的 ZPC，吸附剂表面分别带有正、负电荷，在低于和高于 pH 7.12 下，UDMH 以带正电的 $H_3N^+N(CH_3)_2$、带负电的 $(CH_3)_2NNH_2OH^-$ 存在于水体，静电排斥作用导致偏二甲肼在酸性或碱性介质中在 AC-MNC 表面的吸附量下降。

4) 路易斯酸碱

Mattson 等[62]发现，随着表面羧基的增多，活性炭对硝基苯酚的吸附量增加，由此认为羧基对有机物吸附的影响最大，吸附作用力主要为苯环上的 π 电子和羧基之间的作用力，即给电子基团与吸电子基团之间的作用力，苯环是受电子体为路易斯酸，羧基是给电子体为路易斯碱。纳米二氧化钛是可以接受电子对的物质，具有路易斯酸活性中心。偏二甲肼的含氮有机化合物分子中的 N 原子是具有孤对电子的路易斯碱，可以通过路易斯酸碱作用吸附在纳米二氧化钛表面。

此外，金属和金属氧化物与有机污染物之间还可以通过配位作用吸附结合。偏二甲肼的氨基具有碱性可以与酸性中心结合，可与羧基形成氢键，同时可以与金属或金属离子发生配位作用。

有研究报道活性炭可加速臭氧分解，从而生成·OH[63-65]。类金属的石墨层导电电子和活性炭表面基团是活性炭表面臭氧分解的主要因素[66]，臭氧可能攻击活性炭的吡咯基团石墨烯层，产生 N-氧化物型基团和氢过氧化氢自由基：

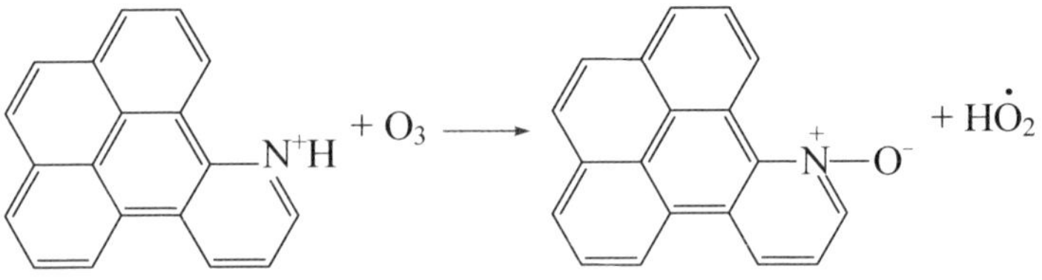

过氧化氢自由基发生如下反应生成羟基自由基：

$$HO_2 \cdot \rightleftharpoons H^+ + O_2^- \cdot$$
$$O_2^- \cdot + O_3 \longrightarrow O_3^- \cdot + O_2$$
$$O_3^- \cdot + H^+ \longrightarrow \cdot OH + O_2$$

具有最高碱度和大的活性炭比表面积，能更有效地将臭氧转化为羟基自由基。臭氧转化为 OH· 的量随着臭氧处理时间的增加而减少。可能的原因是，臭氧活性炭作用改变了活性炭表面的性质，活性炭并不是真正意义的催化剂，而是引发剂和/或促进剂使臭氧转化为羟基自由基。

### 6.3.4　有机胺和羟胺作用产生羟基自由基

胺类可促进臭氧体系中臭氧的分解，从而提高水中难降解有机物的去除率。有学者以二甲胺为促进剂，探讨促进臭氧分解的效果和机理。

臭氧在水体发生复杂的反应，反应方程式及反应速率常数见表 6-10。

**表 6-10　臭氧反应方程式及反应速率常数**[68-76]

| 序号 | 反应方程式 | 速率常数/[L/(mol·s)] | 研究者 |
|---|---|---|---|
| 1 | $O_3 + OH^- \longrightarrow HO_2^- + O_2$ | 110 | Sehested 等 |
| 2 | $O_3 + HO_2^- \longrightarrow HO_2 \cdot + \cdot O_3^-$ | $2.2 \times 10^6$ | Tomiyasu 等 |
| 3 | $HO_2 \cdot + OH^- \longrightarrow \cdot O_2^- + H_2O$ | $1 \times 10^{-4.8}$ | Tomiyasu 等 |
| 4 | $\cdot O_2^- + H^+ \longrightarrow HO_2 \cdot$ | $5 \times 10^{10}$ | Tomiyasu 等 |
| 5 | $O_3 + \cdot O_2^- \longrightarrow \cdot O_3^- + O_2$ | $1.5 \times 10^9$ | Sehested 等 |
| 6 | $\cdot O_3^- + H_2O \longrightarrow \cdot HO + HO_3^-$ | 30 | Tomiyasu 等 |
| 7 | $HO_3^- \longrightarrow O_2 + OH^-$ | $1 \times 10^{20}$ | Tomiyasu 等 |
| 8 | $\cdot O_3^- + HO \cdot \longrightarrow HO_2 \cdot + \cdot O_2^-$ | $6 \times 10^9$ | Tomiyasu 等 |
| 9 | $\cdot HO + O_3 \longrightarrow HO_2 \cdot + O_2$ | $3 \times 10^9$ | Sehested 等 |
| 10 | $HO_2^- + H^+ \longrightarrow H_2O_2$ | $5 \times 10^9$ | Tomiyasu 等 |
| 11 | $H_2O_2 \longrightarrow HO_2^- + H^+$ | 0.125 | Tomiyasu 等 |
| 12 | $\cdot O_3^- + \cdot HO \longrightarrow O_3 + OH^-$ | $2.5 \times 10^9$ | Tomiyasu 等 |
| 13 | $\cdot HO + H_2O_2 \longrightarrow HO_2 \cdot + H_2O$ | $2.7 \times 10^7$ | Hoigné 等 |
| 14 | $\cdot HO + HO_2^- \longrightarrow HO_2 \cdot + OH^-$ | $7.5 \times 10^9$ | Tomiyasu 等 |
| 15 | $H_2O \longrightarrow OH^- + H^+$ | $1 \times 10^{-3}$ | — |
| 16 | $OH^- + H^+ \longrightarrow H_2O$ | $1 \times 10^{11}$ | — |
| 17 | $R_2NH + O_3 \longrightarrow R_2NOH + \cdot O_2^-$ | $2 \times 10^4$ | Buffle 等 |

表 6-10 中序号 6 的反应是生成羟基自由基的反应，其前驱体是 $\cdot O_3^-$，而 $\cdot O_3^-$ 的生成受序号 1 反应的控制，说明反应速率随 $OH^-$ 浓度的增大而增大。推测臭氧和二甲胺反应生成羟胺的过程，先生成 $\cdot O_2^-$，$\cdot O_2^-$ 再与臭氧反应生成 $\cdot O_3^-$，进而催化羟基自由基的产生。

　　pH 分别为 5.19 和 6.86 时，单纯臭氧分解反应速率常数分别为 $1.40 \times 10^{-3} s^{-1}$ 和 $1.8 \times 10^{-3} s^{-1}$；当 pH 升高至 8.22 时，反应速率常数增加到 $1.83 \times 10^{-2} s^{-1}$。pH 为 5.19、6.86、8.22 时，加入二甲胺均对臭氧的分解有促进作用，反应 1min 时的臭氧分解率比未加入二甲胺分别提高 6.48%、39.58% 和 11.1%[67]。

　　二甲胺的 $pK_a$ 为 10.81，pH 为 5.19 的酸性条件下，二甲胺几乎全部质子化，质子化的二甲胺不与臭氧反应，对臭氧的分解没有明显促进效果；pH 为 6.86 的条件下，臭氧分解的速率常数为 $5.7 \times 10^{-3} s^{-1}$，相比单纯臭氧分解的速率常数 $1.8 \times 10^{-3} s^{-1}$ 有显著提高，可见非质子化的二甲胺能够显著增强臭氧的分解；pH 为 8.22 的碱性条件下，非质子化的二甲胺能与臭氧迅速反应，由于臭氧在碱性条件下自身分解非常迅速，加入二甲胺后相对单纯臭氧的分解并没有显著提高。

　　研究表明，在中性、碱性条件下胺类可催化臭氧自分解，促进 ·OH 的生成，反应途径主要有以下 2 种：①叔胺等胺类化合物与臭氧通过电子转移生成 $\cdot O_3^-$，进而分解产生 ·OH 和 $O_2$；②仲胺等胺类化合物与臭氧反应先生成 $\cdot O_2^-$，然后 $\cdot O_2^-$ 选择性地与 $O_3$ 作用产生 $\cdot O_3^-$，最终生成 ·OH。叔胺、仲胺等不同胺类化合物催化臭氧分解的主要区别，在于反应过程中是否有额外的 $\cdot O_2^-$ 产生。

　　羟胺是一种胺类化合物，硫酸羟胺 HAS 在酸性、中性和碱性条件下对臭氧氧化邻苯二甲酸二甲酯 DMP 的降解效果显著[77]。叔丁醇 TBA 可作为 ·OH 去除剂，能抑制电子转移过程中自由基链式反应生成羟基自由基的过程，但不干扰 HAS 与臭氧直接作用生成 $\cdot O_2^-$ 的反应，因而可用 TBA 区分催化臭氧分解的 2 种反应机理。溶液 pH 为 3.0，未加入 TBA 和加入 TBA 的 $O_3$/HAS 体系中，反应 15min 后臭氧分解率分别为 81.98% 和 44.1%，表明该条件下 TBA 显著抑制了 $O_3$ 在 $O_3$/HAS 体系中的分解；溶液 pH 为 7.0 和 9.2 时，TBA 的加入对 $O_3$/HAS 体系中臭氧的分解没有明显影响。因此，推测 HAS 催化 $O_3$ 分解产生 ·OH 的途径受溶液 pH 影响的机理：溶液为酸性时，HAS 与 $O_3$ 的反应主要是通过电子转移机制进行；溶液为中性或碱性时，HAS 直接作用臭氧并促进 $O_3$ 分解，进而产生氧化性更强的 ·OH。

　　酸性条件下，HAS 与 $O_3$ 反应生成 ·OH 的主要反应：

$$NH_3OH^- + O_3 \longrightarrow NH_3 + \cdot OH + \cdot O_3^-$$

$$\cdot O_3^- + H^+ \longrightarrow \cdot OH + O_2$$

　　碱性条件下，HAS 与 $O_3$ 反应生成 ·OH 的主要反应：

$$NH_2OH + O_3 \longrightarrow \cdot NH_2 + HO_2 \cdot + O_2$$

$$OH^- + O_3 \longrightarrow HO_2^- + O_2$$

$$HO_2^- + O_3 \longrightarrow \cdot OH + \cdot O_2^- + O_2$$

# 6.4　过氧化氢体系羟基自由基的产生及反应活性

过氧化氢纯品为淡蓝色黏稠液体,沸点 152.2℃。过氧化氢水溶液为无色透明液体,在光照、金属杂质或碱性条件下可发生分解生成水和氧。氧化铜、三氧化二铁、二氧化锰、银、活性炭粉末和活性炭颗粒对过氧化氢的分解活性次序如下:活性炭粉末>二氧化锰>三氧化二铁>银>活性炭颗粒>氧化铜。

羟基自由基与有机物的作用机理如下。

(1) 脱氢反应:

$$RH + \cdot OH \longrightarrow R \cdot + H_2O$$

(2) 不饱和键的加成:

$$RCH = CH_2 + \cdot OH \longrightarrow RCH(OH)CH_2 \cdot$$

(3) 电子转移:

$$RX + \cdot OH \longrightarrow R^+X + OH^-$$

## 6.4.1　芬顿体系

芬顿试剂发明以来,其反应机理的研究一直持续,吸引了众多的科学研究人员。1934 年,Haber 和 Weiss 提出,$Fe^{2+}$ 和 $H_2O_2$ 混合产生·OH,·OH 是芬顿反应的重要中间活性产物。之后基本沿用该羟基自由基理论开展机理和动力学研究。美国犹他州立大学的研究人员使用顺磁共振方法,以二甲基吡啶 N-氧化剂电子捕获剂 DMPO 作为自由基捕获剂,研究了芬顿反应中生成的氧化剂碎片,成功捕获到羟基自由基的信号,验证了·OH 作为反应中间体的存在。

羟基自由基理论可概述为:酸性条件下,$H_2O_2$ 在 $Fe^{2+}$ 催化作用下,分解产生高活性的·OH,并引发自由基的链式反应,使有机物被降解矿化为 $CO_2$、$H_2O$ 等无机物。芬顿反应的羟基自由基机理主要包括以下链式反应。

引发过程:

$$Fe^{2+} + H_2O_2 \longrightarrow Fe^{3+} + OH^- + \cdot OH \qquad k = 76L/(mol \cdot s)^{[78]}$$

传递过程:

$$Fe^{3+} + H_2O_2 \longrightarrow Fe^{2+} + HO_2 \cdot + H^+ \qquad k = 0.01L/(mol \cdot s)^{[79]}$$

$$Fe^{2+} + \cdot OH \longrightarrow Fe^{3+} + OH^- \qquad k = 3.2 \times 10^8 L/(mol \cdot s)^{[80]}$$

$$Fe^{2+} + HO_2 \cdot \longrightarrow Fe^{3+} + HO_2^- \qquad k = 1.2 \times 10^6 L/(mol \cdot s)^{[81]}$$

$$\cdot OH + H_2O_2 \longrightarrow H_2O + HO_2 \cdot \qquad k = 2.7 \times 10^7 L/(mol \cdot s)^{[82]}$$

$$Fe^{3+} + HO_2 \cdot \longrightarrow Fe^{2+} + O_2 + H^+ \qquad k = 3.1 \times 10^5 L/(mol \cdot s)^{[83]}$$

$$RH + \cdot OH \longrightarrow R \cdot + H_2O(R 代表有机物)$$

$$R \cdot + Fe^{3+} \longrightarrow R^+ + Fe^{2+}$$

$$R \cdot + H_2O_2 \longrightarrow ROH + \cdot OH$$

终止过程：

$$\cdot OH + \cdot OH \longrightarrow H_2O_2$$

$$\cdot R + \cdot R \longrightarrow R—R$$

$$\cdot R + Fe^{2+} \longrightarrow Fe^{3+} + R^-$$

$$\cdot OH + HO_2 \cdot \longrightarrow O_2 + H_2O$$

$$HO_2 \cdot + HO_2 \cdot \longrightarrow H_2O_2 + O_2$$

$Fe^{2+}$ 和过氧化氢作用生成羟基自由基和 $Fe^{3+}$，$Fe^{3+}$ 又被过氧化氢氧化为 $Fe^{2+}$，$Fe^{2+}$ 是芬顿体系的催化剂。从反应速率常数来看，$Fe^{2+}$ 催化 $H_2O_2$ 分解反应很快，而 $Fe^{3+}$ 与 $H_2O_2$ 反应还原为 $Fe^{2+}$ 的反应要慢得多，链传递过程生成的 $Fe^{2+}$ 又迅速与 $H_2O_2$ 反应生成·OH，从而形成循环。$Fe^{3+}$ 与 $H_2O_2$ 反应还原为 $Fe^{2+}$ 是整个芬顿反应速率的控速步骤。

从链引发反应来看，芬顿体系 $H_2O_2$ 和 $Fe^{2+}$ 浓度增加，都有利于·OH 的生成。但链传递过程出现了·OH 的另两种消耗途径，即 $Fe^{2+}$ 和 $H_2O_2$ 分别与·OH 的反应。可以看出，$Fe^{2+}$ 是·OH 的主要捕获剂，体系中如果存在过多的 $Fe^{2+}$，·OH 的产生速率过快，一方面 $Fe^{2+}$ 会与有机物竞争消耗·OH，另一方面，·OH 自身碰撞概率加大，导致自由基链的终止反应。因此，$Fe^{2+}$ 浓度过高时，·OH 的量反而有所下降。·OH 与 $H_2O_2$ 的反应速率常数比与 $Fe^{2+}$ 的反应速率常数小 1 个数量级。相比而言，增加 $H_2O_2$ 的量对反应的影响要小。在芬顿体系中，$H_2O_2$ 和 $Fe^{2+}$ 的配比是影响·OH 产生的主要因素，过高或过低都不利于·OH 的产生。

此外三价铁离子可以夺得有机物的电子，也可以提供给有机物电子，发生电子转移反应。偏二甲肼与 $Fe^{3+}$ 反应失电子生成 $(CH_3)_2NNHH \cdot^+$，而酸性介质中，与氢离子结合的二甲氨基自由基离子与 $Fe^{2+}$ 作用生成二甲胺。

芬顿法具有操作简单、反应条件低、去除效率较高等优点，但存在铁离子需要通过沉淀去除、酸性条件下反应的 pH 适用范围较窄、$H_2O_2$ 利用率不高、有机物不能完全降解等缺点。因此，近年来研究发展了微波芬顿法和 UV/芬顿法等新方法。微波芬顿法能直接加热反应物分子，UV/芬顿法则是在紫外线的照射下，加快 HO·的产生，两种方法能提高·OH 的生成率，提高了废水降解效率。

### 6.4.1.1　紫外线的强化作用

保持 $H_2O_2$ 为 1mmol/L，$H_2O_2$ 与 $Fe^{2+}$ 物质的量比为 5：1，对比芬顿和 UV/芬

顿体系，不同 pH 下·OH 生成情况如图 6-13 所示。

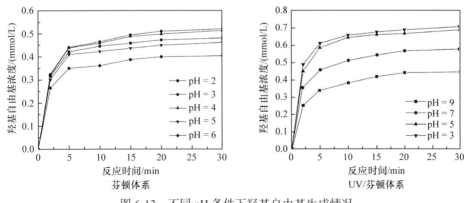

图 6-13　不同 pH 条件下羟基自由基生成情况

由图 6-13 可知，对芬顿体系，反应 30min，pH 为 3、4 时，生成的·OH 浓度分别为 0.52mmol/L 和 0.51mmol/L。引入紫外线照射以后，pH 为 3、5 时，生成的·OH 浓度达 0.7mmol/L 左右；pH 为 7、9 时，生成的·OH 浓度分别为 0.56mmol/L 和 0.42mmol/L。可见，引入 UV 以后，生成的·OH 浓度较单纯芬顿体系明显升高，且·OH 浓度随 pH 升高而下降，但 pH 为 5～7 时仍有较多·OH 生成。

在 UV/芬顿体系中，羟基自由基可以通过 $Fe^{2+}$ 和 $H_2O_2$ 的反应或 $H_2O_2$ 直接光解产生，同时在紫外线照射下 $Fe^{3+}$ 还原为 $Fe^{2+}$ 的速率变大，$Fe^{2+}$ 的利用率提高，有关反应如下：

$$H_2O_2 + h\nu \longrightarrow 2 \cdot OH$$
$$Fe^{2+} + H_2O_2 \longrightarrow Fe^{3+} + \cdot OH + OH^-$$
$$Fe^{3+} + h\nu + H_2O \longrightarrow \cdot OH + Fe^{2+} + H^+$$

紫外线对于反应 pH 的适用范围有一定的拓展作用。其原因在于，没有光照时主要发生二价铁催化过氧化氢分解产生羟基自由基，酸性介质可避免亚铁离子的沉淀，可以产生较多的羟基自由基。但是光照产生·OH 的反应中，$H_2O_2$ 的分解速率主要取决于它自身的浓度和紫外线的照射频率，反应受 pH 的影响不大。此外，紫外线促进 $Fe^{3+}$ 还原为 $Fe^{2+}$ 的反应也生成羟基自由基，碱性条件有利于该过程的进行，因此该体系在 pH 上升时仍能维持一定的·OH 产率。

芬顿体系中，理论上 1mmol 过氧化氢约产生 0.6mmol 的羟基自由基，实际产生的羟基自由基已接近理论值(图 6-13)；在 UV/芬顿体系中，1mmol 过氧化氢可以产生 2mmol 的羟基自由基，实际产生的羟基自由基远低于理论值(图 6-13)，紫外线对羟基自由基的贡献率只占 UV/芬顿体系的 15%。上述测定的水中羟基自由基作的浓度远大于水中臭氧浓度 0.05mmol/L。

### 6.4.1.2 金属离子的协同作用

$Cu^{2+}$、$Mn^{2+}$等过渡金属离子可协同催化芬顿反应的氧化过程[84]。保持 $H_2O_2$ 浓度 1mmol/L、$Fe^{2+}$浓度 0.2mmol/L，加入 $Cu^{2+}$浓度为 0~0.4mmol/L($Cu^{2+}$与 $Fe^{2+}$ 投加比分别为 0、0.1、0.2、0.5、1、2)，研究 $Cu^{2+}/Fe^{2+}$协同催化对芬顿体系·OH 生成的影响，考察 30min 后羟基自由基表观生成率，结果见表 6-11。

**表 6-11  $Cu^{2+}$与 $Fe^{2+}$投加比对·OH 表观生成率的影响**

| $Cu^{2+}$与 $Fe^{2+}$投加比 | 0 | 0.1 | 0.2 | 0.5 | 1 | 2 |
|---|---|---|---|---|---|---|
| ·OH 表观生成率/% | 50 | 58.9 | 62.8 | 65.1 | 64.9 | 64.7 |

如图 6-14 所示，$Cu^{2+}/Fe^{2+}$协同催化体系对·OH 产生的增效作用主要是因为：溶液中同时存在 $Cu^{2+}$和 $Fe^{2+}$，芬顿体系产生的过氧化氢自由基和超氧自由基 $HO_2·/O_2^-·$ 可以将 $Cu^{2+}$还原为 $Cu^+$，$Cu^+$与 $H_2O_2$ 反应产生·OH，或者与 $Fe^{3+}$ 反应将其还原为 $Fe^{2+}$并再生成 $Cu^{2+}$。也就是说，$Cu^{2+}$的加入可以提高·OH 产生的整体速率，并产生额外的自由基提高污染物的去除效率。

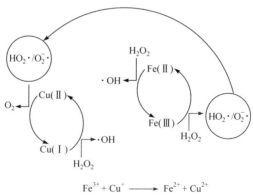

$$Fe^{3+} + Cu^+ \longrightarrow Fe^{2+} + Cu^{2+}$$

图 6-14  $Cu^{2+}/Fe^{2+}$协同催化机理

可以看出，从反应机理上，三种改进体系都可通过促进体系中 $Fe^{3+}$还原为 $Fe^{2+}$，$Fe^{2+}$浓度能保持稳定，进而提高·OH 的生成率和利用率。

### 6.4.1.3 阴离子的抑制作用

文献研究了氯离子、硝酸根离子、高氯酸根离子和硫酸根离子对芬顿体系过氧化氢分解速率和有机物氧化速率的影响。结果表明，$Fe^{2+}$与 $H_2O_2$ 的反应速率大小遵循$SO_4^{2-} > ClO_4^- = NO_3^- = Cl^-$[85]。目前，芬顿体系中的亚铁离子一般来自硫酸盐。

凡能消耗·OH，且不产生·$O_2^-$的物质即为抑制剂，常见的抑制剂有 $CO_3^{2-}$、$HCO_3^-$、芳香基和叔丁醇等。芬顿反应中产生的·OH 和·$O_2^-$均可与 $CO_3^{2-}$反应生成·$CO_3^-$：

$$CO_3^{2-} + \cdot OH \longrightarrow \cdot CO_3^- + HO^-$$

碳酸根离子被·$O_2^-$还原产生羧基自由基阴离子，如图 6-15 所示。

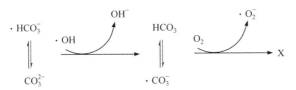

图 6-15　碳酸根抑制羟基自由基的反应示意图

$$H^+ + CO_3^{2-} + \cdot O_2^- \longrightarrow \cdot CO_3^- + O_2 + OH^-$$

部分无机阴离子对·OH 浓度的影响见表 6-12。

表 6-12　无机阴离子对·OH 浓度的影响

| 无机阴离子 | [$H_2O_2$]/(mmol/L) | [$FeSO_4$]/(mmol/L) | [阴离子]/(mmol/L) | [·OH]下降率/% |
|---|---|---|---|---|
| $SO_4^{2-}$ | 1 | 0.2 | 0.5(+0.2) | 1.54 |
| | | | 2(+0.2) | 16.96 |
| $Cl^-$ | 1 | 0.2 | 0.5 | 3.65 |
| | | | 2 | 30.58 |
| $CO_3^{2-}$ | 1 | 0.2 | 0.5 | 1.35 |
| | | | 2 | 5.78 |
| $NO_3^-$ | 1 | 0.2 | 0.5 | 0.38 |
| | | | 2 | 1.73 |

体系中无机阴离子浓度较低时，影响不太大，而无机阴离子浓度较高时，除 $NO_3^-$以外，其他几种阴离子影响较大，其影响大小顺序为 $Cl^- > SO_4^{2-} > CO_3^{2-} > NO_3^-$，氯离子导致羟基自由基的生成量降低，研究结论与文献略有不同，可能是实验方法差异所致。

### 6.4.2　类芬顿体系

$Fe^{3+}$与 $H_2O_2$反应产生强氧化性的羟基自由基·OH 的过程称为类芬顿反应。已有研究结果表明，类芬顿反应对 pH 的敏感性高于芬顿反应[86]，且 $H_2O_2$的分解速率和·OH 的产生速率低于芬顿反应。

类芬顿体系的自由基反应速率常数和平衡常数见表 6-13。

**表 6-13　类芬顿体系的自由基反应速率常数和平衡常数**

| 反应方程式 | 反应速率常数或平衡常数 |
|---|---|
| $Fe^{3+} + H_2O \rightleftharpoons Fe(OH)^{2+} + H^+$ | $K_1 = 2.9 \times 10^{-3} mol/L$ |
| $Fe^{3+} + 2H_2O \rightleftharpoons Fe(OH)_2^+ + 2H^+$ | $K_2 = 7.62 \times 10^{-7} mol/L$ |
| $2Fe^{3+} + 2H_2O \rightleftharpoons Fe_2(OH)_2^{4+} + 2H^+$ | $K_3 = 0.8 \times 10^{-3} mol/L$ |
| $Fe^{3+} + H_2O_2 \rightleftharpoons Fe(HO_2)^{2+} + H^+$ | $K_4 = 3.1 \times 10^{-3} mol/L$ |
| $Fe(OH)^{2+} + H_2O_2^+ \rightleftharpoons Fe(OH)(HO_2)^+ + H$ | $K_5 = 2.0 \times 10^{-4} mol/L$ |
| $Fe(HO_2)^{2+} \longrightarrow Fe^{2+} + HO_2 \cdot$ | $k_6 = 2.7 \times 10^{-3} L/(mol \cdot s)$ |
| $Fe(OH)(HO_2)^+ \longrightarrow Fe^{2+} + HO_2 \cdot + OH^-$ | $k_6 = 2.7 \times 10^{-3} L/(mol \cdot s)$ |
| $Fe^{2+} + H_2O_2 \longrightarrow Fe^{3+} + \cdot OH + OH^-$ | $k_7 = 63.0 L/(mol \cdot s)$ |
| $Fe^{2+} + \cdot O \longrightarrow Fe^{3+} + OH^-$ | $k_8 = 3.2 \times 10^8 L/(mol \cdot s)$ |
| $\cdot OH + H_2O_2 \longrightarrow HO_2 \cdot + H_2O$ | $k_9 = 3.3 \times 10^7 L/(mol \cdot s)$ |
| $Fe^{2+} + HO_2 \cdot \longrightarrow Fe(HO_2)^{2+}$ | $k_{10a} = 3.2 \times 10^8 L/(mol \cdot s)$ |
| $Fe^{2+} + O_2^- \cdot + H^+ \longrightarrow Fe(HO_2)^{2+}$ | $k_{10b} = 1.0 \times 10^7 L/(mol \cdot s)$ |
| $Fe^{3+} + HO_2 \cdot \longrightarrow Fe^{2+} + O_2 + H^+$ | $k_{11a} < 2 \times 10^3 L/(mol \cdot s)$ |
| $Fe^{3+} + O_2^- \longrightarrow Fe^{2+} + O_2$ | $k_{11b} = 5 \times 10^7 L/(mol \cdot s)$ |
| $HO_2 \cdot \longrightarrow O_2^- \cdot + H^+$ | $k_{12a} = 1.58 \times 10^5 L/(mol \cdot s)$ |
| $O_2^- \cdot + H^+ \longrightarrow HO_2 \cdot$ | $k_{12b} = 1.0 \times 10^{10} L/(mol \cdot s)$ |
| $HO_2 \cdot + HO_2 \cdot \longrightarrow H_2O_2 + O_2$ | $k_{13a} = 8.3 \times 10^5 L/(mol \cdot s)$ |
| $HO_2 \cdot + \cdot O_2^- + H_2O \longrightarrow H_2O_2 + O_2 + OH^-$ | $k_{13b} = 9.7 \times 10^7 L/(mol \cdot s)$ |
| $HO_2 \cdot + \cdot OH \longrightarrow H_2O + O_2$ | $k_{14a} = 0.71 \times 10^{10} L/(mol \cdot s)$ |
| $\cdot OH + O_2 \cdot \longrightarrow OH^- + O_2$ | $k_{14b} = 1.01 \times 10^{10} L/(mol \cdot s)$ |
| $\cdot OH + \cdot OH \longrightarrow H_2O_2$ | $k_{15} = 5.2 \times 10^9 L/(mol \cdot s)$ |

姜成春等[87]归纳的类芬顿体系 $Fe^{3+}$ 催化 $H_2O_2$ 分解的反应机理如下。

1) $Fe^{3+}$ 的水解

加入类芬顿体系中的 $Fe^{3+}$ 首先在水溶液中发生水解:

$$Fe^{3+} + H_2O \longrightarrow Fe(OH)^{2+} + H^+$$
$$Fe^{3+} + 2H_2O \longrightarrow Fe(OH)_2^+ + 2H^+$$
$$2Fe^{3+} + 4H_2O \longrightarrow Fe_2(OH)_4^{2+} + 4H^+$$

2) 类芬顿反应引发阶段

$Fe^{3+}$催化 $H_2O_2$ 分解机理的起步阶段主要包括 $Fe^{3+}$ 及其水解产物与 $H_2O_2$ 生成过渡配位化合物 $Fe(HO_2)^{2+}$ 和 $Fe(OH)(HO_2)^+$，再进行单分子分解生成 $Fe^{2+}$ 和 $HO_2 \cdot /$ $O_2^- \cdot$：

$$Fe^{3+} + H_2O_2 \longrightarrow Fe(HO_2)^{2+} + H^+$$
$$Fe(OH)^{2+} + H_2O_2 \longrightarrow Fe(OH)(HO_2)^+ + H^+$$
$$Fe(HO_2)^{2+} \longrightarrow Fe^{2+} + HO_2 \cdot$$
$$Fe(OH)(HO_2)^+ \longrightarrow Fe^{2+} + HO_2 \cdot + OH^-$$
$$HO_2 \cdot \longrightarrow O_2^- \cdot + H^+$$

3) 典型的芬顿反应阶段

单分子分解产生的 $Fe^{2+}$ 催化 $H_2O_2$ 生成·OH：

$$Fe^{2+} + H_2O_2 \longrightarrow Fe^{3+} + \cdot OH + OH^-$$

$Fe^{3+}$在水中发生水解和配位作用，并发生配位化合物的氧化还原分解作用，最终将 $Fe^{3+}$ 转化为芬顿反应的催化剂 $Fe^{2+}$，进而产生催化作用。

Laat 等研究了以 $Fe^{3+}$ 为催化剂的类芬顿体系中，$SO_4^{2-}$、$Cl^-$、$ClO_4^-$ 和 $NO_3^-$ 等几种无机阴离子对 $H_2O_2$ 和有机物(阿特拉津、4-硝基酚、乙酸)降解率的影响[85]。类芬顿反应降解莠去津过程中，无机阴离子对 $H_2O_2$ 分解影响的顺序为 $ClO_4^- \approx NO_3^- > Cl^- > SO_4^{2-}$，阴离子抑制作用的产生原因在于它们与 $Fe^{3+}$ 形成非活性的 $Fe^{3+}$ 配位化合物，从而降低·OH 自由基的生成率。姜成春等[87]认为，$Cl^-$ 的配位化合物形式对 $Fe^{3+}$ 的活性影响比较小，而对有机物降解的抑制作用主要表现在对羟基自由基的捕获作用，$Cl^-$ 与羟基自由基发生如下反应：

$$\cdot OH + Cl^- \longrightarrow HOCl^-$$

Laat 等研究给出无机阴离子和 $Fe^{3+}$ 存在下 $H_2O_2$ 分解一级反应速率常数，见表 6-14。$Cl^-$ 浓度 100mmol/L、$SO_4^{2-}$ 浓度 33.33mmol/L 时对芬顿体系的反应产生抑制作用，$NO_3^-$ 对芬顿体系影响不大。Laat 和 Le 进一步研究显示，$Cl^-$ 浓度 50mmol/L 时，20%的 $Fe^{3+}$ 与 $Cl^-$ 生成非活性配位化合物，$H_2O_2$ 分解率降低 23%[88-90]。

表 6-14　无机阴离子和 $Fe^{3+}$ 存在下 $H_2O_2$ 分解的一级反应速率常数[85]

| 无机阴离子 | [$H_2O_2$]/ (mmol/L) | [$Fe^{3+}$]/ (μmol/L) | [阴离子]/ (mmol/L) | $Fe^{3+}$配位化合物 占比/% | $k_{obs}$/ (min$^{-1}$) |
|---|---|---|---|---|---|
| $SO_4^{2-}$ | 10 | 200 | 33.33 | 83.7 | $7.37 \times 10^{-4}$ |
| $Cl^-$ | 10 | 200 | 100 | 21.0 | $3.95 \times 10^{-3}$ |
| $NO_3^-$ | 10 | 200 | 100 | 0 | $4.66 \times 10^{-3}$ |

$Fe^{3+}/H_2O_2$ 体系中，硝酸盐和高氯酸盐得到相同的反应速率，而硫酸盐或氯化物的存在显著降低了 $Fe^{3+}$ 分解 $H_2O_2$ 的速率，因为 $Fe^{3+}$ 配位化合物和活性较低的 $SO_4^- \cdot$ 或 $Cl_2^- \cdot$ 的生成，导致羟基自由基生成速率降低。

### 6.4.2.1　金属离子的协同作用

文献报道的 7 种 3d 轨道过渡金属离子的类芬顿催化性能大小次序如下：

$$Fe^{3+} > Cu^{2+} > Co^{2+} > Mn^{2+} > Cr^{3+} > Ni^{2+} > Zn^{2+}$$

$Cu^{2+}$ 对芬顿体系氧化苯酚有明显的促进作用，而对类芬顿体系氧化苯酚几乎无影响；与之相反，$Mn^{2+}$ 对类芬顿体系氧化苯酚有明显的促进作用，而对芬顿体系氧化苯酚影响很小。$Cu^{2+}$、$Mn^{2+}$ 的促进作用均随着 $H_2O_2$ 浓度的提高而增强。自由基抑制剂叔丁醇能够有效抑制 $Cu^{2+}$ 和 $Mn^{2+}$ 强化的芬顿体系及类芬顿体系对苯酚的氧化，表明 $\cdot OH$ 仍然是体系的主要氧化活性物种[84]。

### 6.4.2.2　草酸强化紫外作用

$Fe^{3+}$-草酸盐配位化合物在光照下可产生 $H_2O_2$ 和 $\cdot OH$，光解效率很高，具有光催化降解有机物的性能。张琳等[91]证明了 $Fe^{3+}$-$C_2O_4^{2-}$ 体系光降解生成 $\cdot OH$ 的能力与相同 pH 和相同 $Fe^{3+}$ 浓度下的 $Fe^{3+}$-OH 体系相比有明显提高，前者生成 $\cdot OH$ 的速率常数为 $0.86 mol/(L \cdot min)$，后者仅为 $0.10 mol/(L \cdot min)$。$Fe^{3+}$ 和 $C_2O_4^{2-}$ 可生成 3 种稳定的配位化合物 $[Fe(C_2O_4)]^+$、$[Fe(C_2O_4)_2]^-$ 和 $[Fe(C_2O_4)_3]^{3-}$，它们都具有光化学活性。

将 $Fe^{3+}$ 与 $C_2O_4^{2-}$ 的物质的量比维持在 1：10，固定其他反应条件，$Fe^{2+}$ 用配制好的 $Fe^{3+}$-草酸盐溶液代替，结果如图 6-16 所示。

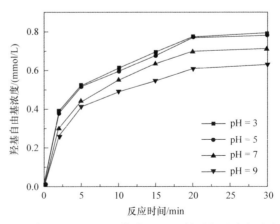

图 6-16　不同 pH 下 UV/$Fe^{3+}$-草酸盐/$H_2O_2$ 体系羟基自由基生成情况

UV/Fe$^{3+}$-草酸盐/H$_2$O$_2$ 体系反应 30min 所生成的·OH 浓度较 UV/芬顿体系有所增加，pH 为 3 和 5 时，羟基自由基浓度分别为 0.791mmol/L 和 0.779mmol/L；pH 为 7 和 9 时，羟基自由基浓度有所降低，但相比普通的芬顿体系仍然较高，分别为 0.712mmol/L 和 0.629mmol/L。此外，从曲线的增长趋势看，前期反应的·OH 生成的初始速率较 UV/芬顿体系慢，而中后期 5～20min 反应的·OH 浓度增长较快，说明体系持续产生·OH 的能力更强。

除了草酸铁的配位化合物具有优异的光化学活性，能充分吸收光子能量外，与普通的芬顿法相比，UV/草酸铁/H$_2$O$_2$ 体系中铁离子浓度能稳定保持在较高的水平上。草酸铁溶液中铁离子多以 Fe$^{3+}$-草酸盐配位化合物形式存在，不容易因为 Fe$^{3+}$ 生成羟基铁复合物或 Fe(OH)$_3$ 胶体等而导致溶液中 Fe$^{3+}$ 浓度的降低。因此，当 pH 较高时，OH$^-$ 对催化反应的抑制情况不明显，从而使 UV/草酸铁/H$_2$O$_2$ 体系中的·OH 维持较高产率，体系 pH 适用范围可予以适当扩展。

## 6.4.3　Cu$^{2+}$ 类芬顿体系

Cu$^{2+}$/H$_2$O$_2$ 类芬顿体系与 Fe$^{2+}$/H$_2$O$_2$ 体系不同的是，Cu$^{2+}$ 首先需要还原为 Cu$^+$，然后才能催化过氧化氢产生羟基自由基：

$$Cu^{2+} + H_2O_2 \longrightarrow Cu^+ + O_2 + 2H^+ \qquad k = 4.6 \times 10^2 L/(mol \cdot s)$$

$$Cu^+ + H_2O_2 \longrightarrow Cu^{2+} + \cdot OH + OH^- \qquad k = 1.0 \times 10^4 L/(mol \cdot s)$$

$$Cu^{2+} + \cdot OH \longrightarrow Cu^{3+} + OH^-$$

在 pH5～6 的弱酸性溶液中，Cu$^{2+}$ 与·OH 反应生成 Cu$^{3+}$ 活性氧化剂。

### 6.4.3.1　阴离子的影响

无机阴离子通过去除·OH、氧化剂分解及与铜离子配位对体系催化活性产生影响。HCO$_3^-$、CO$_3^{2-}$ 与·OH 的反应导致链终止，降低活性；磷酸根易与金属离子生成配位化合物，与 Cu$^{2+}$ 反应生成不溶于水的配位化合物，降低了溶液中 Cu$^{2+}$ 浓度，从而减少·OH 的产生；Cu$^{2+}$ 与 NO$_3^-$、SO$_4^{2-}$ 之间没有配位化合作用，对 H$_2$O$_2$ 的分解影响不大。

在 pH 为 5.5 的条件下，硝基苯降解速率顺序为 NO$_3^-$ ≥Cl$^-$ > ClO$_4^-$ ≈ H$_2$PO$_4^-$。Cl$^-$ 易与 Cu$^{2+}$ 发生配位反应，生成 CuCl$^+$、CuCl$_2$ 等配位化合物，而不利于 Cu$^{2+}$-H$_2$O$_2$ 配位化合物的生成，从而减少了·OH 的产生，导致有机底物的氧化降解速率降低。此外，Cl$^-$ 对于反应过程中生成的·OH 具有捕获作用，生成氧化活性较低的无机自由基·Cl$^-$、·Cl$_2^-$，两者参与反应过程，降低了有机物的降解速率。但无机阴离子对 CuO-H$_2$O$_2$ 氧化苯酚废水的影响研究发现，Cl$^-$ 能促进 H$_2$O$_2$ 分解，对苯酚氧化有促进作用[92]。

$HCO_3^-$ 是淡水中最丰富的阴离子之一。以简单铜离子为催化剂、$H_2O_2$ 为氧化剂，在 $HCO_3^-$ 溶液中降解有机染料的研究结果表明，该体系对甲基橙、甲基红、甲苯胺蓝等染料均有较好的脱色效果[93]。在染料存在的情况下，$H_2O_2$ 分解速率比没有染料时小得多，$Cu^{3+}$ 是导致染料脱色的原因。

### 6.4.3.2 有机配位阴离子的影响

羧甲基纤维素 CMC 与不同金属离子作用生成的配位化合物对 $H_2O_2$ 分解的催化活性研究表明，CMC-$Cu^{2+}$ 对 $H_2O_2$ 分解的催化活性明显大于 CMC-$Mn^{2+}$ 和 CMC-$Zn^{2+}$[94]。

乙二胺四乙酸(EDTA)、柠檬酸(CA)、氨三乙酸(NTA)对硝基苯的降解都有很显著的抑制作用，反应 180min 后，硝基苯的降解率仅为 20% 左右，但酒石酸对 $Cu^{2+}/H_2O_2$ 体系氧化降解硝基苯却有很显著的促进作用。其原因可能是 EDTA、NTA 都属于氨基羧酸配位剂，而 CA 在微酸性溶液中配位能力很强，溶液中的 $Cu^{2+}$ 均以很稳定的配位状态存在，从而阻止了 $Cu^{2+}$ 与 $H_2O_2$ 反应，减少了 ·OH 的生成。在酒石酸体系中，反应前期酒石酸显著地促进了硝基苯的降解，其原因可能是酒石酸本身是一种还原剂，以配位状态存在的 $Cu^{2+}$ 在光照条件下被还原成 $Cu^+$，$Cu^+$ 与 $H_2O_2$ 反应，从而增大 ·OH 的生成量，促进硝基苯的氧化降解[94]。

溶液 pH 对染料 DR4BE 的脱色影响较大，最佳 pH 为 7 左右。不同条件下染料 DR4BE 脱色过程如图 6-17 所示[95]。

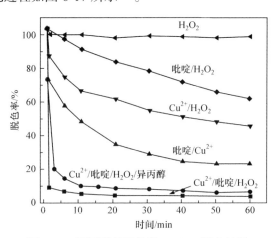

图 6-17 不同条件下染料 DR4BE 脱色过程

由图 6-17 可知，吡啶对过氧化氢体系 DR4BE 脱色率的影响顺序如下：$Cu^{2+}/$吡啶$/H_2O_2 >$ $Cu^{2+}/$吡啶$/H_2O_2/$异丙醇 > 吡啶$/Cu^{2+} >$ $Cu^{2+}/H_2O_2 >$ 吡啶$/H_2O_2 \gg$ $H_2O_2$。

$Cu^{2+}$ 和 $H_2O_2$ 发生 Haber-Weiss-芬顿反应：

$$H_2O_2 + Cu^{2+} \longrightarrow HO_2 \cdot + Cu^+ + H^+$$

$$Cu^+ + H_2O_2 \longrightarrow Cu^{2+} + OH^- + \cdot OH$$

吡啶 Pyr 存在时，$Cu^{2+}/H_2O_2$ 体系可能发生下列反应[95]：

$$Cu^{2+} + Pyr \rightleftharpoons [Cu(Pyr)]^{2+}$$

$$[Cu(Pyr)]^{2+} + H_2O_2 \rightleftharpoons [(Pyr)Cu^{2+}(HO_2 \cdot )^{-1}] + H^+$$

$$[(Pyr)Cu^{2+}(HO_2 \cdot )^{-1}] \rightleftharpoons [(Pyr)Cu^+(HO_2 \cdot )]$$

$$[(Pyr)Cu^+(HO_2 \cdot )] \rightleftharpoons [Cu(Pyr)]^+ + HO_2 \cdot$$

$$[(Pyr)Cu]^+ + H_2O_2 \longrightarrow [Cu(Pyr)]^{2+} + OH^- + \cdot OH$$

$$HO_2 \cdot \longrightarrow H^+ + \cdot O_2^- \qquad pK_a = 4.8$$

上述反应过程中产生 $\cdot O_2^-$、$\cdot OH$、$HO_2 \cdot$ 等活性氧化物，其中 $\cdot OH$ 能无选择地氧化多种有机污染物。羟基自由基的反应活性与 $[(Pyr)Cu]^+$、$[Cu(Pyr)]^{2+}$ 的稳定性有关，配位化合物稳定常数越大，水溶液中 $Cu^{2+}$ 或 $Cu^+$ 浓度越小。根据能斯特公式可知，$[(Pyr)Cu]^+$ 稳定常数小、$[Cu(Pyr)]^{2+}$ 稳定常数大，则有利于正向反应进行；反之，$[(Pyr)Cu]^+$ 稳定常数大、$[Cu(Pyr)]^{2+}$ 稳定常数小，则催化活性减小。$[(Pyr)Cu]^+$ 稳定常数小，催化产生羟基自由基的活性比未添加吡啶的体系活性大。

在中性条件下，吡啶与铜的配位氧化还原作用产生 $\cdot OH$，并促进染料 $DR_4BE$ 脱色降解反应：

$$DR_4BE + \cdot OH \longrightarrow 产物$$

$$DR_4BE + \cdot O_2^- \longrightarrow 产物$$

## 6.5 纳米半导体的光催化作用

半导体氧化物光催化剂通常是过渡金属氧化物，包括二氧化钛 $TiO_2$、氧化锌 $ZnO$、氧化锡 $SnO_2$、二氧化锆 $ZrO_2$、硫化镉 $CdS$ 等多种氧化物和硫化物半导体，其催化作用是反应物分子与半导体表面之间的电子传递过程。

半导体分为本征半导体、N 型半导体和 P 型半导体。本征半导体是具有电子和空穴两种载流子传导的半导体，其催化作用并不重要，因为化学变化过程的温度一般在 300~700℃，不足以产生这种电子跃迁；N 型半导体是通过与金属原子结合的电子导电，包括 $ZnO$、$Fe_2O_3$、$TiO_2$、$CdO$、$V_2O_5$、$CrO_3$、$CuO$ 等，在空气中受热失去氧，阳离子氧化数降低，直至变成原子态；P 型半导体是通过晶格中正离子空穴传递而导电，包括 $NiO$、$CoO$、$Cu_2O$、$PbO$、$Cr_2O_3$ 等，在空气中受热获得氧，阳离子氧化数升高，同时造成晶格中正离子缺位。

### 6.5.1　TiO₂ 的能带结构及光催化作用

#### 6.5.1.1　TiO₂ 的能带结构

TiO₂ 在自然界中主要以金红石相、锐钛矿相和板钛矿相三种晶型存在，三种晶型的稳定性依次降低。高温焙烧处理可使不稳定的锐钛矿相和板钛矿相 TiO₂ 放热转变为金红石相 TiO₂，此过程不可逆。金红石相和锐钛矿相 TiO₂ 因其较高的稳定性而受到青睐，成为半导体光催化领域的主要研究对象。半导体的能带结构是不连续的，一般由充满电子的价带(valence band，VB)和空的导带(conduction band，CB)构成，导带和价带之间区域为禁带，此区域间隔的大小称为禁带宽度($E_g$)[96]。TiO₂ 是一种宽禁带半导体，锐钛矿相和金红石相 TiO₂ 的禁带宽度分别为 3.2eV 和 3.0eV。根据半导体禁带宽度计算公式：$E_g = 1240/\lambda$，可以得到锐钛矿相和金红石相 TiO₂ 的光谱吸收边带 $\lambda$ 分别为 387.5nm 和 413.3nm，意味着它们只能吸收能量较大的紫外线，而不能吸收能量占太阳能总量 46%左右的可见光，导致太阳光照射下 TiO₂ 的光生载流子产率较低，光催化效率较差。为提高 TiO₂ 在实际应用中的光催化效率，众多研究者一直致力于拓展其光谱响应范围至可见光区，增加其在太阳光照射下的载流子产率。

TiO₂ 的导带由 Ti 的 3d、4s 和 4p 轨道组成，其中 3d 轨道位于导带低端位置；价带由 O 的 2s 和 2p 轨道组成，其中 2p 轨道位于价带顶端位置，其能带模型如图 6-18 所示。

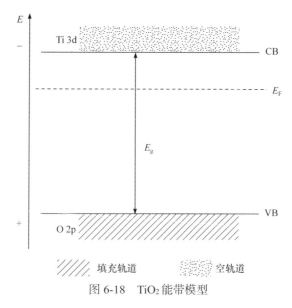

图 6-18　TiO₂ 能带模型

图 6-18 中 $E_F$ 表示半导体的费米能级，位于 O 的 2p 轨道和 Ti 的 3d 轨道之

间，且靠近 Ti 的 3d 轨道。据报道，半导体的费米能级与其导带上累积的电子数量密切相关，导带上累积的电子数量越多，费米能级向电位负的方向移动越多，越接近其导带，意味着半导体的光催化活性越高。

活性氧化剂如·OH、$H_2O_2$ 和·$O_2^-$ 是驱动 $TiO_2$ 光催化反应的主要动力，$Cu^{2+}$ 对 $TiO_2$ 光催化的影响主要是 $H_2O_2$ 的生成。在通氧溶液中，加入少量 $Cu^{2+}$，$H_2O_2$ 的生成量可增加 20 倍。通过芬顿反应，生成的 $H_2O_2$ 转化为·OH、·$O_2^-$ 等高活性自由基。相反，在氮气净化的溶液中，即使存在电子受体 $Ag^+$，也不生成 $H_2O_2$。$H_2O_2$ 由光激发 $TiO_2$ 还原位点产生，是提高光催化效率的有效途径[97]。

### 6.5.1.2　$TiO_2$ 光催化氧化

当 $TiO_2$ 受到大于禁带宽度的光子照射时，就会吸收照射光能量而激发，使能量较低价带上的电子 $e^-$ 跃迁到能量较高的导带，同时在价带上产生空穴 $h^+$，此过程产生的电子和空穴是由光照引发的，分别称为光生电子和光生空穴，统称为光生载流子。光生电子和空穴之间存在分离和复合的竞争，如图 6-19 所示。

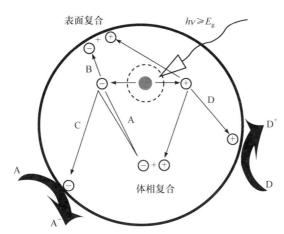

图 6-19　$TiO_2$ 内光生电子和光生空穴转移过程[98]

一部分光生电子和光生空穴在传导到半导体表面之前便发生复合，称为体相复合，如图 6-19 中途径 A 所示；一部分光生电子和光生空穴顺利传导到半导体表面，在半导体表面相遇后发生复合，称为表面复合，如图 6-19 中途径 B 所示；还有一部分光生电子和光生空穴在成功传导到半导体表面后与表面吸附的物质发生氧化或还原反应，这部分光生电子和光生空穴才是真正有效分离的载流子，最终在半导体光催化反应过程中发挥效应，如图 6-19 中途径 C 和 D 所示。$TiO_2$ 的光催化效率较低，其中一个重要原因就是其光生电子和光生空穴的复合率较高，发生体相复合或表面复合一般只需纳秒量级的时间，而光生电子和光生空穴传导到半导体表面并被表面吸附的氧化或还原物质捕获的过程，则需要纳秒甚至毫秒量级的时间，远远超过发生复合所需要的时间，因此大多数光生载流子在发生光催化反应之前就已重新复合，严重阻碍了半导体光催化性能的发挥。

半导体水悬浮液中，在能量的作用下电子和空穴分离并迁移到粒子表面的不同位置，参与加速氧化还原反应。光生空穴有很强的得电子能力，可夺取半导体颗粒表面有机物或溶剂中的电子，使原本不吸收入射光的物质活化氧化，而电子受体则可以通过接受表面上的电子而被还原。水溶液中的光催化氧化反应，半导体表面失电子的主要是水分子，$OH^-$ 和有机物本身均可充当光致空穴的捕获剂，水分子变化后生成羟基自由基·OH。根据 Okamoto 等的报道，光致电子的捕获剂主要是吸附于催化剂表面的氧，它既可抑制电子与空穴的复合，同时也是氧化剂，与光致电子反应生成·$O_2^-$。由于·$O_2^-$ 不稳定，反应最终生成活性很强的·OH。

目前，半导体光催化氧化降解有机物的反应机理有两种观点。一种观点是间接反应机理，认为光生电子和光生空穴需要通过与半导体表面吸附的 $O_2$、$OH^-$ 等反应生成活性自由基后再对有机物进行降解反应。在间接反应机理中，光生空穴将 $TiO_2$ 表面吸附的 $OH^-$ 等物质氧化成强氧化性的·OH[99]，然后由·OH 对体系内的有机污染物进行氧化降解；光生电子则被 $TiO_2$ 表面吸附的 $O_2$ 分子捕获生成具有强氧化性的·$O_2^-$，·$O_2^-$ 可直接氧化降解有机污染物分子，也可进一步与光生电子反应生成·OH 后再对有机污染物进行氧化降解[100]。研究者利用电子自旋共振谱、光致发光技术和添加自由基捕获剂实验等证实光催化反应过程中存在 $HO_2$·、·OH 和·$O_2^-$ 等活性自由基[101-104]，由此证明间接反应机理是合理的。另一种观点是直接反应机理，认为光生空穴本身就具有极强的氧化能力，可以直接对 $TiO_2$ 表面吸附的物质进行氧化降解。虽然没有直观证据证明直接反应机理的正确性，但是现有研究结果不能确定直接反应机理是不合理的。不同高级氧化体系所产生的活性自由基种类相似，因此总的氧化机理相近。

### 6.5.2　催化剂表面催化及溶液化学反应

催化剂表面发生的光催化有机污染物降解过程主要包括吸附、氧化、还原、分解等作用。

在催化剂表面发生的主要过程如下。

1) 物理或化学吸附

吸附是固体催化剂表面吸附的第一步，同时吸附作用也可以降低水中有机污染物的浓度。

催化剂表面反应与催化剂的吸附性能及活性位点有关。例如，在 pH 为 5～7

时，水溶液中赖氨酸吸附到 $TiO_2$ 薄膜上，在赖氨酸阳离子和带负电的 $TiO_2$ 薄膜之间发生有利的静电相互作用($TiO_2$ 零电荷点为 pH = 5)，对赖氨酸的最大吸附发生在赖氨酸零电荷点 pH = 9.8 附近[105]。

利用第一性原理计算研究了 $NH_x$(x 为 1~3)化合物在含羟基和不含羟基的锐钛矿 $TiO_2$ 表面上的吸附，发现羟基具有显著增强单齿吸附物 $H_2N$-Ti(a)的吸附作用[106]。利用分子轨道和密度泛函理论研究了 $NH_3$ 在 Fe 表面的吸附，发现吸附位点 Fe 表面空轨道与 $NH_3$ 的轨道同相重叠，形成类似配位键吸附。

第一性原理和密度泛函理论计算研究了甲醛在末端和桥连羟基化 $TiO_2$-B 表面上的吸附[107]。结果表明，甲醛附近的大多数吸附位点上的桥连基会削弱甲醛的吸附，而大多数吸附位点上的末端羟基会促进甲醛的吸附。因为吸附能高于清洁表面上的吸附能，末端羟基可以从表面获得电子并促进甲醛的吸附，而桥接羟基基团向表面提供电子并削弱吸附。所有化学吸附中，甲醛充当电子受体。

2) 空穴氧化

纳米二氧化钛催化剂在光照的条件下产生空穴和电子：

$$TiO_2 + h\nu \longrightarrow e^- + TiO_2(h^+)$$

光生空穴具有很强的氧化性，在零电荷点附近 pH，光生电子和光生空穴迁移至表面后，空穴与吸附在表面的还原态物质发生氧化反应，从而实现多相光催化过程。偏二甲肼本身非常容易被还原，因此空穴可对吸附在催化剂表面的偏二甲肼进行氧化，使偏二甲肼失去电子转化为 N,N-二甲基肼基自由基。

3) 电子还原

光生电子具有很强的还原能力，可以将金属离子还原为金属，将氢离子转化为氢气，贵金属沉积在纳米二氧化钛表面可以发生上述反应。

$N_2O$ 在纳米 CuO、$Al_2O_3$、ZnO 等半导体催化剂表面得到电子可以转化为氮气[108]，发生如下反应：

$$N_2O + e^- \longrightarrow N_2 + \cdot O^-$$
$$2 \cdot O^- \longrightarrow O_2 + 2e^-$$
$$\cdot O^- + N_2O \longrightarrow N_2 + O_2 + e^-$$

反应前期 $N_2O$ 与电子发生还原作用生成氮气，反应后释放出电子，催化剂起到传递电子的作用。

纳米半导体催化剂常与纳米金属复合制成复合催化剂，金属主要起电子还原和加氢作用，常用 Pt、Rn、Pd、Fe、Ni 等过渡金属。在催化剂表面吸附的氢离子得到电子转化为氢原子，金属与氢原子产生化学吸附，然后氢原子与被吸附的有机物结合，加氢还原：

$$H^+ + e^- + 催化剂 \longrightarrow H(催化剂表面)$$

$$H(\text{催化剂表面}) + R \cdot \longrightarrow RH$$

金属与氢结合的作用力要适中，金属钠对氢有很强的吸附作用，导致氢不能被释放；Fe/Ni 催化剂中铁、Cu/Ni 催化剂中铜含量要适中，过量铁会导致吸附作用过强，过量铜导致吸附作用过弱，失去加氢能力。

$TiO_2$ 不能将硝酸盐转化为 $NH_3$，而 $Ru/TiO_2$ 可以将亚硝酸盐和硝酸盐还原为 $NH_3$，在催化剂表面发生电子还原将氢离子转化为新生态的氢原子，其后吸附态 $H_{ads}$ 作用下硝酸盐还原为 $NH_3$，见图 6-20。

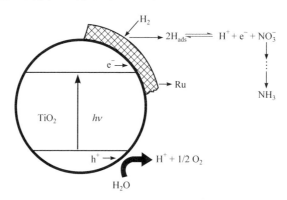

图 6-20　硝酸盐转化成氨的光催化还原示意图[109]

4) 光催化分解

污染物在催化剂表面发生的光催化分解过程如下。

对氨、二甲胺和乙胺在略有缺陷的锐钛矿 $TiO_2$ 表面上的吸附研究发现[110]，胺的氮原子与 $Ti^{4+}$ 在 $TiO_2$ 表面上吸附结合，氨基本上完整地吸附和解吸，5%～8%的二甲胺和乙胺非选择性地分解成 CO、$N_2$ 和 $H_2$。在纯氧中光照射 $DMA/TiO_2$ 产生 $CO_2$、$\cdot HCOO \cdot$、$\cdot NCO$ 和亚胺物质。从转化产物看，催化分解作用是重要的，氨只是简单地吸附和解吸，而二甲胺发生了分解作用，光照射下在催化剂表面发生分解和氧化反应。

随着 pH、光源变化，光催化过程有所改变。一般认为，pH 高于零电荷点时金属氧化物表面主要覆盖的是负电荷，pH 低于零电荷点时金属氧化物表面主要覆盖的是正电荷 $H^+$。因此，pH 低于零电荷点时，催化剂表面吸附的氢离子转化为氢原子、氢气，主要表现为电子还原作用；pH 高于零电荷点时，催化剂表面吸附的氢氧根离子转化为羟基自由基，主要表现为羟基自由基的氧化反应(发生在水溶液中)；pH 等于零电荷点时，表面电荷为零，此时催化剂的吸附能力最强，更容易在催化剂表面发生光分解作用和空穴氧化作用。

催化剂表面产生羟基自由基、超氧自由基等在水溶液中氧化污染物，有机污染物在水相中还可发生以下作用。

(1) 活性自由基氧化还原反应。

光生空穴将 $TiO_2$ 表面吸附的 $OH^-$ 等氧化成强氧化性的 $\cdot OH$，或将吸附的氧气、过氧化氢转化为 $\cdot OH$ 或 $\cdot O_2^-$，然后 $\cdot OH$、$\cdot O_2^-$ 对体系内的有机污染物进行氧化降解。光生电子将氢离子转化为氢自由基，氢自由基在溶液中将污染物还原，如将硝酸根还原为氨。

半导体光催化氧化产生的羟基自由基主要涉及以下过程。

当 $TiO_2$ 等半导体与水接触时，在半导体表面产生高密度的羟基。由于羟基的氧化电位在半导体的价带位置以上，而且又是表面高密度的物种，因此光照射半导体表面产生的空穴 $h^+$ 首先被表面羟基捕获，产生强氧化性的羟基自由基：

$$TiO_2 + h\nu \longrightarrow e^- + TiO_2(h^+)$$
$$TiO_2(h^+) + H_2O \longrightarrow TiO_2 + H^+ + \cdot OH$$
$$TiO_2(h^+) + OH^- \longrightarrow TiO_2 + \cdot OH$$

当氧分子存在时，吸附在催化剂表面的氧捕获光生电子，产生 $\cdot O_2^-$ 和 $\cdot OH$：

$$O_2 + TiO_2(e^-) \longrightarrow TiO_2 + \cdot O_2^-$$
$$O_2 + TiO_2(e^-) + 2H_2O \longrightarrow TiO_2 + H_2O_2 + 2OH^-$$
$$H_2O_2 + TiO_2(e^-) \longrightarrow TiO_2 + OH^- + \cdot OH$$

光催化过程中，电子将氧气转化为过氧化氢，将过氧化氢转化为羟基自由基。此外，光催化剂还可将氢离子、臭氧转化为溶解态的羟基自由基。

氢离子转化为 $\cdot OH$：

$$H^+ + TiO_2(e^-) \longrightarrow TiO_2(H\cdot)$$
$$TiO_2(H\cdot) + H_2O \longrightarrow 2\cdot OH + TiO_2$$

臭氧转化为 $\cdot OH$：

$$O_3 + TiO_2(e^-) \longrightarrow \cdot O_3^- + TiO_2$$
$$\cdot O_3^- + H_2O \longrightarrow \cdot HO + HO_3^-$$
$$\cdot O_3^- + H^+ \longrightarrow \cdot OH + O_2$$

(2) 光分解作用。

过氧化氢的氢原子被烷基、酰基、芳香基等有机基团置换，生成含有过氧官能团—O—O—的有机化合物。这些化合物不稳定、易分解，在光照或受热超过一定温度后分解产生含氧自由基：

$$ROOH + h\nu \longrightarrow RO\cdot + \cdot OH$$

在一定波长紫外线下，过氧化氢、臭氧、亚硝酸、二氧化氮、甲醛、亚硝基二甲胺、偏腙等都可以发生紫外线分解反应。

光分解或光催化分解作用受光源的影响，除有色物质外，大多数物质不能吸收可见光，且可见光能量较弱也不足以使化学键断裂。含 N—N 键和 O—O 键的有化合物过氧化氢、有机过氧化物和肼，可见光照射下足以发生断裂，但这些物质只能吸收紫外线，因此还是需要紫外照射才发生光解。过氧化氢的 O—O 键键能为 146kJ/mol[111]，吸收可见光就可以使 O—O 键断裂，但是过氧化氢不吸收可见光，因此可见光不能使过氧化氢发生光分解；肼的 N—N 键键能为 251kJ/mol，吸收波长小于 480nm 的光就可以使 N—N 键断裂，而偏二甲肼的 N—N 键键能为 260.7kJ/mol，吸收波长小于 463nm 的光就可以使 N—N 键断裂。偏二甲肼吸收真空紫外线使 N—H 键断裂，然后是 C—H 键、N—N 键和 C—N 键的依次断裂。其中 N—H 键断裂，类似于偏二甲肼氨基氧化脱氢的作用，生成 $N,N$-二甲基肼基自由基。

(3) 金属离子氧化还原作用。

水中金属氧化物 CuO、$Fe_2O_3$ 催化剂释放出金属离子 $Cu^{2+}$、$Fe^{3+}$，金属离子与偏二甲肼之间可能发生直接氧化还原作用。

### 6.5.3　影响半导体光催化剂性能的参量

#### 6.5.3.1　禁带宽度

半导体能导带和价带之间禁带宽度一般在 3eV 以下。当用能量不小于禁带宽度的光照射半导体时，其价带上的电子 $e^-$ 被激发，越过禁带进入导带，同时在价带上产生相应的空穴 $h^+$。

半导体价带中的大量价电子，不能导电，即不是载流子。价电子跃迁到导带(本征激发)产生自由电子和自由空穴后，才能导电。空穴实际上就是价电子跃迁到导带后留下的价键空位，一个空穴的运动等效于一大群价电子的运动。因此，禁带宽度是一个反映价电子被束缚程度的物理量，也就是产生本征激发所需要的最小能量。

不同制备方法得到的不同晶型 $TiO_2$ 的禁带宽度是有差别的，锐钛矿相 3.2eV、金红石相 3.0eV，吸收紫外线的波长在 387nm 左右。对于可见光，也就是波长 $400 \sim 760nm$ 的光，$TiO_2$ 是不吸收的。为了实现 $TiO_2$ 在太阳光照射下的应用，第 10 章研究了引入 CdS 的催化剂 $TiO_2$ NRAs/CdS/Au 和引入 $Fe_2O_3$ 的多壁碳纳米管 MWCNTs/$Fe_2O_3$，CdS 和 $Fe_2O_3$ 的禁带宽度分别为 2.5eV 和 2.2eV，有望实现可见光条件下光催化降解偏二甲肼废水。

禁带宽度是半导体光催化剂的一个重要特征参量，其大小主要决定于半导体的能带结构。常见半导体的禁带宽度如图 6-21 所示。

将水分解为氢气和氧气需要 1.23eV，要实现水的分解首先需要满足禁带宽度大于 1.23eV 条件，但并不是满足禁带宽度条件的半导体都具有光催化分解水

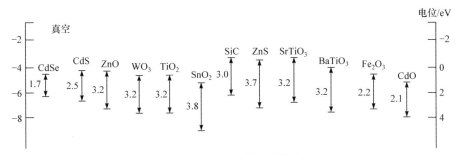

图 6-21　常见半导体的禁带宽度

的性能，还需要导带位置在氢电位 $E(\mathrm{H^+/H_2})$ 的 0V 之上，价带位置在氧电位 $E(\mathrm{H_2O/O_2})$ 的 +1.23eV 之下。$Cu_2O$、$GaP$、$WO_3$、$Fe_2O_3$ 均满足禁带宽度大于 1.23eV 条件，但均不能发生光催化分解水的反应，正是因为它们的导带位置不满足上述半导体光催化分解水的条件，从理论上可以排除其光催化分解水的可能性。$CdS$、$ZnS$ 的导带位置均比 $TiO_2$ 更负，催化分解水的能力优于 $TiO_2$[112]。此外，光催化分解水产氢能力的大小与氢的超电位有关，金属特别是 Pt 等催化剂的超电位较低，更有利于氢气的析出。

### 6.5.3.2　光电分离效率

有效提高光生电子和光生空穴的分离，是提高半导体材料光催化性能的关键。提高光催化效率问题，最终归结为增大电子-空穴对的产率和减少电子-空穴对的复合概率问题。催化剂光致发光(FL)光谱，是研究半导体中载流子诱捕、迁移、传递效率及电子-空穴对再复合情况的有效手段。FL 光谱产生于自由载流子的再复合，所以电子-空穴对的再复合越少，发光信号就越弱。二氧化钛复合碳纳米管后，FL 的峰强显著减弱，说明光生电子-空穴对的复合受到抑制，量子效率相应提高。测定前要先确定催化剂的激发波长，$TiO_2$ 的 FL 特征发射峰位于 520nm 处。

在光生电子-空穴对产生后，空穴被电解液捕获，而电子转移到接触点，产生光电流，因此光电流的测定可以估计电荷的分离效率及电子-空穴对的复合效率，光电流增大说明电子-空穴对分离效率高并且复合少。

### 6.5.3.3　零电荷点

低 pH 时，质子被吸附到吸附层而使其带正电荷；高 pH 时，质子从—OH 中释放，故而带负电荷。在某一确定的 pH 时，其电荷数值可以为零，这一点叫作零电荷点，简称为 PZC。浸渍法制备负载型催化剂时，将 pH 调节到略高于零电荷点比较容易浸渍。在废水处理工作中，最佳 pH 非常重要，因为零电荷点前后的吸附、分散作用及催化效果差异很大。

常见金属氧化物半导体的零电荷点见表 6-15。

**表 6-15 常见金属氧化物半导体的零电荷点**

| 氧化物 | 零电荷点 | 氧化物 | 零电荷点 | 氧化物 | 零电荷点 |
|---|---|---|---|---|---|
| $WO_3$ | 0.2~0.5 | $\beta$-$MnO_2$ | 7.3 | $Al_2O_3$ | 8~9 |
| $Sb_2O_5$ | <0.4~1.9 | $TiO_2$ | 3.9~8.2 | $Si_3N_4$ | 9 |
| $V_2O_5$ | 1~2 | $Si_3N_4$ | 6~7 | $Y_2O_3$ | 7.15~8.95 |
| $SiO_2$ | 1.7~3.5 | $Fe_3O_4$ | 6.5~6.8 | $CuO$ | 9.5 |
| $SiC$ | 2~3.5 | $\gamma$-$Fe_2O_3$ | 3.3~6.7 | $ZnO$ | 8.7~10.3 |
| $Ta_2O_5$ | 2.7~3.0 | $CeO_2$ | 6.7~8.6 | $La_2O_3$ | 10 |
| $SnO_2$ | 4~5.5(7.3) | $Cr_2O_3$ | 7(6.2~8.1) | $NiO$ | 10~11(9.9~11.3) |
| $ZrO_2$ | 4~11 | $Al_2O_3$ | 7~8 | $PbO$ | 10.7~11.6 |
| $MnO_2$ | 4~5 | $Tl_2O$ | 8 | $MgO$ | 12~13(9.8~12.7) |
| $\delta$-$MnO_2$ | 1.5 | $\alpha$-$Fe_2O_3$ | 8.4~8.5 | $TiO_2$ | 6~6.5 |

有观点认为，$TiO_2$ 分散得越好，受紫外线照射的面积越大，产生的电子-空穴对越多，空穴迁移到 $TiO_2$ 表面越多，光催化活性就越高。溶液的 pH 能改变颗粒表面的电荷，从而改变颗粒在溶液中的分散情况。当溶液 pH 接近 $TiO_2$ 零电荷点时，由于范德华力的作用，颗粒之间容易团聚形成大颗粒。当溶液 pH 远离 $TiO_2$ 零电荷点时，由于颗粒相互间的排斥力，在溶液中分散很好。但也有研究表明，溶液的 pH 接近 $TiO_2$ 的零电荷点时，有机污染物被 $TiO_2$ 光催化降解的效率高，说明催化活性不完全取决于催化剂的分散性。

光催化效能与污染物在催化剂表面的吸附有关，有机酸在水体中带负电荷，在酸性条件下能很好地吸附，因此降解效率高。例如，$TiO_2$ 零电荷点为 6.5，光催化氧化二氯乙酸时，pH 等于 3 光解效率达到最高，在中性和弱碱性条件下则基本没有催化活性，而在 pH 大于 12 后又略有回升[113]。零电荷点附近对中性有机物的吸附性可能更好，从而有利于空穴氧化，而碱性介质有利于羟基自由基的氧化。例如，$TiO_2$ 光催化降解苯胺的降解率，中性条件下最高[114]；赵梦月等研究发现，pH 为 7~9 时 $TiO_2$ 光催化降解甲拌磷农药的活性最大[115]，前者为空穴氧化，后者为羟基自由基氧化。

德固赛(Degussa AG)P25 型 $TiO_2$ 的 PZC 为 6.3，$TiO_2$ 加入初始 pH 大于零电荷点的溶液时，$TiO_2$ 在溶液中特异性吸附 $OH^-$，而初始 pH 低于零电荷点则相反，$TiO_2$ 优先吸附 $H^+$。当溶液的 pH 大于 PZC 时，由于半导体颗粒表面的负电荷 $NO_2^-$ 进入 $TiO_2$ 表面受到阻碍，因此 $NO_2^-$ 的异质光氧化受阻，在 pH 大于 6.5 的溶液中 $NO_2^-$ 光氧化产率急剧降低。不同 pH 下初始浓度 $2.1×10^{-4}mol/L$  $NO_2^-$ 溶液的光氧化率如图 6-22 所示[116]。

### 6.5.3.4 光催化反应动力学模型

Langmuir-Hinshelwood(L-H) 单分子反应动力学模型已广泛用于气相光催化反应的描述[117,118]。最简单的单分子反应的速率方程式表示如下：

$$r = \frac{kKC}{1+KC}, \quad \frac{1}{r} = \frac{1}{k} + \frac{1}{kK}\frac{1}{C}$$

式中，$r$ 为反应速率，$mol/(m^3 \cdot s)$；$C$ 为反应物浓度，$mol/m^3$；$k$ 为反应速率常数；$mol/(m^3 \cdot s)$；$K$ 为朗缪尔(Langmuir)吸附系数，$m^3/mol$。

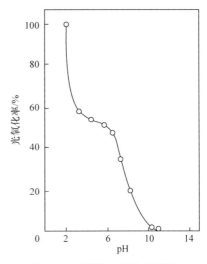

图 6-22 不同 pH 下初始浓度 $2.1 \times 10^{-4} mol/L$ NO$_2^-$ 溶液的光氧化率

上述动力学模型通常局限于光催化降解初始速率分析，通过在最小接触时间下获得反应物的最小可检测转化率，将 $1/r$ 和 $1/C$ 作图，得到反应速率常数 $k$ 和朗缪尔吸附系数 $K$。

以阿伦尼乌斯(Arrhenius)方程解析 L-H 动力学参数，反应速率常数和朗缪尔吸附系数对温度的依赖性关系如下：

$$k = A_r e^{-E/RT}$$

$$K = A_{ads} e^{-\Delta H/RT}$$

式中，$A_r$ 和 $A_{ads}$ 分别为反应速率常数因子和指前因子；$k$ 为反应速率常数，$mol/(m^3 \cdot s)$；$K$ 为朗缪尔吸附系数，$m^3/mol$；$E$ 和 $\Delta H$ 分别为反应的活化能和吸附焓，$kJ/mol$；$R$ 为通用气体常量，$kJ/(mol \cdot K)$；$T$ 为温度，$K$。

二甲胺、甲胺的 Arrhenius 方程参数见表 6-16[119]。由表 6-16 可知，甲胺光催化反应的活化能较低，在催化剂表面的吸附能力较强，而二甲胺与活性物质的碰撞概率较大。

表 6-16 二甲胺、甲胺的 Arrhenius 方程参数[119]

| 温度范围 | 参数 | DMA | MA |
|---|---|---|---|
| 353~413K | $\Delta H/(kJ/mol)$ | $-42 \pm 1$ | $-14 \pm 1$ |
| | $A_{ads}/(m^3/mol)$ | $1.25 \times 10^{-4}$ | $1.5 \pm 0.5$ |
| | $E/(kJ/mol)$ | $-42 \pm 1$ | $-13 \pm 1$ |
| | $A_r/[mol/(m^3 \cdot s)]$ | $0.35 \times 10^4$ | $0.5 \pm 0.5$ |

本章讨论了臭氧催化、芬顿体系、类芬顿体系及半导体光催化产生羟基自由基活性物质的过程，半导体催化剂有利于光解产生氢气。催化剂与偏二甲肼之间存在配位、氧化还原、吸附等多种作用。研究了 pH 对偏二甲肼、二甲胺和氨形态的影响，发现质子保护作用决定偏二甲肼、二甲胺和氨的氨基，在碱性条件下才能被氧化，而且根据有机化合物酸碱解离常数，相较于偏二甲肼和肼，二甲胺、氨在更高 pH 下氨基才能被氧化，因此紫外线-臭氧氧化偏二甲肼产生的无机氮产物以氨氮为主。

偏二甲肼废水处理研究显示，偏二甲肼是容易被降解的，氧化产生的氢氰酸也可以去除，达到排放标准，但氧化生成的亚硝基二甲胺、硝基甲烷、甲醛不容易达到排放标准。抑制或减少偏二甲肼转化为 NDMA 的反应条件是酸性介质、纯氧氧化剂、可还原 NDMA 的金属镍和铁作催化剂，而铜离子作催化剂将大大增加 NDMA 的产生量。

偏二甲肼特殊的还原性、质子保护作用、配位作用及催化产生羟基自由基等作用，使其催化氧化降解过程更为复杂；质子保护作用使偏二甲肼、二甲胺和氨的氨基在酸性条件下不易被氧化，主要发生甲基氧化。

## 参 考 文 献

[1] 潘高峰, 崔鹏. 改性活性炭纤维吸附二甲胺水溶液的研究[J]. 离子交换与吸附, 2008, 24(6): 544-550.

[2] 吴可, 刘祥萱, 詹华圻. 离子交换纤维对低浓度二甲胺水溶液吸附性能研究[J]. 化学推进剂与高分子材料, 2010, 8(6): 46-49.

[3] 王煊军, 刘祥萱, 王克军, 等. 催化还原法处理偏二甲肼废水[J]. 含能材料, 2003, 11(4): 205-208.

[4] 西北大学化学系. 活性炭催化法处理含偏二甲肼、亚硝酸根、四甲基四氮烯等毒物的污水[J]. 环境科学丛刊, 1981, (Z1):140-147.

[5] Armour M A. Hazardous Laboratory Chemicals Disposal Guide[M]. London: CRC Press, 2016.

[6] Mach M H, Baumgartner A M. Oxidation of aqueous unsymmetrical dimethylhydrazine by calcium hypochlorite or hydrogen peroxide/copper sulfate[J]. Analytical Letters, 1979, 12(9): 1063-1074.

[7] Brubaker K L, Bonilla J V, Boparai A S. Products of the hypochlorite oxidation of hydrazine fuels[R]. ADA213557, 1989.

[8] Fochtman E G, Koch R L, Forbes F S. Method for treating contaminated wastewater: 4402836[P]. US, 1983.9.6.

[9] 熊磷, 王煊军, 刘祥萱. 紫外诱导氯化法处理偏二甲肼废水[J]. 环境科技, 2007, 20(1): 37-38.

[10] 周旭章, 蔡艳, 湛建阶, 等. 二氧化氯氧化法处理偏二甲肼污水工艺[J]. 环境科学与技术, 2009, 32(12): 160-163.

[11] 于祚斌, 马仪伦, 梁军,等. 臭氧对水中偏二甲肼的处理效果[J]. 解放军预防医学杂志, 1986(2): 27-31.

[12] 徐志通, 苏青林. 紫外线-臭氧氧化法处理偏二甲肼废水[J]. 环境化学, 1984(4): 55-61.

[13] 王晓晨, 张彭义. 真空紫外线臭氧降解偏二甲肼的研究[J]. 环境工程学报, 2009, 3(1): 57-61.

[14] 王晓晨. 偏二甲肼的臭氧紫外线降解研究[D]. 北京: 清华大学, 2008.

[15] 徐泽龙, 张立清, 赵冰,等. 过氧化氢增强紫外-臭氧降解偏二甲肼[J]. 含能材料, 2016, 24(12): 1168-1172.

[16] 王浩, 高殿森. 肼类燃料污染及含肼类物质污水治理方法比较[J]. 环境科学与管理, 2004, 29(2): 42-44.

[17] 焦玉英, 王相明, 孙思恩, 等. 偏二甲肼推进剂污水成分研究[J]. 环境科学与技术, 1988(3): 9-11, 51.

[18] 杨宝军, 陈建平, 焦天恕, 等. 废水中偏二甲肼在 Ni/Fe 催化剂上的催化分解研究[J]. 分子催化, 2007, 21(2): 104-108.

[19] 卜晓宇, 刘祥萱, 刘博, 等. 紫外线谱法探讨偏二甲肼废水氧化降解机理[J]. 含能材料, 2015, 23(10): 977-981.

[20] Lunn G, Sansone E B. Oxidation of 1, 1-dimethylhydrazine (UDMH) in aqueous solution with air and hydrogen peroxide[J]. Chemosphere, 1994, 29(7): 1577-1590.

[21] Pestunova O P, Elizarova G L, Ismagilov Z R, et al. Detoxication of water containing 1,1-dimethylhydrazine by catalytic oxidation with dioxygen and hydrogen peroxide over Cu-and Fe-containing catalysts[J]. Catalysis Today, 2002, 75(1-4): 219-225.

[22] Makhotkina O A, Kuznetsova E V, Preis S V. Catalytic detoxification of 1,1-dimethylhydrazine aqueous solutions in heterogeneous Fenton system[J]. Applied Catalysis B: Environmental, 2006, 68(3-4): 85-91.

[23] Mastikhin V M, Filimonova S V. 15N nuclear magnetic resonance studies of the $NO-O_2-NH_3$ reaction over ZSM-5 zeolites[J]. Journal of the Chemical Society Faraday Transactions, 1992, 88(10): 1473-1476.

[24] Liang M, Li W, Qi Q, et al. Catalyst for the degradation of 1, 1-dimethylhydrazine and its by-product N-nitrosodimethylamine in propellant wastewater[J]. RSC Advances, 2016, 6(7): 5677-5687.

[25] Angaji M T, Ghiaee R. Cavitational decontamination of unsymmetrical dimethylhydrazine waste water[J]. Journal of the Taiwan Institute of Chemical Engineers, 2015, 49: 142-147.

[26] Ismagilov Z R, Kerzhentsev M A, Ismagilov I Z, et al. Oxidation of unsymmetrical dimethylhydrazine over heterogeneous catalysts: solution of environmental problems of production, storage and disposal of highly toxic rocket fuels[J]. Catalysis today, 2002, 75(1-4): 277-285.

[27] 汪沣, 杨利敏, 杨自玲, 等. $CuO/Al_2O_3-O_2$ 降解偏二甲肼废水研究[J]. 导弹与航天运载技术, 2016, (6): 94-98.

[28] Lee C, Schmidt C, Yoon J, et al. Oxidation of N-nitrosodimethylamine (NDMA) precursors with ozone and chlorine dioxide: kinetics and effect on NDMA formation potential[J]. Environmental Science and Technology, 2007, 41(6): 2056-2063.

[29] 李海妮, 慕亚南, 张红星, 等. 电解法去除重污染河水中氨氮的研究[J]. 上海环境科学, 2016(1): 246-253.

[30] Vohra M S, Selimuzzaman S M, Al-Suwaiyan, M S. $NH_4^+-NH_3$ removal from simulated wastewater using UV-$TiO_2$ photocatalysis: Effect of co-pollutants and pH[J]. Environmental Technology, 2010, 31(6): 641-654.

[31] Sungeun L, Woongbae L, Soyoung N, et al. N-nitrosodimethylamine (NDMA) formation during ozonation of N,N-dimethylhydrazine compounds. Reaction kinetics, mechanisms, and implications for NDMA formation control[J]. Water Research, 2016,105(15): 119-128.

[32] Cabaleiro-Lago E M, Ríos M A. An ab initio study of the interaction in dimethylamine dimer and trimer[J]. Journal of Chemical Physics, 2000, 113(21): 9523-9531.

[33] Higginson W C E, Wright P. The oxidation of hydrazine in aqueous solution. Part Ⅲ. Some aspects of the kinetics of oxidation of hydrazine by iron (Ⅲ) in acid solution[J]. Journal of the Chemical Society (Resumed), 1955: 1551-1556.

[34] 戴树桂. 环境化学[M]. 2 版. 北京: 高等教育出版社, 2006.

[35] Cheng D P, Xia S J. Study on kinetics and mechanism of copper-catalyzed oxidation of hydrazine by iron (Ⅲ) in acid solution[J]. Chinese Journal of Chemistry, 1996, 14(1): 48-53.

[36] Anagnostopoulos A, Nicholls D. Some complexes of hydrazine, methylhydrazine and 1, 1-dimethylhydrazine with

cobalt (Ⅱ) salts[J]. Journal of Inorganic and Nuclear Chemistry, 1976, 38(9): 1615-1618.

[37] 黄子林, 张先业. $Fe^{3+}$ 和肼的衍生物共存时对 $Np(IV)$ 还原反应的研究[J]. 核化学与放射化学, 2001, 23(1): 7-12.

[38] Griffith S M, Silver J, Schnitzer M. Hydrazine derivatives at $Fe^{3+}$ sites in humic materials[J]. Geoderma, 1980, 23(4): 299-302.

[39] 王梓. 催化臭氧氧化水中有机物机理研究[D]. 杭州: 浙江工业大学, 2007.

[40] 谭桂霞, 陈烨璞, 徐晓萍. 臭氧在气态和水溶液中的分解规律[J]. 上海大学学报(自然科学版), 2005, 11(5): 510-512.

[41] Czapski G, Samuni A, Yelin R. The disappearance of ozone in alkaline solution[J]. IsraelJournalof Chemistry, 1968,6(6): 969-971.

[42] Nadezhdin A D. Mechanism of ozone decomposition in water. The role of termination[J]. Industrial & Engineering Chemistry Research, 1988, 27(4):548-550.

[43] 陈烨璞, 蒋爱丽, 谭桂霞,等. 臭氧催化分解的研究[J]. 工业催化, 2006, 14(5): 55-58.

[44] 印红玲, 谢家理, 杨庆良,等. 臭氧在金属氧化物上的分解机理[J]. 化学研究与应用, 2003, 15(1): 4-8.

[45] Imamura S, Imakubo K, Furuyoshi S, et al. Decomposition of dichlorodifluoromethane on boron phosphate (BPO4) catalyst[J]. Industrial & Engineering Chemistry Research, 1991, 30(10): 2355-2358.

[46] Bulanin K M, Alexeev A V, Bystrov D S, et al. IR study of ozone adsorption on $SiO_2$[J]. Journal of Physical Chemistry, 1994, 98(19): 5100-5103.

[47] Bulanin K M, Lavalley J C, Tsyganenko A A. Infrared study of ozone adsorption on $TiO_2$ (anatase)[J]. Journal of Physical Chemistry, 1995, 99(25): 10294-10298.

[48] Bulanin K M, Lavalley J C, Lamotte J, et al. Infrared study of ozone adsorption on $CeO_2$[J]. Journal of Physical Chemistry B, 1998, 102(35): 6809-6816.

[49] Golodets G I. Heterogeneous Catalytic Reaction Involving Molecular Oxygen[M]. New York: Elsevier Science, 1983.

[50] Roser S, Enric B. Mineralization of aniline and 4-chlorophenol in acidicsolution by ozonation catalyzed with $Fe^{2+}$ and UVA Light[J]. ApplieCatalysis B: Environmental, 2001, 29: 135-145.

[51] Ma J, Graham N J D. Degradation of atrazine by manganese-catalysed ozonation: Influence of humic substances[J]. Water Research, 1999, 33(3): 785-793.

[52] Gracia R, Aragües J L, Ovelleiro J L. Mn (Ⅱ)-catalysed ozonation of raw Ebro river water and its ozonation by-products[J]. Water Research, 1998, 32(1): 57-62.

[53] Andreozzi R, Insola A, Caprio V, et al. The kinetics of Mn (Ⅱ)-catalysed ozonation of oxalic acid in aqueous solution[J]. Water Research, 1992, 26(7): 917-921.

[54] Pines D S, Reckhow D A. Effect of dissolved cobalt(Ⅱ) on the ozonation of oxalic acid[J]. Environmental Science and Technology, 2002, 36(19): 4046-4051.

[55] 施银桃, 李海燕, 曾庆福, 等. Mn(Ⅱ)催化臭氧氧化去除水中邻苯二甲酸二甲酯的研究[J]. 武汉科技学院学报, 2002, 15(1): 39-42.

[56] Nowell L H, Hoigné J. Interaction of iron(Ⅱ) and other transition metals with aqueous ozone[C]. 8th Ozone World Congress, Zurich, 1987, 56-61.

[57] 冒爱琴, 王华, 谈玲华, 等. 活性炭表面官能团表征进展[J]. 应用化工, 2011, 40(7): 1266-1270.

[58] 孟冠华, 李爱民, 张全兴. 活性炭的表面含氧官能团及其对吸附影响的研究进展[J]. 离子交换与吸附, 2007, 23(1): 88-94.

[59] Coughlin R W, Ezra F S. Role of surface acidity in the adsorption of organic pollutants on the surface of carbon[J]

Environ Sci Technol, 1968, 2(4): 291-297.

[60] Zawadzki J. Infrared studies of aromatic compounds adsorbed on the surface of carbon films[J]. Carbon, 1988, 26(5): 603-611.

[61] Radovic L R, Silva I F, Ume J I.An experimental and theoretical study of the adsorption of aromatics possessing electron-withdrawing and electron-donating functional groups by chemically modified activated carbons[J]. Carbon, 1997, 35(9): 1339-1348.

[62] Mattson J S, Mark Jr H B, Malbin M D. Surface chemistry of active carbon: Specific adsorption of phenols [J]. Colloid Interf Sci, 1969, 31(1): 116-130.

[63] Jans U, Hoigné J. Activated carbon and carbon black catalyzed transformation of aqueous ozone into OH-radicals[J]. Ozone: Science & Engineering, 1998, 20(1): 67-90.

[64] Beltrán F J, Rivas J, Álvarez P, et al. Kinetics of heterogeneous catalytic ozone decomposition in water on an activated carbon[J]. Ozone: Science & Engineering, 2002, 24(4): 227-237.

[65] Ma J, Sui M H, Chen Z L, et al. Degradation of refractory organic pollutants by catalytic ozonation-activated carbon and mn-loaded activated carbon as catalysts[J]. Ozone: Science & Engineering, 2004, 26(1): 3-10.

[66] Sánchez-Polo M, Gunten U V, Rivera-Utrilla J. Efficiency of activated carbon to transform ozone into OH radicals: Influence of operational parameters[J]. Water Research, 2005, 39(14): 3189-3198.

[67] 张婉卿, 张永丽, 张静, 等. 二甲胺促进臭氧分解影响因素及模拟研究[J]. 工程科学与技术, 2012(s2):242-246.

[68] Sehested K, Holcman J, Hart E J. Rate constants and products of the reactions of e-aq, dioxide( $O_2^-$ ) and proton with ozone in aqueous solutions[J]. Journal of Physical Chemistry, 1983, 87(11): 1951-1954.

[69] Sehested K, Holcman J, Bjergbakke E, et al. A pulse radiolytic study of the reaction hydroxyl + ozone in aqueous medium[J]. Journal of Physical Chemistry, 1984, 88(18): 4144-4147.

[70] Sehested K, Corfitzen H, Holcman J, et al. The primary reaction in the decomposition of ozone in acidic aqueous solutions[J]. Environmental Science and Technology, 1991, 25(9): 1589-1596.

[71] Sehested K, Holcman J, Bjergbakke E, et al. Ultraviolet spectrum and decay of the ozonide ion radical, $O_3^-$ , instrong alkaline solution[J]. J Phys Chem, 1982, 86(11): 2066-2069.

[72] Sehested K, Holcman J, Bjergbakke E, et al. Formation of ozone in the reaction of hydroxyl with $O_3^-$ and the decay of the ozonide ion radical at pH 10-13[J]. Journal of Physical Chemistry, 1984, 88(2): 269-273.

[73] Tomiyasu H, Fukutomi H, Gordon G. Kinetics and mechanism of ozone decomposition in basic aqueous solution[J]. Inorganic Chemistry, 1985, 24(19): 2962-2966.

[74] Hoigné J, Bader H. Rate constants of reactions of ozone with organic and inorganic compounds in water-I: non-dissociating organic compounds[J]. Water Research, 1983, 17(2): 173-183.

[75] Bader H, Hoigné J. Determination of ozone in water by the indigo method[J]. Water research, 1981, 15(4): 449-456.

[76] Buffle M O, von Gunten U. Phenols and amine induced HO· generation during the initial phase of natural water ozonation[J]. Environmental Science & Technology, 2006, 40(9): 3057-3063.

[77] 史雅楠, 张永丽, 张静, 等. 羟胺催化臭氧降解邻苯二甲酸甲酯[J]. 四川大学学报(工程科学版), 2016, 48(增刊): 216.

[78] Walling C. Fenton's reagent revisited Acc[J]. Chem Res, 1975, 8(4):125-131.

[79] Walling C, Goosen A. Mechanism of the ferric ion catalyzed decomposition of hydrogen peroxide. Effect of organic substrates[J]. Journal of the American Chemical Society, 1973, 95(9): 2987-2991.

[80] Stuglik Z, PawełZagórski Z. Pulse radiolysis of neutral iron(Ⅱ) solutions: Oxidation of ferrous ions by OH

radicals[J]. Radiation Physics and Chemistry, 1981, 17(4): 229-233.

[81] Jayson G G, Keene J P, Stirling D A, et al. Pulse-radiolysis study of some unstable complexes of iron[J]. Transactions of the Faraday Society, 1969, 65: 2453-2464.

[82] Christensen H, Sehested K. Reactions of Hydroxyl Radieals with Hydrogen Peroxide at Ambient and Elevated Temperatures[J]. Journal of Physical Chemistry A, 1982, 86: 1588-1594.

[83] Rush J D, Bielski B H J. Pulse radiolytic studies of the reactions of $HO_2/O_2$ with Fe(II)/Fe(III) ions. The reactivity of $HO_2/O_2$ with ferric ions and its implication on the occurrence of the Haber-Weiss reaction[J]. J Phys Chem, 1985, 89(23): 5062-5066.

[84] 赵吉, 杨晶晶, 马军. $Cu^{2+}$和$Mn^{2+}$对 Fe(II)/$H_2O_2$ 及 Fe(III)/$H_2O_2$ 体系氧化苯酚的影响[J]. 黑龙江大学(自然科学学报), 2013, 30(6): 787-793.

[85] Laat J D, Le G T, Legube B. A comparative study of the effects of chloride, sulfate and nitrate ions on the rates of decomposition of $H_2O_2$ and organic compounds by Fe(II)/$H_2O_2$ and Fe(III)/$H_2O_2$[J]. Chemosphere, 2004, 55(5): 715-723.

[86] Pignatello J. Dark and photoassisted iron(3+)-catalyzed degradation of chlorophenoxy herbicides by hydrogen peroxide[J]. Environ Sci Technol, 1992, 26(5): 944-951

[87] 姜成春, 庞素艳, 江进, 等. 无机阴离子对类芬顿反应的影响[J]. 环境科学学报, 2008, 28 (5): 982-987.

[88] Laat J D, Gallard H É. Catalytic decomposition of hydrogen peroxide by Fe(III) in homogeneous aqueous solution: Mechanism and kinetic modeling[J]. Environmental Science and Technology, 1999, 33(16): 2726-2732.

[89] Laat J D, Le T G. Kinetics and modeling of the Fe(III)/$H_2O_2$ system in the presence of sulfate in acidic aqueous solutions[J]. Environmental Science & Technology, 2005, 39(6): 1811-1818.

[90] Laat J D, Le T G. Effects of chloride ions on the iron(III)-catalyzed decomposition of hydrogen peroxide and on the efficiency of the Fenton-like oxidation process[J]. Applied Catalysis B: Environmental, 2006, 66(1-2): 137-146.

[91] 张琳, 张喆, 吴峰, 等. 水中铁(III)-草酸盐络合物光解产生羟基自由基的测定[J]. 环境化学, 2002, 21(1):87-91.

[92] 马莹莹, 吴跃辉, 李锦卫, 等. 镀铜废水中 $Cu^{2+}$-$H_2O_2$ 体系氧化降解硝基苯[J]. 环境工程学报, 2016, 10(9): 4775-4782.

[93] Cheng L, Wei M, Huang L, et al. Efficient $H_2O_2$ oxidation of organic dyes catalyzed by simple copper(II) ions in bicarbonate aqueous solution[J]. Industrial & Engineering Chemistry Research, 2014, 53(9): 3478-3485.

[94] 孙智敏, 王秀霞, 安静. 羧甲基壳聚糖-$Cu^{2+}$配合物催化分解 $H_2O_2$ 的研究[J]. 河北科技大学学报, 2007, 28(4): 302-305.

[95] 李克斌, 罗倩, 魏红, 等. $Cu^{2+}$/吡啶/$H_2O_2$ 对直接大红 4BE 的快速脱色研究[J]. 环境科学学报, 2010, 30(11): 2242-2249.

[96] 刘守新, 刘鸿. 光催化及光电催化基础与应用[M]. 北京: 化学工业出版社, 2007.

[97] Cai R, Kubota Y, Fujishima A. Effect of copper ions on the formation of hydrogen peroxide from photocatalytic titanium dioxide particles[J]. Journal of Catalysis, 2003, 219(1): 214-218.

[98] Linsebigler A L, Lu G Q, Yates J T. Photocatalysis on $TiO_2$ surfaces: Principles, mechanisms, and selected results[J]. Chemical Reviews, 1995, 95 (3): 735-758.

[99] Yatmaz H, Akyol A M, Bayramoglu. Kinetics of the photocatalytic decolorization of an azo reactive dye in aqueous ZnO suspensions[J]. Industrial & Engineering Chemistry Research, 2004, 43 (19): 6035-6039.

[100] Jin S, Li Y, Xie H, et al. Highly selective photocatalytic and sensing properties of 2D-ordered dome films of nano titania and nano $Ag^{2+}$ doped titania[J]. Journal of Materials Chemistry, 2012, 22 (4): 1469-1476.

[101] Zhang X, Li X, Shao C, et al. One-dimensional hierarchical heterostructures of $In_2S_3$ nanosheets on electrospun $TiO_2$ nanofibers with enhanced visible photocatalytic activity[J]. Journal of Hazardous Materials, 2013, 260 (6): 892-900.

[102] Pan J, Li X, Zhao Q, et al. Construction of $Mn_{0.5}Zn_{0.5}Fe_2O_4$ modified $TiO_2$ nanotube array nanocomposite electrodes and their photoelectrocatalytic performance in the degradation of 2,4-DCP[J]. Journal of Materials Chemistry C, 2015, 3 (23): 6025-6034.

[103] Nishikawa M, Mitani Y, Nosaka Y. Photocatalytic reaction mechanism of Fe(III)-grafted $TiO_2$ studied by means of ESR spectroscopy and chemiluminescence photometry[J]. Journal of Physical Chemistry C, 2012, 116 (28): 14900-14907.

[104] Nishikawa M, Sakamoto H, Nosaka Y. Reinvestigation of the photocatalytic reaction mechanism for Pt-complex-modified $TiO_2$ under visible light irradiation by means of ESR spectroscopy and chemiluminescence photometry[J]. Journal of Physical Chemistry A, 2012, 116 (39):9674-9679.

[105] Roddick-Lanzilotta A D, Connor P A, Mcquillan A J. An in situ infrared spectroscopic study of the adsorption of lysine to $TiO_2$ from an aqueous solution[J]. Langmuir, 1998, 14(22): 6479-6484.

[106] Chang J G, Chen H T, Ju S P, et al. Role of hydroxyl groups in the $NH_x$ ($x = 1$—3) adsorption on the $TiO_2$ anatase (101) surface determined by a first-principles study[J]. Langmuir, 2010, 26(7): 4813-4821.

[107] Liu H, Liew K M, Pan C. Influence of hydroxyl groups on the adsorption of HCHO on $TiO_2$-B(100) surface by first-principles study[J]. Physical Chemistry Chemical Physics, 2013, 15(11): 3866-3880.

[108] Kim J K, Martinez F, Metcalfe I S. The beneficial role of use of ultrasound in heterogeneous Fenton-like system over supported copper catalysts for degradation of p-chlorophenol[J]. Catalysis Today, 2007, 124(3-4): 224-231.

[109] Ranjit K T, Varadarajan T K, Viswanathan B. Photocatalytic reduction of nitrite and nitrate ions on $Ru/TiO_2$ catalysts[J]. Journal of Photochemistry and Photobiology A: Chemistry, 1995, 89(1): 67-68.

[110] Farfan-Arribas E, Madix R J. Characterization of the acid-base properties of the $TiO_2$ (110) surface by adsorption of amines[J]. Journal of Physical Chemistry B, 2003, 107(14): 3225-3233.

[111] Giguère P A. On the O-O bond energy in hydrogen peroxide[J]. Canadian Journal of Research, 1950, 28(1): 17-20.

[112] 岳新政. 半导体基异质结催化剂的设计、合成及高效光解水产氢机理研究[D]. 长春: 吉林大学, 2018.

[113] 袁金华. 光催化降解和光降解氯代乙酸的研究[D]. 兰州: 兰州大学, 2008.

[114] 冯晓静, 吕爱杰, 蒋文强, 等. $TiO_2$ 光催化处理苯胺废水影响因素的研究[J]. 齐鲁工业大学学报(自然科学版), 2006, 20(3): 5-7.

[115] 赵梦月, 罗菊芬. 有机磷农药光催化分解的可行性研究[J]. 化工环保, 1993,(2): 74-79.

[116] Zafra A, Garcia J, Milis A, et al. Kinetics of the catalytic oxidation of nitrite over illuminated aqueous suspensions of $TiO_2$[J]. Journal of Molecular Catalysis, 1991, 70(3): 343-349.

[117] Sang B K, Sung C H. Kinetic study for photocatalytic degradation of volatile organic compounds in air using thin film $TiO_2$ photocatalys[J]. Applied Catalysis B: Environmental, 2002, 35(4): 305-315.

[118] Jardim W F, Alberici R M. Photocatalytic Destruction of VOCs in the Gas-Phase Using Titanium Dioxide[J]. Applied Catalysis B: Environmental, 1997, 14(1): 55-68.

[119] Kachina A, Preis S, Kallas J.Gas-phase photocatalytic oxidation of dimethylamine: The reaction pathway and kinetics[J]. International Journal of Photoenergy, 2007, (10): 167-171.

# 第7章 水处理过程中亚硝基二甲胺的生成机理

亚硝基二甲胺(NDMA)是一种工业和环境污染物，其潜在致癌能力远高于传统消毒副产物三氯甲烷，对应的致癌风险浓度远低于三氯甲烷，终生饮用水中含浓度为 0.7ng/L 的亚硝基二甲胺时致癌风险为百万分之一。美国环保署将 NDMA 列为 B2 类致癌物质，并纳入 2008 年实施的第二轮非受控污染物监测条例和 2010 年实施的第三批优先污染物监测目录[1]。

NDMA 是亚硝胺类新型含氮消毒副产物中最重要和最具代表性的污染物。相对于其他亚硝胺类副产物，NDMA 的浓度和检出频率要高出 1 个数量级。1989 年，加拿大安大略省在饮用水中首次检测到 NDMA，确认 NDMA 是含氯消毒剂消毒过程的副产物[1,2]；1994～1999 年，对加拿大安大略省的 100 座水厂进行抽查，40 座水厂检出 NDMA，其平均浓度为 2.7ng/L；2003 年，Richardson 等研究指出，水中存在含氮有机物时，用氯化法或者氯胺法进行消毒处理就会产生 NDMA[3]。

世界各地的饮用水厂、污水处理厂中，普遍存在以 NDMA 为主的亚硝胺类消毒副产物，出厂饮用水和管网中的 NDMA 浓度从数 ng/L 至数百 ng/L 不等。基于亚硝胺类化合物的毒理学数据和实际水厂普查结果，发达国家和地区先后检测出 NDMA、亚硝基二乙胺(NDEA)、亚硝基二正丙胺(NDPA)、硝基二正丁胺(NDBA)、亚硝基甲基乙胺(NMEA)和亚硝吡咯烷(NPYR)等[4-9]。其中，5 种 *N*-亚硝胺类副产物 NDMA、NPYR、NDEA、NDBA 和 NDPA 为未来饮用水的监测指标[10]。加拿大安大略省在 2002 年率先设立 NDMA 的标准限值为 9ng/L[11]，美国 2004 年设立 NDMA 的标准限值为 10ng/L，世界卫生组织 WHO 在 2008 年推荐 NDMA 的标准限值为 100ng/L。

我国是世界上饮用水中检出亚硝胺类化合物情况相对较严重的国家，共检测出 9 种亚硝胺类化合物，其中 NDMA 的浓度最高，出厂水和龙头水中 NDMA 的平均浓度分别为 11ng/L 和 13ng/L，水源水中的亚硝胺前驱体平均浓度为 66ng/L，NDMA 外的其他亚硝胺类化合物的检出率是美国的数十倍。在全国范围内，长三角地区的 NDMA 风险最高，出厂水和龙头水中 NDMA 的平均浓度分别为 27ng/L 和 28.5ng/L，水源水中的亚硝胺前驱体平均浓度为 204ng/L。上海、深圳率先把 NDMA 列入地方生活饮用水卫生标准，标准限值为 100ng/L。

NDMA 的产生与饮用水厂的消毒过程及污水处理厂有机废水处理方法有

关，在偏二甲肼废水处理过程中也可能生成 NDMA，因此需要开发能有效去除水中 NDMA 的方法和工艺。

# 7.1　含氮有机化合物转化为 NDMA

研究 NDMA 产生机理与控制技术的基础和前提，是确认水体中 NDMA 的前驱体类别。目前，普遍认为水体中 NDMA 是无机含氮物质(如 $N_2O_3$ 或氯胺等)与含氮有机物的反应产物。二甲胺被认为是最直接的 NDMA 前驱体，还包括二甲基氰胺和二甲基甲酰胺等。此外，三级胺和四级铵、氧化三甲胺(尿中的一种常见组分)等也被认为是 NDMA 的前驱体，而甲胺、四甲基铵、氨基酸或蛋白质等许多含氮分子与氯胺反应的 NDMA 产率均不显著。

## 7.1.1　胺转化生成 NDMA

文献研究了具有基本二甲胺结构连接的官能团，包括二甲胺的 20 种不同的脂肪族胺和芳香族胺，NDMA 产率为 0.02%～83.9%的宽范围，其中最大转化率二甲胺 1.2%、叔胺 1.9%，叔胺可以生成 NDMA 而没有降解 DMA[12]。

饮用水中产生 NDMA 与氯胺化处理有关，消毒剂种类、剂量和 pH 均会影响 NDMA 的产生。采用氯胺消毒时 NDMA 的生成量最大，氯气次之，二氧化氯最小；消毒剂剂量越大，NDMA 生成量越大；随 pH 的增大，NDMA 的生成量增加[13]。与 DMA 相比，一些三级胺经氯化处理后，NDMA 生成量增大[12]。

DMA 氧化生成 NDMA 的机理有两种，分别适用于酸性、中性及弱碱性。

1) 经典亚硝化反应

亚硝化作用机理主要是通过胺和亚硝基基团反应产生 NDMA，亚硝酸盐在酸化过程中参与亚硝胺类化合物的生成，或者次氯酸 HOCl 氧化亚硝酸盐与胺作用产生 NDMA。

亚硝酸盐在酸化过程中生成 $NO_2$ 或 $N_2O_3$。$NO_2$ 是一种很强的亲电子亚硝化物，能引起初级胺的脱氨基作用而促进亚硝胺的生成，$NO_2$ 进一步反应生成 DMA，DMA 发生亚硝化反应生成 NDMA[14,15]，该反应在 pH 为 3.4 时最快。此过程被认为是蔬菜、鱼肉类腌制时由亚硝酸盐生成 NDMA 的主要机理[16,17]，同时也是实验室合成 NDMA 的主要途径[18]：

$$2HNO_2 \rightleftharpoons N_2O_3 + H_2O$$

$$(CH_3)_2NH + N_2O_3 \longrightarrow (CH_3)_2NN{=}O + HNO_2$$

水处理过程中 HOCl 的存在可以促进 DMA 通过亚硝化反应生成 NDMA。HOCl 在氧化亚硝酸盐的同时，生成一种活性的亚硝化中间产物——四氧化二氮

$N_2O_4$，$N_2O_4$ 与 DMA 快速反应生成 NDMA[19]：

$$HOCl + NO_2^- \longrightarrow NO_2Cl + OH^-$$
$$NO_2Cl + NO_2^- \longrightarrow N_2O_4 + Cl^-$$
$$NO_2Cl + OH^- \longrightarrow NO_3^- + Cl^- + H^+$$
$$H^+ + NH_2Cl + NO_2^- \longrightarrow NH_3 + NO_2Cl$$
$$(CH_3)_2NH + N_2O_4 \longrightarrow (CH_3)_2N-NO$$

2）经偏二甲肼转化 NDMA

经偏二甲肼转化 NDMA 机理是 DMA 与氯胺($NH_2Cl$ 或 $NHCl_2$)发生亲核取代反应，生成偏二甲肼或者中间体 UDMH—Cl，然后通过水中溶解氧快速氧化产生 NDMA。DMA 与氯胺反应分为两步，第一步生成偏二甲肼，第二步偏二甲肼氧化生成 NDMA，通过该途径生成 NDMA 较慢，其中第一步为限速反应，该机理适用于中性或偏碱性的水环境。氯胺和 DMA 反应生成物很多，如二甲基氰胺 DMC、二甲基甲酰胺 DMF 及 NDMA 等，NDMA 产量一般小于生成物总量的 5%。该机理可用于解释高氨氮水在进行游离氯消毒时，以及采用氯胺消毒时会有较高的 NDMA 产量的原因。采用氯胺消毒比采用游离氯消毒时的 NDMA 产量要高出 1 个数量级。这是因为游离氯(次氯酸)很快与 DMA 反应生成较稳定的氯化二甲胺，其反应速率常数 $k$ 为 $6.1×10^7L/(mol·s)$。氯胺和氯化二甲胺均为亲电物质，难于结合生成偏二甲肼，相对减缓了生成 NDMA 的速度。

这是因为游离 A 生成速度在中性条件下最快。氯(次氯酸)很快与 DMA 反应生成较稳定的氯化二甲胺(CDMA)($k = 6.1×10^7L/(mol·s)$)，无机氯胺和 CDMA 均为亲电物质且较为稳定，减缓了生成 NDMA 的速度。

氯化过程中，氯胺和二甲胺发生缓慢反应生成偏二甲肼，然后快速氧化生成 NDMA。氯胺非常快速地与水合电子反应产生·$NH_2$，反应速率常数 $k[NH_2Cl + e^-(aq)]$为$(2.2±0.3)×10^{10}L/(mol·s)$，·$NH_2$ 与·OH 反应产生·NHOH，反应速率常数 $k(NH_2Cl + ·OH)$为$(5.2±0.6)×10^8L/(mol·s)$ [20]。因此，氯胺消毒存在·$NH_2$、·NHCl 与 DMA 作用生成 UDMH 和 NDMA 的路径[21]，如图 7-1 所示。

文献[22]采用量子化学 G4 方法研究了氯胺消毒过程中 DMA 转化生成 NDMA 的机理：

$$(CH_3)_2NH + HNCl_2 \longrightarrow (CH_3)_2N-NHCl + HCl$$
$$(CH_3)_2N-NHCl + O_2 \longrightarrow (CH_3)_2N-N=O + HOCl$$

由于卤代胺、羟胺与 DMA 反应的反应性顺序为 $NHCl_2$、$NHBrCl > NHBr_2 > NH_2Cl$、$NH_2Br \gg NH_2OH$，Liu 等[22]的观点是 DMA 与 $NHCl_2$ 而不是 $NH_2Cl$ 反应生成氯化偏二甲肼中间体。本书认为 $NHCl_2$、$NH_2Cl$ 都可以与 DMA 作用，分别转化为 UDMH、$(CH_3)_2NNHCl$，而$(CH_3)_2NNHCl$ 更容易转化为 NDMA。

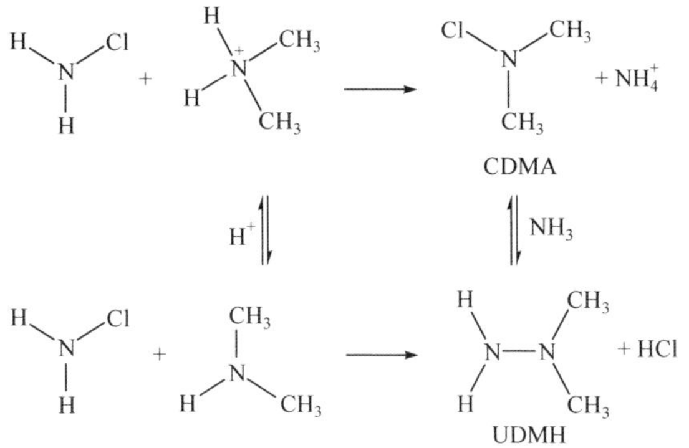

图 7-1　氯胺消毒过程中偏二甲肼的生成

### 7.1.2　偏二甲肼转化生成 NDMA

分别采用次氯酸钠、次氯酸钙、碘酸钾和高锰酸钾等氧化剂处理含偏二甲肼废水，偏二甲肼的降解率虽然达 99%以上，但都生成了亚硝胺类化合物，6.1 节详细介绍了现有研究偏二甲肼处理过程中亚硝基二甲胺生成，从废水处理工艺角度看，偏二甲肼含量、氧化剂种类和用量、催化剂种类和 pH 等，都对废水中偏二甲肼氧化转化为 NDMA 有影响。

1) 偏二甲肼含量的影响

$Cu^{2+}$催化氧化作用中，偏二甲肼转化为 NDMA 的量取决于初始偏二甲肼含量，初始含量为 60%～80%时，偏二甲肼转化为 NDMA 的量最大，进一步增大偏二甲肼含量，NDMA 产率下降。废水中初始偏二甲肼含量越低，产生 NDMA 的风险就越小[23]。

2) 氧化剂种类的影响

采用过量的 $Ca(OCl)_2$ 氧化降解偏二甲肼，主要转化物为偏腙和四甲基四氮烯，而采用 $H_2O_2/CuSO_4$ 氧化降解，约 25%的偏二甲肼转化为 NDMA。Lunn 等对比研究了纯氧和 $H_2O_2/CuSO_4$ 处理 1g/L 偏二甲肼废水，发现纯氧处理后未检测到 NDMA，而 $H_2O_2/CuSO_4$ 处理后检测到大量 NDMA[24]。

3) pH 的影响

Lunn 等研究了 pH 对 $H_2O_2/CuSO_4$ 处理偏二甲肼的影响，发现酸性条件下偏二甲肼的氧化降解速率较慢，未检测到 NDMA，而在碱性和中性条件下有大量 NDMA 产生[24]。

此外，酸性条件下用芬顿法处理偏二甲肼废水，处理后仅存在甲酸、乙酸和硝基甲烷；酸性条件下用次氯酸处理偏二甲肼废水，也未检测到 NDMA。

4) 催化剂的影响

在 $H_2O_2/CuSO_4$ 体系中，使用 $Cu^{2+}$作催化剂会促进 NDMA 的产生，但加入纳米铁粉可抑制 NDMA 的产生；在臭氧氧化体系中，用纳米镍铁合金作催化剂，可有效促进去除 NDMA[25]。

现有研究仅是测定处理完成后偏二甲肼废水，以此判断是否生成 NDMA，但没有对偏二甲肼不同处理时间的转化产物进行检测，因此即使反应结束未检测出 NDMA，不能代表整个废水处理过程中都没有 NDMA 的生成。事实上，NDMA 能否检出与检测方法的检出限有关，而且取样到检测的时间过长、检测前的预处理方法等都可能导致检测不到亚硝基二甲胺。

前文研究表明，无论是偏二甲肼的氨基氧化还是甲基氧化都会产生亚硝基二甲胺，因此，无论偏二甲肼的哪种处理方法都会不可避免地产生亚硝基二甲胺，只是反应条件不同，NDMA 的转化率不同，NDMA 最终能否彻底消除存在差异。其后章节会印证上述观点。

### 7.1.3 二甲氨基化合物转化生成 NDMA

偏二甲肼废水处理中会产生氧化二甲胺、二甲基甲酰胺(DMF)、二甲氨基乙腈(DMAAN)、四甲基四氮烯(TMT)、偏腙(FDH)、乙醛腙、1-甲基-1H-1,2,4-三唑(MT)、二甲基甲酰肼(FDMH)等物质，这些物质都具有二甲氨基结构$(CH_3)_2N$—，因此水处理过程中，它们都可能转化生成 NDMA。

用高锰酸钾、芬顿试剂和亚硝酸钠处理偏二甲肼氧化转化物中的二甲基甲酰肼、1-甲基-1H-1,2,4-三唑、二甲氨基乙腈和 NDMA[26]。结果表明，其中二甲基甲酰肼生成了 NDMA；1-甲基-1H-1,2,4-三唑未检测到 NDMA，但空白实验中检测到了 NDMA，二甲基甲酰肼与亚硝酸钠反应还生成了硝酸甲酯，与芬顿试剂反应生成甲醛-N-甲酰基-N-甲基腙；二甲氨基乙腈在上述三种氧化体系中都没有检测到 NDMA，但在含氯氧化剂体系中检测到 NDMA，转化率 2.4%[12]；三种氧化体系处理二甲氨基乙腈都生成了二甲基甲酰胺和羟基乙腈；三种氧化体系处理 NDMA 都生成了 1-甲基-1H-1,2,4-三唑，1-甲基-1H-1,2,4-三唑的前驱体包括甲基甲酰肼和甲酰胺，甲基甲酰肼的生成说明 NDMA 氧化可能转化为偏二甲肼。

Mitch 等研究发现，氯化过程中二甲基甲酰胺、二甲基氰胺与二甲胺类似，可以与一氯二胺缓慢反应生成偏二甲肼，进而快速氧化转化为 NDMA；在 pH 为 7 时，二甲基甲酰胺在臭氧氧化过程中也可转化为 NDMA[18]。Kosaka 等研究发现，四甲基四氮烯与臭氧、羟基自由基反应都可以生成 NDMA，溶液 pH 不影响 NDMA 的产率[27]。

偏二甲肼臭氧氧化过程中可能生成的 6 种二甲氨基化合物的结构如图 7-2 所示。实验条件：目标化合物，1μmol/L；臭氧剂量，0.25mg/L 和 0.50mg/L(5.2μmol/L 和 10.4μmol/L)；5mol/L 磷酸盐(pH7～8)。6 种二甲氨基化合物臭氧氧化生成

NDMA 的产率如图 7-3 所示[26]。

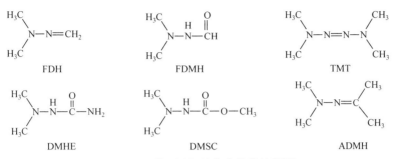

图 7-2　6 种二甲氨基化合物的结构[27]

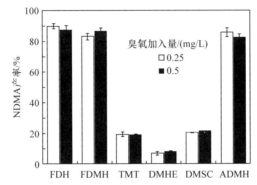

图 7-3　6 种二甲氨基化合物臭氧氧化生成 NDMA 的产率[27]

图 7-3 可知，在目标化合物含量低、臭氧量充足的条件下，偏腙(FDH)、二甲基甲酰肼(FDMH)和丙酮腙(ADMH)臭氧氧化生成 NDMA 的产率高达 85%，高于 UDMH 转化生成 NDMA 的产率(80%)[28]，而四甲基四氮烯(TMT)转化生成NDMA 的产率约为 19%。在臭氧体系中，偏腙和丙酮腙更易于氧化转化为 NDMA。

二甲胺(DMA)分别与二氧化氯、臭氧、过氧化氢和高锰酸盐在室温下反应，采用 HPLC-IEUV-VIS 检测器在波长 230nm 处分析，结果证实上述强氧化剂都可以与 DMA 反应生成 NDMA[28]。产物中存在亚硝酸盐和硝酸盐，说明NDMA 是由 DMA 与亚硝酸盐反应生成的。NDMA 的产率取决于氧化剂与DMA 量的比值，且随 pH 的降低而降低。

文献认为，$MnO_2$ 对 DMA 臭氧氧化转化为 NDMA 具有催化作用[15]。DMA直接亚硝化的最佳 pH 为 3.0～3.5，但在 $MnO_2$ 存在下，即使 pH 为 8.25，DMA也可以与亚硝酸盐或硝酸盐反应生成 NDMA。因此，在氧化剂存在的碱性条件下，二甲胺可以转化为 NDMA，$MnO_2$ 通过电子转移过程夺取二甲胺的氮上氢，生成二甲氨基自由基，从而起到催化氧化的作用。

Andrzejewski 等根据 DMA 臭氧氧化过程中检测到 $NO_2^-$ 和 HCHO，推测

DMA 通过亚硝化作用机制生成 NDMA[14]。然而，根据亚硝化催化作用机理，NDMA 的产率应随 pH 的增加而降低，与实验结果相反。因此，Yang 等推测羟胺可能在 DMA 臭氧氧化转化为 NDMA 的过程中发挥重要作用，DMA 与臭氧反应产生羟胺，羟胺与 DMA 反应生成 UDMH，进一步氧化生成 NDMA[29]。

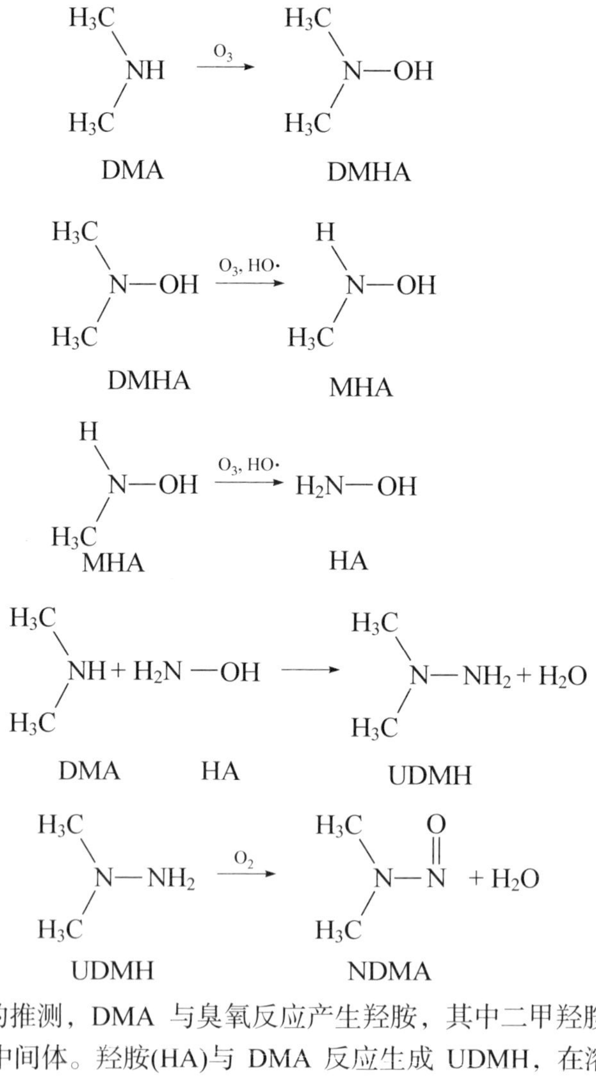

根据他们的推测，DMA 与臭氧反应产生羟胺，其中二甲羟胺 DMHA 和甲羟胺 MHA 为中间体。羟胺(HA)与 DMA 反应生成 UDMH，在溶解氧的作用下进一步生成 NDMA。他们的实验结果表明 HA 与 DMA 反应能够产生 UDMH 和 NDMA，并且当溶液从中性变为碱性时，NDMA 的产率随之增加，实验结果与 Andrzejewski 等的结论一致。

二甲胺和二甲氨基化合物在臭氧氧化过程中可以产生 NDMA，但 NDMA 的产率非常低(约为 0.4%)，只有在 mmol/L 数量级以上高浓度时才能产生显著的

NDMA。

值得注意的是，甲胺水溶液的氧化反应导致亚硝基二甲基胺的形成，反应产率低于 0.4%，且随接触时间的增加而增加。甲胺水溶液氧化产生 NDMA，标志着具有 CH₃N—结构的甲氨类化合物也可以转化为 NDMA。

### 7.1.4　NDMA 氧化降解产物

Oya 等研究发现，臭氧法处理染料废水时，随 pH 的增加 NDMA 生成量相应增加，但会转化为二甲胺。反应机理可能是 O₃ 和·OH 参与反应，破坏 NDMA 的生成[30]。Lv 等研究了臭氧降解 NDMA 的去除效率、影响因素和降解机理。结果表明，NDMA 臭氧氧化降解产物包括甲胺 MA、二甲胺 DMA、硝基甲烷 NM 和氨 AM，提高 pH 和增大臭氧投加量都有利于 NDMA 的降解[31]。不同 pH 条件下羟基自由基的抑制实验证实，臭氧氧化 NDMA 过程产生了羟基自由基。

在臭氧浓度为 7.7mg/L 条件下，单纯臭氧氧化处理 NDMA 的反应速率常数为 $(0.052 \pm 0.0016)\text{L}/(\text{mol}\cdot\text{s})$；采用 O₃/H₂O₂ 高级氧化法，NDMA 与臭氧反应的速率常数为 $(4.57 \pm 0.21) \times 10^8\text{L}/(\text{mol}\cdot\text{s})$，主要氧化产物是甲胺。NDMA 通过甲基氧化 N—N 键断裂生成甲基亚甲基亚胺，甲基亚甲基亚胺水解生成甲胺和甲醛，如图 7-4 所示[32]。

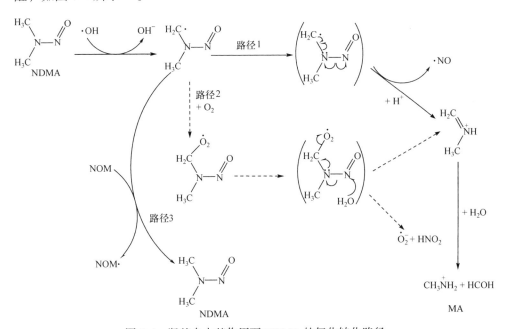

图 7-4　羟基自由基作用下 NDMA 的氧化转化路径

在碱性条件下，臭氧可以产生更多的羟基自由基，具有更强的氧化降解 NDMA 的能力。从亚硝基二甲胺氧化生成系列胺产物的结果来看，氧化过程除了羟基自由基的氧化作用之外，还存在还原作用。

羟基自由基可以高效去除亚硝基二甲胺的原因可能是，羟基自由基较臭氧对亚硝基二甲胺的甲基具有更好的甲基脱氢氧化能力，甲基上的氢被夺去并发生 N—N 键断裂生成亚甲基甲氨基自由基·$CH_2CH_3N$·，与偏二甲肼的甲基氧化、N—N 键断裂后生成的中间体完全一致，·$CH_2CH_3N$·加氢后生成二甲胺，然后通过转化为甲基亚甲胺和水解生成甲胺和甲醛。

$$(CH_3)_2NNO + \cdot OH \longrightarrow (CH_3)(\cdot CH_2)N \cdot + NO + H_2O$$

$$(CH_3)(\cdot CH_2)N \cdot + 2H \cdot \longrightarrow (CH_3)_2NH$$

$$CH_3N{=\!=}CH_2 + H_2O \rightleftharpoons CH_3NH_2 + CH_2O$$

甲胺在臭氧作用下主要生成硝基甲烷，少量生成甲酰胺，甲酰胺可以水解产生氨。亚硝基二甲胺降解产生二甲胺、甲醛、甲胺、氨、硝基甲烷之外，还有检测到 1-甲基-1H-1,2,4-三唑的报道，其是甲酰基肼与甲酰胺脱氢偶合产物，甲基甲酰基肼可能来自于偏二甲肼的氧化。此外光解产物中检测到甲基亚甲基甲胺。

鉴于亚硝基二甲胺降解过程产生二甲胺、偏二甲肼。分别采用臭氧体系、$Fe^{2+}/H_2O_2$ 芬顿体系和 $Cu^{2+}/H_2O_2$ 类芬顿体系对浓度为 50mg/L 的 NDMA 水溶液进行氧化降解，研究不同 pH 条件下 NDMA 降解产生二甲胺、偏二甲肼的含量。采用 8.1 节中的液相色谱法测定 NDMA，UV 检测器在波长 230nm 处分析；偏二甲肼和二甲胺采用分光光度法测定。三种不同体系中 NDMA 降解过程中间产物浓度变化如图 7-5 所示。

亚硝基二甲胺降解初期速率较高，之后速率降低具有零级反应特征，降解速率不随浓度的降低而下降。由于臭氧对甲基氧化能力较弱，因此 NDMA 在臭氧体系中的降解效果不佳。$Fe^{2+}/H_2O_2$ 芬顿体系、pH 为 3 时，NDMA 的降解效果最好，其次是 $Cu^{2+}/H_2O_2$ 类芬顿体系。亚硝基二甲胺降解主要转化为二甲胺，$Cu^{2+}/H_2O_2$ 类芬顿体系中还检测了到 UDMH，处理过程检测到二甲胺和偏二甲肼，表示亚硝基二甲胺氧化过程还存在还原作用。

1) $Fe^{2+}/H_2O_2$ 芬顿体系

在酸性条件下，NDMA 主要转化为二甲胺。二甲氨基的氮质子化后，增强了甲基的被氧化能力，同时质子化作用削弱了 N—N 键，有利于 N—N 键的断裂，并转化为二甲胺：

$$(CH_3)_2NNO + H^+ \longrightarrow (CH_3)_2NH^+NO$$

$$(CH_3)_2NH^+NO + \cdot OH \longrightarrow CH_3(\cdot CH_2)NH^+NO + H_2O$$

$$CH_3(\cdot CH_2)NH^+NO \longrightarrow CH_3(\cdot CH_2)NH^+ + NO$$

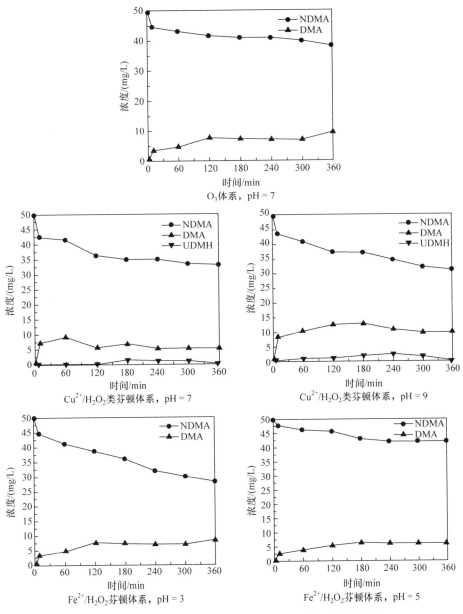

图 7-5　不同体系中 NDMA 降解过程中间产物的浓度变化

$$NO + \cdot OH \longrightarrow HNO_2$$

$CH_3(\cdot CH_2)NH^+$ 与 $Fe^{2+}$ 发生电子转移反应，转化为二甲胺：

$$CH_3(\cdot CH_2)NH^+ + Fe^{2+} \longrightarrow CH_3(\cdot CH_2)NH \text{ 或} (CH_3)_2N \cdot + Fe^{3+}$$

$$(CH_3)_2N \cdot + H \cdot \longrightarrow (CH_3)_2NH$$

在酸性条件下，亚硝基二甲胺中的二甲氨基—$N(CH_3)_2$ 的 N 具有亲核性，转化为—$HN^+(CH_3)_2$，该结构破坏了 N—NO 的共轭体系，削弱了 N—N 键能，有利于水解产生二甲胺：

$$(CH_3)(\cdot CH_2)NH^+NO + H_2O \longrightarrow (CH_3)_2NH + HNO_2 + H^+$$

由于二甲胺与亚硝酸在 pH=3 附近可以重新转化为 NDMA，在一定程度上抑制了 NDMA 的去除。只有在酸性条件下，将亚硝酸氧化为硝酸时，才能阻止重新转化为 NDMA：

$$HNO_2 + HO_2 \cdot \longrightarrow HNO_3 + \cdot OH$$

在芬顿体系中，与二甲胺生成具有竞争关系的反应是 $CH_3(\cdot CH_2)N\cdot$ 转化为甲基亚甲基亚胺，$CH_3(\cdot CH_2)N\cdot$ 通过甲基亚甲基亚胺水解产生甲胺和甲醛；甲基亚甲基亚胺水解减少了二甲胺的生成，进而避免二甲胺重新转化为 NDMA。

NDMA 难以去除，一方面是 NDMA 的甲基难以氧化，另一方面可能是 NDMA 氧化的中间体之间作用可以重新转化为 NDMA。在芬顿体系、酸性条件下，NDMA 氧化分解产生的 NO 容易转化为硝酸根，从而减少了逆反应的进行。

2) $Cu^{2+}/H_2O_2$ 类芬顿体系

在碱性条件下，NDMA 发生水解，水中 $OH^-$ 进攻亚硝基二甲胺 NO 中的亲电 N 原子，有利于甲基氧化和 N—N 键断裂：

$$(CH_3)_2NNO + \cdot OH + OH^- \longrightarrow CH_3(\cdot CH_2)NNO(OH^-) + H_2O$$
$$CH_3(\cdot CH_2)NNO(OH^-) \longrightarrow CH_3(\cdot CH_2)N\cdot + NO + OH^-$$

该过程是一个可逆过程，必须将亚硝酸转化为硝酸才能有效降解 NDMA，碱性介质中亚硝酸根不容易氧化为硝酸根，因此不容易组织逆向过程。

与芬顿体系相同，$CH_3(\cdot CH_2)N\cdot$ 加氢转化为二甲胺，$CH_3(\cdot CH_2)N\cdot$ 转化为甲基亚甲基亚胺，水解产生甲胺、甲醛。甲胺氧化生成亚甲基甲胺，水解生成氨。$CH_3(\cdot CH_2)N\cdot$ 与氨结合生成偏二甲肼：

$$CH_3(\cdot CH_2)N\cdot + NH_3 \longrightarrow UDMH$$

由以上分析可以看出，羟基自由基对甲基的氧化能力强，酸或碱催化作用可增强亚硝基二甲胺的水解，氧化导致 N—N 键断裂，甲基亚甲基亚胺发生水解，因此 pH 为 3 的 $Fe^{2+}/H_2O_2$ 芬顿体系、pH 为 9 的 $Cu^{2+}/H_2O_2$ 类芬顿体系对 NDMA 的降解效果较好；氧化过程中产生的 NO 或 $HNO_2$ 与二甲氨基自由基或二甲胺作用，逆向反应重新转化为 NDMA，这是 NDMA 难以降解的主要原因。

需要说明的是，由于氧化过程中可能产生甲胺，而甲胺对分光光度法检测二甲胺有干扰，因此测得的二甲胺含量数据可能包括一部分甲胺。

## 7.2　偏腙处理过程中 NDMA 的产生

　　本节验证偏二甲肼与甲醛反应生成偏腙，同时对不同体系偏腙降解产生二甲胺、偏二甲肼和 NDMA 的动力学过程进行跟踪。采用液相色谱法同时测定偏腙和 NDMA，UV 检测器检测偏腙、NDMA 的波长分别是 235nm、230nm；分光光度法测定偏二甲肼和二甲胺。

　　水和大气中有机污染物降解的区别在于水中有机污染物可以发生水解。偏二甲肼氧化转化物中的腙类、亚胺、酰胺和腈都能发生水解，其中腙类和亚胺的水解作用相似，亚胺水解产生胺和甲醛，因此水处理过程中凡是能产生亚胺的化合物都会生成甲醛和有机胺。

### 7.2.1　偏腙的生成与水解

　　偏二甲肼与甲醛的反应是一个快速亲核加成反应过程，其反应产物是偏腙。甲醛的氧原子与氢离子结合：

$$CH_2O + H^+ \longrightarrow H^+CH_2O$$

进一步与偏二甲肼结合：

$$CH_2OH^+ + (CH_3)_2NNH_2 \longrightarrow (CH_3)_2NN^+H_2CH_2OH$$

然后脱水、脱氢离子得到偏腙：

$$(CH_3)_2NN^+H_2CH_2OH \longrightarrow (CH_3)_2NN{=}CH_2 + H_2O + H^+$$

氢离子在反应中起催化作用。

　　研究不同 pH 条件下 100mg/L 偏二甲肼与甲醛生成偏腙的反应，实验结果见图 7-6。

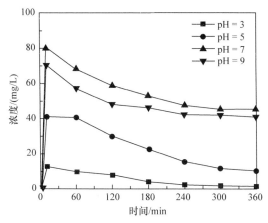

图 7-6　不同 pH 下偏二甲肼与甲醛作用生成偏腙的反应

由图 7-6 可知，偏二甲肼与甲醛的反应是一个快速过程。酸性条件下，偏腙的生成量最小；中性条件下，偏腙的生成量最大；碱性条件下，偏腙的生成量略小于中性。最大生成量受偏腙生成速率和水解速率影响。氢离子是成腙反应的催化剂，原理上酸性条件下反应更容易进行，但是由于偏二甲肼—NH$_2$ 上的氮原子可以与氢离子结合，削弱了 N 的亲核能力，反而降低了反应速度，因此只有中性甚至是碱性条件下，才能避免偏二甲肼阳离子的生成，更容易生成偏腙。

继续放置混合溶液，偏腙发生水解并与水中溶解氧作用生成乙二醛双二甲基腙，而浓度逐渐降低：

$$(CH_3)_2NN{=}CH_2 + O_2 \longrightarrow (CH_3)_2NN{=}CH\cdot + HO_2\cdot$$

$$2(CH_3)_2NN{=}CH\cdot \longrightarrow (CH_3)_2NN{=}CHCH{=}NN(CH_3)_2$$

分别选择 pH 为 3、5、7、9 的缓冲溶液配制浓度为 50mg/L 的偏腙，考察偏腙浓度随时间的变化，结果如图 7-7 所示。

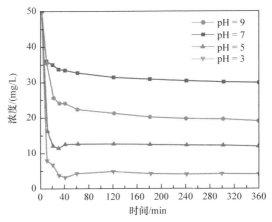

图 7-7　不同 pH 条件下 FDH 的水解

由图 7-7 可知，偏腙水解的速度很快，5～10min 就可以达到水解平衡。在 pH 为 7 的中性条件下约 40%的偏腙发生水解，在弱碱性条件下水解比例提高到 50%，在弱酸性条件下水解比例达到 80%，而在酸性条件下水解比例达到 90%。因此，偏腙在中性条件下最稳定，在酸性条件下最容易发生酸解，而在碱性条件下水解居中。偏腙水解生成偏二甲肼和甲醛：

$$(CH_3)_2NN{=}CH_2 + H_2O \rightleftharpoons (CH_3)_2NNH_2 + CH_2O$$

偏腙水解是偏腙在水溶液中最主要的反应。在酸性条件下，H$^+$进攻—N=CH$_2$ 中亲核的 N 原子，削弱—N=CH$_2$ 键并进一步引发水解；在碱性条件下，OH$^-$进攻—N=CH$_2$ 中亲电的 C 原子，同样削弱—N=CH$_2$ 键并进一步引发水解。因此，偏腙在酸性、碱性条件下都比在中性条件下容易水解。

### 7.2.2　偏腙的降解及降解产物

#### 7.2.2.1　偏腙降解过程中 COD 的去除

取 100mL 偏腙浓度为 200mg/L 的模拟废水，以偏腙中的碳完全氧化为二氧化碳、氮完全转化为氮气所需过氧化氢投加量为理论投加量，按理论值的 1.5 倍投加，$Cu^{2+}$ 与过氧化氢物质的量比为 1：50，$Fe^{2+}$ 与过氧化氢的物质的量比按 1：10 计算，分别加入硫酸铜溶液和硫酸亚铁溶液，测定降解过程中的 COD。在 pH 为 3、7、9 条件下，$Cu^{2+}/H_2O_2$ 体系、$Fe^{2+}/H_2O_2$ 体系降解 200mg/L 偏腙的 COD 去除率变化见图 7-8[33]。

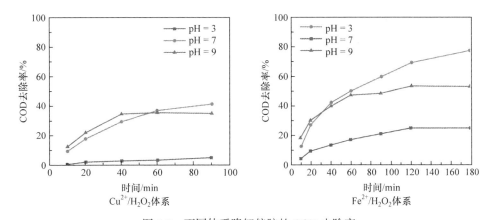

图 7-8　不同体系降解偏腙的 COD 去除率

图 7-8 可知，$Cu^{2+}/H_2O_2$ 体系对偏腙的氧化降解效果较差，在 pH 为 3 时几乎没有去除 COD 的能力，pH 为 7、9 时 COD 最大去除率仅 41.8%；$Fe^{2+}/H_2O_2$ 体系在 pH 为 3 时，偏腙的氧化降解效果最好，COD 最大去除率为 77.5%。

#### 7.2.2.2　偏腙降解过程转化物

不同氧化体系偏腙降解过程中间产物的浓度变化如图 7-9 所示。

选择浓度为 50mg/L 的偏腙水溶液为降解对象，$Cu^{2+}$、$Fe^{2+}$ 与过氧化氢的物质的量比为 1：10，在 pH 为 7 的 $Cu^{2+}/H_2O_2$ 体系、$O_3$ 体系和 pH 为 7 的 $Fe^{2+}/H_2O_2$ 体系中，检测到偏腙降解过程中产生 DMA、NDMA 和 UDMH。

由图 7-9 可知，偏腙在 $Fe^{2+}/H_2O_2$ 体系和 $O_3$ 体系中降解迅速，而在 $Cu^{2+}/H_2O_2$ 体系初期降解迅速，之后降解速率迅速降低呈现零级反应特征，降解速率不随浓度的降低而下降。从三体系中，二甲胺的初期生成反应速率看，中性条件下，二甲胺生成速率最小。酸性条件比中性条件反应速率大的原因是，氢离子对甲基氧化 N—N 键断裂有催化作用，而碱性介质有利于二甲胺生成的原因是，腙基氧化偏腙脱去·CH$_2$OO·转化为二甲氨基自由基，并进而转化为二甲胺。

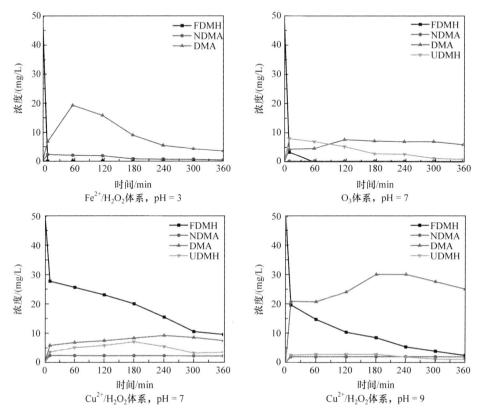

图 7-9　不同氧化体系偏腙降解过程中间产物的浓度变化

与偏腙臭氧气相氧化不同的是，偏腙转化为 NDMA 的生成量较少。本实验条件下，水中臭氧含量低，而芬顿和类芬顿体系产生的羟基自由基或过氧化氢自由基不与偏腙作用生成 NDMA。

1) Fe$^{2+}$/H$_2$O$_2$ 体系

反应过程中检测 DMA 和 NDMA。偏腙在酸性条件下更容易水解，但在 Fe$^{2+}$/H$_2$O$_2$ 体系的酸性条件下未检测到偏二甲肼的生成，说明该体系对偏二甲肼有很好的降解作用。同时，偏腙可能转化为二甲氨基乙腈、二甲胺等中间产物。Fe$^{2+}$/H$_2$O$_2$ 体系主要存在羟基自由基，在羟基自由基作用下生成(CH$_3$)$_2$NN＝C·H，其分解产生的 HCN、二甲胺，与甲醛作用生成二甲氨基乙腈：

$$(CH_3)_2NH + HCN + CH_2O \longrightarrow (CH_3)_2NCH_2CN + H_2O$$

偏腙与氧气作用产生了二甲基二氮烯，可能通过腙基氧化生成二甲氨基氮烯转化为 NDMA。这也是在氧气、过氧化氢自由基存在的条件下，偏腙在 $Fe^{2+}/H_2O_2$ 体系中生成 NDMA 的可能机理。

由图 7-9 还可以看出，偏腙在 $Fe^{2+}/H_2O_2$ 体系中氧化生成的二甲胺和 NDMA 有明显的浓度降低过程。由于二甲胺在酸性条件下并不容易被氧化，因此更有可能是二甲胺转化为二甲氨基乙腈等物质，而亚硝酸在酸性条件下转化为硝酸，使 NDMA 得到一定程度的降解。二甲氨基乙腈的生成，虽然导致偏腙含量迅速下降，但是 COD 的去除率并不高。

2) $O_3$ 体系

反应过程中检测 DMA、UDMH、NDMA。其中二甲胺含量最大，前期偏二甲肼含量较大，其后降解，1.5h 后 NDMA 浓度大于 UDMH 浓度。

中性 $O_3$ 体系对偏腙有很好的降解能力，且不会如气相反应大量生成 NDMA，同时二甲胺的生成量显著高于气相。受臭氧溶解度的限制，水中臭氧含量仅 2.5mg/L，因此偏腙氧化降解过程始终处于氧化剂含量偏低的条件，转化率不高：

$$(CH_3)_2NN{=}CH_2 + O_3 \longrightarrow (CH_3)_2NNO + \cdot CH_2OO\cdot$$

偏腙水解产生偏二甲肼，偏二甲肼与臭氧作用产生羟基自由基，羟基自由基会促进偏腙的甲基和腙基氧化。通过摘取双键氢转化的 $(CH_3)_2NN{=}C\cdot H$，进一步转化为二甲胺和 HCN，羟基自由基会抑制 NDMA 的生成。

臭氧不能有效去除二甲胺，对低含量偏二甲肼降解也较为缓慢。

3) $Cu^{2+}/H_2O_2$ 体系

反应过程中检测 DMA、UDMH、NDMA，其中二甲胺含量最大。在 $Cu^{2+}/H_2O_2$ 体系中，偏腙前期快速降解浓度下降，同时二甲胺的生成量迅速增大，说明该阶段并不是水解而是分解，偏腙没有如所期望的主要发生水解产生偏二甲肼，$Cu^{2+}$ 与腙基团—$NN{=}CH_2$ 发生配位抑制了水解：

$$(CH_3)_2NNCH_2 + Cu^{2+} \longrightarrow (CH_3)_2NNCH_2Cu^{2+}$$

有文献报道，$Cu^{2+}$、$Fe^{3+}$ 和 $Zn^{2+}$ 可以与腙基生成 1:1 的配位化合物，因此能抑制腙的水解。羟基自由基夺去双键—$N{=}CH_2$ 上的氢原子后，与 Cu 离子的配位作用类似于与 $H^+$ 作用，削弱 N—N 键从而促进 N—N 键断裂并产生二甲氨基自由基，$Cu^+$ 在碱性条件下与 $CN^-$ 有强配位作用，推测发生如下反应：

$$(CH_3)_2NN{=}C\cdot H + Cu^{2+} \longrightarrow (CH_3)_2N\cdot + Cu^+CN^- + H^+$$

因此，在类芬顿体系中偏腙主要氧化转化为二甲胺，生成比芬顿体系更多的二甲胺。$Cu^{2+}$ 的这一作用还抑制偏腙转化生成甲基氨基二氮烯，并进一步转化为 NDMA。

偏腙通过水解产生偏二甲肼但并不能有效降解，原因是 $Cu^{2+}$ 催化 $H_2O_2$ 转化为过氧化氢自由基的同时转化为 $Cu^+$：

$$Cu^{2+} + H_2O_2 \longrightarrow Cu^+ + H^+ + HO_2 \cdot$$

$Cu^+$ 不能使偏二甲肼失去氨基上的氢而氧化，因而不能有效去除偏二甲肼。$Cu^{2+}/H_2O_2$ 类芬顿体系不能有效降解产生的偏二甲肼、二甲胺、NDMA，因此偏腙的 COD 去除率很低。

### 7.2.3 偏腙转化为 NDMA 和二甲胺的机理

偏腙与臭氧的反应非常容易进行，臭氧与 N=C 键发生加成反应而形成五元环，五元环断裂生成 NDMA 和亚甲基过氧自由基：

$$(CH_3)_2NN{=}CH_2 + O_3 \longrightarrow (CH_3)_2NNO + \cdot H_2COO \cdot$$

偏腙的腙基氧化可以生成二甲氨基氮烯，二甲氨基氮烯加氧转化为亚硝基二甲胺。

$$(CH_3)_2NN{=}CH_2 + O_2 \longrightarrow (CH_3)_2NN\colon + \cdot H_2COO \cdot$$
$$(CH_3)_2NN\colon + O_3 \text{ 或 } HO_2 \cdot \longrightarrow (CH_3)_2NNO + O_2 \text{ 或 } \cdot OH$$

与臭氧气相反应不同的是，偏腙水解产生偏二甲肼，臭氧和偏二甲肼作用促进了水中羟基自由基的产生，羟基自由基氧化偏腙过程中产生二甲胺：

$$(CH_3)_2NN{=}CH_2 + \cdot OH \longrightarrow (CH_3)_2NNC \cdot H + H_2O$$
$$(CH_3)_2NNC \cdot H \longrightarrow (CH_3)_2N \cdot + HCN$$

在酸性条件下，偏腙甲基氧化，并生成二甲胺前驱体亚甲基甲氨基自由基：

$$(CH_3)_2NNCH_2 + \cdot OH \longrightarrow \cdot CH_2CH_3NNCH_2 + H_2O$$
$$CH_3 \cdot CH_2NNCH_2 \longrightarrow \cdot CH_2CH_3N \cdot + \cdot NH_2$$

亚甲基甲氨基自由基与氢结合生成二甲胺。为什么碱性条件下 $Cu^{2+}/H_2O_2$ 体系产生的二甲胺也多呢？这是因为 $Cu^{2+}$ 与偏腙的双键发生配位作用，在亲电试剂铜离子的作用下，削弱 N—N 键，并引发 N—N 键的断裂，偏腙更容易转化为二甲胺。

# 7.3 二甲胺处理过程中 NDMA 的产生

二甲胺处理过程中转化为 NDMA 的研究报道最多，目前主要研究氯氨和臭氧作用下 NDMA 的产生。本节对 $O_3$ 体系、$Fe^{2+}/H_2O_2$ 体系、$Cu^{2+}/H_2O_2$ 体系的二甲胺氧化开展对比研究，以确定二甲胺转化降解产物和 NDMA 的产生路径。

### 7.3.1　二甲胺与亚硝酸作用

　　二甲胺作为 NDMA 主要降解产物的同时又是其前驱体，在酸性条件下，二甲胺与亚硝酸作用产生 NDMA 被认为是人体消化系统中 NDMA 生成的主要路径。配制物质的量比为 1∶1 的二甲胺与亚硝酸钠溶液，调整 pH 分别为 3、5、7、9，每隔一定时间检测 NDMA 的生成量，获得不同 pH 条件下 NDMA 浓度变化曲线，如图 7-10 所示。

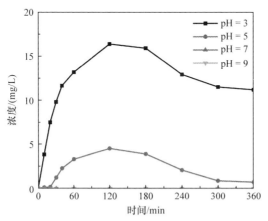

图 7-10　不同 pH 条件下的 NDMA 浓度变化

　　由图 7-10 可知，在 pH 等于 3 时，NDMA 生成较快且生成量较大，pH 等于 5 时次之，而在中性和碱性条件下则几乎没有 NDMA 产生。二甲胺与亚硝酸作用速率远低于偏二甲肼与甲醛的作用速率，但与之类似的是，NDMA 浓度达到最大值后逐步减小。

　　在酸性条件下亚硝酸分解产生 $N_2O_3$，与二甲胺作用生成亚硝基二甲胺：

$$2HNO_2 \longrightarrow N_2O_3 + H_2O$$

$$(CH_3)_2NH + N_2O_3 \longrightarrow (CH_3)_2NNO + HNO_2$$

　　$N_2O_3$ 是由 NO 和 $NO_2$ 组合而成，二氧化氮可以看作氧化剂进攻二甲胺的氨基，使其转化为二甲氨基自由基，二甲氨基自由基与 NO 作用转化为 NDMA。

　　为何亚硝基二甲胺浓度会在 2h 后下降，推测 NDMA 发生水解重新转化为亚硝酸和二甲胺：

$$(CH_3)_2NNO + H_2O \longrightarrow (CH_3)_2NH + HONO$$

　　在酸性条件下，亚硝酸被空气中的氧氧化为硝酸，或者说 $N_2O_3$ 氧化转化为 $NO_2$，单独 $NO_2$ 不与$(CH_3)_2NH$作用生成亚硝基二甲胺，最后导致 NDMA 浓度降低。亚硝基二甲胺水解的观点、二甲胺与亚硝基二甲胺之间的可逆转化的观点，简单且更好地解释本实验现象以及 7.1.4 小节中亚硝基二甲胺在酸性和碱性条件下易降解的现象。

### 7.3.2　二甲胺的降解及降解产物

二甲胺降解产生甲醛、酰胺、甲胺、亚硝基二甲胺和氨等。二甲胺甲基氧化产生甲基亚甲基亚胺和二甲基甲酰胺、甲基甲酰胺，甲基亚甲基亚胺水解产生甲胺和甲醛。本节检测二甲胺氧化过程中 NDMA、偏二甲肼和 COD 等指标的变化。

#### 7.3.2.1　二甲胺降解过程中 COD 的去除

在 200mg/L 的二甲胺的模拟废水中，按理论值(二甲胺与过氧化氢物质的量比为 1∶9.5)的 1.5 倍投加过氧化氢，$Cu^{2+}$、$Fe^{2+}$ 分别与过氧化氢物质的量比为 1∶50、1∶10 投加，检测二甲胺降解过程中的 COD 变化，结果见图 7-11[32]。

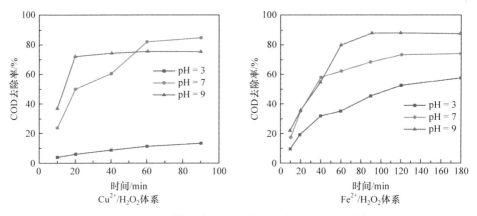

图 7-11　不同体系降解二甲胺过程中的 COD 去除率

由图 7-11 可知，$Cu^{2+}/H_2O_2$ 体系中，在 pH 等于 3 时，二甲胺降解过程中的 COD 去除率很低，而在中性和碱性条件下 COD 去除率较高，且处理能力接近。这是因为在碱性条件下易于发生过氧化氢分解产生羟基自由基，开始阶段，pH 等于 9 的氧化反应速率比 pH 等于 7 快，但最后却是 pH 等于 7 的 COD 去除率最高。二甲胺降解过程中 COD 的总体矿化程度较偏二甲肼低。

由图 7-11 可知，$Fe^{2+}/H_2O_2$ 体系中，随 pH 的升高，二甲胺降解过程中的 COD 去除率增大。在酸性条件下，二甲胺的质子保护作用降低了胺上的质子反应，N—H 键上的氢难以被氧化，但甲基上的氢可以被氧化：

$$(\cdot CH_2)NHH^+CH_3 \longrightarrow (CH_3)_2N \cdot H^+$$

$$(CH_3)_2N \cdot II^+ + Fe^{2+} \longrightarrow (CH_3)_2NH + Fe^{3+}$$

$Fe^{2+}$ 通过电子传递，可将 $(CH_3)_2N \cdot H^+$ 转化为二甲胺，减缓了二甲胺的氧化速度。碱性条件下，$Fe^{2+}$ 发生沉淀，$Fe^{2+}/H_2O_2$ 体系产生羟基自由基的能力减弱，但二甲胺失去质子保护，还原性增强且易被氧化，因此碱性条件下的 $Fe^{2+}/H_2O_2$ 体系处理效果最强，而且比 $Cu^{2+}/H_2O_2$ 体系最佳处理条件的处理效果还好。

### 7.3.2.2　二甲胺的降解产物

50mg/L 的二甲胺水溶液中，$Cu^{2+}$、$Fe^{2+}$ 与过氧化氢的投加量之比均为 $1:10$，检测不同体系中二甲胺降解的中间产物浓度变化曲线，如图 7-12 所示。

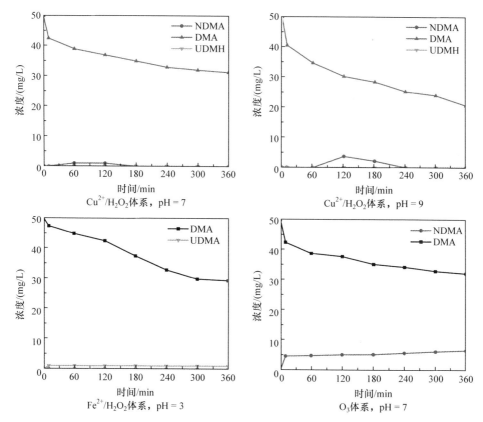

图 7-12　不同体系中 DMA 降解的中间产物浓度变化

由图 7-12 可知，二甲胺在初期的较快反应后，以较为缓慢的零级反应过程进行。$Fe^{2+}/H_2O_2$ 体系中检测到 UDMH 但却没有检测到亚硝基二甲胺。说明芬顿体系中的羟基自由基氧化二甲胺，使二甲胺在 pH＝3 条件下降解速率较快。二甲胺甲基氧化、水解等作用依次生成甲胺和氨：

$$二甲胺 \longrightarrow 甲胺 \longrightarrow 氨$$

二甲胺氧化生成甲基亚甲基亚胺，水解生成甲胺和甲醛。大部分甲胺在羟基自由基的作用下转化为亚甲基甲胺，亚甲基甲胺水解生成氨：

$$HN{=}CH_2 + H_2O \longrightarrow NH_3 + CH_2O$$

$Fe^{2+}/H_2O_2$ 体系中，氧化过程产生少量的偏二甲肼，没有产生 NDMA，说明 $Fe^{2+}/H_2O_2$ 体系中未产生亚硝酸或亚硝酸含量较低。

氨是生成偏二甲肼的重要前驱体，$NH_3$、$\cdot NH_2$ 与 $(\cdot CH_2)N\cdot CH_3$ 或 $(CH_3)_2N\cdot$ 作用产生偏二甲肼：

$$(\cdot CH_2)N\cdot CH_3 + NH_3 \longrightarrow (CH_3)_2NNH_2$$

$$(\cdot CH_2)NHCH_3 + \cdot NH_2 \longrightarrow (CH_3)_2NNH_2$$

氨在酸性条件下不容易被氧化，因其未转化为亚硝酸，所以酸性条件下二甲胺转化为偏二甲肼而不是亚硝基二甲胺，同样偏二甲肼在氨基的质子化保护作用下也未转化为 NDMA。

上述三种体系中，$O_3$ 降解二甲胺产生 NDMA 的量最大，但未检测到偏二甲肼的生成。多年以来，二甲胺转化为 NDMA 的机理研究认为，二甲胺氧化生成偏二甲肼，再进一步生成 NDMA。由于臭氧对 $NH_3$ 有较强的氧化能力，因此臭氧条件下二甲胺转化为 NDMA 更可能的过程是，臭氧作用下二甲胺的氨基氧化生成二甲氨基自由基，其与 NO 结合转化为 NDMA。

$$(CH_3)_2N\cdot + O_3 \longrightarrow (CH_3)_2NO + O_2$$

臭氧与二甲胺作用可以产生羟基自由基，在羟基自由基的作用下二甲胺甲基氧化依次生成甲胺和氨，氨是 NO 的前驱体。由于臭氧容易氧化 $NH_3$，因此臭氧氧化过程未生成 UDMH 就可以直接转化为 NDMA。

臭氧分解产生活性氧自由基，氧自由基与氨能够发生快速反应并转化为氨基自由基：

$$O_3 \longrightarrow \cdot O(^1D) + O_2$$

$$\cdot O(^1D) + NH_3 \longrightarrow \cdot NH_2 + \cdot OH \qquad k = 1.5\times10^{11}L/(mol\cdot s)$$

臭氧与 $\cdot NH_2$ 反应生成 $\cdot NHOH$，甚至 NO 和亚硝酸盐：

$$\cdot NH_2 \longrightarrow NH_2O\cdot \longrightarrow \cdot NHOH \longrightarrow \cdot H + HNO \longrightarrow H_2 + NO$$

产生的 $\cdot NHOH$、HNO、NO、亚硝酸盐与二甲胺作用，不经过偏二甲肼就可以转化为 NDMA 或其前驱体。由于臭氧在 pH 等于 7 时就能将氨转化为亚硝酸盐，因此臭氧与二甲胺作用转化为 NDMA 的转化率远高于其他两种体系。

$$(CH_3)_2N\cdot + NO_2^- + H^+ \longrightarrow (CH_3)_2NNO + \cdot OH$$

在 $Cu^{2+}/H_2O_2$ 体系的羟基自由基作用下，二甲胺甲基氧化逐步转化为氨，氨与羟基自由基作用生成氨基自由基：

$$\cdot OH + NH_3(aq) \longrightarrow \cdot NH_2 + H_2O \qquad k = 6.9 \times 10^8 L/(mol \cdot s)^{[34]}$$

由于羟基自由基与 $NH_3$ 的反应活性低于臭氧 3 个数量级，因此 $Cu^{2+}/H_2O_2$ 类芬顿体系二甲胺转化生成了偏二甲肼，但亚硝基二甲胺的生成量不大。

通过转化为偏二甲肼再转化为 NDMA，与 $Fe^{2+}/H_2O_2$ 体系相比，由于酸性条件下的质子保护作用，生成的偏二甲肼未进一步转化为 NDMA。在 $Cu^{2+}/H_2O_2$ 体系中也存在转化为 $(CH_3)_2N\cdot$ 与 NO 结合生成 NDMA 的可能，但降解生成 NDMA 的量明显低于臭氧，说明 $Cu^{2+}/H_2O_2$ 体系氧化氨的能力较弱，因此二甲胺不容易转化为 NDMA。

在臭氧体系和 $Cu^{2+}/H_2O_2$ 体系 NDMA 的生成可能存在两种途径，一是二甲氨基自由基与 NO 结合生成 NDMA；二是二甲胺经偏二甲肼转化为 NDMA，两种转化产物及 NDMA 生成量的差异，主要源于臭氧体系更容易将沿第一条路径进行，$Cu^{2+}/H_2O_2$ 体系主要从第二条路径进行，$Cu^{2+}/H_2O_2$ 体系是一次性投加氧化剂，反应后期，氧化剂不足导致无法将偏二甲肼转化为 NDMA，因此生成较少的 NDMA。

### 7.3.3　无机氮之间的转化与亚硝酸根的去除

二甲胺氧化法处理过程存在两种反应路径产生亚硝基二甲胺，一种是二甲氨基自由基与 NO 作用或二甲胺与亚硝酸作用生成，另一种的路径中二甲胺先转化生成偏二甲肼再转化为 NDMA，采取哪种反应路径，取决于反应过程中间物氨的形态。此外，希望有机含氮化合物废水处理后尽可能地转化为 $N_2$，这也与三种无机氮在不同 pH 下的氧化特性有关。

水中的无机氮主要包括：$NH_4^+$、$NO_2^-$ 和 $NO_3^-$。对于饮用水处理，光催化还原过程可将硝酸盐转化为无害的 $N_2$，但是同时产生亚硝酸盐和氨等含水副产物。氨氮氧化生成 $NO_3^-$ 的过程中，先产生 $NO_2^-$，$NO_2^-$ 不稳定，很快转化为 $NO_3^-$，$NO_2^-$ 和 $NO_3^-$ 并非最安全的产物，只有最终转化为 $N_2$ 才是理想的。亚硝酸根离子在酸性条件下不稳定，易分解：

$$3HNO_2 \Longleftrightarrow HNO_3 + 2NO + H_2O$$

偏二甲肼及其氧化产物转化为 NDMA 的量，与氨的氧化性能密切相关。

工业上可采用碱液吸收和氨还原方法处理含 $NO_x$ 的尾气，其中碱液吸收的化学方程式为

$$2NO_2 + 2NaOH \longrightarrow NaNO_2 + NaNO_3 + H_2O$$
$$NO + NO_2 + 2NaOH \longrightarrow 2NaNO_2 + H_2O$$

### 7.3.3.1 水中氨氧化机理

氮元素的电位图如图 7-13 所示[35]。

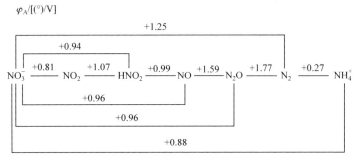

图 7-13　氮元素的电位图

由图 7-13 可知，水中的氨与氧化剂作用可以转化为高价态氮的化合物；反之，硝酸与还原剂物质如金属、碳作用可以转化为相对低价态的化合物或单质。体系中多种形态的氮可以共存，如硝酸与铁的氧化还原反应生成氨、一氧化氮、二氧化氮、氮气、氧化二氮等，随着硝酸浓度从低到高，主要反应产物依次为氨、一氧化氮、二氧化氮，当氨消除时主要转化为 NO。

迄今为止，人们对水溶液中氨(包括 $NH_3$ 和 $NH_4^+$)转化为亚硝酸根、氧化二氮的机理尚不十分清楚。结合 5.4.6 小节所述内容，可以获得以下反应机理。

在羟基自由基、臭氧的作用下，$NH_3$ 转化为氨基自由基和 $NH_2O\cdot$[34,36]：

$$\cdot OH + NH_3(aq) \longrightarrow \cdot NH_2 + H_2O \qquad k = 6.9\times10^8 L/(mol \cdot s)$$

$$O_3 \longrightarrow \cdot O(^1D) + O_2$$

$$\cdot O(^1D) + NH_3 \longrightarrow \cdot NH_2 + \cdot OH \qquad k = 1.5\times10^{11} L/(mol \cdot s)$$

$$\cdot NH_2 + O_3 \longrightarrow NH_2O\cdot + O_2$$

在含有过氧化氢的羟基自由基的体系中，由于存在氧自由基，因此 $\cdot NH_2$ 与 $O\cdot$ 同样生成 $NH_2O\cdot$[37]。过氧化氢自由基 $HO_2\cdot$ 与 $\cdot NH_2$ 主要转化为 $NH_3$ 和 $O_2$[38]：

$$\cdot NH_2 + HO_2\cdot \longrightarrow NH_2O_2H \longrightarrow NH_3 + O_2$$

过氧化氢自由基与 $:NH$ 发生如下反应：

$$:NH + HO_2\cdot \longrightarrow NHO_2H \longrightarrow HNO + \cdot OH$$

$NH_2O\cdot$ 经过分子重排和分解，先转化为 HNO 后转化为 NO[35]，而 HNO 与甲基自由基作用可能更容易转化为 NO[39]：

$$NH_2O\cdot \longrightarrow \cdot NHOH \qquad k=(1.3\pm0.1)\times10^3 s^{-1}, \ E_a=58.52kJ/mol$$

$$NH_2O\cdot \longrightarrow \cdot H + HNO \qquad E_a = 8.78kJ/mol$$

$$\cdot NHOH \longrightarrow \cdot H + HNO \qquad E_a = 34.69kJ/mol$$

$$\cdot H + HNO \longrightarrow H_2 + NO \qquad E_a \approx 1.3kJ/mol$$

$$HNO + \cdot CH_3 \longrightarrow NO + CH_4$$

生成 NO 的过程是限速过程，之后 NO 快速氧化生成 $NO_2$、$HNO_2$，$NO_2$ 进一步转化为 $HNO_3$：

$$NO + O_3 \longrightarrow NO_2$$
$$NO + \cdot OH \longrightarrow HNO_2$$
$$NO_2 + \cdot OH \longrightarrow HNO_3$$

氨基自由基与 NO、$NO_2$ 作用产生亚硝基胺 $NH_2NO$[39,40]、$HN \cdot NO$ 中间体，进一步分解产生 $N_2$、$N_2O$：

$$\cdot NH_2 + NO \longrightarrow N_2 + H_2O$$
$$:NH + NO \longrightarrow N_2O + H \cdot$$
$$\cdot NH_2 + NO_2 \longrightarrow N_2 + H_2O$$

硝酸铵、亚硝酸铵固体热分解分别转化为 $N_2O$、$N_2$，这是因为氨与 $NO_x$ 反应转化为 $N_2$，所以 $NO_x$ 和氨共存体系中，$NO_x$ 含量不会太大。

氨氧化过程受反应的 pH、氧化时间和氧化剂含量控制，随着氧化剂含量增多，依次生成 NO、$NO_2$、亚硝酸根和硝酸根，如果氧化剂用量充足则转化为硝酸根，如果氧化剂用量不足或反应时间相对较短则转化为亚硝酸根。

#### 7.3.3.2　$NH_4^+$-$NH_3$ 的氧化去除

1) 臭氧体系

$NH_3$ 和 $O_3$ 室温下反应制备 $NH_4NO_3$，每消耗 4 个 $O_3$ 分子就产生 1 个 $NH_4NO_3$ 分子，说明臭氧更容易将氨氧化生成硝酸根而不是亚硝酸根[41]。

氨氮臭氧氧化为硝酸盐过程中，初始 pH 和碳酸盐对转化率影响见图 7-14[42]。

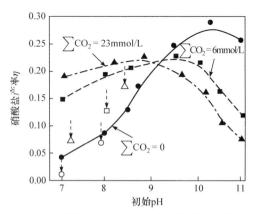

图 7-14　初始 pH 和碳酸盐对臭氧氧化氨氮转化为硝酸盐的影响[42]

($\sum CO_2$ 指 $CO_2$、$H_2CO_3$、$HCO_3^-$、$CO_3^{2-}$ 浓度的总和)

水中臭氧氧化氨的过程，包括由臭氧与氨直接反应以及臭氧分解生成氧自由基、羟基自由基与氨的间接反应。碳酸盐起抑制羟基自由基生成的作用，$\Sigma CO_2 = 0$ 时主要发生羟基自由基、臭氧共同作用，低于 pH = 9.24 时，氨主要以铵离子形态存在，难于被氧化，当 pH 高于 9.24 时，氨主要以分子形态存在，硝酸盐产率在 pH = 10.4 达到最大。$\Sigma CO_2 \neq 0$ 时，主要为氨的臭氧氧化，单独臭氧对氨的在低于 pH = 9.24 时，表现出较好的氧化能力，反而是高于 pH = 9.24 时，臭氧大量分解消耗(未用于与氨反应)，硝酸盐产率反而下降。在低于 pH = 9.24 时，单独臭氧与氨作用比臭氧、羟基自由基与臭氧共同作用转化为硝酸盐的量还要大，单独臭氧更有利于氨的氧化。

初始 pH 对氧气、臭氧氧化去除氨氮的影响如图 7-15 所示[43]。

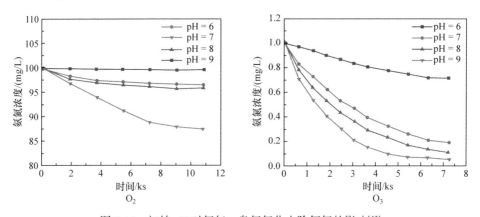

图 7-15   初始 pH 对氧气、臭氧氧化去除氨氮的影响[43]

由图 7-15 可知，氧气微泡氧化过程，部分氨在 pH 等于 7 时被氧化，去除率最大约 22.5%，但是在 pH 为 9 时则几乎没有氧化；臭氧微泡氧化过程，pH 从 6 增加到 9，随着 pH 的增加，氨/铵混合物中氨的占比增加，氨被更好地去除，去除率达 90%以上，pH 为 6 时，7.2ks 时仅除去 19%的氨，但 pH = 7，相应时间氨的去除率已达 75%以上。臭氧可以很好去除氨，与图 7-14 对应看，在此 pH 区段硝酸根的含量并不高，因此该 pH 区段更容易转化为亚硝酸根。

上述两个实验证明，在中性条件下臭氧就可以氧化氨，在中性和弱碱性(pH 在 7 和 9 之间)条件下，硝酸盐产率相对于氨的去除率较低，说明该阶段主要转化为亚硝酸根，氨的氧化经过亚硝酸根再转化为硝酸根：

$$2NH_3 + 7O \cdot \longrightarrow 2NO_2^- + 3H_2O$$
$$NO_2^- + O_3 \longrightarrow NO_3^- + O_2$$

臭氧氧化硫酸铵和氯化铵溶液的过程几乎相同，说明氯离子未参与臭氧氧化过程。溴离子在臭氧氧化过程中起催化剂的作用，并且检测到更快的氨氧化速率和更低的硝酸盐产率[44]。

臭氧和溴作用产生活性溴 HOBr：

$$O_3 + Br^- \longrightarrow OBr^- + O_2$$

$$O_3 + OBr^- \longrightarrow Br^- + 2O_2$$

$$2O_3 + OBr^- \longrightarrow BrO_3^- + 2O_2$$

$$H^+ + OBr^- \rightleftharpoons HOBr$$

HOBr 起到羟基自由基脱氢的作用。HOBr 氧化氨生成溴化物 $NH_2Br$、NHBr 和 $NBr_3$：

$$HOBr + NH_3 \longrightarrow NH_2Br + H_2O$$

$$HOBr + NH_2Br \longrightarrow NHBr_2 + H_2O$$

$$HOBr + NHBr_2 \longrightarrow NBr_3 + H_2O$$

$$2H_2O + NHBr_2 + NBr_3 \longrightarrow N_2 + 3Br^- + 3H^+ + 2HOBr$$

溴化物与 NO 发生反应转化为 $N_2$，减少了硝酸根的生成：

$$NH_2Br + NO \longrightarrow N_2 + H_2O + Br$$

在二甲胺臭氧氧化中如果含有溴离子，生成的 $NH_2Br$、$NHBr_2$ 可能转化为 $(CH_3)_2NNH_2$ 或 $(CH_3)_2NNH_2Br_2$。

2) 过氧化氢体系

$H_2O_2$ 初始浓度为 0.02mol/L、pH 为 9.3，氨初始浓度分别为 1000mg/L、31mg/L，253.7nm 低压汞灯辐照下不同反应时间溶液中的三氮(氨、亚硝酸盐、硝酸盐)的浓度变化如图 7-16[45]。

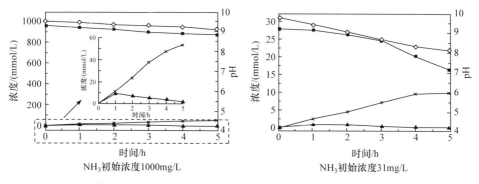

图 7-16　UV/$H_2O_2$ 作用下氨氮反应过程三氮的浓度变化[45]
—◇— 氨　—▲— 亚硝酸根　—×— 硝酸根　—■— pH

由图 7-16 可知，过氧化氢对氨的去除率低，主要氧化生成硝酸盐和少量的亚硝酸盐。氨浓度为 1000mg/L 的光催化 $H_2O_2$ 氧化过程，反应 1h 后，$NO_2^-$ 的浓度达到峰值 10mg/L，$NO_2$ 与 $NO_3^-$ 浓度之比为 1，而氨浓度为 31mg/L 时生成的

$NO_2^-$、$NO_3^-$ 浓度之比为 0.5。

在紫外线的作用下过氧化氢分解产生羟基自由基，羟基自由基摘取 $NH_3$ 上的氢生成氨自由基，氨自由基与氧自由基结合转化为 $NH_2O\cdot$，$NH_2O\cdot$ 不稳定分解为次硝酸 HNO 或亚氨氮烯(自由基):NH，与过氧化氢自由基结合转化为 HNO，进一步产生 NO，在羟基自由基作用下转化为 $NO_2^-$，并被氧化成 $NO_3^-$:

$$NO + \cdot OH \longrightarrow H^+ + NO_2^-$$

$$NO_2^- + HO_2 \cdot \longrightarrow \cdot OH + NO_3^-$$

羟基自由基与氨的反应速率比臭氧低 3 个数量级，因此过氧化氢光催化氧化能力较臭氧弱。

3) 臭氧和过氧化氢体系

1985 年，Tomiyasu 等[46]提出碱性溶液中臭氧分解的初始步骤如下：

$$O_3 + OH^- \longrightarrow HO_2^- + O_2$$

过氧化氢在水中离解[47]:

$$H_2O_2 \longrightarrow HO_2^- + H^+$$

$HO_2^-$ 与臭氧分子反应产生羟基自由基：

$$O_3 + HO_2^- \longrightarrow \cdot OH + O_2^- + O_2$$

臭氧和氨气的反应为一级反应，反应速率随温度升高而略有增加，25℃时，随着 pH 从 8 升高到 10，总速率常数从 $12.3ms^{-1}$ 变为 $27.0ms^{-1}$。在过氧化氢的存在下，氨的氧化主要受羟基自由基及随后的自由基反应控制。臭氧消耗速率相对于臭氧和过氧化氢的浓度都是一级的，但与氨的浓度几乎无关。在 25℃、pH 为 8～10 时，总速率常数从 $5860ms^{-1}$ 增加到 $133000ms^{-1}$，反应速率增加与氢氧根离子浓度成正比，指数为 0.71[48]。

4) 二氧化钛光催化体系

无论是气相、液相、溶液还是催化剂表面，反应都是相似的。采用第一性原理计算研究了 $NH_3$ 在锐钛矿表面上可能的吸附构型和解离反应。$NH_3$ 可以吸附在 5c-Ti 上，生成 $H_3N$-Ti，其后转化为 $H_2N$-Ti、ONH-Ti、ON-Ti，氨在催化剂表面被氧化为重要的中间体 NO[49]。

紫外线照射 $TiO_2$ 催化降解气态 $NH_3$，检测到生成物有 $N_2$ 和 $N_2O$，还有 $HNO_2$、$NO_2$ 和 $HNO_3$。纳米二氧化钛光催化氧化氨氮的产物包括 $N_2$、$NO_2^-$ 和 $NO_3^-$，氨氮的去除速率随 pH 升高而增加。$NO_2^-$ 的初始光催化氧化速率比 $NH_4^+$/$NH_3$ 高 1 个数量级，表明 $NH_4^+$/$NH_3$ 光催化氧化为 $NO_3^-$ 的速率受到 $NH_4^+$/$NH_3$ 氧化为 $NO_2^-$ 的限制[50]。

Altomare 等研究了纳米二氧化钛光催化氧化降解氨，主要氧化产物为 $N_2$、$NO_2^-$ 和 $NO_3^-$；pH 为 10.5 时，氨的转化率达 88%，且 $N_2$ 的选择性达 40%，继续增大 pH 到 11.5 以上，几乎全部转化为亚硝酸根[51]。

为寻找选择性光催化氧化降解 $NH_3$ 并转化为 $N_2$ 的方法，Lee 等研究了在空气、氮气或 $NO_2$ 气体饱和的水中光催化氧化裸露 $TiO_2$ 和金属化 $TiO_2$ 上的氨[52]。结果表明，虽然 $NH_3$ 缓慢光催化氧化生成 $NO_2^-/NO_3^-$ 是裸露 $TiO_2$ 和 $Au/TiO_2$ 上 $NH_3$ 分解的唯一途径，但 $Pt/TiO_2$ 悬浮液被 $NO_2$ 气体饱和时，$NH_3$ 降解为 $N_2$ 的转化率大大增加，而 $NO_2$ 本身与裸露 $TiO_2$ 和 $Au/TiO_2$ 的反应性很小，此时发生如下反应：

$$\cdot NH_2 + NO_2 \longrightarrow N_2O + H_2O$$

在紫外线照射 $N_2O$ 饱和的 $Pt/TiO_2$ 悬浮液 40min 后，0.1mmol/L 氨 80% 以上总氮转化为 $N_2$。光电化学测量验证了 $N_2O$ 接受 $Pt/TiO_2$ 导带电子的能力，质谱检测证实了 $^{15}NH_3$ 氧化生成 $^{15}N_2$，弱碱性条件有利于氨与转化生成的亚硝酸根反应转化为 $N_2$。

### 7.3.3.3　$NO_2^-$ 的氧化去除

初始 pH 分别为 2、3、4、5、7 和 10，$NO_2^-$ 的初始浓度为 100mg/L，$NO_2^-$ 与 $H_2O_2$ 物质的量比为 1∶1，$Fe^{2+}$ 与 $H_2O_2$ 物质的量比为 1∶10，反应 30min 后的实验结果如图 7-17 所示。

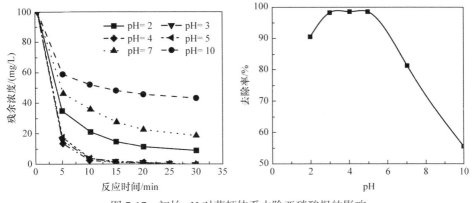

图 7-17　初始 pH 对芬顿体系去除亚硝酸根的影响

由图 7-17 可知，pH 为 3～5 时芬顿法对亚硝酸根的去除率达 99% 以上，而且反应很快。这除了与芬顿体系的活性有关外，也与亚硝酸本身不稳定，在酸性条件下容易转化为硝酸有关。

光解产生的 $NO_2$ 发生二聚，并歧化生成亚硝酸根和硝酸根：

$$N_2O_4 + H_2O \longrightarrow NO_3^- + NO_2^- + 2H^+$$

亚硝酸钠初始浓度为 10mg/L 的溶液中，加入 50mg 纳米二氧化钛，紫外线照射下降解 150min，得到不同初始 pH 条件下 $NO_2^-$ 去除率与反应时间的关系，结果如图 7-18 所示。亚硝酸钠初始浓度为 10 mg/L 的溶液中，加入 100 mg 纳米二氧化钛，在 pH3、紫外线照射条件下反应不同时间，用 Langmuir-Hinshelwood 动力学方程拟合得到反应动力学曲线，如图 7-19 所示。该反应符合一级反应动力学特征，其动力学方程：

$$\ln(c_0/c) = 0.0248t - 0.109 \qquad 相关系数\ R = 0.9917$$

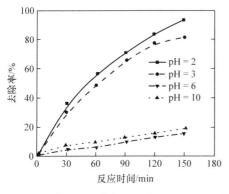

图 7-18　初始 pH 对纳米 $TiO_2$ 光解 $NO_2^-$ 的影响　　图 7-19　反应动力学方程的拟合

亚硝酸盐的光催化反应缓慢，酸性条件下降解效果较好，而在中性和碱性条件下光照 150min 的去除率不到 20%。这可能与亚硝酸在酸性条件下不稳定(解离常数 $pK_a$ 为 3.39)、易分解有关。

亚硝酸根的紫外吸收带在 210nm、360nm 处，硝酸根的紫外吸收带在 200nm、310nm 处，$NO_2^-$ 光解产生 $NO_2$、NO 和 ·OH 等：

$$NO_2^- + h\nu \longrightarrow NO + \cdot O^-$$

在 pH 小于 3.5 的酸性条件下，$HNO_2$ 光解生成 NO 和 ·OH：

$$HNO_2 + h\nu \longrightarrow NO + \cdot OH$$

在 pH 大于 3.5 的弱酸性条件下，$\cdot O^-$ 质子化转化为羟基自由基：

$$\cdot O^- + H^+ \longrightarrow \cdot OH$$

在碱性条件下，$\cdot O^-$ 水解转化为羟基自由基：

$$\cdot O^- + H_2O \longrightarrow \cdot OH + OH^-$$

上述过程 $NO_2^-$ 产生·OH，同时生成的 NO 与·OH 作用重新转化为 $HNO_2$ 和 $NO_2$：

$$NO + \cdot OH \longrightarrow HNO_2 \qquad k = 1.0 \times 10^{10}\ L/(mol \cdot s)$$

$$NO_2^- + \cdot OH \longrightarrow OH^- + NO_2 \qquad k = 1.0 \times 10^{10}\ L/(mol \cdot s)$$

酸性条件下，亚硝酸不通过光也能分解产生 NO 和 $NO_2$，NO 被空气中氧转化为 $NO_2$，同时亚硝酸比亚硝酸根有更好的光学活性，因此酸性介质下亚硝酸根有更好的去除效果。

### 7.3.3.4　光催化还原 $NO_3^-$、$NO_2^-$

零价铁光催化还原硝酸根是一种处理硝酸盐的有效方法。零价铁 ZVI 和负载零价铁的膨胀石墨(EG-ZVI)的 $NO_3^-$ 去除率与溶液初始 pH 之间的关系如图 7-20 所示，硝酸盐还原过程中三氮含量变化如图 7-21 所示[52]。

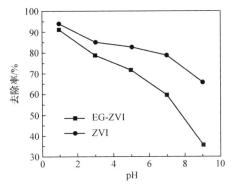

图 7-20　初始 pH 对硝酸盐去除率的影响[52]

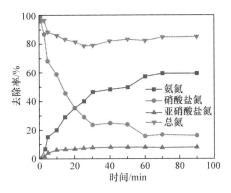

图 7-21　硝酸盐还原过程
三氮含量变化[52]

由图 7-20 可知，硝酸盐($NO_3^-$)去除率随着 pH 升高而下降，这是因为零价铁还原 $NO_3^-$ 是通过铁与酸作用产生氢原子，pH 越低，体系中的氢离子含量越大，通过零价铁得到的氢原子就越多。零价铁发生部分氧化可以转化为亚铁、四氧化三铁和三氧化二铁，添加 $Cl^-$，可以破坏催化剂表面的氧化膜，提高硝酸盐的去除效果。

由图 7-21 可知，在零价铁还原处理硝酸根的过程中，$NH_4^+$、$NO_3^-$、$NO_2^-$ 同时存在，硝酸根经过亚硝酸根转化生成 $NH_4^+$。有研究认为，零价铁光催化还原 $NO_3^-$ 是电子给予 $NO_3^-$ 的电子转移过程，增加 $Fe^{2+}$ 可增强 $NO_3^-$ 在中性介质中的还原效率，在酸性条件下零价铁和酸反应产生 $H_2$，在中性介质中主要表现为电子转移还原作用[53]：

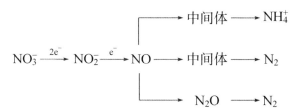

硝酸直接还原或二氧化钛催化还原主要转化为亚硝酸盐，表面 $Pt-TiO_2$、$Rh-TiO_2$ 和 $Pd-TiO_2$ 处理后主要转化为 $NH_3$ 和氧气，可通过调控 pH 和光催化剂等实验条件来实现副产物的选择性。$HNO_2$ 在酸性条件下具有高量子产率，用于生成 $\cdot OH$，是亚硝酸盐的主要去除形式；碱性条件有利于光诱导 $NO_3^-$ 转化为 $NO_2^-$。直接光照，稀硝酸或硝酸钠溶液会少量转化为亚硝酸根，$Pt-TiO_2$ 作用下，硝酸则转化为氨和氧气，而光催化降解硝酸钠溶液检测到亚硝酸根。单独使用氧化锌半导体不能将硝酸盐和亚硝酸盐转化为氨，而氧化锌中加入三氧化二铁后紫外吸收发生红移，并提高空穴和电子之间的电荷分离，等量复合催化剂能同时将硝酸盐和亚硝酸盐转化为氨[54]。

贵金属负载的 $TiO_2$ 光催化剂已用于将亚硝酸根和硝酸根光催化还原为氨。草酸作为空穴去除剂，在负载 $TiO_2$ 的悬浮液中光催化还原 $NO_3^-$ 时，$NO_3^-$ 转化为 $NH_3$ 与氢气释放竞争选择性，产生 $NH_3$ 随负载金属(Pt，Pd，Co)＜(Ni，Au)＜(Ag，Cu)的顺序增加，归因于负载金属光生电子还原质子的效率，即负载金属的氢过电压。在 $Pt-TiO_2$ 光催化条件下，硝酸盐主要还原为 $NH_3$[55]。

甲酸 HCOOH 是一种空穴清除剂，被价带上的空穴 $h_{vb}^+$ 氧化的主要产物为羧基自由基 $CO_2^- \cdot$。

$$半导体 + h\nu \longrightarrow h_{vb}^+ + e_{cb}^-$$
$$HCOO^- + h_{vb}^+ \longrightarrow H^+ + CO_2^- \cdot$$

硝酸盐转化为氮气，以及甲酸的作用机理解释如下。

硝酸或硝酸盐光分解还原转化为亚硝酸盐。在 $pK_a$ 为 3.39 附近生成亚硝酸，亚硝酸和亚硝酸根发生光解：

$$NO_2^- + H^+ \rightleftharpoons HONO \qquad pK_a = 3.39$$
$$NO_3^- + H^+ \rightleftharpoons HNO_3 \qquad pK_a < 1$$
$$NO_2^- + h\nu \longrightarrow NO + \cdot O^-$$
$$HNO_2 + h\nu \longrightarrow NO + \cdot O^-$$

亚硝酸具有更高的光活性，亚硝酸根的量子产率 $\Phi(280\sim385nm) = 0.35\sim0.45$ 是亚硝酸根离子量子产率 $\Phi(280\sim385nm) = 0.025\sim0.15$ 的 10 倍。

亚硝酸被催化剂表面电子还原转化为 NO，由 NO 进一步转化为 $N_2$[55]：

$$HONO + e^- \longrightarrow NO + OH^-$$

$$H^+ + e^- \longrightarrow H \cdot$$

$$NO + 2H \cdot \longrightarrow H_2NO \cdot$$

$$2H_2NO \cdot \longrightarrow 2NH_2 \cdot + O_2$$

$$\cdot NH_2 + NO \longrightarrow N_2 + H_2O$$

以上机理认为，亚硝酸还原过程生成 NO、$\cdot NH_2$，两者作用生成 $N_2$，同时可生成氨和氧气。硝酸根还原过程检测到氨的同时还检测到了 $O_2$，证明上述机理是合理的。

由 NO 转化为 $N_2O$ 再转化为 $N_2$ 的过程如下，其中 HNO 二聚转化为 $N_2O$，$N_2O$ 在 $CO_2^- \cdot$ 作用下转化为 $N_2$：

$$NO + e^- \longrightarrow NO^-$$

$$NO^- + H^+ \Longrightarrow HNO$$

$$2HNO \longrightarrow N_2O + H_2O$$

$$HNO + 2NO \longrightarrow N_2O + HONO$$

$$N_2O + CO_2^- \cdot + H^+ \longrightarrow N_2 + \cdot OH + CO_2$$

$TiO_2$ 光催化不能产生足够的光生电子，将硝酸盐还原成亚硝酸盐或将所有中间体还原成 $N_2$，空穴去除剂 HCOOH 直接通过价带上的空穴 $h_{vb}^+$ 氧化产生羧基自由基 $CO_2 \cdot$，当亚硝酸转化为 NO 进而转化为 $N_2O$ 时，$N_2O$ 与 $CO_2^- \cdot$ 作用最终转化为 $N_2$ 和 $CO_2$。

### 7.3.3.5 光催化 NO、$NH_3$ 转化为 $N_2$

NO 是硝酸盐或亚硝酸盐还原过程的产物，NO 与氨共同作用可以转化为无毒的 $N_2$，光催化剂表面 $NH_3$ 和 NO 转化为 $N_2$ 的反应机理如图 7-22 所示[56]。

图 7-22 所示的步骤 1 中，无光照条件下 $NH_3$ 吸附在 $TiO_2$ 的路易斯酸位点上，吸附 $NH_3$ 的 1 个氢原子与晶格氧相互作用；步骤 2 中，光照射下 $H_2N—H$ 键断裂，吸附在 $TiO_2$ 上 N 原子的电子转移到 $Ti^{4+}$ 生成 $Ti^{3+}$，$NH_3$ 转化产生 $\cdot NH_2$；步骤 3 中，生成的 $\cdot NH_2$ 被气相中生成的 NO 捕获转化为 $NH_2NO$ 中间体；步骤 4 中，$NH_2NO$ 中间体分解为 $N_2$ 和 $H_2O$。

NO、$NH_3$ 在催化剂表面的氧化、分解过程与气相反应相似。反应经过 $NH_2NO$ 转化为氮气。例如，室温下通入 NO、$NH_3$ 和 $O_2$，采用 FT-IR 研究了 $O_2$ 存在下，$NH_3$ 光辅助选择性催化还原(光-SCR)的催化剂 $TiO_2$ 对 $NH_3$ 和 NO 的吸附特性[57]。结果表明，$TiO_2$ 的活性位点是 $Ti^{4+}$ 路易斯酸位点，$NH_3$ 较 NO 更易吸附在路易斯酸位点上，吸附 $NH_3$ 的 Ti—O—Ti 位置变为 Ti—$NH_2$ 和 Ti—OH；

NO 攻击吸附在路易斯酸位点上的·NH$_2$，生成 NH$_2$NO 中间体，进一步转化为 N$_2$ 和 H$_2$O。O$_2$ 存在下的 N$_2$ 析出速率高于 O$_2$ 不存在，此过程中光催化产生的空穴氧化 NH$_3$ 转化为·NH$_2$，而电子传递给 Ti$^{4+}$ 生成 Ti$^{3+}$，通过 O$_2$ 氧化成 Ti$^{4+}$。

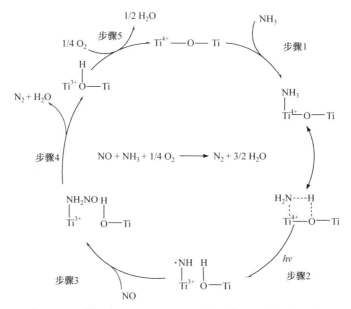

图 7-22　光催化剂表面 NH$_3$ 和 NO 转化为 N$_2$ 的反应机理[56]

有文献报道，NO 在 Cu$_2$O 表面形成二聚体，这种构型的 N—O 键被削弱程度最大[58]；N—N 键键长最短，最易将 NO 离解生成 N$_2$O。NO 与 NH$_3$ 催化反应过程中还检测到 N$_2$O、NO$_2$、硝酸盐和亚硝酸盐。

单独 NO 或与 O$_2$ 和 NH$_3$ 一起吸附在 ZSM-5 沸石上产生的 $^{15}$N 核磁共振谱研究，鉴定出 N$_2$ 和 N$_2$O，N$_2$ 和 N$_2$O 被认为是 NO 的歧化产物。阳离子和酸性中心是沸石催化反应活性位。反应组分间的 $^{14}$N-$^{15}$N 同位素交换表明，吸附态下 NH$_3$ 和 N$_x$O$_y$·M$^+$ 物种之间生成了中间复合物。

采用原位漫反射红外傅里叶变换光谱(DRIFTS)研究了 NH$_3$ 选择性催化还原(SCR)的催化剂 γ-Fe$_2$O$_3$ 纳米微粒对 NH$_3$ 和 NO 的吸附特性。结果表明，γ-Fe$_2$O$_3$ 表现出优异的低温 SCR 脱 NO$_x$ 性能；与催化剂表面上的路易斯酸位点键合的配位 NH$_3$ 是主要吸附产物，O$_2$ 促进从配位 NH$_3$ 提取 H 生成·NH$_2$，并大大增强了 NO 在催化剂表面上的吸附，在 Fe$^{3+}$ 位点 O$_2$ 氧化下生成 NO$_2$；NH$_3$ 在高温和中温条件下与 NO 反应生成 N$_2$ 和 H$_2$O，NH$_4$NO$_3$ 和(NH$_4$)NO$_2$ 作为关键中间产物在低温下生成 N$_2$ 和 H$_2$O[59]。

NO、NH$_3$ 在 Mn$_3$O$_4$/TiO$_2$ 表面发生另一种过程，氮氧化物首先吸附在锰末端生成硝酸盐，然后 NH$_3$ 更倾向吸附在布朗斯特酸位点上生成硝酸铵盐[60]。

### 7.3.3.6　水中三氮的存在与归宿

从化学平衡的角度看，水体中氮的形态 $NH_4^+$、$NO_2^-$、$NO_3^-$ 受水体中的氧化还原电位 $pE$ 影响。中性条件，不同 $pE$ 下水中 $NH_4^+$、$NO_2^-$、$NO_3^-$ 的浓度分布如图 7-23 所示[61]。

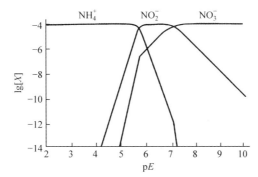

图 7-23　不同 $pE$ 下 $NH_4^+$、$NO_2^-$、$NO_3^-$ 的浓度分布[60]

总氮含量为 $10^{-4}$mol/L 时 $NO_2^-$ 在一个较窄的 $pE$ 区间以主要形态存在，大多数条件下以 $NH_4^+$ 或 $NO_3^-$ 形态存在；在氧化剂充足时，$NH_3$ 主要氧化生成 $NO_3^-$，而氧化剂不充足时主要以 $NH_4^+$ 存在。但从水处理中 $NH_4^+$、$NO_2^-$、$NO_3^-$ 形态分布看，其与溶液 pH 的关系更为密切。

有机含氮化合物氧化生成氨氮、亚硝酸盐氮，无论是氨氧化还是硝酸根还原，都经过 NO 发生转化，转化关系如下：

$$NH_3 \longleftrightarrow H_2NO\cdot \longleftrightarrow HNO \longleftrightarrow NO \longleftrightarrow NO_2$$

（其中 $HNO_2 \longleftrightarrow HNO_3$ 位于 NO、$NO_2$ 上方，$NO \xrightarrow{\cdot NH_2} N_2$，$NO_2 \xrightarrow{\cdot NH_2} N_2O$）

将土壤悬浮液培养数天，pH 保持在 4.5、6 和 8，氧化还原电位保持在 0mV 和 +200mV。然后将亚硝酸盐添加到悬浮液中，并通过质谱法测定分解产物。在酸性条件下，在适度还原(+200mV)和还原(0mV)悬浮液中都形成了大量的 $N_2$ 和氮氧化物气体($N_2O$、NO)。在较高的 pH 下，亚硝酸盐的还原速率略低，形成的氮氧化物气体的量也大大减少，其中 $N_2$ 是主要产物。化学消毒剂降低了亚硝酸盐向 $N_2$ 的转化，并显著增加了 NO 的形成。在酸性条件下，无论有无灭消毒剂均会大量产生 NO，这表明亚硝酸自分解可能是亚硝酸盐损失的主要机制[62]。

根据以上实验现象，推测不同 pH 条件下三氮存在以下转化。

酸性介质：

$$NH_4^+ \longleftarrow HNO_2 \longleftrightarrow NO、NO_2$$

中性和碱性介质：

$$NH_3 \longrightarrow NO_2^- \longrightarrow NO_3^-$$

在酸性条件下，$NH_4^+$ 不容易氧化，亚硝酸或硝酸根可以还原为氨。亚硝酸容易分解为 NO 和 $NO_2$，pH 越小产生的 $NO_2$ 量越大。$NH_3$ 与 NO 共存时，作用生成 $N_2$、$N_2O$ 气体；在中性和弱碱性条件下，$NH_3$ 逐步被氧化，主要生成亚硝酸盐，亚硝酸根稳定不容易被还原，亚硝酸根可以还原为 NO 的量比较少，无论氨氧化还是硝酸盐还原，主要生成 $N_2$，氧化过程中，氧化 $NO_2^-$ 的反应速率比氧化 $NH_3$ 的反应速率小，溶液中主要存在 $NH_3$ 和 $NO_2^-$。在碱性条件下，随着 pH 的增大，氧化 $NH_3$ 的反应速率显著提高，溶液中以 $NO_2^-$ 存在为主，甚至溶液中主要是硝酸盐，此时不能将氮转化为氮气。

二甲胺转化为 NDMA 所需的 NO，在酸性条件下，由 $HNO_2$ 分解产生，在碱性条件下，亚硝酸盐稳定不提供 NO，而当加入氧化剂条件下，亚硝酸根也能释放 NO，加大 NDMA 的生成。

### 7.3.4　二甲胺转化为 NDMA 的机理

二甲胺转化为 NDMA 的过程中，存在二甲胺直接作用和二甲氨基自由基作用两种路径。同时酸性和碱性条件下的机理又有所不同。

#### 7.3.4.1　NDMA 形成机理

1) 酸性条件

酸性条件下，二甲胺只有与亚硝酸分解产物 $N_2O_3$ 作用才能转化为 NDMA。由于酸性介质中二甲胺的氨基受到质子保护，因此需要一种氧化剂摘除甲基上的氢，$N_2O_3$ 分子中的二氧化氮摘除甲基上氢，并通过氢的转移生成二甲氨基自由基，二甲氨基自由基与 $N_2O_3$ 分子中 NO 作用转化为 NDMA：

$$(CH_3)_2NHH^+ + NO_2 \longrightarrow \cdot CH_2(CH_3)_2NHH^+ + HNO_2$$
$$\cdot CH_2(CH_3)_2NHH^+ \longrightarrow (CH_3)_2NH \cdot^+$$
$$(CH_3)_2N \cdot + NO \longrightarrow (CH_3)_2NNO + H^+$$

芬顿体系中羟基自由基也能摘除甲基上的氢，甲基氧化最终转化生成氨基自由基 $\cdot NH_2$，由于过氧化氢加氧能力不足，不能将 $\cdot NH_2$ 自由基转化为 NO，因此在 $Fe^{2+}/H_2O_2$ 体系二甲胺氧化过程仅检测到偏二甲肼，未检测到 NDMA。

酸性介质中，臭氧与二甲胺作用难以产生 NDMA，原因是二甲胺的氨基受到质子保护不会被氧化，而臭氧只能氧化氨基。也可以说除了亚硝酸，尚未发现酸性介质中其他生成 NDMA 的路径。

2) 中性和碱性条件

中性和碱性条件下，二甲胺、氨的氨基保护作用逐渐减弱，氨基逐步开始发生反应，二甲胺氨基氧化生成二甲氨基自由基：

$$(CH_3)_2NH + O_3 \longrightarrow (CH_3)_2N\cdot$$

中性和碱性条件下，类芬顿体系和臭氧体系都产生了羟基自由基，羟基自由基作用下，甲基不断氧化生成·$NH_2$，·$NH_2$ 在臭氧作用下转化为 NO，则二甲氨基自由基与 NO 作用生成亚硝基二甲胺，由于 $Cu^{2+}/H_2O_2$ 体系中加氧自由基 $HO_2$·不能将·$NH_2$ 转化为 NO，因此类芬顿体系中需将二甲胺转化为偏二甲肼后再经偏二甲肼氧化生成 NDMA，即中性和碱性介质中存在两种机理。

在二甲胺氧化速度快、氨氧化速度慢的体系中，二甲胺氧化过程可能生成偏二甲肼：

$$二甲胺 \xrightarrow{\text{快}} 氨 \xrightarrow{\text{慢}} NO_2^-$$

$$DMA + NH_3 + [O] \longrightarrow UDMH$$

反之，在氨氧化速度快、二甲胺氧化速度慢的体系中，二甲胺氧化产生的氨被进一步氧化为亚硝酸根或 NO，因此不会产生中间体偏二甲肼，而是二甲胺与亚硝酸根或 NO 直接作用生成 NDMA：

$$二甲胺 \xrightarrow{\text{慢}} NH_3 \xrightarrow{\text{快}} NO_2^-$$

$$DMA + NO_2^- + [O] \longrightarrow NDMA$$

从臭氧氧化氨的反应速率和偏二甲肼的反应速率来看，偏二甲肼远比氨的氧化速率快，偏二甲肼、二甲胺和氨的臭氧氧化反应速率顺序为：偏二甲肼＞氨＞二甲胺，而羟基自由基作用下三者的反应速率顺序为：偏二甲肼＞二甲胺＞氨。由于羟基自由基的芬顿体系和类芬顿体系中过氧化氢自由基的加氧能力远比臭氧弱，对氨或·$NH_2$ 的氧化能力差，因此在二甲胺的芬顿体系和类芬顿体系中都检测到了偏二甲肼，而在中性臭氧体系中未检测到偏二甲肼。

以臭氧为氧化剂或可以产生大量氧自由基的氧化剂，能与二甲胺作用直接转化为 NDMA。

### 7.3.4.2　实验现象的解释

现有实验多研究中性和碱性条件下二甲胺转化亚硝基二甲胺的反应机理，在大多数情况下，二甲胺经偏二甲肼再转化为亚硝基二甲胺，反应体系中二甲胺与羟胺，二甲氨基自由基与·NHOH、·NH₂ 都可以反应，转化为 NDMA 的前驱物：

$$(CH_3)_2NH + NH_2OH \longrightarrow (CH_3)_2NNH_2 + H_2O$$

$$(CH_3)_2N \cdot + \cdot NH_2 \longrightarrow (CH_3)_2NNH_2$$

$$(CH_3)_2N \cdot + \cdot NHOH \longrightarrow (CH_3)_2NNHOH$$

偏二甲肼、$(CH_3)_2NNHOH$ 都可以转化为 NDMA，但$(CH_3)_2NNHOH$ 转化为 NDMA 更容易，其相当于已摘除了偏二甲肼中的一个氢。

·NHOH、·NH₂ 的来源对二甲胺转化为 NDMA 的转化率有很大影响。如果·NHOH、·NH₂ 是外援提供，如氯胺，则产率高，因此与 DMA 反应生成 NDMA 的活性顺序为：氯胺 ≫ 臭氧 > 过氧化氢。

如果体系外加亚硝酸盐，亚硝基二甲胺的生成量就更大，如在碱性高锰酸钾氧化二甲胺的过程中，加入亚硝酸根将促进 NDMA 的产生，二甲胺被高锰酸钾氧化为二甲氨自由基，与亚硝酸根作用转化为 NDMA，也就是说，在加入氧化剂的情况下，亚硝酸根也能为二甲胺亚硝胺化提供亚硝基。

上述观点能很好地解释卤代胺和羟胺与 DMA 反应生成 NDMA 的活性顺序：$NHCl_2 \approx NHBrCl > NHBr_2 > NH_2Cl \approx NH_2Br \gg NH_2OH$[21]。

$$(CH_3)_2NH + NH_iCl_mBr_n \longrightarrow (CH_3)_2NNH_iCl_{m-1}Br_n + HCl$$

式中，$i = 1$、2；$m = 0$、1、2；$n = 0$、1、2。

卤代胺与二甲胺发生取代反应释放出 HCl，溴代胺和羟胺分别释放出 HBr、$H_2O$。当 $i = 2$ 时，反应生成$(CH_3)_2NNH_2$；当 $i = 1$ 时，反应生成的中间体发生水解生成二甲氨基羟胺：

$$(CH_3)_2NNHBr + H_2O \longrightarrow (CH_3)_2NNHOH + HBr$$

二氯胺、一氯一溴胺、二溴胺与二甲胺生成$(CH_3)_2NNHOH$，而一氯胺、羟胺与二甲胺生成偏二甲肼，$(CH_3)_2NNHOH$ 相当于脱去偏二甲肼氮上的第一个氢，由于偏二甲肼氨基第一个氢的摘除远比第二个氢难，因此$(CH_3)_2NNHOH$ 更容易转化为 NDMA。与二甲胺活泼氢作用能力顺序为—Cl ≥ —Br ≫ —OH，因此 $i$ 相同的不同卤代胺与二甲胺作用，反应活性不完全相同。基于以上 2 个原因，可以很好地理解上述生成 NDMA 的活性顺序。

与现有二甲胺转化为 NDMA 观点相比，还需注意到以下三点。

(1) 二甲胺转化为 NDMA 需要先转化为二甲氨基自由基。

无论是酸性条件还是碱性条件，二甲胺转化为 NDMA 需要先转化为二甲氨基自由基，反应体系中同时还有脱氢氧化剂和亚硝化剂。酸性条件下 $HNO_2$ 与二甲胺反应中 $N_2O_3$ 就同时包含了脱氢氧化剂和亚硝化剂，可以发生经典硝化反应。

碱性条件下，只有二甲胺和亚硝酸盐，二甲胺不能转化为 NDMA，而必须有氧化剂，如臭氧、高锰酸钾、过氧化氢等，这些氧化剂不仅可以将二甲胺转化为二甲氨基自由基，同时将二甲胺转化为 $\cdot NH_2$ 甚至 $NO_2^-$ 或 NO，二甲胺与自由基 $\cdot NH_2$ 或 NO 作用直接或间接转化为亚硝基二甲胺。

(2) 氨基保护对生成 NDMA 的影响。

碱性条件下二甲胺、偏二甲肼容易生成 NDMA，因为碱性条件下氨基容易被氧化，随着 pH 的增大偏二甲肼、二甲胺更容易转化为 NDMA。

(3) 直接法和间接法生成 NDMA。

直接法是指二甲氨基自由基与 NO 结合生成 NDMA 的过程，在酸、碱条件下都可以发生。酸性条件下，亚硝酸分解产生 NO，碱性介质中氨基自由基氧化生成 NO，溶液中的 $NO_2^-$ 在氧化剂的作用下分解产生 NO，进而促进 NDMA 的生成。

间接法是指二甲胺经偏二甲肼等中间体转化为 NDMA 的过程，主要发生在中性和碱性条件下，在二甲胺溶液中外加氯胺、卤代胺、羟胺都能通过间接法转化为 NDMA，其中中间体 $(CH_3)_2NNHOH$ 的活性高于偏二甲肼。

### 7.3.5　二甲氨基化合物转化为 NDMA 的机理

偏二甲肼及其氧化产物中的甲基肼、偏腙、乙醛腙、四甲基四氮烯、二甲胺、三甲胺、甲胺、二甲基甲酰胺等都可能转化为 NDMA，大部分氧化产物属于二甲氨基结构的物质。二甲氨基化合物结构有 $(CH_3)_2NN$— 和 $(CH_3)_2N$— 两种，偏腙、四甲基四氮烯属于 $(CH_3)_2NN$—，二甲胺、二甲基甲酰胺和三甲胺属于 $(CH_3)_2N$—，而甲胺和甲基肼属于甲氨基化合物，结构中包含 $CH_3N$—。

二甲氨基化合物氧化过程产生重要的中间体 $(\cdot CH_2)(CH_3)N\cdot$。

$$
\begin{array}{ccc}
\text{FDH} & & \text{UDMH} \\
\text{UDMH} & \longrightarrow (\cdot CH_2)(CH_3)N\cdot \longrightarrow & \text{NDMA} \\
\text{DMA} & & \text{DMA} \\
\text{NDMA} & &
\end{array}
$$

偏二甲肼、偏腙、NDMA 和二甲胺的甲基氧化过程中都可以生成中间体 $(\cdot CH_2)(CH_3)N\cdot$，该中间体分别与 HNO、$NH_3$ 和 $H_2$ 作用转化为 NDMA、偏二甲肼和二甲胺：

$$(\cdot CH_2)(CH_3)N\cdot + H\cdot + NO \longrightarrow NDMA$$

$$(\cdot CH_2)(CH_3)N\cdot + H\cdot + NH_3 \longrightarrow UDMH$$

$$(\cdot CH_2)(CH_3)N\cdot + H\cdot \text{ 或 } H_2 \longrightarrow DMA$$

此机理说明，在偏二甲肼、偏腙、NDMA 氧化转化 NDMA 的同时，可以转化为偏二甲肼和二甲胺。

### 7.3.5.1 含(CH₃)₂NN 的化合物

偏二甲肼及其氧化产物中的偏腙、四甲基四氮烯、乙醛腙、二甲基甲酰肼等都含$(CH_3)_2NN$ 基团，图 7-1、图 7-2 中的 6 种化合物都属于这一类型。

1) 二甲氨基氮烯自由基

偏二甲肼氨基氧化、偏腙氧化过程可产生二甲氨基氮烯，二甲氨基氮烯在氧自由基、过氧化氢自由基或臭氧加成作用下生成 NDMA：

$$(CH_3)_2NN: + HO_2· \longrightarrow (CH_3)_2NNO + ·OH$$
$$(CH_3)_2NN: + O_3 \longrightarrow (CH_3)_2NNO + O_2$$

2) 生成$(·CH_2)(CH_3)N·$ 或$(CH_3)_2N·$

在羟基自由基的作用下，偏腙的 N—N 键断裂生成$(·CH_2)(CH_3)N·$ 或$(CH_3)_2N·$：

$$(CH_3)_2NN=CH_2 + ·OH \longrightarrow (CH_3)_2NN=C·H \longrightarrow (CH_3)_2N· + HCN$$
$$(CH_3)_2NN=CH_2 + ·OH \longrightarrow (·CH_2)(CH_3)N· + H_2O + H_2CN·$$

$(CH_3)_2N·$ 与 NO 作用转化为亚硝基二甲胺：

$$(CH_3)_2N· + NO \longrightarrow (CH_3)_2NNO$$

偏二甲肼甲基氧化、N—N 键断裂产生$(CH_3)_2N·$ 和$·NH_2$，$·NH_2$ 氧化生成 NO 后与二甲氨基自由基结合生成 NDMA。

二甲胺、四甲基四氮烯可以在羟基自由基的作用下先生成$(·CH_2)(CH_3)N·$ 或$(CH_3)_2N·$，与$(·CH_2)(CH_3)N·$ 或$(CH_3)_2N·$氧化生成的 NO 结合后，然后转化为 NDMA。由于$(·CH_2)(CH_3)N·$ 或$(CH_3)_2N·$氧化生成 NO 的比率低，因此二甲胺、四甲基四氮烯氧化生成 NDMA 的转化率低一些。

3) 碳氮双键或氮氮双键加氧

臭氧进攻偏腙双键上的 N 和 C 原子，双键加成转变为单键，再断裂生成 NDMA：

$$(CH_3)_2NN=CH_2 + O_3 \longrightarrow (CH_3)_2NNO + H_2CO_2$$

图 7-1、图 7-2 中 6 种二甲氨基化合物与臭氧作用对 NDMA 转化率的影响见图 7-24。

NDMA 转化率最大的一组化合物包括偏腙 FDH、丙酮腙 ADMH 和二甲基甲酰肼。偏腙和丙酮腙的腙基与臭氧发生加成反应并转化为 NDMA，该反应过程活化能低，最容易进行，NDMA 的转化率最高。在羟基自由基存在的条件下，偏腙发生其他作用，因此添加羟基自由基叔丁醇后臭氧氧化偏腙转化为 NDMA 的比率反而更高。

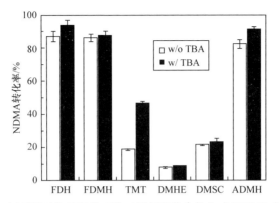

图 7-24　叔丁醇对臭氧氧化 6 种二甲氨基化合物生成 NDMA 的影响[27]

w/TBA：添加叔丁醇；w/o TBA：不添加叔丁醇

二甲基甲酰肼 FDMH 的结构与 2,2-二甲基肼羧酸甲酯 DMHE、1,1-二甲基氨基脲 DMSC 相似，但与偏腙和丙酮腙转化为 NDMA 的比率相近。原因是二甲基酰肼脱酰、氧化后转化为二甲氨基氮烯：

$$(CH_3)_2NNHC{=}OH \longrightarrow (CH_3)_2NN{\cdot}H + {\cdot}C{=}OH$$

$$(CH_3)_2NN{\cdot}H + O_3 \longrightarrow (CH_3)_2NN{:} + O_2$$

二甲氨基氮烯容易与臭氧作用转化为 NDMA。

NDMA 转化率最小的一组化合物包括 2,2-二甲基肼羧酸甲酯 DMHE、1,1-二甲基氨基脲 DMSC。DMHE、DMSC 先水解生成偏二甲肼再转化为 NDMA，受水解、偏二甲肼氨基保护作用等因素的影响，DMHE、DMSC 转化为 NDMA 的比率不高。

四甲基四氮烯 TMT 可以通过羟基自由基引发甲基氧化生成亚甲基氨基自由基($\cdot CH_2$)($CH_3$)N·，($\cdot CH_2$)($CH_3$)N·氧化生成 NO，($\cdot CH_2$)($CH_3$)N·与 NO 结合转化为亚硝基二甲胺，该过程 NDMA 的转化率应该不高。图 7-24 显示，存在羟基自由基清除剂叔丁醇的情况下，亚硝基二甲胺的转化率反而提高，说明可能存在四甲基四氮烯直接与臭氧反应生成 NDMA 的可能：

$$(CH_3)_2NNNN(CH_3)_2 + O_3 \longrightarrow (CH_3)_2NNO + (CH_3)_2NNO_2$$

#### 7.3.5.2　含($CH_3$)$_2$N 的化合物

偏二甲肼氧化转化物中的三甲胺、二甲胺和二甲基甲酰胺等都属于($CH_3$)$_2$N—结构化合物，除二甲胺外，其他化合物的共同结构为($CH_3$)$_2$NC—，因为这些化合物分子中比 NDMA 少一个氮原子，因此 NDMA 的转化率较低。

这些化合物转化为亚硝基二甲胺都要经过二甲氨基自由基($CH_3$)$_2$N·，二甲氨基自由基氧化生成·$NH_2$、·$NHOH$、$CH_2N$·、$NO$，再与二甲氨基自由基结合生成 NDMA 或前驱体。

1) 二甲氨基自由基的形成

二甲胺的甲基或氨基氧化都可转化为$(CH_3)_2N$·，而三甲胺甲基氧化脱酰后转化为二甲氨基自由基，二甲基甲酰胺脱酰也可以产生$(CH_3)_2N$·。

$$(CH_3)_2NCOH + \cdot OH \longrightarrow (CH_3)_2NCO \cdot + H_2O$$
$$(CH_3)_2NCO \cdot \longrightarrow (CH_3)_2N \cdot + CO$$

2) ·$NH_2$、·$NHOH$、$CH_2N$·、$NO$ 的形成

$(CH_3)_2N$·甲基氧化生成甲基亚甲基甲胺，甲基亚甲基亚胺水解生成甲胺和甲醛，甲胺的甲基在羟基自由基作用下转化亚甲基亚胺，臭氧氧化甲胺氨基生成甲基氮烯 $CH_3N$:经异构后也转化为亚甲基亚胺，亚甲基亚胺水解生成氨和甲醛：

$$CH_3NH_2 + 2 \cdot OH \longrightarrow CH_2NH + 2H_2O$$
$$CH_3NH_2 + 2O_3 \longrightarrow CH_3N: + 3O_2$$
$$CH_3N: \longrightarrow CH_2NH$$
$$CH_2NH + H_2O \longrightarrow NH_3 + H_2CO$$

亚甲基甲胺脱氢生成 $CH_2N$·，氨氧化依次生成·$NH_2$、·$NHOH$、$NO$。

3) 亚硝基二甲胺的生成

二甲氨基自由基·$NH_2$、·$NHOH$、$CH_2N$·、$NO$ 作用分别生成偏二甲肼、$(CH_3)_2NNHOH$、偏腙和亚硝基二甲胺。

氧化剂的氧化能力导致生成含氮自由基的种类不同，其中臭氧的氧化能力强，可以将氨转化为 $NO$，直接转化为亚硝基二甲胺，过氧化氢含羟基自由基的反应体系，不容易将·$NH_2$ 氧化为 $NO$，需先转化为 UDMH，再生成 NDMA。

Lee 等研究了二甲胺 DMA、三甲胺 TMA、二甲基乙醇胺 DMEA、二甲基甲酰胺 DMF、二甲基二硫代氨基甲酸钠 DMDC、二甲氨基苯 DMAB 等化合物(图 7-25)，其与臭氧、羟基自由基和二氧化氯的反应速率常数和酸解离常数 $pK_a$ 见表 7-1[63]。

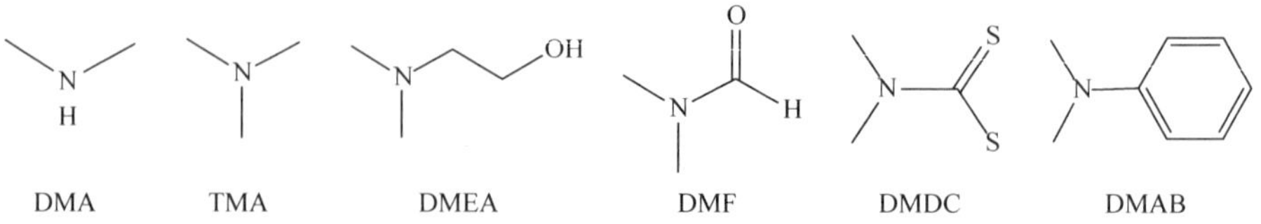

图 7-25　6 种含$(CH_3)_2NC$ 的化合物

**表 7-1　化合物的酸解离常数 $pK_a$、分子或质子化分子反应速率常数[L/(mol·s)][63]**

| | DMA | TMA | DMEA | DMF | DMDC | DMAB |
|---|---|---|---|---|---|---|
| $pK_a$ | 10.7 | 9.8 | 9.2 | 1 | 3.2 | 5.1 |
| $k_{O_3,\ H^+}$ | $<1.0\times10^{-1}$ | | $<2\times10^{-1}$ | | | |
| $k_{O_3}$ | $1.9\times10^7$ | $4.1\times10^6$ | $1.1\times10^7$ | $2.4\times10^{-1}$ | $3.9\times10^6$ | $2.0\times10^9$ |
| $k_{ClO_2,\ H^+}$ | $<1.4\times10^{-1}$ | $<1$ | $<1\times10^{-1}$ | | | |
| $k_{ClO_2}$ | $5\times10^2$ | $6\times10^4$ | $9.7\times10^3$ | $6.7\times10^{-3}$ | $2.8\times10^2$ | $6.5\times10^7$ |
| $k_{OH,\ H^+}$ | $6\times10^7$ | $4.0\times10^8$ | $4.7\times10^8$ | | | |
| $k_{OH}$ | $8.9\times10^9$ | $1.3\times10^{10}$ | $6.5\times10^9$ | $1.7\times10^9$ | $4.2\times10^9$ | $1.4\times10^{10}$ |

由表 7-1 的反应速率常数看，羟基自由基可消除所有物质；臭氧可以有效去除二甲基甲酰胺 DMF 之外的其他化合物；都与臭氧直接反应完全去除；$ClO_2$ 氧化能力明显。臭氧对各化合物氧化速率常数的大小次序为

$$DMAB > DMA \approx DMEA > TMA \approx DMDC \gg DMF$$

这 6 种化合物臭氧氧化过程中都检测到二甲胺，间接证明这些化合物都生成了亚硝基二甲胺和二甲胺的共同中间体亚甲基氨基自由基或二甲氨基自由基。其中二甲胺的转化率次序为

$$DMAB > DMDC \approx DMEA \approx TMA \gg DMF$$

在 pH 为 7、10mmol/L 磷酸盐缓冲液中，采用臭氧和二氧化氯氧化剂，对 $10^{-4}$mol/L 的 6 种化合物进行预处理，研究预处理和未预处理在天然水体中亚硝基二甲胺的生成量，实验结果见图 7-26。

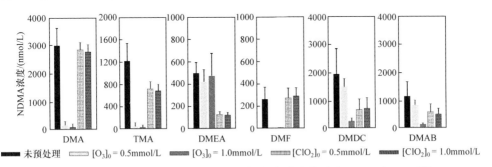

图 7-26　预处理对化合物转化 NDMA 的影响(化合物浓度 $c=10^{-4}$mol/L)[63]

未预处理条件下 6 种化合物在天然水体中 NDMA 的生成量大小顺序如下：

$$DMA > DMDC > TMA > DMAB > DMEA > DMF$$

根据图 7-26 数据计算，二甲胺氧化生成 NDMA 的转化率最大，约 3%。二

甲胺通过氨基氧化就可以转化为二甲氨基自由基，因此 NDMA 的生成量最大。二甲基甲酰胺难于被氧化，NDMA 的生成量就少。

臭氧预处理可以明显减少 DMA、TMA、DMF 转化为 NDMA，但对 DMEA 效果不大。

### 7.3.5.3　含 $CH_3N$ 的化合物

偏二甲肼氧化产物中甲基肼、甲胺、甲酰胺和二甲基二氮烯(偶氮甲烷)属于 $CH_3N$—结构的甲氨基化合物。

Tang 等[64]量化计算得到伯胺在大气中与 NO 作用能转化为亚硝胺。Da[65]研究了伯胺的光化学氧化过程。结果表明，伯胺与 NO 通过放热生成初级亚硝胺中间体 $CH_3NHNO$，可以异构化为烷基二氮基氧化物 $CH_3NNOH$，并进一步脱去水生成重氮甲烷 $CH_2N_2$。$CH_3NHNO$、$CH_3NNOH$ 都是有效的烷基化剂，根据这一转化路径，甲胺、伯胺和甲基肼都能转化为 NDMA。

甲基肼是 NDMA 及烷基二甲胺的重要前驱体。甲基肼氧化生成甲基二氮烯 $CH_3NNH$，这是一种比二甲基二氮烯稳定性更差和更容易提供甲基的化合物。由表 3-2 和表 4-13 可知，甲基肼氧化过程不仅检测到亚硝基二甲胺，还检测到亚硝基甲基乙基胺、亚硝基二乙胺。甲基肼通过甲基化转化为二甲氨基化合物，进一步转化为多种二烷基亚硝胺。

现有研究关注的都是二甲胺、二甲氨基化合物和叔胺衍生物转化为 NDMA，但实际上只要含有甲基的同时含有氮，特别是生成甲基氮烯自由基，就有可能产生 NDMA。

甲胺通过甲醛甲基化、氢还原转化为二甲氨基自由基：

$$CH_3NH_2 + CH_2O \longrightarrow CH_3NHCHOH$$
$$CH_3NHCHOH + 2H \cdot \longrightarrow (CH_3)_2N \cdot + H_2O$$

甲胺甲基氧化生成 $\cdot NH_2$、NHOH、NO，与二甲氨基自由基作用直接或间接氧化产生 NDMA。也可以通过生成二甲氨基自由基转化为 NDMA。

本章研究表明，水中偏腙和二甲胺都可以转化为 NDMA，特别是检测到了二甲胺转化为 NDMA 的中间产物偏二甲肼，因此无论是否检测到 NDMA，都存在转化为 NDMA 的风险，差别只是转化率大小、生成量多少。偏腙、二甲胺和亚硝基二甲胺甲基氧化生成共同的亚甲基甲氨自由基，通过该自由基三者拥有共同的转化物 DMA、NDMA 和 UDMH。

探讨了具有 $(CH_3)_2NC$—、$(CH_3)_2NN$— 及 $CH_3N$—结构化合物都能转化为 NDMA，偏二甲肼氧化过程产生的偏腙、乙醛腙、丙酮腙、四甲基四氮烯、二甲氨基乙腈、二甲胺、三甲胺、甲胺、二甲基甲酰胺、甲基甲酰胺和甲酰胺等都可能氧化转化为 NDMA。

　　(CH$_3$)$_2$NN—、(CH$_3$)$_2$NN— 及 CH$_3$N—结构化合物转化为 NDMA 的主要中间体包括二甲氨基自由基、亚甲基甲氨基自由基、二甲氨基氮烯和偏腙。二甲氨基氮烯是偏二甲肼、偏腙转化为 NDMA 的中间体，偏腙是臭氧产生 NDMA 的重要中间体，这两种中间体在臭氧氧化过程中的 NDMA 转化率很高。

　　二甲氨基自由基或亚甲基甲氨基自由基是 NDMA 转化过程更普遍的中间体，偏腙、二甲胺、三甲胺、四甲基四氮烯、甲胺等都可以通过该自由基与二甲氨基自由基氧化生成的·NH$_2$、·NHOH、CH$_2$N·、NO 结合，直接或间接反应生成 NDMA。臭氧氧化剂可将氨基自由基转化为 NO，更容易将相关化合物转化为 NDMA，含过氧化氢氧化剂体系难于将氨基自由基转化为 NO，通过转化为偏二甲肼转化为 NDMA。受质子保护作用，二甲胺是一种难降解有机物，碱性条件下容易降解，但此时，二甲胺也更容易转化为 NDMA。

　　二甲胺与氯胺作用通过转化为偏二甲肼再转化为 NDMA。二甲胺氧化生成 NDMA 的本质是自由基反应，反应过程必须有氧化剂，在此基础上加入氯胺、二氯胺或亚硝酸根，都将大大提高 NDMA 的生成量。

　　含氮化合物通过 NH$_3$、NO、NO$_2$ 转化为生成氮气和二氧化氮。水体中往往是氨、硝酸根、亚硝酸根混合物。酸性介质中，氨受质子保护不易被氧化，而亚硝酸根不稳定分解产生 NO 和 NO$_2$；中性弱碱性条件下，亚硝酸根不易被氧化，且能稳定存在，氨主要被氧化为亚硝酸根，亚硝酸根在氧化剂作用下转化为 NO，增大了二甲胺转化为亚硝基二甲胺的比率，而 pH 大于氨共轭酸的酸解离常数时，氨主要转化为硝酸根。

## 参 考 文 献

[1] 舒圆媛, 王成坤, 汪隽, 等. 含二甲胺结构化合物消毒生成 NDMA 的特性研究[J]. 给水排水, 2015, 41(5): 118-122.

[2] Taguchi V Y, Jenkins S W D, Wang D T, et al. Determination of *N*-Nitrosodimethylamine by isotope-dilution, high-resolution mass-spectrometry[J]. Canadian Journal of Applied Spectroscopy, 1994, 39(3): 87-93.

[3] Richardson S D. Disinfection by-products and other emerging contaminants in drinking water[J].Trends in Analytical Chemistry, 2003, 22(10): 666-684.

[4] Charrois J W , A rend M W, Froese K L, et al. Detecting *N*-nitrosamines in drinking water at nanogram per liter levels using ammonia positive chemical ionization[J]. Environ Sci Technol, 2004, 38 (18):4835-4841.

[5] Charrois J W, Boyd J M, Froese K L, et al. Occurrence of *N*-nitrosamines in Alberta public drinking-water distribution systems[J]. Journal of Environmental Engineering and Science, 2007, 6(1): 103-114.

[6] Charrois J W, Hrudey S E. Breakpoint chlorination and free-chlorine contact time: Implications for drinking water *N*-nitrosodimethylamine concentrations[J]. Water Research, 2007, 41(3): 674-682.

[7] Zhao Y Y, Boyd J M, Hrudey S E, et al. Characterization of new nitrosamines in drinking water using liquid chromatography tandem mass spectrometry[J]. Environmental Science and Technology, 2006, 40 (24): 7636-7641.

[8] Zhao Y Y, Boyd J M, Woodbeck M, et al. Formation of *N*-nitrosamines during treatments of surface waters using eleven different disinfection methods[J]. Environmental Science and Technology, 2008,42(13): 4857-4862.

[9] 赵玉丽, 李杏放. 饮用水消毒副产物: 化学特征与毒性[J]. 环境化学, 2011, 30(1): 20-33.

[10] 周超. 饮用水典型含氮消毒副产物亚硝胺类的生成机制研究综述[J]. 净水技术, 2014, 33(3): 22-29.

[11] 李士翔, 舒圆媛, 陈超, 等. 氯胺消毒中氯氮比对 DMA 生成 NDMA 的影响研究[C]. 全国给水深度处理研究会 2013 年年会, 北京, 2013: 343-349.

[12] Selbes M, Kim D, Ates N, et al. The roles of tertiary amine structure, background organic matter and chloramine species on NDMA formation[J]. Water Research, 2013, 47(2): 945-953.

[13] Zhou W J, Boyd J M, Qin F, et al. Formation of *N*-nitrosodiphenylamine and two new *N*-containing disinfection by products from chloramination of water containing diphenylamine[J]. Environmental Science and Technology, 2009, 43(21): 8443-8448.

[14] Andrzejewski P, Nawrocki J. *N*-nitrosodimethylamine formation during treatment with strong oxidants of dimethylamine containing water[J]. Water Science and Technology, 2007, 56(12): 125-131.

[15] Andrzejewski P, Nawrocki L, Nawrocki J. Rola dwutlenku manganu (MnO₂) w powstawaniu *N*-nitrozodimetyloaminy (NDMA) w reakcji dimetyloaminy (DMA) z wybranymi utleniaczami w roztworach wodnych[J]. Ochrona Środowiska, 2009, 31: 25-29.

[16] Rywotycki R.The occurrence of nitrosamines in meat[J]. Medycyna Weterynaryjna, 1997, 53 (12): 726-729.

[17] Honikel K O. The use and control of nitrate and nitrite for the processing of meat products[J]. Meat Science, 2008, 78(1-2): 68-76.

[18] Mitch W A, Sedlak D L. Formation of *N*-nitrosodimethylamine (NDMA) from dimethylamine during chlorination[J]. Environmental Science and Technology, 2002, 36(4): 588-595.

[19] Choi J, Valentine R L. *N*-nitrosodimethylamine formation by free-chlorine-enhanced nitrosation of dimethylamine[J]. Environmental Science and Technology, 2003, 37(21): 4871-4876.

[20] Poskrebyshev G A, Huie R E, Neta P. Radiolytic Reactions of Monochloramine in Aqueous Solutions[J]. Journal of Physical Chemistry A, 2003, 107(38): 7423-7428.

[21] Nawrocki J, Andrzejewski P. Nitrosamines and water[J]. Journal of Hazardous Materials, 2011, 189(1): 1-18.

[22] Liu Y D, Zhong R. Comparison of *N*-nitrosodimethylamine formation mechanisms from dimethylamine during chloramination and ozonation: A computational study[J]. Journal of Hazardous Materials, 2017, 321: 362-370.

[23] Banerjee S, Pack Jr E J, Sikka H, et al. Kinetics of oxidation of methylhydrazines in water. Factors controlling the formation of 1, 1-dimethylnitrosamine[J]. Chemosphere, 1984, 13(4): 549-559.

[24] Lunn G, Sansone E B. Oxidation of 1,1-dimethylhydrazine (UDMH) in aqueous solution with air and hydrogen peroxide[J]. Chemosphere, 1994, 29(7): 1577-1590.

[25] 杨宝军, 陈建平, 焦天恕, 等. 废水中偏二甲肼在 Ni/Fe 催化剂上的催化分解研究[J]. 分子催化, 2007, 21(2): 104-108.

[26] Abilev M, Kenessov B N, Batyrbekova S, et al. Chemical oxidation of unsymmetrical dimethylhydrazine transformation products in water[J]. Chemical Bulletin of Kazakh National University, 2015, (1): 20-28.

[27] Kosaka K, Fukui K, Kayanuma Y, et al. *N*-nitrosodimethylamine formation from hydrazine compounds on ozonation[J]. Ozone: Science & Engineering, 2014, 36(3): 215-220.

[28] Schmidt C K, Brauch H J. *N,N*-dimethylsulfamide as precursor for *N*-nitrosodimethylamine (NDMA) formation upon ozonation and its fate during drinking water treatment[J]. Environmental Science and Technology, 2008,

42(17): 6340-6346.

[29] Yang L, Chen Z, Shen J, et al. Reinvestigation of the nitrosamine-formation mechanism during ozonation[J]. Environmental Science and Technology, 2009, 43(14): 5481-5487.

[30] Oya M, Kosaka K, Asami M, et al. Formation of $N$-nitrosodimethylamine (NDMA) by ozonation of dyes and related compounds[J]. Chemosphere, 2008, 73(11): 1724-1730.

[31] Lv J, Li Y, Song Y. Reinvestigation on the ozonation of $N$-nitrosodimethylamine: influencing factors and degradation mechanism[J]. Water research, 2013, 47(14): 4993-5002.

[32] Lee C, Yoon J, Von Gunten U. Oxidative degradation of $N$-nitrosodimethylamine by conventional ozonation and the advanced oxidation process ozone/hydrogen peroxide[J]. Water Research, 2007, 41(3): 581-590.

[33] 詹华圻, 刘祥萱, 梁剑涛,等. Fenton 法降解偏二甲肼废水[J]. 广州化工, 2010, 38(10): 68-69.

[34] Zellner R, Smith I W M. Rate constants for the reactions of OH with $NH_3$ and $HNO_3$[J]. Chemical Physics Letters, 1974,26(1): 72-74.

[35] 天津大学无机化学教研室. 无机化学[M]. 4 版. 北京: 高等教育出版社, 2010.

[36] Peiró-García J, Nebot-Gil I, Merchán M.An Ab Initio Study on the Mechanism of the Atmospheric Reaction $NH_2 + O_3 \rightarrow H_2NO + O_2$[J]. Chem Phys Chem, 2003, 4(4): 366-372.

[37] Walch S P. Theoretical characterization of the reaction $NH_2 + O$ yields products[J].The Journal of Chemical Physics, 1993, 99(7): 1265-1266.

[38] Sumathi R ,Peyerimhoff S D. Theoretical investigations on the reactions $NH + HO_2$ and $NH_2 + O_2$: Electronic structure calculations and kinetic analysis[J]. Journal of Chemical Physics, 1998, 108(13): 5510-5521.

[39] Choi Y M, Lin M C. Kinetics and mechanisms for reactions of HNO with $CH_3$ and $C_6H_5$ studied by quantum-chemical and statistical-theory calculations[J].International Journal of Chemical Kinetics, 2005, 37(5): 261-274.

[40] Walch S P.Theoretical characterization of the reaction $NH_2 + NO \rightarrow$ products[J].The Journal of Chemical Physics, 1993, 99(7): 5295-5300.

[41] Pena R G D, Olszyna K, Heicklen J. Kinetics of particle growth I ammonium nitrate from the ammonia-ozone reaction[J]. Journal of Physical Chemistry, 1973, 77(4): 438-443.

[42] Hoigne J, Bader H. Ozonation of water: kinetics of oxidation of ammonia by ozone and hydroxyl radicals[J]. Environmental Science and Technology, 1978, 12(1): 79-84.

[43] Khuntia S, Majumder S K, Ghosh P. Removal of ammonia from water by ozone microbubbles[J]. Industrial and Engineering Chemistry Research, 2013, 52(1): 318-326.

[44] Hend Galal-GorchevH, Morris J C. Formation and stability of bromamide, bromimide, and nitrogen tribromide in aqueous solution[J]. Inorganic Chemistry, 1965, 4(6): 899-905.

[45] Huang L, Li L , Dong W, et al. Removal of ammonia by OH radical in aqueous phase[J]. Environmental Science and Technology, 2008, 42(21): 8070-8075.

[46] Tomiyasu H, Fukutomi H, Gordon G. Kinetics and mechanism of ozone decomposition in basic aqueous solution[J]. Inorganic Chemistry, 1985: 24: 2962-2966.

[47] Taube H, Bray W C. Chain reactions in aqueous solutions containing ozone, hydrogen peroxide and acid[J]. J Am Chem Soc, 1940, 62: 3357-3373.

[48] Kuo C H, Yuan F, Hill D O. Kinetics of oxidation of ammonia in solutions containing ozone with or without hydrogen peroxide[J]. Industrial and Engineering Chemistry Research, 1997, 36(10): 4108-4113.

[49] Chang J G, Ju S P, Chang C S, et al. Adsorption configuration and dissociative reaction of $NH_3$ on anatase (101)

surface with and without hydroxyl groups[J]. Journal of Physical Chemistry C, 2009, 113(16): 6663-6672.

[50] Zhu X, Castleberry S R, Nanny M A, et al. Effects of pH and catalyst concentration on photocatalytic oxidation of aqueous ammonia and nitrite in titanium dioxide suspensions[J]. Environmental Science and Technology, 2005, 39(10): 3784-3791.

[51] Altomare M, Selli E. Effects of metal nanoparticles deposition on the photocatalytic oxidation of ammonia in TiO$_2$ aqueous suspensions[J]. Catalysis Today, 2013, 209: 127-133.

[52] Lee J, Park H, Choi W. Selective photocatalytic oxidation of NH$_3$ to N$_2$ on platinized TiO$_2$ in water[J]. Environmental Science and Technology, 2002, 36(24): 5462-5468.

[53] 徐从斌, 张丽, 杨文杰. 负载零价铁膨胀石墨的合成及对水中 NO$_3^-$ 去除的效果与机制[J]. 高等学校化学学报, 2017, 38(8): 1415-1422.

[54] Suzuki T, Moribe M, Oyama Y, et al. Mechanism of nitrate reduction by zero-valent iron: equilibrium and kinetics studies[J]. Chemical Engineering Journal, 2012, 183: 271-277.

[55] Ranjit K T, Viswanathan B. Photocatalytic reduction of nitrite and nitrate ions to ammonia on ZnO Fe$_2$O$_3$ coupled semiconductor[J]. Journal of Photochemistry and Photobiology A: Chemistry, 1996, 35A: 3551-3565.

[56] Teramura K, Tanaka T, Funabiki T. Photoassisted selective catalytic reduction of NO with ammonia in the presence of oxygen over TiO$_2$[J]. Langmuir, 2003, 19(4): 1209-1214.

[57] Teramura K, Tanaka T, Yamazoe S, et al. Kinetic study of photo-SCR with NH$_3$ over TiO$_2$[J]. Applied Catalysis B: Environmental, 2004, 53(1): 29-36.

[58] 孙宝珍, 陈文凯, 徐香兰. NO 双分子在 Cu$_2$O(111)面吸附与解离的理论研究[J]. 物理化学学报, 2006, 22(9): 1126-1131.

[59] Liang H, Gui K, Zha X. DRIFTS study of γ-Fe$_2$O$_3$ nano-catalyst for low-temperature selective catalytic reduction of NO$_x$ with NH$_3$[J]. The Canadian Journal of Chemical Engineering, 2016, 94(9): 1668-1675.

[60] Zhang L, Cui S, Guo H, et al. Density function theoretical and experimental study of NH$_3$ + NO$_x$ adsorptions on MnO$_x$/TiO$_2$ surface[J]. Computational Materials Science, 2016, 112: 238-244.

[61] 戴树桂. 环境化学[M]. 2 版. 北京: 高等教育出版社, 2006.

[62] Cleempu O V, Patrickjr W H, McIlhenny R C. Nitrite decomposition in flooded soil under different pH and redox potential conditions[J]. Soil Science Society of America Journal 1976, 40(1): 55-60.

[63] Lee C, Schmidt C, Yoon J, et al. Oxidation of N-nitrosodimethylamine (NDMA) precursors with ozone and chlorine dioxide: kinetics and effect on NDMA formation potential[J]. Environmental Science and Technology, 2007, 41(6): 2056-2063.

[64] Tang Y, Hanrath M, Nielsen C J. Do primary nitrosamines form and exist in the gas phase? A computational study of CH$_3$NHNO and (CH$_3$)$_2$NNO[J]. Physical Chemistry Chemical Physics, 2012, 14(47): 16365-16370.

[65] Da S G. Formation of nitrosamines and alkyldiazohydroxides in the gas phase: The CH$_3$NH + NO reaction revisited[J]. Environmental Science and Technology, 2013, 47(14): 7766-7772.

# 第8章　高级氧化法降解高浓度偏二甲肼废水

高级氧化法(advanced oxidation processes，AOPs)的基本原理是·OH 通过脱氢反应、亲电加成、电子转移等多种途径，将水中有害物质矿化为 $CO_2$、$H_2O$ 和其他无害物质，或将其转化为低毒的易生物降解的中间产物。该技术主要包括高温高压下的超临界水氧化，常温常压下光、声、催化剂等所诱导的过程，如 $O_3/UV$、$TiO_2/UV$、$Fe^{2+}/H_2O_2$ 等。

与传统的水处理方法相比，AOPs 具有以下优点：①·OH 的氧化电位(2.80V)仅次于氟(2.87V)，比 $H_2O_2$、$O_3$、$Cl_2$、$KMnO_4$ 等常用强氧化剂的氧化电位高，氧化性强，对有机物的选择性弱，反应速率快，处理效率高，能够同时去除废水中的多种有机污染物。②·OH 能够彻底去除化学需氧量 COD 和总有机碳 TOC，而不是像活性炭吸附那样将污染物从一处转移到另一处，却不能将其转化为无害物。③反应条件简单，易于控制，既能单独处理污染物，又可与其他技术联用。例如，可先通过·OH 氧化提高有机污染物的生物降解性，作为生物处理前的预处理手段，降低处理成本。

高级氧化技术的氧化剂主要是过氧化氢和臭氧，本章将围绕臭氧体系、$Fe^{2+}/H_2O_2$ 芬顿体系、$Cu^{2+}/H_2O_2$ 类芬顿体系处理偏二甲肼废水开展研究，并对偏二甲肼氧化转化中间产物如二甲胺、偏腙和亚硝基二甲胺等进行检测，对比研究这三种体系的处理效果。

表 3-1 显示，臭氧、高锰酸钾、次氯酸钙等降解偏二甲肼废水过程中产生甲醛、甲醇、甲酸、偏腙、二甲胺、亚硝基二甲胺、四甲基四氮烯、乙醛腙、1-甲基-1,2,4-三唑、二甲氨基乙腈、二甲基甲酰胺、硝基甲烷、氢氰酸、重氮化合物等多种转化物。根据第 4、5 章的研究推测主要转化路径及相关转化物如下：

偏二甲肼 ⟶ { 
　氮氮键断裂相关产物：二甲胺，二甲基甲酰胺，硝基甲烷

　二甲基氮烯相关产物：四甲基四氮烯，亚硝基二甲胺

　甲基氧化相关产物：甲醛，甲基肼，偏腙

　偏腙进一步氧化产物：乙醛腙，二甲基甲酰肼，二甲氨基乙腈

　甲基甲酰肼与甲酰胺反应生成1-甲基-1,2,4-三唑
}

# 8.1　偏二甲肼降解化学指标测定方法

## 8.1.1　羟基自由基的测定

目前，羟基自由基的检测方法主要包括：自旋捕集-电子自旋共振波谱法(ESR)、羟基捕获剂-高效液相色谱法(HPLC)、氧化反应捕获-分光光度计法、化学发光法(CL)等。

1,10-邻二氮菲是测定微量 $Fe^{2+}$ 的显色剂。先用盐酸羟胺将 $Fe^{3+}$ 还原为 $Fe^{2+}$，然后在 pH3～9(一般控制在 pH5～6)的条件下，$Fe^{2+}$ 与 1,10-邻二氮菲作用生成稳定的橘红色配位化合物 $Fe(phen)_3^{2+}$，最大吸收波长 $\lambda_{max} = 508nm$，$\varepsilon = 1.1 \times 10^4 L/(mol \cdot s)$，反应方程式如下[1]：

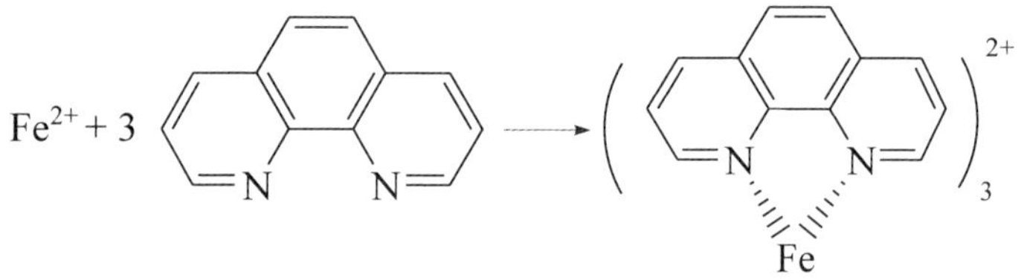

当羟基自由基将 $Fe(phen)_3^{2+}$ 氧化为浅蓝色或无色的 $Fe(phen)_3^{3+}$ 后，最大吸收峰消失。相关反应的标准电极电位值 $E^{\ominus}$ 如下[2]：

$$\cdot OH + H^+ + e^- \longrightarrow H_2O \qquad E^{\ominus} = 2.8V$$
$$Fe(phen)_3^{3+} + e^- \longrightarrow Fe(phen)_3^{2+} \qquad E^{\ominus} = 1.14V$$

$\cdot OH$ 能将 $Fe(phen)_3^{2+}$ 氧化成 $Fe(phen)_3^{3+}$：

$$Fe(phen)_3^{2+} + \cdot OH + H^+ \longrightarrow Fe(phen)_3^{3+} + H_2O$$

被羟基自由基氧化的 $Fe(phen)_3^{2+}$ 正比于体系中产生的羟基自由基的量，从而达到间接测定羟基自由基的目的。吸光度 $A$ 的变化量 $\Delta A$ 与 $Fe(phen)_3^{2+}$ 浓度的变化量 $\Delta C$ 之间的线性关系如下：

$$\Delta A = A_0 - A_i = \varepsilon \cdot b \cdot \Delta C$$

式中，$\varepsilon$ 为摩尔吸光系数；$b$ 为比色皿厚度；$\cdot OH$ 的生成浓度即为式中 $\Delta C$。

羟基自由基表观生成率定义为显色剂与羟基自由基反应前后吸光度之差与原吸光度的比值：

$$\cdot OH \text{ 表观生成率}(\%) = \Delta A/A_0 \times 100\%$$

根据以上测定原理，用 $Fe(phen)_3^{2+}$ 溶液标准曲线进行羟基自由基浓度的定量分析。将 $Fe(phen)_3^{2+}$ 溶液稀释成 0.05～1mmol/L 不同浓度的溶液，在 508nm

处测定各试样吸光度值，绘制标准曲线，如图 8-1 所示。

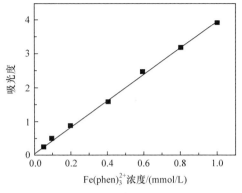

图 8-1　Fe(phen)$_3^{2+}$ 溶液标准曲线

由图 8-1 可以看出，在 0～1.0mmol/L 浓度范围内，吸光度与 Fe(phen)$_3^{2+}$ 浓度呈良好的线性关系，其回归方程为 $A = 3.896c + 0.068$，决定系数 $R^2 = 0.9988$。

### 8.1.2　化学需氧量的测定

采用 5B-6(c)型 COD/氨氮/总磷三参数测定仪，测定 COD。$H_2O_2$ 在 COD 测定过程中起还原剂作用，使 COD 测定值偏高。在去离子水中加入不同浓度的 $H_2O_2$，测定其产生的 COD，结果见表 8-1。

表 8-1　不同浓度 $H_2O_2$ 产生的 COD

| $H_2O_2$ 浓度/(mg/L) | 25 | 50 | 100 | 150 | 250 | 500 | 750 | 1000 |
| --- | --- | --- | --- | --- | --- | --- | --- | --- |
| COD/mg | 7.14 | 12.41 | 28.38 | 36.47 | 59.03 | 119.8 | 192.5 | 251.2 |

$H_2O_2$ 浓度在 25～1000mg/L 与 COD 成正比，线性回归方程为 COD = $0.2516c(H_2O_2) - 0.4733$，决定系数为 0.9987。测定 COD 时先将水样的 pH 调到 10 以上，加入过氧化氢酶分解残留 $H_2O_2$ 后再进行测定，也可通过过氧化氢含量测定扣除的方法测定。

偏钒酸铵光度法测定 $H_2O_2$ 浓度的原理：酸性溶液中，$H_2O_2$ 与偏钒酸根离子生成橘红色配位化合物，可于 455nm 处用比色法测定吸光度。标准曲线绘制结果表明，$H_2O_2$ 浓度在 2～130μg/mL 服从朗伯-比尔定律，吸光度与 $H_2O_2$ 浓度呈良好的线性关系，回归方程为 $A = 0.0081c - 0.0003$，决定系数为 0.9997。

### 8.1.3　NDMA 和偏腙的测定

亚硝基二甲胺的测定：在选定的液相色谱条件下，即紫外检测器波长为

230nm，色谱柱为 Eclipse XDB-C18，4.6mm×250mm，5μm，流动相：甲醇与水的体积比为 15/85，流速：1mL/min，温度：30℃，进样量：20μL。

将亚硝基二甲胺标准品依次配制为 150mg/L、100mg/L、50mg/L、40mg/L、20mg/L、10mg/L、5mg/L、1mg/L 浓度的系列样品，在上述色谱条件下分别进样 20μL，以 NDMA 浓度为横坐标，峰高为纵坐标，绘制标准曲线，如图 8-2 所示。峰高与浓度的线性回归方程为 $y = 22.96027 + 17.01306x$，决定系数为 $R^2=0.99988$。

在选定的液相色谱条件下，即紫外检测器波长为 235nm，色谱柱为 Eclipse XDB-C18，4.6mm×250mm，5μm，流动相：甲醇与水的体积比为 15/85，流速：1mL/min，温度：30℃，进样量：20μL。

将偏腙标准品依次配制为 50mg/L、30mg/L、20mg/L、10mg/L、7mg/L、5mg/L、3mg/L、2mg/L、1mg/L 浓度的系列样品，在上述色谱条件下进样 20μL，将峰高与浓度回归得到线性方程 $y = 3.42162x - 2.20521$，决定系数为 $R^2 = 0.9993$，绘制的标准曲线如图 8-3 所示，用于 FDH 的定量分析。

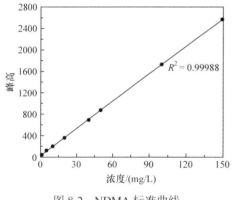

图 8-2　NDMA 标准曲线

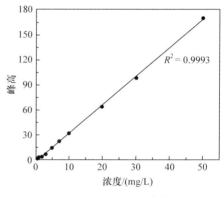

图 8-3　FDH 标准曲线

### 8.1.4　偏二甲肼、二甲胺和甲醛的测定

采用 GB 18063—2000 氨基亚铁氰化钠分光光度法测定偏二甲肼。生成的配位化合物在 500nm 处出现可见光的吸收峰，绘制偏二甲肼浓度与吸光度的标准曲线，用于测定反应过程中偏二甲肼的浓度。由于过氧化氢对测定有干扰，将溶液调整为碱性，过氧化氢分解酶分解后测定。

采用可见分光光度法测定二甲胺。二甲胺与次氯酸钠作用生成氯胺，氯胺与淀粉-碘化钾试剂反应生成蓝色配位化合物，在波长 580nm 处进行比色定量。

采用 GB 13197 乙酰丙酮分光光度法测定甲醛。在过量铵盐存在下，甲醛与乙酰丙酮生成黄色配位化合物，在波长 414nm 处有最大吸收。显色条件下表观

摩尔吸光系数为 $7.2 \times 10^3 L/(mol \cdot s)$，显色物质吸光度在 3h 内基本不变。实验测得的甲醛标准曲线数据见表 8-2。吸光度与甲醛浓度的线性回归方程为 $A = 0.2449c + 0.0098$，决定系数为 $R^2 = 0.9998$。

表 8-2　甲醛标准曲线数据

| 浓度/(mg/L) | 0 | 0.08 | 0.2 | 0.4 | 1.2 | 2 | 3.2 |
|---|---|---|---|---|---|---|---|
| 吸光度 | 0.015 | 0.021 | 0.059 | 0.109 | 0.307 | 0.498 | 0.793 |

化学反应式如下：

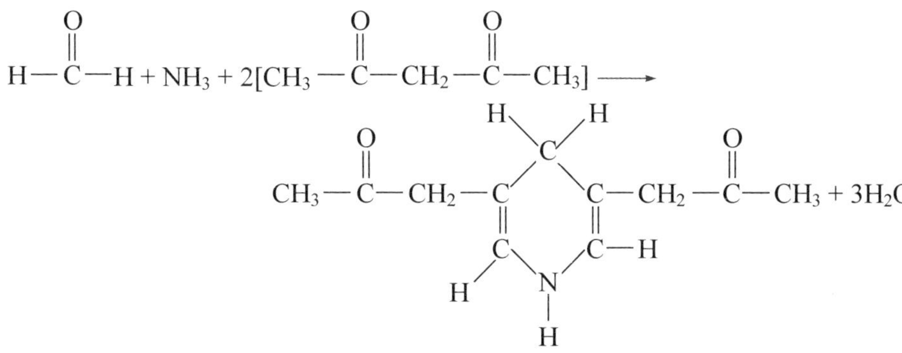

$N$-(1-萘基)-乙二胺分光光度法测定亚硝酸根。在酸性溶液中，亚硝酸根与磺胺发生重氮反应，再与 $N$-(1-萘基)-乙二胺偶联生成红色染料，540nm 处有最大吸收。

### 8.1.5　偏二甲肼降解产物的测定

采用 SPME-GC/MS 法测定偏二甲肼降解产物[3]。固相微萃取(solid phase micro extraction, SPME)是样品前处理技术，基本原理是将含水样品中的分析物直接吸附到一根带有涂层的熔融石英纤维上，然后解吸分析物。选择 65μm 聚二甲基硅烷(PDMS)/二乙烯基苯(DVB)的萃取头。使用 SPME 萃取头前，将 SPME 针头高温(200℃)活化 5min，采样前做空白试验，以确认 SPME 针头无污染或残留上次分析物。

用移液枪吸取 6mL 水样，调节 pH 并加入氯化钠，待氯化钠彻底溶解后，插入 SPME 注射器，使纤维浸入溶液中，搅拌 5min 后，将 SPME 注射器插入 GC 进样口分析，GC-MS 流出曲线如图 8-4 所示。

偏二甲肼降解产物有甲醛、偏腙、二甲胺、亚硝基二甲胺、四甲基四氮烯、四甲基肼、1-甲基-1,2,4-三唑、二甲基甲酰胺、硝基甲烷、二甲氨基乙腈、甲酸、乙酸等，图 8-4 中测定的样品由这些物质组成。

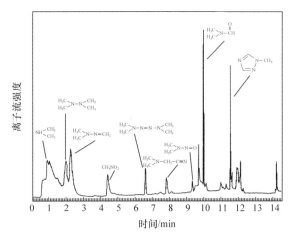

图 8-4　偏二甲肼降解产物的 GC-MS 流出曲线

色谱条件：色谱柱(DB-225S 30m×250μm×0.25μm)，进口温度 200℃，载气为高纯氦气，流量为 1.5mL/min，柱温 35℃保持 3min，以 10℃/min 速率升温至 150℃，进样方式为分流比 1∶1。

质谱条件：电子轰击源(EI)，电离电压 70eV，四级杆分析器，质量扫描范围 m/z 为 19～550，离子源温度 230℃。采用 SIM 模式时的特征离子。

由图 8-4 可以看出，该方法可以测定二甲胺、四甲基肼、偏腙、硝基甲烷、四甲基四氮烯、二甲氨基乙腈、二甲基甲酰胺和 1-甲基-1,2,4-三唑。甲酸、乙酸和偏二甲肼单独检测时可以检出，而共存时三者都不能检出，这可能是偏二甲肼与酸生成盐，不易被 SPME 萃取头萃取所致。

## 8.2　臭氧降解偏二甲肼过程中 pH 和催化剂的影响

臭氧的氧化能力强。在活性炭和 $Mn^{2+}$、$Fe^{2+}$、$Cu^{2+}$ 等金属离子催化下，臭氧通过分解产生的·OH 降解水体中的有机污染物。本章重点研究 pH、催化剂种类对臭氧降解偏二甲肼过程中 NDMA、FDH 和 DMA 产生和去除的影响。

直接臭氧法处理偏二甲肼废水的产物有四甲基四氮烯、偏腙、甲醇、亚硝基二甲胺、硝基甲烷、N,N-二甲基二氮烯等，四甲基四氮烯为主要生成物，臭氧氧化过程有明显的颜色变化，最终生成红色物质(紫外谱图如图 3-4 所示)[4]。

### 8.2.1　pH 对臭氧降解偏二甲肼的影响

配制 1000mg/L 的偏二甲肼溶液 200mL(不同催化体系根据需要，同时加入催化剂)加入瑞士梅特勒公司 Optimax 反应釜中，用稀硫酸或 NaOH 溶液调节溶液的初始 pH，设定反应温度，搅拌速度调至 300r/min，通入固定浓度的臭氧 [33mg/(L·min)]。理论上，若将偏二甲肼分子中的碳转化为二氧化碳、氢转化为水、氮转化为二氧化氮，需要 6400mg 的臭氧，190min 产生的臭氧足以将偏二甲肼完全降解，但是受臭氧溶解度的限制，水中臭氧含量仅 2.5mg/L，因此整个氧化过程氧化剂含量始终偏低。间隔不同时间取样，用分光光光度法测定偏二甲肼、二甲胺，用高效液相色谱法测定亚硝基二甲胺、偏腙。

pH 影响偏二甲肼、二甲胺和氨的分子形态，同时对臭氧分解产生羟基自由基、偏腙水解都有影响。文献中偏二甲肼与氢离子结合前后的反应活化能如下[5]：

$$(CH_3)_2NNH_2 + O_3 \longrightarrow (CH_3)_2NNO + H_2O_2 \qquad E_a = 57.3kJ/mol$$

$$(CH_3)_2NNH_2H^+ + O_3 \longrightarrow (CH_3)_2NNO + H^+ + H_2O_2 \qquad E_a = 248kJ/mol$$

根据活化能数据可知，偏二甲肼质子化后，几乎不能与臭氧发生氨基氧化。pH = 7 时，$k_{O_3} = 2×10^6$ mol/(L·s)，而 $k_{OH} = 4.9×10^9$ mol/(L·s)[6]。

臭氧与偏二甲肼氨基作用并产生羟基自由基：

$$(CH_3)_2NNH_2 + O_3 \longrightarrow (CH_3)_2NNH· + O_2$$

pH 对臭氧降解偏二甲肼过程中间产物浓度的影响结果如图 8-5 所示。

随着 pH 的增大，羟基自由基的生成量增多。由于偏二甲肼大的羟基自由基反应速率是臭氧的 $10^3$ 倍，因此即使在酸性介质中，仍然可以发生羟基自由基与偏二甲肼的相关反应。

由图 8-5 可知，偏二甲肼臭氧氧化过程中生成了偏腙 FDH、亚硝基二甲胺 NDMA 和二甲胺 DMA。臭氧氧化偏二甲肼过程中，羟基自由基主要负责甲基和氨基的脱氢氧化，臭氧主要起加氧作用。偏二甲肼的甲基或氨基经脱氢反应与加氧生成$(CH_3)H_2CO·NNH_2$ 和亚硝基二甲胺，而$(CH_3)H_2CO·NNH_2$ 分解产生甲醛，甲醛与偏二甲肼作用生成偏腙，偏二甲肼甲基脱氢后，氮氮键断裂生成二甲胺。

NDMA 的生成：

$$(CH_3)_2NNH_2 + [O] \longrightarrow (CH_3)_2NN:$$

$$(CH_3)_2NN: + O_3 \longrightarrow (CH_3)_2NNO + O_2$$

偏腙和甲醛的生成：

$$(CH_3)_2NNH_2 + ·OH \longrightarrow CH_3(·CH_2)NNH_2 + H_2O$$

$$CH_3(·CH_2)NNH_2 + [O] \longrightarrow CH_3·NNH_2 + CH_2O$$

$$CH_2O + (CH_3)_2NNH_2 \longrightarrow (CH_3)_2NNCH_2 + H_2O$$

DMA 的生成：

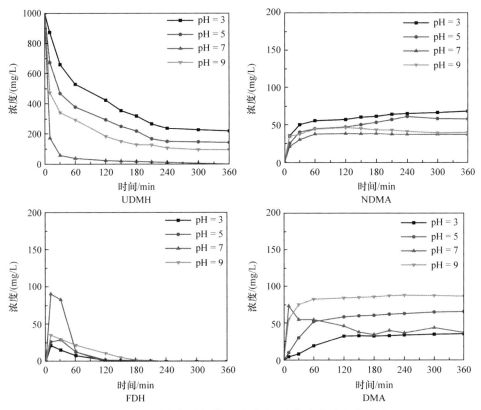

图 8-5　pH 对臭氧降解偏二甲肼过程中间产物浓度的影响

$$CH_3(\cdot CH_2)NNH_2 \longrightarrow CH_3(\cdot CH_2)N\cdot + \cdot NH_2$$
$$CH_3(\cdot CH_2)NNH_2 + 2H\cdot \longrightarrow (CH_3)_2NH$$

偏二甲肼甲基氧化生成偏腙和二甲胺，氨基氧化生成亚硝基二甲胺，FDH 与 DMA 最大生成量的总和大于 NDMA 最大生成量来看，偏二甲肼臭氧氧化甲基氧化还是很重要的。

1) NDMA 的浓度变化

亚硝基二甲胺生成迅速，但降解困难。不同 pH 条件下亚硝基二甲胺的生成量依次为 pH3＞pH5＞pH9＞pH7，亚硝基二甲胺的生成转化率约为 5%。在酸性条件下，亚硝基二甲胺快速生成后，浓度仍持续增大；在中性和碱性条件下，NDMA 快速生成后，浓度缓慢减小。

酸性条件下，由于质子对氨基的保护作用，不利于亚硝基二甲胺的生成，但酸性介质中，偏二甲肼甲基氧化后，发生交换反应生成二甲基肼基自由基：

$$CH_3(\cdot CH_2)NNH_2 \longrightarrow (CH_3)_2NNH\cdot$$

继续反应，也能产生亚硝基二甲胺。

碱性条件下有利于氨基的氧化，因此二甲胺转化为 NDMA 量会在碱性条件下增大。偏二甲肼与之不同，可能的原因是，臭氧与偏二甲肼氧化过程生成更多的羟基自由基，而且 pH 越大，生成量也越多，这将有利于 NDMA 的去除，从而使碱性介质 NDMA 最大生成量有所减少。

在偏二甲肼、偏腙和二甲胺之间，亚硝基二甲胺最难消除，臭氧去除速率：偏腙＞偏二甲肼＞二甲胺＞亚硝基二甲胺，同时所有中间产物：偏腙、四甲基四氮烯和二甲胺都可以转化为 NDMA，因此 NDMA 一旦生成，很难去除。

2) FDH 的浓度变化

偏腙的生成非常迅速，降解也迅速。不同 pH 条件下偏腙最大的生成量依次为 pH7＞pH9＞pH5＞pH3，偏腙的最大转化率约 10%。该排列顺序与偏腙水解次序一致，说明水解是导致生成偏腙浓度下降的重要原因。偏腙通过水解可重新生成偏二甲肼，因此不同 pH 条件下，偏腙在反应 3～4h 后均可以基本去除。

3) DMA 的浓度变化

不同 pH 条件下二甲胺的生成速率的依次顺序为 pH7＞pH9＞pH5＞pH3，二甲胺的最大生成量的次序为 pH7≈pH9＞pH5＞pH3，最大转化率约 10%。二甲胺生成量的 pH 排序与偏腙一致，与亚硝基二甲胺相反，从而表现出甲基氧化和氨基氧化的竞争关系。

由于二甲胺难于降解，同时偏二甲肼、偏腙和亚硝基二甲胺的羟基自由基氧化产物都是二甲胺，此外，臭氧氧化过程还容易生成四甲基四氮烯，四甲基四氮烯降解过程也会产生二甲胺，因此臭氧氧化偏二甲肼体系中，二甲胺未被去除。

虽然臭氧氧化偏二甲肼过程也是以羟基自由基作用为主，但是由于对羟基自由基生成量少，在偏二甲肼含量逐步减少的情况下，羟基自由基含量进一步降低。另外臭氧本身氧化能力有限，导致亚硝基二甲胺和二甲胺残留。

推测偏二甲肼及中间产物存在如下相互转化关系：

偏二甲肼、偏腙、二甲胺 ——→ 亚硝基二甲胺

偏二甲肼、偏腙、亚硝基二甲胺 ——→ 二甲胺

为比较不同偏二甲肼、偏腙等转化为 NDMA 和 DMA 的能力，取第 7 章中 pH 等于 7 时臭氧分别降解 50mg/L 的偏二甲肼、偏腙、二甲胺、亚硝基二甲胺的第 1 个检测数据及反应终止数据，横坐标表示降解对象，纵坐标表示各物质浓度，臭氧降解偏二甲肼及中间产物的转化量对比如图 8-6 所示。

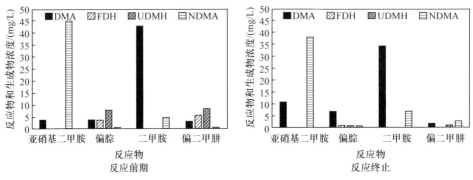

图 8-6 臭氧降解偏二甲肼及中间产物的转化量对比

由图 8-6 可知，pH 等于 7 时，亚硝基二甲胺的生成转化量依次为二甲胺＞偏二甲肼＞偏腙。这一结果与第 7 章的理论分析和臭氧作用下二甲胺转化为亚硝基二甲胺文献值[7]不一致，其主要原因：文献研究的是水处理过程中有机物浓度很低的情况下转化为 NDMA 的比率，臭氧不断通入体系中，虽然臭氧溶解度不高，但是二甲胺氧化速率慢，在不断充入臭氧的过程中可充分反应；本书研究的则是二甲胺含量较高的情况，因此二甲胺转化为 NDMA 的比率高于文献值。同样，由于偏腙可以很快水解，臭氧与偏腙没有充分反应，因此偏腙转化为 NDMA 的比率低于文献值。

本节研究的体系中偏二甲肼含量很高，因此反应前期快速生成的 NDMA 还是由偏二甲肼转化而来，但不能排除之后二甲胺、偏腙和四甲基四氮烯转化为 NDMA 的可能。在酸性条件下，偏二甲肼可通过偏腙进一步转化为 NDMA；在中性和碱性条件下，可通过转化为二甲胺或二甲胺的前驱体转化为 NDMA。

二甲胺比偏二甲肼容易转化为 NDMA，说明二甲胺不需要转化为偏二甲肼再转化为 NDMA。在羟基自由基、臭氧作用下，在中性条件下氨容易氧化为 NO、亚硝酸根，NO 与二甲氨基自由基直接作用生成 NDMA。需要说明的是，该结果的前提是二甲胺和偏腙氧化过程中，臭氧远远超量。在反应前期，偏二甲肼和偏腙转化为 NDMA 的量接近，但反应终止时偏二甲肼转化为 NDMA 的量远大于偏腙，其原因是偏二甲肼的甲基氧化通过生成二甲氨基自由基和 NO 等转化为 NDMA。

在臭氧体系中，NDMA、偏二甲肼和偏腙都可以转化为二甲胺，在反应前期三者的转化量接近，但反应终止时转化为二甲胺的量依次为亚硝基二甲胺＞偏腙＞偏二甲肼。偏二甲肼臭氧氧化体系能够产生羟基自由基，因此二甲胺容易被去除，而偏腙可水解转化为偏二甲肼。

通过以上类似的方法还可以得到，pH 等于 7 时，反应前期各物质与臭氧反应能力顺序为偏腙＞偏二甲肼≫二甲胺＞亚硝基二甲胺；反应终止时各物质残留量顺序为亚硝基二甲胺＞二甲胺≫偏腙＞偏二甲肼。虽然臭氧与偏腙容易发生反应，但生成的二甲胺较多而不能得到很好的矿化；臭氧对偏二甲肼的去除效果最好，因此偏腙、二甲胺和 NDMA 转化为偏二甲肼将有利于它们的去除。

臭氧体系中偏二甲肼降解的主要路径：

偏二甲肼 ⟶ { 甲基肼　易降解
偏二甲肼 ⟶ { 偏腙 ⟶ { UDMH　可降解；DMA　难降解 }
偏二甲肼 ⟶ { 亚硝基二甲胺 ⟶ DMA　难降解

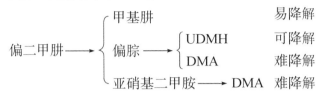

臭氧降解偏二甲肼存在多个平行过程，其中沿着甲基肼方向进行的路径是偏二甲肼有效降解的路径；偏腙和偏二甲肼都容易被臭氧氧化，但它们转化生成的二甲胺和亚硝基二甲胺难以被氧化。一方面，二甲胺和亚硝基二甲胺在臭氧体系中可以相互转化，氧化过程受二甲胺的氧化控制，只有将二甲胺有效去除，才能逐步去除亚硝基二甲胺；另一方面，二甲胺和亚硝基二甲胺的甲基难以被氧化。从诱导效应看，—H 是推电子基，—$NH_2$ 是强推电子基，推电子基有利于脱氢后自由基的稳定，而偏腙和 NDMA 的—N═$CH_2$、NO 都是吸电子基，因此二甲胺、偏腙和 NDMA 的甲基都比偏二甲肼难于被氧化。

### 8.2.2　催化剂对臭氧降解偏二甲肼的影响

活性炭、$Cu^{2+}$、$Fe^{2+}$、$Mn^{2+}$都具有加速臭氧分解并产生羟基自由基的作用。本节研究催化剂对臭氧降解偏二甲肼及中间产物 NDMA、偏腙和二甲胺的影响。pH = 7 下不同催化剂对臭氧降解偏二甲肼及中间产物浓度的影响如图 8-7 所示。分析得出的 pH 和不同催化剂对臭氧降解偏二甲肼及中间产物的影响见表 8-3。

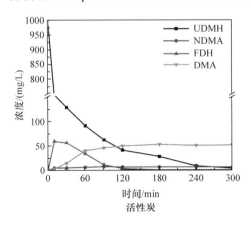

活性炭　　$Cu^{2+}$

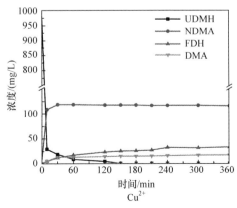

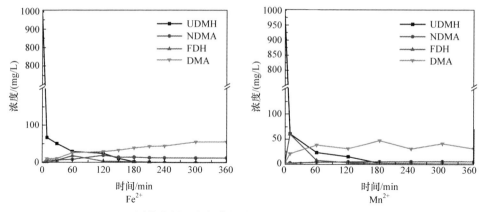

图 8-7　不同催化剂对臭氧降解偏二甲肼及中间产物浓度的影响

**表 8-3　pH 和不同催化剂对臭氧降解偏二甲肼及中间产物的影响**

| 反应条件 | UDMH | NDMA | FDH | DMA |
|---|---|---|---|---|
| pH 升高 | 先 $v_{降解}$ ↑ 后 $v_{降解}$ ↓ | 先 $v_{生成}$ ↓ 后 $v_{生成}$ ↑ | 类似水解 | $v_{生成}$ ↑ |
| 活性炭 | $v_{降解}$ ↓ | $v_{生成}$ ↓ | $v_{生成}$ ↑, $v_{降解}$ ↓ | $v_{生成}$ ↓ |
| 铜离子 | $v_{降解}$ ↑ | $v_{生成}$ ↑ $v_{降解}$ ↓ | $v_{生成}$ ↓ $v_{降解}$ ↓ | $v_{生成}$ ↓ |
| 铁离子 | $v_{降解}$ ↑ | $v_{生成}$ ↓ | $v_{生成}$ ↓, $v_{降解}$ ↑ | $v_{生成}$ ↑ |
| 锰离子 | $v_{降解}$ ↑ | $v_{生成}$ ↓ $v_{降解}$ ↑ | $v_{生成}$ ↓, $v_{降解}$ ↑ | $v_{生成}$ ↓, $v_{降解}$ ↑ |

　　结果表明，除活性炭 AC 外，金属离子催化剂都能加速偏二甲肼的降解；除 $Cu^{2+}$ 外，上述其他催化剂都能减少 NDMA 的产生。催化剂对偏二甲肼臭氧氧化降解速率顺序为 $Cu^{2+}/O_3 > Fe^{2+}/O_3 > Mn^{2+}/O_3 > O_3 > AC/O_3$；在反应前期和终止时 NDMA 的生成量顺序为 $Cu^{2+}/O_3 > O_3 > Fe^{2+}/O_3 > AC/O_3 > Mn^{2+}/O_3$。

　　羟基自由基可以加快偏二甲肼的降解，同时可明显提高氧化中间体的降解速率，因此越容易产生羟基自由基的体系，氧化中间体的浓度应越低。根据这一特点，$Fe^{2+}$、$Mn^{2+}$ 催化产生羟基自由基的作用较大，$Cu^{2+}$ 仅显著增大偏二甲肼的降解量，提高 NDMA 的生成量一倍多，有 10% 的偏二甲肼转化为 NDMA，但并没有有效降解中间产物，二甲胺和偏腙的降解效果不佳，NDMA 浓度在反应前期呈下降趋势，二甲胺和偏腙浓度则持续增大，说明生成的 NDMA 进一步转化为 DMA。

　　与单纯臭氧反应相比，活性炭抑制偏二甲肼的氧化、减少 NDMA 的产生。活性炭除具有催化产生羟基自由基的作用外，还起到催化还原的作用，使已转化为 NDMA 的分子重新转化为偏二甲肼，因此处理后 NDMA 含量较低，而偏二甲肼和二甲胺含量较高。活性炭对二甲胺吸附能力弱，处理后的残留量高。

值得注意的是，虽然活性炭、$Fe^{2+}$、$Mn^{2+}$催化臭氧氧化体系中产生的 NDMA 含量不高，但却有持续增大趋势，可能是二甲胺逐步转化为 NDMA。偏腙和 NDMA 的产生有明显的竞争关系，活性炭、$Mn^{2+}$催化体系的偏腙生成量较大。

羟基自由基可加速偏腙的降解，从而减少偏腙的生成量，但偏腙与 $Fe^{2+}$、$Fe^{3+}$，特别是 $Cu^{2+}$可能产生配位作用，从而抑制偏腙的水解，因此 $Fe^{2+}/O_3$ 体系中偏腙去除的时间延长，而 $Cu^{2+}/O_3$ 体系中偏腙的含量持续增大。

羟基自由基有利于二甲胺的甲基氧化，而且对二甲胺降解速率有显著提高作用，因此随着 $Fe^{2+}$、$Mn^{2+}$、活性炭催化产生羟基自由基的能力依次增强，二甲胺的生成量依次减少。4 种催化臭氧氧化体系对偏腙生成量的影响顺序如下：

$$O_3 > 活性炭/O_3，Mn^{2+}/O_3 > Fe^{2+}/O_3 > Cu^{2+}/O_3$$

$Cu^{2+}$催化产生羟基自由基的活性最小，不能使偏腙、NDMA 有效降解并转化为二甲胺，因此二甲胺的生成量最低，反应后期 $Fe^{2+}$促进二甲胺的缓慢生成：

$$(CH_3)_2N \cdot H^+ + Fe^{2+} \longrightarrow (CH_3)_2NH + Fe^{3+}$$

催化剂对臭氧降解偏二甲肼及中间产物的影响对比如图 8-8 所示。

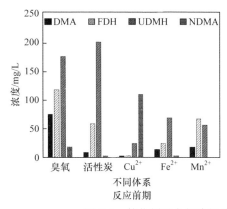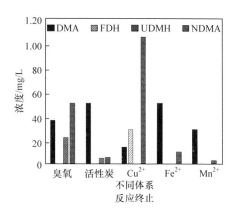

图 8-8　催化剂对臭氧降解偏二甲肼及中间产物的影响对比

由图 8-8 可知，活性炭、$Fe^{2+}$、$Mn^{2+}$作催化剂时，二甲胺是臭氧降解偏二甲肼最主要的残留物。理论上讲，催化剂加速臭氧的分解并产生羟基自由基，加速甲基氧化产生偏腙和二甲胺，但羟基自由基的产生还可能加快偏腙、二甲胺的去除，从而降低两者的生成量。由于二甲胺是偏二甲肼、亚硝基二甲胺、偏腙及四甲基四氮烯氧化过程都会产生的物质，只有在这些物质全部去除后，二甲胺才可以被去除，因此二甲胺是主要的残留物质。此外，由于催化剂本身与臭氧的作用，反应前期是 $Mn^{2+}$、$Fe^{2+}$作用，反应中后期催化剂转化为 $MnO_2$ 和 $Fe^{3+}$，催化剂在不同反应时期的作用不同，如 $MnO_2$ 对二甲胺的去除产生振荡作用。文献报道 $MnO_2$ 对二甲胺转化为 NDMA[8]、$Fe^{3+}$ 对偏二甲肼转化为 NDMA 有催化作用，导致体系中 NDMA 呈持续增大趋势。

偏腙、二甲胺与 NDMA 的产生存在竞争关系。在中性条件下，羟基自由基促进甲基氧化，而对氨基氧化产生的 NDMA 有抑制作用，随着 $Cu^{2+}$、$Fe^{2+}$、活性炭、$Mn^{2+}$ 催化产生羟基自由基活性的增大，NDMA 的生成量逐步减小。同时，还原性的 $Fe^{2+}$、$Mn^{2+}$ 和活性炭对 NDMA 的生成有明显的抑制作用，而氧化性的 $Cu^{2+}$ 则促进 NDMA 的生成。$Cu^{2+}$ 促进偏二甲肼降解和 NDMA 生成的原因如下：

$$(CH_3)_2NNH_2 + 2Cu^{2+} \longrightarrow (CH_3)_2NN: + 2Cu^+ + 2H^+$$
$$(CH_3)_2NN: + O_3 \longrightarrow (CH_3)_2NNO + O_2$$

由图 8-8 还可以看出，$Cu^{2+}/O_3$ 体系可以完全去除偏二甲肼，但不能完全去除中间产物，NDMA 转化率达 10%，少量二甲胺实际上是 NDMA、偏腙未能进一步降解的结果；活性炭/$O_3$ 体系虽可以较好地降解偏二甲肼和 NDMA，但仍不能完全去除；$Fe^{2+}/O_3$ 体系可以去除偏二甲肼，但 NDMA 的残留量偏高；只有 $Mn^{2+}/O_3$ 体系可以去除偏二甲肼和偏腙，且 NDMA 的残留量较低。

### 8.2.3　催化臭氧降解偏二甲肼的作用机理

臭氧在碱性条件下易分解产生氧自由基并转化为羟基自由基，同时偏二甲肼、二甲胺氨基与臭氧或氧自由基作用产生羟基自由基。pH 不仅影响臭氧的分解和羟基自由基的生成，还影响污染物在水中的存在形态。

#### 8.2.3.1　催化剂的作用

1998 年，Jans 和 Hoigné 研究提出，臭氧与炭黑作用产生羟基自由基[9,10]。臭氧攻击活性炭的吡咯基团石墨烯层，可能产生 N-氧化物型基团和过氧化氢自由基，过氧化氢自由基分解产生 $O_2^-\cdot$，$O_2^-\cdot$ 与臭氧作用产生 $O_3^-\cdot$，$O_3^-\cdot$ 转化为 $\cdot OH$：

$$HO_2\cdot \rightleftharpoons H^+ + O_2^-\cdot$$
$$O_2^-\cdot + O_3 \longrightarrow O_3^-\cdot + O_2$$
$$O_3^-\cdot + H^+ \longrightarrow \cdot OH + O_2$$

活性炭对偏二甲肼及氧化产物偏腙、二甲胺、四甲基四氮烯和 NDMA 还具有吸附作用，NDMA、偏腙和二甲胺在活性炭表面发生还原作用：

$$(CH_3)_2NNO + 2H^+ + 2e^- \longrightarrow (CH_3)_2NNH_2 + H_2O$$

少量 $Fe^{2+}$ 能促进羟基自由基的产生[11]。研究表明，当臭氧氧化和 $Fe^{2+}/O_3$ 氧化的有机物去除率分别达到 30.6%和 49.1%时，"新出现的污染物"可被完全降解[12]；臭氧和 $Fe^{2+}/O_3$ 氧化的芳香化合物去除率分别为 63.4%和 77.9%。

作为臭氧氧化过程的催化剂，$Mn^{2+}$可以提高有机物降解率。同时，反应介质的 pH 在西玛津降解速率影响显著[13]，当 pH 从 5 升高到 9 时，观察到西玛津降解速率增加；但当 pH 大于 9 时，$Mn^{2+}$的催化效果可以忽略不计。当使用臭氧和过氧化氢的组合时，$Fe^{2+}$对提高西玛津降解速率有益，但 $Mn^{2+}$对西玛津降解速率有负面影响。

在臭氧体系中加入 $Fe^{2+}$、$Cu^{2+}$、$Mn^{2+}$三种金属离子，对臭氧分解起催化作用，进而增加·OH 的生成：

$$Mn^{2+} + O_3 \longrightarrow \cdot O + MnO_2$$
$$Fe^{2+} + O_3 + H_2O + H^+ \longrightarrow \cdot O + Fe(OH)_2^- + O_2$$
$$\cdot O + H_2O \longrightarrow 2 \cdot OH$$

$Cu^{2+}$与 $Mn^{2+}$、$Fe^{2+}$不同，$Cu^{2+}$处于高价态，而 $Mn^{2+}$、$Fe^{2+}$处于中间价态。$Mn^{2+}$、$Fe^{2+}$直接催化臭氧产生羟基自由基，而 $Cu^{2+}$需要通过与偏二甲肼作用产生 $Cu^+$或 $Cu_2O$ 后再催化臭氧产生羟基自由基。

$Cu^{2+}$与偏二甲肼的反应过程在碱性条件下比较显著，主要表现为显著提高偏二甲肼氧化能力并产生 NDMA。

添加 $Mn^{2+}$、$Fe^{2+}$有效低 NDMA 的生成量，主要是羟基自由基能有效增强甲基氧化。$Cu^{2+}$、$Fe^{2+}$和 $Mn^{2+}$开始沉淀的 pH 分别为 5.8、8.0 和 9.1。沉淀作用影响金属离子的催化作用，虽然 $Mn^{2+}$受沉淀作用的影响最小，但从产生的羟基自由基活性来看，$Fe^{2+}$效果更好，$Mn^{2+}$次之。$Fe^{2+}$和 $Mn^{2+}$在催化臭氧产生羟基自由基的同时生成 $Fe(OH)_3$、$MnO_2$，反应前期为离子催化，后期为金属氧化物或氢氧化物催化。

从 NDMA 的去除效果看，$Mn^{2+}$催化剂更占优势。有研究表明，$MnO_2$ 可以催化 NO 转化为 $NO_2$[14]，同时在臭氧作用下进一步氧化生成硝酸：

$$NO + O_3 \xrightarrow{MnO_2} NO_2 + O_2$$
$$2NO_2 + H_2O + O_3 \longrightarrow 2HNO_3 + O_2$$

在 NDMA 光解过程中，$MnO_2$ 可抑制二甲胺重新转化为 NDMA，因此 $Mn^{2+}$催化臭氧体系具有降低偏二甲肼转化为 NDMA 的作用。$MnO_2$ 可催化 NO 与 $NH_3$ 转化为 $N_2O$ 和 $N_2$，可促进光解去除 NDMA 的作用。

也有文献认为，非光化学反应过程，$MnO_2$ 会加速二甲胺转化为 NDMA[8]，$MnO_2$、$Fe^{3+}$可能与偏二甲肼发生如下氧化还原作用：

$$(CH_3)_2NNH_2 + MnO_2 \longrightarrow (CH_3)_2NN\colon + Mn(OH)_2$$
$$(CH_3)_2NNH_2 + 2Fe^{3+} \longrightarrow (CH_3)_2NN\colon + 2Fe^{2+} + 2H^+$$

　　这与 $Cu^{2+}$ 的作用相同，将促进偏二甲肼转化为 NDMA。$Fe^{2+}$ 和 $Mn^{2+}$ 催化臭氧降解偏二甲肼反应的后期，生成 $Fe(OH)_3$、$MnO_2$，促进偏二甲肼、二甲胺转化为 NDMA。本书研究检测到含有 $Fe^{2+}$ 和 $Mn^{2+}$ 催化剂的体系在反应后期 NDMA 浓度呈增大趋势，$Fe^{2+}$ 催化体系中 NDMA 的生成量更大。

　　此外，$Fe^{2+}$ 还具有促进二甲胺生成的作用。偏二甲肼、偏腙氧化产生二甲胺过程中生成二甲氨基自由基，在二甲氨基自由基转化为二甲胺的过程中需要氢原子，$Fe^{2+}$ 通过电子转移而加快二甲胺的生成：

$$(CH_3)_2N \cdot H^+ + Fe^{2+} \longrightarrow (CH_3)_2NH + Fe^{3+}$$

　　$Fe^{2+}/O_3$ 反应过程二甲胺的残留量较 $Mn^{2+}$、$Cu^{2+}$ 催化臭氧体系残留量大，并呈持续增大趋势。

　　活性炭是一种非极性固体吸附剂，对含有 π 键的偏腙、四甲基四氮烯、臭氧的吸附能力较强。活性炭催化臭氧分解转化为氧自由基和羟基自由基，活性炭表面氧化生成羟基和羧基，通过氢键作用提高了对含有极性基团的偏二甲肼、二甲胺的吸附能力，降低了对偏腙、四甲基四氮烯和臭氧的吸附能力，其中对臭氧吸附能力的下降直接导致催化活性降低。活性炭对有机物的分解具有催化作用，通过氢还原作用减少 NDMA 的产生。活性炭催化偏二甲肼分解产生羟基自由基，而分解产生的氢自由基或氢气在催化剂的作用下可抑制 NDMA 产生：

$$(CH_3)_2NNH_2 \xrightarrow{Fe或Al} (CH_3)_2NN \cdot H \text{ 或 } CH_3(\cdot CH_2)NH + \cdot H$$
$$\cdot H + H_2O \longrightarrow 2 \cdot OH$$
$$(CH_3)_2NN: + H_2 \text{ 或 } \cdot H \longrightarrow (CH_3)_2NNH_2$$
$$CH_3(\cdot CH_2)NH + H_2 \text{ 或 } \cdot H \longrightarrow (CH_3)_2NH$$

　　二甲氨基双自由基和二甲氨基氮烯是生成 NDMA 的重要中间体，因此活性炭具有抑制 NDMA 产生的作用。此外，活性炭对 NDMA 起还原催化作用，可有效将 NDMA 还原为偏二甲肼或二甲胺：

$$(CH_3)_2NNO + 2H_2 \text{ 或 } 4 \cdot H \longrightarrow (CH_3)_2NNH_2 + H_2O$$
$$(CH_3)_2NNO + 3H_2 \text{ 或 } 6 \cdot H \longrightarrow (CH_3)_2NH + NH_3 + H_2O$$

　　在活性炭催化臭氧体系中，偏二甲肼不能彻底去除，且二甲胺残留量较大。此外，$Fe^{2+}$ 和 $Cu^{2+}$ 与偏腙的配位作用对偏腙的水解有抑制作用。

### 8.2.3.2　臭氧、羟基自由基的作用

　　在臭氧与偏二甲肼反应前期，首先发生偏二甲肼的氨基氧化，生成 NDMA 并产生羟基自由基，在碱性条件下臭氧分解产生氧自由基，并转化为羟基自由基：

$$(CH_3)_2NNH_2 + O_3 \longrightarrow (CH_3)_2NN \cdot H + O_2 + \cdot OH$$

$$O_3 + OH^- \longrightarrow \cdot O_3^- + \cdot OH$$

臭氧与甲基作用能力不强，羟基自由基有利于甲基氧化转化生成甲醛和偏腙，羟基自由基对二甲胺、偏腙、甲醛、四甲基四氮烯和亚硝基二甲胺等偏二甲肼氧化中间产物的甲基氧化作用都比臭氧强，因此在有效去除偏二甲肼的同时可降低中间产物的初始生成量。

羟基自由基对 NDMA 产生的作用，是二甲氨基化合物转化为 NDMA 研究中经常讨论的问题。偏腙的—N＝$CH_2$ 容易被臭氧氧化产生 NDMA，但水中臭氧的溶解度有限，同时，偏腙水解产生甲醛，甲醛对水中偏二甲肼转化为 NDMA 有抑制作用；羟基自由基更有利于偏腙的生成，同样对臭氧作用下水中偏腙转化为 NDMA 有抑制作用，如发生以下反应偏腙转化为二甲胺：

$$(CH_3)_2NN{=}CH_2 + \cdot OH \longrightarrow (CH_3)_2NN{=}C \cdot H + H_2O$$

$$(CH_3)_2NN{=}C \cdot H \longrightarrow (CH_3)_2N \cdot + HCN$$

在中性条件下，活性炭、$Fe^{2+}$、$Mn^{2+}$ 催化臭氧降解偏二甲肼产生羟基自由基，从而有效降低 NDMA 的产生。氧化过程主要表现为偏二甲肼直接氧化产生 NDMA，而偏腙最终转化为二甲胺。活性炭、$Fe^{2+}$、$Mn^{2+}$ 催化臭氧氧化法处理偏二甲肼废水过程中，可以去除偏二甲肼和偏腙，但无法完全去除 NDMA 和二甲胺。比较而言，$Mn^{2+}$ 催化臭氧降解偏二甲肼的效果最好，但也存在残留的二甲胺，有重新转化为 NDMA 的可能。

### 8.2.3.3　催化臭氧降解偏二甲肼的机理

催化臭氧降解偏二甲肼的产物有偏腙、亚硝基二甲胺、二甲胺、四甲基四氮烯、硝基甲烷、甲醛、氨、硝酸根、亚硝酸根等[15]。臭氧与偏二甲肼或催化剂作用产生羟基自由基，引发偏二甲肼的甲基氧化，生成甲醛、偏腙：

$$(CH_3)_2NNH_2 + \cdot OHCH_3(\cdot CH_2)NNH_2 \longrightarrow HCHO + CH_3N \cdot NH_2$$

$$HCHO + (CH_3)_2NNH_2 \longrightarrow FDH$$

甲基肼基自由基氧化生成甲醇、氮气，是偏二甲肼快速降解为小分子化合物的主要途径。偏二甲肼的氨基氧化生成二甲氨基氮烯：

$$(CH_3)_2NNH_2 + [O] \longrightarrow (CH_3)_2NN{:}$$

二甲氨基氮烯氧化生成 NDMA，发生二聚生成四甲基四氮烯：

$$(CH_3)_2NN{:} + O_3 \longrightarrow NDMA + O_2$$

$$2(CH_3)_2NN{:} \longrightarrow TMT$$

$CH_3(\cdot CH_2)N \cdot$ 进一步转化为二甲胺、二甲基甲酰胺和 NDMA：

$$(\cdot CH_2)(CH_3)N \cdot + 2H \cdot \longrightarrow DMA$$

$$(\cdot CH_2)(CH_3)N\cdot + HCO\cdot \longrightarrow DMF$$

$$(\cdot CH_2)(CH_3)N\cdot + NO \longrightarrow NDMA$$

偏腙分别与臭氧、羟基自由基作用生成 NDMA、二甲氨基乙腈：

$$(CH_3)_2NN=CH_2 + O_3 \longrightarrow NDMA$$

$$(CH_3)_2NN=CH_2 + \cdot OH \longrightarrow 二甲氨基乙腈$$

采用 GC-MS 检测催化臭氧降解偏二甲肼过程产物，反应 20min 时检测到二甲胺、偏腙、亚硝基二甲胺、四甲基四氮烯、二甲氨基乙腈和二甲基甲酰胺；在 $Mn^{2+}$ 催化臭氧降解偏二甲肼过程中，检测到四甲基四氮烯、二甲胺、亚硝基二甲胺，但没有检测到偏腙和二甲氨基乙腈，说明二甲氨基乙腈主要来源于偏腙；$Mn^{2+}$ 催化产生羟基自由基，减少臭氧与二甲氨基氮烯作用转化为 NDMA，从而有利于偏二甲肼四甲基四氮烯的生成。

# 8.3 pH 对吸光物质转化的影响

1894 年，芬顿研究发现 $H_2O_2$ 与 $Fe^{2+}$ 的混合溶液具有强氧化性，可以将很多有机化合物如羧酸、醇、酯类氧化为无机态，后人将这种混合溶液称为芬顿试剂。当时并不清楚 $H_2O_2$ 与 $Fe^{2+}$ 的混合溶液为什么具有极强的氧化能力，几十年后人们才认识到芬顿试剂的强氧化性来自羟基自由基的生成。一般而言，芬顿试剂的最佳反应条件：pH2～4，双氧水投加量为废水 $COD_{Cr}$ 值的 2 倍。

目前，采用芬顿体系、类芬顿体系处理偏二甲肼废水的研究，普遍使用 $Cu^{2+}$ 或 CuO 作催化剂。大多数芬顿法研究仅检测 COD 和偏二甲肼降解率，仅查到一篇论文检测了偏二甲肼降解产物，但偏二甲肼浓度仅为 10mg/L，而偏二甲肼浓度越大，NDMA 的生成量就越大，可能产生的转化产物的种类就越多。图 3-4 的臭氧降解偏二甲肼紫外吸收光谱，包含四甲基四氮烯在 280nm 处的吸收峰，NDMA 在 230nm(强)和 320nm(弱)处的吸收峰。本节只对芬顿体系和类芬顿体系降解偏二甲肼过程的紫外吸收光谱进行研究。

## 8.3.1 pH 对去除偏二甲肼和 COD 的影响

pH 是影响有机物氧化的重要因素，$Cu^{2+}/H_2O_2$ 体系处理有机废水的最佳 pH 在中性附近。$Cu^{2+}$、$Mn^{2+}/H_2O_2$ 体系催化降解罗丹明 B 的研究表明，随着溶液 pH 增加，罗丹明 B 的降解率提高；pH5 时，罗丹明 B 的降解率最大；$Cu^{2+}$、$Mn^{2+}/H_2O_2$ 体系催化降解甲基橙的最佳 pH 为 7。随着 pH 继续增加，罗丹明 B 或甲基橙的降解率反而下降[16,17]。pH 越大，$H_2O_2$ 越容易分解，但溶液 pH 较高时，$Mn^{2+}$ 和 $Cu^{2+}$ 很容易生成沉淀，从而降低催化能力。

分别用 $Fe^{2+}/H_2O_2$ 体系、$Cu^{2+}/H_2O_2$ 体系处理高浓度偏二甲肼废水，反应时间为 120min，得到初始 pH 对偏二甲肼降解率的影响，如图 8-9 所示。

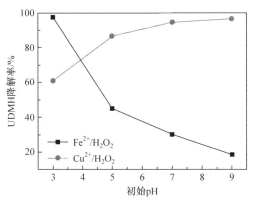

图 8-9　初始 pH 对偏二甲肼降解率的影响

由图 8-9 可知，对 $Fe^{2+}/H_2O_2$ 体系，随着初始 pH 升高，偏二甲肼的降解率逐步下降，这与 $Fe^{2+}/H_2O_2$ 体系反应活性一致；对 $Cu^{2+}/H_2O_2$ 体系，随着 pH 升高，偏二甲肼的降解率逐步提高。pH 增大，偏二甲肼从阳离子形态转化为分子形态，偏二甲肼反应速率常数增大。

以偏二甲肼降解率为指标，$Cu^{2+}/H_2O_2$ 体系降解高浓度偏二甲肼废水的最佳工艺条件：投加量为 $1.5Q_{th}$($Q_{th}$ 为理论投加量，如对于偏二甲肼去除，指过氧化氢与偏二甲肼物质的量比为 8∶1)，初始 pH 为 9，$Cu^{2+}/H_2O_2$ 物质的量比为 1∶10，反应温度为 20℃，反应时间为 120min；$Fe^{2+}/H_2O_2$ 体系降解高浓度偏二甲肼废水的最佳工艺条件：投加量为 $1.5Q_{th}$，初始 pH 为 3，$Fe^{2+}/H_2O_2$ 物质的量比为 1∶10，反应温度为 40℃，反应时间为 120min。

在上述工艺条件下，间隔不同时间取样，调节水样的 pH 至 12 终止反应，待溶液中金属离子完全沉淀并过滤，调节 pH 至中性，取上层清液进行测定，最佳工艺条件下的偏二甲肼降解率曲线和 COD 去除率曲线，如图 8-10 所示[18,19]。

由图 8-10 可知，$Cu^{2+}/H_2O_2$ 体系和 $Fe^{2+}/H_2O_2$ 体系处理高浓度偏二甲肼废水，偏二甲肼降解率和 COD 去除率都较高。$Cu^{2+}/H_2O_2$ 体系较 $Fe^{2+}/H_2O_2$ 体系降解速率快，反应 10min 时废水中的偏二甲肼降解率和 COD 去除率就达 80%以上，而 $Fe^{2+}/H_2O_2$ 体系则需要反应 20min 以上才达到此效果。在反应前期，$Cu^{2+}/H_2O_2$ 体系降解偏二甲肼能力强于 $Fe^{2+}/H_2O_2$ 体系，其原因一是 $Cu^{2+}/H_2O_2$ 体系是电子传递氧化过程，氧化反应速率更快；二是 $Fe^{2+}/H_2O_2$ 体系中偏二甲肼质子化，反应速率常数比碱性条件下小。

$Fe^{2+}/H_2O_2$ 体系处理高浓度偏二甲肼废水，反应 120min 后，残留的偏二甲肼

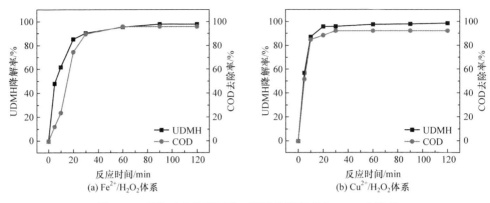

图 8-10 最佳工艺条件下偏二甲肼的降解率和 COD 去除率

浓度为 15.86mg/L，COD 为 137.4mg/L；$Cu^{2+}/H_2O_2$ 体系处理高浓度偏二甲肼废水，反应 120min 后，残留的偏二甲肼浓度为 11.15mg/L，COD 为 282.47mg/L。结果表明，$Fe^{2+}/H_2O_2$ 体系对偏二甲肼的矿化效果优于 $Cu^{2+}/H_2O_2$ 体系，可能是 $Cu^{2+}/H_2O_2$ 体系产生更多难降解的中间产物，同时 $Fe^{2+}/H_2O_2$ 体系产生更多的羟基自由基，因此 $Fe^{2+}/H_2O_2$ 体系对中间产物具有更强的去除能力。

### 8.3.2 pH 对类芬顿体系吸光物质转化的影响

图 8-11 为不同 pH 下 $Cu^{2+}/H_2O_2$ 体系降解偏二甲肼废水的紫外-可见光(UV-VIS)谱。

$Cu^{2+}/H_2O_2$ 体系降解偏二甲肼，酸性条件下的中间产物较少，随 pH 升高，中间产物的种类增加。各峰位对应中间产物为：235nm 处偏腙，230nm 处、320nm 处亚硝基二甲胺，306nm 处乙二醛双二甲基腙，360nm 处 N,N-二甲基二氮烯，500nm 处均四嗪。偏腙和 NDMA 的吸收峰接近，分析过程存在干扰。

pH = 3 时，只检测到 N,N-二甲基二氮烯；pH = 5 时，检测到偏腙、亚硝基二甲胺、乙二醛双二甲基腙和 N,N-二甲基二氮烯；pH = 7 时，检测到亚硝基二甲胺、四甲基四氮烯、N,N-二甲基二氮烯和均四嗪；pH = 9 时，检测到偏腙、亚硝基二甲胺(120min)、四甲基四氮烯和 N,N-二甲基二氮烯。

紫外光谱结果证明了二甲氨基氮烯是类芬顿体系中最重要的中间体，即使在酸性条件下也检测到它的生成：

$$2Cu^{2+} + (CH_3)_2NNH_2 \longrightarrow (CH_3)_2NN: + 2Cu^+ + 2H^+$$

二甲氨基氮烯进一步转化为 N,N-二甲基二氮烯、NDMA 和四甲基四氮烯：

$$(CH3)_2NN: \longrightarrow (CH_3)_2N^+N^-$$

$$2(CH_3)_2NN: \longrightarrow (CH_3)_2NNNN(CH_3)_2$$

$$(CH_3)_2NN + HO_2\cdot \longrightarrow (CH_3)_2NNO + \cdot OH$$

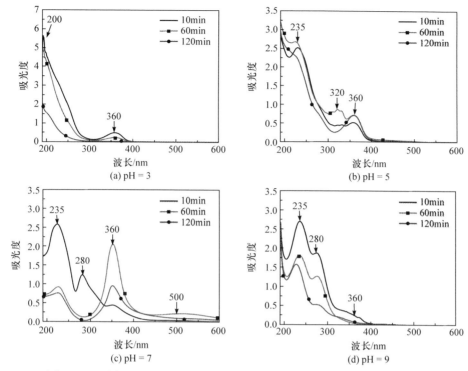

图 8-11 不同 pH 下 $Cu^{2+}$/$H_2O_2$ 体系降解偏二甲肼中间产物的 UV-VIS 谱[20]

随着 pH 的增大，偏二甲肼失去质子保护，$N,N$-二甲基氮烯的生成量增加，而受 $Cu^{2+}$ 沉淀的影响，中性条件下 $N,N$-二甲基二氮烯的生成量最大，碱性条件下四甲基四氮烯更容易生成。

$Cu^{2+}$/$H_2O_2$ 体系中性和碱性条件降解偏二甲肼的主要产物包括 $N,N$-二甲基二氮烯、亚硝基二甲胺、偏腙、四甲基四氮烯、乙二醛双二甲基腙和均四嗪，导致 COD 去除率偏低。

### 8.3.3 pH 对芬顿体系吸光物质转化的影响

不同 pH 下，$Fe^{2+}$/$H_2O_2$ 降解偏二甲肼过程的 UV-VIS 谱如图 8-12 所示。

各峰位对应中间产物为：200nm 处偏二甲肼，205nm 处二甲胺，235nm 处偏腙，230nm 处亚硝基二甲胺，360nm 处 $N,N$-二甲基二氮烯。偏腙和亚硝基二甲胺的吸收峰接近，分析过程存在干扰。

由图 8-12 可知，pH = 3 时，反应 10min 呈现偏二甲肼的吸收峰，未见 NDMA、FDH、TMT 等吸收峰。pH = 5 时，反应 10min 出现 DMA 和 FDH 吸收峰；反应 120min 时，未出现新的吸收峰，偏二甲肼、DMA、FDH 的峰值明显降低。pH = 7 时，反应 10min 出现 DMA、FDH、TMT 的吸收峰；反应 60min

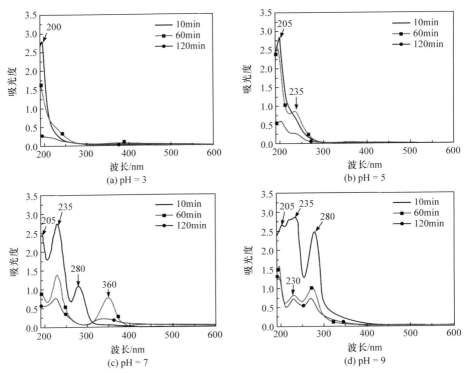

图 8-12　不同 pH 下 $Fe^{2+}/H_2O_2$ 体系降解偏二甲肼中间产物的 UV-VIS 谱[20]

出现 $N,N$-二甲基二氮烯的吸收峰，之后 TMT 的吸收峰首先消失，残留 NDMA 的吸收峰。较 pH = 7，pH = 9 时，反应 10min 各出峰位置的峰高增加，出现 DMA 吸收峰、280nm 的 TMT 峰位，$N,N$-二甲基二氮烯的吸收峰消失，且 235nm 附近出现宽峰，应该为 NDMA 与 FDH 峰位的叠加。

　　$Fe^{2+}/H_2O_2$ 体系与 $Cu^{2+}/H_2O_2$ 体系相似的是，碱性条件下更容易生成 NDMA 和 TMT，中性条件下容易生成 $N,N$-二甲基二氮烯，推测是 $Fe^{2+}$ 转化为 $Fe^{3+}$ 后与偏二甲肼作用产生 $N,N$-二甲基二氮烯：

$$2Fe^{3+} + (CH_3)_2NNH_2 \longrightarrow (CH_3)_2N^+N^- + 2Fe^{2+} + 2H^+$$

　　$Fe^{3+}$ 的这一作用在 10.3.3 小节也有类似表现。偏二甲肼氧化产物二甲胺、偏腙、亚硝酸和硝酸在 200nm 附近都出现吸收峰，同时 FDH、NDMA 的吸收峰非常接近，因此难以做出准确分析。偏腙的生成量随着 pH 升高而增大，碱性条件下 $Fe^{3+}$ 抑制偏腙的水解。

　　在类芬顿体系、芬顿体系和臭氧体系中，偏二甲肼都氧化生成 TMT 和 NDMA 的中间体二甲氨基氮烯，说明三种体系都可能通过二甲氨基氮烯转化为 NDMA。虽然芬顿体系 pH = 3 时没有检测到 $N,N$-二甲基二氮烯、TMT 和

NDMA，但 8.5 节、9.3 节检测到 TMT 和 NDMA。芬顿体系反应过程生成了相当数量的二甲氨基氮烯，只是二甲氨基氮烯发生二聚反应生成 TMT，因此没有出现 360nm 处的吸收峰。

文献研究认为，1,1-二烷基肼在酸性条件下生成新型重氮类化合物 $R_2N^+\!\!=\!\!N^-$，其共轭酸 $R_2N^+\!\!=\!\!NH$ 具有显著的稳定性，但在中性或碱性条件下迅速发生二聚反应生成四烷基四氮烯 $R_2NN\!\!=\!\!NNR_2$[21]。从图 8-11 和图 8-12 看，中性或弱酸性下 $N,N$-二甲基二氮烯稳定存在，碱性介质有利于四甲基四氮烯的生成。

## 8.4　$Cu^{2+}/H_2O_2$ 体系降解偏二甲肼过程中间产物的转化

前人研究类芬顿体系降解偏二甲肼过程中，检测到亚硝基二甲胺、二甲胺、四甲基四氮烯、偏腙和甲醇。

在类芬顿体系中，碱性条件下过氧化氢不稳定，易分解：

$$H_2O_2 \longrightarrow \cdot O + H_2O$$

$$O \cdot + H_2O \longrightarrow 2HO \cdot$$

$$\cdot O + O_2 \longrightarrow O_3$$

$Cu^{2+}$ 是类芬顿体系催化剂，但起催化作用的是 $Cu^+$，$Cu^+$ 催化 $H_2O_2$ 分解并产生高氧化活性的 $\cdot OH$：

$$Cu^{2+} + H_2O_2 \longrightarrow Cu^+ + H^+ + HO_2 \cdot$$

$$Cu^+ + H_2O_2 \longrightarrow Cu^{2+} + OH^- + OH \cdot$$

中性和碱性条件下，溶液中 $OH^-$ 与 $Cu^{2+}$ 反应生成 $Cu(OH)_2$ 沉淀，与 $H_2O_2$ 反应生成黄褐色的固态物质 $CuO_2$，$CuO$ 与 $Cu^{2+}$ 协同催化 $H_2O_2$ 分解，产生 $\cdot OH$ 和 $O \cdot$：

$$H_2O_2 \longrightarrow 2HO \cdot$$

$$H_2O_2 \longrightarrow H_2O + O \cdot$$

过量的 $O \cdot$、$HO \cdot$ 相互作用，$HO \cdot$ 与 $H_2O_2$ 发生猝灭反应，降低 $H_2O_2$ 的利用率：

$$2O \cdot \longrightarrow O_2$$

$$2HO \cdot \longrightarrow H_2O_2$$

$$\cdot OH + H_2O_2 \longrightarrow HO_2 \cdot + H_2O$$

类芬顿体系含有 $H_2O_2$、$\cdot OH$、$O \cdot$、$HO_2 \cdot$、$O_3$、$O_2$ 等活性氧化剂，其中重要的氧化剂是 $\cdot OH$、$O \cdot$、$HO_2 \cdot$ 和 $O_2$。

本节研究 pH、投加量、离子与过氧化氢浓度比和温度对 NDMA 等中间产物生成和转化的影响。一般来说，温度升高、氧化剂投加量增大，反应物的氧化速率增大，即提高偏二甲肼的降解率，同时中间产物的生成速率也增大，而中间产物的转化受反应条件影响可能存在以下情况：

(1) 当反应条件主要表现为对生成速率影响较大，而对降解速率影响较小时，随温度升高或氧化剂投加量增大，中间产物的生成量增大，如温度对 NDMA 产生的影响及投加量对偏腙生成的影响。

(2) 当反应条件主要表现为对降解速率影响较大，而对生成速率影响较小时，则随温度升高或氧化剂投加量增大，中间产物的生成量减小，如温度对偏腙生成的影响及投加量对 NDMA 产生的影响。

(3) 反应条件对中间产物的生成和降解都有较大影响，反应前期表现为对生成过程的影响，随温度升高或氧化剂投加量增大，中间产物的生成量增大；反应后期主要表现为对中间产物降解的影响，随温度升高或氧化剂投加量增大，中间产物的生成量减小，如离子与过氧化氢浓度比、氧化剂投加量对二甲胺生成量的影响。

(4) 反应条件影响的不同区段，一部分表现为主要受生成反应的影响，而另一部分表现为主要受中间产物降解的影响，如 pH 对二甲胺浓度的影响。

反应条件的影响可出现一致增大或减小现象，如亚硝基二甲胺生成量随 pH、离子与过氧化氢浓度比的变化。但也可能出现中间产物最大生成量先增大(或减少)后减小(或减少)，如 pH 对二甲胺的影响，实验获得的动力学曲线介于第三、四种情况，更为复杂。

反应条件对单独中间产物氧化的影响规律与偏二甲肼废水中中间产物的降解规律并不完全一致，本节研究重点是中间转化物的最大生成时间与最大生成量，去除中间转化物的去除条件、去除时间及残余量。

### 8.4.1　反应条件对 NDMA 转化的影响

偏二甲肼浓度 1000mg/L，分四组实验研究反应条件的影响。

(1) pH 条件实验：$H_2O_2$ 投加量为理论值的 1.5 倍，$Cu^{2+}$、$H_2O_2$ 物质的量比为 1∶10，反应温度 40℃；

(2) $Cu^{2+}$、$H_2O_2$ 不同物质的量比条件实验：pH7，反应温度 40℃，$H_2O_2$ 投加量为理论值的 1.5 倍；

(3) $H_2O_2$ 投加量条件实验：pH7，$Cu^{2+}$、$H_2O_2$ 物质的量比为 1∶10，反应温度 40℃；

(4) 反应温度条件实验：pH7，$H_2O_2$ 投加量为理论值的 1.5 倍，$Cu^{2+}$、$H_2O_2$ 物质的量比为 1∶10。

反应条件对 NDMA 生成和降解的影响，结果如图 8-13 所示。

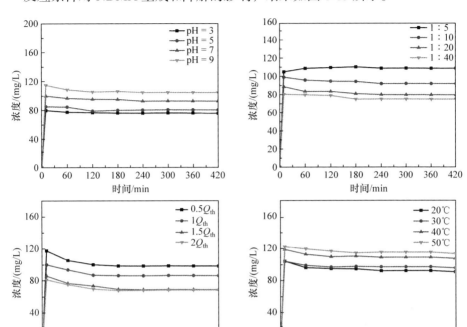

图 8-13　Cu²⁺/H₂O₂ 体系反应条件对 NDMA 生成和降解的影响

由图 8-13 可知，NDMA 的生成过程非常迅速，表现出电子转移反应的快速特性。Cu²⁺/H₂O₂ 类芬顿氧化体系中，Cu²⁺可以与偏二甲肼直接发生电子转移反应引发氨基氧化生成二甲氨基氮烯，其与过氧化氢自由基结合生成 NDMA：

$$(CH_3)_2NNH_2 + Cu(OH)_2 \longrightarrow Cu_2O + H_2O + (CH_3)_2NN \colon$$
$$(CH_3)_2NN \colon + HO_2 \cdot \longrightarrow (CH_3)_2NNO + HO \cdot$$

NDMA 的生成量随 pH 升高、离子浓度比增大和反应温度升高而增加，即属于第一种类型，该反应条件有利于 NDMA 的生成而不利于降解；增大氧化剂的投加量则 NDMA 的生成量减少，属于第二种类型，该反应条件有利于 NDMA 的降解，NDMA 的最大生成量减少。

不同 pH 条件下，亚硝基二甲胺的生成量依次为 pH9＞pH7＞pH5＞pH3，亚硝基二甲胺的转化率约为 12%。随着 pH 的增大，偏二甲肼质子保护作用逐步减小，偏二甲肼的氨基易于被氧化；pH 升高，Cu²⁺的沉淀增加，Cu²⁺的催化活性降低，但碱性条件下过氧化氢更容易发生分解和催化分解产生氧自由基和羟基自由基，从而促进偏二甲肼转化为 NDMA。

不同 Cu$^{2+}$ 与 H$_2$O$_2$ 配比下，亚硝基二甲胺的生成量依次为 1:5>1:10>1:20>1:40。NDMA 最大浓度时间均出现在 10min，之后达到稳态，NDMA 转化率达 12%。Cu$^{2+}$ 主要起到偏二甲肼氨基氧化作用，随着 Cu$^{2+}$ 量的增大，氨基氧化相关转化物 NDMA 的生成量显著增大。

反应温度升高，化学反应速度加快，对偏二甲肼转化为 NDMA 和 NDMA 有促进作用，另外反应温度升高会加速氢键缔合偏二甲肼的分解，从而有效提高氨基上氢的反应活性，进而更显著地促进 NDMA 的生成。

H$_2$O$_2$ 投加量增大，提高了 Cu$^{2+}$/H$_2$O$_2$ 体系对 NDMA 的降解能力，NDMA 的最大生成量由 127mg/L 降至 95mg/L。

NDMA 的生成速率很快，由此推断 NDMA 由偏二甲肼直接氧化生成，而非其他转化路径，如偏二甲肼氧化产生二甲胺，二甲胺进一步氧化产生 NDMA。反应时间相同，随着 pH 升高，NDMA 的生成量增加，在中性和碱性条件下，约有 12% 的偏二甲肼转化为 NDMA。但从偏二甲肼的降解量与 NDMA 的生成量来看，酸性条件下 NDMA 生成比例更大，说明酸性条件下，偏二甲肼的氨基被氧化，此时体系中产生的羟基自由基较少，偏二甲肼的甲基未氧化而不能转化为对 NDMA 的生成有抑制作用的甲醛。NDMA 是偏二甲肼降解过程中的主要氧化产物，而且 NDMA 一旦生成就难以降解，NDMA 在降解反应后期持续处于高浓度的稳态，表示 NDMA 的生成速率与 NDMA 的降解速率相同。

### 8.4.2　反应条件对偏腙转化的影响

反应条件对偏腙生成和降解的影响，结果如图 8-14 所示。偏二甲肼甲基氧化生成偏腙，偏腙的生成速率很快，在第一个测量点浓度达到最大值，随后逐步降低。最大生成量较少时，反应 7h 可以被降解，但生成量较大时不能完全降解。

不同 pH 条件下，偏腙的生成量依次为 pH9>pH7>pH5>pH3，偏腙的最大转化率不足 3%。该次序与 pH 对过氧化氢分解产生羟基自由基的影响相同，说明偏腙的生成来源于羟基自由基对偏二甲肼甲基的氧化。

$$(CH_3)_2NNH_2 + \cdot OH \longrightarrow CH_3(\cdot CH_2)NNH_2 + H_2O$$
$$CH_3(\cdot CH_2)NNH_2 + [O] \longrightarrow CH_3 \cdot NNH_2 + CH_2O$$
$$CH_2O + (CH_3)_2NNH_2 \longrightarrow (CH_3)_2NNCH_2 + H_2O$$

由于 Cu$^{2+}$ 为催化剂的类芬顿体系对偏腙的降解能力不强，Cu$^{2+}$ 与偏腙的双键发生配位作用，抑制偏腙水解，因此偏腙不能通过水解去除，偏腙最大生成量主要取决于偏腙生成的反应过程。

随着 Cu$^{2+}$ 浓度的增大，偏腙的生成量减少，说明 Cu$^{2+}$ 主要是与偏二甲肼直接作用产生 NDMA 而不是产生羟基自由基，减小 Cu$^{2+}$ 的浓度反而有利于偏二甲

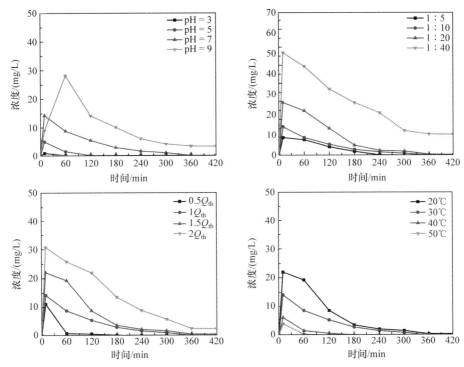

图 8-14 Cu²⁺/H₂O₂ 体系反应条件对偏腙生成和降解的影响

肼的甲基氧化并生成偏腙。

当 H₂O₂ 投加量为理论值的 0.5～1.5 倍时，偏腙的最大生成量随 H₂O₂ 投加量的增加而增加，说明氧化剂的作用是增强偏二甲肼的甲基氧化，甲基氧化产生甲醛，甲醛与偏二甲肼结合生成偏腙。Cu²⁺阻碍偏腙水解，导致偏腙的去除率降低。

反应温度升高，有利于羟基自由基的产生，增大偏腙的生成量；偏腙与Cu²⁺配位化合物的分解，促进偏腙水解，增大偏腙的去除率，因此主要表现为偏腙的最大生成量减少，该体系中偏腙的最大转化率为 5%。

### 8.4.3 反应条件对二甲胺转化的影响

反应条件对二甲胺生成和降解的影响，结果如图 8-15 所示。

由图 8-15 可知，二甲胺达最大生成量时的反应时间落后于 NDMA 和偏腙，一般在反应 60min 后达到峰值，此时偏二甲肼已基本降解完全。因此，部分二甲胺是中间体偏腙、四甲基四氮烯、亚硝基二甲胺转化而来。

二甲胺和偏腙都是偏二甲肼的甲基氧化转化产物，但是二甲胺的生成量远大于偏腙。偏二甲肼、亚硝基二甲胺均通过甲基氧化，生成分别 $CH_3(\cdot CH_2)NNH_2$

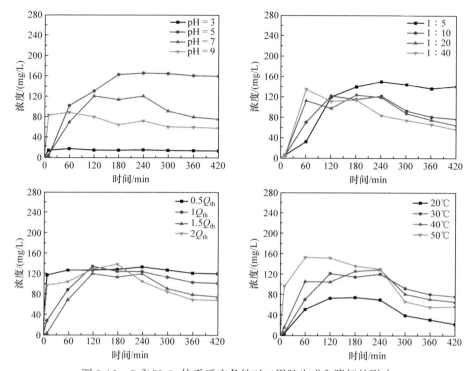

图 8-15 $Cu^{2+}/H_2O_2$ 体系反应条件对二甲胺生成和降解的影响

和转化 $CH_3(\cdot CH_2)NNO$，氮氮键断裂并加氢后转化为二甲胺：

$$CH_3(\cdot CH_2)NNH_2 \longrightarrow CH_3(\cdot CH_2)N\cdot + \cdot NH_2$$

$$CH_3(\cdot CH_2)NNO \longrightarrow CH_3(\cdot CH_2)N\cdot + NO$$

$$CH_3(\cdot CH_2)N\cdot + 2H\cdot \longrightarrow (CH_3)_2NH$$

偏腙在羟基自由基作用下，腙基氧化和氮氮键断裂生成二甲胺的前体二甲氨基自由基：

$$(CH_3)_2NN{=}CH_2 + \cdot OH \longrightarrow (CH_3)_2NN{=}C\cdot H + H_2O$$

$$(CH_3)_2NN{=}C\cdot H \longrightarrow (CH_3)_2N\cdot + HCN$$

或 $\quad (CH_3)_2NN{=}C\cdot H + Cu^{2+} \longrightarrow (CH_3)_2N\cdot + Cu^+CN^- + H^+$

二甲胺是类芬顿体系中主要的转化产物，二甲胺的最大转化率达 15%。反应条件对二甲胺生成的影响与偏腙类似，但对二甲胺降解的影响更为显著。二甲胺与亚硝基二甲胺之间存在竞争关系，二甲胺的生成速率和降解速率均随 $Cu^{2+}$ 浓度的增大而减小。在 $Cu^{2+}$ 浓度较小时，体系的氧化活性更高。

由图 8-15 可知，随着氧化剂投加量的增大，反应前期二甲胺的生成量增加，反应后期二甲胺的残留量减少。反应前期氧化剂用量增大可加快二甲胺的生成，反应后期表现为二甲胺的降解速率明显增大。反应温度的影响与氧化剂投加量作用相似，反应前期随反应温度升高，二甲胺的生成量增加，而反应后期随反应温度升高，二甲胺的残留量减少。

pH 升高、氧化剂投加量增大，主要增强二甲胺的甲基氧化，二甲胺的生成速率和降解速率均随 pH 升高而增大。pH 为 3～5 时，二甲胺的生成量随生成速率的增大而增加，而 pH 为 5～9 时，二甲胺的生成量随降解速率的增大而减小。

反应前期偏二甲肼快速氧化转化为 NDMA，是 $Cu^{2+}/H_2O_2$ 体系中 COD 去除率不高的主要原因。为减少 NDMA 的生成，应适当降低 $Cu^{2+}$ 浓度，增大氧化剂的投加量，并适当升高反应温度。

### 8.4.4　$Cu^{2+}/H_2O_2$ 体系降解偏二甲肼的作用机理

$Cu^{2+}/H_2O_2$ 体系降解偏二甲肼的复杂性，主要表现为偏二甲肼及中间产物存在相互转化、竞争关系，以及 $Cu^{2+}$ 直接与有机物发生氧化还原、配位等作用。

#### 8.4.4.1　相互转化和降解能力

偏二甲肼及中间产物存在以下相互转化关系：

偏腙、二甲胺、亚硝基二甲胺 ⟶ 偏二甲肼

偏二甲肼、偏腙、二甲胺 ⟶ 亚硝基二甲胺

偏二甲肼、偏腙、亚硝基二甲胺 ⟶ 甲胺

由图 7-5、图 7-9 和图 7-12 可以看出，偏二甲肼的生成量顺序为偏腙＞亚硝基二甲胺＞二甲胺。

偏腙通过水解作用转化为偏二甲肼，而亚硝基二甲胺通过甲基氧化 N—N 键断裂生成 $CH_3(\cdot CH_2)N\cdot$ 和甲基亚甲基亚胺，甲基亚甲基亚胺水解产生甲胺，甲胺的甲基氧化生成亚甲基亚胺，亚甲基亚胺水解生成 $NH_3$，$CH_3(\cdot CH_2)N\cdot$ 与 $NH_3$ 结合生成偏二甲肼。二甲胺氧化过程中也可以生成 $CH_3(\cdot CH_2)N\cdot$ 和甲基亚甲基亚胺，类似过程转化为偏二甲肼。

$$CH_3(\cdot CH_2)N\cdot + NH_3 \longrightarrow (CH_3)_2NNH_2$$

偏腙水解转化为偏二甲肼，因此其偏二甲肼转化量大。如果二甲胺和亚硝基二甲胺转化为偏二甲肼的过程相同，不能解释亚硝基二甲胺氧化过程中偏二甲肼的生成量比二甲胺大，可能的原因是亚硝基二甲胺被还原，亚硝基转化为氨基：

$$(CH_3)_2NNO + 4H\cdot \longrightarrow (CH_3)_2NNH_2 + H_2O$$

为比较偏二甲肼及中间产物的转化能力，选择图 7-5、图 7-9 和图 7-12 中偏腙、二甲胺、亚硝基二甲胺的第一个检测数据及反应终止时的检测数据，将偏二甲肼的初始浓度 1000mg/L 换算为 50mg/L，研究 $Cu^{2+}/H_2O_2$ 体系偏二甲肼及中间

产物降解的转化量对比，结果如图 8-16 所示。由图 8-16 可知，偏二甲肼相对容易降解，NDMA 的生成量最大，生成量顺序为偏二甲肼＞偏腙＞二甲胺。

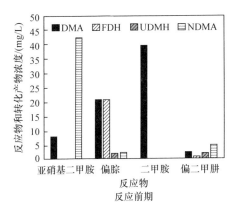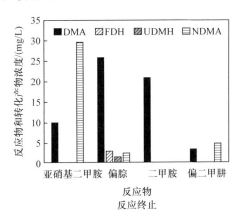

图 8-16　$Cu^{2+}/H_2O_2$ 体系偏二甲肼及中间产物降解的转化量对比

$Cu^{2+}$ 直接与偏二甲肼作用产生二甲氨基氮烯，促进了偏二甲肼转化为 NDMA；偏腙在羟基自由基作用下不直接产生 NDMA，而是水解转化为偏二甲肼后转化为 NDMA；二甲胺则仅在反应中期检测到 NDMA。二甲胺通过甲基氧化逐步生成 $NH_2$，然后通过偏二甲肼再转化为 NDMA，由于二甲胺难于氧化，NDMA 的转化率不高。

二甲胺的生成量顺序为偏腙＞亚硝基二甲胺＞偏二甲肼。

在羟基自由基的作用下，偏二甲肼、偏腙和亚硝基二甲胺的甲基氧化产生二甲胺，偏二甲肼比偏腙、亚硝基二甲胺容易发生甲基氧化。碱性条件下偏腙转化为二甲胺存在其他路径，$Cu^{2+}$ 与偏腙发生配位作用和亲电试剂 $Cu^{2+}$ 的作用，进一步削弱 N—N 键，并引发 N—N 键的断裂。

$$(CH_3)_2NNCH_2 + Cu^{2+} \longrightarrow (CH_3)_2NNCH_2Cu^{2+}$$
$$(CH_3)_2NNCH_2Cu^{2+} \longrightarrow (CH_3)_2NH \cdot + H^+ + Cu^+CN^-$$

此外，在碱性条件下的 $Cu^{2+}/H_2O_2$ 体系中，NDMA 与二甲胺的生成存在竞争关系，NDMA 的高转化抑制了偏二甲肼转化为二甲胺，二甲胺的占比相对较低，但仍远比中性条件下臭氧体系产生的二甲胺的比例高，其原因可能是 $Cu^{2+}$ 对偏二甲肼的 N—N 键断裂有催化作用，在催化氧化偏二甲肼的同时，与 N—N 键断裂相关的二甲氨基自由基的生成量增加。偏二甲肼的—$NH_2$ 与 $Cu^{2+}$ 发生配位作用，削弱了偏二甲肼的 N—N 键强度，在偏二甲肼氧化过程中进一步发生 N—N 键断裂生成二甲胺前体：

$$(CH_3)_2NNH_2 + Cu^{2+} \longrightarrow (CH_3)_2N \cdot + Cu(NH_3)_2^{2+} + N_2$$

此外。臭氧加氧作用有利于偏腙的生成而不利于二甲胺的生成，也是一个重要原因。

二甲胺的生成速率较小，说明二甲胺部分来自其他中间产物。反应前期偏二甲肼及中间产物的反应能力顺序为偏二甲肼＞偏腙＞二甲胺＞亚硝基二甲胺。

$Cu^{2+}/H_2O_2$ 体系主要表现为快速去除偏二甲肼，偏腙氧化主要转化为二甲胺，偏二甲肼过程中产生的 NDMA 和 DMA 不能有效消除，COD 的去除率不高。

### 8.4.4.2　反应条件对化学转化的影响

$Cu^{2+}/H_2O_2$ 体系反应条件对偏二甲肼及中间产物转化的影响见表 8-4。pH 升高，增强了过氧化氢的分解能力，有利于羟基自由基的产生及与偏二甲肼甲基氧化有关的偏腙和二甲胺的生成；同时，偏二甲肼的氨基被氧化能力提高，增加了 NDMA 的生成量。二甲胺的质子保护作用逐步减弱，增大了二甲胺的降解量，表现为二甲胺的最大生成量减少。

**表 8-4　$Cu^{2+}/H_2O_2$ 体系反应条件对偏二甲肼及中间产物转化的影响**

| 反应条件 | UDMH | NDMA | FDH | DMA |
|---|---|---|---|---|
| pH 升高 | $v_{降解}\uparrow$ | $v_{生成}\uparrow$ | $v_{生成}\uparrow$ | 先$v_{生成}\uparrow$后$v_{降解}\uparrow$ |
| 离子浓度增大 | $v_{降解}\uparrow$ | $v_{生成}\uparrow$ | $v_{生成}\downarrow$ | $v_{生成}\downarrow$，$v_{降解}\downarrow$ |
| 氧化剂投加量增大 | $v_{降解}\uparrow$ | $v_{生成}\downarrow$ | $v_{生成}\uparrow$ | $v_{生成}\uparrow$，$v_{降解}\uparrow$ |
| 温度升高 | $v_{降解}\uparrow$ | $v_{生成}\uparrow$ | $v_{降解}\uparrow$ | $v_{生成}\uparrow$，$v_{降解}\uparrow$ |

$Cu^{2+}$ 主要表现为对偏二甲肼降解和亚硝基二甲胺、四甲基四氮烯生成的催化作用，对偏腙的生成和降解有抑制作用，但对偏腙转化为二甲胺有促进作用，在 NDMA 与偏腙、二甲胺的竞争关系中，二甲胺的生成速率随 $Cu^{2+}$浓度增加而减小，二甲胺的生成量增加。

升高反应温度，涉及分解的化学反应和活化能较大的反应，反应速率明显增大。由于偏二甲肼的甲基脱氢氧化活化能较大，同时偏腙和二甲胺的生成分别涉及 C—N 键、N—N 键的断裂，因此升高温度有利于增加偏腙和二甲胺的生成。在 $Cu^{2+}/H_2O_2$ 体系中，偏腙和二甲胺都属于难分解的物质，提高温度有利于加快它们的水解或降解，大大减小 $Cu^{2+}$对偏腙水解的阻碍。温度升高对缔合偏二甲肼和二甲胺的解离有益，因此有利于 NDMA 的生成、二甲胺的生成和降解，但对 NDMA 主要表现为 NDMA 的生成量增大。

偏二甲肼氧化中间产物 NDMA 与偏腙、二甲胺之间存在竞争关系。氧化剂投加量增大加快了偏二甲肼的甲基氧化，即增大了偏腙和二甲胺的生成量；由于增大氧化剂投加量实际增大了 $Cu^{2+}$ 的总量，因此未能增大偏腙降解速率，但提高了二甲胺降解能力，竞争过程中 NDMA 的生成量减少。

$Cu^{2+}/H_2O_2$ 体系不能有效提高偏二甲肼沿甲基肼路线的氧化，而是生成大量难降解的 NDMA，同时抑制了偏腙和二甲胺的降解，因此不宜采用 $Cu^{2+}/H_2O_2$ 催化氧化法处理偏二甲肼废水。

### 8.4.4.3 $Cu^{2+}$ 的氧化还原和配位作用

为验证 $Cu^{2+}$ 直接与偏二甲肼发生反应的推测，在 pH7，$H_2O_2$ 投加量为 $1.5Q_{th}$，$Cu^{2+}$、$H_2O_2$ 物质的量比为 $1:10$，反应温度 40℃的条件下，研究单独添加 $Cu^{2+}$、$H_2O_2$ 及同时添加 $Cu^{2+}/H_2O_2$ 对偏二甲肼降解作用的影响，结果如图 8-17 所示。

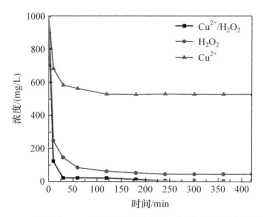

图 8-17 $Cu^{2+}/H_2O_2$ 体系不同混合方式偏二甲肼浓度变化

由图 8-17 可知，单独添加 $Cu^{2+}$ 可以降解偏二甲肼。根据第 5 章 5.6 节分析，$N,N$-二甲基二氮烯的特征吸收峰在 360nm 处，由此证明 $Cu^{2+}$ 可以通过电子转移与偏二甲肼发生下列反应：

$$2Cu^{2+} + (CH_3)_2NNH_2 \longrightarrow (CH_3)_2NN: + 2Cu^+ + 2H^+$$

单独添加 $Cu^{2+}$ 和同时添加 $Cu^{2+}$、$H_2O_2$ 均会出现沉淀，过滤、真空干燥后对得到的粉末进行 X 射线衍射(XRD)分析，结果如图 8-18 所示。

由图 8-18(a)可知，单独添加 $Cu^{2+}$ 得到的粉末 XRD 谱图中，峰位对应 $Cu_2O$ 的(110)、(111)、(200)、(220)、(311)晶面衍射峰，确定粉末为 $Cu_2O$，说明 $Cu^{2+}$ 与偏二甲肼反应生成 $Cu^+$：

$$(CH_3)_2NNH_2 + 2Cu^{2+} + 2OH^- \longrightarrow Cu_2O + H_2O + (CH_3)_2NNH\cdot + H^+$$

图 8-18(b)中，同时添加 $Cu^{2+}$、$H_2O_2$ 得到的粉末的 XRD 谱图中，除出现峰位对应 $Cu_2O$ 的(110)、(220)晶面衍射峰外，大部分是 CuO 的(110)、($\bar{1}$11)、(111)、

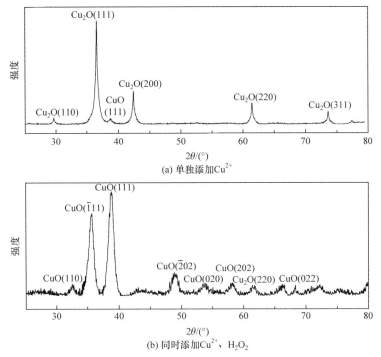

图 8-18  Cu²⁺/H₂O₂ 体系不同混合方法产生沉淀粉末的 XRD 谱图

($\bar{2}$02)、(020)、(202)、(022)晶面衍射峰，说明加入 H₂O₂ 促进了 CuO 的生成。碱性条件下偏二甲肼、Cu²⁺、H₂O₂ 共存时，Cu₂O 转化为 CuO，同时产生羟基自由基：

$$Cu_2O + H_2O_2 \longrightarrow 2CuO + \cdot OH + H^+$$

因此，添加 Cu²⁺、H₂O₂ 的顺序，将影响 NDMA 的生成。先加入 Cu²⁺，NDMA 的生成量大；偏二甲肼与 Cu²⁺反应产生的 Cu₂O，是 Cu²⁺/H₂O₂ 体系产生羟基自由基的催化剂。此外，Cu²⁺还可能与偏腙、NH₃ 和 NO 等发生配位作用，催化剂与有机配位体和 NH₃ 的配位只能发生在碱性条件下，因为 H⁺ 与 Cu²⁺和有机物结合之间存在竞争关系，酸性条件下主要是 H⁺ 与 NH₃ 或 C═N、C≡N 的结合。配位作用抑制偏腙的水解，促进偏腙、偏二甲肼转化为二甲胺，同时抑制二甲胺进一步转化为 NDMA。

#### 8.4.4.4  Cu²⁺/H₂O₂ 降解偏二甲肼的机理

Cu²⁺/H₂O₂ 体系降解偏二甲肼的过程中，Cu²⁺与偏二甲肼发生电子转移反应，引发偏二甲肼的氧化，并生成 NDMA 和 TMT：

$$2Cu^{2+} + (CH_3)_2NNH_2 \longrightarrow (CH_3)_2NN: + 2Cu^+ + 2H^+$$

$$Cu^+ + O_2 + H^+ \longrightarrow Cu^{2+} + HO_2 \cdot$$

$$(CH_3)_2NN: + HO_2 \cdot \longrightarrow NDMA + \cdot OH$$

$$2(CH_3)_2NN: \longrightarrow TMT$$

$Cu^{2+}$ 催化 $H_2O_2$ 产生过氧化氢自由基：

$$Cu^{2+} + H_2O_2 \longrightarrow Cu^+ + HO_2 \cdot + H^+ \qquad k = 9 \times 10^{13} s^{-1}$$

因此，$Cu^{2+}$ 体系最容易催化生成 NDMA。

羟基自由基或氧自由基作用下，偏二甲肼的甲基氧化生成甲醛、偏腙：

$$(CH_3)_2NNH_2 + [O] \longrightarrow CH_3(\cdot CH_2)NNH_2 \longrightarrow HCHO + CH_3NNH_2$$

$$HCHO + (CH_3)_2NNH_2 \longrightarrow FDH$$

同时，生成的甲基肼基自由基进一步氧化生成甲醇、氮气等，这是偏二甲肼快速降解为小分子的主要途径。

偏二甲肼、偏腙和 NDMA 氧化生成 $CH_3(\cdot CH_2)N\cdot$，进一步氧化转化为二甲胺、二甲基甲酰胺等：

$$(\cdot CH_2)(CH_3)N \cdot + 2H \cdot \longrightarrow DMA$$

$$(\cdot CH_2)(CH_3)N \cdot + H \cdot C =\!\!= O \longrightarrow DMF$$

类芬顿体系降解偏二甲肼，在中性或弱碱性条件下，$Cu^{2+}$ 与偏二甲肼反应，偏二甲肼氧化，生成 $Cu_2O$；在酸性条件下，偏二甲肼氧化生成二甲氨基氮烯，但此时过氧化氢不易分解、反应活性较低；在碱性条件下，偏二甲肼容易被 $Cu^{2+}$ 氧化，偏二甲肼的降解率提高，但 NDMA 的生成量最大。$Cu^+$ 虽然可以与 $H_2O_2$ 作用产生羟基自由基并引发甲基氧化，但羟基自由基的生成量有限，因此 $Cu^{2+}/H_2O_2$ 体系降解偏二甲肼的效果较差，不能有效去除偏腙、二甲胺和 NDMA。

## 8.5　$Fe^{2+}/H_2O_2$ 体系降解偏二甲肼过程中间产物的转化

水力空化芬顿体系降解偏二甲肼过程中检测到甲酸、乙酸和硝基甲烷，未检测到 NDMA[22]，也未发现 NDMA 的生成。但文献中的偏二甲肼浓度较低，同时铁作催化剂，氧化产生 $Fe^{2+}$ 构成 $Fe^{2+}/H_2O_2$ 体系，这与直接添加 $Fe^{2+}$ 的芬顿体系是不同的，前者只有 $Fe^{2+}$，而在添加 $Fe^{2+}$ 的芬顿体系中 $Fe^{2+}$ 转化为 $Fe^{3+}$，因此催化作用有明显差异。

典型的 $Fe^{2+}/H_2O_2$ 体系，$Fe^{2+}$ 可直接催化过氧化氢产生羟基自由基：

$$Fe^{2+} + H_2O_2 \longrightarrow Fe^{3+} + \cdot OH + OH^-$$

$$Fe^{2+} + \cdot OH \longrightarrow Fe^{3+} + OH^-$$

$$Fe^{3+} + H_2O_2 \longrightarrow Fe^{2+} + HO_2 \cdot + H^+$$

Fe$^{2+}$催化产生羟基自由基的过程中，Fe$^{2+}$被氧化为 Fe$^{3+}$，而 Fe$^{3+}$又与过氧化氢作用转化为 Fe$^{2+}$。由于催化过程中 Fe$^{3+}$消耗过氧化氢，因此 Fe$^{2+}$用量不能太大。

芬顿体系中含有 H$_2$O$_2$、·OH、O·、HO$_2$·、O$_3$、O$_2$ 等活性氧化剂，其中羟基自由基的标准电极电势为 2.8V，活性顺序为·OH＞O$_3$＞H$_2$O$_2$＞HO$_2$·。

偏二甲肼浓度 1000mg/L，分四组实验研究反应条件的影响。

(1) pH 条件实验：H$_2$O$_2$ 投加量为理论值的 1.5 倍，Fe$^{2+}$、H$_2$O$_2$ 物质的量比为 1∶10，反应温度 40℃；

(2) Fe$^{2+}$、H$_2$O$_2$ 不同物质的量比条件实验：pH3，反应温度 40℃，H$_2$O$_2$ 投加量为理论值的 1.5 倍；

(3) H$_2$O$_2$ 投加量条件实验：pH3，Cu$^{2+}$、H$_2$O$_2$ 物质的量比为 1∶10，反应温度 40℃；

(4) 反应温度条件实验：pH3，H$_2$O$_2$ 投加量为理论值的 1.5 倍，Fe$^{2+}$、H$_2$O$_2$ 物质的量比为 1∶10。

### 8.5.1　影响 NDMA 转化的因素

反应条件对 NDMA 产生和降解的影响，结果如图 8-19 所示。NDMA 的生成过程非常迅速。不同 pH 条件下，亚硝基二甲胺的生成量依次为 pH9≈pH3＞pH5＞pH7。亚硝基二甲胺通过二甲氨基氮烯加氧生成：

$$(CH_3)_2NN\colon + HO_2\cdot \longrightarrow (CH_3)_2NNO + \cdot OH$$

但酸性介质中，偏二甲肼甲基氧化后，发生交换反应生成二甲基肼基自由基：

$$CH_3(\cdot CH_2)NNH_2 \longrightarrow (CH_3)_2NNH\cdot$$

Fe$^{3+}$的电子转移作用下发生脱氢反应生成二甲氨基氮烯：

$$(CH_3)_2NNH_2 + 2Fe^{3+} \longrightarrow (CH_3)_2NN\colon + 2Fe^{2+} + 2H^+$$

酸性条件下，羟基自由基产生的量最大，有利于甲基氧化生成 NDMA，而碱性条件下，偏二甲肼氨基失去质子保护，有利于氨基氧化生成 NDMA。酸性或碱性条件都有利于 NDMA 的生成。

酸性条件下 NDMA 易于降解，而且远比 NDMA 单独存在时的降解速率快且降解完全。NDMA 除发生氧化降解、水解外，在偏二甲肼存在时还存在以下反应：

$$CH_3(\cdot CH_2)NNH_2 \longrightarrow CH_3(\cdot CH_2)N\cdot + \cdot NH_2$$

$$CH_3(\cdot CH_2)NNO \longrightarrow CH_3(\cdot CH_2)N\cdot + NO$$

$$\cdot NH_2 + NO \longrightarrow H_2O + N_2$$

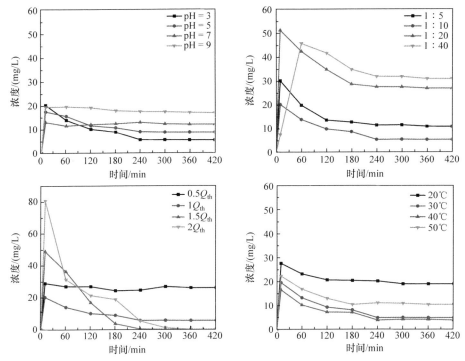

图 8-19　$Fe^{2+}/H_2O_2$ 体系反应条件对 NDMA 生成和降解的影响

偏二甲肼提供 $\cdot NH_2$，去除 NDMA 降解产生的 NO，$\cdot NH_2$ 与 NO 结合生成氮气，从而抑制了 NO 与二甲氨基自由基反应重新生成 NDMA。

不同 $Fe^{2+}$ 与 $H_2O_2$ 配比下，亚硝基二甲胺的生成量依次为 $1:20>1:40>1:5>1:10$。在活性最大 $Fe^{2+}$ 与 $H_2O_2$ 配比为 $1:10$ 时，主要受 NDMA 消除速率的影响，亚硝基二甲胺的最大生成量最小。增大 $Fe^{2+}$ 浓度，总体表现为羟基自由基活性高，有利于 NDMA 的降解而减小 NDMA 的生成量。

$Fe^{2+}/H_2O_2$ 体系中，随着 $H_2O_2$ 投加量的增大，NDMA 的生成量明显增加，偏二甲肼降解速率增加。增加氧化剂的量相对增加了 $Fe^{2+}$ 和 $Fe^{3+}$，从而促进偏二甲肼的氨基氧化；从减少 NDMA 生成的角度，$H_2O_2$ 投加量应减少，但从彻底降解 NDMA 的角度，$H_2O_2$ 投加量却应增大，后续工艺选择分步加入的方法。

升高反应温度，可以加速 NDMA 的生成和降解。温度升高，总体显示会加快 NDMA 的降解。

### 8.5.2　影响偏腙转化的因素

反应条件对偏腙生成和降解的影响，结果如图 8-20 所示。

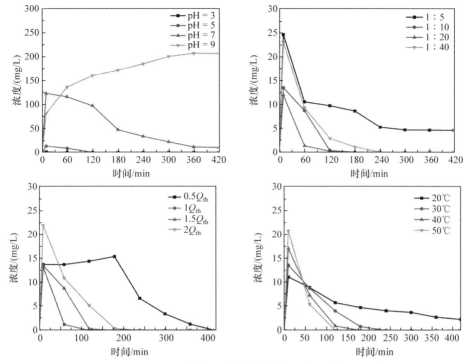

图 8-20　$Fe^{2+}/H_2O_2$ 体系反应条件对偏腙生成和降解的影响

不同 pH 条件下，偏腙的生成量依次为 pH9＞pH7＞pH5＞pH3。

偏二甲肼甲基氧化生成甲醛，甲醛与偏二甲肼作用生成偏腙：

$$CH_2O + (CH_3)_2NNH_2 \longrightarrow (CH_3)_2NNCH_2 + H_2O$$

理论上讲，羟基自由基越多，偏腙的生成量越大，但由于偏腙在水中会发生水解，特别是羟基自由基越多，偏腙越容易被降解，因此 pH 对偏腙最大生成量的影响程度，主要表现为降解偏腙能力。

随着 $Fe^{2+}$、$H_2O_2$ 物质的量比从 1∶40 到 1∶20，羟基自由基的活性增大，偏腙的生成速率和降解速率同时增大，在偏二甲肼降解的同时，偏腙的水解程度增大，因此表现为偏腙的最大生成量减少；随着 $Fe^{2+}$、$H_2O_2$ 物质的量比从 1∶20到 1∶5，产生的·OH 或因发生猝灭而消耗，偏二甲肼的降解能力下降，造成偏腙的降解能力明显不足，1∶5 时偏腙不能完全去除。

$H_2O_2$ 投加量增大，有效提高偏二甲肼甲基氧化增大偏腙的生成量和降解速率，投加比为 $2Q_{th}$ 时，偏腙最大生成量最大；$0.5Q_{th}$ 投加比时，偏腙降解速率最小。

温度升高增大了偏腙的生成速率、降解速率和水解速率。偏腙的生成速率和最大生成量随着温度升高而增加，同时偏腙的降解时间缩短。反应温度 50℃

时，偏腙的生成量最大，同时降解时间最短。

### 8.5.3 影响二甲胺转化的因素

反应条件对二甲胺生成和降解的影响，结果如图 8-21 所示。

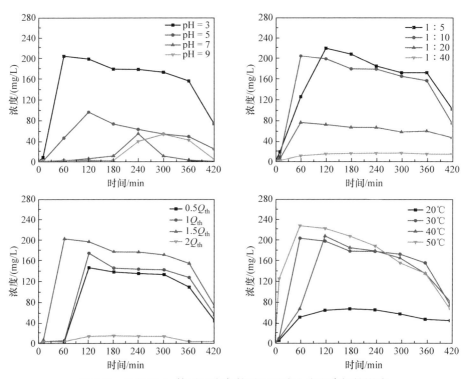

图 8-21 $Fe^{2+}/H_2O_2$ 体系反应条件对二甲胺生成和降解的影响

酸性条件下，$Fe^{2+}/H_2O_2$ 体系中二甲胺的生成速率比偏腙和 NDMA 小，说明二甲胺的 N—N 键断裂活化能高。酸性条件下反应 1h 时二甲胺的生成量达到最大值，之后缓慢降低。由于 NDMA、偏腙降解可以产生二甲胺，因此二甲胺可以通过 NDMA 和偏腙氧化产生。但由于二甲胺的量远远大于 NDMA 和偏腙的生成量，因此二甲胺主要是偏二甲肼的甲基氧化转化产物。反应 1h 时应是 NDMA、偏腙转化为二甲胺，随着 NDMA、偏腙的逐步去除，二甲胺降解速率明显增大。

由图 8-21 可知，随着 pH 的减小，二甲胺的最大生成时间和最大生成量增加，$H^+$ 对二甲胺的生成具有明显的催化作用。酸性条件下羟基自由基氧化二甲胺的甲基，$H^+$ 加速 N—N 键的断裂：

$$(CH_3)_2NNH_2 + \cdot OH + H^+ \longrightarrow CH_3(\cdot CH_2)NNH_2H^+ + H_2O$$

$$CH_3(\cdot CH_2)NNH_2H^+ \longrightarrow CH_3(\cdot CH_2)N\cdot + \cdot NH_2H^+$$

由于酸性条件特别有利于二甲氨基化合物的甲基氧化和 N—N 键断裂，从而导致偏二甲肼、偏腙和 NDMA 都容易氧化产生二甲胺。二甲胺的最大生成量主要受生成速率影响，体系氧化能力越强，二甲胺的最大生成量时间就越早，峰值越大，而受质子保护作用的影响，酸性条件不利于二甲胺的降解。

$Fe^{2+}$ 与 $H_2O_2$ 物质的量比在 1∶10 时氧化活性最强，增大氧化剂投加量或提高温度都会增大二甲胺的生成量，而温度升高同时加快二甲胺的降解。

$Fe^{2+}$ 促进二甲胺的生成，原因是 $Fe^{2+}$ 可以将生成的二甲氨基自由基通过电子转移转化为二甲胺：

$$CH_3(\cdot CH_2)NH + H^+ \longrightarrow (CH_3)_2N\cdot H^+$$
$$(CH_3)_2N\cdot H^+ + Fe^{2+} \longrightarrow (CH_3)_2NH + Fe^{3+}$$

$Fe^{2+}/H_2O_2$ 体系降解偏二甲肼过程的最佳反应活性在 pH=3 附近，而且 $Fe^{2+}$ 与 $H_2O_2$ 物质的量比在 1∶10 时氧化活性最强，提高温度有利于中间产物降解，氧化剂投加量以 COD 值的 2 倍为宜，由于一次投加会促进 NDMA 的生成，因此宜采用分步投加的方式。

### 8.5.4　$Fe^{2+}/H_2O_2$ 体系降解偏二甲肼的作用分析

$Fe^{2+}/H_2O_2$ 体系以产生羟基自由基为主要特征，偏二甲肼、二甲胺和 $NH_3$ 受质子保护，主要表现为甲基氧化。由于酸性条件下，金属离子不与偏二甲肼配位，同时没有金属离子的沉淀作用，因此芬顿体系催化剂的作用相对简单。金属离子可促进 NDMA 和二甲胺的生成，存在如下反应：

$$2Fe^{3+} + (CH_3)_2NNH_2 \longrightarrow (CH_3)_2NN\colon + 2Fe^{2+} + 2H^+$$
$$(CH_3)_2NN\colon + HO_2\cdot \longrightarrow (CH_3)_2NNO + HO\cdot$$

#### 8.5.4.1　反应条件对化学转化的影响

芬顿体系产生羟基自由基的能力很强，偏二甲肼及其中间产物的氧化受自由基的活性、水解、有机物的分子形态影响。偏二甲肼的甲基脱氢氧化引发自由基氧化过程，偏腙的最大生成量主要受偏腙降解速率影响，NDMA、二甲胺的最大生成量主要受生成速率影响。二甲胺是研究讨论的三种中间产物中生成量最大的中间产物，二甲胺除源于偏二甲肼分解外，还来源于 NDMA、偏腙的转化。

$Fe^{2+}/H_2O_2$ 体系反应条件对偏二甲肼及中间产物转化的影响见表 8-5。

表 8-5　$Fe^{2+}/H_2O_2$ 体系反应条件对中间产物转化的影响

| 反应条件 | NDMA | FDH | DMA |
|---|---|---|---|
| pH 减小 | $v_{生成}$先$\downarrow$后$\uparrow$ $v_{降解}\uparrow$ | 先$v_{生成}\downarrow$后$v_{降解}\uparrow$ | $v_{生成}\uparrow$, $v_{降解}\downarrow$ |
| 离子浓度增大 | 先$v_{生成}\uparrow$后$v_{生成}\downarrow$ | 先$v_{降解}\uparrow$后$v_{降解}\downarrow$ | 先$v_{生成}\uparrow$后$v_{生成}\downarrow$ |
| 氧化剂投加量增大 | $v_{生成}$, $v_{降解}\uparrow$ | 先$v_{降解}\uparrow$后$v_{生成}\uparrow$ $v_{降解}\downarrow$ | 先$v_{生成}\uparrow$后$v_{生成}\downarrow$ 或$v_{降解}\uparrow$ |
| 温度升高 | 先$v_{降解}\uparrow$后$v_{生成}$ | $v_{生成}\uparrow$, $v_{降解}\uparrow$ | $v_{生成}\uparrow$, $v_{降解}\uparrow$ |

提高羟基自由基产率和增强活性的反应条件：pH = 3，$Fe^{2+}$ 与过氧化氢投料比 1：10，增大氧化剂投加量和升高温度。减少 NDMA 的生成需要相应减少氧化剂投加量，而去除 NDMA 又需要增大氧化剂投加量，因此分步投加是解决问题的最佳选择。

由于偏腙在酸性条件下容易水解，因此偏二甲肼中偏腙的去除是易于实现的，但偏腙的转化产物如二甲胺并不容易去除，主要是酸性条件下二甲胺受质子保护。芬顿体系对偏腙和 NDMA 的降解有利，是去除 NDMA 的最佳方法。

### 8.5.4.2　相互转化和降解能力

偏二甲肼及中间产物存在以下相互转化关系：

偏腙，二甲胺，亚硝基二甲胺 ⟷ 偏二甲肼

偏二甲肼，偏腙 ⟷ 亚硝基二甲胺

偏二甲肼，偏腙 ⟶ 亚硝基二甲胺 ⟷ 二甲胺

由图 7-5、图 7-9 和图 7-12 可以看出，芬顿体系，二甲胺转化产物中检测到偏二甲肼，虽然酸性条件的芬顿体系中，NDMA、偏腙的降解过程未直接检测到偏二甲肼，但是酸性条件下偏腙非常容易水解产生偏二甲肼，而偏二甲肼在芬顿体系中又非常容易降解，因此不能排除 NDMA 转化为偏二甲肼。

为比较偏二甲肼及中间产物转化为二甲胺和 NDMA 的能力，取图 7-5、图 7-9 和图 7-12 中芬顿体系 pH3 时降解偏腙、二甲胺、亚硝基二甲胺的第一个检测数据及反应终止时的检测数据，并将偏二甲肼的初始浓度 1000mg/L 换算为 50mg/L，研究 $Fe^{2+}/H_2O_2$ 体系偏二甲肼及中间产物降解的转化量对比，结果如图 8-22 所示。

由图 8-22 可知，芬顿体系中各物质的反应能力顺序为偏二甲肼 ≈ 偏腙 ＞ 亚硝基二甲胺 ＞ 二甲胺。偏二甲肼易于降解，且残留物少。偏腙易于氧化的原因可能源于其水解转化为 UDMH。

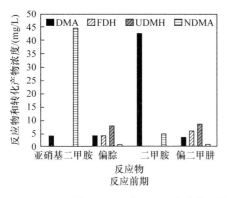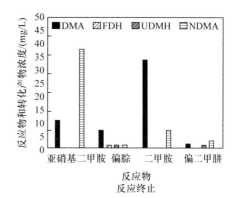

图 8-22　$Fe^{2+}/H_2O_2$ 体系偏二甲肼及中间产物降解的转化量对比

亚硝基二甲胺的生成量次序：偏二甲肼≥偏腙。

芬顿体系中，二甲胺不转化为 NDMA。偏腙在羟基自由基作用下主要发生—N=$CH_2$ 脱氢和分解反应生成二甲胺、二甲氨基甲腈，偏腙氧化生成 NDMA 可能是水解转化为偏二甲肼后再转化为 NDMA。

文献报道，酸性条件下的芬顿体系和类芬顿体系都没有检测到 NDMA[23,24]，但 1000mg/L 偏二甲肼氧化降解过程中检测到 NDMA，并且发现氧化后的样品只有立即检测才可以检测到 NDMA，放置一夜后无法检测到 NDMA，因此取样检测方法不合理可能对结果产生误导和误判。

二甲胺的生成量顺序为亚硝基二甲胺＞偏腙＞偏二甲肼。

在羟基自由基的作用下，偏二甲肼、偏腙和 NDMA 的甲基氧化产生二甲胺，偏二甲肼比偏腙、NDMA 容易发生甲基氧化。因为 NDMA 无论通过何种氧化路径都转化为二甲胺，所以 NDMA 转化为二甲胺的量最大，但需要说明的是，NDMA 氧化速率很慢，因此反应前期偏腙转化为二甲胺的量更大。偏腙的腙基在羟基自由基作用下可以产生二甲胺，因此偏腙转化为二甲胺的量比偏二甲肼大：

$$(CH_3)_2NN{=}CH_2 + \cdot OH \longrightarrow (CH_3)_2NNCH \cdot + H_2O$$

$$(CH_3)_2NNCH \cdot \longrightarrow (CH_3)_2N \cdot + HCN$$

酸性条件下芬顿体系中的羟基自由基有利于甲基的氧化，而二甲氨基的质子化使 N—N 键容易断裂，有利于偏二甲肼、NDMA 和偏腙转化生成二甲胺，因此产生了大量二甲胺，造成二甲胺难去除，但是有利于彻底去除 NDMA。单独去除二甲胺和 NDMA 很难，但去除偏二甲肼降解过程中的 NDMA 却相对容易，可能是 NDMA 的甲基氧化生成 NO，NO 被偏二甲肼甲基氧化产生的氨基自由基还原，避免了二甲胺重新转化为 NDMA，从而有效加快了 NDMA 的降解。此外，在反应过程中如果将 NDMA 转化为偏二甲肼，则 NDMA 就容易降解，

Ni 催化臭氧法处理偏二甲肼废水能够有效去除 NDMA 就是基于这一原理，紫外线照射的作用也类似。因此，酸性条件下芬顿体系处理偏二甲肼废水后，残留物仅有二甲胺。值得注意的是，$Fe^{3+}$ 与 $Cu^{2+}$ 一样，在碱性条件下都可以与偏二甲肼作用产生二甲氨基氮烯，并进一步转化为 NDMA。

### 8.5.4.3　$Fe^{2+}/H_2O_2$ 降解偏二甲肼的机理

$Fe^{2+}$ 催化 $H_2O_2$ 产生羟基自由基：

$$Fe^{2+} + H_2O_2 \longrightarrow Fe^{3+} + \cdot OH + OH^-$$

$Fe^{3+}$ 与 $H_2O_2$ 产生过氧化氢自由基：

$$Fe^{3+} + H_2O_2 \longrightarrow Fe^{2+} + HO_2 \cdot + H^+$$

在羟基自由基或氧自由基作用下，偏二甲肼的甲基脱氢氧化生成甲醛、偏腙：

$$(CH_3)_2NNH_2 + [O] \longrightarrow CH_3(\cdot CH_2)NNH_2 \longrightarrow HCHO + CH_3N \cdot NH_2$$

$$HCHO + (CH_3)_2NNH_2 \longrightarrow (CH_3)_2NN{=}CH_2 + H_2O$$

生成的甲基肼基自由基进一步氧化是偏二甲肼快速降解为小分子的主要途径。在 $Fe^{3+}$ 的作用下，偏二甲肼生成二甲氨基氮烯 $(CH_3)_2NN:$，$(CH_3)_2NN:$ 进一步氧化生成 NDMA：

$$(CH_3)_2NNH_2 + 2Fe^{3+} \longrightarrow (CH_3)_2NN: + 2Fe^{2+} + 2H^+$$

$$(CH_3)_2NN: + HO_2 \cdot \longrightarrow NDMA + \cdot OH$$

参见 8.4 节，偏二甲肼、偏腙和 NDMA 的甲基氧化生成 $CH_3(\cdot CH_2)N\cdot$，进一步生成二甲胺、二甲基甲酰胺等；偏腙还通过腙基氧化生成二甲胺和氢氰酸。

采用 GC-MS 检测芬顿体系 pH = 3 时降解偏二甲肼的中间产物，反应 20min 时检测到二甲胺、偏腙、亚硝基二甲胺、四甲基四氮烯、二甲氨基乙腈、二甲基甲酰胺和氨基脲。氨基脲和二甲氨基乙腈的生成与偏腙相关。氨基脲是肼、甲酰胺和氨的反应产物；二甲胺、甲醛和氢氰酸作用转化为二甲氨基乙腈。

$$偏二甲肼 \longrightarrow 甲基肼 \longrightarrow NH_2NH_2$$

$$(CH_3)_2NN{=}CH_2 + \cdot OH \longrightarrow (CH_3)_2NH + HCN \xrightarrow{HCHO} 二甲氨基乙腈$$

$$NH_2NH_2 + HCONH_2 \longrightarrow NH_2NHCONH_2 \xrightarrow{HN_3} 氨基脲$$

四种优化体系降解偏二甲肼过程中间产物的最大生成量如图 8-23 所示。四种体系中二甲胺、偏腙和 NDMA 的最大生成量，反映了体系活性氧化物质的主要特征。由图 8-23 可知，臭氧加氧作用显著，有利于偏腙的生成，而不需加氧的产物二甲胺的生成量较低，$Mn^{2+}/O_3$ 体系生成的二甲胺和 NDMA 最少；

$Cu^{2+}/H_2O_2$ 类芬顿体系生成的 NDMA 最多。$Fe^{2+}/H_2O_2$ 类芬顿体系，二甲胺的生成量最大。

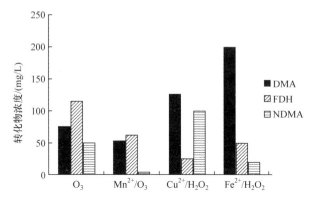

图 8-23　四种优化体系降解偏二甲肼过程中间产物的最大生成量

$Fe^{3+}$ 和 $Cu^{2+}$ 都会增加肼转化为 $NH_3$，其中 $NH_3$ 与 $Fe^{3+}$ 和 $Cu^{2+}$ 可以产生配位作用。Higginson 和 Wright 研究了酸溶液中 $Fe^{3+}$ 在肼氧化过程中生成 $Fe^{2+}$ 和 $NH_3$ 的反应速率，认为 $NH_3$ 是由 $\cdot N_2H_3$ 自由基的二聚化生成[24]：

$$NH_2NH_2 + Fe^{3+} \longrightarrow \cdot N_2H_3 + H^+ + Fe^{2+}$$

$$2 \cdot N_2H_3 \longrightarrow NH_2NHNHNH_2$$

$$NH_2NHNHNH_2 \longrightarrow N_2 + 2NH_3$$

因此，酸性条件下的芬顿体系中，偏二甲肼在 $Fe^{3+}$ 作用下通过生成四甲基四氮烯转化为二甲胺。

本章研究 $O_3$-催化体系、$Fe^{2+}/H_2O_2$ 芬顿体系和 $Cu^{2+}/H_2O_2$ 类芬顿体系三种高级氧化处理技术处理高浓度偏二甲肼废水。$O_3$-催化体系的主要活性氧化物质是羟基自由基和臭氧，其中羟基自由基主要起脱氢作用，臭氧起加氧作用；$Fe^{2+}/H_2O_2$ 芬顿体系的主要活性氧化物质是羟基自由基和过氧化氢自由基，其中羟基自由基主要起脱氢作用，过氧化氢自由基起加氧作用；$Cu^{2+}/H_2O_2$ 类芬顿体系的主要活性氧化物质是 $Cu^{2+}$ 和过氧化氢自由基，其中 $Cu^{2+}$ 能摘去偏二甲肼氨基上的氢，过氧化氢自由基起加氧作用。

氧化剂用量和投加方式对氧化的作用主要体现在，多次投加可以减少中间产物特别是 NDMA 的生成量。臭氧体系采用连续通入的方式，中间产物的最大生成量最低。反应前期氧化剂浓度较低时，反应速度主要受碰撞概率控制，芬顿体系有利于偏二甲肼的甲基氧化，减少 NDMA 的生成。此外，氧化剂用量要充足，一般达到 COD 的 2 倍才能较为彻底地去除中间产物。

pH 在偏二甲肼氧化降解过程中起重要作用。碱性条件有利于臭氧、过氧化氢的分解并转化为羟基自由基，同时肼、胺失去质子保护容易发生氨基氧化而转化为 NDMA，还使 $Cu^{2+}$、$Fe^{2+}$与偏腙、腈、$NH_3$ 和 NO 发生反应而对偏腙的水解及 NDMA 的生成产生影响。腙、亚胺、酰胺、腈及 NDMA 都会发生水解，酸性或碱性条件下的水解更为显著，除酰胺在碱性条件下更容易水解，其他物质都是在酸性条件下更容易水解，同时氢离子对二甲氨基化合物甲基氧化后 N—N 键断裂起催化作用，酸性条件下芬顿体系可以实现 NDMA 的去除。二甲胺的生成量虽然最大，但可以避免二甲胺转化为 NDMA，而中性和碱性条件下只有在完全去除二甲胺的基础上，才有可能去除 NDMA。

催化剂在体系中除了催化产生羟基自由基，同时发生氧化还原、配位、分解反应和吸附作用。低价态的金属离子 $Fe^{2+}$、$Mn^{2+}$、$Cu^+$催化过氧化氢转化为·OH，但高价态的金属离子可以直接与偏二甲肼发生氧化还原作用，从而加速转化为 NDMA。$Cu^{2+}$的催化作用甚至可以使本来不产生 NDMA 的偏二甲肼氧气氧化体系产生 NDMA；同时，$MnO_2$ 催化二甲胺转化为 NDMA，并导致臭氧/锰或铁催化体系反应后期 NDMA 的生成量略有增加。

二甲氨基氮烯是偏二甲肼氧化降解过程的重要中间体，在过氧化氢自由基或臭氧的作用下生成 NDMA：

$$(CH_3)_2NN\colon + O_3 \longrightarrow NDMA + O_2$$

在中性条件下，羟基自由基主要表现为抑制 NDMA 的产生，偏腙在羟基自由基作用下生成二甲氨基乙腈和二甲胺，因此臭氧催化产生羟基自由基的体系会减少 NDMA 的生成；偏腙可能通过水解转化为偏二甲肼，进一步氧化转化为 NDMA；甲醛是生成偏腙的前驱体，对 NDMA 的生成有抑制作用。

芬顿体系中偏二甲肼与 NDMA 共存有助于加速 NDMA 的去除，偏二甲肼氧化产生的氨基自由基，与 NDMA 降解产生的 NO 作用生成 $N_2$，避免了二甲氨基自由基与 NO 作用重新生成 NDMA。在该体系中检测到氨基脲，说明含有丰富的氨基自由基，因此该过程是容易进行的，这是酸性条件下芬顿体系去除 NDMA 的重要原因。活性炭催化偏二甲肼产生氢自由基，从而使 NDMA 还原去除。芬顿体系二甲胺的生成量大，酸性条件下二甲胺因受质子保护和 $Fe^{2+}$还原等作用而难以去除。

偏二甲肼废水处理过程与其气态、气液两相氧化过程明显不同，N,N-二甲基二氮烯、四甲基四氮烯和 NDMA 的生成速率显著增大，而二甲胺生成速率减小。二甲胺是 NDMA 和四甲基四氮烯等降解去除的主要路径，文献中 NDMA 降解的最终产物都是二甲胺氧化产物。二甲氨基自由基是二甲氨基化合物的甲基氧化中间体，是偏二甲肼、偏腙、NDMA、二甲胺相互转化的桥梁：

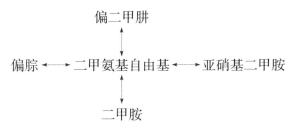

二甲胺与羟基自由基作用生成甲基亚甲基亚胺、亚甲基亚胺，水解生成甲胺、$NH_3$；二甲氨基自由基与氨自由基结合转化为偏二甲肼；氨自由基氧化生成 NO，NO 与二甲氨基自由基结合生成 NDMA；二甲氨基自由基与亚甲基氨基自由基结合生成偏腙。二甲胺氧气氧化物中检测到偏腙，二甲胺水相氧化过程中检测到偏二甲肼，NDMA 水相氧化过程中检测到偏二甲肼，证明了上述推论的可能性。二甲胺、NDMA 都难以降解，使之转化为偏二甲肼反而是一个较好的去除路径，但实际上最后残留物是二甲胺，由此成为一个技术难题。

## 参 考 文 献

[1] 武汉大学. 分析化学[M]. 北京: 高等教育出版社, 2000.

[2] 张乃东, 郑威. UV-Vis-草酸铁络合物-$H_2O_2$ 体系产生羟自由基的 $Fe(phen)_3^{2+}$光度法测定[J]. 分析测试学报, 2002, 21(5): 36-39.

[3] Huang D, Liu X, Xie Z, et al. products and mechanistic investigations on the reactions of hydrazines with ozone in gas-phase[J]. Symmetry, 2018, 10(9): 394.

[4] Sierka R A, Cowen W F. The ozone oxidation of hydrazine fuels[R]. ADA065829, 1978.

[5] Liu Y D, Zhong R. Comparison of *N*-nitrosodimethylamine formation mechanisms from dimethylamine during chloramination and ozonation: A computational study[J]. Journal of Hazardous Materials, 2017, 321: 362-370.

[6] Lim S, Lee W, Na S, et al. *N*-nitrosodimethylamine(NDMA) formation during ozonation of *N,N*-dimethylhydrazine compounds: Reaction kinetics, mechanisms, and implications for NDMA formation control[J]. Water Research, 2016, 105: 119-128.

[7] Andrzejewski P，Kasprzyk-Hordern B，Nawrocki J. *N*-nitrosodimethylamine (NDMA) formation during ozonation of dimethylamine-containing waters[J]. Water Research, 2008, 42(4-5): 863-870.

[8] Andrzejewski P, Nawrocki Ł, Nawrocki J. Rola dwutlenku manganu (MnO$_2$) w powstawaniu *N*-nitrozodimetyloaminy (NDMA) w reakcji dimetyloaminy (DMA) z wybranymi utleniaczami w roztworach wodnych[J]. Ochrona Środowiska, 2009, 31: 25-29.

[9] Jans U, Hoigné J. Activated carbon and carbon black catalyzed transformation of aqueous ozone into OH-radicals[J]. Ozone Science & Engineering, 1998, 20(1): 67-90.

[10] Jans U, Hoigné J. Atmospheric water: transformation of ozone into OH-radicals by sensitized photoreactions or black carbon[J]. Atmospheric Environment, 2000, 34(7): 1069-1085.

[11] Li H Y, Qu J H, Zhao X, et al. Removal of alachlor from water by catalyzed ozonation in the presence of $Fe^{2+}$, $Mn^{2+}$, and humic substances[J]. Journal of Environmental Science and Health, Part B, Pesticides, Food Contaminants, and Agricultural Wastes, 2004, 39(5-6): 791-803.

[12] Gracia R, Aragües J L, Ovelleiro J L. Mn（Ⅱ）-catalysed ozonation of raw Ebro river water and its ozonation by-products[J]. Water Research, 1998, 32(1): 57-62.

[13] Rivas J, Rodríguez E, Beltrán F J. Homogenous catalyzed ozonation of simazine. Effect of Mn(Ⅱ) and Fe(Ⅱ)[J]. Journal of Environmental Science and Health, Part B, Pesticides, Food Contaminants, and Agricultural Wastes, 2001, 36(3): 317-330.

[14] Chin S M, Jurng J S, Lee J H, et al. Catalytic oxidation of NO on $MnO_2$ in the presence of ozone[J]. Journal of Environmental Science International, 2009, 18(4): 445-450.

[15] 于祚斌, 马仪伦, 梁军, 等. 臭氧对水中偏二甲肼的处理效果[J]. 解放军预防医学杂志, 1986(2): 27-31.

[16] 陈静, 吴诗平, 潘荣楷. $Cu^{2+}$-$Mn^{2+}$-$H_2O_2$ 体系催化氧化降解罗丹明 B[J]. 化工环保, 2009, 29(1): 26-30.

[17] 高立新, 赵劼之, 王雳. $Cu^{2+}$-$Mn^{2+}$-$H_2O_2$ 体系催化氧化降解甲基橙[J]. 染料与染色, 2010, 47(2): 46-49.

[18] 邓小胜, 刘祥萱, 刘渊, 等. Fenton 法降解高浓度偏二甲肼废水的研究[J]. 环境工程, 2015(S1): 928-931.

[19] 邓小胜, 刘祥萱, 高鑫. $Cu^{2+}$/$H_2O_2$ 法降解高浓度偏二甲肼废水[J]. 火炸药学报, 2016, 39(3): 66-69.

[20] 卜晓宇, 刘祥萱, 刘博, 等. 基于 UV-Vis 吸收光谱的 UDMH 催化降解中间产物[J]. 含能材料, 2017, 25(12): 1051-1056.

[21] Urry W H, Kruse H W, McBride W R. Novel organic reactions of the intermediate from the two-electron oxidation of 1,1-dialkylhydrazines in acid[J]. Journal of the American Chemical Society, 1957, 79(24): 6568-6569.

[22] Angaji M T, Ghiaee R. Cavitational decontamination of unsymmetrical dimethylhydrazine waste water[J]. Journal of the Taiwan Institute of Chemical Engineers, 2015, 49: 142-147.

[23] Lunn G, Sansone E B. Oxidation of 1,1-dimethylhydrazine (UDMH) in aqueous solution with air and hydrogen peroxide[J]. Chemosphere, 1994, 29(7): 1577-1590.

[24] Higginson W C E, Wright P. The oxidation of hydrazine in aqueous solution. Part Ⅲ. Some aspects of the kinetics of oxidation of hydrazine by iron（Ⅲ）in acid solution[J]. Journal of the Chemical Society, 1955: 1551-1556.

# 第9章　甲醛、亚硝基二甲胺等有毒物质的去除

针对偏二甲肼降解产物二甲基甲酰肼、二甲氨基乙腈、亚硝基二甲基胺和1-甲基-1H-1,2,4-三唑等环境持久性物质，采用芬顿试剂、高锰酸钾和亚硝酸钠进行化学氧化实验研究。结果表明，二甲氨基乙腈可进一步氧化生成羟基乙腈、二甲基甲酰胺和1,2,5-三甲基吡咯；反应30d后，芬顿体系、高锰酸钾体系均未检测到二甲氨基乙腈，NDMA浓度分别降低85%、80%；芬顿体系可以将1-甲基-1H-1,2,4-三唑浓度降低50%，其他氧化剂只能将1-甲基-1H-1,2,4-三唑浓度降低15%~20%[1]。芬顿试剂被证明是最有效的氧化剂。

紫外线照射是美国环保署推荐的饮用水生产过程中去除NDMA的方法。研究表明，无论是否存在氯胺，紫外线照射都可降低NDMA 50%的生成量，但加入过氧化氢时，NDMA的生成量增加30%以上[2]。

偏二甲肼废水处理过程中产生的NDMA、甲醛和硝基甲烷均难以去除[3]，而偏腙、乙醛腙、四甲基四氮烯、氢氰酸等相对容易去除；第7章、第8章研究表明，二甲胺同样也是难以去除的环境持久性物质。偏二甲肼降解过程中产生甲醛、甲酸和甲醇，从动力学数据来看，甲酸最容易降解，但由于反应后期体系氧化活性降低，甲酸还是容易残留。

本章关注甲醛、亚硝基二甲胺的消除问题。主要研究芬顿体系降解偏二甲肼、二甲胺和偏腙过程中甲醛的去除问题，探讨甲醛和紫外线对 $O_3$、$Fe^{2+}/H_2O_2$、$Cu^{2+}/H_2O_2$ 体系中 NDMA 的生成和降解作用，以实现 NDMA 的完全去除。

## 9.1　偏二甲肼、二甲胺和偏腙降解过程中甲醛的去除

王晓晨等[4,5]研究了臭氧投加速率21.4mg/(L·min)、初始pH9条件下偏二甲肼初始浓度200mg/L，不同臭氧体系处理偏二甲肼废水过程中甲醛的去除，见图9-1。结果表明，臭氧体系中大约有10%的偏二甲肼转化为甲醛；结合紫外作用，则可以加快甲醛的去除速率。

偏二甲肼、二甲胺、偏腙的甲基氧化都会生成甲醛。在采用芬顿法降解甲醛研究[6-11]的基础上，对这三种物质反应过程中甲醛的生成与去除进行进一步的研究。

本节对200mg/L偏二甲肼、二甲胺、偏腙处理研究，偏二甲肼降解过程中甲醛去除实验可与图9-1进行对比。

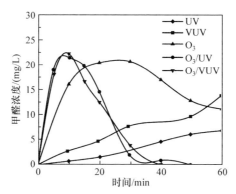

图 9-1　紫外线和臭氧处理偏二甲肼废水过程中甲醛浓度的变化

1) 理论投加量的计算

将 1 分子偏二甲肼完全氧化转化为 $H_2O$、$CO_2$、$N_2$ 需要 4 分子 $O_2$，而 1 分子 $H_2O_2$ 分解产生 1 个活性氧，因此 1 分子偏二甲肼完全氧化需 8 分子 $H_2O_2$。由于偏二甲肼分子的氮有部分转化为氧化物，因此一个理论需氧量 $1Q_{th}$ 尚不能将偏二甲肼完全氧化。

2) 实验方法、步骤

各反应物生成甲醛的测定实验中，$H_2O_2$ 初始浓度为将各反应物完全氧化的一个理论需氧量($1Q_{th}$)。偏二甲肼、二甲胺和偏腙与 $H_2O_2$ 的物质的量比分别为 $1:8$、$1:7.5$、$1:10$，$H_2O_2$、$Fe^{2+}$ 物质的量比为 $5:1$，反应温度 $20℃$，反应时间 60min。

### 9.1.1　偏二甲肼降解过程中甲醛的去除

对不同初始浓度的偏二甲肼用芬顿法进行降解，pH 固定为 3，研究甲醛的浓度随反应时间变化情况，结果如图 9-2 所示。

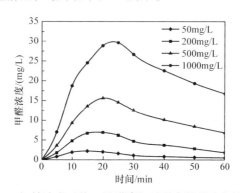

图 9-2　初始浓度对偏二甲肼降解过程中甲醛浓度的影响

由图 9-2 可知，甲醛浓度均呈现先逐步上升后逐步下降的趋势。偏二甲肼初始浓度越高，甲醛浓度的峰值越大；偏二甲肼的甲基约有 6% 转化为甲醛。由于甲醛可以转化为偏腙，因此实际转化率应远大于这一数值。偏二甲肼快速降解后，甲醛浓度开始降低，但由于废水中所有含碳有机物会不断降解转化为甲醛，因此甲醛浓度下降缓慢，只有将所有中间产物去除后，才能将甲醛彻底地去除。

不同 pH 的条件下，偏二甲肼降解过程中甲醛浓度的变化如图 9-3 所示。

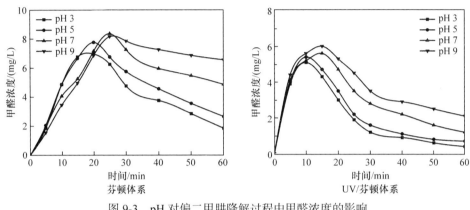

图 9-3　pH 对偏二甲肼降解过程中甲醛浓度的影响

由图 9-3 可知，反应前 15min，甲醛生成速率从大到小的反应条件依次为酸性＞中性＞碱性，甲醛的残留量顺序为 pH3＜pH5＜pH7＜pH9。羟基自由基的活性决定了甲醛的去除速率。

UV/芬顿法与芬顿法相比，pH 影响甲醛生成和降解的规律基本一致，但 UV/芬顿体系的甲醛浓度相对更小，出现峰值时间有所提前。以 pH3 条件为例，芬顿体系甲醛浓度的最大值约为 7mg/L，峰值出现在 20min 左右，而 UV/芬顿体系甲醛浓度的最大值约为 5mg/L，峰值提前至 10min 左右。此外，UV/芬顿体系甲醛降解速率较大，残留量较少，并且 pH7 条件下反应后期甲醛还具有较好的降解能力，原因是过氧化氢和甲醛在紫外线作用下发生光解：

$$H_2O_2 + h\nu \longrightarrow 2 \cdot OH$$
$$HCHO + h\nu \longrightarrow CO + H_2$$

芬顿法、UV/芬顿法与 UV/$O_3$ 相比，偏二甲肼废水处理过程中的甲醛含量不仅少很多，而且达到峰值的时间较短。胡翔等[6]研究指出，醛类物质与臭氧反应速率较慢，从而导致甲醛的累积，上述实验说明芬顿体系对控制甲醛有优势。

### 9.1.2　二甲胺降解过程中甲醛的去除

在偏二甲肼废水处理过程中，除了偏二甲肼本身氧化降解产生甲醛外，其他含甲基的中间产物二甲胺、偏腙、四甲基四氮烯、亚硝基二甲胺等的降解也可能生成甲醛。

二甲胺初始浓度 200mg/L，不同 pH 条件下芬顿体系和 UV/芬顿体系降解二甲胺过程中甲醛的变化情况如图 9-4 所示。

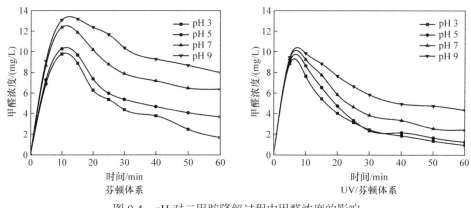

图 9-4　pH 对二甲胺降解过程中甲醛浓度的影响

二甲胺降解过程产生甲醛，主要归因于二甲胺的甲基氧化。pH 越大，甲醛的生成速率越大，生成速率从大到小的排序为碱性＞中性＞酸性。

相同条件下，二甲胺转化为甲醛的反应速率和生成量高于偏二甲肼，部分甲醛可以通过甲基亚甲基亚胺水解产生：

$$(CH_3)_2NH + 2 \cdot OH \longrightarrow CH_3N{=}CH_2 + 2H_2O$$

$$CH_3N{=}CH_2 + H_2O \longrightarrow CH_3NH_2 + H_2CO$$

偏二甲肼则需要加氧才能生成甲醛。甲醛残留量从小到大对应的 pH 顺序为 pH3＜pH5＜pH7＜pH9，甲醛的降解速率受芬顿体系羟基自由基活性控制。

UV/芬顿体系与芬顿体系相比，甲醛的峰值减小、出峰时间提前，反应后期甲醛的矿化速率加快。

### 9.1.3　偏腙降解过程中甲醛的去除

偏腙初始浓度 200mg/L，不同 pH 条件芬顿体系和 UV/芬顿体系降解偏腙过程中甲醛的浓度变化情况如图 9-5 所示。

由图 9-5 可知，pH 对偏腙降解过程中甲醛浓度的影响与偏二甲肼和二甲胺都不同，芬顿体系、UV/芬顿体系降解偏腙过程中，甲醛的浓度变化规律基本一致，酸性条件下偏腙容易降解生成甲醛，甲醛也容易进一步降解。

图 7-7 中偏腙水解速率从高到低对应的 pH 顺序为 pH3＞pH5＞pH9＞pH7，对比图 9-4，甲醛的生成速率也是这个顺序，说明甲醛生成速率受偏腙水解速率

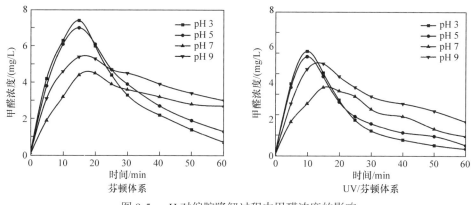

图 9-5　pH 对偏腙降解过程中甲醛浓度的影响

控制，图 9-4 中残余甲醛的量顺序为 pH3＜pH5＜pH7＜pH9，说明甲醛的去除速率受芬顿体系降解活性控制。

在 pH3 条件下，甲醛的生成速率和生成量顺序为二甲胺＞偏腙＞偏二甲肼，推测是亚胺水解速率比偏腙水解速率大的原因；偏二甲肼降解产生的甲醛可与偏二甲肼反应重新转化为偏腙。

芬顿体系在 1h 内完全降解甲醛是困难的，而紫外线可以加快甲醛的去除，甲醛进一步降解产生甲酸、CO、$CO_2$：

$$H_2CO + h\nu \longrightarrow H\cdot + HCO\cdot$$
$$HCO\cdot + h\nu \longrightarrow CO + H\cdot$$
$$CO + \cdot OH \longrightarrow CO_2 + H\cdot$$
$$HCO\cdot + HO\cdot \longrightarrow HCOOH$$

偏二甲肼降解过程中的 NDMA、偏腙、二甲胺都可以通过甲基氧化转化为甲醛，因此完全去除甲醛的前提是去除所有含甲基的有机物质。

## 9.2　亚硝基二甲胺的抑制产生和去除

偏二甲肼氧化过程中添加 Ni/Fe 能有效抑制 NDMA 的生成或加快 NDMA 的降解，臭氧体系降解偏二甲肼过程中生成的 NDMA 比芬顿体系少，原因是臭氧体系不容易降解甲醛，甲醛抑制 NDMA 生成。在不同体系中加入约 50mg/L 的甲醛进行实验，研究甲醛在 NDMA 产生过程中的作用。

紫外线照射下，过氧化氢光解产生羟基自由基：

$$H_2O_2 + h\nu \longrightarrow 2\cdot OH$$

由此加快了二甲胺和偏二甲肼的降解，特别是光解加快了亚硝基二甲胺、偏腙、四甲基四氮烯、$N,N$-二甲基二氮烯、均四嗪的降解。

亚硝基二甲胺：

$$(CH_3)_2NNO \longrightarrow (CH_3)_2N \cdot + NO$$
$$NO + \cdot OH \longrightarrow HNO_2$$

偏腙：

$$(CH_3)_2NNCH_2 + h\nu \longrightarrow (CH_3)_2N \cdot + \cdot NCH_2$$

四甲基四氮烯：

$$(CH_3)_2NN{=}NN(CH_3)_2 + h\nu \longrightarrow 2(CH_3)_2N \cdot + N_2$$

$N,N$-二甲基二氮烯：

$$(CH_3)_2N^+{=}N^- + h\nu \longrightarrow 2 \cdot CH_3 + N_2$$

均四嗪：

$$(CHN)_3 + h\nu \longrightarrow 3HCN$$

### 9.2.1 NDMA、二甲胺和甲胺的光解

#### 9.2.1.1 NDMA 的光解

紫外线照射下 NDMA 降解研究表明，初始浓度对 NDMA 的光解没有明显影响；随 pH 的升高，NDMA 的光解去除率降低，低 pH 条件下的光解量子产率比高 pH 条件下高；pH2.2 时 NDMA 的反应速率最快，随着照射面积的增加、紫外线照射强度增大有利于 NDMA 降解；水质对 NDMA 的去除略有影响[12,13]。

在 pH3 和 pH7 的 NDMA 水溶液中，紫外线直接光解可产生二甲胺、$NO_3^-$ 和 $NO_2^-$，以及少量的甲醛、甲酸和甲胺。$CH_3NH_2$ 是 NDMA 降解的预期产物，不考虑氧化作用，甲胺与甲醛以 1：1 形成。1mmol/L 的 NDMA 水溶液在 pH7 条件下的降解速率比 pH3 条件下慢很多，二甲胺和 $NO_2^-$ 被认为是主要产物；在 pH7 条件下 NDMA 光解生成甲醛的产率大，总有机碳(TOC)仅下降 13%，而在 pH3 条件下未检测到 TOC 的显著变化[14]。

紫外线照射下 NDMA 降解过程中转化产物的浓度变化如图 9-6 所示。

由图 9-6(a)可知，在 pH3 条件下，紫外线照射 NDMA 降解过程中产生的二甲胺、甲酸都不能进一步降解，亚硝酸盐浓度远高于硝酸盐，$NO_2^-$ 逐步转化为 $NO_3^-$，甲醛的生成量远低于 $NO_2^-$，甲醛逐步转化为甲酸。由于 NDMA 转化为甲醛的量很少，主要发生 N—N 键断裂分解产生二甲胺，而氧化作用较弱，二甲胺一旦生成，就不容易发生光解，二甲胺可能重新转化为 NDMA。因此总有机碳 TOC 的去除率不高。

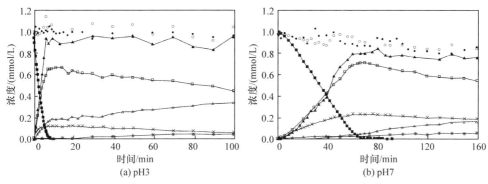

图 9-6　紫外线降解 NDMA 过程中转化产物的浓度变化[13]

■ NDMA　▲ DMA　□ 亚硝酸根　△ 硝酸根　× 甲醛　※ 甲酸　• 测量的 TOC/2　○ 计算的 TOC/2

由图 9-6(b)可知，较 pH3，在 pH7 条件下紫外线照射 NDMA 完全分解时间延长 7 倍。由于亚硝基二甲胺分子—NNO 之间形成 p-π 共轭，因此 NDMA 不容易光解；但在 pH3 条件下亚硝基二甲胺质子化(CH$_3$)$_2$NH$^+$NO 破坏了 p-π 共轭，因此 NDMA 可以快速光解，甲醛的生成量较大。甲醛主要来自 NDMA，说明光解过程产生了羟基自由基，NDMA 的甲基氧化生成甲醛，TOC 有所下降。

紫外线照射 NDMA 分解主要产物是二甲胺和 NO$_2^-$，以及少量的 N$_2$O、N$_2$、甲醛、甲基亚甲基亚胺、甲胺和甲酸[15]。通过 ESR 光谱研究证实 NO 是室温下 NDMA 光解的主要产物，二甲氨基自由基是中间体。

4W 低压汞灯紫外线下降解 N-亚硝二乙胺 NDEA、N-亚硝基二丁胺 NDBA、N-亚硝基二甲胺 NDMA、N-亚硝基二乙醇胺 NDELA 和 N-亚硝基吡咯烷 NPYR。40℃水中的一级反应速率常数分别为 $1.8 \times 10^{-2}$L/(W·min)、$2.6 \times 10^{-2}$L/(W·min)、$2.6 \times 10^{-2}$L/(W·min)、$2.3 \times 10^{-2}$L/(W·min)和 $1.4 \times 10^{-2}$L/(W·min)。微酸条件下，NO$_2^-$ 比 NO$_3^-$ 形成更为普遍，而强酸性条件下，NO$_3^-$ 则更为普遍。

本书研究给出 NDMA 光解机理如下。首先，NDMA 在紫外照射下发生光解，生成二甲氨基自由基和 NO：

$$(CH_3)_2NNO + h\nu \longrightarrow (CH_3)_2N\cdot + NO$$

然后，二甲氨基自由基氧化生成甲基亚甲基亚胺，甲基亚甲基亚胺水解生成 1:1 的甲醛和甲胺，甲醛光解产生氢自由基，氢自由基与二甲氨基自由基结合生成二甲胺。NDMA 光解过程中，二甲胺与甲基亚甲基亚胺的生成是竞争过程，但主要生成二甲胺：

$$(CH_3)_2N\cdot + H\cdot \longrightarrow (CH_3)_2NH$$

$$(CH_3)_2N\cdot + \cdot OH \longrightarrow CH_3N=CH_2 \longrightarrow HCHO + CH_3NH_2$$

甲胺氧化、水解生成 NH$_3$，·NH$_2$、:NH 与 NO 作用转化为 N$_2$ 和 N$_2$O：

$$\cdot NH_2 + NO \longrightarrow N_2 + H_2O$$

$$:NH + NO \longrightarrow N_2O + H\cdot$$

$$:NH + NO \longrightarrow N_2 + HO\cdot$$

$$2NO \longrightarrow N_2O + O\cdot$$

在酸性条件下，二甲氨基质子化破坏 NDMA 分子中—NNO 的共轭，削弱 N—N 键而有利于光解，产物以二甲胺为主。酸性条件下二甲胺不容易被氧化降解，同时紫外线照射过程二甲胺也不能被去除。在 $HNO_2$ 存在时，二甲胺会重新生成 NDMA，单独紫外线照射不能完全去除 NDMA。因此没有氧化作用的紫外线光解不能降低 TOC，必须氧化才能避免 DMA 重新生成 NDMA，并有效降低 TOC。

$Fe^{2+}/H_2O_2$ 芬顿体系降解 NDMA 废水，反应 60min 可完全降解浓度小于 1mg/L 的 NDMA，主要生成甲胺、二甲胺、$NH_3$、硝基甲烷、羟基脲($NH_2CONHOH$)、乙醛、$NO_2^-$ 和 $NO_3^-$ [16]。在 60min 内完全去除亚硝基二甲胺(NDMA≤1mgL$^{-1}$)，推测在羟基自由基作用下，NDMA 的甲基氧化生成亚甲基甲氨自由基，其与氢结合生成二甲胺：

$$(CH_3)_2NNO + \cdot OH \longrightarrow (CH_3)(\cdot CH_2)N\cdot + NO + H_2O$$

$$(CH_3)(\cdot CH_2)N\cdot + 2[H] \longrightarrow (CH_3)_2NH$$

亚甲基甲氨自由基转化为甲基亚甲基亚胺，进一步水解生成 1∶1 甲胺和甲醛：

$$(CH_3\cdot)(CH_2)N\cdot \longrightarrow CH_3N{=}CH_2$$

$$CH_3N{=}CH_2 + H_2O \longrightarrow CH_3NH_2 + CH_2O$$

甲胺在羟基自由基作用下氧化生成亚甲基亚胺，亚甲基亚胺水解生成甲胺和甲醛。NDMA 在羟基自由基作用下氧化生成 $CH_3N\cdot NO$，进一步分解生成甲基自由基、$CH_3N$∶和 NO 和 $N_2O$，NO 与羟基自由基作用转化为亚硝酸，NO 与氧自由基作用转化为二氧化氮，甲基自由基与 $NO_2$ 结合生成硝基甲烷：

$$NO + \cdot OH \longrightarrow HNO_2$$

$$NO + \cdot O \longrightarrow NO_2$$

$$CH_3\cdot + NO_2 \longrightarrow CH_3NO_2$$

同时，甲基自由基与甲酰基自由基结合生成乙醛。甲酰胺与羟胺($NH_2OH$)脱氢偶合生成 $NH_2CONHOH$。

$UV/H_2O_2$ 体系降解 NDMA 废水，在 pH4 的条件下可以有效去除 NDMA，但不能控制 NDMA 降解产物二甲胺的生成量。$UV/O_3$ 体系不仅可以有效去除 NDMA，而且能够控制二甲胺的生成量；随臭氧浓度增大，二甲胺的生成量减小；酸性和中性条件下甲胺的生成量随 pH 升高略有增加，而碱性条件下二甲胺的生成量明显减少[17,18]。

紫外直接光解和紫外联合氧化处理的反应路径虽然不完全相同，但降解过程的产物相近，紫外联合氧化处理最大的优势是有利于有机物进一步彻底氧化。UV/Fe$^{2+}$/H$_2$O$_2$ 体系或 UV/O$_3$ 体系降解 NDMA 废水过程中，NDMA 的甲基氧化、N—N 键断裂生成亚甲基甲氨双自由基或甲基亚甲胺和 NO，大大加速了 NDMA 的降解，同时甲基亚甲基亚胺水解产生甲胺，甲胺在羟基自由基作用下生成亚甲基亚胺，亚甲基亚胺水解生成 NH$_3$，NH$_3$ 进一步氧化为 NO。NO 与臭氧、羟基自由基发生如下反应，其中臭氧体系有利于亚硝酸转化为硝酸：

$$NO + O_3 \longrightarrow NO_2 + O_2$$

$$NO + \cdot OH \longrightarrow HNO_2$$

$$HNO_2 + O_3 \longrightarrow HNO_3 + O_2$$

羟基自由基有利于甲基的氧化，因此 UV/Fe$^{2+}$/H$_2$O$_2$ 体系有利于 NDMA 的甲基氧化和去除，但在酸性条件下二甲胺不易被氧化和去除；中性条件下的臭氧体系，二甲胺质子化程度减弱，能够较好地去除二甲胺，TOC 的去除率增大。

NDMA 与羟基自由基、电子和氢原子的反应及速率常数如下[19]：

$$(CH_3)_2NNO + \cdot OH \longrightarrow 产物 \qquad k = (4.30 \pm 0.12) \times 10^8 L/(mol \cdot s)$$

$$(CH_3)_2NNO + e^- \longrightarrow 产物 \qquad k = (1.41 \pm 0.02) \times 10^{10} L/(mol \cdot s)$$

$$(CH_3)_2NNO + H \cdot \longrightarrow 产物 \qquad k = (2.01 \pm 0.03) \times 10^8 L/(mol \cdot s)$$

NDMA 与电子反应的速率常数最大，较 NDMA 与羟基自由基的氧化和与氢的还原反应速率常数高 2 个数量级。

文献[20]中 NDMA 氧化过程 N—N 键断裂的活化能：

$$(CH_3)_2NNO + \cdot OH \longrightarrow (CH_3)(\cdot CH_2)NNO + H_2O \qquad E_a=40.5kJ/mol$$

$$(CH_3)(\cdot CH_2)NNO \longrightarrow (CH_3)N=CH_2 + NO$$

$$(CH_3)_2NNO + \cdot OH \longrightarrow (CH_3)_2NNO(OH) \qquad E_a=40.1kJ/mol$$

$$(CH_3)_2NNO(OH) \longrightarrow (CH_3)_2NH + NO_2$$

$$(CH_3)_2NNO + \cdot OH \longrightarrow (CH_3)_2N(OH) + NO \qquad E_a=28.4kJ/mol$$

$$(CH_3)_2N(OH) \longrightarrow (CH_3)_2N \cdot + \cdot OH \qquad E_a=12.9kJ/mol$$

羟基自由基可以分别进攻 2 个氮、摘取甲基上的氢发生 N—N 键断裂，活化能都处于可接受的范围。第 1、2 式，与前述机理相同，NDMA 甲基脱氢氧化后，转化为甲基亚甲基亚胺；第 3、4 式羟基自由基进攻亚硝基上的氮原子，分解生成二甲胺和 NO$_2$；第 5、6 式是羟基自由基进攻二甲氨基上的氮原子，分解产生二甲氨基自由基，虽然加氧和分解过程活化能最低，但羟基自由基进攻二甲氨基上的氮原子处于分子内部而不是端基，碰撞概率很低，发生反应的可能性不大。

Lee 等[21]认为紫外线氧化降解 NDMA 废水存在生成二甲胺或甲胺两种途径分别光解产生二甲胺 DMA 和甲胺 MA。在 pH4～5 条件下,增大 NDMA 初始浓度有利于二甲胺的生成,当 NDMA 浓度为 1mmol/L 时,二甲胺的转化率达 90%以上。此外,NDMA 光解产生的 $NO_2^-$ 对 NDMA 转化为二甲胺起关键作用。$NO_2^-$ 通过如下反应生成[21,22]:

$$2NO + O_2 + H_2O \longrightarrow NO_2^- + NO_3^- + 2H^+$$

前述 NDMA 转化为二甲胺和甲胺取决于中间产物$(CH_3)(\cdot CH_2)N\cdot$的进一步作用,$(CH_3)(\cdot CH_2)N\cdot$被还原生成二甲胺,而$(CH_3)(\cdot CH_2)N\cdot$转化为甲基亚甲基亚胺,甲基亚甲基亚胺水解生成甲胺(当然二甲胺氧化也可以转化为甲胺):

$$CH_3NCH_2 + H_2O \rightleftharpoons HCHO + CH_3NH_2$$

羟基自由基摘除 NDMA 甲基上的氢,然后加氧气生成过氧自由基:

$$\cdot OH + (CH_3)_2NNO \longrightarrow \cdot CH_2(CH_3)NNO + H_2O$$

$$\cdot CH_2(CH_3)NNO + O_2 \longrightarrow \cdot OOCH_2(CH_3)NNO \qquad k = (5.3 \pm 0.6) \times 10^6 L/(mol \cdot s)$$

$\cdot OOCH_2(CH_3)NNO$ 通过分解作用产生甲醛和亚硝基甲氨基自由基,该自由基紫外线降解后生成甲基氮烯和 NO,甲基氮烯与氢自由基作用转化为甲胺。

$$CH_3 \cdot NNO \longrightarrow CH_3N: + NO$$

$$CH_3N: + 2H \cdot \longrightarrow CH_3NH_2$$

无论甲胺以哪种方式转化而来,二甲胺主要来自于光解,而甲胺是亚硝基二甲胺的甲基氧化产物,因此氧化剂含量、NDMA 含量、pH 是控制转化为甲胺还是二甲胺的主要因素。

UV/$H_2O_2$ 体系降解 NDMA 过程检测到 $NO_2^-$、$NO_3^-$、甲醛、甲酸、甲胺和二甲胺,其中 $NO_2^-$ 浓度大于 $NO_3^-$,甲醛浓度大于甲酸。实验研究 pH 和 NDMA 浓度对 NDMA 转化为二甲胺的影响,结果如图 9-7 所示[22]。

由图 9-7 可知,NDMA 浓度越大,二甲胺的转化率就越大,pH4 条件下,NDMA 的光解效率最大,二甲胺的生成率也最大。NDMA 浓度较低或中性、碱性条件下光解,容易生成甲胺。NDMA 直接光解生成二甲胺,由于二甲胺在此条件下存在质子保护,而停留在二甲胺阶段,NDMA 浓度越大,二甲胺越难被氧化。中性和碱性条件下,大多数有机含氮化合物在碱性介质更容易被氧化,二甲胺失去质子保护,氧化生成更多的甲胺。

NDMA 光解产生 NO,NO 进一步转化为 $NO_2$ 才能抑制二甲胺重新转化为 NDMA。臭氧与 NO 快速反应生成 $NO_2$,NO 和 $\cdot NO_2^-$ 作用生成过亚硝酸根 ONOO 的活化能为 7.19kJ/mol,反应速率常数为 $4.3 \times 10^9$～$7.6 \times 10^9 L/(mol \cdot s)$[23];$O_2$ 存在时,NO 转化为 $NO_2$ 的理论活化能为 27.0kJ/mol[24],NO 容易被氧气氧化。

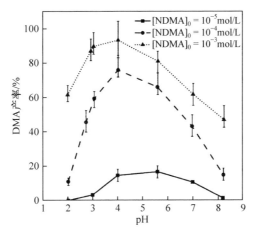

图 9-7 pH 和 NDMA 浓度对紫外线降解 NDMA 过程中二甲胺产率的影响[22]

### 9.2.1.2 二甲胺和甲胺的光解

紫外线降解 NDMA 产生二甲胺和甲胺。Fethi 等研究了分子氧和水蒸气对气相中二甲胺的真空紫外线化学氧化的影响[25]。采用 GC-MS 分析氧化降解的初级中间产物，包括乙烯亚胺和 $N,N,N',N'$-四甲基甲烷二胺。$O_2$ 存在条件下，检测到硝基甲烷和甲酰胺；$O_2$ 不存在时，检测到四甲基肼，说明生成了二甲氨基自由基。四甲基肼是二甲胺脱氢偶合产生，光解过程中 N—H 键断裂生成二甲氨基自由基：

$$(CH_3)_2N \cdot + (CH_3)_2N \cdot \longrightarrow (CH_3)_2NN(CH_3)_2$$

将二甲胺与甲醛混合生成四甲基甲烷二胺，说明氧化过程生成了甲醛：

$$2(CH_3)_2NH + HCHO \longrightarrow (CH_3)_2NCH_2N(CH_3)_2 + H_2O$$

Kachina 等用红外光谱法检测到气相光氧化二甲胺和甲胺过程中产生了 $CO_2$、$NO_2$、$N_2O$、$NH_3$ 等[26]，如图 9-8 所示。光氧化降解二甲胺主要通过甲基氧化转化为甲胺，通过氧化甲胺生成亚甲基亚胺再水解转化为 $NH_3$，甲胺的甲基氧化转化为甲酰胺，甲酰胺光解生成 $\cdot NH_2$ 和甲酰基自由基 $H\cdot C{=}O$，$\cdot NH_2$ 还原生成 $NH_3$，进一步氧化生成氮氧化物：

$$\cdot NH_2 + \cdot O \longrightarrow NH_2O$$
$$NH_2O \longrightarrow H_2 + NO$$
$$NO + O\cdot \longrightarrow NO_2$$
$${:}NH + NO，\text{或} 2NO \longrightarrow N_2O$$

二甲胺、甲胺甲基氧化产生甲醛，紫外线照射下甲醛光解生成甲酸、$CO_2$ 等。高锰酸钾氧化降解甲胺的过程中，甲胺氧化机理可能如下[27]：

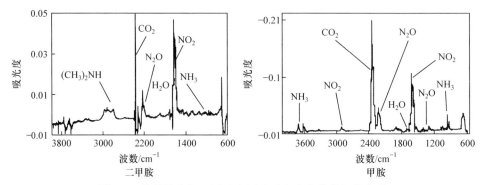

图 9-8　紫外线降解二甲胺和甲胺过程中产物的红外光谱

$$CH_3NH_2 + MnO_4^- \longrightarrow CH_3NH_2 \cdot + MnO_4^{2-}$$
$$CH_3NH_2 \cdot \longrightarrow \cdot CH_2NH_2 + H^+$$
$$\cdot CH_2NH_2 + MnO_4^- \longrightarrow CH_2=NH_2^+ + MnO_4^{2-}$$
$$CH_2=NH_2^+ + H_2O \longrightarrow CH_2O + NH_4^+$$
$$3MnO_4^{2-} + 2H_2O \longrightarrow 2MnO_4^- + MnO_2 + 4OH^-$$

甲胺的氨基与 $MnO_4^-$ 作用产生氢离子，通过分子重排并失去氢离子转化为亚甲氨自由基，进一步摘取氨基上的氢转化为亚甲基亚胺，亚甲基亚胺水解生成 $NH_4^+$ 和甲醛。这里的高锰酸钾氧化属于电子转移氧化过程。

### 9.2.2　NDMA 的金属催化还原去除

催化还原可显著促进 NDMA 的水中降解，研究使用的金属催化剂包括：Fe 和 Ni 强化 Fe 催化剂、Zn 催化剂、Pd-In 催化剂，Cu 强化 Pd 催化剂[28-32]。

零价锌可有效还原降解水中痕量 NDMA。在锌粉投加量 10g/L、反应温度 20℃、溶液初始 pH7.0、搅拌转速 200r/min 条件下反应 14h，NDMA 的去除率达 99%以上。水中溶解氧和 NDMA 初始浓度对去除率的影响不大，pH 和反应温度对零价锌还原降解 NDMA 的影响显著，pH 越小，温度越高，反应越迅速；水体中常见阴、阳离子和腐殖酸对零价锌还原降解 NDMA 有一定抑制作用。中性条件下，零价锌还原降解 NDMA 的过程分为慢速启动期和快速上升期。各反应条件下，NDMA 的降解率高时，锌离子溶出量一般大于 1mg/L[33]。

纳米级铁(NZVI)金属催化剂中添加铝盐或铁盐，可增强 NDMA 的去除，增强顺序为 $Al_2(SO_4)_3 \gg AlCl_3 > FeSO_4 > Na_2SO_4 \approx NZVI$。

NDMA 的最大去除率为 87.3%，大部分 NDMA 转化为 $NH_3$ 和二甲胺。酸性条件下 NZVI 降解 NDMA 比碱性条件下快，pH5 时 NDMA 的去除率最高[34]。

pH 对 Zn、纳米 $Fe/Al_2(SO_4)_3$ 还原 NDMA 的影响如图 9-9 所示[32,33]。

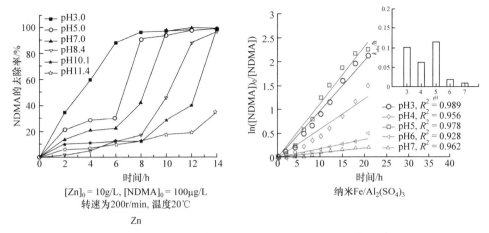

图 9-9　pH 对 Zn、纳米 Fe/Al$_2$(SO$_4$)$_3$ 还原 NDMA 的影响

零价锌催化还原 NDMA 的降解产物为偏二甲肼、二甲胺和 NH$_4^+$。NDMA 首先被还原为偏二甲肼，进一步还原转化为二甲胺和 NH$_3$。NDMA 通过电子转移依次还原为 $N,N$-二甲基二氮烯、偏二甲肼和二甲胺：

$$(CH_3)_2NNO + (2H^+ + 2e^-) \longrightarrow (CH_3)_2N^+\!=\!N^- + H_2O$$
$$(CH_3)_2N^+\!=\!N^- + (2H^+ + 2e^-) \longrightarrow (CH_3)_2NNH_2$$
$$(CH_3)_2NNH_2 + (2H^+ + 2e^-) \longrightarrow (CH_3)_2NH + NH_3$$

杨宝军等研究发现，臭氧氧化偏二甲肼过程加入 Ni/Fe 催化剂，可降低亚硝基二甲胺的生成及处理后水中亚硝基二甲胺的含量[35]。Angaji 等研究水力空化结合芬顿的化学过程，金属铁为非均相催化剂，在 pH3 和偏二甲肼初始浓度 10mg/L 条件下，反应 120min 后偏二甲肼的降解率达到 98.6%，检测到甲酸、乙酸和硝基甲烷，未检测到 NDMA 和其他毒副产物[36]。

上述研究说明，NDMA 还原为偏二甲肼，有效去除 NDMA。与偏二甲肼相比，NDMA 难以被氧化，为快速去除 NDMA，可以考虑具有分解、还原作用的镍、铁等作催化剂，同时引入紫外线加速 NDMA 的降解。

### 9.2.3　Cu$^{2+}$/H$_2$O$_2$ 体系 NDMA 的去除

甲醛和紫外线对 Cu$^{2+}$/H$_2$O$_2$ 体系降解偏二甲肼过程中 NDMA 的生成和转化有显著影响，如图 9-10 所示。

由图 9-10 可知，加入甲醛后，最大 NDMA 生成量降低 50%，偏腙的最大生成量提高一倍，二甲胺的最大生成量减小 1/2，说明二甲胺主要由偏二甲肼氧化产生。甲醛与偏二甲肼反应生成偏腙：

$$HCHO + (CH_3)_2NNH_2 \longrightarrow (CH_3)_2NN\!=\!CH_2 + H_2O$$

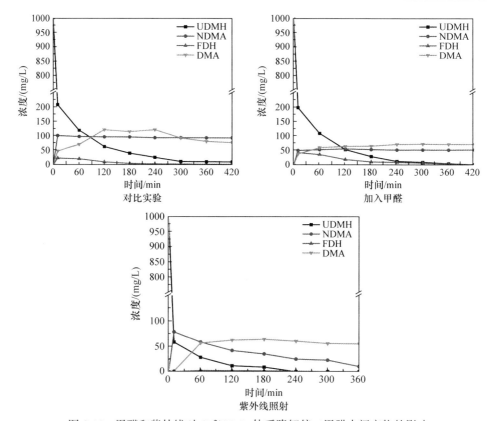

图 9-10　甲醛和紫外线对 $Cu^{2+}/H_2O_2$ 体系降解偏二甲肼中间产物的影响

偏腙相较偏二甲肼不易转化为 NDMA，起到抑制 NDMA 生成的作用。

紫外线下，$Cu^{2+}/H_2O_2$ 体系偏二甲肼的降解率提高 28.1%，紫外线抑制 NDMA 生成，可减少 20% 的生成量，同时提高 NDMA 的降解速率，反应 6h 后浓度降至 2mg/L。紫外线下，减少偏腙的生成量和降解时间，降低二甲胺的最大生成量并使其对应时间提前。

NDMA、偏腙吸收紫外线发生 N—N 键断裂转化为二甲胺，同时在紫外线作用下生成更多的羟基自由基，加快 NDMA、偏腙等的降解。但 $Cu^{2+}/H_2O_2$ 体系生成的 NDMA 量较大，反应 6h 不能完全降解，也不能完全去除二甲胺。

### 9.2.4　臭氧体系 NDMA 的去除

甲醛和紫外线对臭氧氧化偏二甲肼过程中亚硝基二甲胺的生成和转化的影响，如图 9-11 所示。

由图 9-11 可知，臭氧体系甲醛加入后，NDMA 的最大生成量降低近 50%，偏腙最大生成量不变，但偏腙浓度到低浓度的时间由原来的 1h，延长到 4h，偏腙最终可完全降解；二甲胺的生成量小幅度减少，说明 NDMA、二甲胺最大生成量降低约 60%。

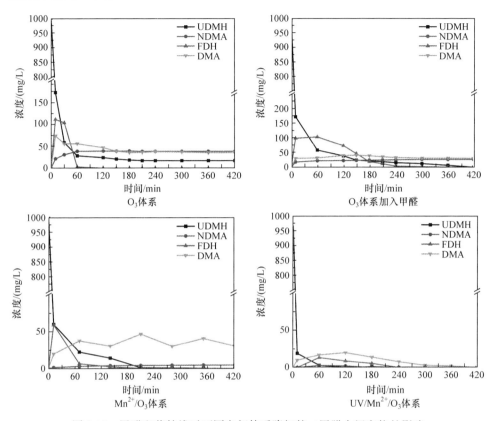

图 9-11　甲醛和紫外线对不同臭氧体系降解偏二甲肼中间产物的影响

由图 9-11 可知，Mn²⁺/O₃ 体系加入紫外线照射后，偏二甲肼的降解速率明显加快，偏腙的最大生成量降低 70%，二甲胺最大生成量降低 50%，偏腙、二甲胺和 NDMA 的最大生成量都减小，且能基本去除，说明紫外线作用下产生更多的强活性氧化物质。紫外线作用下臭氧、NDMA 发生分解：

$$O_3 + h\nu \longrightarrow O\cdot + O_2$$

$$O\cdot + H_2O \longrightarrow 2\cdot OH$$

$$(CH_3)_2NNO + h\nu \longrightarrow (CH_3)_2N\cdot + NO$$

$$O_3 + NO \longrightarrow NO_2 + O_2$$

$$2NO_2 + H_2O + O_3 \longrightarrow 2H^+ + 2NO_3^- + O_2$$

UV/Mn²⁺/O₃ 体系中，羟基自由基和臭氧联合作用，实现脱氢和加氧的快速反应，产生的 O·、·OH 有利于 NDMA 和二甲胺的甲基氧化降解，避免二甲胺重新转化为 NDMA。

### 9.2.5　Fe²⁺/H₂O₂ 体系 NDMA 的去除

甲醛和紫外线对 $Fe^{2+}/H_2O_2$ 体系降解偏二甲肼过程中 NDMA 的生成和转化的影响，如图 9-12 所示。

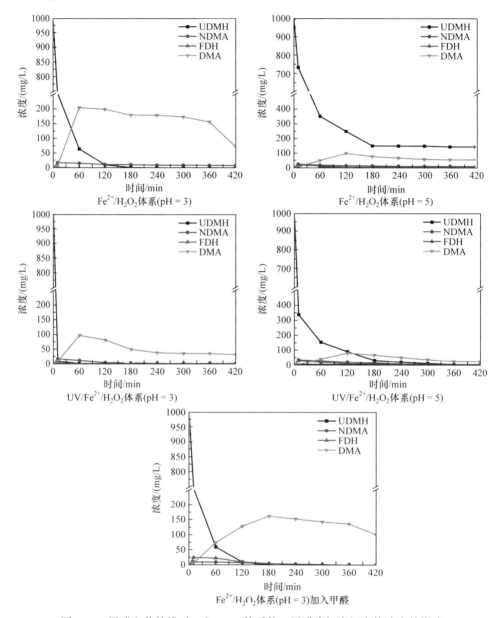

图 9-12　甲醛和紫外线对 $Fe^{2+}/H_2O_2$ 体系偏二甲肼降解中间产物浓度的影响

Fe$^{2+}$/H$_2$O$_2$ 体系加入甲醛，偏腙浓度提高近 100%，亚硝基二甲胺最大浓度减少约 80%，二甲胺的最大生成量减小、相应时间延后，体系中剩余一定量的二甲胺，而偏腙和 NDMA 可完全去除。效果比 Cu$^{2+}$/H$_2$O$_2$ 体系、臭氧体系更好，说明 NDMA 主要由偏二甲肼转化而来。在羟基自由基作用下，偏腙转化为二甲氨基乙腈、四甲基四氮烯等物质，而不转化为 NDMA，因此甲醛能有效抑制 NDMA 的产生。

甲醛抑制 NDMA 生成的同时，为什么降低了二甲胺的生成量呢？这主要是生成的二甲胺与甲醛、HCN 作用转化为二甲氨基乙腈所致。因此，甲醛可以同时降低 NDMA 和二甲胺的生成量。加入甲醛并不能真正降解有机物，降低 COD，因此不能在偏二甲肼废水处理工艺中采用。

在紫外线作用下，羟基自由基增多：

$$H_2O_2 + h\nu \longrightarrow 2 \cdot OH$$

UV/Fe$^{2+}$/H$_2$O$_2$ 体系偏腙、亚硝基二甲胺和二甲胺的最大生成浓度都有所减少，提高了偏二甲肼、NDMA、偏腙和二甲胺的降解速率。

从 4 种污染物紫外线作用下的去除率看，pH5 条件下效果最好，此时转化生成的二甲胺较少，二甲胺的残留量较低。在紫外线照射条件下，NDMA 发生分解是紫外线去除 NDMA 的重要基础。但由于存在逆反应，因此仅紫外线照射不能完全去除 NDMA：

$$(CH_3)_2N \cdot + NO \longrightarrow (CH_3)_2NNO$$

同时亚硝基二甲胺光解会增大二甲胺的浓度，彻底去除有机污染物还需要氧化作用，紫外线作用产生羟基自由基，并加快甲基的氧化，是真正有效的途径。

在紫外线照射条件下，甲醛分解产生的氢还原 NDMA 重新转化为偏二甲肼：

$$HCHO + h\nu \longrightarrow CO + H_2$$

$$(CH_3)_2NNO + 2H_2 \longrightarrow (CH_3)_2NNH_2 + H_2O$$

NDMA 重新转化为偏二甲肼，偏二甲肼再被氧化去除，这对最终将 NDMA 完全去除是有利的。紫外线照射条件下，pH=3 的酸性条件可以拓展到 pH=5 的弱酸性，此时二甲胺的去除效果最佳。

## 9.3　亚硝基二甲胺及其前驱体的去除工艺

基于第 5～9 章的理论和实验研究，紫外线照射、羟基自由基氧化可以减少 NDMA 的生成和完全去除，在此基础上希望建立一种不需加热、不用紫外线照射和不添加甲醛，就能去除 NDMA 及其前驱体如二甲胺、三甲胺、二甲基甲酰胺、二甲氨基乙腈、四甲基四氮烯和偏腙的工艺方法。

### 9.3.1　Fe²⁺/H₂O₂ 体系 NDMA 的去除工艺

对比芬顿体系、类芬顿体系和臭氧体系降解偏二甲肼废水，因为 $Cu^{2+}/H_2O_2$ 体系会加速 NDMA 的生成，首先被排除。

臭氧和 $Mn^{2+}/O_3$ 体系降解 1000mg/L 偏二甲肼，不同反应时间 GC-MS 流出曲线如图 9-13 所示[37]。

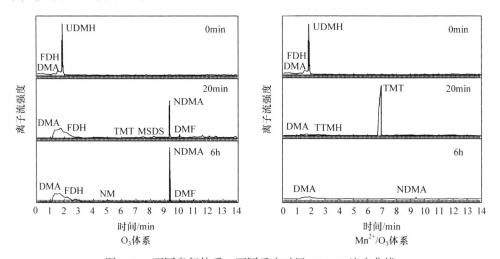

图 9-13　不同臭氧体系、不同反应时间 GC-MS 流出曲线

由图 9-13 可知，臭氧体系降解偏二甲肼过程中间产物包括二甲胺 DMA、偏腙 FDH、亚硝基二甲胺 NDMA、四甲基四氮烯 TMT、二甲氨基乙腈 MSDS、二甲基甲酰胺 DMF，其中 NM 为质谱图中最大离子峰为 130 的未知结构的物质。反应 6h 时 NDMA 的生成量较大，残留物是偏腙、二甲胺和二甲基甲酰胺。

$Mn^{2+}/O_3$ 体系降解浓度 1000mg/L 的偏二甲肼废水，$Mn^{2+}$ 催化产生羟基自由基，羟基自由基作用下中间产物减少，反应 6h 时只检测到二甲胺、偏腙、四甲基四氮烯和 NDMA。$Mn^{2+}$ 催化大幅度降低 NDMA 的生成量，而增大四甲基四氮烯的生成量，四甲基四氮烯在反应 6h 内可以完全去除，此时残留物是二甲胺和 NDMA；反应中、后期产生的 NDMA 可能由四甲基四氮烯或二甲胺转化而来。反应后期 $Mn^{2+}$ 转化为 $MnO_2$，促进了二甲胺转化为 NDMA。

$Fe^{2+}/H_2O_2$ 体系降解偏二甲肼废水中投加量对 NDMA 的生成和去除的影响，采取分步投加法，即先投加一半的氧化剂和催化剂，反应 0.5h 后再投加剩余的氧化剂和催化剂，目的是减少 NDMA 的生成量和有效去除 NDMA。

室温下，$Fe^{2+}/H_2O_2$ 体系处理 1000mg/L 偏二甲肼废水中，一定时间取样，调节溶液 pH = 7，用 GC-MS 检测到 CO、NDMA、二甲氨基乙腈、二甲基甲酰胺和氨基胍等，未检测到偏二甲肼、偏腙、四甲基四氮烯和二甲胺。调节溶液 pH=10，GC-MS 检测到二甲胺、偏腙、NDMA、二甲氨基乙腈、二甲基甲酰胺、四甲基四氮烯，其中四甲基四氮烯的浓度超过 NDMA。检测结果与样品的预处理有关。有研究认为，酸性条件下 $N,N$-二甲基二氮烯$(CH_3)_2N^+{=}N^-$ 及其共轭酸 $(CH_3)_2N^+{=}NH$ 可以稳定存在。实验结果表明，$N,N$-二甲基二氮烯$(CH_3)_2N^+{=}N^-$ 在中性介质下稳定，碱性介质下易转化为四甲基四氮烯，与图 8-11、图 8-12 紫外光谱中，pH = 7 时 $N,N$-二甲基二氮烯谱峰(360nm)最大，pH = 9 时四甲基四氮烯谱峰(280nm)最高实验现象相一致。

$Fe^{2+}/H_2O_2$ 体系降解 1000mg/L 偏二甲肼废水，两组实验反应前期 GC-MS 流出曲线如图 9-14 所示。

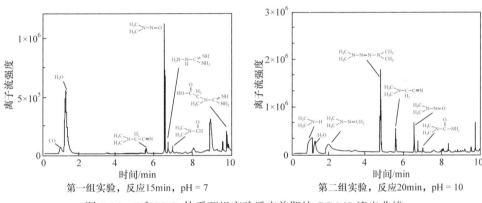

第一组实验，反应15min，pH = 7　　　　　第二组实验，反应20min，pH = 10

图 9-14　$Fe^{2+}/H_2O_2$ 体系两组实验反应前期的 GC-MS 流出曲线

第一组实验体系反应 30min 后加入剩余的氧化剂和催化剂，继续反应 4.5h，调节溶液 pH = 7，GC-MS 检测到 CO、二甲氨基乙腈、二甲基甲酰胺和氨基胍，未检测到 NDMA，且二甲氨基乙腈含量高。

第二组实验体系反应 50min 后加入剩余的氧化剂和催化剂，继续反应 4.5h，调节溶液 pH = 10，GC-MS 检测到二甲胺、二甲氨基乙腈、二甲基甲酰胺；放置 12h 后，检测到二甲氨基乙腈。

$Fe^{2+}/H_2O_2$ 体系降解偏二甲肼废水，两组实验反应 6h 后 GC-MS 流出曲线如图 9-15 所示。

偏二甲肼降解后残留物中的甲酰胺、氨、肼等继续反应生成胍：

$$HCONH_2 + \cdot OH \longrightarrow \cdot CONH_2 + H_2O$$

$$\cdot CONH_2 + NH_2{-}N\cdot H + \cdot OH \longrightarrow NH_2{-}NHCONH_2$$

$$NH_2—NHCONH_2 + NH_3 \longrightarrow NH_2—NHC{=}NH(NH_2) + H_2O$$

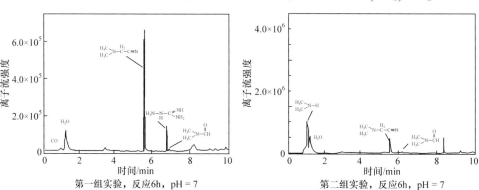

图 9-15　Fe$^{2+}$/H$_2$O$_2$ 体系两组实验反应 6h 后的 GC-MS 流出曲线

氨基胍的生成进一步说明偏二甲肼降解过程产生了未被氧化的·NH$_2$，·NH$_2$在酸性条件下不容易被氧化，HNO$_2$ 与·NH$_2$ 作用转化为 N$_2$ 或 NO$_2$：

$$·NH_2 + HNO_2 \longrightarrow N_2 + H_2O + ·OH$$

欧洲专利介绍了一种在水中由氢氰酸、甲醛和二甲胺制备二甲氨基乙腈的方法，三者基本上等物质的量比，制备过程如下[38]：

$$\underset{Me}{\overset{Me}{N}}{-}H \xrightarrow{+HCHO} \underset{Me}{\overset{Me}{N}}{-}OH \xrightarrow[-H_2O]{+HCN} \underset{Me}{\overset{Me}{N}}{-}\overset{H_2}{C}{-}CN$$

甲醛和 NH$_3$ 反应生成 NH$_2$CH$_2$OH，二甲胺与甲醛类似反应生成 (CH$_3$)$_2$NHCH$_2$OH，然后与 HCN 反应生成二甲氨基乙腈。二甲胺、甲醛和氢氰酸都是偏二甲肼降解过程中的氧化产物，因此通过该路径生成二甲氨基乙腈的可能性很大。偏腙水解产生甲醛。偏腙氧化产生(CH$_3$)$_2$NN=C·H，其 N—N 键断裂转化为二甲胺和氢氰酸。

Fe$^{2+}$/H$_2$O$_2$ 体系中二甲氨基乙腈降解转化为二甲基甲酰胺，高锰酸钾氧化处理时生成羟基乙腈。在酸性或碱性条件下，二甲基甲酰胺水解生成二甲胺。酸性条件下，溶液中的 NDMA 去除后，还有可能残留少量的二甲氨基化合物，在一定条件下有可能重新生成 NDMA。

沿甲基肼最后转化为 N$_2$ 的路径是去除偏二甲肼的最佳路径，而其他路径转化生成的偏腙、NDMA、二甲胺、NH$_3$、二甲基甲酰胺、二甲氨基乙腈等都比偏二甲肼难以氧化，而且偏腙、NDMA 和二甲氨基乙腈的毒性都较大。

### 9.3.2　不同氧化体系氰离子的去除工艺

氰化物的人体致死剂量为 5mg/kg。氰化物对水中生物的毒性也很大，氰离子浓度达到 0.8~1.0mg/L 时，就会毒死鱼类。据有关报道，我国每年排放的废水中约含有氰化物 1000 万 t。

$CN^-$ 是一种较强的还原剂，半电池反应如下：

$$OCN^- + H_2O + 2e^- \rightleftharpoons CN^- + 2OH^- \qquad E^\circ = -0.97V$$

常用含氯氧化剂(次氯酸钠、液氯、二氧化氯)、过氧化氢、臭氧处理氰化物。含氯氧化剂的缺点在于处理后生成三卤甲烷和氯化氰，仍然具有高毒性和致癌性。文献研究了 UV/芬顿法处理酸性含氰废水，探讨了操作条件对氰化物处理效果的影响。结果表明，pH 为 3.5~4.5，反应时间 80min，氰化物的去除率达95%以上[39]。

1) 臭氧体系

$OH^-$ 在臭氧的催化下转化为羟基自由基，可加速 $CN^-$ 的去除。pH 在 9~12 时，臭氧能很快地将氰化物氧化成氰酸盐 $CNO^-$，调节 pH 至 7，250mg/L 氰化物，反应时间 45min，$CN^-$ 的去除率达 96.3%[40]。

2) 过氧化氢体系

过氧化氢与 $CN^-$ 的反应速率较慢，需采用过氧化氢催化氧化工艺处理高浓度含氰废水。研究了过氧化氢浓度、$Cu^{2+}$浓度、pH 和反应时间对总氰化物去除率的影响。结果表明，最佳处理工艺条件：总氰化物、过氧化氢和 $Cu^{2+}$的浓度分别为 874mg/L、3.09g/L 和 50mg/L，溶液 pH = 9，反应时间 1h，总氰化物的去除率可达 97.6%。$Cu^{2+}$可以增大氰化物的去除速率[41]。此外，工程实际中过氧化氢的投加量一般大于理论投加量。

$UV/H_2O_2$ 体系处理氰化物废水的研究发现[42]，氰化物首先被氧化为氰酸盐，然后进一步氧化生成 $CO_2$ 和 $N_2$：

$$O_2(\Sigma g^-) \longrightarrow O_2(3\Sigma u^+) \longrightarrow 2O \cdot (^3P)$$
$$CN^- + O \cdot \longrightarrow CNO^-$$
$$CNO^- + 3 \cdot OH \longrightarrow HCO_3^- + 1/2N_2(g) + H_2O$$

氧化氰酸盐的反应速率低于氰离子。当加入 $H_2O_2$、空气鼓泡通过反应器时，氰离子在 40min 内降解完全；在 $H_2O_2$ 和纯氧作用下，氰化物在 25min 内降解完全，而氰酸盐在 135min 内被氧化为 $CO_2$ 和 $N_2$。

$UV/H_2O_2$ 体系降解氰化物过程中氧气的作用如图 9-16 所示[42]。

由图 9-16 可知，空气、氧气可显著加快 $UV/H_2O_2$ 工艺体系中氰化物的去除速率。

在酸性条件下，氰酸盐水解产生 $NH_4^+$ 和碳酸氢盐，还可能被氧化为亚硝酸盐或硝酸盐：

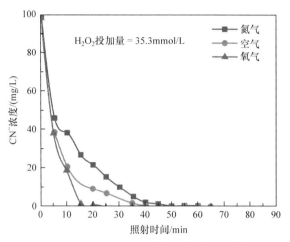

图 9-16 UV/H$_2$O$_2$ 体系降解氰化物过程[42]

$$CNO^- + 3H_2O \longrightarrow NH_4^+ + HCO_3^- + OH^-$$

$$CNO^- + 3 \cdot OH \longrightarrow HCO_3^- + 1/2N_2(g) + H_2O$$

$$CNO^- + 8 \cdot OH \longrightarrow HCO_3^- + NO_3^- + H^+ + 3H_2O$$

在碱性条件下，氰离子容易被氧化去除。因此，芬顿体系降解偏二甲肼过程中二甲氨基乙腈残留的原因之一是氢氰酸不容易去除，而是转化为二甲氨基乙腈。此外，氰离子氧化过程需要加氧，臭氧的加氧能力强，对氰化物的处理效果好，因此臭氧体系降解偏二甲肼废水过程中二甲氨基乙腈含量较低。

### 9.3.3 Fe$^{2+}$/H$_2$O$_2$ 体系残留物的去除工艺

Fe$^{2+}$/H$_2$O$_2$ 体系降解 NDMA 的效果佳，但对二甲胺、甲醛和氢氰酸的降解不够彻底，从而导致生成的二甲氨基乙腈不能完全去除。那么如何去除腈类或氢氰酸呢？

氢氰酸与羟基自由基作用生成 HCNOO·OH，而臭氧与氢氰酸生成加合物 OCNO$_2$。臭氧与氢氰酸作用是一个放热过程，从热力学上更容易进行。

二甲氨基乙腈的前驱体是偏腙，因此去除二甲氨基乙腈的方法：一是减少偏腙的生成，即在偏二甲肼降解过程中去除甲醛从而抑制偏腙的生成，如前述的紫外线照射；二是去除 HCN 减少二甲氨基乙腈的生成，HCN 的羟基自由基氧化过程需要氧气，可充氧加快 HCN 的去除。

在 Fe$^{2+}$/H$_2$O$_2$ 体系降解偏二甲肼过程中通入纯氧，取三个时间段的废水样品进行 GC-MS 检测，结果如图 9-17 所示。

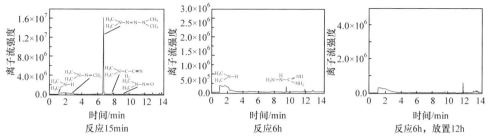

图 9-17　Fe²⁺/H₂O₂ 体系降解偏二甲肼过程中充 O₂ 后的 GC-MS 流出曲线

由图 9-17 可知，反应 15min 时虽然还残留四甲基四氮烯、NDMA、二甲氨基乙腈、二甲胺和偏腙，但是 NDMA 和二甲氨基乙腈含量显著下降，而四甲基四氮烯含量明显增大；反应 6h 时，四甲基四氮烯、NDMA、二甲氨基乙腈和偏腙的色谱峰消失，残留氨基胍和二甲胺；反应 6h、放置 12h 后，上述物质基本全部去除。因此，氧气与羟基自由基协同作用，可以有效减少 NDMA 和二甲氨基乙腈的生成，并可完全去除二甲氨基乙腈。

偏二甲肼降解生成的二甲氨基氮烯的进一步转化，存在以下竞争反应过程：

$$(CH_3)_2NN: + HO_2 \cdot \longrightarrow NDMA$$

$$2(CH_3)_2NN: \longrightarrow TMT$$

氧气存在条件下，主要表现为增加 TMT 的生成，同时减少 NDMA、二甲氨基乙腈的生成。氧气不会减少偏腙的生成，以及偏腙—N≡CH₂ 的脱氢氧化，因此推测偏腙氧化生成 HCN，而 HCN 是生成二甲氨基乙腈的前驱体，氧气存在下 HCN 被去除，从而减少了二甲氨基乙腈的生成。

对比反应时间 15min 和反应时间 6h 的谱图可知，在四甲基四氮烯谱峰从最高值到消失的过程中，二甲胺的谱峰增大，因此二甲胺可能主要来源于四甲基四氮烯相关的氧化。

### 9.3.4　亚硝基二甲胺及其他中间体的去除路径

偏二甲肼废水处理污染控制中，偏二甲肼降解产生难降解有机物，如二甲胺和亚硝基二甲胺，这些残留物质会导致二次污染问题。解决这一问题的思路，一是减少或避免亚硝基二甲胺、二甲胺的生成，二是寻找有效去除亚硝基二甲胺、二甲胺等难降解有机物的方法。

#### 9.3.4.1　不同氧化体系亚硝基二甲胺的生成

实验研究不同氧化剂体系、不同 pH、不同催化剂，但都不可避免产生 NDMA，而且偏二甲肼降解产生的中间体偏腙、四甲基四氮烯、二甲胺等也都能转化为 NDMA。

偏二甲肼转化为亚硝基二甲胺分以下两步进行。

1) 脱氢过程

偏二甲肼容易氧化的原因是—$NH_2$既可以在·O、·OH 或臭氧作用下发生脱氢反应，如臭氧摘除偏二甲肼氮上氢的活化能为 38.7kJ/mol，羟基自由基摘除氮上氢的活化能为 25.0kJ/mol。同时与一般氧化剂高锰酸钾、$Cu^{2+}$、$Fe^{3+}$发生电子转移作用被引发。

$$(CH_3)_2NNH_2 + Cu^{2+} \longrightarrow (CH_3)_2NNH \cdot + Cu^+$$

而且金属离子脱氢过程可能不受溶液 pH 的影响，在偏二甲肼受到质子保护而难于反应的时候，也可以进行上述反应。

2) 加氧过程

臭氧和过氧化氢自由基都可以很容易地在$(CH_3)NN \cdot H$的 N 上加氧，并转化为 NDMA，见图 9-18。加氧过程是生成 NDMA 所必需的，羟基自由基虽然氧化活性大，但如果没有臭氧和过氧化氢自由基，还是很难转化为 NDMA，因此羟基自由基抑制 NDMA 的生成。

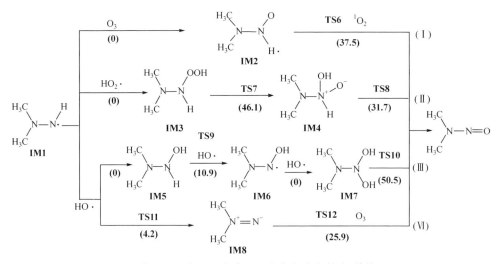

图 9-18 亚硝基二甲胺的生成路径及吉布斯自由能垒(单位：kJ/mol)

臭氧反应体系中臭氧的加氧能力很强，芬顿和类芬顿体系中由于存在过氧化氢自由基，因此都能通过 $N,N$-二甲基肼基自由基或二甲氨基氮烯转化为 NDMA。以氧气为氧化剂时，使用 $Cu^{2+}$催化剂也将产生过氧化氢自由基，从而生成NDMA：

$$Cu^+ + O_2 + H^+ \longrightarrow Cu^{2+} + HO_2 \cdot$$

但在臭氧、过氧化氢和氧气之间，臭氧加氧作用最强，因此最容易转化为 NDMA。不仅是偏二甲肼，偏腙、甲基肼、二甲胺和四甲基四氮烯也都容易在臭氧氧化过程中转化为 NDMA，其原因是这些二甲氨基化合物脱氢生成的中间产物亚甲基甲氨基自由基或二甲氨基自由基转化为 NO 的过程中，氨基自由基氧化为 NO 的过程中，臭氧比过氧化氢自由基的活性更强。

羟基自由基、臭氧作用下，哪种氧化剂更容易让偏二甲肼或二甲胺转化为 NDMA，产生羟基自由基的 $Mn^{2+}/O_3$ 体系中偏二甲肼降解产生的 NDMA 大大减少。中间体偏腙、四甲基四氮烯和亚硝基二甲胺之间存在竞争关系，羟基自由基有利于偏二甲肼的甲基氧化，从而减少 NDMA 的生成，同时有迹象显示，羟基自由基摘除偏二甲肼氨基上氢形成二甲氨基氮烯或 N,N-二甲基二氮烯，在加氧活性物质不足的时候，转化为 TMT，从而减少亚硝基二甲胺的生成。

臭氧与低浓度偏腙和四甲基四氮烯反应转化为 NDMA 的转化率较高，其中偏腙的 NDMA 转化率高于偏二甲肼，但是本书研究的高浓度废水处理过程中，偏腙的 NDMA 转化率低于偏二甲肼，而二甲胺转化为 NDMA 的量比较多，臭氧比过氧化氢更强的加氧能力，将氨基自由基氧化为 NO，使二甲胺转化为 NDMA 的转化率甚至高于偏二甲肼。总体而言，$Cu^{2+}$ 和臭氧会增大反应过程臭氧的生成量，羟基自由基抑制 NDMA 的生成。

水中偏二甲肼去除过程与气相偏二甲肼氧化最大的不同是，气相中偏二甲肼最终主要转化为 NDMA，而水中会产生大量的四甲基四氮烯，主要原因是 N,N-二甲基二氮烯在水中可以稳定存在，其偶合生成四甲基四氮烯，进而降低了水中 NDMA 的转化率。

### 9.3.4.2　不同氧化体系 NDMA 的去除

目前亚硝基二甲胺的去除研究方法包括：紫外线分解法、还原法、臭氧氧化法或过氧化氢氧化法等。直接光解法去除 NDMA 后，TOC 不能很好去除，单独臭氧法效果也不好。

$Fe^{2+}/H_2O_2$ 体系降解偏二甲肼废水过程，可以彻底去除降解过程产生的 NDMA，其主要原因，一是亚硝基二甲胺在酸性水溶液中发生水解，水解产生的 $HNO_2$ 分解产生 NO 进一步氧化生成 $NO_2$，避免亚硝基二甲胺水解后生成的二甲胺与 $N_2O_3$ 作用重新转化为 NDMA；二是偏二甲肼甲基氧化 N—N 键断裂生成的 $\cdot NH_2$ 与 NO 作用生成 $N_2$，实现 NDMA 的快速去除；三是偏二甲肼降解产生的甲醛，作为氢源，可能将亚硝基二甲胺还原为偏二甲肼，以利于 NDMA 的消除；四是二甲胺及二甲氨基化合物，通过氧化生成甲基亚甲基亚胺、亚甲基亚胺、氨离子，由于质子保护作用，铵离子不会进一步氧化生成 NO，因此可以避免二甲胺等二甲氨基化合物转化生成 NDMA。

$Mn^{2+}/O_3$ 体系降解偏二甲肼废水过程产生的羟基自由基有较好地抑制 NDMA 生成的作用，羟基自由基和臭氧的协同作用，对臭氧甲基氧化有很好的加速作用，同时亚硝基二甲胺分解产生的 NO，很容易被臭氧氧化转化为 $NO_2$，以利于避免二甲胺重新转化为 NDMA。从图 9-10 看，这个体系中前期避免了偏二甲肼降解生成亚硝基二甲胺，但不能避免二甲胺的二甲氨基化合物转化为 NDMA，未完全去除 DMA，也就无法完全去除 NDMA。

### 9.3.4.3　二甲胺及其他二甲氨基化合物的去除

从图 9-13 和图 9-17 可以看出，二甲胺是 $Fe^{2+}/H_2O_2$ 体系和 $Mn^{2+}/O_3$ 体系的主要残余物。偏二甲肼的降解存在两种路径：

$$偏二甲肼 \longrightarrow 甲基肼 \longrightarrow 氮气$$

$$偏二甲肼、偏腙、四甲基四氮烯、亚硝基二甲胺 \longrightarrow 二甲胺、氨$$

偏二甲肼氧化生成甲基二氮烯，甲基二氮烯分解转化为 $N_2$。此外，偏二甲肼氧化产物四甲基四氮烯在羟基自由基作用下，可以将 50%的氮转化为 $N_2$。偏二甲肼、偏腙、四甲基四氮烯、亚硝基二甲胺等不可避免地生成二甲胺和氨，这部分氮不可能全部转化为氮气，芬顿体系中 $NH_4^+$ 不容易去除，所以无机氮主要为 $NH_4^+$，而有机氮为二甲胺。

减少中间产物转化为二甲胺生成，彻底消除中间产物偏腙、四甲基四氮烯、亚硝基二甲胺、二甲氨基乙腈，首先需要羟基自由基引发甲基氧化，然后通过加氧转化为甲醛，也就是说反应体系中羟基自由基和臭氧或氧气缺一不可，由于过氧化氢自由基加氧能力弱，过氧化氢体系中二甲胺去除难度会更大，事实上氰根离子去除过程中也需要加氧，因此从这个角度看，臭氧体系比过氧化氢体系在去除这些物质上反而占有优势。增加 NMA 的生成对于偏二甲肼的污染控制是不利的，但在彻底消除有机物方面又有一定的优势。

本章进一步验证了以下观点：①甲醛对亚硝基二甲胺、二甲胺的生成具有抑制作用，原因是羟基自由基作用下偏腙、四甲基四氮烯不转化为 NDMA；紫外线是辅助去除 NDMA 的有效方法，NDMA、偏腙、四甲基四氮烯、甲基二氮烯、甲醛吸收不同波长的紫外线发生分解，而臭氧或过氧化氢光解产生羟基自由基，能有效提高偏二甲肼和二甲胺的降解率。中性条件下 $UV/Mn^{2+}/O_3$ 体系和 pH5 的 $UV/Fe^{2+}/H_2O_2$ 体系都可基本实现 NDMA 和二甲胺同时去除。②酸性条件有利于 NDMA 的去除，但会增加二甲胺的生成，且酸性条件下 $Fe^{2+}/H_2O_2$ 体系中的二甲胺难以去除。③偏腙在羟基自由基作用下氧化生成氢氰酸，进而生成二甲氨基乙腈。

本章采用固相微萃取方法采样，检测发现芬顿体系降解偏二甲肼生成偏腙、四甲基四氮烯、亚硝基二甲胺、二甲胺、二甲基甲酰胺、二甲氨基乙腈和氨基胍等。在室温条件下分步投加氧化剂，芬顿体系可完全去除 NDMA、偏腙和四甲基四氮烯。酸性条件下 NDMA 的甲基易于氧化和水解，同时偏二甲肼共存转化物中的·$NH_2$ 可以去除 NDMA 氧化产生的 NO，有利于 NDMA 的彻底去除。二甲氨基乙腈需在芬顿反应过程中充氧去除，氧气的作用主要是减少 HCN 的生成，从而减少二甲氨基乙腈的生成量。降解后废水中的残留物是氨基胍和二甲胺，放置过夜后残留物基本去除。

## 参 考 文 献

[1] Abilev M, Kenessov B N, Batyrbekova S, et al. Chemical oxidation of unsymmetrical dimethylhydrazine transformation products in water[J]. Progress in Brain Research, 2015, 148(1): 321-328.

[2] Farré M J, Radjenovic J, Gernjak W. Assessment of degradation byproducts and NDMA formation potential during UV and UV/$H_2O_2$ treatment of doxylamine in the presence of monochloramine[J]. Environmental Science and Technology, 2012, 46(23): 12904-12912.

[3] 于祚斌, 马仪伦, 梁军, 等. 臭氧对水中偏二甲肼的处理效果[J]. 解放军预防医学杂志, 1986(2): 27-31.

[4] 王晓晨, 张彭义. 真空紫外线臭氧降解偏二甲肼的研究[J]. 环境工程学报, 2009, 3(1): 57-61.

[5] 王晓晨. 偏二甲肼的臭氧紫外线降解研究[D]. 北京: 清华大学, 2008.

[6] 胡翔, 李进, 皮运正, 等. 臭氧氧化产物甲醛的产生机理研究[J]. 环境科学学报, 2007, 27(4): 643-647.

[7] Liu X, Liang J, Wang X. Kinetics and reaction pathways of formaldehyde degradation using the UV-Fenton method[J]. Water Environment Research A Research Publication of the Water Environment Federation, 2011, 83(5): 418-426.

[8] Liang J, Liu X, Zhang Z, et al. Kinetics and Reaction Mechanism for Formaldehyde Wastewater Using UV-Fenton Oxidation[C]. Bioinformatics and Biomedical Engineering (iCBBE), 2010 4th International Conference on IEEE, Chengdu, 2010: 1-5.

[9] Liang J, Liu X, Wang Y. Notice of retraction Influencing factors and dynamic characters of formaldehyde degradation by the UV-Fenton process[C]. Environmental Science and Information Application Technology (ESIAT), 2010 International Conference on IEEE, Wuhan, 2010: 294-297.

[10] 梁剑涛, 刘祥萱, 王云超. UV-Fenton 法降解溶液中甲醛的影响因素与机理[J]. 化学工程, 2010, 38(9): 78-81.

[11] 梁剑涛, 刘祥萱, 谢拯. 不同氧化体系中甲醛废水的降解效率与氧化机制研究[J]. 环境污染与防治, 2010, 32(3): 110-115.

[12] 徐冰冰, 陈忠林, 齐飞, 等. 紫外线降解水中痕量 NDMA 的效能研究[J]. 环境科学, 2008, 29(7): 1908-1913.

[13] Stefan M I, Bolton J R. UV direct photolysis of N‐nitrosodimethylamine (NDMA): Kinetic and product study[J]. Helvetica Chimica Acta, 2002, 85(5): 1416-1426.

[14] Shim J G, Aqeel A, Choi B M, et al. Effect of pH on UV photodegradation of N-nitrosamines in water[J]. Journal of Korean Society on Water Environment, 2016, 32(4): 357-366.

[15] Geiger G, Huber J R. Photolysis of dimethylnitrosamine in the gas phase[J]. Helvetica Chimica Acta, 1981, 64(4): 989-995.

[16] Wang L, Yang J, Li Y, et al. Oxidation of N-nitrosodimethylamine in a heterogeneous nanoscale zero-valent iron/$H_2O_2$ Fenton-like system: influencing factors and degradation pathway[J]. Journal of Chemical Technology and

Biotechnology, 2017, 92(3): 552-561.

[17] 黄露溪, 沈吉敏, 徐冰冰, 等. UV/H₂O₂ 降解水中痕量 NDMA 的效能研究[J]. 中国给水排水, 2010, 26(5): 104-108.

[18] 徐冰冰, 陈忠林, 齐飞, 等. UV/O₃ 对亚硝基二甲胺降解产物的控制研究[J]. 环境科学, 2008, 29(12): 3421-3427.

[19] Mezyk S P, Cooper W J, Madden K P, et al. Free radical destruction of *N*-nitrosodimethylamine in water[J]. Environmental Science and Technology, 2004, 38(11): 3161-3167.

[20] Minakata D, Coscarelli E. Mechanistic insight into the degradation of nitrosamines via aqueous-phase UV photolysis or a UV-based advanced oxidation process: quantum mechanical calculations[J]. Molecules, 2018, 23(3): 539-543.

[21] Lee C, Yoon J. UV-A induced photochemical formation of *N*-nitrosodimethylamine (NDMA) in the presence of nitrite and dimethylamine[J]. Journal of Photochemistry and Photobiology A: Chemistry, 2007, 189(1): 128-134.

[22] Lee C, Choi W, Kim Y G, et al. UV photolytic mechanism of *N*-nitrosodimethylamine in water: dual pathways to methylamine versus dimethylamine[J]. Environmental Science and Technology, 2005, 39(7): 2101-2106.

[23] Knak Jensen S J, Mátyus P, McAllister M A. A Theoretical Study of the Scavenging of $O_2^-$ by NO in the gas phase and in condensed media[J]. Journal of Physical Chemistry A, 2001, 105(39): 9029-9033.

[24] Gadzhiev O B, Ignatov S K, Gangopadhyay S, et al. Mechanism of nitric oxide oxidation reaction (2NO + O₂→ 2NO₂)[J]. J Chem Theory Comput, 2011, 7, 2021-2024.

[25] Fethi F, López-Gejo J, Köhler M, et al. Vacuum-UV-(VUV-) photochemically initiated oxidation of dimethylamine in the gas phase[J]. Journal of Advanced Oxidation Technologies, 2008, 11(2): 208-221.

[26] Kachina A, Preis S, Kallas J.Gas-phase photocatalytic oxidation of dimethylamine: The reaction pathway and kinetics[J]. International Journal of Photoenergy, 2007(10): 167-171.

[27] Fernando M P, Joaquin F P B. Kinetics and mechanisms of oxidation of methylamine by permanganate ion[J]. Canadian Journal of Chemistry, 2011, 65(10): 2373-2379.

[28] Gui L, Gillham R W, Odziemkowski M S. Reduction of *N*-nitrosodimethylamine with granular iron and nickel-enhanced iron. 1. Pathways and kinetics[J]. Environmental Science & Technology, 2000, 34(16): 3489-3494.

[29] Odziemkowski M S, Gui L, Gillham R W. Reduction of *N*-nitrosodimethylamine with granular iron and nickel-enhanced iron. 2. Mechanistic studies[J]. Environmental Science & Technology, 2000, 34(16): 3495-3500.

[30] Han Y, Chen Z L, Shen J M, et al. Effect of liquid properties on the reduction of *N*-nitrosodimethylamine with Zinc (0)[J]. Advanced Materials Research, 2011, 243-249: 757-4760.

[31] Davie M G, Shih K, Pacheco F A, et al. Palladium-indium catalyzed reduction of *N*-nitrosodimethylamine: Indium as a promoter metal[J]. Environmental Science & Technology, 2008, 42(8): 3040-3046.

[32] Davie M G,Reinhard M, Shapley J R.Metal-catalyzed reduction of *N*-nitrosodimethylamine with hydrogen in water[J]. Environmental Science & Technology, 2006, 40(23): 7329-7335.

[33] 韩莹. 零价锌还原降解水中 *N*-亚硝基二甲胺的效能与机理研究[D]. 哈尔滨: 哈尔滨工业大学, 2009.

[34] Yang G, Lee H L. Chemical reduction of nitrate by nanosized iron: kinetics and pathways[J]. Water Research, 2005, 39(5): 884-894.

[35] 杨宝军, 陈建平, 焦天恕, 等. 废水中偏二甲肼在 Ni/Fe 催化剂上的催化分解研究[J]. 分子催化, 2007, 21(2): 104-108.

[36] Angaji M T, Ghiaee R. Cavitational decontamination of unsymmetrical dimethylhydrazine waste water[J]. Journal of the Taiwan Institute of Chemical Engineers, 2015, 49: 142-147.

[37] Huang D, Liu X, Xie Z, et al. Products and Mechanistic Investigations on the Reactions of Hydrazines with Ozone in Gas-Phase[J]. Symmetry, 2018, 10(9): 394.

[38] Fell R, Wilbert G, Stährfeldt T. Color-stable solution of dimethylaminoacetonitrile in water and process for preparing it: 6504043[P]. US, 2003-01-07.

[39] 尹辉, 赵明斌, 王铁成, 等. UV-Fenton 法处理酸性含氰废水的试验研究[J]. 工业用水与废水, 2011, 42(3): 21-23.

[40] 彭新平, 沈怡, 欧阳坤, 等. 含氰废水臭氧氧化处理试验研究[J]. 矿冶, 2018(1): 69-72.

[41] 周珉, 黄仕源, 瞿贤. 过氧化氢催化氧化法处理高浓度含氰废水研究[J]. 工业用水与废水, 2013, 44(5): 31-34.

[42] Malhotra S, Pandit M, Kapoor J C, et al. PhotO-Oxidation of cyanide in aqueous solution by the UV/H$_2$O$_2$ process[J]. Journal of Chemical Technology & Biotechnology, 2005, 80(1): 13-19.

# 第10章 纳米光催化剂降解低浓度偏二甲肼废水

国内光催化降解偏二甲肼废水的研究较多，但鲜见对偏二甲肼降解过程中转化产物种类及其去除进行研究。前面几章的研究表明，偏二甲肼降解过程不可避免地产生亚硝基二甲胺、二甲胺、二甲基甲酰胺等难降解的含氮有机化合物，同时亚硝基二甲胺、二甲胺、二甲基甲酰胺进一步氧化生成甲胺、氨等物质。因此，重点关注下列转化产物的光催化降解。

1) 偏二甲肼、亚硝基二甲胺

采用原位 FT-IR 研究了偏二甲肼在 $TiO_2$ 作为光催化剂的间歇式反应器中的气相光催化降解，检测到偏二甲肼光催化氧化生成 $CO_2$、$H_2O$、$HNO_3$ 和 $N_2$，未检测到 NDMA，吸附的 $N_2O$ 是主要的表面中间体[1]，说明 $TiO_2$ 具有将 NO 催化转化为 $N_2O$ 的作用。

以表面改性 $TiO_2$ 为光催化剂，NDMA 在水中的光催化降解实验表明，NDMA 光催化氧化生成甲胺、二甲胺、$NO_2^-$、$NO_3^-$ 和 $NH_4^+$。在 $TiO_2$ 酸性悬浮液中，甲胺的生成优于二甲胺和 $NH_3$；在碱性条件下，甲胺、二甲胺和 $NH_3$ 的生成量相当。NDMA 的光催化反应主要由·OH 引发，添加过量的草酸盐(空穴去除剂)仅能在一定程度上延缓光催化反应；草酸盐的存在可形成新的还原转化路径，将 NDMA 转化为二甲胺[2]。在采用 UV-A(波长 315～400nm)紫外线时，随着 NDMA 初始浓度的增加，二甲胺的产率增加，而甲胺的产率降低，pH = 4.6 的酸性条件下可完全去除 NDMA[3]。

2) 二甲胺、甲胺、氨

在连续流动的简单管式反应器中，二甲胺的气相 $TiO_2$ 光催化降解和热催化氧化降解实验表明，二甲胺光催化氧化产生 $NH_3$、甲酰胺、$CO_2$ 和 $H_2O$，$NH_3$ 进一步被氧化生成 $N_2O$ 和 $NO_2$；573K 热催化氧化反应过程，二甲胺氧化转化生成 $NH_3$、HCN、CO、$CO_2$ 和 $H_2O$。光催化氧化反应的动力学数据适合单分子 Langmuir-Hinshelwood 模型，热催化氧化反应动力学为一阶过程[4]。

甲胺的水相和气相 $TiO_2$ 光催化氧化降解实验表明，甲胺的气相光催化氧化生成 $NH_3$、$NO_2$、$N_2O$、$CO_2$ 和 $H_2O$；水相中有机氮直接氧化生成 $NO_2^-$，反应中生成的 $NH_3$ 部分氧化生成 $NO_2^-$ 和 $NO_3^-$，甲胺分解生成甲酸，最终转化为 $CO_2$。$NH_3$ 和 NO 作用存在两种机制，一是有机氮直接氧化生成 $NO_2^-$、$H_2O$、$NH_3$ 和

$NO_3^-$；二是甲酸盐和 $NO^-$ 作用生成 $N_2O$。热催化氧化生成 $NH_3$、HCN、CO、$CO_2$ 和 $H_2O$。动力学研究发现，甲胺分子比其质子化形式 $CH_3NH_3^+$ 降解快，主要原因是·OH 容易与氮原子上的孤对电子反应，甲胺的氮原子主要转化为 $NH_4^+$，pH12 时 $NO_2^-$ 的生成量高，而 pH3.1、pH5.2 时没有检测到 $NO_2^-$[5]。

Zhu 等[6]研究了 $TiO_2$ 含量和 pH 对紫外线照射的 $TiO_2$ 悬浮液中氧化 $NH_4^-$-$NH_3$ 和 $NO_2^-$ 的初始速率的影响。结果表明，在 $TiO_2$ 含量不小于 1g/L 时，$NO_2^-$ 光催化氧化生成 $NO_3^-$ 的速率主要依赖于 $TiO_2$ 含量，这表明 $TiO_2$ 对反应有明显的催化作用；$NH_4^+$-$NH_3$ 初始速率随 pH 的升高而增大；$NH_4^+$-$NH_3$ 光催化氧化生成 $NO_3^-$ 的速率受 $NO_2^-$ 的速率控制。

二氧化钛($TiO_2$)辅助光催化降解工艺从水相中去除铵-氨($NH_4^+$-$NH_3$)的效率研究结果显示，在 pH12 下与 pH7 和 pH10 相比更高的 $NH_4^+$-$NH_3$ 去除效率[7]。

Altomare 采用 UV-A(波长 400～315nm)紫外线反应器，研究了纳米 $TiO_2$ 光催化降解氨过程中的转化率和对 $N_2$、$NO_2^-$ 和 $NO_3^-$ 等主要产物的选择性。在 pH10.5 时，氨的转化率高达 88%，且 $N_2$ 的选择性达 40%以上，pH 升高到 11.5 以上，几乎全部转化为 $NO_2^-$[8]。

以 Pt、Pd、Au 和 Ag 纳米微粒改性的 $TiO_2$ 粉末作为光催化剂，UV-A(波长 400～315nm)紫外线照射下在水悬浮液中进行间歇氨光催化氧化降解，在 pH10、不同光照时间条件下，不同贵金属修饰 $TiO_2$ 的催化剂对氨降解生成 $NH_4^+$、$NO_2^-$ 和 $NO_3^-$ 的影响如图 10-1 所示[8]。

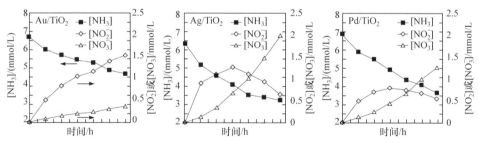

图 10-1　贵金属修饰 $TiO_2$ 催化剂对氨降解生成 $NH_4^+$、$NO_2^-$ 和 $NO_3^-$ 的影响[8]

由图 10-1 可知，部分 $NH_3$ 通过 $NO_2^-$ 转化为 $NO_3^-$。除 Au/$TiO_2$ 外，贵金属修饰 $TiO_2$ 相对于裸 $TiO_2$ 表现出更高的光催化活性，其中 Ag/$TiO_2$ 催化剂的性能最佳，氨的转化率最高。另一方面，Pd/$TiO_2$ 催化剂大大提高了对 $N_2$ 的选择性，Pd 是 $TiO_2$ 的最佳辅助催化剂，可用于环保型光催化 $NH_3$ 减排。

3) 二甲基甲酰胺、无机氰化物

在不存在或存在非均相贵金属(铂，钯和钌)负载的 $TiO_2$ 或 $ZrO_2$ 催化剂催化降解二甲基甲酰胺实验中，180～230℃条件下，DMF 分解和氧化产生二甲胺 DMA，甲胺 MA 和 $NH_4^+$ 作为主要的含氮产物，亚硝酸盐和硝酸盐仅以非常低的量存在。甲酸由 C—N 键断裂生成，光催化剂增大了二甲基甲酰胺和 TOC 的初始反应速率，但对 $N_2$ 的选择性较低[9]。

P 型 CuO 半导体具有窄带隙($E_g = 1.2～1.5eV$)，负载到 Degussa P25 $TiO_2$ 颗粒的表面上，添加质量分数 5%～12.5%CuO 的 $TiO_2$ 光催化剂催化降解 $CN^-$。随着 CuO 含量从 0 增加到 12.5%，光学带隙从 2.95eV 减少到 2.30eV。过量加入 CuO 并不能提高 $TiO_2$ 降解氰化物的能力[10]。溶液中 $Cu^{2+}$(0.002～0.5mmol/L)不利于 $CN^-$ 的光催化降解，主要是 $Cu^+CN$ 配合离子降低了表面羟基自由基的活性。在所有情况下，氰酸盐是氰化物光催化降解的最终产物。

本章研究设计了两种纳米光催化剂，主要是确认光催化降解低浓度偏二甲肼废水过程是否产生 NDMA。前面几章研究发现，金属、活性炭和金属氧化物对 NDMA 的生成有抑制作用，因此在催化剂设计中引入了类似结构的物质。目前，光催化降解有机物废水领域研究主要集中于通过掺杂或复合催化剂实现可见光条件下的催化降解，而对于偏二甲肼需要重点关注催化剂组成及其光催化降解过程中对 NDMA 的生成和降解作用。

# 10.1 MWCNTs/Fe₂O₃ 催化剂的协同作用及催化性能

$Fe_2O_3$ 按晶型可分为α-$Fe_2O_3$、β-$Fe_2O_3$ 和γ-$Fe_2O_3$。其中，α-$Fe_2O_3$ 是一种 N 型半导体，作为光催化剂具有以下独特优点：一是较窄的禁带宽度(1.9～2.2eV)，能利用近 40%的环境太阳能；二是 pH 大于 3 时化学性质稳定且不易发生光腐蚀。

多壁碳纳米管(MWCNTs)的特征是可见光光敏化和高效的电荷输送与分离性能，能显著增强对目标污染物的吸附和提高光催化效率，MWCNTs 和 $Fe_2O_3$ 的协同效应成为目前的研究热点。MWCNTs/Fe₂O₃ 催化剂充分利用了 MWCNTs 和 $Fe_2O_3$ 纳米微粒各自的优异性能，两者之间产生协同作用，使催化剂的催化性能更加优异。MWCNTs/Fe₂O₃ 催化剂的制备方式有两种：一是将 $Fe_2O_3$ 纳米微粒包覆在 MWCNTs 的表面；二是将 $Fe_2O_3$ 纳米微粒填充至 MWCNTs 内。利用制备的 MWCNTs/Fe₂O₃ 催化剂，在可见光照射下对罗丹明 B 水溶液光催化脱色，显示出比 α-$Fe_2O_3$ 更高的光催化活性[11]。

## 10.1.1 煅烧温度对 Fe₂O₃ 和 MWCNTs/Fe₂O₃ 的影响

活性炭表面活性位点的化学性质与预处理温度和所充的气体种类有关。在氮气中 950℃高温处理后，活性炭 25℃时能吸附大量氧气；在氢气中高温处理后，相同的活性炭 25℃时几乎不吸附氧气，但在 150℃时吸附氧气。氧气与活性炭表面相互作用特性的变化，可能与活性炭表面不饱和位点的性质有关。具体而言，活性炭在氮气中高温处理后，表面含有高浓度的高度不饱和"悬空"碳原子，其与氧气快速且强烈地相互作用；活性炭在空气中高温处理后，表面产生酸性基团，并且和碳原子零电荷 PZCs 相关[12]。

分别将 25.25g、10.1g、5.05g 和 1.01g 的 Fe(NO₃)₃·9H₂O 溶于 40mL 去离子水中，加入 1g MWCNTs，磁力搅拌 4h，超声振荡 2h，在超声振荡的同时向溶液中逐滴加入过量的稀氨水，使溶液完全沉淀，调节 pH 为 12，常温下稳定 48h 后过滤，并用去离子水多次清洗至中性，将样品放入 50℃ 干燥箱中干燥 12h，取出碾磨成粉末。将固体粉末放入电阻炉中高温煅烧 2h，得到 MWCNTs/Fe₂O₃ 固体颗粒。该制备过程中发生下列主要反应：

$$3H_2O + Fe(NO_3)_3 + 3NH_3 \longrightarrow Fe(OH)_3 + 3NH_4NO_3$$

$$Fe(OH)_3 \longrightarrow FeOOH + H_2O$$

$$2Fe(OH)_3 \xrightarrow{\text{高温煅烧}} Fe_2O_3 + 3H_2O$$

$$2FeOOH \xrightarrow{\text{高温煅烧}} Fe_2O_3 + H_2O$$

按 MWCNTs 与 Fe₂O₃ 的比例分别为 1∶5、1∶2、1∶1 和 5∶1 制备催化剂，分别标记为 1∶5MWCNTs/Fe₂O₃、1∶2MWCNTs/Fe₂O₃、1∶1MWCNTs/Fe₂O₃ 和 5∶1MWCNTs/Fe₂O₃。

### 10.1.1.1 煅烧温度对 Fe₂O₃ 晶型、粒径和比表面积的影响

煅烧温度主要对纳米 Fe₂O₃ 的晶型、粒径、比表面积产生影响[13]，进而对其催化性能产生影响。纳米 Fe₂O₃ 的晶型采用 X 射线衍射仪和拉曼光谱仪进行测定。在不同温度下，将 Fe₂O₃ 前驱体放入电阻炉中煅烧 2h，分别得到 150℃、250℃、350℃、450℃ 和 550℃煅烧温度下的 Fe₂O₃ 催化剂，分别标记为催化剂 A、B、C、D、E。

采用拉曼光谱分析催化剂的结晶性和物相信息，获得不同温度下煅烧前驱体的拉曼光谱，如图 10-2 所示。催化剂 D 和催化剂 E 的 XRD 结果如图 10-3 所示。

由图 10-2 可知，前驱体的拉曼特征峰与文献报道的 α-FeOOH 的拉曼特征峰一致[14]，表明前驱体为 α-FeOOH。经 150℃煅烧催化剂开始出现 α-Fe₂O₃ 特征峰；250℃煅烧的催化剂的拉曼特征峰与文献报道的 α-Fe₂O₃ 的拉曼特征峰一致[15]，说明 α-Fe₂O₃ 晶体形成；随着温度的升高，α-Fe₂O₃ 的拉曼特征峰越来越强，结晶性越好，450℃与 550℃煅烧得到的 α-Fe₂O₃ 的拉曼特征峰基本一致，但 550℃煅烧得到的 α-Fe₂O₃ 1316cm⁻¹ 附近的拉曼特征峰的半峰宽略小。

由图 10-3 可知，催化剂 D 和 E 的 X 射线衍射峰均属于 α-Fe₂O₃(JCPDS

No.33-0664)的晶面，无杂峰，550℃下煅烧得到的α-Fe₂O₃峰形更尖锐，α-Fe₂O₃结晶完美。

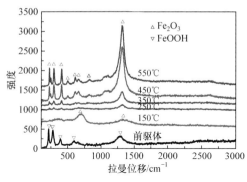 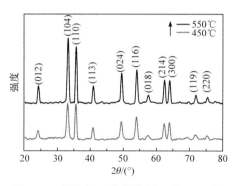

图 10-2　不同温度下煅烧前驱体的拉曼光谱　　图 10-3　催化剂 D 和催化剂 E 的 XRD 图

采用谢乐公式计算 Fe₂O₃ 粒径：

$$D_{hk1} = K\lambda / (\beta \cos\theta)$$

式中，$D_{hk1}$ 为晶体面的粒径；$K$ 为与晶体形状有关的常数，一般取 0.89；$\lambda$ 为 X 射线的波长，Cu、Pd 均为 0.15406；$\beta$ 为半峰宽；$\theta$ 为布拉格角。

催化剂 D 和催化剂 E 的 TEM 形貌如图 10-4 所示。

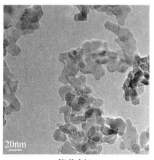 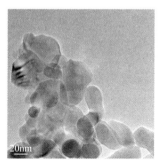

催化剂D　　　　　　　　　　　催化剂E

图 10-4　催化剂 D 和催化剂 E 的 TEM 形貌

Fe₂O₃ 的比表面积由 BET 分析仪测得。催化剂 D 和催化剂 E 的比表面积与平均粒径见表 10-1。

表 10-1　催化剂 D 和催化剂 E 的比表面积与平均粒径

| 催化剂 | D | E |
| --- | --- | --- |
| 比表面积/(m²/g) | 38.04 | 4.09 |
| 平均粒径/nm | 50.4 | 67.8 |

由图 10-4 可知，催化剂 D 的粒径在 50nm 左右，催化剂 E 的粒径在 65nm 左右，与表 10-1 谢乐公式计算结果一致。由表 10-1 可知，催化剂 D 的比表面积是催化剂 E 的 9.5 倍。

### 10.1.1.2　煅烧温度对 MWCNTs/Fe$_2$O$_3$ 光催化活性的影响

紫外线为光源，光照时间 120min，研究不同温度煅烧得到的纳米 Fe$_2$O$_3$ 和 MWCNTs/Fe$_2$O$_3$ 光催化剂对偏二甲肼降解率的影响，结果如图 10-5 所示。

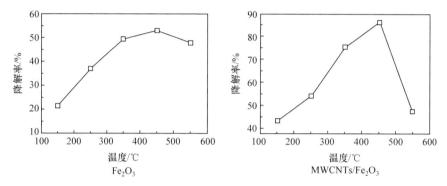

图 10-5　不同煅烧温度得到的催化剂对偏二甲肼降解率的影响

由图 10-5 可知，无论是 Fe$_2$O$_3$ 催化剂还是 MWCNTs/Fe$_2$O$_3$ 催化剂，450℃ 煅烧的催化剂活性最佳，偏二甲肼的降解率达到最大值 86.3%，MWCNTs/Fe$_2$O$_3$ 的光催化活性远高于 Fe$_2$O$_3$，说明 MWCNTs 对 Fe$_2$O$_3$ 光催化降解偏二甲肼具有协同作用。450℃ 煅烧得到 α-Fe$_2$O$_3$，说明 α-Fe$_2$O$_3$ 比 FeOOH 的光催化活性大，同时，催化剂粒径越小、比表面积越大，光催化活性越大，因此 450℃ 煅烧得到的 α-Fe$_2$O$_3$ 催化活性高于 550℃ 煅烧得到的催化剂。

所有样品的拉曼光谱图都由 D 峰(1340cm$^{-1}$)和 G 峰(1570cm$^{-1}$)组成，G 峰对应 sp$^2$ 杂化的石墨烯层 $E_{2g}$ 模式的对称振动，而 D 峰由结构缺陷或者边界碳原子引发。$I_D/I_G$ 是 D 峰和 G 峰的强度比，通常用于表征碳材料的石墨化度。不同煅烧温度得到的 MWCNTs 的拉曼光谱数据见表 10-2。

表 10-2　MWCNTs 的拉曼光谱数据

| 煅烧温度/℃ | 初始 | 150 | 250 | 350 | 450 | 550 |
|---|---|---|---|---|---|---|
| $I_D/I_G$ | 0.74 | 0.72 | 0.69 | 0.73 | 0.81 | 1.08 |

由表 10-2 可知，当煅烧温度达到 550℃ 时，$I_D/I_G$ 大于 1，表明此温度破坏了 MWCNTs 的石墨化层，同时由于分解失重，催化及吸附能力显著下降，因此煅烧温度应不高于 450℃。

### 10.1.2 MWCNTs 对 Fe₂O₃ 晶型和光催化活性的影响

#### 10.1.2.1 MWCNTs 对 Fe₂O₃ 晶型的影响

不同质量比的 MWCNTs/Fe₂O₃ 的 XRD 结果如图 10-6 所示；α-Fe₂O₃、γ-Fe₂O₃ 光催化降解偏二甲肼废水的效果对比如图 10-7 所示。

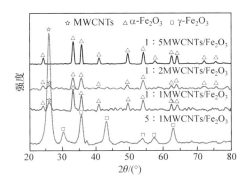

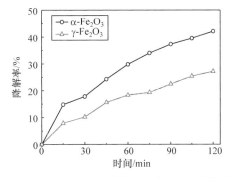

图 10-6　MWCNTs/Fe₂O₃ 的 XRD 图　　图 10-7　Fe₂O₃ 晶型对偏二甲肼降解率的影响

由图 10-6 可知，1∶5 MWCNTs/Fe₂O₃ 的所有衍射峰均属于 α-Fe₂O₃(JCPDS No.33-0664) 晶面 (012)、(104)、(110)、(113)、(024)、(116)、(018)、(214)、(300)、(119)、(220)，没有出现 MWCNTs 的特征峰；1∶2 MWCNTs/Fe₂O₃ 和 1∶1MWCNTs/ Fe₂O₃ 在 $2\theta = 26.6°$ 处出现了 MWCNTs(JCPDS No.26-1080) 的 (004) 晶面，其余特征峰仍归属 α-Fe₂O₃ 晶面。随着 MWCNTs 质量的增加，α-Fe₂O₃ 部分特征峰消失。当 MWCNTs/Fe₂O₃ 的质量比达到 5∶1 时，除了 MWCNTs(004) 晶面的衍射峰，其余峰均归属 γ-Fe₂O₃(JCPDS No.39-1346) 晶面 (220)、(311)、(400)、(422)、(511)、(440)，且峰形尖锐，表明此时制备的催化剂为 MWCNTs/γ-Fe₂O₃。可见 MWCNTs 在煅烧过程中阻碍了 Fe₂O₃ 粒子的成核和生长。当 MWCNTs 质量逐渐增加时，催化剂中 Fe₂O₃ 逐渐由 α 型转变为 γ 型，γ-Fe₂O₃ 属于磁性材料，这一发现对磁性铁氧体材料的研制是有益的。

由图 10-7 可知，α-Fe₂O₃ 光催化降解偏二甲肼废水的效果优于γ-Fe₂O₃。MWCNTs 与 Fe₂O₃ 质量比过大时，将使 Fe₂O₃ 晶型逐渐由 α 型转变为 γ 型，MWCNTs/Fe₂O₃ 光催化活性下降，导致偏二甲肼的降解率减小。

#### 10.1.2.2 MWCNTs 对 Fe₂O₃ 光催化活性的影响

催化剂的光催化活性与其粒径尺寸密切相关。一般认为，小尺寸的晶粒，其比表面积增加，产生更多的活性位点。Fe₂O₃ 的粒径由谢乐公式计算，见表 10-3。

**表 10-3　MWCNTs 添加量对 Fe₂O₃ 粒径的影响**

| MWCNTs 与 Fe₂O₃ 的质量比 | Fe₂O₃ 的晶型 | Fe₂O₃ 粒径/nm | 比表面积/(m²/g) |
|:---:|:---:|:---:|:---:|
| 0 | α | 50.4 | 38.04 |
| 1：5 | α | 22.4 | 68.45 |
| 1：2 | α | 19.3 | 78.34 |
| 1：1 | α | 19.7 | 89.46 |
| 5：1 | γ | 15.8 | 115.98 |

由表 10-3 可知，添加 MWCNTs 显著减小了 Fe₂O₃ 晶粒尺寸，添加 1/3 的 MWCNTs，可使 Fe₂O₃ 晶粒粒径从 50.4nm 降至 19.3nm，从而增加催化剂的光催化活性。

不同质量比的 MWCNTs/Fe₂O₃ 对偏二甲肼降解率或吸附率的影响如图 10-8 所示[16]。

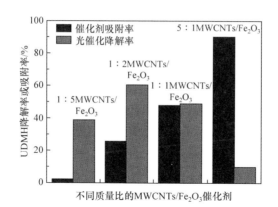

图 10-8　MWCNTs/Fe₂O₃ 对偏二甲肼降解率或吸附率的影响

由图 10-8 可知，随着 MWCNTs 的质量增加，MWCNTs/Fe₂O₃ 的吸附作用显著增大，当 MWCNTs/Fe₂O₃ 质量比从 1：5 增大到 1：2 时，吸附效果增大 10 倍，光催化性能增大约 50%，说明 MWCNTs 不仅起吸附作用，而且起提高空穴与电子分离、增大催化能力的作用。但 MWCNTs 含量继续增大，光催化活性下降，MWCNTs/Fe₂O₃ 主要表现为吸附作用。MWCNTs/Fe₂O₃ 质量比为 1：2 时，MWCNTs 与 Fe₂O₃ 的协同作用最佳，这时 Fe₂O₃ 可充分发挥紫外线产生光生空穴和光生电子作用，以及 MWCNTs 辅助电荷分离作用。MWCNTs 偏少时，电荷分离作用不强，MWCNTs/Fe₂O₃ 催化活性下降；反之，Fe₂O₃ 光生空穴和电子数量减少，MWCNTs/Fe₂O₃ 催化活性下降。

MWCNTs/Fe₂O₃ 催化剂起吸附和光催化双重作用。一是碳纳米管对偏二甲肼及其降解产物偏腙、二甲胺、四甲基四氮烯和 NDMA 具有吸附作用；二是在光照条件下，MWCNTs/Fe$_2$O$_3$ 催化剂的 Fe$_2$O$_3$ 产生空穴，电子转移到 MWCNTs 表面，实现空穴与电子分离，电子与吸附的氧气作用转化为强氧化性的·O$_2^-$，同时空穴与羟基作用生成羟基自由基，产生强氧化降解能力。

### 10.1.3 MWCNTs 与 Fe$_2$O$_3$ 的协同作用

Fe$_2$O$_3$ 和 MWCNTs 的复合不是简单的物理吸附，而是通过化学键使 Fe$_2$O$_3$ 与 MWCNTs 复合。在光照条件下，Fe$_2$O$_3$ 光生电子通过 Fe—O—C 化学键转移到 MWCNTs 表面，促进光生电子-空穴分离，从而提高光催化活性。

#### 10.1.3.1 MWCNTs 与 Fe$_2$O$_3$ 之间的结合作用

一般认为，碳纳米管与金属氧化物之间的接触紧密程度会影响碳纳米管的氧化温度。当它们接触"紧密"时，金属氧化物会促进碳纳米管的氧化，即氧化温度降低；当它们接触"松散"时，金属氧化物对碳纳米管的氧化不会产生影响。

测得 MWCNTs 和 MWCNTs/Fe$_2$O$_3$ 的 TG-DSC 曲线，如图 10-9 所示。

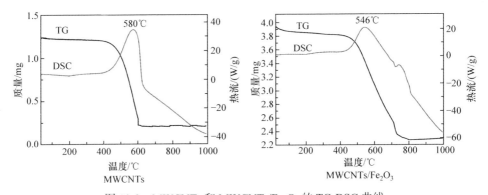

图 10-9　MWCNTs 和 MWCNTs/Fe$_2$O$_3$ 的 TG-DSC 曲线

由图 10-9 可知，MWCNTs 的热重(TG)曲线表明，MWCNTs 的质量在 450～610℃产生了较大损失，在 580℃出现了强的放热峰；MWCNTs/Fe$_2$O$_3$ 的差示扫描量热(DSC)曲线表明，MWCNTs/Fe$_2$O$_3$ 的氧化温度为 546℃，低于 MWCNTs 的氧化温度，说明 MWCNTs/Fe$_2$O$_3$ 的 MWCNTs 与 Fe$_2$O$_3$ 接触"紧密"，Fe$_2$O$_3$ 有效促进了 MWCNTs 的氧化。

碳纳米管与金属氧化物的结合作用分为两种：一种是简单的物理吸附，这种结合作用的存在方式是它们之间较弱的范德华力；另一种是化学键的形式，这种结合方式会改变碳纳米管的内部原子状态。

图 10-10 为 MWCNTs/Fe$_2$O$_3$ 的高分辨率的透射电镜(HRTEM)形貌。

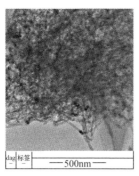 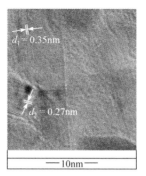

图 10-10　MWCNTs/Fe₂O₃ 的 HRTEM 形貌

由图 10-10 可知，MWCNTs/Fe₂O₃ 的 HRTEM 照片中主要有两个方向生长的晶格条纹，纵向生长的晶格条纹间距 0.35nm，对应于 MWCNTs 的(002)面；横向生长的晶格有明显的凸起，条纹间距 0.27nm，对应于 α-Fe₂O₃ 的(104)面。由此表明，Fe₂O₃ 生长在 MWCNTs 的管壁外层，它们间的结合部分接触"紧密"。

### 10.1.3.2　MWCNTs 与 Fe₂O₃ 之间的键合作用

Fe₂O₃ 与 MWCNTs 可形成两种化学键：一是引入氧原子形成 Fe—O—C 键[17]；二是直接形成 Fe—C 键[18]。

MWCNTs、Fe₂O₃ 和 1∶2 MWCNTs/Fe₂O₃ 的红外光谱和拉曼光谱，如图 10-11 所示。

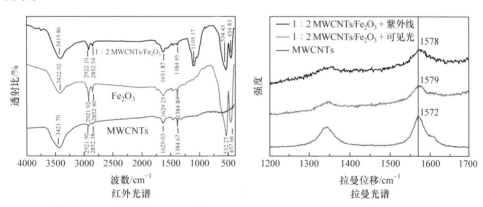

图 10-11　MWCNTs、Fe₂O₃ 和 1∶2 MWCNTs/Fe₂O₃ 的红外光谱和拉曼光谱

由图 10-11 可知，Fe₂O₃ 的红外光谱图中，532cm⁻¹ 和 457cm⁻¹ 的吸收峰归属于 α-Fe₂O₃ 的 Fe—O 键的特征峰；1∶2 MWCNTs/Fe₂O₃ 的红外光谱图中，除了出现 α-Fe₂O₃ 的特征峰外，1105cm⁻¹ 附近还出现了新的吸收峰，该峰归属于 Fe—O—C 中 C—O 键的伸缩振动。文献报道，这种新的化学键使 Fe₂O₃ 和

MWCNTs 形成了联合电子体系，推测 $Fe_2O_3$ 与 MWCNTs 通过 Fe—O—C 键发生了电子转移。

马葆禄等[19]提出了 $CNTs/TiO_2$ 复合物中 C—O—Ti 键的形成机理，据此推测 Fe—O—C 键的形成机理。由于 MWCNTs 比表面积大，共沉淀过程中可以吸附氢氧化铁和羟基氧化铁，MWCNTs 表面有一定的羟基，氢氧化铁和羟基氧化铁表面同样有大量的羟基，使得 MWCNTs、氢氧化铁和羟基氧化铁之间以氢键结合，在高温下发生脱水缩合反应而形成 Fe—O—C 键，最终使 $Fe_2O_3$ 以 Fe—O—C 化学键的形式均匀分布在 MWCNTs 表面。因此，$Fe_2O_3$ 和 MWCNTs 不是简单的物理吸附，而是通过化学键复合，正是这种化学键使 $Fe_2O_3$ 与 MWCNTs 接触"紧密"。

### 10.1.3.3 MWCNTs 与 $Fe_2O_3$ 之间的电子转移

1:2 $MWCNTs/Fe_2O_3$ 分别在可见光和紫外线下照射 1h 后的拉曼光谱图及 MWCNTs 的拉曼光谱图见图 10-11。$1350cm^{-1}$ 处的峰为 MWCNTs 中无定形碳的特征峰，称为 D 峰。D 峰主要是 MWCNTs 的表面缺陷或管壁上吸附的杂质碳产生，是 MWCNTs 中缺陷和无序度的反映。$1572cm^{-1}$ 处峰是石墨碳的特征峰，称为 G 峰，来源于 $sp^2$ 杂化的石墨层 $E_{2g}$ 模式的对称振动，是 MWCNTs 有序度的反映。一般用 D 峰与 G 峰的强度比即 $I_D/I_G$ 来评价 MWCNTs 的石墨化程度[20]。

1:2 $MWCNTs/Fe_2O_3$ 分别在可见光和紫外线下照射 1h 后的拉曼数据及 MWCNTs 的拉曼数据见表 10-4。

**表 10-4　$MWCNTs/Fe_2O_3$ 的拉曼数据**

| 条件 | $C_D/cm^{-1}$ | $C_G/cm^{-1}$ | $I_D/I_G$ |
| --- | --- | --- | --- |
| 1:2 $MWCNTs/Fe_2O_3$ + 紫外线 | 1351 | 1578 | 0.80 |
| 1:2 $MWCNTs/Fe_2O_3$ + 可见光 | 1349 | 1579 | 0.79 |
| MWCNTs | 1342 | 1572 | 0.74 |

由表 10-4 可知，1:2 $MWCNTs/Fe_2O_3$ 中 $I_D/I_G$ 约为 0.80，相比 MWCNTs 有所增加，即 1:2 $MWCNTs/Fe_2O_3$ 的石墨化程度有所降低；$Fe_2O_3$ 负载于 MWCNTs，导致 MWCNTs 产生更多的晶格缺陷。

在含有碳纳米管的复合催化剂中，如果碳纳米管 G 峰位置发生移动，则表明碳纳米管与催化剂之间产生了电荷转移。由图 10-11 可以看出，1:2 $MWCNTs/Fe_2O_3$ 在可见光和紫外线下 G 峰分别发生了 $7cm^{-1}$ 和 $6cm^{-1}$ 的蓝移，表明在可见光和紫外线照射下电子由 $Fe_2O_3$ 转移到 MWCNTs[21]，减少了电子-空穴的复合，提高了光子效率[22]，进而提高了光催化活性。

### 10.1.4　MWCNTs 增强 Fe₂O₃ 可见光吸收

半导体材料的禁带宽度 $E_g$ 决定了其对光的吸收能力，禁带宽度可以通过光吸收阈值 $\lambda$ 来计算：

$$E_g = 1240/\lambda$$

半导体材料的禁带宽度越窄，其光吸收阈值越大，相应的光吸收范围越宽，也就是说可以吸收更多的光来参与光催化反应。

Fe₂O₃ 和 MWCNTs/Fe₂O₃ 的 UV-VIS 谱如图 10-12 所示。

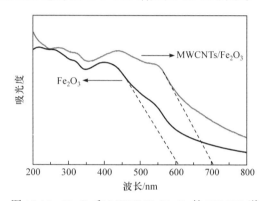

图 10-12　Fe₂O₃ 和 MWCNTs/Fe₂O₃ 的 UV-VIS 谱

对图 10-12 中谱线作切线，外延至吸光度为零处得到对应的阈值波长，再计算得到半导体材料的禁带宽度。Fe₂O₃ 吸收线的切线与纵轴交点在 608nm 左右，计算得到其 $E_g$ 约为 2.04eV，而 MWCNTs/Fe₂O₃ 的 $E_g$ 约为 1.76eV。MWCNTs/Fe₂O₃ 的禁带宽度相对较小，意味着经过光照 MWCNTs/Fe₂O₃ 中会出现更多的电子-空穴对，形成更强的光催化降解能力。

Chen 等[23]观察到了 MWCNTs/TiO₂ 的可见光活性，推测 MWCNTs 与 TiO₂ 间形成了 Ti—O—C 键、Ti—C 键，这是 MWCNTs 增强 Fe₂O₃ 可见光吸收能力的重要原因。

### 10.1.5　MWCNTs/TiO₂ 的光催化作用

Kuo 对 MWCNTs 与 TiO₂ 的简单混合物进行了光催化性能研究[22]。结果表明，碳纳米管可从降低光生电子-空穴复合概率、提高比表面积、增加表面吸附羟基含量等方面发挥光催化协同作用。

MWCNTs 和纳米 TiO₂ 复合促进了光生电子-空穴分离，其实质是 TiO₂ 的电子转移到 MWCNTs。TiO₂ 光生电子与空穴的复合在纳秒间发生，MWCNTs 管状结构中的电子更易流动及逃逸，这种电子性能使得 MWCNTs 与 TiO₂ 发生强烈的相互作用，有利于降低 $TiO_2$ 光催化过程中的电子积累，降低电子-空穴的复合概率。

Kongkanand 等[24]系统研究了单壁碳纳米管 SWCNTs 和 $TiO_2$ 之间的电子传递，发现随着 SWCNTs 含量的增加，SWCNTs/$TiO_2$ 在 650nm 处的吸光度不断下降，SWCNTs 含量增至 100mg/L 时，观察不到吸收峰。因为光生电子被 $Ti^{4+}$ 捕获生成 $Ti^{3+}$ 这个过程吸收特定波长的光，其最大吸收峰值为 650nm，所以 650nm 处的吸光度可反映电子被 $Ti^{4+}$ 捕获的数量。$TiO_2$ 和 SWCNTs 复合后，被 $Ti^{4+}$ 捕获的电子数量减少，这部分电子显然转移到了 SWCNTs。

Wang 等[25]采用溶胶-凝胶法制备了 MWCNTs/$TiO_2$，并对其在紫外线及可见光照射下的光催化活性进行了对比研究。结果表明，MWCNTs 起到了光敏剂的作用，因为 MWCNTs 对可见光有良好的吸收性能，在可见光作用下，MWCNTs 电子被激发并注入 $TiO_2$ 导带，随后与吸附在 $TiO_2$ 表面的氧分子发生还原反应，生成具有强氧化性的 $\cdot O_2^-$、$HO\cdot$。

上述两种机理的主要区别：前者是 $TiO_2$ 表面产生空穴，而后者是碳纳米管表面产生空穴。后者的主要依据是 MWCNTs 对可见光有良好的吸收性能，认为 MWCNTs 在光作用下产生空穴和电子，然后电子转移到 $TiO_2$ 表面。但 $TiO_2$ 传导电荷能力差，因此通过 $TiO_2$ 光生电子后，经传输电荷能力强的碳纳米管传输更为合理。$CdS$-$TiO_2$ 和 $TiO_2$/MWCNTs 的 XPS 测定发现，在 MWCNTs/$TiO_2$ 中 Ti 元素只有 $Ti^{4+}$ 一种存在形式，而在 $CdS$-$TiO_2$ 中还存在 $Ti^{3+}$，表明 CdS 能促进电子传递给 $TiO_2$，促进 $Ti^{3+}$ 的生成，而碳纳米管的电子不容易传递给 $TiO_2$，更有可能是反向传递[26]。此外，光敏剂的作用是吸收能量传递给其他物质，引发被敏化物质的电子跃迁或光分解。MWCNTs 本身可以产生电子跃迁，但不能替代 $TiO_2$ 电子跃迁产生光生空穴。在 MWCNTs/$TiO_2$ 中，碳起掺杂作用使 $TiO_2$ 的结构改变，进而改变其禁带宽度，使其在可见光范围内有吸收。

Li 等[27]在描述纳米 $TiO_2$ 表面沉积 Au 的 $TiO_2$/Au 催化剂时，认为 Au/$TiO_2$ 催化剂在紫外线和可见光作用下的光催化机理不同。在可见光照射下，Au 表面产生光生电子迁移到 $TiO_2$ 表面，$TiO_2$ 表面吸附的氧气与电子结合转化为超氧自由基；紫外线照射下，$TiO_2$ 的价电子跃迁到导带产生空穴和电子，电子迁移到 Au，通过 $TiO_2$ 的空穴和 Au 表面的电子作用将氧气转化为羟基自由基。

Au/$TiO_2$ 复合薄膜光催化原理如图 10-13 所示[27]。

上述观点用于解释 10.2.2 小节中 MWCNTs/$Fe_2O_3$ 在紫外线和可见光照射下，不同 pH 下偏二甲肼降解率的差异，比较容易让人接受，但从 MWCNTs/$Fe_2O_3$ 在可见光和紫外线作用下的拉曼光谱同样发生蓝移来看，可见光和紫外线作用下，电子迁移的方向应是一致的。同时，不同于 Au/$TiO_2$ 在 530nm 处产生新的吸收

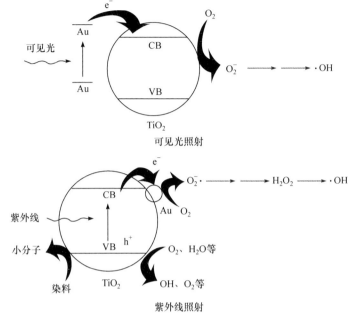

图 10-13　Au/TiO₂ 复合薄膜光催化原理示意图[27]

光谱，MWCNTs/Fe₂O₃ 仅表现为光谱红移。这里讨论电子迁移的流向，主要是涉及污染物在催化剂表面的反应。偏二甲肼可以被空穴氧化，如果空穴位于 MWCNTs，则空穴催化氧化 MWCNTs 上吸附的偏二甲肼，但实验数据并不支持。

　　将纳米 Fe₂O₃ 负载到碳纳米管，碳纳米管具有细化 Fe₂O₃ 的作用，MWCNTs/Fe₂O₃ 比表面积增大，使光照后碳纳米管的拉曼光谱 G 峰紫移，G 峰对应于 C—C 伸缩振动，光生电子转移到碳纳米管，从而增大 C—C 键的力常数，谱峰发生蓝移；MWCNTs/Fe₂O₃ 与 Fe₂O₃ 紫外-可见吸收谱峰外形相似，只是发生 20～50nm 红移，碳纳米管可能作为施主能级，使纳米 Fe₂O₃ 的光生电子通过 Fe—O—C 键传递到碳纳米管，碳纳米管起电荷传输和分离的作用。

# 10.2　MWCNTs/Fe₂O₃ 光催化降解偏二甲肼废水

　　影响光催化性能的因素包括光的波长、光的强度、催化剂投加量和 pH 等，这里主要探讨影响光催化降解路径的因素。

### 10.2.1　光源和催化剂投加量对偏二甲肼降解率的影响

　　光源和 MWCNTs/Fe₂O₃ 投加量对偏二甲肼降解率的影响分别如图 10-14、

图 10-15 所示。

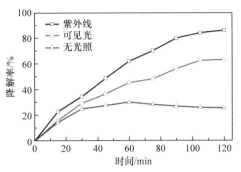

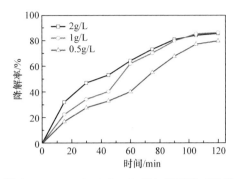

图 10-14　光源对偏二甲肼降解率的影响　　　图 10-15　MWCNTs/Fe₂O₃ 投加量对偏二甲肼
　　　　　　　　　　　　　　　　　　　　　　　　　　　　　　降解率的影响

　　由图 10-14 可知，在无光照时，偏二甲肼含量仍然有所降低，这是因为 MWCNTs/Fe₂O₃ 催化剂中的 MWCNTs 对偏二甲肼有吸附作用；在可见光或紫外线照射下，偏二甲肼的降解率显著增大。

　　由图 10-15 可知，在光催化降解偏二甲肼 60min 后，1g/L 和 2g/L 的 MWCNTs/Fe₂O₃ 对偏二甲肼的降解率接近，因此选择 1g/L 的催化剂投加量。

　　催化剂投加量直接影响光催化过程中活性自由基的量，从而影响光催化反应速率。催化剂投加量过少，活性自由基的生成量不足，导致光催化反应速率减小；催化剂投加量过多，导致一部分催化剂不能获得有效的光照，降低生成活性自由基的效率反而可能降低光催化反应速率。

## 10.2.2　pH 对偏二甲肼降解率的影响

　　在光催化过程中，pH 会影响半导体表面的电荷特性、吸附行为和电子转移能力等，是影响半导体光催化性能的重要因素。

　　在光照条件下，光催化降解偏二甲肼过程可能存在吸附、催化剂表面空穴氧化、金属氧化物氧化、羟基自由基氧化、催化剂溶解产生 $Fe^{3+}$ 的氧化等作用。酸性条件下催化剂溶解产生 $Fe^{3+}$，容易氧化偏二甲肼，同时催化剂表面吸附的 $H^+$ 与光生电子结合转化为新生的氢原子，氢原子还原二甲氨基氮烯重新生成偏二甲肼：

$$2Fe^{3+} + (CH_3)_2NNH_2 \longrightarrow (CH_3)_2NN: + 2H^+ + 2Fe^{2+}$$

$$(CH_3)_2NN: + 2H \cdot \longrightarrow (CH_3)_2NNH_2$$

在零电荷点(α-Fe₂O₃ 和活性炭的零电荷点在 pH8～9)前，催化剂表面带正电荷，对带正电荷的质子化偏二甲肼的吸附作用较弱，偏二甲肼碱电离常数 $pK_b$ 为 6.88，因此 pH 大于 7 才有较强的吸附作用。中性条件下，吸附的偏二甲肼发生空穴氧化和分解作用。

碱性条件下，$\alpha$-$Fe_2O_3$ 表面空穴与水中氢氧根离子作用产生羟基自由基，主要发生水相羟基自由基与偏二甲肼的作用。

纳米 $Fe_2O_3$ 为光催化剂，可见光或紫外线照射下，pH 对偏二甲肼降解率的影响如图 10-16 所示。pH 对 MWCNTs/$Fe_2O_3$ 紫外线催化降解偏二甲肼的影响与 $Fe_2O_3$ 相同，如图 10-17 所示。

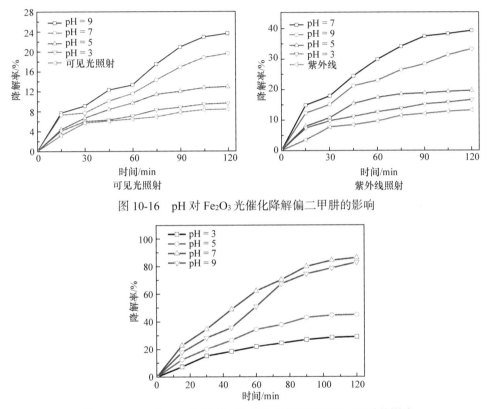

图 10-16　pH 对 $Fe_2O_3$ 光催化降解偏二甲肼的影响

图 10-17　pH 对 MWCNTs/$Fe_2O_3$ 紫外线催化降解偏二甲肼的影响

由图 10-16 可知，可见光下，$Fe_2O_3$ 在碱性条件下的催化活性最高，而紫外线下，$Fe_2O_3$ 和 MWCNTs/$Fe_2O_3$ 均在中性条件下的活性更高。$Fe_2O_3$ 催化降解活性较弱，偏二甲肼在碱性介质中易被氧化，因此碱性条件下活性最大。紫外线下，偏二甲肼的降解率主要受催化剂活性决定，在中性条件下，偏二甲肼的降解率最大。

### 10.2.3　光催化降解偏二甲肼过程 NDMA 的产生

采用 MWCNTs/$Fe_2O_3$ 光催化降解偏二甲肼废水，检测光源对偏二甲肼降解率与 COD 去除率的影响，如图 10-18 所示。

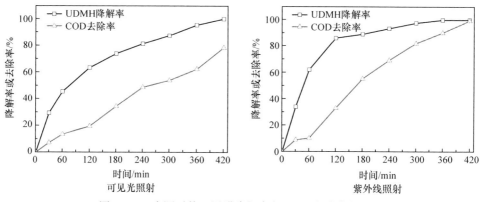

图 10-18　光源对偏二甲肼降解率与 COD 去除率的影响

　　由图 10-18 可知，在可见光照射下，COD 去除率低于偏二甲肼降解率，而在紫外线照射下，反应 7h 后偏二甲肼降解率与 COD 去除率持平，据此推测偏二甲肼降解过程可能生成难降解有机物。

　　在可见光、紫外线照射下，通过实验测得不同催化条件下的 NDMA 生成率(浓度)与 UDMH 降解率，如图 10-19 所示。

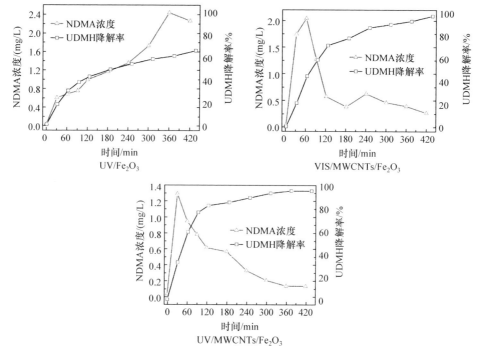

图 10-19　不同光催化条件下 NDMA 生成率(浓度)与偏二甲肼降解率的关系

由图 10-19 可知，无论是可见光照射还是紫外线照射，偏二甲肼降解过程都生成了 NDMA。紫外线照射下，采用 $Fe_2O_3$ 光催化剂，偏二甲肼转化为 NDMA 的转化率达 20%以上，采用 MWCNTs/$Fe_2O_3$ 光催化剂，NDMA 的最大生成量可降低 50%，残留量由 2.3mg/L 降至 0.2mg/L。碳纳米管的加入不仅加快偏二甲肼的降解，有效减少 NDMA 的生成量，而且去除 NDMA 的作用也非常显著。

值得注意的是，MWCNTs/$Fe_2O_3$ 为光催化剂在可见光照射下反应 60～120min 时，NDMA 的去除反应比紫外线照射下要快，其后 NDMA 浓度分别在反应 150min 和反应 240min 时有重新增大的过程，推测第一个峰是偏二甲肼的氨基脱氢生成二甲氨基氮烯，二甲氨基氮烯加氧转化为 NDMA 过程产生，第二个峰是偏二甲肼或其他中间产物通过二甲氨基自由基与 NO 作用转化为 NDMA 产生。同理推测，紫外线下，$Fe_2O_3$ 光催化剂作用偏二甲肼的反应前期，是通过二甲氨基氮烯加氧转化为 NDMA，后期的加速期是二甲氨基自由基与 NO 作用生成 NDMA。

向反应体系中充入 $N_2$，并加入 50μL 质量分数 3%的 $H_2O_2$，在紫外线照射条件下，采用 MWCNTs/$Fe_2O_3$ 光催化剂降解偏二甲肼废水，检测反应 120min 时 NDMA 生成量，结果见表 10-5。

**表 10-5 充入 $N_2$ 和添加 $H_2O_2$ 条件下 NDMA 的绝对浓度变化(mg/L)**

| 反应时间/min | 30 | 60 | 90 | 120 | 180 | 240 | 300 | 360 | 420 |
|---|---|---|---|---|---|---|---|---|---|
| 充入 $N_2$ | 0.22 | 0.33 | 0.27 | 0.21 | | | | | |
| 添加 $H_2O_2$ | 0.978 | 1.139 | 1.027 | 0.931 | 0.853 | 0.874 | 0.732 | 0.621 | 0.520 |

由表 10-5 可知，充入 $N_2$ 后，偏二甲肼降解速率在反应前期较快，说明光解、空穴氧化、吸附等是主要作用，但是无氧条件下 NDMA 的浓度很小，说明有氧条件有利于过氧化氢自由基 $HO_2\cdot$ 生成，进而加大了 NDMA 的产生。

反应前期添加过氧化氢，NDMA 的最大生成量略有下降，但之后 NDMA 降解速率变小，可能是过氧化氢吸收了紫外线，降低了 NDMA 的光解速率，同时过氧化氢自由基的加氧作用增大了 NDMA 的生成。在 NDMA 的生成中，$HO_2\cdot$ 的加氧作用有利于竞争反应中转化为 NDMA。

### 10.2.4 光催化剂产生活性物种及机理分析

#### 10.2.4.1 羟基自由基的产生

MWCNTs/$Fe_2O_3$ 光催化剂产生羟基自由基的过程：

$$MWCNTs/Fe_2O_3 + h\nu \longrightarrow e^- + MWCNTs/Fe_2O_3(h^+)$$

$$e^- + O_2 \longrightarrow \cdot O_2^-$$
$$2e^- + O_2 + 2H^+ \longrightarrow H_2O_2$$
$$H_2O_2 + \cdot O_2^- \longrightarrow \cdot OH + OH^- + O_2$$
$$h^+ + OH^- \longrightarrow \cdot OH$$
$$h^+ + H_2O \longrightarrow \cdot OH + H^+$$

羟基自由基·OH、超氧负离子 $O_2^-$ 和空穴 $h^+$ 是光催化过程产生的主要活性物种。在反应体系中加入异丙醇作为·OH 的去除剂，充入 $N_2$ 作为 $O_2^-$ 的去除剂，加入 $NaHCO_3$ 作为空穴 $h^+$ 的去除剂，加入 $AgNO_3$ 作为电子的去除剂，检测上述去除剂对偏二甲肼降解率的影响，结果如图 10-20 所示。

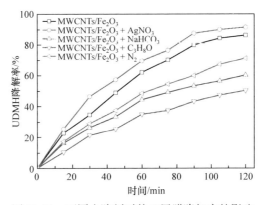

图 10-20　不同去除剂对偏二甲肼降解率的影响

由图 10-20 可见，加入异丙醇或 $NaHCO_3$ 后，偏二甲肼的降解率较充入 $N_2$ 时下降。根据下降程度，推断·OH、$h^+$ 和 $O_2^- \cdot$ 在光催化过程中的作用大小依次为·OH＞$h^+$＞$O_2^- \cdot$。$AgNO_3$ 的加入可有效促进电子和空穴的分离，避免反应中还原过程的发生，提高偏二甲肼的降解率。

图 10-20 和图 10-8 对比可知，$MWCNTs/Fe_2O_3$ 光催化作用基本上是吸附作用和羟基自由基氧化作用之和，只是羟基自由基除由空穴作用产生外，还有其他来源，包括 MWCNTs 将吸附的氧气转化为过氧化氢，过氧化氢被波长 308nm 的光照射，发生游离基链式分解反应产生羟基自由基：

$$2e^- + O_2 + 2H^+ \longrightarrow H_2O_2$$
$$HO_2 \cdot + HO_2 \cdot \longrightarrow H_2O_2 + O_2$$
$$H_2O_2 + h\nu \longrightarrow 2 \cdot OH$$

由于只有紫外线照射才能引发过氧化氢分解产生羟基自由基，因此紫外线照射下的 MWCNTs 光催化剂的催化活性比可见光照射高。

对光分解水半导体材料的要求是禁带宽度大于水的分解电压 1.23V，同时满足带隙的条件后还需要满足导带位置在 0V，$E(H^+/H_2)$ 之上，$Fe_2O_3$ 光催化剂不满足该要求，不产生氢自由基或氢气。MWCNTs 具有类金属性，产生·H 和·OH：

$$H^+ + e^- \longrightarrow H\cdot$$
$$H\cdot + H_2O \longrightarrow 2\cdot OH$$

该观点较好地解释光催化反应初期，图 10-19 中 MWCNTs/$Fe_2O_3$ 较 $Fe_2O_3$ 对偏二甲肼的催化降解能力有显著提高，而反应 2h 后对 NDMA 又有催化分解作用，将 NDMA、$N,N$-二甲基二氮烯有效还原为偏二甲肼或二甲胺而被去除：

$$(CH_3)_2NNO + 2H_2(或\ 4\cdot H) \longrightarrow (CH_3)_2NNH_2 + H_2O$$
$$(CH_3)_2NNO + 3H_2(或\ 6\cdot H) \longrightarrow (CH_3)_2NH + NH_3 + H_2O$$
$$H_2O_2 + \cdot OH \longrightarrow HO_2\cdot + H_2O$$

未充氮条件下，MWCNTs 所带的电子与氧气作用转化为 $O_2^-\cdot$，而 $O_2^-\cdot$ 通过自动还原歧化作用衰减转化为过氧化氢和氧气，紫外线作用下过氧化氢转化为·OH。

MWCNTs/$Fe_2O_3$ 光腐蚀产生 $Fe^{3+}$，偏二甲肼氧化过程产生甲酸、乙酸等并产生 $H^+$，$H^+$ 与 $Fe_2O_3$ 中的 $Fe^{3+}$ 发生离子交换，$Fe^{3+}$ 溶解于水中：

$$6H^+ + Fe_2O_3 \rightleftharpoons 2Fe^{3+} + 3H_2O$$

$Fe^{3+}$ 催化过氧化氢产生过氧化氢自由基和羟基自由基：

$$Fe^{3+} + H_2O_2 \longrightarrow Fe(HO_2)^{2+} + H^+$$
$$Fe(HO_2)^{2+} \longrightarrow Fe^{2+} + HO_2\cdot$$
$$Fe^{2+} + H_2O_2 \longrightarrow Fe^{3+} + OH^- + \cdot OH$$

产生的空穴、电子、超氧自由基和 $Fe^{3+}$ 都可能促进羟基自由基的生成，因此 MWCNTs/$Fe_2O_3$ 光催化作用主要表现为水中羟基自由基降解偏二甲肼。

### 10.2.4.2　亚硝基二甲胺的生成与降解

NDMA 可能来源于偏二甲肼氨基氧化产生或甲基氧化生成二甲氨基自由基后转化。降解低浓度偏二甲肼废水过程中，容易通过氨基自由基氧化生成偏二甲肼，羟基自由基摘除偏二甲肼氨基上的氢，但从转化率偏高来看，可能有 $Fe_2O_3$ 的促进作用。

引发过程：

$$Fe^{3+} + (CH_3)_2NNH_2 \longrightarrow (CH_3)_2NN\cdot H + H^+ + Fe^{2+}$$
$$Fe^{2+} + O_2 + H^+ \longrightarrow Fe^{3+} + HO_2\cdot$$

转化过程：

$$(CH_3)_2NN \cdot H + HO_2 \cdot \longrightarrow (CH_3)_2NNHOOH$$

$$(CH_3)_2NNHOOH \longrightarrow (CH_3)_2NNO + H_2O$$

在 MWCNTs/Fe$_2$O$_3$ 光催化剂作用下，生成大量的羟基自由基和过氧化氢自由基，NDMA 的生成速率显著增大。图 10-19 显示，MWCNTs/Fe$_2$O$_3$ 光催化剂较 Fe$_2$O$_3$ 光催化剂，偏二甲肼降解为 NDMA 的比率(NDMA 生成量与偏二甲肼降解率的比值)明显提高，NDMA 的最大生成量时间，从反应 360min 提前到 60min。

紫外线照射是一种去除 NDMA 的有效方法。NDMA 吸收 300～350nm 的紫外线，紫外线可以促进 NDMA 的 N—N 键断裂，主要降解产物为二甲胺和 NO$_2^-$：

$$(CH_3)_2NNO + h\nu \longrightarrow (CH_3)_2N \cdot + NO$$

$$(CH_3)_2NNO + \cdot OH \longrightarrow (CH_3)_2NNO(OH)$$

$$(CH_3)_2NNO(OH) \longrightarrow (CH_3)_2N \cdot + HNO_2$$

$$NO + \cdot OH \longrightarrow HNO_2 \longrightarrow H^+ + NO_2^-$$

NO 与二甲氨基自由基作用可重新生成 NDMA，因此在没有完全去除二甲胺或 NO 的情况下，不能完全去除 NDMA。紫外线下，NO 与 ·OH 作用生成 HNO$_2$ 或加氧生成 NO$_2$ 的过程是一个可逆过程，无法有效消除 NO，而半导体光催化剂对 NO 与 ·NH$_2$、:NH 作用生成 N$_2$ 和 N$_2$O 有催化作用，是 NO 消除的主要方式。图 10-19 中，反应 60～120min，可见光照射下去除 NDMA 的速率比紫外线照射大，原因可能是可见光照射下反应 120min 时，偏二甲肼的残留量较大，偏二甲肼甲基氧化并分解光产生 ·NH$_2$、:NH，·NH$_2$、:NH 与 NO 作用生成 N$_2$ 和 N$_2$O，进而有助于 NDMA 的快速去除。

NDMA 可能存在通过还原的作用去除。MWCNTs/Fe$_2$O$_3$ 催化产生的氢自由基将硝酸和亚硝酸还原为 NH$_3$，将 NDMA 有效还原为偏二甲肼或二甲胺：

$$NO_3^- 、 NO_2^- + \cdot H \longrightarrow NH_3 + H_2O$$

$$(CH_3)_2NNO + 2H_2(或 4 \cdot H) \longrightarrow (CH_3)_2NNH_2 + H_2O$$

$$(CH_3)_2NNO + 3H_2(或 6 \cdot H) \longrightarrow (CH_3)_2NH + NH_3 + H_2O$$

碳纳米管辅助光催化电解产生 H$_2$ 的设想基于以下研究提出。碳材料和 TiO$_2$ 复合可以在光催化作用下分解水产生 H$_2$，将不能产氢的金属与 TiO$_2$ 复合转化为产氢材料。例如，TiO$_2$ 与石墨烯 GO 纳米结构之间有良好的界面接触，在波长大于 420nm 的可见光照射下可以产氢[28]，在 Pt/MWCNTs/TiO$_2$ 上成功分解水产生 H$_2$，产氢速率 8mmol/(g·h)，但 Pt 负载的原始 TiO$_2$ 和 MWCNTs 没有分解水的能力。类似地，Ni/TiO$_2$ 不具备可见光制氢性能，但 Ni/MWCNTs/TiO$_2$ 可以通过可见光光催化分解水产生 H$_2$。

# 10.3　多层纳米 TiO$_2$ 薄膜的制备及结构表征

零维 TiO$_2$ 即颗粒状 TiO$_2$ 具有较大的比表面积，在有机污染物降解、光解水产氢、太阳能电池、传感器等领域表现出良好的性能[29-32]。但零维 TiO$_2$ 中光生载流子的流动性较差，发生复合的概率较大，导致其量子转化效率极低，大大限制了其光催化性能的发挥[33,34]。有研究尝试通过改变 TiO$_2$ 的维度来提高其光催化性能，制备了一维、二维、三维甚至形貌更加复杂的纳米结构 TiO$_2$。其中，一维纳米结构 TiO$_2$，包括棒状、管状、纤维状、带状等，其比表面积相对较大，能够为反应组分的附着提供良好的位点，并可以充分吸收照射光子能量；独特的一维纳米结构能够使电子沿其轴向传送，避免电子在不同纳米微粒间的跳跃传递，为电子提供快速的传输通道，有利于电子和空穴的分离[35-39]。因此，一维纳米结构被视作改善 TiO$_2$ 光催化性能的有效途径，日益受到研究者的青睐，成为目前 TiO$_2$ 光催化技术的研究热点之一。

TiO$_2$ 的禁带宽度较大，仅能在紫外线照射下激发，而紫外线能量仅占太阳能总量的 5%左右，因此太阳光照射下 TiO$_2$ 的光催化效率较低。对 TiO$_2$ 进行组分改性使其能够利用能量占太阳能总量约 46%的可见光，提高太阳光照射下的载流子产率，成为改善其光催化效率的另一个研究热点。TiO$_2$ 的能带结构改性，主要包括两个途径：一是改性组分进入 TiO$_2$ 的晶格内部，通过形成中间杂质能级或者移动 TiO$_2$ 的导带/价带位置来达到缩小其禁带宽度的目的，使其能够在可见光照射下发生催化反应；二是改性组分自身具备可见光响应特性，与 TiO$_2$ 复合后不改变 TiO$_2$ 自身的晶体结构，而是利用改性组分与 TiO$_2$ 之间的能带差异使改性后的 TiO$_2$ 间接利用可见光，进而具备可见光催化性能。

本节设计制备了三层结构的纳米 TiO$_2$，CdS 层主要提高催化剂太阳光的相应性能，Au 金属层主要起减少 CdS 层光腐蚀作用。有研究表明，TiO$_2$ 表面金属化有利于体系中污染物的催化还原。CdS-Au-TiO$_2$ 结构的 Au 具有双重效应，正面效应包括局域表面等离子体共振(LSPR)和肖特基势垒(SB)，负面效应是 Au 纳米粒子可以作为新的电荷载流子复合中心；沉积光敏剂 CdS 层可以扩大 Au/TiO$_2$ 的可见光吸收范围，并降低 Au 的负面效应。由于 TiO$_2$ 和 CdS 两步激发驱动的矢量电子转移，这种三组分体系表现出高光催化活性，远远超过单组分和双组分体系。

## 10.3.1　TiO$_2$ NRAs 薄膜

以导电玻璃为基底，依次负载 TiO$_2$、CdS 和 Au。采用氟掺杂 SnO$_2$(fluorine

doped tin oxide，FTO)导电玻璃作基底，通过超声波振荡方式对基底 FTO 进行清洗，处理过程如下：将 FTO 剪裁成 1.5 cm×3 cm 的小片，依次分别在有机氯仿、丙酮、去离子水中超声清洗 30min，然后将清洗过的 FTO 用无水乙醇浸泡保存，使用前用吹风机将表面吹干。

水热反应法在 FTO 导电玻璃基底上生长 TiO₂纳米棒阵列(TiO₂ NRAs)，反应的前驱液由浓盐酸、去离子水和钛酸丁酯混合制成。取 10mL 质量分数为 36.8%的浓盐酸放入 100mL 烧杯中，加入 10mL 去离子水，磁力搅拌 10min，搅拌同时逐滴加入钛酸丁酯溶液，至溶液透明。将清洗好的 FTO 导电玻璃放入高压反应釜的 50mL 聚四氟乙烯内胆中，基底 FTO 的导电面朝下，一侧斜靠在内胆的胆壁上。放好基底 FTO 后，将上述水热反应前驱液倒入内胆中，再把装有内胆的高压反应釜放入已升到一定温度的烘箱中进行反应，一定时间后将高压反应釜取出，室温下冷却，取出样品并用大量的去离子水漂洗 3~4 次，室温下晾干备用。水热法制备 TiO₂ NRAs 薄膜的最佳工艺条件：前驱液组成为 10mL 去离子水、10mL 浓盐酸和 0.4mL 钛酸丁酯，反应温度 150℃，反应时间 5h。

TiO₂ NRAs 薄膜的 XRD 谱、拉曼光谱、SEM 和 TEM 形貌表征结果分别如图 10-21~图 10-23 所示。

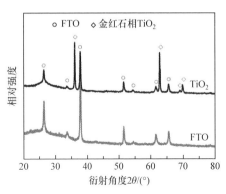

图 10-21 TiO₂ NRAs 薄膜的 XRD 谱

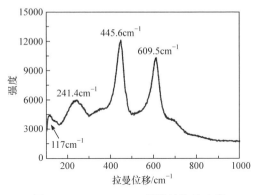

图 10-22 TiO₂ NRAs 薄膜的拉曼光谱

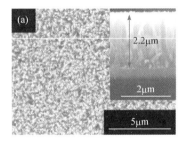

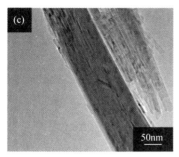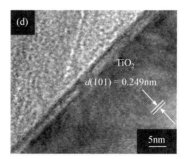

图 10-23 最佳工艺条件制备的 $TiO_2$ NRAs 薄膜形貌

(a)和(b)为 SEM 照片，(c)和(d)为 TEM 照片

由图 10-21 可知，除基底 FTO 产生的衍射峰外，样品分别在 $2\theta = 36.07°$、$62.75°$、$69.01°$、$69.79°$处出现了对应于金红石相 $TiO_2$ 的特征衍射峰(PDF No.21-1276)，且衍射峰峰型尖锐，说明为晶度较高的金红石相 $TiO_2$ 结构。

由图 10-22 可知，在 $241.4cm^{-1}$、$445.6cm^{-1}$ 和 $609.5cm^{-1}$ 附近出现了三个属于金红石相 $TiO_2$ 的特征拉曼位移，分别对应其 $E_g$、$A_{1g}$ 和二阶光学振动模[40-42]，位于 $117cm^{-1}$ 处的拉曼峰是仪器本身的 $Ar^+$激光所致[43]。

由图 10-23(a)和(b)可知，制备的 $TiO_2$ NRAs 均匀有序生长，棒长度约 2.2μm，直径在 $60\sim120nm$，可实现较大面积生长。纳米棒之间存在合理间隙，有利于照射光的入射，还使反应溶液与催化剂充分接触。图 10-23(c)为样品的低分辨 TEM 照片，$TiO_2$ 纳米棒的直径粗细均匀，约为110nm，与 SEM 照片展示的纳米棒直径范围相符。图 10-23(d)为样品的高分辨 TEM 照片，照片中晶格条纹间距 $d = 0.249nm$，与金红石相 $TiO_2$ 的(101)晶面相对应。

## 10.3.2 $TiO_2$ NRAs/CdS 复合薄膜

Zhang 等采用离子交换和沉淀反应制备 CdS/$TiO_2$ NRTs 纳米复合材料[44]。本节选用连续离子层吸附反应(SILAR)法[45]，将 CdS 纳米微粒沉积到 $TiO_2$ NRAs 薄膜表面，制备流程如图 10-24 所示。

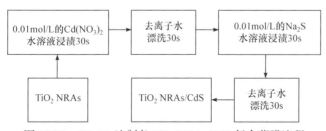

图 10-24 SILAR 法制备 $TiO_2$ NRAs/CdS 复合薄膜流程

制备步骤：①将 $TiO_2$ NRAs 薄膜浸入 0.01mol/L 的硝酸镉水溶液，静置 30s；

②将薄膜浸入去离子水中漂洗 30s，去除样品表面多余的 $Cd^{2+}$；③将薄膜浸入 0.01mol/L 的硫化钠水溶液，静置 30s，使吸附的 $Cd^{2+}$ 和 $S^{2-}$ 充分反应；④再次用去离子水漂洗薄膜 30s，以去除样品表面多余的 $S^{2-}$。

步骤①～④构成一个完整的 SILAR 沉积过程，通过调控 SILAR 沉积次数可以得到不同含量 CdS 纳米微粒负载的 $TiO_2$ NRAs 复合薄膜，如 $TiO_2$ NRAs/CdS($n$)，其中 $n$ 代表 SILAR 循环沉积次数。

### 10.3.2.1　相结构分析和形貌表征

对不同 SILAR 循环沉积次数得到的复合薄膜进行 XRD 测试，结果如图 10-25 所示。用拉曼光谱表征不同 SILAR 循环次数沉积制备的 $TiO_2$ NRAs/CdS 复合薄膜的晶体结构，结果如图 10-26 所示。

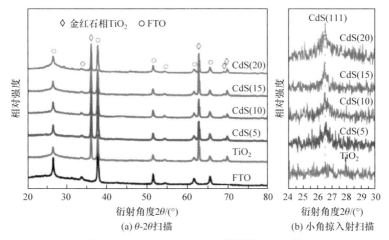

(a) $\theta$-$2\theta$扫描　　　　(b) 小角掠入射扫描

图 10-25　$TiO_2$ NRAs/CdS 薄膜的 XRD 谱

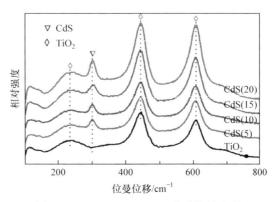

图 10-26　$TiO_2$ NRAs/CdS 薄膜拉曼光谱

图 10-25(a)是以 $\theta$-$2\theta$ 扫描方式得到的 XRD 谱，除基底 FTO 产生的衍射峰外，所有薄膜都出现了金红石相 TiO$_2$(PDF No.21-1276)产生的特征衍射峰，但 SILAR 循环沉积得到的复合薄膜未出现 CdS 的衍射峰。采用小角掠入射 XRD(glancing angle X-ray diffraction, GXRD)测试。固定入射角为 1°，在 24°～30°对复合薄膜进行步进扫描，步长为 0.02°，停留时间为 0.15s，得到的 GXRD 结果如图 10-25(b)所示。SILAR 循环沉积得到的复合薄膜都在 $2\theta = 26.5°$处出现 CdS 的衍射峰，对应(111)晶面(PDF No.10-0454)。

由图 10-26 可知，所有样品都在 445.6cm$^{-1}$、609.5cm$^{-1}$ 附近出现两个较尖锐的峰，在 240cm$^{-1}$ 附近出现一个较弱的宽峰，这三个拉曼峰都是由金红石相 TiO$_2$ 产生。SILAR 循环沉积得到的复合薄膜在 302cm$^{-1}$ 附近出现了属于 CdS 的拉曼位移，对应其纵向光学声子模式的一阶散射[46]。

TiO$_2$ NRAs 薄膜在沉积 CdS 纳米微粒前后进行了 SEM 表征，见图 10-27。

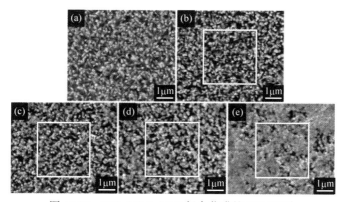

图 10-27　TiO$_2$ NRAs/CdS 复合薄膜的 SEM 照片

SILAR 循环沉积次数：(a)0 次；(b)5 次；(c)10 次；(d)15 次；(e)20 次

由图 10-27 可知，逐渐增加 SILAR 循环沉积次数，TiO$_2$ NRAs 薄膜表面沉积的 CdS 纳米微粒不断增多，形成较大的 CdS 纳米微粒聚集体。当 SILAR 循环沉积次数达 20 次时，整个 TiO$_2$ NRAs 薄膜表面几乎被沉积的 CdS 纳米微粒完全覆盖。

不同 SILAR 循环沉积次数过程制备的 TiO$_2$ NRAs/CdS 复合薄膜的 TEM 照片如图 10-28 所示。对比图 10-28(a)、(c)和(e)可见，5 次 SILAR 循环沉积时，图 10-28(c)中 TiO$_2$ 纳米棒表面观察不到明显的 CdS 纳米微粒；当循环沉积次数增加到 15 次时，10-28(d)TiO$_2$ 纳米棒表面上沉积的 CdS 纳米微粒增多且变大，几乎覆盖了整个纳米棒表面。如图 10-28(f)所示，高分辨 TEM 照片清楚地显示了对应于 CdS(101)的晶格条纹间距 $d = 0.332$nm。

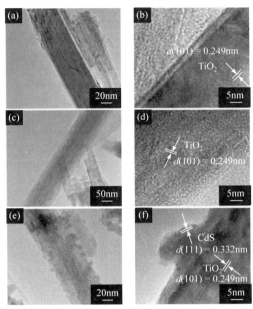

图 10-28　TiO₂ NRAs/CdS 复合薄膜的 TEM 照片

SILAR 循环沉积次数：(a)和(b)为 0 次；(c)和(d)为 5 次；(e)和(f)为 15 次

对图 10-27(b)～(e)中白框区域进行能量色散 X 射线谱(EDS)测试，获得 Cd 含量随 SILAR 循环沉积次数的变化情况，结果如图 10-29 所示。当 SILAR 循环沉积次数达 20 次时，Cd 的原子百分数和质量分数分别为 3.93%和 12.95%。

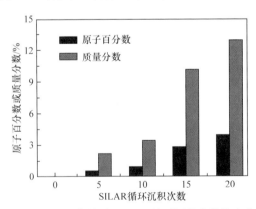

图 10-29　Cd 含量随 SILAR 循环沉积次数的变化

#### 10.3.2.2　光谱吸收性能和光催化降解性能

TiO₂ NRAs/CdS 复合薄膜的 UV-VIS 谱见图 10-30。在可见光照射下，CdS 沉积次数对 TiO₂ NRAs/CdS 薄膜光催化降解偏二甲肼的影响见图 10-31。

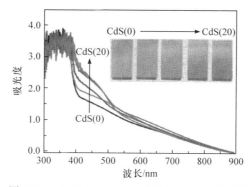

图 10-30　TiO₂ NRAs/CdS 复合薄膜 UV-VIS 谱

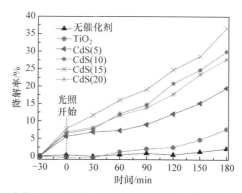

图 10-31　CdS 沉积次数对可见光下 TiO₂ NRAs/CdS 薄膜光催化降解 UDMH 的影响

图 10-30 中照片是由不同 SILAR 循环次数沉积得到的 TiO₂ NRAs/CdS 复合薄膜。随着 SILAR 循环沉积次数的增加，复合薄膜所呈现的黄色逐渐加深。由紫外线谱吸收曲线可见，负载 CdS 纳米微粒后复合薄膜在 400~500nm 的可见光区出现了明显的吸收现象，且随 SILAR 循环沉积次数的增加而增大，这意味着在相同可见光照射下，复合薄膜内光生载流子的产率随 SILAR 循环沉积次数的增加而变大，具备明显的可见光响应特性。

由图 10-31 可知，经过 30min 暗态吸附后，CdS 纳米微粒负载后的 TiO₂ NRAs 复合薄膜对偏二甲肼的吸附量约为 6%，明显比纯 TiO₂ NRAs 薄膜的吸附量(不到 1%)大。一方面，沉积 CdS 纳米微粒后复合薄膜的比表面积增大，有利于偏二甲肼的附着；另一方面，CdS 中的 Cd 和偏二甲肼分子中的氨基产生配位作用，增大了吸附。

可见光照射开始后，无催化剂或未改性的 TiO₂ NRAs 薄膜对偏二甲肼的降解率低，反应 180min 后两者的降解率分别只有 2.18% 和 7.86%。相比之下，TiO₂ NRAs/CdS 复合薄膜对偏二甲肼的可见光催化降解能力显著增强。其中，经过 15 次 SILAR 循环沉积的 TiO₂ NRAs/CdS(15)复合薄膜的可见光催化性能最强，约为未改性的 TiO$_2$ NRAs 薄膜的 4.7 倍。

负载 CdS 纳米微粒的催化剂可见光催化活性增强的原因包括：CdS 纳米微粒的引入使催化剂具备了可见光吸收能力，可见光照射下的光生载流子产率增加；CdS 和 TiO$_2$ 之间的能带差异所形成的内部电场促进了复合薄膜内光生载流子的分离，最终使其光催化活性增强。

### 10.3.2.3　光电化学和光致发光性能

光电化学性能测试过程中，TiO$_2$ NRAs/CdS 复合薄膜为工作电极，Ag/AgCl 为参比电极，0.1mol/L 的 Na$_2$S 水溶液为电解液，可见光($\lambda \geqslant 420$nm)照射强度为 100mW/cm$^2$。

图 10-32(a)是 TiO$_2$ NRAs/CdS 复合薄膜的电流密度-电压曲线。可见光照射下，TiO$_2$ NRAs/CdS 复合薄膜的光电流密度随扫描电压的增加而显著变大，表明光生载流子产率在增大，并且光生载流子在外加电场的作用下发生了有效分离。SILAR 循环沉积次数到 15 次时，相同的外加电压作用下复合薄膜的光电流密度最大，这与图 10-31 中最佳催化剂性能一致。SILAR 循环沉积次数达 20 次时，复合薄膜的光电流密度反而降低，开路电位 Voc 向正的方向移动，说明此时复合薄膜中有效分离的光生载流子数量减少。

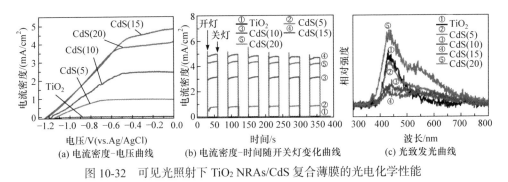

图 10-32　可见光照射下 TiO$_2$ NRAs/CdS 复合薄膜的光电化学性能

图 10-32(b)是 TiO$_2$ NRAs/CdS 复合薄膜的电流密度在遮光和光照反复切换过程中的变化情况，测试过程中保持扫描电压相对参比电极电位为 0V。除了所有薄膜都对光的响应十分灵敏以外，可见光照射下 CdS 纳米微粒沉积量对复合薄膜光电流密度大小的影响与图 10-32(a)一致。

激发光波长为 350nm，光致发光 PL 光谱表征结果如图 10-32(c)所示。样品在 425nm 处出现一个较强的 PL 峰，归属于 TiO$_2$ 的激子自陷；550nm 附近出现一个较弱较宽的 PL 峰，可能是复合薄膜缺陷产生的，如 TiO$_2$ 中的氧缺陷[47]和 CdS 中的 S 缺陷[48]。比较各样品的 PL 峰强度可见，当 SILAR 循环沉积次数增加到 15 次时，TiO₂ NRAs/CdS 复合薄膜的 PL 峰强度最弱，说明光生载流子的分离情况最好；SILAR 循环沉积次数到 20 次时，复合薄膜的 PL 峰强度显著增大，说明光生载流子的复合率较高，是光催化性能下降的主要原因。

### 10.3.3　TiO₂ NRAs/CdS/Au 复合薄膜

TiO₂ NRAs/CdS 存在光腐蚀问题，催化剂在重复使用过程中，CdS 溶解造成光催化性能下降，为此设计在 TiO₂ NRAs/CdS 表面再附着一层金属保护层。

采用离子溅射的方式将 Au 纳米微粒负载到 TiO₂ NRAs/CdS 薄膜上[49]，制备示意图如图 10-33 所示。

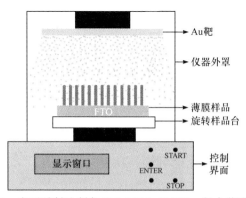

图 10-33　离子溅射法制备 TiO₂ NRAs/CdS/Au 复合薄膜示意图

采用圆形 Au 薄片作为溅射靶材，在氩气离子的撞击作用下，靶材会不断地溅射出 Au 纳米微粒。与此同时，薄膜样品在旋转样品台的带动下进行匀速转动，Au 纳米微粒会自纳米棒的顶端向其底端沉积。调整离子溅射时间可以得到不同的 Au 纳米微粒沉积量，如 TiO₂ NRAs/CdS/Au(30s)表示 Au 纳米微粒的溅射时间是 30s。

文献[50]采用 FT-IR 和 GC-MS 研究了甲醛与 Pt/TiO₂ 和 Au/TiO₂ 催化剂的相互作用。结果表明，甲醛吸附过程中生成分子吸附的甲醛、甲酸盐、甲酸、二甲醛和聚甲醛，主要气相产物为 H₂ 和 CO，它们的量随着催化剂中金属含量的增加而增加。在 TiO₂ 上检测到气相乙烯、乙炔和甲酸；含金属的 TiO₂ 上没有监测到乙烯、乙炔和甲酸，说明金属膜具有减少中间污染物生成的作用。

#### 10.3.3.1　相结构与形貌表征

TiO₂ NRAs/CdS/Au 复合薄膜的 XRD 谱和拉曼光谱如图 10-34 所示。

由图 10-34 中的 XRD 谱可知，所有薄膜都在 $2\theta = 36.07°$、$62.75°$、$69.01°$和 $69.79°$处出现了对应于金红石相 TiO₂(PDF No.21-1276)的特征衍射峰，经过离子

溅射沉积得到的复合薄膜在 $2\theta = 44.39°$处出现一个很小的宽峰，属于 Au 的特征衍射峰，对应其(200)晶面(PDF No.04-0784)。Au 的特征衍射峰很宽，预示着离子溅射方式沉积的 Au 纳米微粒粒径较小。据报道，当物质的晶体粒径小于 10nm 时，其衍射峰会随晶粒尺寸的变小而显著宽化[51]。所有样品都在相同的位置出现了对应于基底 FTO 的衍射峰，用 o 标记。

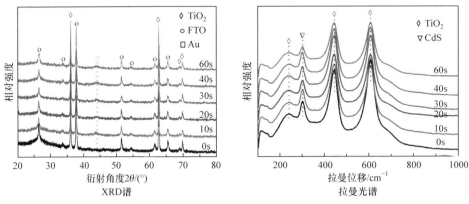

图 10-34　TiO₂ NRAs/CdS/Au 复合薄膜的 XRD 谱和拉曼光谱

由图 10-34 中的拉曼光谱可知，所有薄膜除在 445.6cm⁻¹、609.5cm⁻¹ 和 240cm⁻¹ 附近出现了三个属于金红石相 TiO₂ 的拉曼位移外，在 302cm⁻¹ 附近出现对应于 CdS 的拉曼位移[52,53]，由此确定制备的三元复合薄膜含有 CdS 这一组分。

用 XPS 测试分析 TiO₂ NRAs/CdS/Au 复合薄膜的表面元素组成及化学存在状态，表征结果如图 10-35 所示。图 10-35(a)的 XPS 全谱含有 Au、Ti、O、Cd、S 和 C 这 6 种元素。图 10-35(b)是 Au 4f 的高分辨 XPS 谱，结合能为 84.1eV 的特征峰对应于 Au 4f₇/₂，确定此 Au 元素的价态是零价[54,55]。

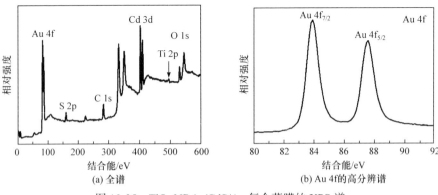

(a) 全谱　　　　　　　　(b) Au 4f的高分辨谱

图 10-35　TiO₂ NRAs/CdS/Au 复合薄膜的 XPS 谱

TiO₂ NRAs/CdS/Au 复合薄膜的 SEM 照片如图 10-36 所示。

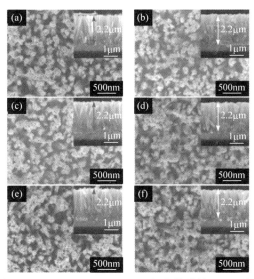

图 10-36　TiO$_2$ NRAs/CdS/Au 复合薄膜的 SEM 照片

离子溅射时间：(a)0s；(b)10s；(c)20s；(d)30s；(e)40s；(f)60s

　　未沉积 Au 纳米微粒的样品如图 10-36(a)所示，可以看到 TiO$_2$ NRAs 顶端聚积了大量 CdS 纳米微粒，并且形成了较大的 CdS 纳米晶聚集体。沉积不同含量 Au 纳米微粒后的样品如图 10-36(b)～(f)所示，其表面形貌与 TiO$_2$ NRAs/CdS 相比并没有明显变化，所有样品的截面图都清楚显示 TiO$_2$ 纳米棒垂直或略有倾斜地密集生长在基底 FTO 上，长度约为 2.2μm。

　　对图 10-36(a)～(f)进行了 EDS 测试。结果表明，随着离子溅射时间的延长，Au 纳米微粒的沉积量不断增大，但其相对含量一直较低。当离子溅射时间增加到 60s 时，Au 的质量分数和原子百分数分别只有 2.21%和 0.52%。

　　图 10-37(a)和(b)是未沉积 Au 纳米微粒 TiO$_2$ NRAs/CdS 复合薄膜的 TEM 照片，较大的 CdS 纳米微粒包覆在整个 TiO$_2$ 纳米棒表面。离子溅射 30s 后得到的复合薄膜的 TEM 照片如图 10-37(c)和(d)所示，可以看到粒径较小的 Au 纳米微粒(照片中颜色较深的点)分布在相对较大的 CdS 纳米微粒上，图 10-37(d)清楚地显示 Au 纳米微粒的粒径不超过 5nm，而且相当一部分粒径甚至不到 3nm。继续延长离子溅射时间到 60s 时，Au 纳米微粒粒径增长到约 5nm，甚至更大，如图 10-37(e)和(f)所示。

　　Au 是化学惰性的，作为催化剂时通常被认为活性较差。然而，负载在金属氧化物表面的 Au 粒径小于 10nm 时，对于反应，如 CO 氧化和丙烯环氧化，Au 的活性之高令人惊讶[56]。

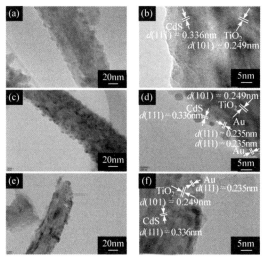

图 10-37　TiO₂ NRAs/CdS/Au 复合薄膜的 TEM 照片

(a)和(b)0s；(c)和(d)30s；(e)和(f)60s

#### 10.3.3.2　光谱吸收性能和光催化降解性能

用紫外-可见吸收光谱分析沉积 Au 纳米微粒对复合薄膜光谱吸收能力的影响，结果如图 10-38(a)所示。

由图 10-38(a)可知，与 TiO₂ NRAs/CdS 薄膜相比，沉积 Au 纳米微粒后复合薄膜在紫外区依然呈现出较强的 TiO₂ 本征吸收，而可见光区的吸光度没有因 Au 纳米微粒的沉积而增强，由此推测，沉积的 Au 纳米微粒没有产生等离子体共振效应，或者 Au 纳米微粒的等离子体共振效应很弱，产生的可见光吸收能力很小，被 CdS 在可见光区较强的吸收所湮没。为了验证以上推测，用同样的离子溅射方式直接在 TiO₂ NRAs 薄膜表面沉积 Au 纳米微粒，制备了沉积时间分别为 30s 和 60s 的 TiO₂ NRAs/Au 复合薄膜，并测定其光谱吸收特性，结果如图 10-38(b)所示。

由图 10-38(b)可知，与 TiO₂ NRAs 薄膜相比，TiO₂ NRAs/Au 复合薄膜在可见光区的吸光度并未增强，说明采用离子溅射方式沉积的 Au 纳米微粒没有产生等离子体共振效应，这可能是沉积的 TiO₂ 厚度大而 Au 纳米微粒分布密度较低造成的。Song 研究的 Au/TiO₂ 在 530nm 处产生新的吸收峰[57]。

由图 10-39 可知，经过 30min 暗态吸附后，由于负载的 Au 纳米微粒后削弱了 CdS 与偏二甲肼分子之间的配位作用，负载 Au 纳米微粒的 TiO₂ NRAs/CdS/Au 复合薄膜对偏二甲肼的吸附量都比 TiO₂ NRAs/CdS 复合薄膜的小。可见光照射下，离子溅射时间为 30s 的复合薄膜对偏二甲肼的光催化降解能力最强，可见光照射 180min 时，偏二甲肼的降解率可达 51.52%，约为未改性的 TiO₂ NRAs/

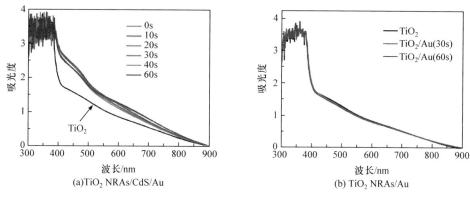

(a)TiO₂ NRAs/CdS/Au　　　　　　(b) TiO₂ NRAs/Au

图 10-38　复合薄膜的紫外-可见吸收光谱

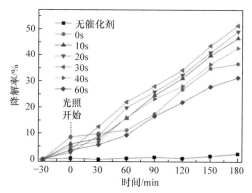

图 10-39　离子溅射时间对可见光照射下 TiO₂ NRAs/CdS/Au

复合薄膜光催化降解偏二甲肼的影响

CdS 复合薄膜的 1.4 倍；当离子溅射时间延长到 60s 时，复合薄膜对偏二甲肼的降解率下降至 31.52%。

负载 Au 纳米微粒后并未产生等离子体共振效应，因此沉积 Au 纳米微粒可能产生了其他作用，增强了光催化活性。

### 10.3.3.3　光致发光和光电化学性能

通过对 TiO₂ NRAs/CdS/Au 复合薄膜进行 PL 光谱测试，分析了沉积 Au 纳米微粒后复合薄膜内光生载流子的分离情况，结果如图 10-40(a)所示，小图更清楚地显示了沉积 Au 纳米微粒前后复合薄膜的 PL 峰强度。

对比沉积 Au 纳米微粒前后复合薄膜的 PL 峰强度可知，当 Au 纳米微粒的沉积时间为 30s 时，复合薄膜的 PL 峰强度最弱，说明复合薄膜内光生载流子的分离效率最好。当 Au 纳米微粒的沉积时间大于 30s 时，复合薄膜的 PL 峰强度

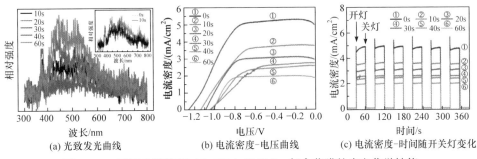

(a) 光致发光曲线　　　　(b) 电流密度-电压曲线　　　　(c) 电流密度-时间随开关灯变化

图 10-40　可见光照射下 TiO₂ NRAs/CdS/Au 复合薄膜的光电化学性能

反而不断增大，说明光生电子和空穴的分离情况不断变差，这与复合薄膜光催化性能变化一致。

由图 10-40(b)和(c)可知，与 TiO₂ NRAs/CdS 复合薄膜相比，随着 Au 纳米微粒沉积时间的增加，可见光照射下 TiO₂ NRAs/CdS/Au 复合薄膜的光电流密度不断下降，其开路电压不断向电位更正的方向移动，并且所有薄膜对光的响应都十分灵敏。已有文献报道，材料的光电流密度越大，开路电压电位越负，其光催化性能越好[58-60]。本书实验中，负载 Au 纳米微粒后复合薄膜的光电化学性能和其光催化活性的关系并非如此。

负载 Au 纳米微粒后复合薄膜的光电流密度之所以不断降低，可能的原因是，可见光照射下 TiO₂ NRAs/CdS/Au 复合薄膜中的 CdS 被激发后产生的光生电子将沿两个路径传递，一是传递到 TiO₂ 上，二是传递到 Au 纳米微粒上。并且，传递到 Au 纳米微粒上的光生电子不能再回流至 CdS，因为 CdS 和 Au 之间形成的肖特基势垒会阻止这一过程的发生[61]。此外，由 TiO₂ NRAs/CdS/Au 复合薄膜的紫外-可见吸收光谱可知，沉积 Au 纳米微粒前后复合薄膜的可见光吸收能力并未增强，那么在相同的可见光照射下，沉积 Au 纳米微粒后复合薄膜中光生电子和空穴的数量不会增多，Au 纳米微粒分流 CdS 上的光生电子，势必造成 CdS 传递到 TiO₂ 上的光生电子比未沉积 Au 纳米微粒时少，由 TiO₂ 传递到外电路中的电子数比未沉积 Au 纳米微粒时少，最终导致 TiO₂ NRAs/CdS/Au 的电流密度比未沉积 Au 纳米微粒时小。

沉积的 Au 纳米微粒越多，其分流的光生电子越多，传递到 TiO₂ 导带上的光生电子越少，再加上 Au 纳米微粒沉积时间超过 30s 后复合薄膜内光生载流子的分离情况变差，最终导致外电路中的光电流密度不断下降。由此看来，TiO₂ NRAs/CdS/Au 复合薄膜的光电流密度下降恰恰说明 Au 纳米微粒作为电子捕获者分流了 CdS 上的光生电子，进一步促进了光生电子和空穴的分离，最终导致沉积 Au 纳米微粒后复合薄膜的光催化活性增强。

沉积 Au 纳米微粒后复合薄膜的开路电位比未沉积 Au 纳米微粒时 TiO₂ NRAs/CdS 的电位更正，是因为负载的 Au 纳米微粒分流了 CdS 上的光生电子，最终导致 TiO₂ 导带上聚积的电子数减少，从侧面进一步反映出负载 Au 纳米微粒可促进复合薄膜内光生载流子的分离，从而使其光催化活性增强。

### 10.3.3.4　TiO₂ NRAs/CdS/Au 复合薄膜的稳定性

在光照条件下，催化剂与光生载流子电解质溶液作用，使催化剂的结构缓慢破坏或分解，导致光催化活性发生衰减甚至失效的现象称为光腐蚀。催化剂的光腐蚀分为阳极光腐蚀和阴极光腐蚀，只有满足下列条件才能不被化学腐蚀：

$$E(O_2/H_2O) < E_{p,d}$$

$$E(H^+/H_2) > E_{n,d}$$

式中，$E_{p,d}$ 为空穴的氧化能级电位；$E_{n,d}$ 为电子的还原能级电位；$E(O_2/H_2O)$ 为 $O_2/H_2O$ 的标准氧化电势；$E(H^+/H_2)$ 为 $H^+/H_2$ 的标准还原电势。TiO₂ 的 $E_{p,d} > E(O_2/H_2O)$ 时，空穴首先与水反应生成氧气；TiO₂ 的 $E(H^+/H_2) > E_{n,d}$ 时，电子首先与水反应生成氢气[62]，半导体自身没有产生光腐蚀，因此 TiO₂ 是一种非常稳定的光催化剂。然而，半导体 CdS、Cu₂O、MoS₂、GaP、GaAs 的 $E_{p,d} < E(O_2/H_2O)$，均易发生光腐蚀被破坏掉，是常见的不稳定光催化剂。

在可见光($\lambda \geqslant 420$nm)照射下，分别用 TiO₂ NRAs/CdS/Au(30s)和 TiO₂ NRAs/CdS 复合薄膜作催化剂，对偏二甲肼废水降解 180min，重复 3 次，结果如图 10-41 所示。

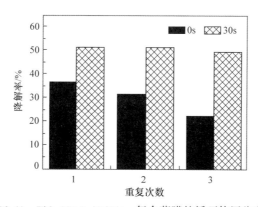

图 10-41　TiO₂ NRAs/CdS/Au 复合薄膜的循环使用稳定性

由图 10-41 可知，TiO₂ NRAs/CdS 复合薄膜作光催化剂时，三次循环降解后，偏二甲肼的降解率由 36.77%下降至 22.63%；TiO₂ NRAs/CdS/Au(30s)复合薄膜作光催化剂时，三次循环降解后，偏二甲肼的降解率由 51.51%下降至

49.38%，大大超过了 TiO$_2$ NRAs/CdS 复合薄膜的循环使用稳定性。作为保护屏障，负载的 Au 纳米微粒可以避免 CdS 完全暴露在水溶液中，降低了溶解 O$_2$ 的腐蚀。

### 10.3.4　光催化活性增强效应

光催化活性增强的主要因素有独特的 P-N 异质结(半导体/半导体异质结)、肖特基结(金属/半导体异质结)、表面等离子体共振(LSPR)效应、表面散射和反射效应(SSR)等。贵金属负载的光催化剂在可见光下具有高活性，主要是因为形成了肖特基结和产生了表面等离子共振 LSPR 效应。

1) 肖特基势垒

金属、半导体接触将电子从半导体转移至金属，使两者的费米能级趋于一致，这样在界面附近形成一电偶层，相应在半导体·侧的能带发生弯曲。以 N 型半导体 TiO$_2$ 为例，金属与半导体形成肖特基势垒(SB)$\Phi$，如图 10-42 所示。

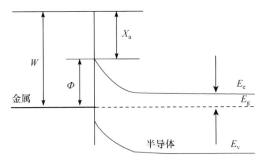

图 10-42　N 型半导体与金属接触平衡后建立的能带结构示意图[63]

金属、半导体接触时，电子从更高费米能级的 TiO$_2$ 迁移到沉积金属上，直到两个能级匹配，形成肖特基势垒，有效抑制电子和空穴的复合。这导致金属有过多的负电荷，而半导体有过多的正电荷，在电荷耗尽层保持了电荷分离。随着空穴在 TiO$_2$ 价带的积累，肖特基结在界面形成，迫使光生电子远离空穴。而且，光激发肖特基结时，从半导体越过界面进入金属的光致电子并不发生累积，而是直接形成飘移电流流走。因此，肖特基势垒的形成使光致电荷分离，快速连续迁移分离的光致电子，有利于空穴参与反应，提高光催化活性[63]。

2) 表面等离子体共振效应

当光线入射到贵金属纳米微粒上时，如果入射光子频率与贵金属纳米微粒或金属岛传导电子的整体振动频率相匹配，纳米微粒或金属岛会对光子能量产生很强的吸收作用，发生局域表面等离子体共振(localized surface plasmon resonance，LSPR)现象。

图 10-43 为不同 CdS 厚度 $I$ 的 Au/TiO$_2$ 和 Au@CdS/TiO$_2$ 紫外吸收光谱，

Au/TiO$_2$ 在 530nm 处的吸收峰为表面等离子体共振，小于 385nm 为 TiO$_2$ 带间跃迁带，Au/TiO$_2$ 表面沉积 CdS 后主要表现为 CdS 的吸收[57]。Hiroaki 等认为 CdS/Au/TiO$_2$ 的光化学系统 PS1(CdS)、PS2(TiO$_2$)和电子传递系统(Au)在空间上是固定的，存在 TiO$_2$ 和 CdS 两步激发驱动的矢量电子转移。这种三组分体系具有很高的光催化活性，远远超过了单组分和两组分体系[64]。

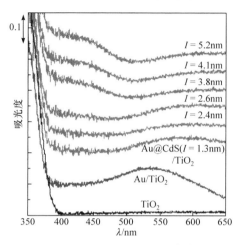

图 10-43　Au/TiO$_2$ 和 Au@CdS/TiO$_2$ 紫外吸收光谱[57]

### 3) 半导体异质结

两种不同半导体材料接触构成半导体异质结。由于两种材料的热膨胀系数不同及化合物半导体中成分元素的互扩散都会引入界面态，因此两种半导体材料界面产生类似于金属-半导体材料的界面势垒。异质结分为突变型异质结和缓变型异质结。在半导体之间的界面，载流子输运过程主要是能够越过势垒的电子由一端扩散到另一端的过程，而不能反向迁移，从而产生与肖特基势垒相似的作用，致使光致电荷分离。

根据导电载流子的不同，光催化半导体材料分为 P 型和 N 型。TiO$_2$、SrTiO$_3$、ZnO、CdS、钙钛矿型复合氧化物、尖晶石型复合氧化物等属于 N 型，NiO、Co$_3$O$_4$、Cu$_2$O 等属于 P 型。不同半导体材料复合得到异质复合光催化剂，可分为 N-N、N-N、P-N 复合三类，前两类称为同型异质结(N-N 结、P-P 结)，最后一类称为反型异质结(P-N 结)[65]。在光电解水的电解池中，电极组合有三种方式，其中 P-N 双光电极的效果相当于两个单光电极的加和，效率最高。相应地，在光催化剂基本组合的三种原型中，P-N 复合型光催化剂也比负载贵金属的 N 型或 P 型半导体光催化剂有更高的效率。

研究的 TiO$_2$ NRAs/CdS/Au 结构主要存在 TiO$_2$ NRAs 与 CdS 的半导体异质结和 Au 与半导体的肖特基势垒，从而有效提高电荷的分离(图 10-44)。

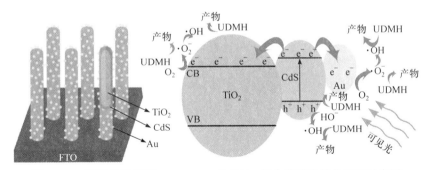

图 10-44　可见光照射下 TiO$_2$ NRAs/CdS/Au 复合薄膜光催化原理示意图

在 TiO$_2$ NRAs/CdS/Au 催化剂结构中，CdS 与 TiO$_2$ 之间形成半导体异质结。当以足够能量的光照射时，CdS 和 TiO$_2$ 同时发生电子激发，由于两者导带与价带的差异，光生电了将聚集在 TiO$_2$ 和 Au 的导带上，空穴集中在 CdS 的价带上，使得光生载流子得到有效的分离。如图 10-44 所示，可见光照射下，CdS 被激发后产生光生电子和空穴。光生电子分别传递到 TiO$_2$ 和 Au 的导带上，这种电子从 CdS 向 TiO$_2$ 和 Au 的迁移有利于电荷的分离。光生空穴自身具有强氧化性，可以直接氧化降解偏二甲肼，也可通过与水中的 OH 作用生成·OH 再对偏二甲肼进行氧化降解。同时光生电子可以和水中的溶解氧作用生成强氧化性的 O$_2^-$·，或者进一步反应转化成·OH，进而间接参与偏二甲肼的氧化降解过程。

## 10.4　纳米 TiO$_2$ 薄膜光催化降解偏二甲肼废水

本节探讨光源种类、废水中偏二甲肼的初始浓度、废水的初始 pH 和不同添加剂对 TiO$_2$ NRAs/CdS/Au 复合薄膜光催化降解偏二甲肼废水效果的影响。实验步骤与前述一致，光催化降解偏二甲肼废水过程中使用的光源是 300W 氙灯，在氙灯光源窗口处加装紫外滤光片分别得到可见光($\lambda \geqslant 420$nm)和模拟太阳光光源。光源照射强度由光功率计测定，所有降解实验中的光照强度都为 60mW/cm$^2$。

将制备的薄膜催化剂(有效面积为 6cm$^2$)加入容积为 100mL 的烧杯中(有薄膜的一面朝上)，然后将 15mL 浓度 20mg/L 的偏二甲肼废水(由去离子水和纯品偏二甲肼配制而成)加入烧杯。光催化反应开始前，首先暗态吸附 30 min，以使催化剂对偏二甲肼分子达到吸附和脱附平衡；暗态吸附结束后，开启光源进行光催化降解反应，定时取样测定废水中的偏二甲肼含量。整个光催化反应过程是在循环冷却水(4℃)中进行的，以防止废水因光照受热而蒸发。

### 10.4.1　影响偏二甲肼降解的各种因素

在保证光照强度相同(60mW/cm$^2$)的条件下，分别用可见光($\lambda \geqslant 420$nm)和模拟太阳光作为照射光源，研究不同种类光源照射下 TiO₂ NRAs/CdS/Au 复合薄膜对偏二甲肼废水的降解，结果如图 10-45(a)所示。不加光催化剂，废水中偏二甲肼的降解率都比较低，反应 180 min 时可见光和模拟太阳光照射条件下，偏二甲肼的降解率分别仅有 2.18%和 5.58%；模拟太阳光(含部分紫外线)照射时，偏二甲肼的降解率始终比单纯可见光照射时高。

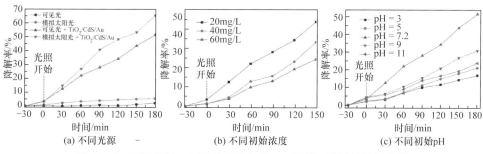

图 10-45　不同光源、初始浓度和初始 pH 下偏二甲肼的降解曲线

可见光照射下，废水中偏二甲肼的初始浓度对 TiO₂ NRAs/CdS/Au 复合薄膜光催化降解偏二甲肼废水效果的影响结果如图 10-45(b)所示。废水中偏二甲肼的初始浓度越高，可见光照射下 TiO₂ NRAs/CdS/Au 复合薄膜对偏二甲肼的降解率越低。反应进行 150min 时，初始浓度分别为 20mg/L、40mg/L 和 60mg/L 的废水中偏二甲肼的降解率分别为 43.72%、33.26%和 24.37%。

偏二甲肼废水初始 pH 约为 7.2，用饱和 NaOH 溶液或 12mol/L 的浓 H₂SO₄ 调节偏二甲肼废水的初始 pH 分别为 3、5、9 和 11，然后在可见光照射下降解，研究初始 pH 对 TiO₂ NRAs/CdS/Au 复合薄膜光催化降解偏二甲肼废水能力的影响，结果如图 10-45(c)所示。由图 10-45(c)可知，中性偏碱性(pH=7.2)条件下，TiO₂ NRAs/CdS/Au 复合薄膜光催化降解偏二甲肼的降解率最高，碱性条件优于酸性条件。

偏二甲肼在酸性条件下的质子化使其不易被氧化，酸性条件容易造成 CdS 的流失，从而导致其光催化性能下降。此外，酸性条件下 OH⁻转化为·OH 所需的氧化电势比中性条件下高很多，可能导致酸性条件下 TiO₂ NRAs/CdS/Au 复合薄膜光催化降解偏二甲肼的能力下降。相比之下，中性或碱性条件下，CdS 不易发生流失，OH⁻转化为·OH 所需的氧化电势较小，有助于·OH 的生成，提高其对偏二甲肼的降解能力。

TiO₂ NRAs/CdS/Au 复合薄膜光催化降解偏二甲肼废水的最佳初始 pH 为 7.2，即未经调节的偏二甲肼初始溶液。与芬顿法处理偏二甲肼废水所需的酸性条件相比，本实验体系无需对偏二甲肼废水的初始 pH 进行调节。

### 10.4.2　捕获剂对偏二甲肼降解的影响

本节探讨柠檬酸、叔丁醇、空气和氮气对 $TiO_2$ NRAs/CdS/Au 复合薄膜光催化降解偏二甲肼废水的影响。其中，柠檬酸是一种空穴捕获剂，叔丁醇是一种·OH捕获剂；通入空气和氮气会影响水中溶解氧的含量，进而影响·$O_2^-$ 的生成。

本节没有探讨电子捕获剂(如 $AgNO_3$、$KBrO_3$ 等)对 $TiO_2$ NRAs/CdS/Au 复合薄膜光催化降解偏二甲肼废水的影响。根据已有文献，光生电子一般通过与溶解氧作用生成·$O_2^-$，或者进一步反应生成·OH 等参与光催化氧化降解有机物的过程，而通空气和通氮气过程都可以影响水中溶解氧的含量，间接证明光生电子在反应中的作用。

实验过程中，柠檬酸和叔丁醇的加入量均为 1mmol/L，空气和氮气的通入量均为 3g/h，空白组不加任何添加剂，其他实验条件一致，可见光照射下偏二甲肼的光催化降解结果如图 10-46 所示。

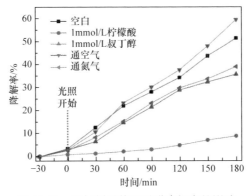

图 10-46　添加剂对偏二甲肼降解率的影响

由图 10-46 可知，与空白组实验相比，加入柠檬酸后，$TiO_2$ NRAs/CdS/Au复合薄膜对偏二甲肼的降解能力非常差，反应 180min 时偏二甲肼的降解率仅为8.89%；加入叔丁醇，降解率为 35.78%；通入空气后，偏二甲肼的降解率由空白组的 51.51%上升到 59.56%；通入氮气后，偏二甲肼的降解率仅为 39.04%。由此可以看出，加入空穴捕获剂后，复合薄膜对偏二甲肼的降解率下降幅度非常大，因此推测光生空穴是光催化反应的主要活性物种，在光催化降解偏二甲肼的过程中起了很大作用。

·OH、$h^+$ 和 $O_2^-$ 在光催化降解过程中作用大小依次为 $h^+ > ·OH > O_2^-$。

前述 $MWCNTs/Fe_2O_3$ 是以产生羟基自由基为主的光催化剂，其中 MWCNT促进光电分离，进而促进羟基自由基的生成，而 $TiO_2$ NRAs/CdS/Au 是以空穴作用为主的催化剂，光生空穴直接与吸附在半导体表面的有机物发生反应。空穴直接夺取偏二甲肼的电子发生反应，TiO$_2$ NRAs/CdS/Au 作用下偏二甲肼的引发过程如下：

$$h^+ + (CH_3)_2NNH_2 \longrightarrow (CH_3)_2NN \cdot H + H^+$$

$$\cdot OH + (CH_3)_2NNH_2 \longrightarrow (CH_3)_2NN \cdot H + H_2O$$

$$(CH_3)_2NNH_2 + h\nu \longrightarrow (CH_3)_2NN \cdot H + H \cdot$$

空穴为主的催化作用，中性条件下催化活性最高。TiO$_2$ 上的光生空穴和电子分别被吸附的 NH$_3$ 和 Ti$^{4+}$捕获，生成·NH$_2$ 和 Ti$^{3+}$物质。Yamazoe 通过电子顺磁共振光谱证实，光照下 NH$_3$ 转化为·NH$_2$[66]，说明上述第一个反应是可以发生的。

### 10.4.3　光源对降解过程产生 NDMA 的影响

无论在可见光照射还是模拟太阳光照射下，反应进行 3h 时，TiO$_2$ NRAs/CdS/Au 复合薄膜都不能将废水中的偏二甲肼完全去除，中间产物 NDMA 和 FDH 浓度的变化情况如图 10-47 所示。

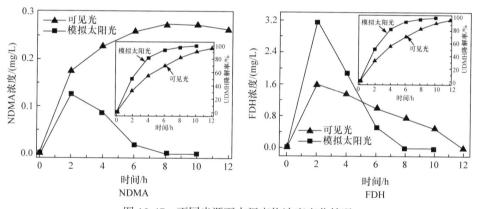

图 10-47　不同光源下中间产物浓度变化情况

由图 10-47 可知，以 TiO$_2$ NRAs/CdS/Au 复合薄膜作光催化剂，可见光照射下反应 12h 时，偏二甲肼的降解率达 97.23%；模拟太阳光照射下反应 10h 时，偏二甲肼的降解率达 99.33%。两种光源照射处理后，废水中偏二甲肼的含量基本达到排放标准。

由偏二甲肼降解过程中产物 NDMA 的浓度变化曲线可知，两种光源照射下 NDMA 浓度的最大值分别为 0.27mg/L(可见光照射)和 0.12mg/L(模拟太阳光照射)。可见光照射下反应进行 8h 后，NDMA 的浓度才开始缓慢下降，反应进行 12 h 时浓度仍可达 0.26mg/L；模拟太阳光照射下反应进行 2h 后，NDMA 的浓度就开始迅速下降，反应进行 8h 时已检测不到 NDMA。

与 MWCNTs/Fe$_2$O$_3$ 相比，TiO$_2$ NRAs/CdS/Au 复合薄膜作用下偏二甲肼的降解能力下降，但 NDMA 的最大生成量下降到 0.6%~1.2%，偏腙的转化率达到 7.5%~15%，明显高于 NDMA。模拟太阳光下反应 2h，NDMA 和偏腙浓度达到最大值后都下降，直至完全去除。模拟太阳光更有利于偏腙的生成，而可见光照射下 NDMA 的生成量更大。

TiO$_2$ NRAs/CdS/Au 复合薄膜主要通过空穴氧化，氧化过程主要发生在催化剂的表面，CdS 吸附偏二甲肼，偏二甲肼将电子传递给 CdS 表面的空穴，由于 (CH$_3$)$_2$NNH·中的亚氨基吸附在 CdS 表面，避免了进一步加氧生成 NDMA。

水溶液中偏二甲肼在羟基自由基和过氧化氢自由基作用下转化为 NDMA。由于甲基氧化过程可以通过氧气直接作用并转化，因此该过程容易进行，而 NDMA 的生成需要过氧化氢自由基，过氧化氢自由基较少，NDMA 的产生较慢，从而减少了 NDMA 的生成。

TiO$_2$ NRAs/CdS/Au 复合薄膜光催化降解偏二甲肼废水，可以完全去除 NDMA，没有出现 MWCNTs/Fe$_2$O$_3$ 光催化剂作用下反应后期二甲氨基自由基与 NO 作用转化为 NDMA 的情况。NDMA 光解生成二甲胺和 NO：

$$(CH_3)_2NNO + h\nu \longrightarrow (CH_3)_2N\cdot + NO$$

只有 NO 完全去除，才能完全去除 NDMA。因此，TiO$_2$ NRAs/CdS/Au 可能存在三种作用：一是偏二甲肼氧化生成的甲酸盐和亚硝酸盐作用生成 N$_2$O，从而消除逆反应；二是在催化剂表面，偏二甲肼甲基氧化引发 N—N 键断裂产生:NH$_2$，:NH$_2$ 与吸附的 NO 转化为氮气和水；三是光催化剂催化水分解产生 H$_2$，将 NDMA 还原为 UDMH 而得到去除。

### 10.4.4 过氧化氢和臭氧对降解过程产生 NDMA 的影响

本节探讨臭氧和 H$_2$O$_2$ 对可见光照射下 TiO$_2$ NRAs/CdS/Au 复合薄膜光催化降解偏二甲肼废水过程产生 NDMA 的影响，O$_3$ 流速 3g/h，结果如图 10-48 所示。

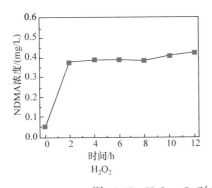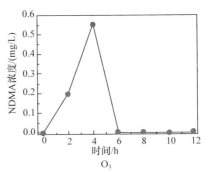

图 10-48　H$_2$O$_2$、O$_3$ 对 NDMA 浓度变化的影响

研究 $O_3$ 对可见光照射下 $TiO_2$ NRAs/CdS/Au 复合薄膜光催化降解偏二甲肼废水过程中产物偏腙浓度的影响，$O_3$ 流速 3g/h。整个降解过程中，在反应时间 12h 内，每隔 2h 取样测定废水中偏腙的浓度。结果发现，整个偏二甲肼降解过程都没有检测到偏腙。实际上，偏腙与 $O_3$ 作用会很快转化为 NDMA。

由图 10-48 可知，可见光照射下，通入 $O_3$ 和加入 $H_2O_2$ 后 NDMA 最大生成量都明显增大，通入 $O_3$ 后 NDMA 的生成量增加更显著。过氧化氢分解产生的过氧化氢自由基、臭氧都具有加氧能力，因此在催化体系中通入 $O_3$ 和加入 $H_2O_2$ 后 NDMA 的最大生成量都增加：

$$(CH_3)_2NN: + O_3 \longrightarrow (CH_3)_2NNO + O_2$$

$$(CH_3)_2NN \cdot H + HO_2 \cdot \longrightarrow (CH_3)(\cdot CH_2)NNO + H_2O$$

通入 $O_3$ 后 NDMA 的去除明显加快，而加入 $H_2O_2$ 不能将 NDMA 去除。从两者 NDMA 最大生成量出峰时间看，添加过氧化氢的反应过程中 NDMA 出峰时间早，这与臭氧比过氧化氢自由基更容易加氧的表现不一致，可以接受的解释是臭氧的双重作用，一方面臭氧将偏二甲肼氧化产生的中间产物也转化为了 NDMA，另一方面具有增大去除 NDMA 的能力，使出现 NDMA 最大生成量的时间延后。

偏二甲肼降解过程中不可避免产生偏腙、二甲胺前驱物亚甲基甲氨基自由基，臭氧强加氧作用，偏腙直接甲氧转化为 NDMA，偏腙无法检出，而添加过氧化氢体系中过氧化氢自由基不会将偏腙转化为 NDMA；亚甲基甲氨基自由基生成的同时生成 $\cdot NH_2$，氨基自由基氧化生成的 NO 与亚甲基甲氨基自由基作用转化为 NDMA，臭氧比过氧化氢自由基更容易将氨基自由基转化为 NO。

臭氧具有强加氧能力，臭氧与催化剂作用转化生成羟基自由基，光照二氧化钛催化剂产生的 $Ti^{3+}$ 是臭氧分解的活性位：

$$Ti^{4+} + e^- \longrightarrow Ti^{3+}$$

$$O_3 + Ti^{3+} \longrightarrow \cdot O_3^- + Ti^{4+}$$

$$\cdot O_3^- + H_2O \longrightarrow \cdot HO + HO_3^- \qquad k = 30L/(mol \cdot s)$$

$$\cdot O_3^- + H^+ \longrightarrow \cdot OH + O_2$$

导致生成难降解物 NDMA，在羟基自由基、空穴等强氧化活性物存在的条件下，臭氧有利于偏二甲肼中间产物包括亚硝基二甲胺的消除。

文献[67]采用 21 种氧化方法，对酸性红 88 偶氮染料的降解进行了研究。反应 15min 后，相对脱色顺序如下：

$$H_2O_2 \approx VIS < VIS/Fe^{3+}/H_2O_2 < VIS/TiO_2/H_2O_2 \approx VIS/TiO_2 < UV < UV/S_2O_8^{2-} <$$

$$VIS/Fe^{3+}\text{-}C_2O_4^{2-}/H_2O_2 < UV/H_2O_2 < UV/Fe^{3+}/H_2O_2 < UV/S_2O_8^{2-}/TiO_2 <$$

$$UV/TiO_2 \approx UV/TiO_2/H_2O_2 < O_3 < O_3/H_2O_2 < UV/O_3/H_2O_2 <$$

$$UV/O_3 \approx VIS/O_3 < UV/Fe^{3+}/O_3/H_2O_2 < VIS/O_3/TiO_2 < O_3/TiO_2$$

从该顺序可知，过氧化氢本身氧化能力有限，$O_3/TiO_2$ 的氧化能力强，甚至超过紫外线与臭氧联合处理能力。$O_3/TiO_2$ 体系兼具强脱氢能力的羟基自由基和强加氧能力的臭氧，这种组合在废水污染处理是一种高效处理剂。

添加过氧化氢效果不佳的原因，一是过氧化氢自由基加氧能力比臭氧弱，二是过氧化氢光解产生羟基自由基量子效率低。过氧化氢是一种极弱酸，在 298K 时它的一级电离常数为 $1.55 \times 10^{-12}$，在 pH2.8 以下主要以 $H_2O_2$ 形态存在，pH2.8 以上以 $HO_2^-$ 形态存在，$HO_2^-$ 光解量子效率低于 $H_2O_2$，进而 pH3 是 $UV/H_2O_2$ 工艺去除有机物的最佳值[68]。

从偏二甲肼的去除率看，$MWCNTs/Fe_2O_3$ 较 $TiO_2$ NRAs/CdS/Au 复合薄膜效率高，但如果抛去 $MWCNTs/Fe_2O_3$ 吸附作用，$TiO_2$ NRAs/CdS/Au 复合薄膜的降解效果更好。$MWCNTs/Fe_2O_3$ 中的 $Fe_2O_3$ 促进 NDMA 的生成。模拟太阳光照射下，$TiO_2$ NRAs/CdS/Au 复合薄膜最终可以彻底去除 NDMA 和偏腙。$TiO_2$ NRAs/CdS/Au 的优势体现在空穴氧化、Au 的催化还原和将 NO 转化为 $N_2$ 等。

Debeila 等使用 DRIFTS 检测了预处理对 NO 和 $Au/TiO_2$ 相互作用的影响。煅烧和还原的 $Au/TiO_2$，不会促进 NO 在 $TiO_2$ 载体上的吸附；$Au(NO)_2$ 是氧化和还原的 $Au/TiO_2$ 上的主要物质，因此 NO 有望在 Au 部位被还原[69]。

虽然催化剂的组成结构不同，但光催化降解偏二甲肼过程中还是有可能产生 NDMA 和偏腙，说明降解机理与高浓度偏二甲肼废水处理相似。催化剂中引入惰性金属 Au，通过促进偏二甲肼分解产生羟基自由基，降低了 NDMA 的生成，同时通过催化还原加快 NDMA 的去除：

$$(CH_3)_2NNH_2 \xrightarrow{Au} (CH_3)_2NN \cdot H \text{ 或 } CH_3(\cdot CH_2)NN + \cdot H$$

$$\cdot H + H_2O \longrightarrow 2 \cdot OH$$

另一方面，分解产生的氢自由基或氢气，在催化剂的作用下可抑制 NDMA 的产生，并加快 NDMA 的去除。在可见光照射($\lambda > 420nm$)下，$CdS/TiO_2$ 纳米管复合催化剂的光催化水分解活性高于 $TiO_2$ 纳米管和 $TiO_2$ 粉末，高达 $1708\mu L/g$[70]。Fang 等检测到 $Au@CdS/TiO_2$ 产生 $H_2$[71]，与二元结构 $CdS/TiO_2$ 和 $Au@TiO_2$ 相比，$Au@TiO_2/CdS$ 三元纳米结构在可见光照射下显示出更高的光催化 $H_2$ 生成速率[72]。生成的氢对偏二甲肼降解产生以下影响：

$$(CH_3)_2NN : + H_2(\text{或 } 2 \cdot H) \longrightarrow (CH_3)_2NNH_2$$

$$CH_3(\cdot CH_2)NH + 1/2H_2(\text{或} \cdot H) \longrightarrow (CH_3)_2NH$$

$$(CH_3)_2NNO + 4H \cdot \longrightarrow (CH_3)_2NNH_2 + H_2O$$

因此，在催化剂中引入金属可以加快偏二甲肼的降解，同时减少 NDMA 的生成，而空穴氧化偏二甲肼，是减少 NDMA 生成的重要因素。废水处理过程中偏二甲肼的主要转化路径如下：

$$偏二甲肼 \longrightarrow \begin{cases} 甲醇，甲醛 \longrightarrow 甲酸，一氧化碳、二氧化碳 \\ 偏腙，亚硝基二甲胺 \longrightarrow 二甲胺，二甲基甲酰胺 \longrightarrow \\ 甲胺 \longrightarrow 氨，硝酸，亚硝酸 \\ 甲基肼，甲基二氮烯 \longrightarrow 肼，二氮烯 \longrightarrow 氮气 \end{cases}$$

偏二甲肼、偏腙、亚硝基二甲胺、二甲胺等的甲基氧化，都经过甲醛、甲酸、到 CO、$CO_2$ 被去除；偏二甲肼、偏腙、亚硝基二甲胺等发生氮氮键断裂生成二甲胺、二甲基甲酰胺，都经过甲胺转化为氨、硝酸和亚硝酸；偏二甲肼经甲基肼、肼到氮气。偏二甲肼、偏腙、亚硝基二甲胺、二甲胺及二甲基甲酰胺的降解产物相似，因为氧化机理相似，主要产物是甲基氧化、二甲胺氧化转化路径，产生的 NO、$NO_2$ 和 $NH_3$，在 $TiO_2$ NRAs/CdS/Au 作用下产生氮气和 $N_2O$。

$$NO + \cdot NH_2 \longrightarrow N_2 + H_2O$$

$$:NH + NO \longrightarrow N_2O + H\cdot$$

在二氧化碳自由基作用下，$N_2O$ 也转化为 $N_2$：

$$N_2O + CO_2^- \cdot + H^+ \longrightarrow N_2 + \cdot OH + CO_2$$

含氮有机物废水处理后，通常含有甲醛、甲酸、一氧化碳、二氧化碳、氮气、亚硝酸、硝酸和氨等。

半导体光催化降解偏二甲肼与芬顿、类芬顿及臭氧氧化体系相同的是，降解偏二甲肼过程会产生亚硝基二甲胺、偏腙等中间产物，说明总体的降解机理是相似的。

半导体光催化降解偏二甲肼与芬顿、类芬顿以及臭氧氧化体系不同的是，存在光生空穴、光生电子参与的过程：

$$h^+ + (CH_3)_2NNH_2 \longrightarrow (CH_3)_2NN\cdot H + H^+$$

$$(CH_3)_2NNO + 3H^+ + 3e^- \longrightarrow (CH_3)_2NNH_2 + H_2O$$

空穴可以引发偏二甲肼的氧化，而光生电子与 NDMA 的还原反应，减小了偏二甲肼处理过程中 NDMA 的转化率。在光催化剂中引入硫化镉、贵金属、碳材料都是好的选择，可通过半导体异质结或肖特基势垒，有效提高催化剂表面的电荷分离，提高催化效果。半导体催化剂中复合金、碳纳米管都可提高光催化剂的产氢功能，有利于 NDMA 的去除。此外，光催化降解过程中添加臭氧有利于难降解有机物 NDMA 的消除，添加臭氧的 $TiO_2$ NRAs/CdS/Au 光催化降解体系中，兼具空穴的脱氢作用、臭氧的加氧作用和电子还原加氢作用，是有效降解偏二甲肼及难降解 NDMA 的一个好的组合系统。

## 参 考 文 献

[1] Kolinko P A, Kozlov D V, Vorontsov A V, et al. Photocatalytic oxidation of 1,1-dimethyl hydrazine vapours on $TiO_2$: FTIR in situ studies[J]. Catalysis Today, 2007, 122(1-2): 178-185.

[2] Lee J, Choi W, Yoon J.Photocatalytic degradation of $N$-nitrosodimethylamine: Mechanism, product distribution, and $TiO_2$ surface modification[J]. Environmental Science & Technology, 2005, 39(17): 6800-6807.

[3] Kim J, Jung J, Kim M, et al. EPSE-Removal of NDMA by ultraviolet treatment and anodizing $TiO_2$ membrane processes[J]. Polski Tygodnik Lekarski, 2015, 10 (19): 604-646.

[4] Kachina A, Preis S, Kallas J.Gas-phase photocatalytic oxidation of dimethylamine: The reaction pathway and kinetics[J]. International Journal of Photoenergy, 2007, (10): 167-171.

[5] Helali S, Dappozze F, Horikoshi S, et al.Kinetics of the photocatalytic degradation of methylamine: Influence of pH and UV-A/UV-B radiant fluxes[J]. Journal of Photochemistry and Photobiology A Chemistry, 2013, 255: 50-57.

[6] Zhu X D, Castleberry S R, Nanny M A. Effects of pH and catalyst concentration on photocatalytic oxidation of aqueous ammonia and nitrite in titanium dioxide suspensions[J]. Environmental Science and Technology, 2005, 39(10): 3784-3791.

[7] Vohra M S, Selimuzzaman S M, Al-Suwaiyan M S. $NH_4^+$ -$NH_3$ removal from simulated wastewater using UV-$TiO_2$ photocatalysis: effect of co-pollutants and pH[J]. Environmental Technology, 2010, 31(6): 641-654.

[8] Altomare M, Selli E. Effects of metal nanoparticles deposition on the photocatalytic oxidation of ammonia in $TiO_2$ aqueous suspensions[J]. Catalysis Today, 2013, 209: 127-133.

[9] Grosjean N, Descorme C, Besson M.Catalytic wet air oxidation of $N,N$-dimethylformamide aqueous solutions: Deactivation of $TiO_2$ and $ZrO_2$-supported noble metal catalysts[J].Applied Catalysis B Environmental, 2010, 97 (1): 276-283.

[10] Koohestani H，Sadrnezhaad S K. Photocatalytic degradation of methyl orange and cyanide by using $TiO_2$/CuO composite[J]. Desalination and Water Treatment, 2016, 57(46): 22029-22038.

[11] Zhao Z, Zhou X, Liu Z.Synthesis of Nanosphere-$Fe_2O_3$/MWCNT composite as Photo-catalyst for the Degradation of Rhodamine B[C]. International Conference on Mechatronics, Materials, Chemistry and Computer Engineering, Xi'an, 2015.

[12] Phillips J, Xia B, Menéndez J A. Calorimetric study of oxygen adsorption on activated carbon[J]. Thermochimica Acta, 1998, 312(1-2): 87-93.

[13] 李军, 刘祥萱, 柴云. 锻烧温度对 $Fe_2O_3$ 光催化降解偏二甲肼废水的影响[J]. 工业水处理, 2017, 37(1): 41-44.

[14] Lv B L, Xu Y, Hou B, et al. Preparation, characterization and combustion properties of Zr/$ZrH_2$ particles coated with α-FeOOH crystal grains [J]. Particuology, 2009, (7): 169-174.

[15] 石磊, 刘洪波, 何月德, 等. α-$Fe_2O_3$/$Fe_3O_4$ 复合负极材料的制备与电化学性能研究[J]. 功能材料, 2010, 41(1): 177-180.

[16] 李军, 刘祥萱, 柴云, 等. MWCNTs/$Fe_2O_3$ 的光催化性能及机理分析[J]. 化工新型材料, 2017, 45(7): 177-179.

[17] Combellas C, Delamar M, Kanoufi F, et al. Spontaneous grafting of iron surfaces by reduction of aryldiazonium salts in acidic or neutral aqueous solution application to the protection of iron against corrosion[J]. Chem Mater, 2005, 17(15): 3968-3975.

[18] Li H, Xu T, Wang C, et al. Tribochemical effects on the friction and wear behaviors of diamond-like carbon film

under high relative humidity condition [J]. Tribology Lett, 2005, 19(3): 231-238.

[19] 马葆禄, 张玥. CNTs/TiO$_2$复合物制备及光催化性能研究[J].无机材料学报, 2015, 30(9): 937-942.

[20] 汪圣尧, 陈海波, 戴珂, 等. MWCNTs-TiO$_2$纳米复合材料的制备、表征及其光催化活性[J].华中农业大学学报, 2015, 34(5): 70-75.

[21] Rao A M, Eklund P C, Bandow S, et al. Evidence for charge transfer in doped carbon nanotube bundles from Raman scattering [J]. Nature, 1997, 388(6639): 257-259.

[22] Kuo C Y. Prevenient dye-degradation mechanisms using UV/TiO$_2$/carbon nanotubes process[J]. Journal of Hazardous Materials, 2009, 163(1): 239-244.

[23] Chen L C, Ho Y C, Guo W S, et al. Enhanced visible light-induced photoelectrocatalytic degradation of phenol by carbon nanotube-doped TiO$_2$ electrodes[J]. Electrochimica Acta, 2009, 54(15): 3884-3891.

[24] Kongkanand A, Martínez D R, Kamat P V. Single wall carbon nanotube scaffolds for photoelectrochemical solar cells. Capture and transport of photogenerated electrons[J]. Nano letters, 2007, 7(3): 676-680.

[25] Wang W, Serp P, Kalck P, et al. Preparation and characterization of nanostructured MWCNT-TiO$_2$ composite materials for photocatalytic water treatment applications[J]. Materials Research Bulletin, 2008, 43(4): 958-967.

[26] 尹发平. CdS-TiO$_2$-MWCNTs 可见光光催化降解气相甲苯研究[D]. 广州: 华南理工大学, 2011.

[27] Li X Z, Li F B. Study of Au/Au$^{3+}$-TiO$_2$ photocatalysts toward visible photooxidation for water and wastewater treatment[J]. Environmental Science & Technology, 2001, 35(11): 2381-2387.

[28] Wong T J, Lim F J, Gao M, et al. Photocatalytic H$_2$ production of composite one-dimensional TiO$_2$ nanostructures of different morphological structures and crystal phases with graphene[J]. Catalysis Science & Technology, 2013, 3(4): 1086-1093.

[29] Liu B, Nakata K, Sakai M, et al. Hierarchical TiO$_2$ spherical nanostructures with tunable pore size, pore volume, and specific surface area: facile preparation and high-photocatalytic performance[J]. Catalysis Science & Technology, 2012, 2(9): 1933-1939.

[30] Hartmann P, Lee D K, Smarsly B M, et al. Mesoporous TiO$_2$: comparison of classical sol-gel and nanoparticle based photoelectrodes for the water splitting reaction[J]. ACS Nano, 2010, 4(6): 3147-3154.

[31] Han G S, Lee S, Noh J H, et al. 3-D TiO$_2$ nanoparticle/ITO nanowire nanocomposite antenna for efficient charge collection in solid state dye-sensitized solar cells[J]. Nanoscale, 2014, 6(11): 6127-6132.

[32] Tang Y, Lai Y, Gong D, et al. Ultrafast synthesis of layered titanate microspherulite particles by electrochemical spark discharge spallation[J]. Chemistry–A European Journal, 2010, 16(26): 7704-7708.

[33] Wu Z, Wang Y, Sun L, et al. An ultrasound-assisted deposition of NiO nanoparticles on TiO$_2$ nanotube arrays for enhanced photocatalytic activity[J]. Journal of Materials Chemistry A, 2014, 2(22): 8223-8229.

[34] Ge M, Cao C, Li S, et al. Enhanced photocatalytic performances of n-TiO$_2$ nanotubes by uniform creation of p-n heterojunctions with p-Bi$_2$O$_3$ quantum dots[J]. Nanoscale, 2015, 7 (27): 11552-11560.

[35] Huang M H, Mao S, Feick H, et al. Room-temperature ultraviolet nanowire nanolasers[J]. Science, 2001, 292(5523): 1897-1899.

[36] Xia Y, Yang P, Sun Y, et al. One-dimensional nanostructures: Synthesis, characterization, and applications[J]. Advanced materials, 2003, 15(5): 353-389.

[37] Vayssieres L, Graetzel M. Highly ordered SnO$_2$ nanorod arrays from controlled aqueous growth[J]. Angewandte Chemie International Edition, 2004, 43(28): 3666-3670.

[38] Law M, Greene L E, Johnson J C, et al. Nanowire dye-sensitized solar cells[J]. Nature Materials, 2005, 4(6): 455-459.

[39] Leschkies K S, Divakarc R, Basu J, et al. Photosensitization of ZnO Nanowires with CdSe Quantum Dots for Photovoltaic Devices[J]. Nano Letters, 2007, 7 (6): 1793-1798.

[40] Ma H L, Yang J Y, Dai Y, et al. Raman study of phase transformation of TiO₂ rutile single crystal irradiated by infrared femtosecond laser[J]. Applied Surface Science, 2007, 253 (18): 7497-7500.

[41] Porto S P S, Fleury P A, Damen T C. Raman spectra of TiO₂, MgF₂, ZnF₂, FeF₂, and MnF₂[J]. Physics Review, 1967, 154 (2): 522-526.

[42] Betsch R J, Hong L P, White W B. Raman spectra of stoichiometric and defect rutile[J]. Materials Research Bulletin, 1991, 26 (7): 613-622.

[43] Robert T D, Laude L D, Geskin V M, et al. Micro-Raman spectroscopy study of surface transformations induced by excimer laser irradiation of TiO₂[J]. Thin Solid Films, 2003, 440 (1-2): 268-277.

[44] Zhang J, Xiao F X, Xiao G, et al. Linker-assisted assembly of 1D TiO₂ nanobelts/3D CdS nanospheres hybrid heterostructure as efficient visible light photocatalyst[J]. Applied Catalysis A: General, 2016, 521: 50-56.

[45] Gao X, Liu X, Wang X, et al. Photodegradation of unsymmetrical dimethylhydrazine by TiO₂ nanorod arrays decorated with CdS nanoparticles under visible light[J]. Nanoscale Research Letters, 2016, 11(1): 496-507.

[46] Wang X, Li Y, Liu X, et al. Preparation of Ti³⁺ self-doped TiO₂ nanoparticles and their visible light photocatalytic activity[J]. Chinese Journal of Catalysis, 2015, 36 (3): 389-399.

[47] Shuang S, Lv R T, Zheng X, et al. Surface plasmon enhanced photocatalysis of Au/Pt-decorated TiO₂ nanopillar arrays[J]. Scientific Reports, 2016, 6: 26670-26678.

[48] Dey P C, Das R. Photoluminescence quenching in ligand free CdS nanocrystals due to silver doping along with two high energy surface states emission[J]. Journal of Luminescence, 2017, 183: 368-376.

[49] Gao X, Liu X, Zhu Z, et al. Enhanced visible light photocatalytic performance of CdS sensitized TiO₂ nanorod arrays decorated with Au nanoparticles as electron sinks[J]. Scientific reports, 2017, 7(1): 973.

[50] Kecskés T, Raskó J, Kiss J. FTIR and mass spectrometric studies on the interaction of formaldehyde with TiO₂ supported Pt and Au catalysts[J]. Applied Catalysis A General, 2004, 273(1-2): 55-62.

[51] 朱永法. 纳米材料的表征与测试技术[M]. 北京: 化学工业出版社, 2006.

[52] Mali S S, Desai S K, Dalavi D S, et al. CdS-sensitized TiO₂ nanocorals: Hydrothermal synthesis, characterization, application[J]. Photochemical & Photobiological Sciences Official Journal of the European Photochemistry Association & the European Society for Photobiology, 2011, 10 (10): 1652-1658.

[53] Wang Z Q, Gong J F, Duan J H, et al. Direct synthesis and characterization of CdS nanobelts[J]. Applied Physics Letters, 2006, 89(3): 1-3.

[54] Majeed I, Nadeem M A, Al-Oufi M, et al. On the role of metal particle size and surface coverage for photo-catalytic hydrogen production: A case study of the Au/CdS system[J]. Applied Catalysis B: Environmental, 2015, 182 (90): 266-276.

[55] Bukhtiyarov A V, Prosvirin I P, Bukhtiyarov V I. XPS/STM study of model bimetallic Pd-Au/HOPG catalysts[J]. Applied Surface Science, 2016, 367: 214-221.

[56] Haruta M. Catalysis of gold nanoparticles deposited on metal oxides[J]. Cattech, 2002, 6(3): 102-115.

[57] Song K, Wang X, Xiang Q, et al. Weakened negative effect of Au/TiO₂ photocatalytic activity by CdS quantum dots deposited under UV-vis light illumination at different intensity ratios[J]. Physical Chemistry Chemical Physics, 2016, 18(42): 29131-29138.

[58] Pan J, Li X, Zhao Q, et al. Construction of Mn₀.₅Zn₀.₅Fe₂O₄ modified TiO₂ nanotube array nanocomposite electrodes

and their photoelectrocatalytic performance in the degradation of 2,4-DCP[J]. Journal of Materials Chemistry C, 2015, 3(23): 6025-6034.

[59] Xie Z, Liu X, Wang W, et al. Enhanced photoelectrochemical properties of $TiO_2$ nanorod arrays decorated with CdS nanoparticles[J]. Science and Technology of Advanced Materials, 2014, 15(5): 1-10.

[60] Yu J, Dai G, Cheng B. Effect of crystallization methods on morphology and photocatalytic activity of anodized $TiO_2$ nanotube array films[J]. Journal of Physical Chemistry C, 2010, 114(45): 19378-19385.

[61] Khan M M R, Tan W C, Yousuf A, et al. Schottky barrier and surface plasmonic resonance phenomena towards the photocatalytic reaction: study of their mechanisms to enhance photocatalytic activity[J]. Catalysis Science & Technology, 2015, 5 (5): 2522-2531.

[62] 岳新政. 半导体基异质结催化剂的设计、合成及高效光解水产氢机理研究[D]. 长春: 吉林大学, 2018.

[63] 樊启哲, 钟立钦, 冯庐平, 等. 肖特基型光催化剂研究进展[J].材料导报, 2017, 31(5): 106-112.

[64] Hiroaki T, Tomohiro M, Tomokazu K, et al.All-solid-state Z-scheme in CdS-Au-$TiO_2$ three-component nanojunction system[J]. Nature Materials, 2006, 5(10): 782-786.

[65] 吴欢文, 张宁, 钟金莲, 等. p-n 复合半导体光催化剂研究进展[J]. 化工进展. 2007, 26 (12): 1669.

[66] Yamazoe S, Teramura K, Hitomi Y, et al. Visible light absorbed $NH_2$ species derived from $NH_3$ adsorbed on $TiO_2$ for photoassisted selective catalytic reduction[J]. Journal of Physical Chemistry C, 2007, 111(38): 14189-14197.

[67] Domínguez J R, Beltrán J, Rodríguez O. Vis and UV photocatalytic detoxification methods (using$TiO_2$,$TiO_2$/$H_2O_2$, $TiO_2$/$O_3$, $TiO_2$/ $S_2O_8^{2-}$ )[J]. Catalysis Today, 2005, 101(3-4): 389-395.

[68] Córdova R N, Nagel-Hassemer M E, Matias W G, et al. Removal of organic matter and ammoniacal nitrogen from landfill leachate using the UV/$H_2O_2$ photochemical process[J]. Environmental Technology, 2019, 40(6): 793-806.

[69] Debeila M A, Coville N J, Scurrell M S, et al. Effect of Pretreatment Variables on the Reaction of Nitric Oxide (NO) with Au-$TiO_2$: DRIFTS Studies[J]. Journal of Physical Chemistry B, 2004, 108(47): 18254-18260.

[70] Zhang Y, Wu Y, Wang Z, et al. Preparation of CdS/$TiO_2$NTs nanocomposite and its activity of photocatalytic hydrogen production[J]. Rare Metal Materials and Engineering, 2009, 38(9): 1514-1517.

[71] Fang J, Xu L, Zhang Z, et al. Au@$TiO_2$-CdS Ternary Nanostructures for Efficient Visible-Light-Driven Hydrogen Generation[J]. ACS Applied Materials & Interfaces, 2013, 5(16): 8088-8092.

[72] Kim M, Kim Y K, Lim S K, et al.Efficient visible light-induced $H_2$ production by Au@CdS/$TiO_2$ nanofibers: Synergistic effect of core-shell structured Au@CdS and densely packed $TiO_2$ nanoparticles[J]. Applied Catalysis B: Environmental, 2015, 166-167: 423-431.

# 附　录

## 附录一　偏二甲肼转化物相互转化关系

肼类物质与腙、亚硝基化合物、胺及酰肼的转化关系

- 酰肼　$(CH_3)CHONN(CH_3)_2 \xrightarrow{-H,+CH_3} (CH_3)CHONNH(CH_3) \xrightarrow{-H,+CH_3} (CH_3)CHONNH_2 \xrightarrow{+H,-CH_3} CHOHNNH_2$
- 肼类　$(CH_3)_2NN(CH_3)_2 \xrightarrow{-H,+CH_3} (CH_3)_2NNH(CH_3) \xrightarrow{-H,+CH_3} (CH_3)_2NNH_2 \xrightarrow{+H,-CH_3} CH_3HNNH_2 \xrightarrow{+H,-CH_3} H_2NNH_2 \longrightarrow N_2$
- 　$\Big\downarrow O \qquad \Big\downarrow O \qquad \Big\downarrow O$
- 腙类　$(CH_3)_2NNC=H_2 \quad (CH_3)_2NNC=H_2 \quad H_2NNC=H_2$
  - $\Big\Vert_{-H_2O}^{+CH_2O} \qquad \Big\Vert_{-H_2O}^{+CH_2O}$
- 　$\xrightarrow{+O} \qquad \xrightarrow{+O} \qquad \xrightarrow{+O}$
- 亚硝胺类　$(CH_3)_2NNO和(CH_3)_2NNO_2 \quad (CH_3)HNNO和(CH_3)HNNO_2 \quad H_2NNO和H_2NNO_2 \longrightarrow N_2O、N_2$
  - $\Big\Vert_{-NO_x}^{-O} \qquad \Big\Vert_{-NO_x}^{-O}$
- 胺类　$(CH_3)_2NH \xrightarrow{-H,+CH_3} (CH_3)_2NH \quad CH_3NH_2 \xrightarrow{+H,-CH_3} CH_3NH_2 \quad NH_3$
  - $\Big\downarrow_{-H}^{+O} \qquad \Big\downarrow_{-H}^{+O} \qquad \Big\downarrow_{-H}^{+O}$
- 酰胺类　$(CH_3)_2NCHO \quad CH_3NCHO \quad H_2NCHO$

肼类转化物与氮氧化物的转化关系

- 胺类　$(CH_3)_2NOH \quad (CH_3)_2NH \xrightarrow{+H,-CH_3} CH_3NH_2 \quad NH_3$
  - $\Big\downarrow O \qquad \Big\Vert_{-H_2O}^{+CH_2O} \qquad \Big\downarrow O$
  - $CH_3N=CH_2 \longrightarrow CH_3NO_2 \quad H_2C=NH \longrightarrow NO_2、NO$

# 附录二　偏二甲肼环境转化物

| 序号 | 名称 | | 分子量 | CAS 号 |
|---|---|---|---|---|
| 1 | 肼 | hydrazine | 32 | 302-01-2 |
| 2 | 甲基肼 | methylhydrazine | 46 | 60-34-4 |
| 3 | 三甲基肼 | trimethylhydrazine | 74 | 1741-01-1 |
| 4 | 三甲基乙基肼 | trimethylethylhydrazine | 102 | — |
| 5 | 四甲基肼 | tetramethylhydrazine | 88 | 6415-12-9 |
| 6 | (乙基二氮烯基)乙基-1,1-二甲基肼 | (ethyldiazene)ethyl-1,1-diethylhydrazine | 114 | — |
| 7 | 2-仲-戊基-1,1-二甲基肼 | 2-secondary -pentyl-1,1-dimethylhydrazine | 116 | — |
| 8 | 亚硝基二甲胺 | nitrosodimethylamine | 74 | 62-75-9 |
| 9 | 二甲基硝胺 | dimethylnitramine | 90 | 4164-28-7 |
| 10 | 硝基甲烷 | nitromethane | 61 | 75-52-5 |
| 11 | *N*-亚硝基-*N'*-甲基乙胺 | *N*-nitroso-*N'*- methylethylamine | 86 | 10595-95-6 |
| 12 | 甲基丙基亚硝胺 | methylpropylnitrosamine | 102 | 924-46-9 |
| 13 | 亚硝基二乙胺 | nitrosodiethylamine | 102 | 55-18-5 |
| 14 | 亚硝基二丙胺 | nitrosodipropylanime | 130 | 621-64-7 |
| 15 | 亚硝基二丁胺 | nitrosodibutylamine | 172 | 924-16-3 |
| 16 | 1-亚硝基哌啶 | 1-nitrosopiperidine | 114 | 100-75-4 |
| 17 | 亚硝基吡咯烷 | nitrosopyrrolidine | 100 | 930-55-2 |
| 18 | 甲胺 | methylamine | 31 | 74-89-5 |
| 19 | 二甲胺 | dimethylamine | 45 | 124-40-3 |
| 20 | 乙胺 | ethylamine | 45 | 75-04-7 |
| 21 | 三甲胺 | trimethylamine | 59 | 75-50-3 |
| 22 | 叔丁基胺 | tert-butylamine | 73 | 75-64-9 |
| 23 | *N,N,N'*-三甲基乙二胺 | *N,N,N'*-trimethyl ethylenediamine | 104 | 142-25-6 |
| 24 | 双二甲胺基乙基醚 | Bis(2-dimethylaminoethyl) ether | 160 | 3033-62-3 |
| 25 | 二甲基羟胺 | dimethylhydroxylaMine | 60 | 34689-88-8 |
| 26 | 甲酰胺 | formamide | 59 | 75-12-7 |

续表

| 序号 | 名称 | | 分子量 | CAS 号 |
|---|---|---|---|---|
| 27 | 甲基甲酰胺 | *N*-methylformamide | 59 | 123-39-7 |
| 28 | 二甲基甲酰胺 | dimethylformamide | 73 | 4472-41-7 |
| 29 | *N,N*-二甲基乙酰胺 | *N,N*-dimethylacetamide | 87 | 127-19-5 |
| 30 | 乙基甲酰胺 | *N*-ethylformamide | 73 | 647-45-2 |
| 31 | 甲基二甲酰胺 | monomethylformamide | 87 | 10595-95-6 |
| 32 | 二甲氨基甲基-*N*-甲基甲酰胺 | *N*-(dimethylaminomethyl)*N*-methylformamide | 116 | — |
| 33 | 甲酰肼 | formylhydrazine | 70 | 624-84-0 |
| 34 | 一甲基甲酰肼 | *N*-methyl-*N*-formylhydrazine | 74 | 758-17-8 |
| 35 | 二甲基甲酰肼 | 1-formyl-2,2-dimethylhydrazine | 88 | 3298-49-5 |
| 36 | 二甲基丙酰肼 | 1-propionyl-2,2-dimethylhydrazine | 115 | — |
| 37 | *N,N*-二甲基肼羧酸 | *N,N*-dimethylhydrazinecarboxylic acid | 104 | — |
| 38 | 二氮烯 | diazene | 44 | 3618-05-1 |
| 39 | 甲基二氮烯 | methyldiazene | 44 | 26981-93-1 |
| 40 | 二甲基二氮烯 | 1,2-dimethyldiazen | 58 | 25843-45-2 |
| 41 | *N,N*-二甲基二氮烯 | 1,1-dimethyldiazene | 58 | 35337-56-5 |
| 42 | 二乙基二氮烯 | 1,2-diethyldiazene | 86 | 15463-99-7 |
| 43 | 1,2-二甲基二氮环丙烷 | 1,2-dimethyldiazacyclopropane | 72 | — |
| 44 | 四甲基四氮烯 | 1,1,4,4-tetramethyl-1,2-tetrazene | 116 | 6130-87-6 |
| 45 | 三甲基甲酰四氮烯 | 1,1,4-trimethyl-4-formyl-1,2-tetrazene | 130 | — |
| 46 | 偶氮二异丁腈 | 2,2′-azobis(2-methylpropionitrile) | 97 | 78-67-1 |
| 47 | 重氮甲烷 | 1,2-diazomethane | 42 | 334-88-3 |
| 48 | 1,1,5-三甲基甲䐦 | 1,1,5-trimethylformazane | 116 | — |
| 49 | 1,1,5,5-四甲基甲䐦 | 1,1,5,5-tetramethylformazane | 130 | — |
| 50 | 1,1,4,4-四甲基-2,3-二氢-四氮烷 | 1,1,4,4-tetramethyl-2,3-2H-tetraazane | 118 | — |
| 51 | 偏腙 | formaldehydedimethylhydrazone | 72 | 2035-89-4 |
| 52 | 甲基甲醛腙 | formaldehyde monomethylhydrazone | 58 | 36214-48-9 |
| 53 | 乙醛腙 | acetaldehyde dimethylhydrazone | 86 | 7422-90-4 |
| 54 | 乙醛双二甲基腙 | acetaldehyde bis-dimethylhydrazone | 142 | — |

| 序号 | 名称 | | 分子量 | CAS 号 |
|---|---|---|---|---|
| 55 | 甲基腙 | methylhydrazone | 44 | 36214-48-9 |
| 56 | 丁醛腙 | butylaldehyde dimethylhydrazone | 114 | — |
| 57 | 甲基甲酰基甲基腙 | methanal-N-methyl-N-formylhydrazone | 100 | 61748-05-8 |
| 58 | 亚甲基亚胺 | methanimine | 29 | 2053-29-4 |
| 59 | 甲基亚甲基亚胺 | N-methylmethanimine | 43 | 1761-67-7 |
| 60 | 胍 | guanidine | 59 | 113-00-8 |
| 61 | 氨基胍 | aminoguanidine | 74 | 79-17-4 |
| 62 | N,N-二甲基胍 | N,N-dimethylguanidine | 87 | 6145-42-2 |
| 63 | 二甲基氰胺 | dimethylaminocyanamide | 70 | 1467-79-4 |
| 64 | 二甲氨基乙腈 | dimethylaminoacetonitrile | 84 | 926-64-7 |
| 65 | N,N-二甲基脲 | N,N-dimethylurea | 88 | 598-94-7 |
| 66 | 二甲氨基甲酸甲酯 | dimethylamino methylformiat | 103 | 7541-16-4 |
| 67 | 三甲基脲 | trimethylurea | 102 | 632-14-4 |
| 68 | 1,1,3,3-四甲基脲 | 1,1,3,3-tetramethylurea | 116 | 632-22-4 |
| 69 | 氨基脲 | semicarbazide | 75 | 57-56-7 |
| 70 | 脲 | urea | 60 | 57-13-6 |
| 71 | 1-乙基-3,3-二甲基-1-亚硝基脲 | 1-ethyl-3,3dimethyl-1-nitrosourea | 145 | — |
| 72 | 三(二甲氨基)甲烷 | tris(N,N-dimethylamino)methane | 145 | 5762-56-1 |
| 73 | 四甲基甲烷二胺 | tetramethylmethane diamine | 104 | 51-80-9 |
| 74 | N,N,N'-三甲基乙二胺 | N,N,N'-trimethyl-1,2-ethanediamine | 104 | 142-25-6 |
| 75 | N-叔丁基-N'-甲基尿素 | N-tert-butyl-N'-methylurea | 130 | — |
| 76 | N-甲基哌嗪 | 1-methylpiperazine | 100 | 109-01-3 |
| 77 | 六氢-1,2,4,5-四甲基-1,2,4,5-四嗪 | 6H-1,2,4,5-tetramethyl-1,2,4,5-tetrazine | 144 | 20717-38-8 |
| 78 | 1,4-二甲基-2,5-二氢-1,2,4,5-四嗪 | 1,4-ditramethyl-2,5-2H-1,2,4,5-tetrazine | 116 | — |
| 79 | 1-甲基-1,6-二氢-1,2,4,5-四嗪 | 1-methyl-1,6-dihydro-1,2,4,5-tetrazine | 102 | — |
| 80 | 均四嗪 | s-tetrazine | 82 | 290-96-0 |
| 81 | 2-甲基-1,3,4-噁二唑 | 2-methyl-1,3,4-oxadiazole | | 3451-51-2 |

| 序号 | 名称 | | 分子量 | CAS 号 |
|---|---|---|---|---|
| 82 | 1,3,4-噁二唑 | 1,3,4-oxadiazole | 70 | 288-99-3 |
| 83 | 4-甲基-1,2,4-三唑烷-3,5-二酮 | 4-methyl-1,2,4-triazolidine-3,5-dione | 115 | 16312-79-1 |
| 84 | 1-甲基-1,2,4-三唑 | 1-methyl-1,2,4-triazole | 83 | 6086-21-1 |
| 85 | 1-甲氧-1,2,4-三唑 | 1-methoxy-1,2,4-triazole | 99 | — |
| 86 | 1-甲酸-1,2,4-三唑 | 1-formic acid-1,2,4 triazole | 113 | — |
| 87 | 3-甲基-1H-1,2,4-三唑 | 3-methyl-1H-1,2,4-triazole | 83 | 7170-01-6 |
| 88 | 4-甲基-4H-1,2,4-三唑 | 4-methyl-4H-1,2,4-triazole | 83 | 10570-40-8 |
| 89 | 1,3-二甲基-1H-1,2,4-三唑 | 1,3-dimethyl-1H-1,2,4-triazole | 97 | 16778-76-0 |
| 90 | 1-乙基-1H-1,2,4-三唑 | 1-methyl-1,2,4-triazole | 97 | 16778-70-4 |
| 91 | 1-甲基-1H-1,2,4-三唑-3-胺 | 1-methyl-1H-1,2,4-triazole-3-amine | 98 | 49607-51-4 |
| 92 | 4-甲基脲唑 | 4-methylurazole | 115 | 16312-79-1 |
| 93 | 2-甲基-2H-四唑 | 2-methyl-2H-tetrazole | 84 | 16681-78-0 |
| 94 | 2,5-二甲基-2H-四唑 | 2,5-dimethyl-2H-tetrazole | 96 | — |
| 95 | 1,2-二氢-3H-1,2,4-三唑-3-酮 | 1,2-dihydro-3H-1,2,4-triazol-3-one | 85 | 930-33-6 |
| 96 | 1H-咪唑 | 1H-Imidazole | 68 | 288-32-4 |
| 97 | 1-甲基-1H-咪唑 | 1-methyl-1H-imidazole | 82 | 616-47-7 |
| 98 | 1-甲基-2-氨基-1H-咪唑 | 1-methyl-2-amino-1H-imidazole | 97 | 6646-51-1 |
| 99 | 1-甲基-1H-1,2,4-三唑-3-胺 | 1-methyl-1H-1,2,4-triazole-3-amine | 98 | 49607-51-4 |
| 100 | 1,3-二甲基-2-咪唑啉酮 | 1,3-dimethyl-2-imidazolidinone | 114 | 80-73-9 |
| 101 | 2-氨基-1-甲基咪唑啉-4-酮 | 2-amino-1-methylimidazolidin-4-one | 113 | 60-27-5 |
| 102 | 4,5-二甲基-4-咪唑啉-2-酮 | 4,5-dimethyl-4-imidazoline-2-one | 112 | 1072-89-5 |
| 103 | 3-甲基-5,6-二氢-脲嘧啶 | 3-methyl-5,6-2H-pyrimidinedione | 128 | — |
| 104 | 5-甲基-2,4-二氢吡唑-3-酮 | 5-methyl-2,4-dihydro-pyrazol-3-one | 98 | 108-26-9 |
| 105 | 1H-3-甲基-1,2,4-吡唑 | 1H-3-methyl-1,2,4-pyrazole | 82 | |
| 106 | 1H-吡唑 | 1H-pyrazole | 68 | 288-13-1 |
| 107 | 1-甲基-1H-吡唑 | 1-methylpyrazole | 82 | 930-36-9 |
| 108 | 2-甲基-2H-三唑 | 2-methyl-2H-tetrazole | 82 | — |
| 109 | 1,3-二甲基-1H-吡唑 | 1,3-dimethyl-1H-pyrazol | 96 | 694-48-4 |

续表

| 序号 | 名称 | | 分子量 | CAS 号 |
|------|------|------|--------|--------|
| 110 | 1,4-二甲基-1H-吡唑 | 1,4-dimethyl-1H-pyrazol | 96 | 1072-68-0 |
| 111 | 1,5-二甲基-1H-吡唑 | 1,5-dimethyl-1H-pyrazol | 96 | 694-31-5 |
| 112 | 5-氨基-1,3-二甲基-1H-吡唑 | 1,3-dimethyl-1H-pyrazol-5-amine | 111 | 3524-32-1 |
| 113 | 3,4,5-三甲基-1H-吡唑 | 3,4,5-trimethyl-1H-pyrazole | 110 | 5519-42-6 |
| 114 | 1,3,5-三甲基-1H-吡唑 | 1,3,5-trimethylpyrazole | 110 | 1072-91-9 |
| 115 | 4-乙酰基-3-甲基-1H-吡唑 | 4-acetyl-3-methyl-1H-pyrazole | 124 | 105224-04-2 |
| 116 | 4-乙酰基-1,5-二甲基-1H-吡唑 | 4-acetyl-1,5-dimethyl-1H-pyrazole | 134 | 21686-05-5 |
| 117 | N-亚乙基-1-吡咯烷胺 | N-ethylidene-1-pyrrolidineamine | 112 | 60144-27-6 |
| 118 | 吡嗪 | pyrazine | 80 | 290-37-9 |
| 119 | 异恶唑烷 | isoxazolidine | 73 | 504-72-3 |
| 120 | 甲烷 | methane | 16 | 74-82-8 |
| 121 | 甲基过氧化氢 | methyl hydrogen peroxide | 48 | 3031-73-0 |
| 122 | 甲酸甲酯 | methyl formate | 60 | 107-31-3 |
| 123 | 甲醛 | formaldehyde | 30 | 50-00-0 |
| 124 | 甲酸 | formic acid | 46 | 64-18-6 |
| 125 | 甲醇 | methanol(MeOH) | 32 | 67-56-1 |
| 126 | 乙烷 | ethane | 30 | 74-84-0 |
| 127 | 乙醛 | acetaldehyde | 44 | 75-07-0 |
| 128 | 乙酸 | acetate | 60 | 71-50-1 |
| 129 | 乙腈 | acetonitril | 41 | 75-05-8 |
| 130 | 丙醛 | propionaldehyde | 58 | 123-38-6 |
| 131 | 丙酮 | acetone | 58 | 67-64-1 |
| 132 | 2-丁酮 | 2-butanone | 72 | 78-93-3 |
| 133 | 乙二醛 | glyoxal | 58 | 107-22-2 |
| 134 | 一氧化碳 | carbon monoxide | 28 | 630-08-0 |
| 135 | 二氧化碳 | carbon dioxide | 44 | 124-38-9 |
| 136 | 氧化二氮 | nitrogen oxide | 44 | 10024-97-2 |
| 137 | 次硝酸 | hyponitric acid | 31 | — |

| 序号 | 名称 | | 分子量 | CAS 号 |
|---|---|---|---|---|
| 138 | 一氧化氮 | nitric oxide | 30 | 10102-43-9 |
| 139 | 亚硝酸 | nitrous acid | 46 | 14797-65-0 |
| 140 | 二氧化氮 | nitrogen dioxide | 46 | 7722-77-6 |
| 141 | 硝酸 | nitric acid | 63 | 7697-37-2 |
| 142 | 氮气 | nitrogen | 28 | 7727-37-9 |
| 143 | 氨气 | ammonia | 17 | 7664-41-7 |
| 144 | 氢氰酸 | hydrocyanic acid | 27 | 74-90-8 |
| 145 | 过氧化氢 | hydrogen peroxide | 34 | 7722-84-1 |
| 146 | 水 | water | 18 | 7732-18-5 |
| 147 | 三氯甲烷 | chloroform | 119 | 67-66-3 |